面向 21 世纪课程教材
Textbook Series for 21st Century

园艺植物病理学

高必达　主编

中国农业出版社

主　编　高必达（湖南农业大学）
副主编　廖金铃（华南农业大学）
　　　　　陈秀蓉（甘肃农业大学）
　　　　　黄　云（四川农业大学）
　　　　　陈　捷（上海交通大学）
　　　　　刘志恒（沈阳农业大学）
　　　　　戴良英（湖南农业大学）
　　　　　邓　欣（湖南农业大学）
参　编（按姓氏笔画排列）
　　　　　马　青（西北农林科技大学）
　　　　　邓晓玲（华南农业大学）
　　　　　杨成德（甘肃农业大学）
　　　　　陈晓斌（上海交通大学）
　　　　　易图永（湖南农业大学）
　　　　　赵秀香（沈阳农业大学）
　　　　　顾振芳（上海交通大学）
　　　　　龚国淑（四川农业大学）
　　　　　傅俊范（沈阳农业大学）
　　　　　薛春生（沈阳农业大学）

前 言

《园艺植物病理学》由7所大学长期担任园艺植物病理学教学工作的老师编写。本教材的编写力求：①满足园艺专业和园林专业植物病理学教学的需求；②反映植物病理学最新的研究成就；③在编写上有创新性。本教材的新颖性在于：①首次提出了植物病理学的任务之一是要利用植物病原物为人类社会服务。②在真菌和细菌的分类上采用了最新公认的分类系统，如细胞生物分七界。鉴于Chromista这个界主要成员是藻类，而界的名称又有"色"的含义，本书首次将这个界的中文名称定为"色藻界"（《普通植物病理学》第二版定名为"藻物界"，但在第三版中改为"假菌界"似不妥，因为原来所谓的"假菌"即黏菌已经放到"原生界"了）；细菌界分门依据最新出版的伯格氏细菌系统手册，其中植物病原细菌所在的主要门Proteobacteria以前有人错译为"蛋白细菌门"，实际上门名源自希腊神话中的一个能任意改变自己外形的海神普罗特斯。因此，本教材首次将该门中文名定为"普罗特斯门"。③为满足一部分对生理生化感兴趣的学生的需求，第三章植物病程的内容写得比较深。④鉴于中国加入WTO后植物检验检疫的重要性加大，第五章加重了植物病害检疫和农药安全使用的有关内容，并在书后附了无公害生产病害控制方案。⑤本书首次按植物所在的科归类植物病害，合并了一些共有的病害。⑥本书涵盖了南、北方园艺植物的病害，教学中可根据本地作物和病害选取其中的章节讲授。⑦为配合本课程的教学，湖南农业大学生物安全科技学院建立了园艺植物病害症状网站，网址为：http：//61.187.55.45/zhibao/onlineteaching/horticul。

本教材由湖南农业大学高必达编写第一章、第二章（除线虫）、第四章和第五章；上海交通大学陈捷、陈晓斌、顾振芳编写第三章；华南农业大学廖金铃编写第二章线虫部分、第九章香蕉病害部分、第十一章、第十五章；华南农业大学邓晓玲编写第九章；西北农林科技大学马青编写第十四章；四川农业大学黄云、龚国淑编写第六章、第十章及附录；湖南农业大学戴良英和易图永分别编写第七章和第八章；甘肃农业大学陈秀蓉和杨成德等编写第十二章和第十六章；沈阳农业大学刘志恒、傅俊范、赵秀香、薛春生编写第十三章；湖南农业大学邓欣编写第十七章。全书由高必达统稿。网站由湖南农业大学王运生、易图永制作，各论编者及西北农林科技

前 言

大学黄丽丽提供图片。

本教材的编写受到了主编所在学校湖南农业大学领导的热情关心和大力支持，在此深表谢意。

编 者
2004年11月

目 录

前言

第一篇　植物病理学基础

第一章　基本概念 1
 第一节　植物病害的定义 1
 第二节　植物生病的原因 2
 第三节　植物的病变过程 3
 第四节　植物疾病的症状 3
 第五节　植物疾病的影响 6
 第六节　植物病原物的利用 7
 第七节　植物病理学的里程碑 9

第二章　植物病原学 11
 第一节　植物病原真核菌类 11
 第二节　植物病原细菌 27
 第三节　植物病原病毒 33
 第四节　植物病原线虫 44
 第五节　寄生性植物 50

第三章　植物的病程 52
 第一节　侵染过程 52
 第二节　植物的感病机制 57
 第三节　植物的抗病机制 73

第四章　植物病害流行学 85
 第一节　病害循环 85
 第二节　植物病害流行型 87
 第三节　植病系统 89
 第四节　病害流行的预测 93

第五章　植物病害的管理 96
 第一节　植物病害检疫 96
 第二节　培育和利用抗病品种 102
 第三节　耕作栽培措施 104

第四节　化学控制 ··· 105
　第五节　物理控制 ··· 113
　第六节　生物控制 ··· 115

第二篇　果树病害

第六章　蔷薇科果树病害 ·· 118
　第一节　苹果树腐烂病 ··· 118
　第二节　苹果轮纹病 ·· 121
　第三节　苹果白粉病 ·· 123
　第四节　苹果早期落叶病 ·· 124
　第五节　苹果果实贮藏期病害 ·· 127
　第六节　梨黑星病 ··· 130
　第七节　梨锈病 ·· 132
　第八节　梨黑斑病 ··· 134
　第九节　桃穿孔病 ··· 135
　第十节　桃缩叶病 ··· 137
　第十一节　果树根癌病 ··· 138
　附　蔷薇科果树其他病害 ··· 141

第七章　芸香科果树病害 ·· 152
　第一节　柑橘黄龙病 ·· 152
　第二节　柑橘溃疡病 ·· 153
　第三节　柑橘疮痂病 ·· 155
　第四节　柑橘炭疽病 ·· 156
　第五节　柑橘果实贮藏期病害 ·· 158
　附　柑橘其他病害 ··· 161

第八章　葡萄科果树病害 ·· 163
　第一节　葡萄白腐病 ·· 163
　第二节　葡萄黑痘病 ·· 165
　第三节　葡萄霜霉病 ·· 167
　第四节　葡萄炭疽病 ·· 169
　附　葡萄其他病害 ··· 171

第九章　热带果树病害 ··· 174
　第一节　香蕉束顶病 ·· 174
　第二节　香蕉枯萎病 ·· 176
　第三节　荔枝霜疫霉病 ··· 178
　第四节　龙眼鬼帚病 ·· 180

第五节　芒果炭疽病 ··· 181
  第六节　芒果蒂腐病 ··· 183
  第七节　番木瓜环斑花叶病 ··· 184
  附　热带果树其他病害 ·· 186
第十章　其他果树病害 ·· 189
  第一节　枣疯病 ··· 189
  第二节　枇杷叶斑病 ··· 190
  第三节　板栗疫病 ·· 192
  第四节　猕猴桃溃疡病 ·· 194
  附　其他果树次要病害 ·· 196

第三篇　蔬菜病害

第十一章　十字花科蔬菜病害 ·· 203
  第一节　十字花科蔬菜霜霉病 ··· 203
  第二节　十字花科蔬菜软腐病 ··· 205
  第三节　十字花科蔬菜病毒病 ··· 207
  附　十字花科蔬菜其他病害 ·· 210
第十二章　葫芦科蔬菜病害 ··· 213
  第一节　瓜类枯萎病 ··· 213
  第二节　黄瓜霜霉病 ··· 216
  第三节　瓜类炭疽病 ··· 219
  第四节　瓜类白粉病 ··· 221
  第五节　瓜类疫病 ·· 223
  第六节　黄瓜黑星病 ··· 226
  第七节　瓜类病毒病 ··· 228
  第八节　黄瓜根结线虫病 ··· 230
  附　葫芦科蔬菜其他病害 ··· 232
第十三章　茄科蔬菜病害 ··· 236
  第一节　蔬菜苗期病害 ·· 236
  第二节　茄科蔬菜病毒病 ··· 239
  第三节　蔬菜青枯病 ··· 245
  第四节　早疫病 ··· 248
  第五节　晚疫病 ··· 250
  第六节　叶霉病 ··· 252
  第七节　蔬菜黄萎病 ··· 254
  第八节　辣椒疫病 ·· 257

第九节　辣椒炭疽病	259
第十节　辣椒细菌性疮痂病	260
第十一节　灰霉病	262
第十二节　马铃薯环腐病	264
附　茄科蔬菜其他病害	267

第十四章　豆科蔬菜病害

第一节　豆科蔬菜锈病	272
第二节　豆科蔬菜枯萎病	274
第三节　豇豆煤霉病	275
附　豆科蔬菜其他病害	277

第十五章　其他蔬菜病害

第一节　姜腐烂病	280
第二节　葱紫斑病	281
第三节　白锈病	283
第四节　芦笋茎枯病	284
第五节　芹菜斑枯病	286
附　其他蔬菜次要病害	288

第四篇　观赏植物病害

第十六章　草本观赏植物病害

第一节　草本观赏植物立枯病	294
第二节　草本观赏植物白绢病	296
第三节　草本观赏植物锈病	298
第四节　草本观赏植物炭疽病	302
第五节　草本观赏植物叶斑病	305
第六节　草本观赏植物病毒病类	309
第七节　草本观赏植物线虫病	314
附　草本观赏植物其他病害	319

第十七章　木本观赏植物病害

第一节　根癌病	324
第二节　紫纹羽病	325
第三节　根颈腐烂病	326
第四节　杨树溃疡病	328
第五节　松疱锈病	330
第六节　枝干枯萎病	331
第七节　樟子松枯梢病	332

第八节　松材线虫病 ………………………………………………………… 333
第九节　月季黑斑病 ………………………………………………………… 335
第十节　木本观赏植物叶斑病 ……………………………………………… 337
第十一节　木本观赏植物炭疽病 …………………………………………… 340
第十二节　杜鹃花饼病 ……………………………………………………… 342
第十三节　白粉病 …………………………………………………………… 343
第十四节　烟煤病 …………………………………………………………… 345
附　木本观赏植物其他病害 ………………………………………………… 346

附录　苹果、梨和桃无公害生产病害控制技术 …………………………………… 353

第一篇

植物病理学基础

人类很早以前就已认识到疾病对作物及其产品的影响。旧约全书中记载了出征士兵所带干粮发霉的现象。古罗马人则把锈病看做是"锈神作祟所致"。

植物病理学是一门研究植物疾病的诊断、发生原因、发生过程、流行规律、预测和控制，以保护农业生产和生态环境，并利用植物病原物的一门科学。这门课程要求有植物学、土壤学、气象学、微生物学、栽培学、遗传学、植物生理学、生物化学、高等数学、计算机应用等知识作为基础。

与其他学科交叉融合，植物病理学分支出了植物病原学、分子植物病理学、生理植物病理学、生态植物病理学、植物检疫学、植物病害管理学等新学科。按作物种类分出了农作物病理学、园艺植物病理学、园林植物病理学、森林植物病理学、牧草病理学等。后面的学科只是研究的植物不同，基础理论相通。

第一章 基本概念

第一节 植物病害的定义

植物病害（plant diseases）是指植物在其生命过程中受寄生物侵害或不良环境影响，在生理、细胞和组织结构上发生一系列病理变化的过程，致使外部形态不正常，引起产量降低、品质变劣或生态环境遭到破坏的现象。

定义中的四要素：

1. **病原**（pathogen） 引致病害的原因。是外因，即寄生物和不良环境条件。植物自发性的遗传变异系由内因引起，不属于病害。

2. **病程**（pathogenesis） 生理和组织结构的病变过程。机械损伤和虫伤无病理变化过程。亦不属于病害。

3. **症状**（symptom） 罹病植物外表呈现的不正常现象。显症是植物生病的征兆，免疫的植物虽受病原侵染，但不显症，即不生病。

4. **损失**（loss） 包括经济损失即产量降低、品质变劣和生态损失。植物生病是不是有害要看是否造成损失。17世纪在荷兰，郁金香受碎色病毒侵染而出现杂色花型曾使其价格高于黄金，在当时郁金香病毒病虽是疾病却非病"害"。因此，要注意"病"与"病害"这两个概念的区别。

第二节 植物生病的原因

植物生病的原因即病原可分为生物病原和非生物病原。

一、生物病原

生物病原（biotic pathogen）都是寄生物（parasite）。寄生物都具有寄生性，即一种生物从他种生物获取营养的性能。有些寄生物是专性寄生的，不能在人工培养基上培养；另一些是非专性寄生的，能在人工培养基上培养。生物病原都具有致病性，即引致疾病的能力。引起的疾病可相互传染，称为传染性病。

按最新的生物分类系统，生物病原分布在以下7界：

1. **真菌界**（Eumycota） 多细胞真核生物，细胞壁主要成分为几丁质，无维管束，无叶绿素，营养体丝状，孢子繁殖。本界生物包括原菌物界除黏菌和卵菌以外的成员，称为真菌。

2. **色藻界**（Chromista，"Chrom"意思是"有色的"，或称藻物界） 多细胞真核生物，细胞壁主要成分为纤维素，不含叶绿素a和b。本界生物主要是一些有各种颜色的藻类以及原菌物界的卵菌。藻类含有的叶绿素为叶绿素c，卵菌则不含叶绿素。

3. **原生界**（Protista） 单细胞真核生物，无细胞壁，不含叶绿素。本界生物中的病原物如植原虫和原菌物界黏菌门中的根肿菌（营养体为无壁的原生质团）。

4. **细菌界**（Eubacteria） 单细胞原核生物，细胞中无真正的核，DNA游离在细胞中。本界生物称为细菌。

5. **病毒界**（Virus） 分子生物，由核酸和蛋白质或其中之一组成。本界生物称为病毒（核酸+蛋白质）、类病毒（核酸）或朊病毒（蛋白质）。

6. **动物界**（Animalia） 多细胞真核生物，无细胞壁，不含叶绿素。本界生物中的病原物如线虫（蠕虫状）。

7. **植物界**（Planta） 多细胞真核生物，细胞壁主要成分为纤维素，含叶绿素a和b。本界生物中的病原物如寄生性种子植物（有维管束，无根，有吸盘，有叶或退化，种子繁殖）。

二、非生物病原

非生物病原（abiotic pathogen）也称逆境（stress），引起的疾病不相互传染，称非传染性疾病。逆境主要有以下10种：

1. **极端温度** 如高温导致植物不育、寒害、冻害等。
2. **极端土壤水分** 如旱害、积水等。
3. **极端光照** 如缺光性黄化、日灼等。

4. **极端 pH**　如土壤过酸或过碱。
5. **缺氧**　如缺氧性烂根等。
6. **缺素或过剩**　如缺铜、缺锌、缺铁症。
7. **无机盐毒害**　如盐害等。
8. **大气污染**　如烟草气候斑等。
9. **药害**　如施农药或化肥不当而造成的叶枯、叶斑、枯萎、不育等。
10. **栽培不当**　如种植过密、施肥过多或氮、磷、钾配比不当等。

由于园艺栽培学、土壤学等课程已经介绍。本课程不再详述。

第三节　植物的病变过程

病变过程简称病程，亦称侵染过程，是指传染性疾病从病原物接触寄主植物，侵入、扩展，并使植物显示症状的过程。分接触、侵入、扩展和发病四个时期。将在第三章详细介绍。

第四节　植物疾病的症状

症状是指植物染病后外表呈现的不正常的现象。可分病状（symptom）和病征（sign）。

一、病　状

感病植物本身呈现的不正常现象。

（一）变色

叶片因叶绿体含量降低或花青素含量升高而失去原有的色泽。

1. **褪色和黄化**　因叶绿素含量降低而使叶片呈现均匀性浅绿色至黄绿色。
2. **紫叶和红叶**　因花青素含量升高而使叶片呈现均匀性紫色至红色。
3. **花叶和斑驳**　叶片上深绿、淡绿、黄绿、黄色等不同色块相间，色块界限明显的称花叶；界限模糊的称斑驳。
4. **明脉**　叶片沿叶脉呈半透明状。
5. **条纹和条点**　单子叶植物沿叶脉出现连续的线条状变色称条纹；出现虚线状变色称条点。

（二）坏死

植物器官局部细胞组织死亡，仍可分辨原有组织的轮廓。

1. **叶斑和叶枯**　叶上局部组织死亡。有比较固定的形状和大小（如圆斑、环斑、条斑、穿孔等）的称为叶斑；坏死区没有固定的形状和大小，可蔓延至全叶的称为叶枯。
2. **叶烧**　水孔较多的部位如叶尖和叶缘枯死。
3. **炭疽**　叶片和果实局部坏死，病部凹陷，上面常有小黑点。

4. 疮痂和溃疡 病斑表面粗糙甚至木栓化。病部较浅、中部稍突起的称为疮痂；病部较深（如在叶上常穿透叶片正反面）、中部稍凹陷，周围组织增生和木栓化的称为溃疡。

5. 顶死（梢枯） 木本植物枝条从顶端向下枯死。

6. 立枯和猝倒 幼苗近土表的茎组织坏死。整株直立枯死的称为立枯；突然倒伏死亡的称为猝倒。

（三）腐烂

植物器官大面积坏死崩溃，看不出原有组织的轮廓。

1. 干腐和湿腐 均为细胞坏死所致。腐烂发生较慢或病组织含水量低，水分可以及时挥发的称为干腐；腐烂发生较快或病组织含水量高，水分不能及时挥发的称为湿腐。

2. 软腐和流胶 胞间层果胶溶化，细胞离析，消解。一般整株性的称为软腐；局部受害流出细胞组织分解产物的称为流胶。

（四）萎蔫

植物地上部分因得不到足够的水分，细胞失去正常的膨压而萎垂枯死。萎蔫的原因有以下3种：

1. 根系吸水机能障碍性萎蔫 根毛中毒。

2. 导管输水机能障碍性萎蔫 导管堵塞，水柱中断，液流减慢。

3. 导管输水组织坏死性萎蔫 茎基部和根部坏死腐烂、维管组织崩溃。

（五）畸形

植物全株或局部比例失调。分为抑制性畸形，如矮缩、丛簇、皱缩、缩叶、卷叶、蕨叶等和增生性畸形如丛枝、肿瘤、徒长等。

1. 矮缩 植物各器官的生长成比例地受到抑制。

2. 丛簇 主轴茎节间距缩短，节数减少，叶片大小正常。

3. 皱缩、缩叶和卷叶 叶片局部生长受抑，导致叶面高低不平的称为皱缩；沿与主脉垂直的方向翻卷或内卷称为缩叶，沿主脉的方向翻卷或内卷称为卷叶。

4. 蕨叶 叶片变小、变细、蕨叶状。

5. 丛枝 同一茎节位枝条不正常地增多而成丛簇状。

6. 肿瘤 局部组织非正常地增生增殖而形成瘤状物。

7. 徒长 细胞轴向伸长，病株显著高于健株，易倒伏。

8. 变叶 花的某一部分如花瓣变为绿叶状。

二、病　征

病部肉眼可见的病原生物。

病征主要有7种（表1-1）。

表 1-1 病征种类

病征类型	病原生物种类				
	真核菌	细菌	病毒	线虫	寄生性种子植物
1. 粉状物	+	-	-	-	-
2. 霉状物	+	-	-	-	-
3. 粒状物	+	-	-	+	-
4. 点状物	+	-	-	+	-
5. 盘状物	+	-	-	-	-
6. 索状物	+	-	-	-	+
7. 脓状物	-	+	-	-	-

注:"+"表示有,"-"表示无。

三、植物病害诊断

(一) 传染性病和非传染性病的诊断

1. **田间分布** 前者从点发到发病中心团再扩散开来,而后者一开始就成片发生。
2. **传染性有无** 前者有,后者无。
3. **宏观病征有无** 前者一般有宏观病征,后者无。

(二) 各大类病原生物所致疾病的诊断

1. **病状上区分** 病毒病常为花叶和畸形,厚壁菌门软壁菌纲的细菌常引起的黄化和丛枝症,其他细菌和真菌常引起坏死、腐烂、萎蔫。
2. **病征上区分** 见表1-1。

(三) 鉴定病原种

1. **已报告的病原物**
(1) 依据。发病的寄主植物、症状的特征、镜检观察病原的结果。
(2) 方法。可采取检索法或一步到位法。
①检索法:是从较高分类单元检索到较低单元。
②一步到位法:根据某些病原物特有的性状及其寄主,直接鉴定到属或种。如霜霉病、白锈病、白粉病、锈病、黑粉病、茶饼病、青霉病、曲霉病、*Alternaria* 黑斑病、炭疽病、炭腐病、白绢病、青枯病、植原体引起的病害、粒线虫病、胞囊线虫病等。
2. **未报告的病原物** 遵循柯赫(Koch)氏法则。德国人柯赫研究结核病时提出的证明一种微生物是病原物的原则,经后人补充后成4条:①总能从罹病生物观察到某种特定的微生物;②可从罹病生物分离到这种微生物并在人工培养基上纯培养;③将纯培养物接种到健康生物体上能引发与此病相同的症状;④从接种后发病的生物体可分离到同种微生物。这个过程可简单概括为镜检病原、分离培养、接种检验、分离验证。

(1) 镜检病原。

①光学显微镜：真核菌类、细菌（细菌需染色后镜检）、线虫。

②电子显微镜：细菌、病毒。

(2) 分离纯化。

①人工培养基分离纯化：非专性寄生物。

②寄主植物分离纯化：专性寄生物。

(3) 接种检验。接病原物侵染体于同种寄主上，能引发同样症状。

(4) 分离验证。从接种后发病的植物上再分离到同一病原物。

对于专性寄生的病原物如真菌中的锈菌和病毒等，无法在人工培养基上获得纯培养物，则采用真菌的单个孢子或病毒的单个病斑在感病植物上纯化和繁殖的方法，繁殖体用于接种。

对于细菌和病毒还需用血清学、电泳、核酸杂交、染色、生理生化反应等特殊检测技术。

（四）鉴定复合侵染症的病原物

1. 主要病原与次要病原　根据同一植株上不同病原物对症状的贡献来判断哪种是主要病原物。

2. 先病原与后病原　可根据同一病部不同病原物的寄生性来判断侵染次序。例如专性寄生的白粉菌和寄生性较弱的镰孢菌同存于一个叶斑时，可以肯定前者是先病原。

第五节　植物疾病的影响

一、对作物的影响

（一）有害影响

1. 产量降低　植物提早死亡、种用植物不能正常结实，籽粒不饱满，减产甚至绝产；叶用植物叶少而小；根、茎用植物根、茎细瘦、腐烂，使营养体生物量减少。

2. 品质变劣　种子、果实不饱满；产品（果实、种子、块根、块茎等）外观不佳；营养价值降低；适口性差。

（二）有益影响

1. 促进生长　如豆科植物根瘤菌寄生时形成根瘤，固定大气中的氮为己利用，生长明显好于未被寄生的植株。再如菌根真菌寄生在植物根际，帮助植物吸收土壤中的养分。

2. 使农产品品质变好　如茭白感染了黑粉菌后茎部变粗，成了美味可口的蔬菜。

3. 生物除草　如利用炭疽病菌防治稻田的田皂角等。

4. 矮化果树　如中国的柑橘衰退病株系是弱株系，澳大利亚科学家曾尝试利用中国株系使该国柑橘树矮化，以便于管理。

二、对人类社会的重大影响

1. **造成大饥荒** 19世纪40年代欧洲因马铃薯晚疫病而发生饥荒,爱尔兰饿死100万人,加上疾病和移民,该国人口从800万减少到500万(图1-1)。1842年孟加拉地区(孟加拉国和印度的孟加拉邦)水稻因胡麻斑病减产,1843年因此病饿死200万人。

2. **造成中毒** 中世纪欧洲大麦发生麦角病,食用混有麦角大麦的人患上迷幻、四肢转黑、坏疽。食用感染小麦赤霉病的麦粒常造成呕吐等症状。

3. **造成工厂破产** 19世纪末,法国南部的葡萄园突然流行葡萄霜霉病,当霜霉病菌寄生在葡萄叶上时,叶片好像打过霜一样,布满了白色的斑点,使正在成熟的葡萄萎缩干瘪,使不少葡萄园和酒厂破产。

4. **造就了股票和期货市场** 1634—1637年的荷兰出现了所谓的"郁金香狂热"现象。郁金香碎色病毒使郁金香花瓣产生了一些色彩对比非常鲜明的彩色条或"火焰",荷兰人极其珍视这些被称之为"奇花"的受感染的球茎。"花叶病"促使人们疯狂的投机。1636年,以往表面上看起来不值一钱的郁金香,竟然炒到了与一辆马车、几匹马等值的地步。就连长在地里肉眼看不见的球茎都几经转手交易。1637年,一种叫"Switser"的郁金香球茎价格在一个月里上涨了485%!一年时间里,郁金香总涨幅高达5 900%!然而,当人们明白郁金香的真实价值之后,其价格便一泻而下,变得和马料一般低贱。经济学家一般认为郁金香狂热是现代股票和期货市场之祖。

图1-1 饥民逃荒前的合影

第六节 植物病原物的利用

植物病理学以往主要是研究经济植物的病害及防治以保护其免遭损失,迄今已做出了巨大贡献。现在人们又在探讨利用植物病原物。

一、在生命科学研究中利用植物病原物

在生命科学发展的长河中,植物病理学亦曾做出引以自豪的重大贡献。

1. **首次报告分子生物病毒** 1898年,荷兰DELFT工业大学的微生物学教授贝叶林克(Martinus Beijerinck)证实了烟草花叶病毒(TMV)是一种传染性"活"液,能在活体内"繁殖",因而不是毒素,也不同于小型微生物。国际病毒学会将1898年定为病毒学诞生年,并在

1998年召开了病毒学诞生100年学术会。美国植物病理学家斯坦利（Stanley, W.M.）1935年报告用化学的方法提纯得到了结晶（图1-2），并证实具有侵染性，他因此获得了1946年的诺贝尔化学奖。

2. 首次报告分子生物亚病毒 美国植物病理学家迪内（Diener, T.O.）于1971年报告，从患有马铃薯纺锤块茎病的植株通过多种化学方法提纯，发现了一种比病毒还小的致病性生物，能侵染、繁殖造成病害。这种致病因子没有蛋白质外壳，仅含有一个分子量很小的环状RNA。迪内将其称为类病毒（viroid）。自1971年以来，已正式报道和研究的类病毒至少13种。

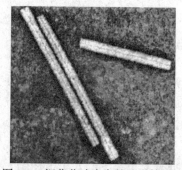

图1-2 烟草花叶病毒的显微镜照片

二、在基因工程研究中利用植物病原物

首次育成的转基因作物品种是转基因抗TMV的烟草。目前的转基因植物大部分是抗病、抗虫、抗除草剂的。

1. 利用病原细菌DNA序列 切尔顿等（Chilton, MD）在1977年证实了冠瘿土壤杆菌能将细菌体内的Ti质粒（tumor inducing plasmid）即肿瘤诱导质粒上的可转移DNA（tDNA）导入寄主植物细胞，插入染色体中，寄主细胞就能不断分裂而形成癌肿。Ti质粒后来经改造成了有效的植物基因工程载体。再如烟草野火病菌本身的耐野火毒素的谷氨酰胺合成酶基因被导入烟草中，转基因烟草能够抗野火菌毒素。

2. 利用病毒核酸序列 在植物基因工程中用得最多的启动子是双链DNA病毒花椰菜花叶病毒（CaMV）35S启动子，其转录产物的沉降系数为35S。该启动子在大多数植物细胞内都能启动外源基因的组成性强表达。花椰菜花叶病毒本身也可能用做基因工程的载体。病毒的衣壳蛋白基因、复制酶基因等也被导入植物中，育成抗病毒的品种。

三、在发酵工程中利用植物病原物的代谢物

1. 赤霉素 日本人黑泽贡（1926）报告水稻恶苗病菌的培养过滤液能使水稻和一些亚热带草伸长（图1-3）。1939年成功结晶了赤霉素。赤霉素现在是国内外许多工厂的主要产品。

2. 黄原胶 野油菜黄单胞菌黄原胶因其特殊的分子结构使其具有良好的水溶性、增黏性、假塑性、耐酸碱、耐盐、耐酶解、耐高温性。同时又与其他物质具有很好的相容性。在制药工业、食品工业、石油、纺织、建材工业上得到广泛的应用。

3. 果胶酶 多种真菌和细菌产生果胶酶。如从生物制品公司购到的果胶酶就是黑曲霉菌产

图1-3 水稻恶苗病显著高于正常稻苗

生的。大白菜软腐病菌的果胶酶被用于苎麻脱胶。果胶酶还用于果汁澄清等食品饮料生产。

四、在杂草控制中利用植物病原物及其代谢物

微生物除草剂最早报道的是20世纪60年代我国使用"鲁保1号"（菟丝子炭疽病菌培养物）防治大豆田菟丝子。第一个注册的真菌除草剂是一种含棕榈疫菌（*Phytophthora palmivora*）厚垣孢子的液体制品，用于控制柑橘园中的杂草绞死藤，可杀死96%的杂草群体。

链格孢菌、镰孢菌、炭疽菌等真菌可产生具有除草活性的真菌毒素。如AAL毒素和腾毒素等。病原细菌菜豆晕枯病菌产生的毒素phaseolotoxin能使杂草的叶片出现萎黄病的病状，产生局部坏死。这种毒素一旦进入植物内部，将向枝端感染，导致植株的矮化、失绿，严重的导致植物叶片坏死。

五、在保护生态多样性上利用植物病原物

20世纪80年代初，原产于中南美洲的薇甘菊传入深圳，如今已泛滥成灾。深圳市受薇甘菊危害的林地面积已达2 600hm^{2}以上，福田区伶仃岛国家级自然保护区受害最大，26hm^{2}以上受害森林已奄奄一息。在薇甘菊周围种植田野菟丝子，其幼苗牢牢地缠绕薇甘菊枝茎，深入薇甘菊表皮吸取其水分和营养，最终导致薇甘菊死亡。在内伶仃岛自然保护区种植田野菟丝子的试验表明，田野菟丝子基本控制了薇甘菊的蔓延与危害，奄奄一息的植物又重新恢复了生机。

六、植物病原物的药用价值

1. **菟丝子** 主要作为强身健体药用，主治阳痿、遗精、腰痛及心血管病，并有调节免疫、护肝等作用。
2. **黑麦麦角** 如前所述，黑麦麦角有毒，但也可作药用，是重要中药材。药用成分是麦角固醇，具收缩子宫和止血的功效。

第七节 植物病理学的里程碑

一、病原学的创立

早期人们把病害看作自然发生的即病害"自生论"。1775年法国人迪雷（Tillet）证实，用黑粉病粒拌种可以传染小麦腥黑穗病，后来普洛弗特证实黑粉物是一种真菌，德巴利（De Bary,1853）正式创建了病原学说。他提出黑粉病和霜霉病是真菌侵染的结果，而不是植物生病以后才有真菌滋生的。他还指出，马铃薯晚疫病是一种疫菌引起。美国人布利尔（T.J.Burrill,1879）最早报告梨火疫病是由细菌引起的，引起了一场大争论。阿瑟尔（J.C.Arthur,1882）重复了这一结果，但最早确认的是史密斯（Erwin F.Smith）。日本的土居养二1967年报告了在电镜下确认了桑萎缩病的病原

是类菌原体,即现在的厚壁菌门的植原体属生物。1898年荷兰人贝叶林克首先提出烟草花叶病的病因是一种传染性活液,并命名为 virus(病毒)。后来鲍登(Bawden,F.C.,1936)证明真正具有侵染力的是核酸而不是蛋白质。考斯奇(Kausche)1939 年报告在电镜下看到了烟草花叶病毒。

二、生理植物病理学的创立

日本人田中（1933）首次报告用病原真菌培养滤液使梨果上产生黑斑,症状与病菌侵染的结果一样,肯定了真菌毒素的致病能力。

三、植物病害流行学的创立

弗洛尔（Flor, HH.）1946 报告了在研究亚麻品种对锈菌的抗性时发现，植物品种的抗病基因与病原物小种的致病性基因存在着相互对应的关系，即基因对基因的关系。范德普朗克（Van der Plank, JE.）在 1963 年提出了植物有垂直抗性和水平抗性两种抗性的理论，并提出单利病害和复利病害流行学说。

四、防治学的创立

William Forsyth（1802）提出石灰硫磺可防治果树的霉病。Millardet（1882）配制出波尔多液，1885 年波尔多液首次作为商品用于防治葡萄霜霉病，同年也提出了用热水处理种子的防病措施。New, PB. 和 Kerr, A（1972）报告最早研制出用土壤杆菌 K84 菌株防治根癌土壤杆菌的生物防治新技术。法国里昂市 1660 年最早颁布法令铲除小麦秆锈菌转主寄主小檗，首开法规防治之先河。

第二章 植物病原学

第一节 植物病原真核菌类

一、分类地位

根据新的生物分类系统,细胞生物分7界(图2-1)。7界的主要区别见表2-1。

真核生物类:植物界、动物界、原生界、真菌界、色藻界。

原核生物类:细菌界、古菌界。

原菌物界中的卵菌与原属植物界的一些有颜色的藻类组合成新的色藻界,原菌物界中的黏菌(含根肿菌)归到原生界,菌物界中余下的成员组成真菌界。

本节介绍的植物病原真核菌类病原物包括真菌界的成员、色藻界的卵菌、原生界的根

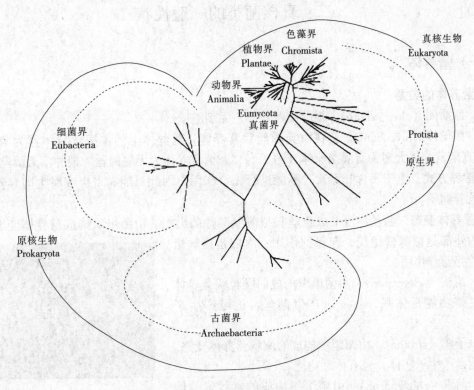

图2-1 细胞生物7界图示

肿菌。

表 2-1 7 界细胞生物的主要区别

总界	界	主要特征
原核生物（无核膜）	古菌界（Archaebacteria）	能在极端环境下生存的原核生物，主要是产甲烷菌、嗜热菌、耐高盐菌
	细菌界（Eubacteria）	在正常条件下生存的原核生物
真核生物（有固定的细胞核）	真菌界（Eumycota）	细胞壁主要成分为几丁质，不含叶绿素，异养
	色藻界（Chromistan）	细胞壁主要成分为纤维素，不含叶绿素 a 和 b，有的含叶绿素 c
	植物界（Plantae）	细胞壁主要成分为纤维素，含叶绿素 a 和 b
	原生界（Protista）	可运动的无细胞壁单细胞生物，异养
	动物界（Animalia）	可运动的无细胞壁多细胞生物，异养

二、真核菌类的一般性状

（一）营养体

1. 营养体的类型

（1）原质团（plasmodium）。根肿菌营养体，无细胞壁。

（2）菌丝体（mycelium）。真核菌类的丝状营养体，菌丝体上的单根丝状体称为菌丝（hyphae）。真菌营养体大多为有隔菌丝体（图2-2），卵菌营养体为无隔菌丝。根肿菌无菌丝体。

2. 营养方式 由于不含叶绿素，不能进行光合作用，因此只能靠寄生或腐生即异养的方式来吸收营养物质。

3. 营养体变态 菌丝体可形成疏丝和拟薄壁两种菌组织。由菌组织构成营养体变态。营养体变态的外部是拟薄壁组织，起保护作用；内部是疏丝组织，起贮存营养作用。

（1）菌核（sclerotium）。由菌组织构成的颗粒状营养体变态。主要功能是休眠，萌发时产生菌丝，也可产生子实体。

（2）子座（stroma）。由菌组织构成的座状营养体变态。主要功能是产生子实体，也有休眠功能。

（3）菌索（rhizomorph）。由菌组织构成的索状营养体变态。主要功能是休眠，萌发时产生菌丝。

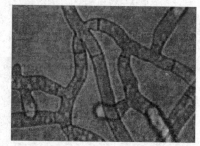

图 2-2 真菌营养体的有隔菌丝

4. 营养繁殖 真核菌营养体通过裂殖、断裂等方式直接产生孢子，如节孢子、厚垣孢子等。厚垣孢子是菌丝中的个别细胞膨大，原生质浓缩，细胞壁加厚而成为有休眠功能的孢子。

（二）繁殖体

1. 生殖方式 分为有性生殖和无性生殖两种。其共同点是经子实体产孢；不同点是前者有性细胞结合过程而后者无。

（1）子实体（sporophore）。真核菌类的特殊产孢机构。

（2）孢子果（sporocarb）。复杂的子实体称为孢子果，如子囊果（ascocarp）、担子果（basidiocarp）和分生孢子果（conidiophore）。

2. 无性孢子类型

（1）游动孢子（zoospore）。是一种生于孢子囊内，单胞、无细胞壁、具有鞭毛、可游动的无性孢子。

（2）孢囊孢子（sporangiospore）。是一种于孢子囊内、单胞、有细胞壁的无性孢子。孢囊孢子无鞭毛，不可游动。

（3）分生孢子（conidiospore）。是一种外生于分生孢子梗上，成熟时脱落的无性孢子，一至多个细胞，有细胞壁。分生孢子无鞭毛，不可游动。

3. 有性孢子类型

（1）接合子（zygosperm）。是由两个游动配子交配，鞭毛收缩，形成细胞壁，经质配和核配而成的一种二倍体有性孢子。接合子萌发后形成二倍体的营养体。

（2）卵孢子（oospore）。是由大小不同的配子囊即藏卵器（大型配子囊）和雄器（小型配子囊）交配，经质配和核配后形成的一种单胞厚壁有性孢子。孢子萌发前减数分裂。

（3）接合孢子（zygospore）。是由同型配子囊交配，经质配和核配后形成的单胞厚壁有性孢子。接合孢子萌发前减数分裂。

（4）子囊孢子（ascospore）。由大小不同的配子囊，即产囊体（大型配子囊）和雄器（小型配子囊）交配，经质配、核配和减数分裂后，在子囊内形成的有性孢子。一般每个子囊内8个子囊孢子。

（5）担孢子（basidiospore）。由分别来自"＋"、"－"菌丝中的细胞融合，经一个较长时间的双核细胞阶段后在菌丝顶端形成担子，经核配和减数分裂，在担子顶端小梗上形成的单胞有性孢子。一般每个担子上着生4个担孢子。

（三）生活史

真核菌的生活史是真菌孢子经过萌发、生长和发育，最后又产生同一种孢子的整个生活过程。典型的真核菌生活史包括无性繁殖阶段和有性生殖阶段。有些真菌有多型现象，即整个生活史中可产生2种或2种以上孢子的现象。

真核菌生活史有五种主要类型：无性型（只有无性阶段）、单倍体型（营养体和无性繁殖体为单倍体）、单倍体—双核型（出现单核单倍体和双核单倍体菌丝）、单倍体—二倍体型（出现单倍体和二倍体世代交替）、二倍体型。

三、植物病原真核菌的主要类群

根肿菌和卵菌分别为原生界和色藻界中的一个独立的门。真菌界分三个门（表 2-2）。为方便诊断病害而在双核菌门中设了一个半知菌亚门。这个门中不产无性孢子的其有性阶段一般为担子菌亚门，产生分生孢子的有性阶段属于子囊菌亚门。

表 2-2　植物病原真核菌各主要类群的特征

界	门	亚门	有性孢子	无性孢子	营养体
原生界	根肿菌门		接合子	游动孢子（长短不一的两根尾鞭）	原质团，整体产果
色藻界	卵菌门		卵孢子	游动孢子（一根尾鞭和一根茸鞭）	无隔菌丝
真菌界	壶菌门		接合子	游动孢子（一根尾鞭）	简单细胞或膨大细胞以丝状物相连，分体产果
	接合菌门		接合孢子	孢囊孢子	无隔菌丝
	双核菌门	子囊菌亚门	子囊孢子	分生孢子	有隔菌丝
		担子菌亚门	担孢子	分生孢子（少见）	有隔菌丝
		半知菌亚门		分生孢子	有隔菌丝

真菌界壶菌门与园艺植物关系不大，不作介绍。

（一）原生界根肿菌门

原属菌物界黏菌门根肿菌纲（或菌物界真菌门鞭毛菌亚门），现为原生界根肿菌门。

1. **习性**　水生或两栖，寄生于高等植物根部，为细胞内专性寄生菌，引起促进性畸形病变。

2. **营养体**　自始至终为无壁原质团，整体产果。有单倍营养体和二倍营养体。

3. **无性繁殖**　产生游动孢子。游动孢子前端具有长短不一的两根尾鞭（图 2-3），鞭毛结构为 9+2 型。

4. **有性生殖**　单倍体转变为游动配子囊，游动配子交配形成接合子。接合子萌发后形成二倍体原质团。此原质团内细胞核发生核配，并很快进行减数分裂，分割成许多厚壁的单核休眠孢子。一般把根肿菌的接合子看成有性孢子。

5. **重要属**

（1）根肿菌属（*Plasmodiophora*）。

①特征：休眠孢子散生在寄主细胞内，呈鱼卵块状（图 2-4）。

图 2-3　游动孢子的两根尾鞭

②重要种：十字花科根肿菌（*P. brassica*），芸薹属（*Brassica*），为十字花科之一属。引起十字花科植物根肿病。诊断要点：根肿，株矮。生活史：休眠孢子萌发释放出的一个游动孢子与寄主植物根毛或表皮细胞接触，鞭毛收缩成休止孢，休止孢在植物细胞上溶一小洞将原生质体注入，发育为单倍原生质团。单倍原生质团整体分割成多个薄壁游动孢子囊。游动孢子囊释放出与游动孢子形状相同的游动配子。游动配子交配形成接合子。接合子侵入寄主细胞内发育成二倍体原生质团。二倍原生质团经核配和减数分裂，分割成多个厚壁的休眠孢子。休眠孢子抵抗力强，在土中可存活7~8年。

图 2-4　根肿菌属的休眠孢子堆

（2）粉痂菌属（*Spongospora*）。
①特征：休眠孢子聚集成多孔的海绵球状。
②重要种：马铃薯粉痂病菌（*S. subterranean*），为害马铃薯块茎，形成疮痂状小瘤。

（二）色藻界卵菌门

1. **习性**　水生→两栖→陆生。腐生→非专性寄生→专性寄生。
2. **营养体**　为发达的无隔菌丝。
3. **无性繁殖**　产生游动孢子。无性生殖开始时，无隔菌丝近顶端处产生一个分隔，形成孢子囊，或先形成孢囊梗，再在梗的顶端形成孢子囊。孢子囊也可由卵孢子萌发产生（图2-5）。低等卵菌的孢子囊菌丝状，无孢囊梗。高等卵菌的孢子囊球形、椭圆形或柠檬形，孢囊梗有固定的形状，如二叉状分支，是分属的依据。孢子囊萌发产生游动孢子；有的先产生一个泡囊，孢子囊里的原生质进入泡囊，在泡囊内形成游动孢子；高等卵菌的孢子囊可直接萌发产生芽管而不产生游动孢子。游动孢子双鞭

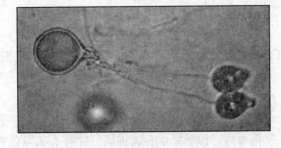

图 2-5　卵孢子萌发产生孢子囊

毛（尾鞭1＋茸鞭1），茸鞭在前，尾鞭在后，侧生或顶生，有些卵菌（水霉目）有两游现象（梨形游动孢子顶生双鞭毛→静止→休止孢→萌发→肾脏形侧生双鞭毛的游动孢子）。

4. **有性生殖**　产生卵孢子。有性生殖开始时无隔菌丝顶端形成一个含有多个细胞核的配子囊。配子囊分为雄器（小）和藏卵器（大）。雄器棍棒形，藏卵器球形，内有多个卵细胞或单个卵细胞，无卵周质至有卵周质。雄器与藏卵器接触后产生受精丝，对藏卵器内的卵细胞受精（图2-6）。卵细胞受精后经质配、核配发育成二核卵孢子。卵孢子萌发时减数分裂。

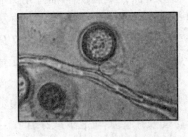

图 2-6　雄器与藏卵器受精

5. 重要属

（1）腐霉属（*Pythium*）。

①特征：孢囊梗与菌丝分化不明显，孢子囊裂瓣状，成熟后一般不脱落，萌发时形成泡囊。

②重要种：瓜果腐霉（*P. aphanidermatum*），引起多种植物猝倒和瓜果腐烂病。诊断要点：腐烂，白色绵霉状物。

（2）疫霉属（*Phytophthora*）。

①特征：孢囊梗分化明显，不定型（梗可不断延伸），孢子囊近球形、卵形或梨形，成熟时可脱落，萌发时不形成泡囊，高湿时产生游动孢子，低湿时可直接产生芽管。

②重要种：致病疫霉（*P. infestans*），引起著名的马铃薯晚疫病。生活史：厚垣孢子或菌丝越冬→产生孢子囊→孢子囊萌发产生游动孢子→游动孢子接近植物→形成休止孢→休止孢产生芽管侵入植物→造成坏死→病部产生孢囊梗和孢子囊→孢子囊随气流传播再次侵染→作物生长后期产生厚垣孢子越冬或以菌丝体在块茎中越冬。

（3）霜霉属（*Peronospora*）。

①特征：孢囊梗二叉状锐角分枝，末端尖锐（图2-7）。孢子囊近球形，萌发产生芽管。

②重要种：寄生霜霉（*P. parasitica*），引起十字花科植物霜霉病。诊断要点：黄褐斑边缘模糊，叶背面白色霜状霉。生活史：卵孢子越冬→萌发产生孢囊梗和孢子囊→孢子囊随气流传播产生芽管侵入植物→病部产生孢囊梗和孢子囊→孢子囊再次侵染→生长后期在植物组织内产生卵孢子。

图2-7　霜霉菌孢囊梗二叉状锐角分枝

（4）假霜霉属（*Pseudoperonospora*）。

①特征：孢囊梗主干单轴分枝，然后做出2～3回不完全对称的二叉状锐角分枝，末端尖细。孢子囊萌发产生游动孢子。类似于霜霉属，但有一定差别（孢囊梗的分枝不同，孢子囊萌发产生游动孢子）。

②重要种：古巴霜霉（*P. cubensis*），最初可能在古巴发现，引起瓜类霜霉病。诊断要点：黄褐斑，叶背有灰黑色霜状霉。

（5）单轴霉属（*Plasmopora*）。

①特征：孢囊梗单轴直角分枝，末端平钝，孢子囊萌发形成游动孢子或泄出原生质或再以芽管萌发。

②重要种：葡萄生霜霉菌（*P. viticola*），引起葡萄霜霉病。诊断要点：黄褐斑，叶背及果实表皮有白色霜状霉。

（6）盘梗霉属（*Bremia*）。

①特征：孢囊梗二叉状锐角分枝，末端膨大呈盘状（图2-8）。孢子囊萌发产生游动孢子或芽管。

②重要种：莴苣盘梗霉（*B. lactucae*）。*Lactucae* "莴苣属"。引起莴苣属及菊科植物霜霉病。诊断要点：黄褐斑，叶背白色霜状霉。

图2-8　盘梗霉属的孢囊梗和孢子囊

(7) 霜疫霉属（Peronophthora）。

①特征：孢囊梗多级有限生长，藏卵器中卵周质不明显。非专性寄生。

②重要种：荔枝霜疫霉（P. litchi），引起荔枝霜霉病，造成果腐。

(8) 白锈属（Albugo）。

①特征：孢囊梗平行排列在寄主表皮下，短棍棒形，孢子囊串生（图 2-9）；卵孢子壁有纹饰。

②重要种：白锈菌（A. candida），引起十字花科植物白锈病。诊断要点：叶上白色疱斑，后表皮破裂，露出白色粉状物。

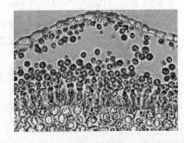

图 2-9 白锈菌孢囊梗平行排列在寄主表皮下

（三）真菌界接合菌门

1. **生活习性** 陆生，大多腐生，极少数弱寄生。

2. **营养体** 发达的无隔菌丝。

3. **无性繁殖** 产生孢囊孢子。无隔菌丝上形成孢囊梗。孢囊梗顶端膨大形成孢子囊。有些接合菌的孢囊梗从匍匐丝上长出，顶生内含多个孢囊孢子的大型孢子囊。大型孢子囊内有孢囊梗延伸进入的球状物，称为囊轴，有的在匍匐丝上产生与孢囊梗对生的假根（图 2-10）。有些接合菌的孢子囊只含几个孢囊孢子，称为小型孢子囊。

4. **有性生殖** 产生接合孢子。从菌丝顶端形成内含多个细胞核的同型配子囊。配子囊顶端对接，同宗或异宗配合，融合质配。不同来源的细胞核两两配对后进行核配，形成厚壁的、表面常有瘤状突起的、具有休眠功能的接合孢子（图 2-11）。接合孢子萌发前进行减数分裂。

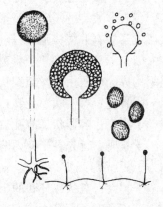

图 2-10 接合菌的大型孢子囊、匍匐丝枝和假根

5. **重要属**

(1) 毛霉属（Mucor）。

①特征：大型孢子囊，无匍匐丝和假根。

②重要种：毛霉（M. sp.），引起果实及贮藏器官腐烂。诊断要点：白绒状霉（菌丝体），霉上有黑色头状物（大型孢子囊）。

(2) 根霉属（Rhizopus）。

①特征：大型孢子囊，有匍匐丝和假根。

②重要种：匍枝霉（R. stolnifer），引起甘薯软腐病。诊断要点：薯块软腐，上被白绒状霉（菌丝体），霉上有黑色头状物（大型孢子囊）。

(3) 笄霉属（Choanephora）。

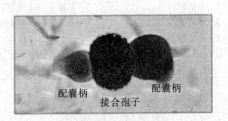

图 2-11 接合菌的配子囊顶端对接产生的接合孢子

①特征：有大型和小型两种孢子囊。

②重要种：瓜笋霉（*C. cucurbitae*），Cucurbitae"葫芦科植物"。孢囊梗似笋状。为害瓜类、茄子、棉花等植物，引起花腐和果腐。

（四）真菌界双核菌门子囊菌亚门

1. **生活习性**　全部陆生。大多腐生→一部分非专性寄生→少数是专性寄生。

2. **营养体**　为有隔菌丝，有一较短的双核阶段，见有性生殖。有些低等子囊菌为单细胞。营养繁殖产生芽孢子、粉孢子、厚垣孢子。营养体还有子座、菌核和菌索等休眠机构。

3. **无性繁殖**　由菌丝顶端分化出分生孢子梗。分生孢子梗上分化产生出分生孢子（详见半知菌）。极少数种不产生分生孢子。

4. **有性生殖**　产生子囊孢子。

（1）典型的子囊孢子形成过程。产囊体上的受精丝从雄器接受原生质（质配）→产囊体上形成产囊丝→产囊形成丝顶端钩状体→钩状体中间细胞发育成子囊母细胞→子囊母细胞中的两个核进行核配→减数分裂→1次有丝分裂→内含8个子囊孢子的棍棒形的子囊。

（2）非典型的子囊孢子形成过程。两个单细胞的营养体、两个孢子或两根菌丝的细胞融合直接形成子囊（非棍棒形），经质配、核配和有丝分裂，在子囊内形成数量不等的子囊孢子。

（3）子囊果类型。子囊菌有性生殖产生的复杂产孢机构称为子囊果。子囊果的外层由拟薄壁组织构成，内层由疏丝组织构成。

闭囊壳：容器状、无孔口、有壳壁的子囊果。

子囊壳：容器状、有孔口、有壳壁的子囊果。子囊有单层壁。

子囊座：首先在子座内溶出有孔口的空腔，腔内发育成具有双层壁的子囊，含有子囊的子座称为子囊座。

子囊盘：盘状或杯状的、盘顶部平行排列子实层（子囊和侧丝）的子囊果，有或无柄。

5. **分纲依据及纲的特征**　分纲依据是子囊果有无及类型见表2-3。与植物病害关系密切的是半子囊菌纲、核菌纲、腔菌纲和盘菌纲。

表2-3　子囊菌亚门的分纲

纲	纲 的 特 征
1. 半子囊菌纲	无子囊果，子囊裸生
2. 不整囊菌纲	子囊果是闭囊壳，子囊散生在闭囊壳中，子囊孢子成熟后子囊壁消解
3. 核菌纲	子囊果是子囊壳或闭囊壳，子囊有规律地排列在其内形成子实层
4. 腔菌纲	子囊果是子囊座，子囊双层壁
5. 盘菌纲	子囊果是子囊盘，子囊与侧丝有规律地排列在盘的上表面形成子实层
6. 虫囊菌纲	子囊果是子囊壳，营养体简单，大多无菌丝体，不产有性孢子

6. **重要属**

（1）外囊菌属（*Taphrina*）。

①特征：子囊长圆筒形，从双核菌丝体上形成，平行排列在寄主体表（图2-12），子囊孢子芽殖产生芽孢子，引起畸形症状。

②重要种：畸形外囊菌（T. deformans），引起桃缩叶病。诊断要点：缩叶，有灰白色粉蜡层（子囊层）。生活史：单核孢子萌发产生芽管侵入植物→单核菌丝体→双核菌丝体→产囊细胞→子囊母细胞（上部）和足细胞（下部）→子囊和子囊孢子→子囊孢子芽殖产生分生孢子→子囊孢子和分生孢子越冬。

（2）白粉属（Erysiphe）。

①特征：闭囊壳内多个子囊，附属丝菌丝状（图2-13）。

图2-12 外囊菌属的子囊排列在寄主体表

②重要种：菊科白粉菌（E. cichoracearum），引起风毛菊、飞廉等多种菊科植物受害。

（3）单丝壳属（Sphaerotheca）。

①特征：闭囊壳内单个子囊，附属丝菌丝状。

②重要种：瓜类单丝壳（S. cucurbitae），引起瓜类、豆类等多种植物的白粉病。

（4）叉丝单囊壳属（Podosphaera）。

①特征：闭囊壳内单个子囊，附属丝刚直，顶端为一至数次二叉状分枝。

②重要种：三指叉丝单囊壳（P. trydactyla），引起桃、李白粉病。

（5）叉丝壳属（Microsphaera）。

图2-13 白粉属闭囊壳及子囊

①特征：闭囊壳内多个子囊，附属丝类似于Podosphaera。

②重要种：山田叉丝壳（M. yamadai）引起核桃白粉病。

（6）长喙壳属（Ceratocystis）。

①特征：子囊壳有长颈，子囊壁早期消解，无侧丝（图2-14）。

②重要种：甘薯长喙壳（C. fimbriata），引起甘薯黑斑病。诊断要点：薯上有黑斑，斑上有黑色刺毛状物（子囊壳）。

图2-14 长喙壳属的具有长颈的子囊壳

生活史：越冬的子囊孢子、厚壁分生孢子或菌丝体→从自然孔口或伤口侵入植物→菌丝体→薄壁分生孢子再次侵染→子囊孢子和厚壁分生孢子。

（7）黑腐皮壳属（Valsa）。

①特征：子囊壳埋生于子座内，以长颈向外开口。子囊有折光顶环、无淀粉。子囊孢子香肠形、单细胞。

②重要种：苹果黑腐皮壳（V.mali），Malus"苹果属"。

生活史：越冬的菌丝体和分生孢子器→分生孢子→侵染植物→菌丝体→分生孢子再次侵染→子囊壳（偶有）→分生孢子器和菌丝体偶有子囊壳越冬。

（8）赤霉属（Gibberella）。

①特征：子囊壳表生于基质上，壳壁蓝色或紫色。子囊孢子多细胞，无色。分生孢子常为镰刀形。图2-15示3个子囊壳的剖面。

②重要种：玉米赤霉（G.zeae），引起小麦、玉米等多种禾本科植物赤霉病。诊断要点：粉红色霉（分生孢子）、丛生的小黑粒（子囊壳）。

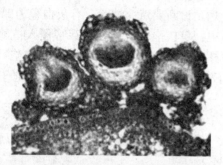

图2-15 赤霉属子囊壳的剖面

生活史：越冬的菌丝体→子囊壳→子囊孢子→侵染植物→菌丝和分生孢子→分生孢子（再次侵染）→菌丝体越冬。

（9）间座壳属（Diaporthe）。

①特征：子囊壳埋生于子座内，以长颈向外开口。子囊有折光顶环、无淀粉。子囊孢子椭圆形或纺锤形，双细胞。

②重要种：柑橘间座壳（D.citri）。诊断要点：树干流胶、叶、梢、果砂皮、黑色蒂腐。

（10）痂囊腔菌属（Elsinoe）。

①特征：子囊座内单个球形子囊（图2-16），子囊孢子3个隔膜。

②重要种：葡萄痂囊腔菌（E.ampelina），引起葡萄黑痘病。

生活史：越冬的子座萌发→分生孢子萌发→菌丝体→反复产生分生孢子→子座越冬。（子囊和子囊孢子在我国未发现）

图2-16 痂囊腔菌属的子囊座内的球形子囊

（11）球座菌属（Guignardia）。

①特征：子囊孢子椭圆形无色、双细胞大小不等。

②重要种：山茶球座菌（G.camelliae），引起茶云纹叶枯病。无性阶段为山茶炭疽菌（Colletotrichum camelliae）。症状特点：叶上云纹状斑点，上有小黑点。

（12）黑星菌属（Venturia）。

①特征：假囊壳大多在病残体表皮层下形成，周围有黑色、多隔的刚毛（图2-17）。子囊孢子椭圆形，双胞，大小不等。分生孢子参见半知菌门黑星孢属。

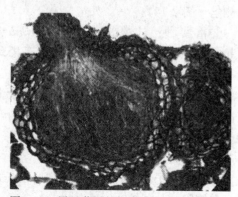

图2-17 黑星菌属的假囊壳在病组织内

②重要种：梨黑星病菌（*V. pirina*），引起梨黑星病。诊断要点：叶上黑褐色星状斑（沿叶背叶脉扩展）。

(13) 核盘菌属（*Sclerotinia*）。

①特征：菌核在寄主表面或组织内形成，其上着生子囊盘（图2-18），不产生分生孢子。

②重要种：油菜菌核病核盘菌（*S. sclerotiorum*），寄主范围广，引起植物菌核病，诊断要点：茎腐、黑色块状物（菌核）。

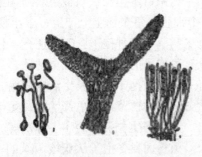

图2-18 核盘菌属的子囊盘和子囊

生活史：越冬的菌核萌发产生子囊盘→子囊盘萌发产生子囊孢子→子囊孢子传播并侵染油菜花瓣→菌丝体→带菌花瓣脱落到叶或茎上→花瓣中的菌丝侵染叶或茎→偶尔产生分生孢子（作用不明）→菌核越冬。

(14) 链核盘菌属（*Monilinia*）。

①特征：子囊盘从假菌丝生出，分生孢子串生呈念珠状。

②重要种：核果链核盘菌（*M. laxa*），引起核果类褐腐病。诊断要点：果实褐腐，至冬天仍挂在树上不脱落，成僵果状。

（五）真菌界双核菌门担子菌亚门

1. 生活习性 高等真菌。大多腐生，少数寄生（非专性寄生→专性寄生）。

2. 营养体 无隔菌丝，双核阶段长。

(1) 初生菌丝体。由担孢子萌发产生，初无隔多核，后有隔单核。

(2) 次生菌丝体。初生菌丝上的细胞质配后形成的双核细胞发育而成的双核菌丝，有锁状结构（图2-19）。

(3) 三生菌丝体（组织化菌丝，构成菌核、菌索、担子果）。

3. 无性繁殖 大多数担子菌不产生无性孢子，有些低等担子菌产生的孢子在功能和起源上属于分生孢子，如锈菌夏孢子。

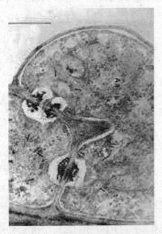

图2-19 担子菌的锁状结构

4. 有性生殖 由"+"、"−"单核菌丝细胞融合，形成双核菌丝。双核菌丝顶端分化出担子，在担子内进行核配和减数分裂，担子顶部或侧面生4个担孢子（图2-20）。

低等担子菌则是在冬孢子内进行核配和减数分裂，冬孢子萌发后产生先菌丝，上生小孢子即担孢子。

5. 分纲依据及纲的特征 根据有无担子果以及担子果的类型分纲。与植物病害相关的担子菌分别属于冬孢纲（无担子果，产生冬孢子）和层菌纲（有担子果，担子形成子实层，一般腐生）。

冬孢纲分锈菌目和黑粉菌目。

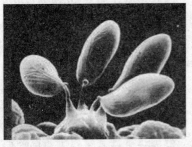

图2-20 担子上的4个担孢子

锈菌目冬孢子从双核菌丝顶端细胞产生，萌发产生的先菌丝（相当于担子）内产生横隔生成 4 个细胞，每个细胞上产生 1 个小梗，小梗上着生单胞无色的担孢子。担孢子释放时强力弹射。全型锈菌有 5 种孢子：0 性孢子、Ⅰ锈孢子、Ⅱ夏孢子、Ⅲ冬孢子、Ⅳ担孢子。未发现冬孢子或没有冬孢子的锈菌称不完全锈菌；只有冬孢子一种双核孢子的称短生活史锈菌；除冬孢子外，还有一种双核孢子的称长生活史锈菌。有的锈菌是单主寄生的，即在一种寄主上生活就可以完成生活史；有的锈菌是转主寄生的，生活史的不同阶段需要在两种不同的寄主上生活才能完成生活史。专性寄生。引起的病害称锈病。

黑粉菌目冬孢子从双核菌丝的中间细胞形成，萌发形成先菌丝和担孢子。先菌丝无隔或有隔，其上无小梗，担孢子不能弹射。大多为兼性寄生。引起的病害称黑粉病。

层菌纲大多腐生，许多引起木材腐朽，有的是食用菌如蘑菇、木耳、银耳，有的是药用菌如灵芝，有的是毒菌，有的是与植物共生的菌根真菌，少数是植物病原菌。担子果一般相当发达。担子形成子实层。

6．重要属

（1）单胞锈属（*Uromyces*）。

①特征：冬孢子单胞有柄（图 2-21）。

②重要种：蚕豆单胞锈菌（*U. fabae*），引起蚕豆锈病。

（2）柄锈属（*Puccinia*）。

①特征：冬孢子双胞有柄，柄不胶化。

②重要病原菌：黑麦草柄锈菌（*P. graminis* var. *secalis*），为害草坪黑麦草。

（3）胶锈菌属（*Gymnosporangium*）。

①特征：冬孢子双胞，有一易胶化的长柄。

②重要种：梨胶锈菌（*G. haraeanum*），引起梨和柏类的锈病。

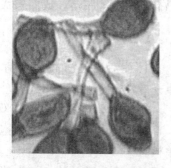

图 2-21　单胞锈属的冬孢子

生活史：在桧柏上越冬的菌丝体产生冬孢子角→冬孢子萌发产生先菌丝和担孢子→担孢子传播并侵染梨树→单核初生菌丝→性孢子器→性孢子和受精丝交配→双核菌丝体→锈孢子器→锈孢子传播并为害转主寄生桧柏等。由于担孢子传播距离有限，因此在梨园周围不种桧柏等转主寄主可有效防病。

（4）多胞锈属（*Phragmidium*）。

①特征：冬孢子多胞有柄（图 2-22）。

②重要种：玫瑰多胞锈菌（*P. rosae-mutiflorae*），引起玫瑰锈病。

（5）黑粉菌属（*Ustilago*）。

①特征：冬孢子外有或无膜包被，散生，萌发成有隔先菌丝，侧生担孢子，自花器侵入或自幼苗幼嫩组织等部位侵入→全株系统侵染或局部侵染。

②重要种：小麦散黑粉菌（*U. tritici*），引起小麦散

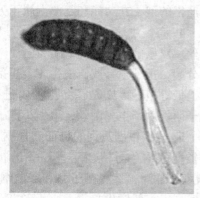

图 2-22　多胞锈属的冬孢子

黑穗病。在寄生性上有分化，小麦上的可侵染小麦，不能侵染大麦。诊断要点：全穗变黑粉，仅存穗轴。黑粉易被风吹散。

生活史：小麦开花时黑穗中的冬孢子（黑粉状物）传播到小麦花器柱头上→萌发产生先菌丝→先菌丝产生4个细胞→异性结合→双核侵染丝侵入子房→在珠被未硬化前进入胚珠→种子成熟时菌丝胞膜略加厚休眠。

（6）亡革菌属（*Thanatephorus*）。

①特征：子实层为一层薄膜，担子粗壮，无性阶段见半知菌中的 *Rhizoctonia*。

②重要种：瓜亡革菌（*T. cucumeris*），引起多种植物的立枯病，纹枯病。诊断要点：白色膜状霉，颗粒状物（菌核）。

（7）卷担菌属（*Helicobasidium*）。

①特征：担子卷曲，有横隔，小梗单面侧生（图2-23），形成菌索。

②重要种：紫纹羽卷担菌（*H. purpureum*）。引起多种植物紫纹羽病。诊断要点：植物根上紫色菌索。

（8）隔担菌属（*Septobasidium*）。

①特征：担子果平伏于树皮上，膏药状，与介壳虫体联系，间接为害活树。双核菌丝上生原担子。原担子顶部形成异担子。异担子有隔，小梗上着生担孢子。

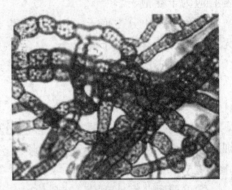

图2-23 卷担菌属的菌丝和担子

②重要种：膏药病隔担菌（*S. tanaka*）。引起木本植物膏药病。诊断要点：膏药状霉，霉下有介壳虫。

（9）外担菌属（*Exobasidium*）。

①特征：子实层平铺，生于寄主角质层下，后外露。与子囊菌亚门外囊菌属相似。引起寄主组织肿大。

②重要种：坏损外担菌（*E. vexans*）。引起茶饼病。

（六）真菌界双核菌门半知菌亚门

1. **生活习性** 寄生或腐生，植物病原真菌约占一半。
2. **营养体** 有隔菌丝。可形成菌核、菌索、子座。
3. **无性繁殖** 大多产生分生孢子（图2-24），少数不产生。分生孢子梗散生或丛生，或生于分生孢子果上。分生孢子果有两种类型：分生孢子盘（短的分生孢子梗紧密平行排列在寄主角质层或表皮下呈浅盘状或垫状的分生孢子果）和分生孢子器（球形、近球形或瓶状，顶端有孔口的分生孢子果，器壁由拟薄壁组织构成，分生孢子梗生于其内）。
4. **有性生殖** 未知或少见。若发现，一般为子囊菌亚

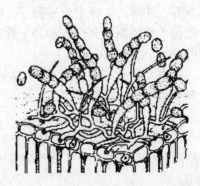

图2-24 半知菌的分生孢子梗和分生孢子

门，少数为担子菌亚门。有些真菌虽已发现有性阶段，但为方便鉴定起见，仍然归于半知菌亚门。

5. 分纲依据及纲的特征　根据是否产孢和是否产生分生孢子果分三个纲。

本亚门以前分芽孢纲、丝孢纲、腔孢纲3个纲。现去掉芽孢纲（酵母类，据其营养体和无性阶段可知其有性阶段归属），从丝孢纲中分出无孢纲，仍为3个纲。丝孢纲和腔孢纲与子囊菌亚门关系密切；而无孢纲与担子菌亚门关系密切。

丝孢纲产生分生孢子。分生孢子梗散生、丛生、聚集成束或成莲座状。有性孢子无或罕见，若有应为子囊孢子。

腔孢纲产生分生孢子。分生孢子生于分生孢子果（分生孢子盘或分生孢子器）内。有性孢子无或罕见，若有应为子囊孢子。

无孢纲不产生无性孢子，有性孢子无或罕见，若有应为担孢子。

6. 重要属

（1）青霉属（*Penicillium*）。

①特征：分生孢子梗直立，多次分枝。分枝顶端生瓶状产孢细胞，其上产生串生分生孢子。整个分生孢子穗呈典型的帚状（图2-25）。分生孢子单细胞。

②重要种：意大利青霉菌（*P. italium*），引起柑橘青霉病。诊断要点：腐烂、灰蓝色霉状物（霉状物的色泽依种而异）。

（2）曲霉属（*Aspergillus*）。

①特征：分生孢子梗直立。顶端膨大成圆形或椭圆形，上生一至二层放线状分布的小梗，小梗顶端生瓶状产孢细胞，其上产生成串分生孢子，整个分生孢子穗呈毛笔状。分生孢子单细胞。

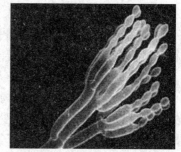

图2-25　青霉属的分生孢子梗和分生孢子

②重要种：黑曲霉（*A. niger*），引起棉花烂铃以及多汁果实、鳞茎腐烂。诊断要点：腐烂、黑色头状物（头状物的色泽依种而异）。

（3）葡萄孢属（*Botrytis*）。

①特征：分生孢子梗粗大，顶端分枝（图2-26）。分枝的末端突起，同时产生多个分生孢子。整个分生孢子穗似一串葡萄。分生孢子单细胞。有性阶段为子囊菌亚门的链核盘菌属（*Botryotinia*）。

②重要种：灰葡萄孢（*B. cinerea*），引起多种植物灰霉病。诊断要点：多汁器官腐烂，上有灰色霉。

（4）轮枝孢属（*Verticillium*）。

①特征：分生孢子梗分枝轮生，分枝末端产生多个瓶状产孢细胞。分生孢子常于瓶体顶部聚集成易散的孢子球。分生孢子单细胞。

图2-26　葡萄孢属的分生孢子梗和分生孢子

②重要种：大丽轮枝孢（*V. dahliae*），引起锦葵科植物黄萎病。诊断要点：植株黄、萎、

维管束变褐色。

(5) 尾孢属（*Cercospora*）。

①特征：分生孢子梗褐色，常生于小型子座上。分生孢子无色、多细胞，倒棍棒形或鞭形（图2-27）。

②重要种：花生尾孢（*C. arachidicola*），寄生于花生。引起花生褐斑病。诊断要点：叶上褐斑，上有小黑粒（小型子座）。

(6) 内脐蠕孢属（*Drechslera*），异名德氏霉属。

①特征：分生孢子梗灰褐色，屈膝状，单枝或分枝。产孢细胞内壁芽生式产孢，着生多胞、深褐色、蠕虫状的分生孢子。孢子脐不突起，圆形，从中间细胞或从端细胞萌发。

②重要种：易露内脐蠕孢霉（*Drechslera fugox*），引起凤梨草叶斑病。

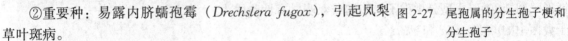

图2-27　尾孢属的分生孢子梗和分生孢子

(7) 梨孢属（*Pyricularia*）。

①特征：分生孢子梗细长，很少有分枝。分生孢子洋梨形或椭圆形，2~3个细胞。

②重要种：灰色梨孢（*P. grisea*），寄生于水稻和其他禾本科植物上，引起稻瘟病、草坪草灰斑病等病害。诊断要点：梭形褐斑、灰绿色霉（分生孢子梗和分生孢子）。

生活史如下：越冬的菌丝体→分生孢子传播并侵染植物（芽管→附着胞→侵入丝）→反复产生分生孢子并反复侵染植物→菌丝体和分生孢子越冬。

(8) 链格孢属（*Alternaria*）。

①特征：分生孢子有纵横隔膜，具长喙或无喙，串生，形成孢子链（图2-28）。

②重要种：芸薹生链格孢（*A. brassicicola*）。寄生于多种十字花科植物，引起黑斑病。诊断要点：黑色圆形斑，上有轮纹，背面黑霉（分生孢子梗及分生孢子）。

图2-28　链格孢属的分生孢子

(9) 枝孢属（*Cladosporium*）。

①特征：分生孢子梗暗色，产孢细胞生于梗及分枝的顶端。分生孢子常芽殖，形成分枝或不分枝的孢子链。

②重要种：果生枝孢（*C. carpophilum*）。为害桃、李果实，引起疮痂和黑星病。诊断要点：斑点、黑霉（分生孢子梗及分生孢子）。

(10) 褐孢霉属（*Fulvia*）。

①特征：原为枝孢属的一个种即 *Cladosporium fulvum*。与枝孢属不同的是，分生孢子梗上每一细胞侧面生出产孢细胞，产生分生孢子。

②重要种：褐孢霉（*F. fulva*），引起番茄叶霉病。诊断要点：同枝孢属。

(11) 黑星孢属（*Fusicladium*）。

①特征：分生孢子梗黑褐色，顶端着生分生孢子。分生孢子脱落后有明显的孢子痕。分生孢子梗的生长尖上又可形成新的分生孢子。分生孢子梭形，淡橄榄色，可芽殖（图2-29）。有性阶段见子囊菌中的 Venturia。

②重要种：梨黑星孢（F. vrescens），引起梨黑星病。诊断要点：见有性阶段。

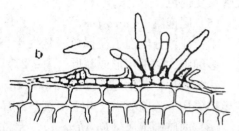

图2-29 黑星孢属的分生孢子梗和分生孢子

（12）镰孢属（Fusarium）。

①特征：分生孢子生于分生孢子座上。有大型和小型两种分生孢子，均无色。大型分生孢子多胞，镰刀形或纺锤形（图2-30），小型分生孢子单细胞或双胞。有性阶段为子囊菌中的 Gibberella 和 Nectria。

②重要种：串珠镰孢（F. moliniformae），引起多种植物的根腐病。

图2-30 镰孢属的大型分生孢子

（13）炭疽菌属（Colletotrichum）。

①特征：分生孢子盘（图2-31）上常生刚毛。分生孢子无色，单胞，短圆柱形或镰刀形。引起炭疽病。现在的炭疽菌属包含了以前的盘长孢属、刺盘孢属和丛刺盘孢属。

②重要种：辣椒炭疽菌（C. capsici），引起辣椒及多种植物炭疽病。诊断要点：病斑中部凹陷，上有小黑粒（分生孢子盘），潮湿时为橘红点（分生孢子）。

（14）痂圆孢属（Sphaceloma）。

①特征：分生孢子盘上常无刚毛，分生孢子梗极短不分枝。紧密排列在子座组织上，分生孢子单细胞无色，卵圆至椭圆形。

图2-31 炭疽菌属的分生孢子盘

②重要种：葡萄痂圆孢（S. apelinum），引起葡萄黑痘病。诊断要点：果和叶上小黑斑。

（15）盘二孢属（Marssonina）。

①特征：分生孢子盘上分生孢子卵圆形或椭圆形，无色，双细胞，大小不等，分隔处有缢缩。

②重要种：苹果盘二孢（M. mali），引起苹果褐斑病。

（16）盘多毛孢属（Pestalotia）。

①特征：分生孢子多细胞，基部有柄，两端细胞无色，中间细胞褐色，顶端细胞附着2～5根刺毛。

②重要种：枯斑盘多毛孢（P. funerea）。引起枇杷灰斑病。

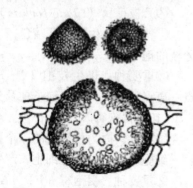

图2-32 茎点霉属的分生孢子器

（17）茎点霉属（Phoma）。

①特征：分生孢子器具有明显的孔口（图2-32），瓶颈式产孢，常寄生于茎部。分生孢子单细胞，无色，卵形至近椭圆形，小于15μm。

②重要种：黑胫茎点霉（*P. lingam*）。主要寄生于油菜、白菜、甘蓝、萝卜等十字花科植物的根及茎基，引起黑胫病。诊断要点：根朽、小黑点。

(18) 拟茎点霉属（*Phompsis*）。

①特征：与 *Phoma* 仅有一点不同，除有纺锤状无色单细胞的分生单胞子外，还有一种一端常为钩状的分生孢子。

②重要种：柑橘拟茎点霉属（*P. citri*）。为害柑橘，引起树脂病。诊断要点：见子囊菌亚门的间座壳属（*Diaporthe*）。

(19) 叶点霉属（*Phyllosticta*）。

①特征：分生孢子器具明显孔口，环痕式产孢。分生孢子单细胞，无色，卵形至近椭圆形，小于15μm。常寄生于叶部。

②重要种：棉叶点霉（*P. gossypina*），引起棉花褐斑病。诊断要点：叶上褐斑，上有小黑点（分生孢子器）。

(20) 大茎点霉属（*Macrophoma*）。

①特征：分生孢子比 *Phoma* 的大（长度大于15μm），其他特征相似。

②重要种：梨轮纹大茎点霉（*M. kawatsukai*），引起梨轮纹病。

(21) 丝核菌属（*Rhizoctonia*）。

①特征：成熟菌丝褐色，多为直角分枝（图2-33），分枝处缢缩，附近形成隔膜，菌核内外色泽一致。

②重要种：立枯丝核菌（*R. solani*），引起多种植物的纹枯病和立枯病，诊断要点：详见其有性阶段亡革菌属。

生活史：越冬的菌核萌发→菌丝侵入植物→菌丝体在植物株间蔓延→产生菌核→菌核传播并侵染新的寄主植物→菌核越冬。

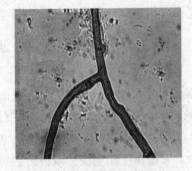

图2-33 丝核菌属的菌丝

(22) 小核菌属（*Sclerotium*）。

①特征：菌核整株致密，干时极硬。菌核表层细胞小而色深，内部细胞大而色浅。

②重要种：齐整小核菌（*S. rolfsii*），引起多种植物白绢病、根腐病、基腐病。诊断要点：根及茎基腐烂，病部紧贴白色绢丝状霉。

第二节 植物病原细菌

一、植物病原细菌的一般性状

(一) 细菌形态和结构

1. 形态 植物病原细菌（plant pathogenic bacteria）大多为杆状，个别丝状和球状。细菌大多单生，大小一般为 $1\sim3\mu m\times0.5\sim0.8\mu m$。因此，要用染料染色后在 100×10 的油镜下才能观察到。

植物病原细菌大多有鞭毛。有的是极鞭，即着生在菌体一端或两端的鞭毛；有的是周鞭即着生在菌体四周的鞭毛。鞭毛着生位置是分类的依据。一般要对鞭毛进行特殊染色后再镜检。

2. 菌体结构 黏质层（较厚而固定的称作荚膜）→细胞壁（多糖、拟脂类和甲壳质组成）→质膜（质膜下的小粒状鞭毛基体上产生鞭毛，穿过细胞壁和黏质层延伸到体外）→胞质（异染粒+中性体+气泡+液泡+核糖体）→核区（DNA，无核膜）（图2-34）。有些细菌有时可以在菌体内形成圆形或卵圆形的内生孢子，称为芽孢。芽孢是细菌的休眠体，含水量低，壁厚而致密，对热、干燥和化学物质的伤害的抵抗能力很强，在适宜的条件下可以重新转变成为营养态细胞。植物病原细菌一般无芽孢。但生防菌芽孢杆菌（*Bacillus* spp.）具有芽

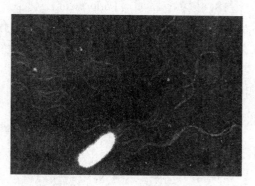

图 2-34　杆状细菌的扫描电镜图

孢。用革兰氏法染色可反映细胞壁差异。革兰氏阴性（G^-）菌壁厚，肽聚糖为主；阳性（G^+）菌壁薄，有脂多糖和脂蛋白。革兰氏染色是用结晶紫草酸铵对细菌染色，经酒精脱色后再用番红复染以便观察。未能脱色的为阳性（紫色），脱色的为阴性（红色）。

（二）培养性状、繁殖、遗传和变异

1. 培养性状 细菌在固体培养基形成菌落，菌落的性状如形状、色泽、流动性等是初步鉴别细菌的一个重要依据。在液体培养基上振荡培养时细菌使培养液变混浊（一般细菌）或形成絮状物（放线菌），静止培养时在培养液顶部形成菌膜或菌环等。

2. 繁殖 细菌的繁殖方式是裂殖，也称为无丝分裂，即遗传物质均等地分配到两个子细胞中。繁殖速度相当快，最快的达到1次/20min。在液体培养时，细菌增殖过程呈S形曲线，亦称逻辑斯蒂曲线。曲线的前部分为迟滞期，中部为对数生长期，也称指数生长期，尾部为静止期。

3. 遗传 由于细菌裂殖时细胞内物质均等分配到子细胞，因此，子细胞所含有的染色体DNA与母细胞是一致的，从一个细菌所得到的后代是一个无性系（clone）。细菌除染色体DNA之外，还有一种可自我复制的环状双链DNA，称为质粒（plasmid），常带有与抗药性、致病性、性结合有关的基因。

4. 变异

（1）突变。细菌DNA上的个别碱基发生改变，有可能导致遗传性状变化。细菌自然突变的频率低。但由于细菌数量多，因此突变次数多。

（2）类有性作用。

①接合：一个细胞的遗传物质，可以部分进入另一个细胞的体内，接受遗传物质的细菌在分裂繁殖时体内的两种遗传物质重新组合。

②转化：由于菌体破裂，一个细胞的遗传物质释放出来，进入另一个有亲和力的同种或近似

种的菌体内,并作为后者的遗传物质的一部分。

③转导:在噬菌体侵染某个细菌时,在 DNA 与衣壳蛋白组装过程中可能会混入寄主细菌的部分 DNA 片段,细菌解体后释放出的噬菌体再侵染另一个细菌时,就可以将所携带的前一细菌的 DNA 片段带到这个细菌体内,这个 DNA 片段有可能插入这个细菌的染色体 DNA 链中,作为它的遗传物质的一部分。这样,外来的 DNA 片段上所带有的基因就可能表达并影响被转导细菌的表现型。

噬菌体(bacteriophage):即细菌的病毒,专性寄生,一般蝌蚪状(图 2-35),也有丝状的。噬菌体在细菌液体培养时能使培养液变清,在细菌培养平板上能形成透明斑(噬菌斑)。

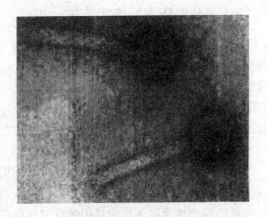

图 2-35 噬菌体扫描电镜图

(三)细菌的血清学性质

血清是血浆的澄清液。当高等脊椎动物受外来抗原物质刺激后,会产生一种与该抗原发生特异性结合的免疫球蛋白(Ig)即抗体蛋白,这种反应称为免疫学反应,含有抗体蛋白的血清称为抗血清。抗原是指能刺激机体免疫系统产生免疫应答而生成抗体和致敏淋巴细胞等免疫应答产物,并能与之发生特异性结合的物质。细菌就是一种抗原。将某种植物病原细菌注射到兔子体内,兔子体内会产生与该细菌特异反应的抗体,制取的特异性抗体可用来检测细菌。抗原与抗体在体外的反应称为血清学反应。血清学反应的类型有凝集反应、沉淀反应和补体结合反应。常用的血清学方法有琼胶扩散试验、酶联免疫吸附试验(ELISA)、免疫电泳和免疫荧光法。

二、分类和鉴定方法

(一)分类

1. **分类地位** 原核生物以前是一个界,最近划分成两界即古菌界和细菌界。前者以前属原核界疵菌门,细胞壁中不含肽聚糖,其生物膜脂质中的单体间是由醚键连接,而不是由酯键连接。古菌界的成员均为耐极端环境如高温、高盐分、高还原或高酸碱度的,所含的基因中有 50% 以上是其他生物中未曾发现。细菌界也称真细菌界,分 21 个门。

2. **种下的分类单元** 植物病原细菌大种化后在种下进一步细分亚种(subspecies,简称 subsp. 是指种下类群中在培养特性、生理生化和遗传学某些性状有一定差异的群体)、致病变种(pathovar,简称 pv. 以寄主范围和致病性为差异来划分的组群)、生化变种(biovar,按生理生化的差异来划分的组群,不考虑致病等其他特征的异同)等。以前的种在新的分类系统中不少是作为亚种或致病变种存在。

（二）分类依据和鉴定方法

细菌分类的依据是菌体形态特征、能源及营养利用特性、活动性、革兰氏染色反应、芽孢或外生孢子特点、对氧的需求等表型特征等。近来还增加了细胞壁成分分析、蛋白质和核酸的组成、DNA—DNA杂交以及16S rRNA序列分析等内容。鉴定方法有症状观察、染色镜检鉴定法（革兰氏染色、鞭毛染色）、培养性状鉴定、生理生化性状测定、致病性测定、血清学鉴定法（玻片凝集反应、界面沉淀反应、琼脂扩散反应等）、核酸技术等。

三、植物病原细菌的主要类群

植物病原细菌属于细菌界中的普罗特斯门、厚壁菌门和放线菌门。以前将一些侵染植物、难培养、没有细胞壁或细胞壁很薄的原核生物分别称为类菌原体（mycoplasma-like organism，MLO）、类细菌（bacterium-like organism，BLO）和类螺原体（spiroplasma-like organism，SLO），合称类原核生物。现在将类菌原体放在一个备选属（*phytoplasma*）中，将类螺原体归入螺原体属（*Spiroplasma*）。类细菌则一分为三，木质部寄生的革兰氏阳性菌放在棒形杆菌属（*Clavibacter*）作为一个种（*C. xyli*），木质部寄生的革兰氏阴性菌放在木质部菌属（*Xylella*）作为一个种（*X. fastidiosa*），将寄居韧皮部的放在另一个备选属（*Phytoplasma*）。

（一）普罗特斯门

1. 特征 普罗特斯门（Proteobacteria）是细菌界中的一个大门，包括许多重要的固氮菌和植物病原菌。这个门的细菌形态多样。菌体球形、卵圆形、短杆形、丝状或螺旋状。门名即源自希腊神话中的一个能任意改变自己外形的海神普罗特斯。这些形态多样的细菌之所以归在同一个门，仅仅是因为它们的RNA序列同源性高。该门细菌细胞壁主要由脂多糖组成，肽聚糖含量较少，因而革兰氏染色为阴性。许多有鞭毛，可游动，有些可滑行或不游动。大多数厌氧。有些紫细菌能利用硫化氢、硫或氢作为电子供体进行光合作用。

2. 重要属

（1）土壤杆菌属（*Agrobacterium*，也叫农杆菌属、野杆菌属）。

①属的特征：杆状，$0.8\mu m \times 1.5 \sim 3\mu m$，1～4根周鞭，$G^-$，好气，DNA中G+C含量为59.6mol%～62.8 mol%，氧化酶阴性，过氧化酶阳性，不产生也不含色素。根围和土壤习居菌。引起瘤肿、发根等症。

②重要种：根癌土壤杆菌（*A. tumefaciens*），也叫根癌农杆菌。引起多种果树根癌病。诊断要点：根及近根的茎生有癌肿。

致癌机制：菌体内含有Ti质粒（肿瘤诱发质粒）。质粒上有一个T-DNA（转移DNA）区和毒性区。T-DNA上有生长素和细胞分裂素合成酶的编码基因。当根癌土壤杆菌接近植物受伤部位时，伤口分泌出的小分子酚类物质如乙酰丁香酮与菌体表面的受体蛋白结合，激活毒性区基因表达。其中一种毒性蛋白将T-DNA单链切下并留在5′端，另一些毒性蛋白包埋T-单链成核蛋白复合体；还有一些蛋白在菌体和植物细胞之间起蛋白通道作用，T-复合体由此进入植物细胞内，并进入细胞核内，将T-DNA插入植物细胞的DNA中，T-DNA便随着植物染色体而复制，并表达其中的激素基因。由于细菌的基因在植物细胞中不受调控，因而细胞内大量积累生长素和细胞分裂素，导致细胞过度增大和分裂，形成肉眼可见的肿瘤。

(2) 假单胞菌属（*Pseudomonas*）。

①属的特征：杆状，直或稍弯，$0.5\sim1\mu m\times1.5\sim4\mu m$，1或几根极鞭，$G^-$，好气，DNA中G+C含量为58 mol%～70 mol%，氧化酶和过氧化酶阳性。一类产生黄绿色可扩散性荧光色素，称为荧光假单胞菌；另一类不产生荧光色素，称为非荧光假单胞菌。腐生或寄生于植物和动物。其中的植物病原菌引起叶斑、溃疡、果斑、维管束性萎蔫病、叶枯、软腐、瘤肿等。

②重要种：丁香假单胞菌（*P. syringae*），*Syringa*为"丁香属"属名。丁香假单胞菌约有120个致病变种。其中烟草野火病菌（*P. s. pv. tabaci*）是烟草上的重要病害。该菌产生一种野火毒素，其核心结构类似于谷氨酸，可与谷氨酰胺合成酶不可逆结合，从而抑制谷氨酸与细胞内游离氨结合，细胞内游离氨积累，导致了氨中毒。引起的病状是在小坏死斑周围有大面积黄晕。

(3) 劳尔氏菌属（*Ralstonia*）。

①属的特征：与假单胞菌属相似。是1996年根据16srDNA序列和rRNA-DNA杂交的结果新组合的一个新属。只有一根鞭毛，甚至无鞭毛。

②重要种：青枯菌（*Ralstonia solanacearum*），寄主范围广，最感病的是茄科植物。诊断要点：植株青枯、维管束变色、嫩茎可挤出菌脓。对于木质化程度高的组织，可切下一小片置于清水中，几秒钟内水变混浊。造成青枯的原因是病菌的胞外多糖阻滞了导管液流。

(4) 黄单胞菌属（*Xanthomonas*）。

①属的特征：菌体直杆状，$0.4\sim1.0\mu m\times1.2\sim3\mu m$，1根极鞭，$G^-$，好气，DNA中G+C含量为$63\sim71mol\%$，具有不溶于水的黄色色素。

②重要种：野油菜黄单胞菌（*X. campestris*，*Brassica campestris*为"野油菜"的学名）。以前的大多数命名种，现成为*X. campestris*的致病变种。受害甘蓝叶上出现V形坏死斑，病菌产生的胞外多糖已工业化生产，称为黄原胶，用于食品加工、石油开采等许多方面。辣椒疮痂病菌（*X. vesicatoria*）为害辣椒，叶上病斑初呈水渍状，溢菌后为疮痂状。

(5) 欧氏菌属（*Erwinia*）。为纪念Erwin F. Smith最早确认细菌引起植物病害（梨火疫病）而用其名拉丁化后作为火疫病所在属的属名。

①属的特征：菌体直杆状，$0.5\sim1.0\mu m\times0.3\sim4\mu m$，多根周鞭，$G^-$，好气，DNA中G+C含量为63 mol%～71 mol%，氧化酶阴性，过氧化酶阳性，一般不产生色素，有的菌体含色素。

②重要种：梨火疫病菌（*E. amylovora*）引起梨、苹果等果树火疫病。发生在欧、美等国，是我国对外检疫对象，属于A_1类危险生物。

(6) 泛生菌属（*Pantoea*）。

①属的特征：特征与欧氏菌属相似，是1989年根据DNA-DNA杂交的结果重新组合的一个新属。

②重要种：斯特沃特泛生菌（*P. stewartii*），有不同亚种，如玉米细菌性枯萎病菌（*P. stewartii* subsp. *stewartii*）是一种对外检疫对象。

(7) 果胶杆菌属（*Pectobacterium*）。

①属的特征：1999 年建立的一个新属，原在欧氏菌属中。本属细菌都具有分解果胶物质的能力。

②重要种：胡萝卜软腐果胶杆菌（*P. carotovorum*），引起多种植物软腐病。诊断要点：植物肉质组织软腐败，有异臭，有时引致萎蔫。病菌产生几种果胶酶，已用于苎麻生物脱胶和造纸原料脱胶。有不同亚种，如引起大白菜软腐病的病原菌（*P. carotovorum* subsp. *carotovorum*）。

(8) 韧皮部杆菌属（*Liberibacter*）（由于资料不全，仍为备选属）。

①属的特征：寄居于植物韧皮部的一类难养菌。有细胞壁，不能人工培养，对青霉素和磺胺嘧啶敏感。在电镜下其形态为梭形或短杆状的细菌，革兰氏染色反应阴性。

②重要种：亚洲柑橘黄龙病菌（*Liberibacter asiaticus*）引起柑橘黄龙病。木虱传病，也可嫁接传染。适应较高温度，由柑橘木虱传病。主要为害甜橙和宽皮橘。诊断要点：树冠中个别枝梢黄化，无虫蛀孔，有传染性，四环素有治疗作用。非洲柑橘黄龙病菌（*Liberibacter africanus*）适应较低温度，由非洲柑橘木虱传病。主要为害甜橙，引起绿果症状。

（二）放线菌门

1. 特征 放线菌门（*Actinobacteria*）DNA 中 G+C 含量高，达 65%～72%。细胞壁中肽聚糖含量高，革兰氏染色反应阳性，菌体有球状、杆状或不规则状、丝状或分枝丝状等。全部好氧性。

2. 重要种

(1) 棒形杆菌属（*Clavibacter*）。

①属的特征：菌体棒状、直或稍弯，0.5～0.9μm×1.5～4μm、无或 1～2 根极鞭、G^+、好气、DNA 中 G+C 含量为 65mol%～75mol%、过氧化氢酶阳性、含黄或紫色素或无色素。引起叶斑、溃疡、果斑、维管束性萎蔫病、软腐、环腐、流胶等症。

②重要种：密执安棒形杆菌（*C. michiganensis*，Michigan 为美国州名）。下分亚种。马铃薯环腐亚种（*C. m.* subsp. *sepedonicus*）引起马铃薯环腐病。诊断要点：薯块维管束变色，切面变色区呈环状，维管束处溢菌。密执安亚种（*C. m.* subsp. *michiganensis*）引起番茄溃疡病，为检疫对象。

(2) 链霉属（*Streptomyces*）。

①属的特征：DNA 中 G+C 含量为 72.2 mol%。菌体分枝细丝状，无鞭毛，成熟时气生菌丝形成 3 个以上链孢子（图 2-36）。初期菌落小（直径 1～10mm），表面稍光滑；后期颗粒状、粉状、绒状。许多种产生水溶性色素及抗生素。土壤习居菌。个别为植物病原菌。

②重要种：马铃薯疮痂病菌（*S. scabies*），引起马铃薯疮痂病。诊断要点：块茎上疮痂斑。

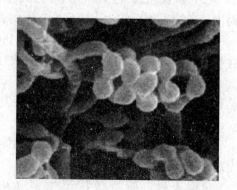

图 2-36　链霉属的链孢子

（三）厚壁菌门

1. 特征 厚壁菌门（*Firmicutes*）是细菌中最大的

一个门。DNA 中 G+C 含量低，为 25%～50%。有 3 个纲，其中软壁菌纲（Mollicutes）是菌原体（mycoplasmas）类，无细胞壁，只有一种称为单位膜的原生质膜包围在菌体四周，厚 8～11 nm，无肽聚糖成分。菌体以球形或椭圆形为主，但形状多变而不固定，哑铃形或分枝状的均有。出芽繁殖、断裂繁殖或二分裂方式繁殖。无鞭毛，大多数不能运动，少数可滑行或旋转运动，营养要求苛刻，对四环素类敏感。

2. 重要属

（1）螺原体属（*Spiroplasma*）。

①属的特征：菌体的基本形态为螺旋形，繁殖时可产生分枝，分枝亦螺旋形。生长繁殖时需要有固醇供应，基因组大小 $5\times10^2\sim5\times10^8$，DNA 中 G+C 含量为 24%～31%。

②重要种：柑橘僵化病菌（*S. citri*），侵染柑橘和豆科植物等多种寄主。柑橘受害后表现为枝条直立，节间缩短，变小，丛生枝或丛芽，树皮增厚，植株矮化，且全年可开花，但结果小而少，多畸形，易脱落。

（2）植原体属（*Phytoplasma*）（由于资料不全，仍为备选属）。该属病菌引起的病状很像病毒病的症状。主要是黄化、丛枝症状。以前放在病毒病中，后来发现有些病可用四环素治疗，在电镜下可看到哑铃状，类似于菌原体的生物体，改称类菌原体，近年来将其归到这个属中。

①属的特征：菌体无壁，圆形、椭圆形、哑铃形，直径 300nm～1μm，由单位膜包围，内含细胞质、DNA 线状体、核糖体等。不能或难以人工培养，芽殖或二分裂殖。对四环素族抗菌素敏感，但对青霉素不敏感。

②重要种：八仙花变叶病菌（*Phytoplasma japonicum*），为害日本八仙花，病株的花变为叶状。板栗丛枝病菌（*Phytoplasma castaneae*），为害板栗，引起丛枝症状。

第三节　植物病原病毒

一、病毒的一般性状

（一）病毒的定义

本章的"病毒"包括病毒和亚病毒。

1. 病毒（virus）　由核酸和蛋白质构成的可自我复制的亚显微分子生物，细胞内专性寄生，无细胞膜和细胞器，一般小于 200nm。依赖其他病毒的帮助才能复制的病毒称为卫星病毒（satellite virus）。

2. 亚病毒（subvirus）　由核酸或由蛋白质构成的可自我复制的分子生物。

（1）卫星核酸（卫星 RNA 或卫星 DNA）。依赖其他病毒（帮助病毒）才能复制的 RNA 或 DNA 分子。

（2）类病毒（viroid）。可单独侵染植物细胞引发病害的低分子量环状单链 RNA 分子。

（3）朊病毒（prion）。可侵染生物引发病害的蛋白质分子生物。目前只在人和动物上发现，如疯牛病。

（二）植物病毒的形态

1. **杆状** 大小为 15~20nm×130~300nm。如烟草花叶病毒（TMV）和大麦条纹花叶病毒（BSMV）。

2. **线条状** 大小为 10~130nm×480~2000nm。如马铃薯 X 病毒（PVX）和柑橘衰退病毒（CTV）。

3. **杆菌状或子弹状** 大小为 52~75nm×270~380nm。如马铃薯黄矮病毒（PYDV），小麦条点花叶病毒（WSMV）和莴苣坏死黄化病毒（LNYV）。

4. **球状** 直径约为 17nm（烟草坏死卫星病毒）至 80nm（番茄斑萎病毒）。

（三）植物病毒的化学组成

1. **病毒** 核酸芯＋蛋白衣壳。核酸占 5%~40%。主要是 RNA，少数为 DNA。蛋白质占 60%~90%。四级结构。20 种氨基酸。有些病毒还有多胺、脂质、酶。

2. **类病毒** 单链 RNA 闭合环状、250~400 个碱基。碱基高度配对，形成链内局部双链。

（四）植物病毒的基因组

1. **基因组分布** 有些病毒是单分体的，即基因组分布在 1 个粒体上，有的分布在 2 个、3 个甚至 4 个粒体上，分别称为二分体、三分体、四分体。

2. **植物病毒的核酸类型** 大多数植物病毒的核酸是正单链 RNA（＋ssRNA），其单链 RNA 可以直接翻译蛋白，起 mRNA 作用，称为＋ssRNA 病毒。有些病毒的核酸是负单链 RNA（－ssRNA），其单链 RNA 不能起 mRNA 作用，必须先转录成互补链，才能翻译蛋白，称为－ssRNA 病毒。还有的病毒的核酸是双链 RNA（dsRNA）、单链 DNA（ssDNA）或双链 DNA（dsDNA）。

二、植物病毒的复制

利用寄主细胞的合成系统复制病毒。

（一）病毒核酸合成

1. **（＋）ssRNA 病毒的复制**（大多数 ssRNA） 释放病毒 RNA→诱导寄主细胞形 RNA 聚合酶→以病毒 RNA 为模板，以细胞内核苷酸为原料，合成另一条 RNA→双链 RNA→分离为病毒 RNA，即（＋）RNA 和（－）RNA 两条单链 RNA→（－）以 RNA 为模板合成更多的病毒 RNA。

2. **（－）ssRNA 病毒的复制**（弹状病毒） 释放病毒 RNA→寄主细胞内利用病毒的转录酶转录出（＋）RNA，以（＋）RNA 为模板合成病毒 RNA。

3. **dsRNA 病毒的复制**（等径病毒） 同一病毒粒体中的 RNA 为多个片段，无传染性，依赖病毒本身带有的转录酶复制。

4. ssDNA 病毒的复制　发生在核内，其复制机制至今未明。动物和细菌 ssDNA 复制时形成一个滚环结构→多体（-）链→以多体（-）链为模板，合成多体（+）链→链裂解为单位长度的（+）链。

5. dsDNA 病毒的复制　病毒 DNA 进入细胞核→扭曲、超螺旋化，形成一个微染色体→转录为两根单链 RNA→RNA（一大一小）进入胞质中→小 RNA 翻译为病毒编码的蛋白；以大 RNA 做模板，通过逆转录酶的作用，逆转录为完全病毒粒体的 dsDNA。

（二）病毒蛋白合成

编码病毒蛋白的病毒 RNA 充当 mRNA 作用，利用寄主的氨基酸、核糖体、tRNA 翻译出病毒蛋白（酶和蛋白衣壳亚基）。ssRNA 病毒多在胞质内合成蛋白，ssDNA 在核内合成蛋白。

（三）病毒的组装

当新的病毒核酸和蛋白亚基合成后，核酸将蛋白亚基装配在其上得到完整的病毒粒体。

三、植物病毒的遗传和变异

（一）遗传

由病毒的复制机制保证了子代病毒与母病毒在遗传上一致。

（二）变异机制

1. 突变　病毒的突变有两种主要类型，即位点突变和缺失突变。所谓位点突变是指病毒基因组的核苷酸碱基发生了改变，这就使由基因组控制的病毒多肽的特性受到影响。碱基改变导致某个氨基酸的变化。有时该氨基酸的改变不影响蛋白质的构型和稳定性，此时基因组的表型仍维持原状。如果改变的氨基酸位于蛋白结构的重要位置，那么多肽的正常功能就会丧失。

缺失突变是指病毒基因组的一部分被丢失，从而使病毒的特性发生改变。如果缺失的那部分核酸序列是无关紧要的，那么病毒的表型不会受到明显影响；如果是关键部分，则病毒将失去独立繁殖的能力，或改变致病性。

2. 遗传重组　在自然条件下，通常会有两种或多种病毒同时感染同一生物，新合成的病毒核酸分子间会发生交换或重排（图 2-37）。核酸序列的重新安排发生在一个分子内，即分子内重组。这种现象主要见于双链 DNA 病毒。有时亲缘关系较远的病毒之间也会发生分子间重组，导致致病性发生变化。

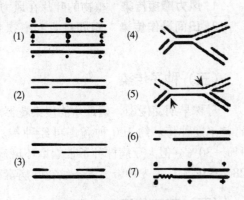

图 2-37　病毒的遗传重组

3. 诱变　人为诱变是指因物理（如 X 光、紫外线）或化学（如腈）的处理导致基因的突变。

四、植物病毒的抗逆性

病毒的抗逆性指标是初步鉴定病毒的依据。

1. **体外存活期** 体外存活期（longevity *in vitro*）是指病株榨取液在室温（20~22℃）下保持其传染力的最长时间。不同的病毒体外存活期不同。如烟草花叶病毒（TMV）体外存活期可达1年以上，而马铃薯卷叶病毒（PLRV）体外存活期只有12~24h。

2. **稀释限点** 稀释限点（dilution end point）是指病株榨取液保持其传染力的最大稀释度。有些病毒的传染性特别高。如烟草花叶病株榨取液稀释10^6倍仍可传病，而有些病毒传染力低，如马铃薯S病毒的稀释限点仅为1~10倍。

3. **钝化温度** 钝化温度（thermal inactivation point）是指处理10min能使病株榨取液失去传染力的最低温度。病毒的钝化温度一般在50~60℃，但烟草花叶病毒的高达90~93℃。

五、植物病毒的传染方式

（一）营养繁殖传染

1. **嫁接** 芽接和枝接等。几乎所有植物病毒都可嫁接传染。
2. **扦插** 带有病毒的插条经扦插长成的苗带有病毒。
3. **自然根接** 如果树染病毒病后经株间接触传病。
4. **匍匐茎** 染病毒的草莓植株可通过匍匐茎与其他植株接触传病。
5. **营养繁殖体** 块茎（马铃薯）、块根（甘薯）、鳞茎（洋葱）、球茎（郁金香）都可作为病毒的传染载体。

（二）汁液摩擦传染

1. **风力摩擦传染** 植物的叶片在风力的作用下摆动，病叶与健叶接触摩擦，可传病至健株。
2. **田间操作传染** 田间进行农事操作时，工具、手、衣服等接触病叶后，可将病毒传至健株。

（三）种子传染

母株早期受侵染，病毒才能侵染花器。病毒进入种胚才能产生带毒种子，而仅种皮或胚乳带毒常不能种传。约100种病毒可经种传。种子中的病毒大多来自胚珠。病毒种子带毒率一般1%~30%，但大豆病株种子带烟草环斑病毒率几乎达到100%，甜瓜种子带南瓜花叶病毒率达28%~94%，大麦种带大麦条纹花叶病毒率可达50%~100%。

（四）花粉传染

可经由花粉传染的病毒少。染病毒植株的花粉授精于健康植株时可将所带病毒传染。

(五) 昆虫传染

昆虫传毒是最普通、最重要的传毒方式。传毒昆虫以蚜虫和叶蝉最重要，其次是半翅目其他昆虫（飞虱、粉虱、粉蚧、介壳虫、椿象等，均为刺吸式口器），以及鞘翅目（甲虫等）、缨翅目（蓟马等）、直翅目（蝗虫）等昆虫。昆虫传毒的持久性依传毒的方式而异。

1. 传毒方式

(1) 口针型。主要是蚜虫，几秒可得毒，得毒后几秒可传毒，一次得毒后传几分钟至几小时。口针尖带毒。

(2) 体内循环型。主要是叶蝉和飞虱，蚜虫也可。病毒经肠壁至血淋巴，再经唾腺至口器，体内不增殖。

(3) 体内增殖型。与体内循环型不同处在于病毒在虫体内可增殖。

2. 传毒持久性

(1) 非持久型。一般为口针型传毒或非刺吸式口器昆虫传毒。从获毒到不再传毒的时间少于4h，如马铃薯Y病毒属的成员经蚜虫口针传毒。

(2) 半持久型。传毒时间10～100h。一般为体内循环型传毒。由于病毒在虫体内不增殖，一旦虫体内的病毒减少到一定程度时便不能传毒。如大麦黄矮病毒（Barley yellow dwarf *Luteo virus*，BYDV）可经蚜虫半持久性传毒。

(3) 持久型。100h以上。一般为体内增殖型传毒。由于病毒在虫体内增殖，因此，有源源不断的病毒供应，带毒虫可终生传毒，甚至经卵传到下一代，如水稻普通矮缩病毒（RDV）。

(六) 螨类传播

9种病毒可经螨传，均为口针型和增殖型。螨蜕皮不影响传毒。

(七) 线虫传染

近20种病毒可经土壤习居的外寄生性线虫传染。4个属的线虫传毒。长针线虫属和剑线虫属的线虫可以传线虫多面体病毒属（*Nepovirus*）的病毒，如烟草环斑病毒、番茄环斑病毒等。毛刺线虫属和拟毛刺线虫属的线虫传烟草脆裂病毒属（*Tobravirus*）的病毒，如烟草脆裂病毒和豌豆早褐病毒。

(八) 真核菌传染

传毒的真核菌是真菌界壶菌门的油壶菌（*Olpidium* spp.）和原生界根肿菌门的多黏菌（*Polymyxa* spp.）、粉痂菌（*Spongospora* spp.）。油壶菌主要通过表面携带病毒，病毒粒子黏附在游动孢子质膜与孢子一同进入植物根部的细胞。而多黏菌和粉痂菌作为传播介体时，病毒存在于游动孢子的体内，并可能在其原生质中进行增殖。

油壶菌至少传4种病毒，即烟草坏死病毒、黄瓜坏死病毒、莴苣巨脉病毒、烟草矮化病毒。多黏菌至少传6种病毒，即小麦土传花叶病毒、大麦黄花叶病毒、燕麦花叶病毒、小麦梭线条病毒、花生丛簇病毒和甜菜坏死黄脉病毒。粉痂菌属的马铃薯粉痂菌（*S. subterraneus*）可传真菌传棒状病毒属（*Furovirus*）和大麦黄花叶病毒属（*Bymovirus*）的病毒。

(九) 菟丝子传染

由于菟丝子与多株寄主植物的维管束连在一起，因而容易传播病毒。许多病毒可由这种方式传。菟丝子经吸盘从病株维管束得毒，运输至另一与无病毒植物维管束相连的吸盘传毒。

六、植物病毒的复合侵染

(一) 有亲缘关系的两种病毒

1. **交互保护作用** 一种病毒或株系侵染后干扰后一种相近病毒或株系的侵染的现象。
2. **交互保护作用机理** 前一种病毒或株系的衣壳蛋白干扰后一种病毒或株系侵入后脱衣壳等。

(二) 无亲缘关系的两种病毒

1. **颉颃作用** 一种病毒侵染寄主植物后，可抑制另一种病毒再次对植物的侵染。如烟草蚀纹病毒可抑制天仙子花叶病毒和马铃薯Y病毒对烟草的侵染。
2. **协生作用** 两种病毒侵染一种寄主植物后，可使症状比单独侵染时更为严重，加剧为害。

七、植物病毒的提纯和鉴定

(一) 分离和繁殖

1. **分离**
(1) 目的。让一株植物上只有一种病毒或只有一个病毒株系。
(2) 方法。一般使用单斑分离法，即将病毒接种于枯斑寄主上，然后取单个枯斑榨汁后接种于系统侵染的寄主植物上。

2. **繁殖**
(1) 目的。提高植物体内病毒浓度和增加总量，便于提纯。
(2) 方法。将病毒接种于系统侵染的草本植物上繁殖，以便提取病毒时捣碎植物组织。

(二) 提纯

1. **破碎细胞**
(1) 目的。从细胞中释放病毒。
(2) 方法。碾磨法、压汁法、匀浆法。
①提取介质：缓冲液加保护剂。
②保护剂种类及作用：
亚硫酸钠、硫基乙酸、盐酸半胱氨酸等：防止病毒被氧化失活。

二乙基二硫代氨基甲酸（BIECA）：螯合铜并抑制多酚氧化酶。
1%尼古丁：防止单宁钝化病毒。
EDTA：去掉钙、镁离子。
苯酚或硅藻土：防止核酸酶裂解病毒核酸。
Tween 80 或 Triton X-100：阻止病毒粒体凝集。

2．离心
（1）目的。将病毒与细胞成分分离。
（2）方法。低速离心去壁；高速离心去细胞器；超速离心（最好是密度梯度离心）沉降病毒。加 PEG 可促进病毒沉降。

（三）鉴定

1．**鉴别寄主法**　根据在一套鉴别寄主上引起的反应鉴别。
（1）接种方法。叶汁摩擦法、虫传法、嫁接法等。
（2）观察内容。是否发病，局部枯斑还是系统症状。

2．**电镜观察法**　观察病毒粒体的形态及所处位置。
（1）病组织观察：取材→固定→包埋→超薄切片→染色→观察。
（2）病毒制品观察：滴病毒纯液于铜网上→染色→观察。

3．**血清法**　根据病毒间血清学关系的亲近程度区分病毒。
（1）琼脂双扩散法。
①原理：利用病毒和抗体在琼脂中同时扩散，相遇时同源抗体和病毒结合，形成白色沉淀带而鉴别血清学关系。
②程序：配琼脂凝胶→打梅花形孔→中孔加抗血清；边孔加病毒样品→室温下保湿孵育 12h→观察沉淀带。
（2）双抗体夹心酶联免疫吸附法（DAS—ELISA）。
①原理：用抗体俘获病毒，有酶标抗体包被病毒，加酶底物显色。
②程序：特异性抗体包被反应板上的穴→冲洗→加病毒样品→冲洗（若为异源病毒则被洗去）→加酶标抗体→冲洗→加底物→冲洗→酶联检侧仪上读 OD 值。
（3）免疫诱捕电镜法
①原理：见血清法和电镜法。
②程序：有支持膜的铜网漂浮于特异性抗血清上→冲洗并吸干→漂浮于病毒样品上→冲洗并吸干→醋酸铀染色→电镜观察。

八、植物病毒的命名和分类

（一）病毒的命名

病毒以代表病毒或病毒形态或传染方式为属名，属名为斜体，首字母要大写，词尾是

"*virus*",如黄瓜花叶病毒属 *Cucumovirus*,Cucu=Cucumber,mo=mosaic。目前尚未采用拉丁文双名法命名,病毒种以最早发现的寄主及其最明显的症状的英文名加上属名命名,如最早在烟草上发现,引起花叶症的一种病毒称烟草花叶病毒 tobacco mosaic *Tobamovirus*,简称 TMV。类病毒种以寄主加症状和类病毒英文名 viroid,如马铃薯纺锤状块茎类病毒 potato spindle tuber viroid,简称 PSTVd。

(二) 植物病毒的分类

2000 年 ICTV 公布的第七个国际病毒分类报告中植物病毒有 15 个科、73 个属。国际病毒分类系统采用目 (order)、科 (family)、亚科 (subfamily)、属 (genus)、种 (species) 分类阶元。属是一群具有某些共同特性的种。

分类依据:主要以病毒粒子特性、抗原性质和病毒生物学特性等作为依据。

1. 病毒粒子特性

(1) 病毒形态。如大小、形状、包膜和包膜突起的有无,衣壳结构及其对称性;

(2) 病毒生理生化和物理性质。如分子量,沉降系数,浮力密度,病毒粒子在不同 pH、温度、Mg^{2+}、Mn^{2+}、变性剂、辐射中的稳定性。

(3) 病毒基因组。如基因组大小、核酸类型、单双链、线状或环状,正、负链,核酸中 G+C 所占的比例、核苷酸序列等。

(4) 病毒蛋白。如结构蛋白和非结构蛋白的数量,大小以及功能和活性,氨基酸序列等。

(5) 病毒脂类含量和特性。

(6) 碳水化合物含量和特性。

(7) 病毒基因组组成和复制。

2. 病毒血清学性质 病毒具有抗原的特性,用病毒免疫所产生的抗体对同源病毒可产生血清学反应。

3. 病毒生物学特性 包括病毒天然的宿主范围;病毒在自然状态下的传播与媒介体的关系;病毒的地理分布,致病机理,组织嗜亲性;病毒引起的病理和组织病理学特点。

九、植物病毒的重要类群

(一) 杆状 ssRNA 病毒 (无包被)(图 2-38)

1. 烟草花叶病毒属(*Tobamovirus*)(Toba=Tobacco, mo=mosaic)

(1) 属的特征。单分体基因组。粒体大小 300nm×18nm。含 14 种病毒。

(2) 重要种。烟草花叶病毒 (TMV)。

①形态结构:杆状 (300nm×15nm);蛋白亚基 2 130 个 (每个亚基 158 个 AA);ssRNA (6 400 个碱基)。

②寄主范围:150 个属。主要是草本双子叶植物。

③稳定性:钝化温度为 93℃。干叶中 120℃ 30min。稀释限点为 $10^{-7} \sim 10^{-4}$。体外保毒期在叶汁

中为4~6周,无细菌汁液中为5年,干叶中室温下为50年。

④鉴别寄主上的反应:心叶烟和菜豆品种平托上表现枯斑;普通烟上系统侵染。

⑤传染方式:汁液、嫁接、菟丝子、有些寄生性种子。

⑥典型症状:深浅绿斑驳;花叶。

2. 大麦条纹花叶病毒属(*Hordeivirus*)[Hordei = Hordeum(大麦属)] 三分体基因组。含4种病毒。代表成员:BSMV。

3. 烟草脆裂病毒属(*Tobravirus*)[*Tob* = Tobacco, *ra* = rattle(脆裂)] 二分体基因组。含3种病毒。代表成员:TRV。

图2-38 杆状ssRNA病毒

(二)丝状ssRNA病毒(无包被)(图2-39)

1. 马铃薯X病毒属(*Potexvirus*) 单分体基因组。粒体大小480~580nm×13nm。含39种病毒。代表成员:PVX。

2. 香石竹潜病毒属(*Carlavirus*)[Car = Carnation(香石竹),la = latent(潜伏)] 单分体基因组。粒体大小600~700nm×13nm。含56种病毒。代表成员:CarLV。

3. 马铃薯Y病毒属(*Potyvirus*)

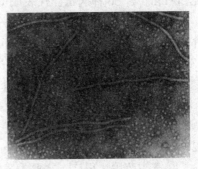

图2-39 丝状ssRNA病毒

(1)属的特征。单分体基因组。粒体大小680~900nm×11nm。含153种病毒。代表成员:PVY。

(2)重要种。芜菁花叶病毒(TuMV)

①形态结构:线形(660~740nm×12.5~15 nm)

②寄主范围:主要为十字花科植物。

③稳定性:钝化温度为55~60℃;稀释限点10^{-3};体外保毒期48~72h。

④鉴别寄主上的反应:普通烟上枯斑;心叶烟上系统侵染或枯斑。不侵染曼陀罗。

⑤传染方式:汁液和蚜虫传毒(非持久性)。

⑥典型症状:花叶。

4. 黄化丝状病毒属(*Closterovirus*)[Closter = klostron(导线状)] 单分体基因组。粒体大小600~2 000nm×12nm。含56种病毒。代表成员:甜菜黄化病毒(BYV)。

(三)等径ssRNA病毒(无包被)(图2-40)

1. 李属坏死环斑病毒属(*Necrovirus*)(Necro = necrosis) 单分体基因组。粒体直径30 nm。含4种病毒。代表成员:PNRSV。

2. 芜菁黄花叶病毒属(*Tymovirus*)(T = turnip, y = yellow, mo = mosaic) 单分体基因组。粒体直径30 nm。含19种病毒。代表成员:TuYMV。

3. 南方菜豆花叶病毒属(*Sobemovirus*)(So = Southern, be = bean, mo = mosaic) 单分体基

因组。粒体直径30 nm。含16种病毒。代表成员：SBMV。

4. 黄症病毒属（*Luteovirus*）[Luteo=yellow（黄化）] 单分体基因组。粒体直径30 nm。含21种病毒。代表成员：大麦黄矮病毒（BYDV）。

5. 豇豆花叶病毒属（*Comovirus*）（Co=Cowpea, mo=mosaic） 单分体基因组。粒体直径30 nm。含15种病毒。代表成员：CoMV。

6. 线虫传多面体病毒属（*Nepovirus*）[Ne=nematode（线虫）po=polyhedral（多面体）] 单分体基因组。粒体直径30 nm。含36种病毒。代表成员：烟草环斑病毒（TRV）。

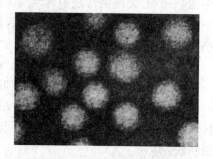

图2-40 等径ssRNA病毒

7. 香石竹病毒属（*Dianthovirus*）（Dianthus=石竹属） 双分体基因组。粒体直径34 nm。含3种病毒。代表成员：香石竹环斑病毒（CarRSV）。

8. 黄瓜花叶病毒属（*Cucumovirus*）（cucu=cucumber, mo=mosaic）

（1）属的特征。三分体基因组。粒体直径29 nm。含4个成员。代表成员：CMV。

（2）重要种。黄瓜花叶病毒（CMV）。

①形态结构：等径（30 nm）。三分体基因组。蛋白亚基180个。RNA占18%；蛋白质占82%。

②寄主范围：很广。主要为害烟草和黄瓜。

③稳定性：钝化温度55~70℃；稀释限点10^{-6}~10^{-3}；体外保毒期1~10d。

④鉴别寄主上的反应：不侵染菊花，在花生上无症状，在黄瓜上引起花叶。

⑤传染方式：汁液和蚜虫传毒（非持久性）。

⑥典型症状：深浅绿花叶、畸形、皱缩、环斑。

（四）ssRNA病毒（有包被，负单链）

1. 番茄斑萎病毒属（*Tospovirus*）（To=Tomato, spo=spotted） 球形或近球形，完整的病毒颗径70~120nm。病毒外围具有一双层脂质蛋白膜，膜表布满棒状小突起，长5~10nm。蓟马传。代表成员：TSWV（番茄斑萎病毒）。

2. 弹状病毒属（*Rhabdovirus*）[Rhabdo=rod（棒状）] 单分体基因组。粒体大小135~380nm×45~95nm。代表成员：莴苣坏死黄化病毒（LNYN）。

（五）dsRNA病毒

裴济病毒属（*Fijivirus*） 属多酚体基因纲，有不同的双链RNA，等径粒，直径54~67.5~80nm。代表成员裴济病毒（*Fiji disease virus*）重要成员：玉米粗缩病毒（MRDV）。粒体球形，60~70nm。基因组为12条不同的双链RNA。

（六）ssDNA病毒

双联病毒属（*Geminivirus*）[Gemini=twins=paired virus particles（成双体的病毒粒体）]

基因组分布在 1~2 条单链 DNA 上。粒体大小 18nm×30nm。含 18 种病毒。代表成员：玉米线条病毒（MSV）。

（七）dsDNA 病毒

花椰菜花叶病毒属（*Caulimovirus*）（Cauli = Cauliflower）单分体基因组。粒体直径 50 nm。含 17 种病毒。重要种：CauMV（图 2-41），引起花椰菜花叶病，转录产物之一为 35S RNA，其启动子被广泛用于植物转基因育种中的融合基因构建。

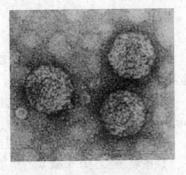

图 2-41　花椰菜花叶病毒

十、类 病 毒

（一）一般性状

1. **RNA 相对分子质量**　类病毒为 $1.1×10^5$~$1.3×10^5$；而自我复制的病毒为 10^6~10^7。

2. **结构**　无蛋白衣壳；而病毒有 250~400 个核苷酸。环式，单链（图 2-42），链内碱基高度配对——发夹结构（有双链区）。

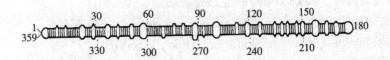

图 2-42　类病毒单链内高度互补示意图

3. **抗逆性**　类病毒是单链 RNA，但因为是环状的，且链内高度互补，所以抗逆强，能耐高温。

（二）复制

靠寄主体内的 RNA 聚合酶。类病毒（+）RNA→滚环结构→线性（-）RNA 多聚体链→自切成线性单位长度（+）RNA→闭环化（图 2-43）。

（三）传染方式

嫁接、汁液、营养繁殖、花粉、种子。

（四）检测

双向电泳法。

（五）已发现的类病毒

1. 马铃薯纺锤体块茎类病毒属（pospiviroid） 现已确定8个种。

（1）马铃薯纺锤形块茎类病毒（potato spindle tuber *pospiviroid*，PSTVd）为代表种。

分布：美国、加拿大、俄罗斯、南非。

核酸特征：350个碱基，高度配对。

传染方式：叶汁、花粉、种子、昆虫（蚜虫等）。

典型症状：病株直立、矮化；叶小、直立、暗绿色、有时卷扭；块茎小、纺锤状。

（2）柑橘裂皮类病毒（citrus exocortis *pospiviroid*，CEVd）。

分布：美国、日本、澳大利亚、巴西、阿根廷、西班牙、意大利、以色列、南摩洛哥及中国。

核酸特征：371个碱基，高度配对。

传染方式：嫁接、机械接触、种子、菟丝子传。

典型症状：纵向裂皮，全树矮化。

（3）菊矮化类病毒（chrysanthemum stunt *pospiviroid*，CSVd）。

2. 其他类病毒

（1）菊褪绿斑驳类病毒（chrysanthemum chlorotic mottle *pelamoviroid*，CChMVd）。

（2）啤酒花矮化类病毒（hot stunt *hostuviroid*，HSVd）。

（3）鳄梨日斑类病毒（avocado sunbloth *avsunviroid*，ASBVd）。

（4）椰子死亡类病毒（coconut cadang-cadang *cocadviroid*，CCCVd）。

（5）苹果锈果类病毒（apple scar skin *apscaviroid*，ASSVd）。

（6）锦紫苏类病毒1号（coleus Blumei *coleviroid*，CbVd）。

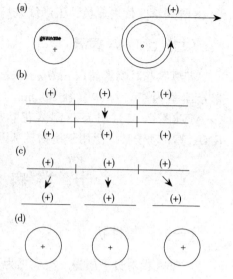

图2-43 类病毒的复制

第四节 植物病原线虫

线虫是一类两侧对称、具有三胚层的原体腔的无脊椎动物。它在自然界中，估计有50万～100万种。分布于淡水、海水、泥沼、沙漠和各种土壤中。还可寄生在许多动物和植物上。寄生在植物的线虫种类目前已记载大约有200多属5 000多种。几乎所有植物都受到线虫的寄生和为害。根结线虫（*Meloidogyne* spp.）、胞囊线虫（*Heterodera* spp.）是它们当中最为重要的线虫，给植物造成了很大的损失。

一、植物线虫的形态

1. 形状和大小 线虫体形呈圆筒形，两端略尖细，横切面呈圆形。虫体不分节，大多数种类均为雌雄同形，呈线状（图2-44）。例如短体线虫（*Pratylenchus* spp.）、滑刃线虫（*Aphelenchoides* spp.）。少数种类是雌雄异形，即雄虫线状，雌虫囊状、梨形或球形等。例如根结线虫、胞囊线虫等。线虫虫体一般为无色透明，但也可因为肠子里含有不同食物而使线虫具有颜色。植物线虫的虫体很小，一般为1～2mm，体宽为30～60μm，因此，难于用肉眼观察到。小麦粒线虫（*Anguina tritici*）、潜根线虫（*Hirschmanniella* spp.）、剑线虫（*Xiphinema* spp.）是较大型的植物线虫，前者的体长可达3～5mm。

图2-44 植物寄生线虫的头部（示口针）

2. 体壁和体腔 线虫的体壁由最外层的角质层、中间的下皮层和最内层的肌肉层组成。角质层是覆盖虫体外表的非细胞层，由下皮层中上皮细胞的分泌物组成，光滑而有弹性，是由蛋白质为主构成的角质膜。它包住整个虫体，同时也内陷为口腔、食道、排泄孔、阴道、直肠和泄殖腔的内衬膜。其最外面一层由极薄的脂质构成，具有半渗透作用。因此，角质层的主要功能是保护线虫体躯，保持膨压，使体壁内肌肉伸缩蠕动，帮助线虫自由移动，同时可与外界进行离子交换，使水分、氧气及一些可溶性物质渗入体内，防御外来有害物质进入虫体。另外，角质层表面有环纹或横纹、鳞片、刺和鞘，体侧有一些从体前端到后端的由纵线所构成的侧线。线虫的部分角质层还形成头部的结构，如唇片、乳突以及雄虫的交合伞。上述特征是线虫分类鉴定的重要根据。下皮层由一层界限不清的合胞体或多核体组织组成。在虫体背、腹中线和两侧的下皮层向内形成4条纵行的索，即背索、腹索和侧索。肌肉层由一层纵行肌肉构成，属斜纹肌类型。含有一些肌原纤维和专化收缩肌。由于线虫只有纵肌而无环肌，同时有厚的角质层，所以线虫只能借助腹肌和背肌的同时收缩，向前呈波浪状的蠕动。线虫的肌肉有一些特殊的分化，如口针、食道、食道球、雄虫的交合刺、引带、雌虫的阴道和子宫上的肌肉。肌肉层下为体腔，无体腔膜，称为假体腔。体腔内充满了体腔液，线虫的消化、生殖等器官埋藏其中。

3. 体躯 线虫的体躯可分头部、体部（躯干部）和尾部。头部是线虫的前端部分，与体部紧密相连。唇区是线虫的最前端部分。唇区的形状、高矮、大小及唇环的数目是分类的重要依据之一。线虫唇区结构的基本模式是由围绕口腔外缘的6片唇瓣组成。在唇区两侧有1对特殊的感觉器官称为头感器或侧器（amphids），其开口形状因不同种类而分为袋状、螺旋形和圆形。从头部至肛门处为体部。在体前部的腹中线上有排泄孔的开口，在体中部或后有雌虫生殖孔的开口。开口的位置是分类的重要依据。肛门以后的部分是尾部。它的形状、大小、长度可因不同的种类而有很大的不同，其形状有圆锥形、圆筒形和丝状等。例如，螺旋线虫（*Helicotylenchus* spp.）一般尾形为圆筒形、很短；而垫刃线虫（*Tylenchus* spp.）一般尾形丝状，较长。植物线虫在尾部两侧常有侧尾腺（lateral caudal glands），其开口称为侧尾腺口（phasmids）。尾形、尾长短和侧尾腺有无是分类的重要依据。

4. 消化系统 线虫的消化系统（digestive system）是一包括口腔、食道、肠、直肠和肛门，贯穿虫体的直管，具有取食、消化、吸收、贮存营养物质和排泄废物的功能。

（1）口腔。口是消化道最前端的开口。口腔是口内的一个腔室，内壁为发达的角质层。线虫通过口腔吞咽食物。不同类型线虫其取食结构不同。通常，植物线虫有一个称为口针（stylet）的器官，是一个中空的针，用于穿刺植物组织和吸取汁液。口针由前端的圆锥体部、中间的杆状体部和后部的3个基部球组成。植物线虫中的矛线类线虫口腔里具有齿针（odontostyle），由前段的锥体部和后段的膨大部组成，两个部分之间常有诱导环（guiding ring）。口腔内口针或齿针的有无是区别植物线虫与土壤中自由生活线虫的重要特征。口针或齿针的长短和形态是植物线虫分类的重要依据。

（2）食道。食道是位于口针基部球至食道—肠瓣之间的一条圆筒形小管，其横切面为三角辐射状。其结构一般分为食道体部、中食道球、峡部和后食道球（或食道腺，植物线虫主要是食道腺）4部分。线虫食道依不同种类，变化很大，有圆柱状食道、矛线型食道、小杆型食道、双胃型食道、垫刃型食道和滑刃型食道6种类型。植物线虫主要是垫刃型、滑刃型和矛线型食道。

（3）肠和直肠。肠连接食道后端，直管状。在食道与肠交界处有一称为贲门（cardia）的瓣膜结构，其作用是防止肠内食物逆流。直肠连接于肠后端，开口于肛门，是一条窄而短的管。在根结线虫雌虫的会阴部，有直肠黏胶质腺，开口于直肠内，分泌胶质物形成卵囊。

（4）肛门。开口于腹面，并连接直肠末端。线虫雌虫的肛门单独开口于体表，而雄虫的肛门则与生殖孔共同开口于泄殖腔（cloaca）。

5. 生殖系统 线虫的生殖系统（reproductive system）很发达，性分化也十分明显。通常为雌雄异体，极少是雌雄同体。雌虫的生殖系统由卵巢、输卵管、受精囊、子宫、阴道和阴门等组成。其生殖管可分为单生殖管和双生殖管。生殖管的数量、位置是分类的重要依据。雄虫生殖系统由精巢、贮精囊、输精管、射精囊和交合刺等组成。一般线虫的雄虫为单条生殖管。雄虫还有一些次生生殖器官，包括泄殖腔、引带、抱片等。

6. 排泄系统 线虫的排泄系统（excretory system）比较简单，一般由几个腺细胞组成。垫刃目和滑刃目线虫的排泄系统则由单个排泄细胞（或腺肾管）经一根排泄管伸至腹面或侧腹面，开口于排泄孔。排泄孔开口的位置一般在食道峡部的神经环附近。

7. 神经系统 线虫的神经系统（nervous system）比较简单，由数百个神经细胞组成，其中枢是环绕食道峡部的神经环（nerve ring）。神经环向前后各分出6条神经。前端的神经主要分布于唇区、乳突和侧器等；后端的6条神经中最大的是腹神经和背神经，其次是2对侧神经。腹神经主要是运动神经和感觉神经；背神经主要是运动神经；侧神经为感觉神经。线虫的神经与虫体的感觉器官、全身的肌肉、体壁和各内部器官相连。这些感觉器官包括唇区的乳突和侧器、排泄孔附近的颈乳突（deirids）和半月体（hemizonid）、尾部的侧尾腺和雄虫的性乳突（genital papilla）等。

二、线虫的生活史和生态学

1. 生活史 线虫的生活史是指从卵开始到又产生卵的过程。经历包括卵（胚胎发育期）、4个幼虫期和成虫期的过程。胚胎发育大致可分为卵裂期、囊胚期、原肠期和中胚层发生及器官形成期。在适宜条件下，卵进行胚胎发育变为 1 龄幼虫，1 龄幼虫在卵内发育并经第一次蜕皮，孵化变为 2 龄幼虫，再经 3 次蜕皮，最后分化为成虫。线虫完成一个世代所需要的时间因不同线虫种类和环境条件而有较大的不同。例如，在适宜条件下，根结线虫完成一代需 3~4 周，短体线虫完成一代则为 1 周左右。有些线虫需要很长时间才能完成一代。如剑线虫中的一些种需要几年才完成一代。植物线虫一般进行两性生殖，但一些种类也可进行孤雌生殖。

2. **生态学** 植物线虫的生长发育、繁殖及存活与气候因素（温度、雨量、日照）、土壤因素（土壤类型、土壤温湿度、氧气、pH、土壤中的生物因子）密切相关。尤其是土壤类型和土壤温湿度极大地影响了土壤中植物线虫的密度。植物线虫在田间一般呈不均匀的块状或多中心分布。其垂直分布主要在耕作层，并与植物根系分布密切相关。

三、线虫的寄生性和致病性

1. **寄生性** 植物寄生线虫都是专性寄生的。大多数植物线虫寄生于植物根部，也有寄生植物茎、叶、种子和花的。如茎线虫（*Ditylenchus* spp.）、粒线虫（*Anguina* spp.）、滑刃线虫等。根据寄生方式不同可分为外寄生、半内寄生和内寄生线虫。

(1) 外寄生。线虫体不进入植物内部，仅口针进入寄主体内。大多数植物线虫都是外寄生的。口针较短的线虫，如矮化线虫（*Tylenchorhynchus* spp.）、毛刺线虫（*Trichodorus* spp.）等，寄生表皮细胞或根毛；口针长的线虫，如剑线虫、长针线虫（*Longidorus* spp.），常取食表皮下层细胞，甚至取食中柱组织。

(2) 半内寄生。线虫仅虫体前端进入植物组织内，后半部露于植物体外，如半穿刺线虫（*Tylenchulus semipenetrans*）和肾形线虫（*Rotylenchulus* spp.）。

(3) 内寄生。线虫整个虫体侵入根组织内或至少在其生活史中的有一段时间整个虫体在根组织内。根据其在根内移动性可分为定居型内寄生和转移型内寄生线虫。前者如根结线虫、胞囊线虫和球形胞囊线虫（*Globodera* spp.）；后者包括短体线虫、穿孔线虫（*Radopholus* spp.）等。

不同的线虫有不同的寄主范围，有些线虫只在极少数的植物上寄生，另外一些线虫则有很广的寄主范围。如南方根结线虫（*M. incognita*）能在超过 2 000 种植物上寄生和繁殖。此外，线虫种内还存在寄生专化性差异。例如南方根结线虫和花生根结线虫（*M. arenaria*）分别有 4 个和 2 个生理小种。

2. **致病性** 植物寄生线虫通过头部的化感器（侧器），接受植物根分泌物的刺激，并且朝着根的方向运动。线虫一旦与寄主组织接触，即以唇部吸附于寄主植物组织表面，以口针穿刺植物组织，并侵入。线虫很容易从伤口和裂口处侵入植物组织内，但更重要的是从植物的表面自然孔口（气孔和皮孔）侵入和在根尖的幼嫩部分直接穿刺侵入。

线虫致病机制一般认为有以下方式：①机械损伤——由线虫穿刺植物进行取食造成的伤害；②营养掠夺和营养缺乏——由于线虫取食夺取寄主的营养，或者由于线虫对根的破坏阻碍植物对营养物质的吸收；③化学致病——线虫的食道腺能分泌各种酶或其他生物化学物质，影响寄主植物细胞和组织的生长代谢；④复合侵染——线虫侵染造成的伤口引起真菌、细菌等微生物的次生侵染，或者作为真菌、细菌和病毒的介体导致复合病害。

上述各种方式中，以食道腺分泌物的作用最大，除有助于口针穿刺细胞壁和消化细胞内含物便于吸收外，还可能有以下影响：刺激寄主细胞的增大，以致形成巨型细胞或合胞体；刺激细胞分裂形成瘤肿和根部的过度分枝等畸形；抑制根茎顶端分生组织细胞的分裂；溶解中胶层，使细胞离析；溶解细胞壁和破坏细胞。

大多数线虫侵染植物的地下部根、块根，引起根坏死腐烂、根部结节或丛生。如根结线虫、短体线虫等。有些线虫与寄主接触后则从根部或其他地下部器官或组织向上转移，侵染植物地上部分的茎、叶、花、果实和种子，引起叶片变色、坏死和畸形，或使茎肿胀、扭曲和腐烂。如菊花叶枯线虫（*A. ritzemabosi*）、洋葱茎线虫（*D. allii*）等。一些线虫可借助昆虫介体的传带，在昆虫取食时，直接从植物的地上部侵入，使整株植物死亡。如松材线虫病（*Bursaphelenchus xylophilus*）。

四、植物寄生线虫的主要类群

1. 分类 目前，线虫作为动物界中的一个门-线虫门（Nemata）的分类地位已经基本确立。根据线虫侧尾腺的有无划分为2个纲：侧尾腺纲（Secernentea）和无侧尾腺纲（Adenophorea）。植物寄生线虫属于这2个纲的垫刃目、滑刃目和三矛目。垫刃目分类根据 Maggenti 等（1987）、滑刃目和三矛目分类根据 Hunt（1993）的研究成果。目以下分总科、科、亚科、属、种。目前世界上已经记载的植物线虫有200多属5 000多种，大多数隶属于侧尾腺纲。种的名称采用双名法。植物线虫的分类目前主要还是以形态性状为基础的形态分类。但近年来，一些新的技术如遗传学、生物化学和分子生物学方法渐渐在一些线虫中得到应用，例如：细胞染色体数目、同工酶（主要是酯酶和苹果酸脱氢酶）、rDNA 中的 ITS 和线粒体 DNA 在根结线虫分类鉴定中有重要作用。

2. 主要类群 园艺植物的重要病原线虫类群如下：

（1）茎线虫属（*Ditylenchus*）。寄生于植物茎、块茎、球茎和鳞茎。也为害叶片。引起寄主组织坏死、腐烂、矮化、变色和畸形。虫体细长，尾端尖细，垫刃型食道；雄虫大小 0.9～1.6 mm×0.03～0.04 mm，交合伞包至尾长的 3/4，不达尾尖；雌虫稍微粗大，大小 0.9～1.86 mm×0.04～0.06 mm，单卵巢，阴门在虫体后部。主要种有鳞球茎茎线虫（*D. dipsaci*）和腐烂茎线虫（*D. destructor*）。

（2）短体线虫属（*Pratylenchus*）。迁移性内寄生于植物根和块根、块茎等植物地下部器官。寄主范围广泛。为害许多园艺植物，导致根腐、组织腐烂和植物生长衰退。体长不超过1mm，圆柱形，两端钝圆，唇区缢缩，口针发达，基部球粗大。雄虫交合刺成对，不并合，交合伞包至尾尖；雌虫单卵巢，直生，前伸。重要病原种有短尾短体线虫（*P. brachyurus*）、咖啡短体线虫（*P. coffeae*）、穿刺短体线虫（*P. penetrans*）、伤残短体线虫（*P. vulnus*）。

（3）穿孔线虫属（*Radopholus*）。极为重要的病原线虫，寄生于香蕉、柑橘和花卉等作物根内，造成毁灭性为害。雄虫头部高，呈球状，缢缩，口针、基部球和食道明显退化，交合伞包至尾端；雌虫头部低，不缢缩，口针粗短，基部球发达。主要种有相似穿孔线虫（*R. similis*），是我国一类进境植物检疫危险性线虫。

(4) 根结线虫属（Meloidogyne）。最为重要的病原线虫之一。寄主范围广泛，为害许多园艺植物，定居性内寄生于植株根部，并引起根部的结节肿大。这是根结线虫病的特异性的症状。雌雄形态异型，成熟雌虫膨大为梨形（图2-45），阴门和肛门在身体后部，阴门周围的角质膜形成特征性的会阴花纹。它的形态是根结线虫分种的重要根据。雄虫细长，尾短，无交合伞，交合刺粗壮。重要种有南方根结线虫、花生根结线虫、爪哇根结线虫（M.javanica）、北方根结线虫（M.hapla）。

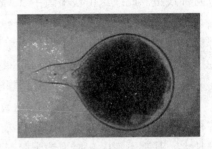

图2-45 根结线虫雌虫

(5) 胞囊线虫属（Heterodera）。最为重要的病原线虫之一。寄主范围相对较窄。为害许多园艺植物。受害植株根系细而乱，支根少，毛根多。播种后一个月左右，主根侧面隆起、破裂，露出白色胞囊。胞囊后期为褐色。严重感病植株矮化、黄化。雌雄形态异型。成熟雌虫膨大为柠檬形，阴门和肛门都位于身体后部隆起的阴门锥。它的形态是胞囊线虫分种的重要根据。角质膜厚，起初白色，随后变为黄色至深褐色，卵保留于胞囊内。雄虫细长，尾短，无交合伞，交合刺粗壮。重要种有甜菜胞囊线虫（H.schachtii）、大豆胞囊线虫（H.glycines）、十字花科胞囊线虫（H.cruciferae）、胡萝卜胞囊线虫（H.carotae）。

(6) 球形胞囊线虫属（Globodera）。重要的病原线虫之一，寄主范围较窄。为害马铃薯、番茄、茄子等茄科植物和少数其他作物。其寄生为害性、形态学与胞囊线虫属相似。但两者有重要区别。本属线虫的雌虫和胞囊近球形，无阴门锥。阴门裂包围在一个环状的阴门窗内。重要种是马铃薯金线虫（G.rostochiensis）、马铃薯白线虫（G.pallida）。这两种线虫均为我国极为重要的植物检疫线虫。

(7) 肾形线虫属（Rotylenchulus）。是植物根部的定居性半内寄生线虫。分布广泛。为害多种作物。侵染根部，引起根变为褐色，皮层坏死，根系变小，植株矮化。线虫雌雄异型。成熟雌虫膨大为肾形，前部不规则，阴门突起。排泄细胞发达，产生胶状混合物。雄虫线形，口针和食道退化。重要种是肾形肾状线虫（R.reniformis），能寄生侵染多种蔬菜。

(8) 半穿刺线虫属（Tylenchulus）。是植物根部的定居性半内寄生线虫。主要寄生于柑橘类果树及其他果树。受害作物根系发育不良、粗短，地上部分生长衰退。线虫雌雄异型。成熟雌虫长袋状，排泄孔和阴门都位于虫体极后部。排泄细胞发达，产生胶状混合物。雄虫线形，短小，纤细，口针和食道退化。重要种是柑橘半穿刺线虫（T.semipenetrans）。

(9) 滑刃线虫属（Aphelenchoides）。在植物的叶片、芽、茎和鳞茎上营迁移性外寄生或内寄生，引起叶片皱缩、枯斑、死芽、茎枯和茎腐，全株畸形等。虫体细长，滑刃型食道；雌虫尾端不弯曲，从阴门后逐渐变细，单卵巢。雄虫尾端弯曲呈镰刀形，交合刺强大，呈玫瑰刺状，无交合伞。重要种有水稻干尖线虫（A.besseyi）、草莓芽叶线虫（A.fragariae）、菊花叶线虫、毁芽滑刃线虫（A.blastophthorus）。

(10) 伞滑刃线虫属（Bursaphelenchus）。虫体较细，体长0.4～1.5 mm，头部较高，通常缢缩，口针基部膨大或有基部球。雌虫有阴门盖，单卵巢，前伸；雄虫交合刺发达，交合伞短小，尾部圆锥形，向腹面弯曲。重要种为松材线虫（*B.xylophilus*），是我国二类进境植物检疫危险性线虫。此线虫由松墨天牛（*Monochamus alternatus*）传播，引起松树萎蔫病。

(11) 细杆滑刃线虫属（*Rhadinaphelenchus*）。虫体极细，体长 0.8~1.4 mm，口针细，有基部球。雌虫阴门位于虫体中后部，单卵巢，前伸；雄虫交合刺呈玫瑰刺状，顶端有缺刻。重要种为椰子红环线虫（*R.cocophilus*），是我国二类进境植物检疫危险性线虫，由棕榈象甲（*Rhynchophorus palmarum*）传播，引起椰子红环病。

(12) 长针线虫属（*Longidorus*）。在植物根部寄生。引起根尖肿大、扭曲、卷曲等畸形，有些种类传播植物病毒如番茄黑环病毒（TBRV）。虫体极细长，体长 4 mm 以上，侧器大，口针十分长大，基部不膨大，尾为钝圆筒形。雌虫有尾突 2 对，雄虫有尾突 6 对。长针线虫常在果树、花卉和蔬菜根部发现。重要种包括伸长长针线虫（*L.elongates*）、渐狭长针线虫（*L.attenuatus*）等。

(13) 剑线虫属（*Xiphinema*）。在植物根部寄生。引起根尖肿大、坏死、木栓化，严重抑制根系生长。有些种类能传播植物病毒，如番茄环斑病毒（TomRSV）、南芥菜花叶病毒（RMV）等。虫体较大，圆柱形，矛线形食道，齿针极长大，且骨质化，基部有肿大状延伸物，尾部极短。剑线虫常在果树、花卉根部发现。重要种包括美洲剑线虫（*X.americanum*）、异尾剑线虫（*X.diversicaudatum*）和标准剑线虫（*X.index*）等。

(14) 毛刺线虫属（*Trichodorus*）。分布于世界各地。在植物根部迁移性寄生。被害植物根系小，支根短，故最初称为矬短根线虫（Stubby-root nematode）。有些种类还可传播病毒，如烟草脆裂病毒（*Tobravirus*）。雌虫虫体粗短，雪茄形。角质膜薄，疏松。矛线型食道，口针较短，朝腹面弯曲。毛刺线虫常在果树、花卉根部发现。重要种包括原始毛刺线虫（*T.primitivus*）、相似毛刺线虫（*T.similes*）等。

第五节 寄生性植物

一、寄生性植物的种类

寄生性植物（parasitic plants）主要有桑寄生、菟丝子、列当、野菰等种子植物。其中菟丝子和列当是对外检疫对象。此外还有藻类等。如引起茶红锈藻（是一种绿藻，但产叶绿素能力已退化）。

二、寄生性植物的寄生性

（一）寄生部位

1. 茎寄生（寄生于地上部分的茎）　桑寄生、菟丝子。
2. 根寄生（寄生于地下部分的根）　列当、野菰。
3. 叶寄生（寄生于地上部分的叶）　藻。

(二) 寄主范围

1. 窄　亚麻、菟丝子。
2. 广　桑寄生。

(三) 对寄主的依赖程度

1. 半寄生　含叶绿素，其吸盘的导管与寄主导管相连。桑寄生。
2. 全寄生　不含叶绿素，其吸盘的导管和筛管分别与寄主导管和筛管相连。菟丝子、列当、野菰。在不含叶绿素这一点上与色藻界相同，但寄生性植物具有产生叶绿素的潜能，而且种子植物有维管束，有根、茎、叶的分化。

第三章 植物的病程

植物病程（pathogenesis）是指病原菌侵入寄主植物过程及其伴随的组织学和病理学变化。它不仅包括病菌的致病过程、罹病植物发生病理变化及寄主对病菌侵染发生的抗性反应，也包括植物与病原物个体水平的互相作用。植物病程是植物病理学的核心内容。

第一节 侵染过程

病原物的侵染过程（infection process）就是病原物与寄主植物可侵染部位接触，并侵入寄主植物，在植物体内繁殖和扩展，然后发生致病作用，显示病害症状的过程，也是植物个体遭受病原物侵染后的发病过程，简称病程。

病程可分为四个时期：接触期、侵入期、潜育期和发病期。

一、接触期

接触期是病原物与寄主接触，或到达能够受到寄主外渗物质影响的根围或叶围后，开始向侵入部位生长或运动，并形成某种侵入结构的一段时间，称接触期。

病原物的传播体（如真菌孢子、菌丝、细菌细胞、病毒粒体、线虫等）可以通过气流、雨水、昆虫等各种途径传播。在传播过程中，只有少部分的传播体被传播到寄主的可感染部位，大部分都落在不能侵染的植物或其他物体上。病原物在接触期间要受到外界各种复杂因素的影响。植物根部的分泌物可促使病原真菌、细菌和线虫等或其他休眠体的萌发或引诱病原的聚集。如根的分泌物可使植物寄生线虫在根部聚集，是与根的生长所产生的二氧化碳和某些氨基酸等有关。

在接触期，除受到寄主植物分泌物的影响外，还受到根围土壤中其他微生物的影响。如有些腐生的根围微生物能产生抗菌物质，可抑制或杀死病原物。将有颉颃作用的微生物施入土壤，或创造有利于这些微生物生长的条件，往往可以防治一些土壤传播的病害。

大气的湿度和温度对接触期的病原物影响最大。许多真菌孢子，在湿度接近饱和的条件下，虽然也能萌发，但不及在水滴中好。稻梨孢菌（*Pyricularia oryzae*）的分生孢子，在饱和湿度的空气中，萌发率不到1%，而在水滴中达到86%。对于色藻界卵菌门，在萌发时能产生游动孢子的水滴是必要的。因此，绝大多数气流传播的真菌，湿度越高，侵入越有利。然而白粉菌的分生孢子一般可以在湿度比较低的条件下萌发，有的白粉菌在水滴中萌发反而不好。显然，白粉菌分生孢子萌发的机理和一般的孢子不同。对于土壤传播的真菌孢子在土壤中的萌发，除色藻界卵菌门外，土壤湿度过高对孢子的萌发和侵入是不利的。

温度主要影响真菌孢子的萌发和侵入的速度，各种真菌孢子萌发都有一定的温度范围，因真菌种类不同而异，一般的最适温度在 20~25℃。色藻界卵菌门孢子萌发的最适温度要低一些。在最适温度下，孢子萌发率高，萌发所需要的时间也短。

接触期是病原物处于寄主体外的复杂环境中，除了直接受到寄主本身的影响外，还要受到生物的和非生物的因素影响。病原物必须克服各种对其不利因素才能进一步侵染，所以这一时期是病原物侵染过程中的薄弱环节，也是防止病原物侵染的有利阶段。

二、侵 入 期

从病原物侵入寄主到与寄主建立寄生关系的这段时间，称为病原物的侵入期（penetration）。

植物病原物几乎都是内寄生的，只有极少数是外寄生的。如引起植物白粉病的白粉病菌，但一般都需要产生吸器伸入植物表皮细胞中。植物寄生线虫也有外寄生的，它们以头、颈伸入植物组织中吸吮植物的汁液；寄生性种子植物也要在寄主组织内形成吸盘，所以都有侵入问题。

1. 侵入途径和方式 病原物的种类不同，其侵入途径和方式也不同。真菌大都是以孢子萌发形成的芽管或者以菌丝从自然孔口或伤口侵入，有的还能从角质层或者表皮直接侵入。植物病原细菌主要是通过自然孔口和伤口侵入。植物病毒的侵入都是从各种方式造成的微伤口侵入。

（1）直接侵入。是指病原物直接穿透寄主的角质层和细胞壁的过程。植物的角质层是由比较复杂的物质组成。主要有蜡质、角皮质和类脂化合物。细胞壁的成分主要是纤维素、半纤维素、果胶化合物和糖蛋白。一部分真菌具有直接侵入的特性，其侵入的过程：落在植物表面的真菌孢子，在适应的条件下，萌发产生芽管，芽管的顶端可以膨大而形成附着胞（appressorium），附着胞以它分泌的黏液将芽管固定在植物的表面，然后从附着胞上产生较细的侵染丝，以侵染丝穿过植物的角质层，进入细胞内（图 3-1）。

至于真菌直接侵入机制，过去一直认为主要是附着胞和侵染丝的机械压力引起的，如麦类白粉菌分生孢子形成侵染丝的压力可达 709kPa，才能穿透寄主的角质层。由于电镜技术的发展，对直接侵入的认识有了进展。侵染丝穿过角质层，过去强调的是机械作用，但电镜观察发现侵染丝下的角质层由于侵染丝的压力形成一定的凹陷，但未发现角质层因单纯机械作用而破裂的现象，而是侵染丝在角质层经过酶的作用转化后再进一步侵入的。因此，侵染丝穿过角质层应该是机械的和化学的两方面的作用，并且证明酶的活动局限在侵染丝的侵染点附近。

（2）自然孔口侵入。植物体表有许多自然孔口，如气孔、水孔、皮孔、蜜腺等。许多真菌和细菌就是由上述某一或几种孔口侵入的，其中以气孔侵入的最为普遍。如多种锈菌的夏孢子，霜霉病菌的游动孢子或孢子囊，及许多引起叶斑病的细菌等。真菌孢子落在植物叶片表面，在适应条件下萌发形成芽管，因趋化性芽管向气孔处伸长，或无趋化现象而仅凭机会伸长到气孔上方，芽管顶端再生长伸长侵入气孔。另一种情况如小麦锈菌、夏孢子萌发形成芽管，然后形成附着胞和侵染丝，以侵染丝从气孔侵入。

从气孔侵入的细菌，其寄主孔口上必须有水滴或水膜，细菌在其中靠寄主少量的外渗营养进行初步繁殖，然后在水中游动侵入孔内。

（3）伤口侵入。植物体表常有机械、病虫等外界因素造成的伤口。此外，还有一些自然伤口，如叶痕和支根生出处。许多病原菌既可从伤口侵入，又可以从自然孔口侵入；而有些病原菌

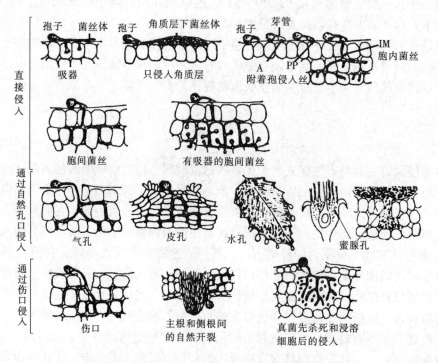

图 3-1 病原物的不同侵入途径
(仿 Agrios, 1997)

则只能从伤口侵入，它们是严格的伤口侵入菌。伤口侵入的病原菌常需要在伤口表面进行短期生长和繁殖，才能侵入健康组织。病毒、类菌原体等只能从微伤口侵入。介体昆虫，机械摩擦或嫁接等在传播它们的过程中即可造成微伤，同时把它们引入细胞内。某些细菌或致病性较弱的次生侵染真菌，可以侵入由初次侵染病菌造成的伤口，引起发病。

2. 侵入所需环境条件 病原菌的侵入能否顺利地完成，需要有适应的环境条件配合。环境条件既对寄主的抗病性有一定的影响，同时也影响病原物的侵入活动。环境条件中影响最大的是湿度和温度。

(1) 湿度。是指植物体表的水滴、水膜和空气湿度。细菌只有在水滴、水膜覆盖伤口或充润伤口时才能侵入。大雨过后，不少气孔被浸润，气孔从外到内形成一个连续水道，此时细菌最易侵入。绝大多数真菌的孢子都必须吸水才能萌发。雨、露、雾在植物体表形成水滴或水膜是它们侵入的首要条件。这就是绝大多数真菌病害都在多雨、高湿的条件下才会流行的原因。然而也有少数例外，如白粉菌，其分生孢子萌发并不需要液态水，而可吸收气态的水进行萌发，甚至在相对湿度很低时也能萌发，若淹没在水滴中反而不能萌发。病毒病的侵入对湿度无严格要求，土壤湿度适中有利线虫的活动和侵入。

(2) 温度。温度主要影响孢子萌发和侵入的速度。各种真菌的孢子都具有最高、最适和最低的萌发温度。离开最适温度愈远，孢子萌发所需要的时间愈长；超出最高和最低的温度范围，孢子便不能萌发（图 3-2）。

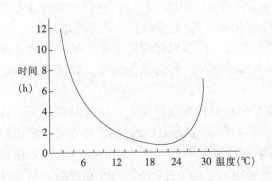

图 3-2 温度对葡萄霜霉病菌孢子囊萌发的影响

应当指出,在生长季节或冬季温室中,一般温度都能满足孢子萌发的要求,因此,温度不成为限制侵入的因素,而湿度条件变化较大,常成为病菌侵入的限制因素。

3. **侵入期所需时间和接种体数量** 病原物侵入所需要的时间因病原物种类不同而有差异。病毒的侵入与传播紧密相连,瞬时即完成;细菌的侵入所需时间也较短,在最适条件下,不过几十分钟;真菌侵入所需时间较长,大多数真菌在最适应的条件下需要几小时,但很少超过24h。

病原物的侵入要有一定的数量,才能引起侵染和发病。引起成功侵染的所需的最低数量称为侵染剂量(infection dosage)。病原物侵染剂量因病原物种类、寄主品种的抗性和侵入部位而不同。许多病原真菌,如锈菌夏孢子或白粉菌的分生孢子,单个就能引起侵染,并能形成孢子堆。这种单孢子接种的方法,常用来分离和纯化真菌。但大多数的病原真菌需要一定数量的孢子才能引起侵染。小麦赤霉病的病原真菌,要用每毫升分生孢子数不少于10 000个的悬浮液接种麦穗才能引起发病。病毒启动侵染不仅需要一定数量的病毒粒子,还要求病毒粒子具有侵染能力。例如,在心叶烟(*Nicotiana glutinosa*)上产生一个病斑需要1 500~50 000个TMV粒子。同样利用小体积(2.5μl)病毒悬液(含450个粒子)接种就可系统侵染另一种烟草(Havana 142TI1787),也能在过敏性烟草(Havana 425)上造成局部侵染。往往在活体下接种病毒比离体接种病毒效率高,即造成病斑需要的病毒粒子数。与此相反,有些病毒侵染需要的粒子浓度高,即大体积病毒悬液(10^4~10^6个粒子)才能造成一个病斑。复合病毒侵染一般需要较多的病毒粒子。植物病原细菌的接种和植物病毒的侵入是否成功,都与侵入的数量有关。

侵染剂量不仅取决于病原物的侵染能力,而且与寄主抗病性有关。如小麦腥黑穗病菌,接种在感病品种上,每粒麦种上只需要100个冬孢子就能引起发病,但在较抗病品种上则需要500~5 000个冬孢子才能引起发病。

三、潜 育 期

潜育期(incubation period)指病原物侵入后和寄主建立寄生关系到出现明显的症状的阶段。潜育期是病原物在寄主体内夺取营养进行扩展、发育的时期,也是病原物与寄主进行激烈斗争和相互适应的时期。病原物只有克服了寄主的反抗力,建立起稳定的寄生关系,症状才逐渐地表现出来。

在病原物与寄主建立寄生关系中,营养关系是最基本的。病原物从寄主获得营养的方式大致可以分为两种。第一种为活体营养型(biotrophic),病原物直接从寄主的活细胞中吸取养分,通常以菌丝在细胞间发育蔓延,以吸器伸入活细胞内吸收营养,属于这类的病原物都是专性寄生,如锈菌、白粉菌、霜霉菌;第二种为死体营养型(necrotrophic),病原物先杀死寄主的细胞和组织，然后从死亡的细胞中吸收养分。属于这一类的病原物都是非专性寄生的，它们产生酶或毒素的能力强，所以对植物的破坏性大。它们虽然可以寄生在植物上，但是获得营养的方式还是腐生的。

病原物在植物体内的扩展，有的局限在侵染位点附近，称为局部侵染，如常见的各种叶斑病；有的则从侵染位点向各个部位蔓延，甚至引起全株的感染，称为系统侵染，如郁金香碎花病、番茄病毒病等。

1. 潜育期长短与病原菌种类有关 各种病害种类潜育期长短差异很大。短的只有几天，长的可达 1 年。大多数叶部真菌病害潜育期一般 10d 左右。但也有较短或较长的，如玉米小斑病和马铃薯晚疫病，接种 2d 即可见褪绿或水渍状初期病斑；小麦散黑穗病菌（*Ustilago tritici*）在开花期从花柱或子房壁侵入的，菌丝体潜伏在种子的种胚内。下一个生长季当种子萌发时，菌丝即侵入生长点，以后随着植株的发育而形成全株性的感染，在穗部产生冬孢子而表现明显的症状，潜育期长达 1 年。有些果树和树木的病害，病原物侵入后要经过几年才发病。一般来说，局部侵染的病害潜育期较短，而系统侵染的病害潜育期较长。实际上，同一种病菌不同小种在同一品种上的潜育期长短也不同。以小麦叶锈菌为例，一般优势小种或流行性小种，其潜育期短、孢子堆大、产孢量最多，对环境条件不敏感。所以锈菌潜育期的特点与锈菌流行关系的研究是小麦锈菌的早期监测技术之一。

2. 环境对潜育期长短的影响 病害潜育期长短受环境条件的影响，其中以温度的影响最大。如葡萄霜霉病的潜育期在 23℃下为 4d，21℃下为 13d，29℃下为 8d。对大多数病害来说，湿度对潜育期长短影响不大，因为病原物已从寄主内部取得所需要的水分，外界湿度已不成为限制因素。但如果植物组织中的湿度高，尤其是细胞间充水时，则有利于病原物在组织内的发育和扩展，潜育期相应缩短。

一般来说，局部侵染的病害，潜育期长短受环境影响大，并成为决定流行速度的重要因素之一。潜育期愈短，再次侵染次数愈多，病害流行愈严重。系统侵染的真菌性病害潜育期受环境条件影响较小。病毒病潜育期长短因温度而有明显变化。潜育期长短还受寄主抗病性影响。

3. 潜育期中引起的寄主内部病变 在潜育期时，病原物在植物体内繁殖和蔓延，消耗了植物的养分和水分。同时，由于病原物分泌的酶、毒素和生长激素，破坏了植物的细胞和组织，植物的新陈代谢发生了显著的改变。先是生理上的改变，继而引起组织的改变，最后表现在外部形态上的变化，即出现症状标志着潜育期的结束。

四、发病期

指症状出现后病害进一步发展的时期。病害发生的轻重，也受上述寄主生长、温度高低等因素的影响。症状的出现是寄主生理病变和组织病变的必然结果，并标志着一个侵染程序的结束。发病期病原由营养生长转入生殖生长阶段，即进入产孢期，产生各种孢子（真菌病害）或其他繁殖体。新生的病原物的繁殖体为病害的再次侵染提供了主要的来源。真菌孢子形成的速度和数量与外界条件中的温度和湿度关系很大。孢子产生的最适温度一般在 25℃ 左右，高的湿度能促进孢子的产生，如马铃薯晚疫病和多种霜霉病等只有在相对湿度饱和或接近饱和时才能产生孢子，形成霉层。若天气干燥，特别是高温干燥，虽然病状显露，但并无孢子形成。只有遇到高湿后，才产生孢子。细菌性病害的症状往往是产生脓状物，其中含有大量的细菌个体。病毒由于在寄主细胞内寄生，在寄主体外不表现病征。在多数情况下，症状表现的部位都与病原物侵入扩展的范围相一致。例如各种斑点性病害，在侵染点及其周围形成病斑。但有些病害侵入扩展范围与症状表现部位不一致，如各种黑穗病，通常在幼芽时侵染，在穗部表现症状；又如根病，侵染在根部，症状则常在植株地上部表现。

第二节 植物的感病机制

完整健康的植物体就像一个堡垒，由众多结构不同、功能分化的细胞群集合而成。而植株表面与外界接触部分常由纤维组成（如根表皮细胞和叶薄壁组织的胞间层），或是由覆盖在表皮细胞壁外的角质层组成（如植株的气生部分），并且常在角质层外沉积一层蜡质，特别是在植株的幼嫩部分（图3-3）。

病原物之所以侵染植物，是因为在其进化过程中获得了利用寄主植物的物质的能力，而这些物质一般都存在于植物细胞的原生质内。因此，这就要求病原物首先得穿过角质层细胞壁。即使外层细胞壁被穿透，病原物的侵入还需要穿过更多层的细胞壁。而且，细胞内含物并不总是能被病原物利用，还必须分解为病原物能够吸收和同化的成分。与此同时，作为对病原物侵入的反应，

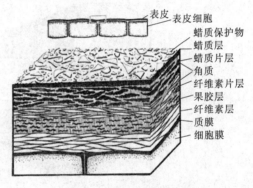

图3-3 植物组织的结构

植物体本身会产生一些组织结构或化学物质来干扰病原物的存活和发展，这就涉及植物的感病机制（susceptibility mechanism of plant）和病原物的致病机制。

一、病原物对寄主植物表面施加的机械压力

要研究病原物如何侵染植物，就必须找到它入侵植物的方式，怎样获取营养和中和植物的抗性反应。研究表明要达到这些目的，病原物大多是通过分泌化学物质，从而损害寄主植物组织结构或影响其代谢作用。一些病原物也通过对寄主植物表面施加机械压力而侵入。

真菌和寄生性种子植物要侵入植株时，首先得附着在植物表面，虽然菌丝和胚根常包裹着黏液，但是它们对植物的附着主要是靠最初病原和植物表面的相互紧密接触而产生的分子间力。有时，孢子接触湿润表面时能形成吸盘结构（adhesion pad）；角质酶和纤维素酶从孢子表面释放从而帮助孢子附着于植株表面；一些种类的真菌孢子在其顶部常带有黏性物质，通过水化作用使之能附着于不同的表面。

一旦接触建立，真菌的菌丝和高等植物的胚根前端膨大，进而形成附着胞（appressorium）。附着胞的形成，增加了病原和植物的接触面，使病原更牢固地与植物结合，并通过附着胞产生侵入丝（penetration peg），穿透植物体表角质层和细胞壁而侵入。有些真菌，只有在可侵入的

细胞壁位点积累黑色素（melanin），侵入才能发生。原因可能是黑色素产生了一个类似于"陷阱"的硬质结构层，吸引附着胞内的溶质流向此处，引起大量的吸水。这样附着胞膨压增加，进而使侵入丝的机械穿透更容易。真菌和寄生性高等植物突破植物表面障碍时，常借助分泌相应的酶类，软化或溶解侵入点的角质层和细胞壁。侵入丝穿过角质层时，常成很细的针状，穿过角质层后，菌丝则急剧增粗，常是侵入丝刚穿过细胞壁后就恢复至原来的菌丝直径见图3-4。

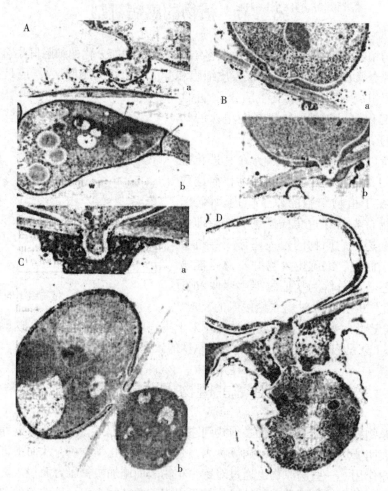

图 3-4　真菌（colletotrichum graminicola）侵入叶面细胞
Aa. 附着胞从孢子形成　Ab. 附着胞成熟　Ba. 侵入钉开始形成　Bb. 侵入钉穿过细胞壁，被侵入细胞开始形成乳突　Ca. 侵入钉穿过乳突　Cb. 穿过角质层后，菌丝急剧增粗　D. 穿透完成，侵染建立，可见附着胞内大液泡

线虫穿过植物表面是通过口针的反复穿刺，在细胞壁上产生机械压力，最后穿透植物表皮细胞壁，头部或整个虫体进入植物细胞内。一旦真菌或线虫进入了细胞后，就会不断地分泌相应的酶类，以软化或溶解另一侧的细胞壁，进而使穿透更加容易。

一些病原物真菌在植物表皮下的组织中形成子实体时，亦施加相当大的机械压力，致使细胞壁角质层扩张、突起和破裂，子实体外露。

通常病原物都是微生物，一般不可能对植物表面施加太大的机械压力。除了一些真菌、寄生种子植物和线虫在其侵入植物时借助于直接的机械压力外，大量的病原物主要依靠病原物分泌的酶对侵入部位进行所谓的前软化作用（presoftening）。机械压力作用很弱，而且差异很大。

二、病原物的"化学武器"

尽管一些病原物可以利用机械力穿透植物组织，但是自然界中病原物的活动很大程度上还是"化学性"的。因此，病原物对植物的影响几乎都是发生在病原物分泌的物质与植物已存在或产生的物质之间的生物化学反应。

病原物产生的对寄主植物有直接或间接损害的化学物质包括酶、毒素、生长调节物质和多糖。这些物质的致病性在不同植物中变化很大。因此，其相对重要性在不同的病害中差异也很大。如软腐病中酶的作用最重要；根癌病中，生长调节因子明显是应该主要考虑的因素；玉米小斑病中，病原菌产生的毒素则是首要的。

按顺序论，酶、毒素和生长调节物质，被认为是植物病程中最常见和最重要的致病物质，远远超过多糖类物质的作用。除病毒和类病毒外，几乎各类病原都能产生酶，生长调节物质和多糖。产生毒素的病原真菌和细菌发现逐年递增，但是具体数量尚不得而知。就植物病毒和类病毒而言，尚未发现它们本身能产生任何上述有害物质，但却能诱导寄主细胞产生这些物质。

病原物产生有害代谢产物可以是固有的，也可以是诱导的。固有的是指在病原物正常生理过程中就会产生的；诱导则是病原物作用于寄主植物的过程中才产生。毫无疑问，借助寄生过程中产生的这些物质，通过自然选择有利于病原存活下来。然而，这类物质的产生与否和数量多少，并不总是作为致病的衡量尺度。须知，在健康的寄主植物中同样也会产生与此结构完全一样的物质。

一般地，产生于病原物的酶，能降解寄主细胞的结构组分，破坏细胞内的能源物质或直接影响原生质体组分，从而干扰细胞功能系统；毒素则作用于原生质组成，扰乱细胞膜通透性及其功能；生长调节物质产生激素效应，进而促进或降低细胞的分裂和生长；多糖的作用似乎仅限于维管束病害，干扰水分的运输，或它们本身就具有毒性。

（一）植物病害中的酶类

酶是大分子蛋白质，催化活细胞内所有紧密联系的一系列反应，且具专一性，即对细胞内出现的每一化学反应，都有一个不同的酶来催化。每一个酶都由一特异的基因编码，有些酶是细胞固有的，更多的则是诱导产生的。每一类酶常以几种同工酶的形式存在。功能相同，但在结构特性、作用机制等方面不同。

1. 植物表皮和细胞壁的酶促降解　病原物与寄主的最先接触是在植物表面。植物地上部分表面主要由角质层和纤维素覆盖，而根表面则只有纤维素。角质层主要由角质组成，其间或多或少地掺有蜡质，最外面常覆盖蜡质层，在表面细胞壁中也可以发现蛋白质和木质素。病原物穿透进入薄壁组织后引起细胞壁瓦解。细胞壁的主要成分为纤维素、果胶质、半纤维素和结构蛋白；

胞间层主要由果胶质组成（图3-5）。此外，植物组织的完全解体还包括木质素的分解。上述细胞壁中每一成分物质的降解都有由病原物分泌产生的一系列胞壁降解酶系催化完成。

（1）降解表皮蜡的酶。许多植物的地上部分表皮都覆盖着连续的蜡质，即表皮蜡。电镜观察显示，一些病原物能产生降解蜡质的酶，如 *Puccinia bordei*。然而，病原真菌和寄生性种子植物，仅靠机械压力就能轻易穿过蜡质层。

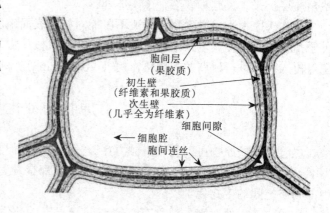

图3-5 细胞壁的成分

（2）角质酶。角质是角质层的主要成分，是水不溶性的 C_{16} 和 C_{18} 羟基脂肪酸的聚酯类物质。角质层的最上层掺有蜡质，下层与表皮细胞外壁融合部分则含有果胶质和纤维素。

许多真菌和一些细菌能够产生角质酶来催化降解角质，使不溶性的角质多聚物裂解作为单体或寡聚体的脂肪酸衍生物（图3-6）。真菌本身始终能产生低水平的角质酶。当与植物接触时就能水解角质，释放出少量的脂肪酸单体。随着这些单体进入病原细胞内部，诱导激活角质酶基因的进一步表达，产生几乎多于最初1 000倍以上的角质酶。这些单体最初也可能来自于植物表皮角质层，通常为出现在蜡质里的脂肪酸。相反，葡萄糖的出现将抑制角质酶基因的表达，显著降低角质酶产物。

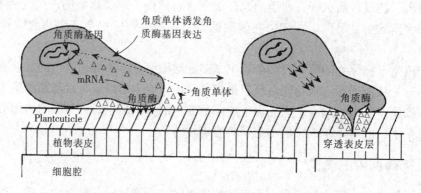

图3-6 真菌孢子穿越角质层，诱导角质酶基因的表达

角质酶的存在与侵入相关在病原真菌中已有一些实例。例如在芽管的侵入钉里角质酶含量非常高。将特异的角质酶化学抑制剂或抗体施在植物表面，能够保护寄主不被真菌病原侵染；而且发现，角质酶缺陷突变体其致病力降低。但当角质酶施加于植物表面时，突变体的致病力则完全恢复。进一步研究发现，将来自于其他真菌的角质酶基因导入只通过伤口侵染，不产生角质酶的真菌中，使其产生角质酶，则获得直接侵染的能力。产生角质酶水平越高的病原似乎比其他的病原的致病性强，至少有一个研究发现，一种真菌（*Fusarium* sp.）的萌发孢子产生角质酶比那些

无毒分离株多得多,而将纯化的角质酶添加到无毒株孢子中时则变成致病株。

(3)果胶酶。果胶质是黏合相邻细胞的胞间层的主要成分。同时,果胶质在初生壁中也占有很大的比例。它们形成一种无定形的胶状物,以填补微丝之间的空隙(图3-7)。

果胶质是一种链式多糖,大多由半乳糖醛酸聚合而成,还含有鼠李糖和其他五碳糖。降解果胶质的有果胶酶三种:果胶甲基酯酶(pectin methyl esterase, PME),主要是移去果胶链上的小分枝而对整个长链无影响,但却能改变果胶的溶解性,影响果胶裂解酶的作用速率;多聚半乳糖醛酸酶(polygalacturonase, PC),通过加一分子的水和水解两个半乳糖醛酸间的糖苷键而裂解果胶链;果胶裂解酶(pectin lyases, PL),通过从糖苷键脱去一分子水进而打断果胶链,释放产物

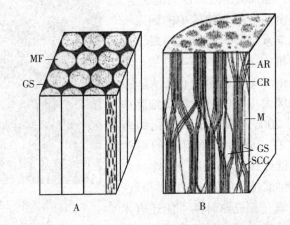

图3-7 纤维素、微丝结构(A)和微丝中纤维素分子排列(B)
MF. 微丝 GS. 基质(果胶质,半纤维素等)
AR. 非晶纤维素 CR. 晶态纤维 M. 纤维束 SCC. 单股纤维

为不饱和的二聚物。上述果胶酶或是作用于果胶链的随机位点(内切果胶酶,eadopeetinase)而释放出短链,或者只是切断链的末端(外切果胶酶,eaopectinase),释放出单体的半乳糖醛酸。其他组成果胶链或形成侧链的鼠李糖和其他糖类能被其他特异性酶类水解。

作为涉及细胞壁物质角质酶和其他酶类,病原物的胞外果胶裂解酶的产生是受果胶多聚物和释放的半乳糖醛酸单体的比例调节的。病原物似乎始终产生少量固有的最基本水平的果胶裂解酶,从而使其遇到果胶时能够产生少量的半乳糖醛酸单体、二聚体或寡聚体。而这些小分子被病原物吸收后,作为诱导物强化果胶裂解酶的合成和释放(底物诱导,substrate induction),进一步增加单体等小分子的数量,之后随着病原物对果胶酶的稳定合成。当达到一个较高浓度时,则反馈抑制同一种酶的合成(降解物阻遏,catabolic repression),进而减少果胶酶的合成和随后的半乳糖醛酸单体的释放。病原物果胶酶的合成同样受到葡萄糖的抑制。在一些抗性的寄主—病原物互作研究中发现,果胶酶似乎能激发植物的防御性反应,即通过从细胞壁中释放出果胶降解物片断,从而作为寄主抗性机制的内源激发子。

果胶降解酶类涉及许多病害,以软腐病最为典型。各种病原物产生不同的果胶酶及其同工酶系。萌发的孢子分泌果胶酶,并与病原其他酶类发生显著的共同作用(如角质酶和纤维素酶),达到穿透寄主的目的。果胶的降解导致胞间层液化,使连在一起的寄主细胞彼此分离,组织软化呈水渍状,最终死亡。这就是所谓的植物组织的浸解(图3-8)。

毫无疑问细胞壁的软化和组织浸解有利于病原物的胞间和胞内侵染。同时,也为侵入的病原提供了养料。酶降解产物大量阻塞导管,引起维管束萎蔫,例如Pseudomonas sp.果胶酶、纤维素酶降解物和大量菌体本身造成导管阻塞(图3-9)。虽然在果胶酶引起的组织浸解中细胞很快死亡,但酶究竟是如何作用的尚不清楚,比较易接受的观点是细胞的死亡是初生壁被果胶酶作用后,细胞壁变

（4）纤维素酶。纤维素也是一种多糖，只是构成其长链的单体是葡萄糖，葡萄糖链之间以氢键相连。正如在钢筋混凝土建筑中的钢束一样，纤维素以微丝的形式构成了所有高等植物细胞壁的基本骨架。不同组织中纤维素含量变化很大。按体积比例大多数的分生组织细胞中不超到20%，草本非木质化组织12%左右，成熟木质组织的可达50%，棉纤维达90%以上。微丝之间或纤维素链之间的空隙，被果胶、纤维素填充，成熟时期可能还有木质素。虽然大部分的细胞壁多糖被真菌或细菌产生的酶降解，但也有一定比例的多糖被非酶物质破坏。如在植物—真菌互作过程中产生的活性氧、羟自由基等。

图 3-8 *Monilinia fructicola* 引起的李褐腐病
A. 果胶酶使组织浸解 B. *Erwinia* sp. 产生果胶裂解酶和纤维素裂解酶使茎内组织浸解

纤维素酶解的终产物是单分子葡萄糖。降解酶系包括几种纤维素酶和其他酶类。C_1纤维素酶通过断裂纤维链之间的交联键而作用于纤维素，C_2纤维素酶则使长的纤维素链裂解为短链，C_X纤维素酶降解产物为纤维二糖，最后β-半乳糖苷酶降解纤维二糖为葡萄糖。

许多植物病原、真菌、细菌和线虫均被证实能产生纤维素降解酶。毫无疑问寄生性高等植物也能产生纤维素酶。腐生真菌，主要是一些担子菌和一些腐生细菌，分解了自然界中的大部分纤维素。然而，在植物组织中的病原物分泌的纤维素裂解酶类的作用主要是软化和分解细胞壁物质，

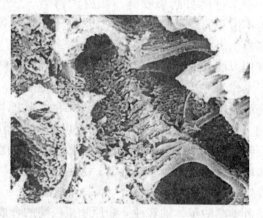

图 3-9 酶降解产物阻塞导管

从而有利病原物侵入寄主和在寄主体内扩散，引起细胞结构的崩解破坏，导致病害症状的出现。纤维素酶进一步又可以间接地参与病程的发展，即通过从纤维素链上释放出可溶性糖化酶类为病原提供食物。在维管束病害中，通过向输导组织中释放大分子的降解产物进而影响水分的运输。

（5）半纤维素酶。半纤维素是多糖聚合体的复杂混合物，是初生壁的主要构成物质。同时，在胞间层、次生壁中也占有不同比例。随植物组织、种类和不同发育时期其组分不同。半纤维素聚合物主要包含木聚糖，但也有葡甘露聚糖、半乳甘露聚糖等。木聚糖是末端带分支的葡萄糖链，分支链为小的木糖链和少量的半乳糖、阿拉伯糖和果糖。半纤维素连接果胶多糖的末端和不

同点的纤维素微丝。

半纤维素的降解需要许多种酶参与，因此为复合酶。植物病原物可以产生多种半纤维素酶。根据其酶解的单体不同，这些酶被叫做木聚糖酶、半乳糖酶、葡聚糖酶、阿拉伯聚糖酶、甘露聚糖酶等。非酶因子如活性氧、羟基等也会降解半纤维素。尽管已知真菌病原物能够产生上述酶和氧化因子的事实，但它们在降解细胞壁和病原致病的作用机理尚不清楚。

(6) 木质素降解酶。在胞间层、木质部导管的次生壁和植物纤维中都存在有木质素。同时在一些植物的上皮和下皮细胞壁中也有发现。在成熟的木质化植物中，其含量可达 15%～38%，仅次于纤维素。

与碳水化合物、蛋白的成分和性质不同。木质素是无定形的多聚物，其基本骨架为苯基甲烷。苯基甲烷单体通过氧化缩合（形成 C—C 和 C—O 键）形成木质素。

与植物的其他物质相比，木质素有更强的抗酶降解特性。但很明显，自然界的微生物降解大量的木质素，如所有的一年生植物和多年生植物的相当部分每年都会被分解。通常只有一小类的微生物能分解木质素。事实上，至今为止仅有约 500 种真菌（几乎都是担子菌类）被报道具有分解木质的能力。其中，1/4 的真菌（褐腐菌 brown-rot fungi）能降解但不能利用木质素；既能分解又能利用木质素的担子菌是白腐菌类（white-rat fungi）。它们能分泌一种或多种木质素酶（ligninase），从而使真菌能利用木质素。也有报道，一些子囊菌类和半知菌类甚至是一些细菌，能够产生少量的木质素降解酶，在其侵染的树木上形成软腐的孔洞，但是至于这些酶的出现对其引起的病害有多大程度的影响尚不得而知。

(7) 细胞壁结构蛋白。初生壁虽薄但很坚固，主要由纤维素丝组成，并嵌有半纤维素、果胶和结构蛋白。在细胞壁中发现有五种结构蛋白：伸展蛋白（exteusiu）、脯氨酸丰富蛋白（proline-rich proteins, PRPs）、甘氨酸丰富蛋白（glyciue-rich proteins, GRPs）、茄凝集素（soalnaceous leetins）和阿拉伯半乳聚糖蛋白（arabinogalactan proteius, AGPs）。

伸展蛋白是一类糖蛋白，在健康植物组织细胞壁中含量为 0.5%，但当被真菌感染后可上升至 5%～15%水平，其余四种蛋白为结构蛋白或糖蛋白，其作用尚不清楚。但被认为随着真菌释放激发子而出现积累，可能在植物的防卫系统反应中起作用。结构蛋白的破坏与下面所述的胞内蛋白的破坏类似。

2. 细胞内物质的酶促降解 许多种类的病原物一生或其大部分时间都生活在活的植物原生质体内，或至少与原生质体密切相关，由原生质体提供营养。但更多的真菌和细菌则是原生质体被杀死之后的腐生。就营养物质而言，一些分子量足够小的物质如蔗糖和氨基酸，可以被病原物直接吸收，而其他的细胞组分物质，如淀粉、蛋白质和脂类，则只有经病原物分泌的酶类降解成小分子后方可利用。

(1) 蛋白酶和多肽酶。众所周知，蛋白质是由 20 种不同的氨基酸为基本单位的大分子物质。植物细胞内有着众多不同的蛋白质，其功能也多种多样，有起催化作用的酶，也有作为结构组成的膜蛋白和细胞壁蛋白等。所有的病原物似乎都能降解多种蛋白质分子，与高等植物和动物体一样，所有植物病原物的蛋白降解都涉及到酶，包括蛋白酶和多肽酶。

蛋白质由于构成了植物细胞酶系、细胞膜组分、细胞壁结构，因而具有极其重要的作用。因此，病原物产生蛋白裂解酶降解寄主蛋白能深刻地影响寄主细胞的结构和功能。但是，迄今为止，对这种影响的本质和程度的研究还远远不够，在植物病程中的重要性的了解还知之甚少。

（2）淀粉酶。淀粉是植物细胞中的主要贮存多糖，在叶绿体和造粉体中合成。淀粉是一种葡萄糖的多聚糖，以直链淀粉和支链淀粉两种形式存在。

病原物多数能利用淀粉和其他贮存多糖。降解淀粉的酶为淀粉酶（amylases），降解终产物为葡萄糖，能直接被病原物利用。

（3）脂类降解酶。脂类在所有的植物细胞中存在。种类有存在于种子中作为贮能物质的油和脂肪；气生表皮的细胞上的蜡脂；构成所有植物细胞膜主要成分的磷脂和糖脂等。所有脂类一般都含有脂肪酸，分为饱和的和不饱和的。

一些真菌、细菌和线虫具有降解脂类的能力。脂裂解酶有脂酶、磷脂酶等，能从脂类分子水解来释放出脂肪酸，释放的脂肪酸有的能被病原物直接利用。值得注意的是，有的脂类在被植物脂氧合酶或活性氧化之前或之后，可以作为植物抗性发展过程中的信号分子，或者作为抑制微生物的物质直接抑制病原。

（二）植物病原菌毒素

植物生活细胞内许多紧密联系的生化反应同时发生或具有非常明确的前后连贯性，使生命过程错综复杂，且井然有序。任何这些代谢反应的失调，均可能影响植物生理功能，并可导致病害的发生。由植物病原物产生的毒素就是能使代谢紊乱的一类物质。毒素直接作用于寄主的生活原生质体，损害或杀死植物细胞。有的毒素有普遍的原生质体毒性（广谱性），从而对许多科属的植物都有作用；有的毒素则仅对少数的植物种甚至是栽培种有毒性（选择性），而对其他植物完全无害。真菌和细菌既可以在受感染的植物、也可以在培养基上产生毒素。毒素在非常低的浓度时就能起作用。一些毒素不稳定或作用时间短，作用于植物细胞的特异位点。毒素的作用或者通过影响细胞膜透性，或者抑制或钝化酶类，继而阻断相应的酶促反应，或者作为代谢颉颃物，造成基本生长因子的缺乏。

1. 非寄主选择性毒素 非寄主选择性毒素（non-host-selective toxins）又叫非寄主专化性毒素（non-host-specific toxin）。这类毒素没有严格的寄主专化性或选择性，不仅对寄主植物，而且对一些非寄主植物都具有一定的生理毒性，使之发生全部或部分症状。这类毒素可以加重病害的严重度，但对病原物的致病性却并非是必要的。这类毒素的作用机制也是多样的。有的毒素如烟草野火毒素（tabtorin）、菜豆萎蔫毒素（phaseelotorin）通过抑制寄主的常见酶类，导致有毒底物的增多或必须物质的无谓损耗；有的毒素改变细胞膜透性，引起电解渗透，特别是 H^+/K^+ 交换；有的毒素如万寿菊毒素（tagetitoxin）作为细胞器（比如叶绿体）的转录抑制子；有的毒素如尾孢素（cercosporiun）则作为光敏物质引起膜脂过氧化。

（1）烟草野火毒素（tabtorin）。烟草野火素素是由 *Pseudomonas syringae* pv. *tabaci* 产生的。该病原细菌能引起烟草野火病，同时，在菜豆、大豆、燕麦、小麦、咖啡等其他寄主上也能致病。产毒株系引起叶片形成坏死斑，每一坏死斑周围环绕黄色晕圈，为病原产生的烟草野火毒素所致（图3-10）。用该病原的培养物或纯化的毒素接种，可以在很多科属的植物上产生完全一致的症状（非寄主专化性！）。有时病原细菌能产生丧失产毒能力的突变株 TOX⁻。TAX⁻株系致病力减弱，产生的叶部坏死斑失去黄色晕圈。由于 TOX⁻ 常与引起烟草角斑病的 *Pseudomonas an-*

gulata 很难区别，有人认为 *Pseudomonas angulata* 是 *Pseudomonas syringae* pv. *tabaci* 的不产毒形式。

烟草野火毒素由苏氨酸和烟草野火毒素-β-内酰胺组成。烟草野火毒素本身无毒性，只有在细胞内水解并释放出烟草野火毒素-β-内酰胺后才具有活性。毒素处理后，细胞内的谷胺酰胺合成酶活性受到抑制，游离氨发生积累，光合磷酸化解偶联和光呼吸受到抑制，叶绿体类囊体膜被破坏，导致褪绿直至最后坏死。可以说毒素的影响在于降低了植物对病原细菌的积极的反应能力。

(2) 菜豆萎蔫毒素（Phaseolotorin）。菜豆萎蔫毒素是由引起菜豆和其他豆科植物萎蔫的 *Pseudomonas syringae* pv. *phaseolicola* 产生，是一个带有磷酸磺酰基的三肽（鸟氨酰-丙氨酰-精氨酸）。

图 3-10 烟草野火毒素引起的烟草野火病

当毒素由细菌分泌进入植物体后，立即被植物酶裂解肽链，释放出丙氨酸、精氨酸和磷酸磺酰鸟氨酸。毒素的作用方式主要是抑制鸟氨酸甲酰基转移酶活性，阻止鸟氨酸向瓜氨酸转变，从而减少精氨酸合成，导致鸟氨酸积累，叶片表现褪绿晕斑。此外，还发现菜豆萎蔫毒素能够抑制嘧啶核苷的生物合成，降低核糖体活动，干扰脂类的合成，改变膜透性而造成叶绿体内大颗粒如淀粉粒的积累。

单用毒素处理和植物感染病原后的局部或系统症状完全一致。两者处理均能降低新展开叶片的生长，干扰顶端优势和出现鸟氨酸积累。

(3) 腾毒素（tentxrin）。腾毒素是由 *Alternaria alternate*（原名 *Alternaria tenuis*）产生的。该病原引起幼苗褪绿，幼苗褪绿后生活力远远低于正常株，叶片褪绿面积超过 1/3 往往植株死亡。

腾毒素是一种环状四肽。该毒素引起幼苗叶片褪绿，主要是由于该毒素干扰了叶绿素的合成、叶绿体的片层结构和光合磷酸化。腾毒素对光合磷酸化具有双重效应：一种是抑制了光合磷酸化的末端反应，另一种是高浓度毒素直接抑制电子流动。叶绿体偶联因子（CF1）与光合磷酸化密切相关，CF1 上具有腾毒素的结合位点，一旦与腾毒素结合，CF1-ATP 酶活性和磷酸化的电子传递都受到钝化。腾毒素引起的褪绿与毒素和 CF1 的结合不是惟一相关的，还可能干扰了叶绿体膜某些关键成分的组装，从而影响叶绿素的积累。腾毒素还能抑制感病品种的多酚氧化酶的活性，从而抑制植保素的合成。所以，腾毒素可能是寄主抗病机制的影响因子。

(4) 其他非寄主选择性毒素。非寄主选择性毒素种类比较多。大量的非寄主选择性毒素已通过对病原真菌和细菌培养而分离得到，并显示它们有助于相应病害的发生发展。如引起苹果火疫病的 *Erwinia amylovora* 产生的火疫毒素（amylovorin），引起各种植物叶斑病的 *Pseudomonas syringae* pv. *syringae* 产生的丁香假单胞毒素（syringomycin，SR），引起万寿菊叶枯病的 *Pseudomonas syringae* pv. *tagetis* 产生的万寿菊毒素（tagetitoxin），引起水稻/玉米胡麻斑病的 *Cochliobolus*（*Helminthosporium*）*oryzae* 产生的旋孢腔菌素 A（ophiobolin A），引起多种作物枯萎病的 *Fusarium* sp. 产生的镰刀菌酸（fusaric acid），引起水稻稻瘟病的 *Pyricularia oryzae* 产生的稻瘟菌素（pyricularin）等等。

2. 寄主选择性毒素 寄主选择性毒素（host-selective toxin）也称寄主专化性毒素（host-specific toxin）。这类毒素由病原物产生的，在正常生理浓度时，只对寄主植物和敏感品种有致病的作用，而对其他植物极小或根本无毒性。这类毒素与产生毒素的病原菌有相似的寄主选择性，能够诱导感病寄主产生典型的症状，在病原菌侵染过程中起重要作用。迄今为止，只在 *Cochliobolus*、*Alternaria*、*Periconia*、*Phyllosticta*、*Corynespora*、*Hypoxylon* 等真菌和 *Pseudomonas*、*Xanthomonas* 等极少数细菌中发现有这类毒素。

（1）维多利亚毒素（Victorin 或 HV 毒素）。该毒素是由维多利亚长蠕孢菌 *Cochliobolus*（*Helminthosporium*）*victoriae* 产生的，是一种与含氮倍半萜相连的多肽，其中倍半萜部分无寄主专化性，而多肽部分决定了该毒素的专化性。因为它与结合位点相亲和。实际上，对该毒素敏感和不敏感的组织，在毒素处理初期，均受到毒素的影响，但对毒素不敏感的组织却有一种恢复或自我修复的能力，因此该种毒素实际上是选择性毒素，而是寄主专化性毒素，其选择性可能决定于细胞膜。

关于 HV-毒素的作用位点，目前倾向于抗病植物细胞膜上无毒素受体蛋白，而感病细胞有毒素受体蛋白。凡含有Ⅴb显性基因的燕麦对HV-毒素都是敏感的，并明确燕麦细胞质能继承毒素抗性的遗传。毒素处理的组织发生细胞膜去极化、电解质外渗、乙烯增加、呼吸作用增强、能量利用率降低、CO_2暗固定下降、抗坏血酸氧化酶及过氧化酶活性增加、蛋白质合成降低。该毒素对燕麦内的乙醛酸也有抑制作用，特别对水合醛基的形成有明显影响。

抗病品种能钝化毒素，但如何钝化毒素还不十分清楚。有人发现在对毒素有抗性和无抗性的寄主中均含有少量的植保素，说明毒素的钝化与植保素无关。人们发现当感病无胚糊粉粒种子事先用毒素处理，则不能在赤霉素作用下合成 α-淀粉酶。抗病植株的种子则能抵抗该毒素的作用。所以使毒素钝化的特性，是植物本身具有的特性。

（2）玉米长蠕孢霉T小种毒素（T-toxin，T-毒素）。该毒素由 *Cochliobolus*（*Helminthosporium*）*heterostrophus* T小种产生的多乙酮醇，对具有结构的 Texas 雄性不育细胞质的品系有很高的致病性。用T-毒素处理玉米感病品种，发现毒素能破坏寄主植物的氧化磷酸化作用，减少细胞膜 ATP 含量，引起细胞线粒体膨胀破裂，增加细胞膜离子渗漏，抑制气孔保卫细胞对K离子的吸收，导致气孔关闭，使光合作用下降等。尽管该毒素在增加细胞电解质外渗上具有专化性，但对玉米根部叶片组织内的碳水化合物的渗漏没有专化性。

T-毒素之所以仅对T型雄性不育细胞质有致病作用，可能与线粒体 mRNA 有关。用T型雄性不育细胞质（Cms-T）的玉米的线粒体基因进行编码，发现这种 Cms-T 线粒体中有基因转录而形成的 mRNA，而正常玉米的线粒体没有这种转录现象。然而，这两种细胞质类型的线粒体结构上毫无区别。在对植物体内、体外实验研究证明，T-毒素是专化性地作用于敏感细胞的线粒体。已证明线粒体上具有该毒素的作用位点。

（3）炭色长蠕孢霉毒素（HC-毒素）。该毒素是由炭色长蠕孢 [*Cochliobolus*

(*Helminthosporium*) *carbonum*]1号小种产生的,为引起玉米圆斑病的专化毒素。该毒素为一种环四肽,含有脯氨酸(1个残基),丙氨酸(2个残基),不饱和亮氨酸类似物(1个残基)以及未知氨基酸(1个残基)。

HC-毒素能够刺激寄主植物呼吸作用、CO_2暗固定、氮及其他物质吸收的增加。它一般不引起寄主细胞质膜的破坏,因此,它对膜作用的机制是十分精密的。此外,该毒素还能促进*C. victoriae*在玉米上的生长。有人认为,HC-毒素的致病作用主要是抑制了寄主植物合成植保素——花色素苷。

(4) 其他寄主专化性毒素。虽然已发现大量的寄主专化性毒素(而且毫无疑问地将来还含有更多的此类激素被发现),但目前还不能与非寄主选择性毒素种类相比。此类毒素主要来自*Cochliobolus*(*Helminthosporium*)和*Alternaria*两个属的真菌。此外,其他真菌如*Periconia circinata*、*Phyllosticta maydis*和*Hypoxylon mammatum*等也能产生。如引起苹果轮斑病的*Alternaria mali*产生的苹果链格孢菌毒素(AM-toxin),引起番茄茎溃疡病的*Alternaria alternata* f. *lycopersici*产生的番茄茎溃疡病菌毒素(AAL-toxin),引起番茄轮斑病的*Corynespora cassicola*产生的山扁豆生棒孢毒素(CC-toxin),引起高粱买罗病的*Periconia circinata*产生的旋卷黑团孢毒素(PC-toxin),引起玉米黄叶枯病的*Phyllosticta maydis*产生的玉米叶点霉毒素(PC-toxin)等。

(三) 激素

植物激素包括生长素(auxin)、赤霉素(gibberellin)、细胞分裂素(cytokinin)、乙烯(ethylene)和脱落酸(abscisic acid)。植物激素正常作用浓度相当低,即使稍微的偏差也会带来生长状况的巨大变化。一般认为,植物激素能促进mRNA的生物合成,进而导致特异性酶的合成,达到准确控制植物体内的生化反应和生理功能。许多病原菌能合成与植物生长调节物质相同或类似的物质,严重扰乱寄主植物正常的生理过程,诱导产生徒长、矮化、畸形、落叶、顶芽抑制和根尖钝化等多种形态病变。病原菌产生的生长调节物质主要有生长素、细胞分裂素、赤霉素、脱落酸和乙烯等。此外,病原物还通过影响植物体内生长调节系统的正常功能而引起病变。

1. 生长素 植物生长素主要指吲哚乙酸(IAA),病原菌侵染引起的病株生长素失调,导致一系列生理变化,最终出现徒长、增生、畸形、落叶等病状(图3-11)。

多种病原真菌和细菌能合成IAA,但不同种类合成途径有所不同。这些病原不仅能诱导寄主IAA水平升高,同时病原物本身也能产生IAA。当然其中最突出的例子还是由*Agrobacterium tumefaciens*引起的植物冠瘿病,侵染的植物上百种;红花下胚轴被锈菌(*Puccinia carthami*)侵染后,生长素含量明显增加,下胚轴也明显变长,表现徒长症状。

在被真菌、细菌、病毒、类菌原体和线虫侵染的一些植物中,虽然病原物本身不产生IAA,但由于植物体内IAA氧化酶受抑制,阻滞了IAA的降解,导致染病组织中IAA迅速积累,并表现出明显的病状。番茄接种青枯布克氏菌(*Burkholderia solanacearum*)后5d,就能检测出IAA积累,其含量在接种后20d内持续增加。烟草接种该病原细菌后,病株体内IAA含量比未接种植株增高近百倍。病组织中生长素的合成水平与病原菌的致病性密切相关。晚疫病菌亲和小种侵染的马铃薯块茎中IAA含量提高了5~10倍,而被非亲和小种侵染者无明显增长。一些病原菌侵染植物后,产生了类似IAA氧化酶作用的酶类,快速降解IAA,干扰叶片生长素的供应,形

图 3-11 生长素引起的病害
A. 玉米瘤黑粉病 B. 十字花科蔬菜根肿病

成离层,并导致落叶。

2. 赤霉素 赤霉素(gibberellin)是在引起水稻恶苗病的 *Gibberella fu jikuroi* 的研究中发现的。它在正常植物中的生理作用是使节间伸长,促进开发和性别分化,以及诱导形成一些重要酶类。赤霉素是一类含有19或20个碳原子的多环类萜,了解较多的是赤霉酸GA3。很多真菌、细菌和放线菌能产生赤霉素类物质,其中最重要的就是赤霉酸GA3。水稻恶苗病菌产生的赤霉素是使水稻茎叶徒长的主要原因。植物受到一些病毒、类菌原体或黑粉菌侵染后,赤霉素含量下降,生长迟缓、矮化或腋芽受抑制,若用外源赤霉素喷洒病株,可使症状缓解或消失。

3. 细胞分裂素 细胞分裂素(cytokinin)是一类与植物细胞分裂和生长有关的激素,其化学结构为嘌呤的衍生物。细胞分裂素可促使植物细胞分裂和分化,抑制蛋白质和核酸降解,阻滞植株上的衰老过程。病原菌侵染寄主植物后,往往引起寄主细胞分裂素失调。多种植物接种根癌土壤杆菌后,细胞素水平都有显著提高。萝卜遭受甘蓝根肿菌侵染后,肿根组织内细胞分裂素的含量为健组织内的10~100倍。病组织分裂增强,生长畸形等都可能是细胞分裂素的作用,或者是植物生长至少与细胞分裂素的协同作用。此外,用细胞分裂素处理植物叶片,则叶绿素不被病原菌破坏,核酸和蛋白质合成增加,营养物质局部积累,这种作用导致的形态变化与锈菌、白粉菌侵染中常见的"绿岛"症状很相似。

4. 乙烯和脱落酸 乙烯(ethylene)也许是研究得最早的一种生长调节物质。它在植物中普遍存在,对种子萌发、根生长、果实成熟、生长抑制、衰老与落叶都有一定的促进作用。乙烯的生物活性很高,用百万分之一浓度处理植物,就足以产生显著的影响。植株受伤或受病菌感染后乙烯的含量明显增加。已知有些病原菌和细菌产生乙烯。感染枯萎病(*B. solanacearum*)的香蕉提前成熟,这是因为病组织中乙烯的含量大大增加的缘故。棉花被黄萎轮枝孢落叶型菌系侵染后,叶片内乙烯含量增加,这可能是导致早期落叶的重要因素。

脱落酸(abscisic acid)是由植物和某些植物病原菌产生的一种重要生长抑制剂,具有诱导植物休眠、抑制种子萌发和植物生长、刺激气孔关闭等多方面的生理作用。脱落酸是导致被侵染植物矮化的重要因素之一。烟草花叶病、黄瓜花叶病、番茄黄萎病以及其他病害的病株脱落酸含量高于正常水平，表现出程序不同的矮化。

(四) 多糖物质

真菌、细菌、线虫和其他病原物的体外常释放不同的黏性多糖物质（polysaccharide），在微生物表面与环境之间提供了一个特殊的黏性界面，胞外多糖对病原物引起病害症状似乎是必需的，一方面它能直接诱发症状，另一方面则是间接作用，即能促进病原物在寄主植物上的定殖或有助于其存活。

侵入维管系统引起植物萎蔫病的病原物中黏性多糖的重要性特别明显。在这类病害中，由木质部的病原物产生释放的大分子胞外多糖足以导致维管束的阻塞，引起萎蔫。虽然自然状况下单独由多糖物质造成的阻塞现象比较罕见，它常是与维管束中降解的寄主组织、菌体本身共同起阻塞作用，但多糖物质的作用是不容忽视的。

(五) 防御反应抑制物

植物防卫反应抑制物（suppressor of plant defense response）是指由病原物产生的抑制寄主植物防卫反应的致病性因子。这类病原物有引起小麦秆锈病的 *Puccinia graminis* f.sp. *Tritici* 和引起豌豆叶斑病的 *Mycosphaerella pinodes*。小麦秆锈病防卫抑制物存在于真菌孢子萌发液和受感染小麦叶细胞胞浆内。该抑制物作用于小麦细胞原生质膜，减少寄主防卫反应有关的 67ku 糖蛋白与质膜的结合，从而抑制苯丙氨酸解氨酶（PAL）活性，抑制寄主的正常防卫反应。*M. pinodes* 在孢子萌发液中产生两种抑制物，均为糖蛋白，中和植物抗毒素（phytoalexin）生物合成的激发子，进而暂时抑制寄主植物所有的防卫反应。该抑制物能降低寄主细胞膜 ATP 酶的质子泵活性，进而暂时降低细胞的功能，降低防卫能力。

三、罹病植物的代谢变化

(一) 对寄主植物光合作用的影响

光合作用是绿色植物的基本功能，它能使光能转化为化学能，满足所有细胞活动。可以这么说，光合作用为地球上所有的植物、动物和微生物提供能量。因此，从光合作用在植物体的最基本地位出发，很明显，任何病原物对光合作用的任何不良干扰，均可能导致植物病害的发生。病原物对于光合作用的影响表现最明显的是使植物褪绿，形成坏死斑或器官坏死，降低植物生长和减少果实产生数量等。

在叶斑病、疫病和其他叶组织破坏或落叶的病害中，光合作用受到影响是因为光合面积的减少，即使在其他病害中，光合作用的降低也是由于叶绿体的降解破坏，尤其是在病害的后期。在许多真菌和细菌病害中，感病叶片的总叶绿素含量降低，但被保留的叶绿素光合作用不会受到限制影响。由于一些病原物产生的毒素直接或间接地作用于光合作用中的酶，因此，在真菌和细菌病害中，毒素降低光合作用是显著的，如前所述的腾毒素和烟草野火毒素，维管病原物侵染的植物，叶绿素含量降低，气孔部分关闭，甚至在植株完全萎蔫之前光合作用就已经停止。大多数的病毒、线虫病害均可导致不同程度的褪绿。因此，染病植物光合作用大大降低，有时光合作用的程度不及正常水平的1/4。

（二）对寄主植物水分和营养物质运输的影响

所有植物活细胞均需要足够的水分和适宜的有机和无机养料以维持生存和正常的生理功能。水分和矿质营养是同时运输的。植物通过根系从土壤中吸收水分和矿物质，然后通过茎的木质部导管，进入叶柄和叶脉的维管束，最后进入叶肉细胞，除矿物质和少量水分被同化以外，大部分水分通过蒸腾作用进入大气。另一方面，几乎所有的叶肉细胞的光合作用均通过韧皮组织向下运输和分散至植物的其他组织。因此，病原物干扰水分和矿物质的向上运输和有机物的向下运输均可导致病害的发生。病变等可能是局部的，但最后可能导致整株植物死亡。比如水分向叶肉细胞运转发生障碍，叶片的正常功能被干扰，光合作用降低或停止，向下运往根部的有机养料就会减少或断绝，进而造成植株营养缺乏而发病，最后则可能导致死亡。

1. **影响根对水分的吸收** 许多病原物，如引起猝倒的真菌，根腐的真菌和细菌，大多数线虫和一些病毒，当植株地上部分尚未出现症状时，根部就已被严重损伤，这样直接降低根对水分的吸收，一些维管病原物，除了其他不良影响外，能够抑制根毛的发生，因而影响水分的吸收。这类病害（也包括其他病害）还能改变根细胞的透性，从而干扰根系的正常的吸水功能。

2. **影响水分在木质部的运输** 真菌和细菌病原物中常有引起猝倒、茎腐和立枯病（感染部位可达木质部导管）。这些病害导管的损毁是不可避免的。同时，由于受侵染导管填满病原物、病原物分泌物，所以染病后，也会造成阻塞（图3-12）。无论是导管的被毁或阻塞，均会造成水分运输的阻断。在引起冠瘿（*Agrobacterium tumefaciens*）、根肿（*plasmodiophora brassicae*）和根结（*Meloidogyne* sp.）的病害中，由于靠近（或环境）木质部的细胞的异常增大或增殖造成压力，进而使导管被挤破或离位，造成水分运输障碍。

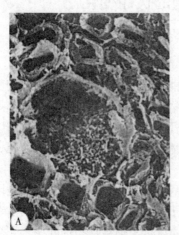 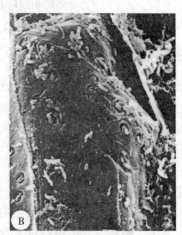

图3-12 病原物阻塞导管
A. 示植物嫩茎木质部导管被病原细菌（*Pseudomonas* sp.）阻塞
B. 示病原细菌在导管间和从木质部导管向相邻的薄壁细胞移动

最为典型的木质部水分运输失调发生在 *Ceratocystis*、*Ophiostoma*、*Fusarium*、*Verticillium* 等真菌病原和 *Ralstonia*，*Erwinia* 等细菌病原引起的萎蔫病。这类病原侵入根和茎的木质部，主要是干扰木质部水分的向上运输而引起病害。据证实，许多发生这类病害的植物通过茎木质部的水流仅有正常植株的 2%～4%。虽然引起病害的病原只有一种，但引起水分运输失调的因素却是多方面的。有病原物本身的作用如真菌菌丝、孢子、细菌细胞在木质部中存在，病原向导管分泌出大分子多糖；有寄主方面的原因，如植物被病原侵染后，导管直径的减小或倒塌，导管内形成侵填体（tyloses），壁物质酶解后脱落的大分子物质，植物感病后蒸腾作用减弱，降低了导管中的水分拉力等。

3. 影响蒸腾作用 叶部病害侵染植物后，蒸腾作用常常升高。这主要由于角质层的破坏，叶肉细胞通透性增强，气孔功能失调等。锈病、白粉病和疮痂病等能显著破坏叶片角质层和表皮层，因而导致感染区水分散去失控。

如果水分的吸收和运输跟不上失水速度，地上部分就会出现萎蔫。此外，过度蒸腾产生的对水流的向上拉力非正常升高，还会使导管产生侵填体和树胶，引起导管的坍塌和功能失调。

4. 影响韧皮部有机养料运输 有机养料通过光合作用在叶肉细胞产生，然后通过胞间连丝运到韧皮部筛管向下运输，供非光合器官利用，或贮藏器官贮存。病原物对有机养料运输的干扰可以发生在从叶肉细胞到韧皮部和从韧皮部到养料再利用的细胞两方面。

专性寄生的真菌病原，如白粉病菌和锈菌，常在其侵染的植物部分造成光合产物和无机养料的积累，受侵染部分光合作用降低，呼吸作用增强，然而，淀粉和其他化合物在感染区域却暂时表现为升高，说明有机养料从叶片受感染部分或其他健康叶片运输过来。

在一些病毒病，特别是引起叶卷和黄化的病毒病，最初的症状就是表现为几个细胞内淀粉的累积。这主要是由于染病植物的韧皮部坏死。另外，至少在一些病毒中干扰有机物运输，有可能是病毒促使淀粉降解为较小分子的可运输的分子（如蔗糖）。这方面的证据来源于对一些花叶病毒病叶的观察，在这类病害中，未看到韧皮部的坏死，但发现在白天结束叶片受感染褪绿的部分比"健康"的较绿部分的淀粉含量低。经过一段时间的暗期后，同一部位的淀粉含量却比"健康"部位高。这说明，在植物受到病毒感染后光合作用降低，合成淀粉减少，而且受感染部位淀粉也不易被降解和运输，即使在韧皮部完好的情况下，也是如此。

（三）对植物呼吸作用的影响

无论是病原真菌、细菌还是病毒侵染寄主植物后都常常引起呼吸速率的增加。这是植物对病原物侵染发生的最典型的早期反应，意味着染病组织比健康组织更快固定贮存的碳水化合物。呼吸速率增加在被病原物侵染后就体现出来，常比可观察到的症状要早，并随着病原物的增殖和产孢而继续上升，之后，呼吸作用下降到正常水平或远低于正常水平。抗病品种受到侵染时呼吸速率上升更快，消耗大量的能量用于细胞防御反应。同时，当达到最高峰时又很快下降。在感病品种中，由于没有或缺乏防御机制，呼吸速率将在受侵染后缓慢上升，并长时间维持一个相当高的水平。

植株染病后随着呼吸作用的升高也表现出代谢上的变化。因此，呼吸途径中相关的一些酶的活性或浓度也会升高。随着呼吸作用的升高，与防卫机制相关的酚类物质的积累和氧化也会升高，病植物的呼吸的磷酸戊糖途径加强，这是酚类物质的主要来源。呼吸作用升高还体现在染病植物的无氧呼吸比率远远大于健康植物。

寄主染病后呼吸作用升高还表现在氧化磷酸化的解偶联。尽管呼吸本身不断地消耗现在的ATP和积累ATP，但就是不能形成可利用的ATP。于是细胞活动所需要的能量只能求助于其他途径产生，其效率远远降低。

染病植物呼吸作用升高也可以解释为代谢强度的增加。许多植物染病后，初期生长受到刺激，原生质流动加快，物质合成和运转加强，在染病部位积累。代谢活动的加强，需要消耗更多的ATP。于是更多的ADP产生，ADP的产生促进呼吸作用更加加强。由于植物感病后比健康植物利用ATP的效率下降，而能量的浪费更促使了呼吸的加强。

虽然细胞获能主要是通过糖酵解途径，但是磷酸戊糖途径似乎是当植物受到逆境胁迫时的交替途径。因此，当植株老化，器官分化，该途径有取代磷酸戊糖途径的趋势，植株染病后也出现这种趋势。

磷酸戊糖途径不仅给一些合成反应提供NADPH，而且这一途径的某些中间产物也是重要的生物合成原料。例如，核糖-5-磷酸就是合成核糖的原料，赤藓糖-4-磷酸是合成木质其他芳香族化合物的原料。已经报道，由于病菌的侵染磷酸戊糖途径活性提高，其中主要是葡萄糖-6-磷酸脱氢酶水平的提高，从而加速了苯丙酮酸类化合物的合成，包括木质素、类黄酮、异类黄酮、香豆酸和羟基肉桂酸酯。一些苯丙酮酸衍生物就是植物保卫素。

（四）对细胞膜透性的影响

质膜是由脂肪和蛋白质为主构成的，两者占干物重的90%~98%。此外，还有少量碳水化合物和无机离子。按照Singer和Nicolson（1972）提出的"流动镶嵌"（fluid mosaic）模型，膜是由两层脂类分子并有蛋白质分子镶嵌其中组成的。脂类分子的极性一端均向外排，非极性的一端向内互相连接，镶嵌在双层结构中的球蛋白分子以其极性氨基酸露出膜外，而以非极性部分埋藏于双层结构之中。

细胞膜的最主要功能是控制水分、离子和其他各种物质的进出。细胞膜分为两种：一种膜包被于原生质的表面，是与外界打交道的第一线，原生质的功能要靠它来执行和实现；另一种膜是细胞内各种细胞器的膜，也叫内膜，如叶绿体、线粒体的膜。正是这些内膜把原生质分成许多小室，每个小室专司一种或多种代谢功能，使小室之间的功能相互协调，有条不紊。如果没有膜，原生质的各种酶、各种底物、产物以及催化作用就会乱成一团。因此，膜一旦受到伤害，即使是微细的伤害，必然会影响到细胞内部所有代谢作用的平衡。

关于病菌侵染引起的细胞透性的变化在病程中的作用有两种看法。一种看法认为，细胞膜透性的变化是寄主细胞受到侵染后发生最早的反应，或者说膜透性的改变是生理病变的起始步骤或早期反应。例如，用维多利亚毒素（HV—toxin）处理燕麦感病品种的组织，立即发生电解质的渗漏，而呼吸作用的增强和其他病变则需30min以后才显现。另一种看法认为，病菌或毒素引起的细胞透性变化并不是最早期的病理反应，即设想病菌毒素（如HV—toxin）起初是作用于细胞壁，不是质膜，质膜暴露于毒素一定时间后才受到影响。多数学者还是倾向于第一种看法。

（五）核酸代谢的影响

图 3-13 显示，从 DNA 到 mRNA 到蛋白质是生物中任何普通细胞最根本、普遍而又精确控制的过程，病原物或环境因子对这一过程中任何一个的干扰，都会影响基因的准确表达，造成受侵染细胞结构和功能的显著变化。

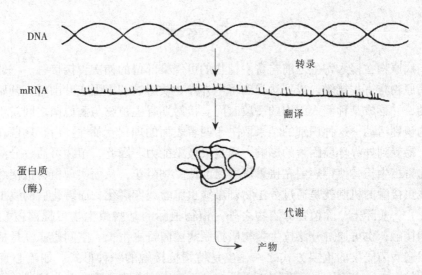

图 3-13　植物受害后对核酸代谢的影响

1. 对转录的影响　一些病原物，特别是病毒和专性寄生真菌（如锈病、白粉病），能够干扰细胞的转录过程。有时病原物通过改变组成细胞 DNA 的染色质的组成、结构和功能来干扰转录，特别是一些病毒，通过自身的组成酶或修饰寄语酶（如 RNA 聚合酶），利用寄主细胞的核苷酸合成自身的 RNA，而非寄主 RNA。在一些病害中，核糖核酸酶（RNase, 裂解 RNA）活性增强，或者形成一些新的在健康植物中不存在的核糖核酸酶。此外，在一些受病害感染植物，特别是抗性品种中，似乎含有比健康植株高得多的 RNA 水平，尤其是在侵染的初期。普遍认为 RNA 水平越高，细胞的转录水平越高，显示了植物细胞抗性机制有关的物质的合成加强。

2. 对翻译的影响　植株染病后往往表现出酶活性升高，特别是那些与能量产生（如呼吸酶类）、酚类物质产生和氧化的酶类，虽然一些酶类在病原物侵染之初就已经存在，但许多酶类还是从头合成的，这就使转录和翻译水平提高。在染病组织中蛋白质合成水平升高最初是在寄主植物对病原的抗性观察中得到的。发现蛋白质合成在感染初期达到最高水平。如果抗病组织在病原侵染前或过程之中用蛋白质合成抑制剂处理，结果对病原物的抗性降低，这一实验结果说明，当植物受到病原物攻击时蛋白质合成增强是植物防卫反应有关的酶类和其他蛋白合成的增加。

第三节　植物的抗病机制

根据植物与病原物平行进化的原理，植物病原物通过不同类型的致病因子侵染寄主植物，寄主植物也通过不同方式抵抗病原物的侵染，寄主最后表现出的抗病效果实际上是寄主与病原物的非亲和性互作的结果。由于对寄主的抗病机制的分类标准不尽相同。因此，对寄主的抗病机制有不同的描述方法。但从本质上仍是通过寄主特有的形态和组织结构及生理生化的变化实现抗病效应。这些抗病特性有的属于寄主植物固有的，有的是侵染后诱发产生的。随着寄主—病菌互作分子生物学研究的深入，寄主与病菌互作全过程中均能发生不同程度的抗病反应。因此，按照病菌与寄主互作各个环节，探讨寄主的抗性机制更容易揭示植物抗病性的全貌。

一、抗接触

接触是指病原物在侵入寄主之前与寄主植物的可侵染部位的初次直接接触。一般情况下，接触期是指从病原物与寄主接触，或到达受到寄主外渗物质影响的根围或叶围后，开始向侵入的部位生长或运动，并形成某种侵入结构的一段时间。接触期寄主植物与病原菌之间发生一系列的生化的及物理的识别活动。这种识别的结果取决于两者表面的理化互补性。由于病菌在侵入之前是比较脆弱的，易受到外界环境因素的影响，而丧失侵染能力。因此，植物可通过分泌一些化学物质阻止病菌向寄主生长，使得病菌在接触寄主之前便受到阻止，从而实现植物抗接触。例如，非寄主植物抗线虫接触的机制就是通过分泌物刺激线虫胞囊或卵孵化，而孵化后的线虫因得不到适合的寄主而死亡。实际上，除植物分泌物之外，植物根际的某些微生物可提前占领病原物侵位点，阻止病菌接触；也可通过分泌抗生类物质抑制病菌向寄主生长。空间避病性是植物通过特定的植株形态回避病菌侵染的重要方式之一，也是植物抗接触的一种形式。如疏心直筒的白菜品种，因外叶片较直立，垄间不易荫蔽，通风良好，不利于病菌孢子降落和水滴滞留，在一定程度上起到保护植物免受侵染的作用，故发病较轻；圆球型、中心型的品种，因外叶向外张开，株间湿度大，发病较重。疏枝马铃薯品种比密枝品种更少感染晚疫病，丛生型菜豆比蔓生型更少感染炭疽病。此外，植株表面的蜡质层也有抗接触作用。

二、抗侵入

植物病原菌与寄主植物接触后，寄主植物以多种方式抵抗病菌的侵入的一段时间。其中寄主形态、组织某些结构和生理生化因素均与抗侵入密切相关。

(一) 组织结构抗病性

1. 花器和自然孔口结构与病害发生的关系 花器对从花器侵染的病害的抗病性有密切关系。大麦散黑穗病菌的初次侵染是花器，许多属于直生型的大麦品种是闭花授粉的，种子常在花器露出叶鞘前即已形成，所以极少感染散黑穗病。某些真菌的孢子只有当寄主植物花器颖片张开的时候才能达到子房壁的敏感部位，所以一些作物的田间感病性与颖片张开的持续时间呈正相关。

关于气孔与抗病性的关系也很明显。如对柑橘溃疡病最为感病的甜橙气孔分布最密，数目最多，间隙最大；而抗病的金柑的气孔分布最稀，且间隙最小。中国柑橘的气孔保卫细胞壁具有彼此互相接近的角质突起结构，使气孔下室呈狭缝状，叶表面水膜由于张力作用跨越气孔开口，使病原细菌不能随连续水膜进入气孔，因而表现抗病。葡萄柚的气孔缺少上述角质突起结构，含有病原细菌的水滴很容易被吸入气孔下室内而使植物发病。在某些情况下，气孔的开度与抗病性无显著关系，如菜豆对丁香假单胞杆菌抗性与气孔开口大小无关，即使小的开口也足以使细菌侵入。

水孔构造不同也可影响作物的抗侵入能力。例如，水稻白叶枯病菌在自然情况下可以侵染鞘糠草（*Leersia sayanra*），而不侵入同一场所同属的苇（*L. japonica*）。

皮孔顶层1~2排细胞一旦木栓化后形成的封闭层对病菌细菌的侵入有防御作用。正常情况下，韧皮部的分化过程和封闭层的破裂过程是平衡的。但湿度过高使隔离层破裂速度快于下层补充细胞的木栓化速度，从而形成假伤口。在潮湿的土壤中，软腐细菌可以从假伤口侵入而使下层组织细胞发生浸离（王金生，1999）。人工接种试验表明，炭疽病菌无法穿入完整的木栓化细胞的障碍，但这种障碍只要稍微有一点间断，病菌就能侵入。

2. 表面结构　植物表面的蜡质层、角质层、木栓层和茸毛往往与抗侵入有关。早期研究就表明，植物表皮的蜡质层一旦破坏，病菌的侵染明显加重（方中达，1955和吴友三，1965）。植物蜡质层除了具有阻止病菌侵入的机械障碍外，还存在某些抑菌物质。角质层的厚度与抗病真菌直接侵入关系密切。一般角质层越厚，抗侵入能力越强。抗灰霉病的番茄品种叶片表面就覆盖有较厚的角质层；橡胶白粉病菌不能侵染老化的叶片是由于老叶的角质层增厚之故；不同小檗品种随角质层厚度的增加抗小麦秆锈能力加强。木栓层是块茎、根和茎等抗病菌侵入的重要结构。木栓层中的栓质是不透水、不透光的亲脂性物质，能有效地阻止病菌的侵入，尤其是对伤口侵入弱寄生菌，如对甘薯软腐病菌和马铃薯干腐病菌等抗侵入效果更为明显。角质和栓质在抗侵入中除了物理障碍外，还发现有化学毒杀作用。角质和栓质的某些羟基酸单体对侵染的病原物具有高度毒性。当病原物的侵染引起这些聚合物水解时，其中含有价结合的致毒成分就会释放出来，从而保护植物免遭进一步的侵染。此外，角质层的疏水性使可湿性孢子不能停留在叶面，因而降低了侵染率。在构成的栓质物质中，有2/3是酚类物质及其氧化产物，如游离羟基酸、环氧酸和游离态或结合态的酚类物质及其氧化产物。这些物质对病菌有明显的毒杀作用。

植物毛或茸毛的有无或多少也是植物抗侵入的特性之一。研究表明，植物毛主要有三方面作用：①作为阻止病菌侵染结构生长的障碍，如叶毛较多的小麦品种上禾柄锈菌（*Puccinia graminis*）的附着胞形成的少。叶毛作为一种物理障碍可以在一定程度上阻止病菌芽管到达气孔的数量；②叶毛数量的增加，可使露水更有效地覆盖叶表，因而成了喜爱干表面的锈菌芽管的有效障碍；③叶毛内可能含有一些酚类物质，在受到外界刺激时，便释放出来，如棉花叶毛中存在对病菌有毒的棉酚。

3. 细胞屏障　除上述既存的结构抗病性之外，病菌侵染后可以诱导寄主植物细胞壁结构发生修饰作用，从而抵抗病菌的侵入，即所谓主动的结构抗病性。如细胞质凝集作用、细胞木质化、晕圈、乳突、周皮、胼胝、积累富含羟脯氨酸糖蛋白和外源凝集素等。

（1）细胞质凝集作用。是指在病菌的侵染位点上，植物细胞质迅速发生了凝集作用，在局部形成了细胞障碍。例如芸薹根肿菌（*Plasmodiophora brassicae*）的游动孢子囊侵染甘蓝的根毛后不久就能在侵染位点上形成细胞质凝集作用，阻止病菌进一步侵入。在细胞质凝集物中存在着很多细胞器（如粗糙内质网、高尔基体、高尔基小泡囊），这些细胞器可以向细胞壁分泌一些物质，如Ca^{2+}，P^{5+}等。虽然对于细胞凝集作用的机理还不清楚，但一般认为可能与病菌侵入前的化学诱导作用有关。

(2) 晕圈 (haloes)。由于病菌侵染位点周围的寄主细胞壁成分和染色特性发生变化而形成的圆形或椭圆形圈，即晕圈。组织化学试验证实，晕圈中主要有还原糖、乙醛、乳色硅、木质素、胼胝及 Ca^{2+}、Si^{4+}、Mn^{2+}、Mg^{2+} 等添加物质的积累。这些物质相互结合形成了阻止病菌侵入的机械障碍。关于晕圈的诱导机制还不十分清楚，一方面可能与机械损伤（包括病菌侵入引起的机械损伤）有关，另一方面与病菌的某些化学物质诱导作用有关。

(3) 乳突 (papillae)。是指植物细胞受病原菌侵入的刺激在侵染钉 (penetration pegs) 下形成的厚实、半球形结构，存在于寄主植物细胞壁与原生质膜之间。乳突是由异质物质组成的，化学成分较多。大多数乳突含有胼胝质（$\beta-1,3-$ 葡聚糖）、木质素、酚类物质、纤维素、半维素、硅质、软木质、苯丙烷类及多种阳离子（Ca^{2+}、K^+、P^{5+}）。其中，木质素、软木质和苯丙烷类属于自发荧光光物质，它们被束缚到乳突头多糖上，通过检测荧光物质可以确定乳突中的胼胝类物质。乳突的作用可以看成是一种愈伤反应，与抗病性有关。一般只有在抗病性品种和非寄主植物上才形成乳突，而且乳突形成与抗病菌侵入同步发生，尤其是寄主对病菌的单基因抗性往往与该品种的乳突形成同步发生，即抗性越强，形成的乳突越多。但也存在病菌侵染诱导感病寄主形成乳突的现象。因此，在比较品种抗病性时，除了观察乳突的数量差异外，还要考虑乳突本身的弹性强度和化学特性。感病品种形成乳突比较容易被病菌突破。病菌侵染钉与乳突形成的时间顺序与抗侵入有关。如果乳突是在病菌发育停止之后形成的，那么它与抗性无关，反之与抗性有关。关于乳突在抗性中的作用可以概括为：①凡乳突形成能够完全排除病菌，防病效果理想，病害不会发生；②乳突形成与病菌侵染失败同步发生，但在某些病菌—寄主组合中只能反映出部分抗性；③乳突形成如果能减少田间侵染速率就能大大减少潜在病害的发生。

关于乳突形成的机制与信号的调控作用有关。第一个信号刺激细胞质发生聚集，第二个信号使乳突沉积物向壁旁空间沉积。研究表明，在这添加物的刺激—分泌过程中，Ca^{2+} 起到关键的调控作用。钙离子可调节胞壁添加物的分泌速度和程度，促进乳突体积的扩大。同时，保证胞壁添加物定向分泌。

(4) 条纹内含物 (striate inclusion)。有报道表明，在某些病菌侵染位点下侧细胞内有大量和条纹凝集物或结晶内含物的形成。有时内含物在附着胞下侧形成，有时在寄主细胞内侵染菌丝的周围形成。在条纹内含物中可能存在对真菌有毒的化合物（如植保素），并分布在入侵真菌的周围，发挥抑制作用。

4. **组织屏障** 木栓质是受伤周皮的成分之一，具有封闭植物组织伤口、阻止病菌侵入的作用。木栓化细胞壁产生的"分界"效应可以限制病斑的扩大。研究表明，大白菜的伤口愈伤能力与抗软腐病菌侵入关系密切。试验证明，大白菜苗期受伤后 3h，伤口即开始木栓化，24h 后木栓化的程度即可达到病原细菌不易侵入的程度。温度对成株期组织愈伤能力影响较大，温度过低，伤口木栓化需要时间长。伤口木栓化需要充足的氧气和伤愈素两个条件。

(二) 生理生化抗病性

植物存在一些先天就有的抗菌类物质，如酚类物质（如绿原酸、单宁酸、儿茶酚和原儿茶酚）、木质素、不饱和内脂、生物碱、有机硫化合物、皂角、细胞壁降解酶及根系分泌物等。这些物质一旦分泌到植物表面就可阻止病菌孢子的萌发与侵入，而且在病菌与寄主互作中产生的刺激作用，激活了寄主一系列酚类氧化酶的活性，使酚类物质转化成毒性更高的醌类物质，对病菌产生更为明显的抑制作用。抗病品种水稻叶片的外渗物质碳酸钾能抑制稻瘟病菌菌丝的生长和附着胞的形成，从而有效阻止侵入。棉花的某些早熟品种适期晚播炭疽病菌（*Colletotrichum gossypi*）、疫霉菌（*Phytophthora boehmeriae*）的侵染高峰期恰好是棉铃的酚类物质含量的最高阶段，能有效阻止两种病菌的侵入。一些颉颃微生物通过产生一些离子螯合剂，减少叶表外渗物中某种离子浓度，从而抑制病菌的生长和侵入。如荧光假单胞菌产生的嗜铁素（siderophore）可螯合铁离子，从而抑制枯萎病镰孢菌的生长。上述生理生化因子实际上不仅在抗侵入中发挥作用，在寄主抗病菌扩展中也同样发挥重要作用，因此在作用机理上很难区分。

三、抗 扩 展

（一）组织结构抗扩展

1. **细胞壁结构**　病菌侵入一旦完成，病原物便开始和寄主的细胞或原生质展开面对面的较量。病菌通过机械力量和化学力量夺取所需的养分，而寄主植物则通过组织结构和生理生化反应来抗扩展。寄主表皮下的厚壁组织可有效地限制薄壁组织中的病原菌向外扩展。据观察，严重感染小麦秆锈菌的小麦品种小密穗，其茎秆表皮下的薄壁组织是连片的，因而病菌很容易突破寄主的薄壁组织在茎秆表面形成很大的孢子堆；在抗病品种 Acme 上，由于茎秆表皮下的大部分组织被厚壁组织所占据，明显抑制了病菌的扩展，即使一部分病菌能进入狭窄的薄壁组织内，也不能产生孢子堆。

寄主组织内薄壁组织细胞的厚度和硬度对病菌菌丝体的扩展也有很大影响。据测定，在细胞壁厚而硬的抗病品种的块茎内，干腐病腐霉菌（*Pythium debaryanum*）的菌丝穿过每一个细胞需要 204min，而在细胞壁薄而软的感病品种的块茎内只要 43~50min，前者每平方厘米组织要 65.9kg 的机械压力才能突破，而后者只需要 31.3~33.2kg。

导管的不同结构可影响病原菌的扩展。通常导管细胞壁厚而或管道窄的维管束可有效地抗扩展，如果相反，则抗扩展能力较弱。

2. **细胞壁的添充**　病菌一旦侵入某些植物组织，在侵入位点的几个到多个寄主细胞的胞壁上发生明显的添充现象。这种反应不同于对病菌侵入的单细胞反应，它不仅涉及寄主多个细胞的胞壁添充，而且在缺少向细胞某部位分泌物质的寄主组织内也能发生。目前在番木瓜果实、番茄和甜菜叶片等植物茎秆维管束细胞内都发现有保护层形成，从而限制病菌的侵染。

3. **木质化细胞壁**　细胞壁木质化反应是植物组织对受伤和侵染最普遍的反应之一。木质化的"分界"效应限制了病斑的扩展。研究表明，幼嫩番茄果实组织木质化反应与对灰霉病菌的抗病性密切相关。预先将 *Colletotrichum* sp. 接种甜瓜，可以提高组织的木质化反应，在黄瓜上也发现类似现象。

4. **分生组织的障碍**　裸子植物和双子叶植物对受伤或侵染的典型反应就是围绕受伤部位和侵染位点形成一层由分生组织细胞构成的薄壁组织。由于新分生组织产生的多层新细胞内添充了木质素、栓质或酚类物质，因而能够限制病菌的侵染和腐烂。某些马铃薯品种被马铃薯癌肿病菌（*Synchytrium endobiticum*）侵染的一周或两周内，在被侵染的细胞下面形成木栓形成层，与其他组织完全隔离，最后脱去受侵染的细胞，限制了病害的扩展。

5. **维管束结构变化**　一些植物受到病菌侵染后诱导寄主维管束中形成了侵填体和凝胶。凝胶是导管附近细胞中所含的果胶物质被病原物降解后，以果胶酸钙胶体溶液与单宁类氧化产物一起在导管内形成的黑色果胨状阻塞物，阻止病菌在维管束的移动。侵填体是由于导管纹孔膜被病原物酶解，使周围髓射线细胞突进木质导管后形成的，随后在次生壁加厚过程中又有酚类物质浸入和参与聚合。侵填体主要由果胶物质、β-1，3 葡聚糖和酚类物质（主要是木栓质）组成。其中酚及其转化产物具有抑制病原物降解酶的作用，因而在侵染区形成阻碍病菌扩展的封圈。由于植物保卫素的产生和浸透，使其作用更加稳定。凝胶和侵填体的产生可以减缓维管束导管的液流，对导管中的病菌孢子（如枯萎病菌）的扩散有阻碍作用。

6. **周皮和胼胝**　两种结构能防止或修补生物或非物因素引起的损伤。胼胝内由于含有酚类物质、纤维素、葡聚糖和蛋白质，所以它不仅是抗病菌扩展的物理屏障，也是化学屏障。研究表明，番木瓜果对盘长孢状炭疽菌的抗病性主要归功于周皮的形成和胼胝的沉积。Cohen（1988）研究发现，在抗白粉病和霜霉病的甜瓜品种的细胞内，围绕霜霉菌吸器颈和白粉菌侵染钉周围积累了大量的胼胝，两菌的定殖受到强烈的抑制。

7. **木质管鞘**　它是在活寄主细胞受到侵染菌丝侵染时，诱导木质素的分泌，使侵染位点处的细胞壁加厚，阻止病菌向深处侵染。由于病菌不断地分解木质物质向前侵染，寄主细胞又不断地分泌木质物质补偿被溶解掉的部分，寄主最终在细胞内形成了包围侵染菌丝的空心圆锥状结构，即木质管鞘。木质管鞘含有纤维素和胼胝素。

（二）化学物质抗扩展

很多病原微生物对寄主植物的侵染仅局限在特定的植物组织内，这与植物产生的抗菌物质有密切关系。现已分离出上百种与抗病性有关的化合物，其中有的是植物既存的化合物，有的是诱导产生的，如植保素。这些抗菌物质中一些是抑制微生物在植物表面的生长，而多数是在病菌侵入时才发挥抑制作用。

1. 固有化学物质抗扩展

（1）酚类化合物。健康的植物常见的酚类物质有儿茶酚和原儿茶酸、根皮苷和根皮素、绿原酸、咖啡酸、丹宁酸、邻苯二酚等化合物。这些化合物经多酚氧化酶和过氧化物酶的氧化作用转变成对病菌及其致病因子具有高毒性的醌类物质。儿茶酚和原儿茶酸两种化合物存在于洋葱鳞茎的外层红色鳞片中，一旦从死细胞中扩散出来后，便抑制葱炭疽菌（*Colletotrichum circinans*）孢子在鳞茎表面萌发。研究发现，在幼嫩苹果叶片中含有葡萄苷——根皮苷对苹果黑星病菌有明显的抑制作用。根皮苷通常在葡萄苷酶的水解作用下，转变成为葡萄苷配基根皮素。根皮苷、根皮素可氧化成 O-联苯酚，并进一步在氧化酶的作用下转化成不稳定的 O-醌。实际上真正起杀菌作用的是 O-醌。棉花表皮中毛中的棉酚（gossypol）和其他组织内的半棉酚，也都是寄主体内产生抗病菌扩展的物质。

（2）木质素。植物的木质素是由许多苯基丙烷（phenylpropnoid）单体聚合一起的交聚分子，在细胞壁上经常和纤维素及其他糖类联结在一起，沉积在壁上而形成木栓化，阻止病菌侵染和蔓延。木质素的积累是一种主动的抗病反应。木质素的合成也是通过莽草酸途径中的苯丙烷类代谢途径。苯丙氨酸解氨酶（PAL）、肉桂酸-4-羟化酶（CA4H）和4-香豆酸—CoA连接酶是苯丙烷类代谢途径的关键酶。这三种酶的活性在植物体内的变动存在着伴随性。在木质素的合成中协同变化。通常抗病品种中PAL活性增加，促进木质素的积累，且呈集中分布，可阻止病菌的侵染。

木质素在干扰病原物侵染和病害的发生发展中的作用表现：①由木质素的阻隔作用，干扰了植物中水分和营养物质向病原物运送，以及真菌毒素和降解酶向植物健康细胞和组织的移动；②由于芽管或菌丝顶端细胞组织的木质化，以及低分子量木质素酚类前体对真菌某些代谢产物的钝化作用而干扰真菌的正常生长直至停止侵入；③由于木质化细胞使病原物在植物组织中的扩展速度减慢，从而使植物有足够时间合成并积累植物保卫素，促使真菌发育局限化和局部病斑形成；④木质化干扰病毒在细胞间移动，使某些寄主产生局部病斑。

（3）糖苷类。郁金香苷存在于郁金香雌蕊组织的提取液中，对郁金香葡萄孢（*Botrytis tulipae*）和郁金香尖镰孢菌（*Fusarium oxyporium* f.sp.*tuplipae*）所致病害有抗性作用。当液泡分泌的郁金香糖苷和真菌接触后，转变为内酯—郁金香素，它对病原菌有很大毒性。有人认为，郁金香化合物的抑菌作用机理是郁金香素的双键很容易结合SH基，因而对病原真菌的SH基酶起钝化作用。在燕麦叶片液泡中含有的燕麦糖苷本身无毒性，但当燕麦组织受损伤时，这些糖苷就被一种特异的膜结合态β-葡萄糖苷酶转化为高活性的26-脱葡萄糖燕麦糖苷（26-DGA），对*Drechslera*非亲和小种具有明显的抑制作用，而亲和小种可把燕麦糖苷水解成无活性的糖苷配基。当寄主植物受病原物侵染或受伤时，氰糖苷，如苦杏仁苷等成分受到植物体内一些酶的水解作用释放出有效成分，如苦杏仁苷经苦杏仁苷水解酶的水解作用降解成野黑樱苷，再经野黑樱苷水解酶的分解产生D-扁桃腈，最后再经羟基腈水解酶的作用产生苯甲醛和极毒的氰酸气体，对病原菌产生毒害作用。

（4）有机硫化合物。在葱属植物中含有硫醚，它是一种刺鼻臭味的物质称为蒜氨酸（alliin，s-蒜-L-半胱氨酸-氧化硫）。经植物体内蒜氨酸分解酶的作用降解成为双烯丙基二硫化物。这种分解物对病菌具有较高的抗菌能力，可以抑制大蒜的致病青霉菌的孢子萌发和菌丝的生长。还有一些植物特别是甘蓝科的植物体内含有异硫氰酸（芥子油）的葡萄苷酯，经黑芥子硫苷酶对芥子油糖苷的水解作用，产生具有明显的杀菌作用的异硫酸盐。

（5）皂角。在番茄和马铃薯内有一种葡萄糖苷碱，即α番茄苷，它对一些番茄病原物有明显的抑制作用。其原因主要是它和病菌质膜的甾醇类形成了复合体。但某些番茄病原物，如番茄壳针孢能使α-番茄苷失毒。

（6）细胞壁水解酶。几丁质（聚-N-乙酰氨基葡萄糖）和β-1,3葡聚糖是主要病原真菌的细胞壁成分。在植物中普遍存在的几丁质酶和β-1,3葡聚糖酶可降解上述两种病原真菌的细胞壁成分，最终毒杀病菌。这是植物本身很重要的抗病防卫反应。例如，黄瓜叶片感染烟草坏死病毒（TNV）后，体内几丁质酶的活力比原来增高600倍。病菌降解后释放出的产物又可进一步激活寄主的防御反应。

（7）营养物质。寄生植物组织体内对于某些病原物所必需的营养物质缺乏或不足时，可成为抗扩展的因素。例如，人们很早就注意到组织的含糖量与抗扩展的关系。有人把病害分成两类：一类是高糖病害，即在寄主植物糖分高时发病重；另一类是低糖病害，是指寄主糖分低时发病重的病害。番茄早疫病病属于低糖病害，通过疏花、疏果等措施可使番茄体内保持较高的糖量时，抗病性增强。另外，发现蔗糖与单糖比值大小可影响农作物的贮藏性。比值大（蔗糖相对较多）的不易腐烂，耐贮藏。值得指出的是，并不是所有病害都可划分成高糖病害和低糖病害，在许多情况下。病害与糖分无相关性。

植物体内的氮、磷、钾、硅含量与植物抗病性的关系密切。大量施氮致使作物对专性寄生物（如锈病、白粉病、根肿病、病毒病等）感染性增强，病害加剧。主要有以下几种影响：①可使作物木质素合成减少，植株生长加快，组织较嫩，感病性增强；②质外体氨基酸和酰胺等可溶性氮化合物含量增加，向叶片表面分泌的量也增加，有利于发病；③酚类物质合成减少，对病菌毒性降低；④某些作物的叶片硅化程度降低，抗性减弱。类似，高剂量氮素通常能提高作物对兼性寄生物侵染的抵抗力。兼性寄生菌是腐生寄生菌，它喜欢衰老组织或者经它分泌的毒素破坏或杀死的寄主细胞。一般说来，能促进寄主细胞代谢和生物合成，延缓衰老因子都能提高寄主对兼性寄生菌的抗性。无论是专性寄生物还是兼性寄生物，钾肥均能减轻其侵染性。如施钾可减少番茄条斑病、柑橘黄龙病、苹果腐烂病、茶树炭疽病等。蛋白质、糖类、纤维素、果胶、木质素、淀粉等物质的合成都是在钾的酶促作用下完成的。植物缺钾时，碳氮代谢失调，蛋白质氮减少，可溶性氮增加，淀粉含量降低；使氮代谢过旺，造成酚类化合物的合成减少，积累减少、毒性减小；使作物叶片硅化度变低，细胞表皮变薄，木质化程度降低，机械强度变弱；使气孔关闭延迟，伤口愈合慢等。这些都会使发病率上升。磷也参与植物的抗病性反应，如提高油梨根部磷含量可以控制根腐病的发生。施磷对控制菠萝根腐病、心腐病效果也较好。但有时施磷可增加某些作物的病毒病的感染。如提高磷肥用量会增加菠菜中胡萝卜花叶病毒的含量。硅元素对提高寄主组织的结构强度是必不可少的。尤其是对于水稻病害的抗性。

（8）抗生物质。寄主植物体内常含有各种抗生物质或其他有毒物质，尤其在抗病品种内更普遍存在。这些物质可以直接抑制已侵入的病原菌生长发育，甚至使其消融。植物体内的抗生物质种类很多，其中杀菌素最为常见。许多植物抗病品种的汁液具有抑菌或杀菌作用是与汁液中含有杀菌素有关。实验表明，某些西瓜品种的细胞汁液含有抑制白粉病菌菌丝成分。

2. 诱发的化学物质抗扩展 寄主植物受病原物侵染后，无论是抗病还是感病，其代谢活动会增强。在抗病植物的组织中代谢活性的增强常伴随着合成较多的与植物抗病性有关的酶和其他生化物质。

（1）产生植物保卫素。植物保卫素的概念最早是由 Muller 和 Boger 于 1940 年提出的。目前多数学者认为，植物保卫素是由植物受病原微生物或非病原微生物或其他因素压抑刺激，而在受感染或受压抑刺激的部位及其周围产生和积累具有抗菌作用的亲脂性的低分子量物质，是植物受病原菌侵染后保卫反应在生化上的重要表现。植物保卫素的共同特点：①对植物的病原微生物具有颉颃作用性。②为植物的代谢产物。在健康的未受刺激的植物组织中含量极微，一般测试手段很难测出，但一旦受到侵染或刺激便能迅速产生和积累。③对植物和病原微生物都不具备高度专化性。一种植物保卫素往往对一种植物的多种病原微生物，甚至对其他种植物的病原菌都有抑制作用。不同种植物，尤其是亲缘关系相近的植物，受不同因素的刺激，可产生相同的植物保卫素。④在抗病品种上的植物保卫素的产生和积累比感病品种快且量多。⑤植物保卫素不同于植物杀菌素。前者是诱发性的，后者是植物体内的固有的化学物质。目前已在 22 科植物中发现植保素，多数集中在豆科和茄科植物上。豆科植物中主要以异类黄酮为主，而茄科主要以萜类为主。目前已发现和鉴定出 200 多种植保素，包括许多化学结构不同的化合物，如类萜、异类黄酮、香豆素、异香豆素、二氢基蒽酮、二苯乙酰、聚乙炔和多烯化合物。植保素诱导因子（或激发子）可分为专化性和非专化性两种。所谓非专化性诱导因子，一般是指在亲和与非亲和小种菌体的胞壁内均存在的诱导物质。如从黄枝孢（*Cladosporium fulvum*）的培养和菌丝体提取液以及菌丝细胞壁上都分离到一种大分子糖蛋白类激发子，可诱导马铃薯产生日齐素，没有小种间专化性。专化性诱导因子数量比非专化性诱导因子相对较少。专化性诱导因子一般只存在于不亲和性的小种内，即小种专化性激发子。通常在抗病品种上诱发的植保素比感病品种上多。例如，有从豆炭疽菌（*Colletotrichum lindemuthianum*）的两个小种内得到一个部分纯化的富含半乳糖和苷露糖的糖蛋白，它能诱发不亲和的菜豆品种产生和积累植保素。植物保卫素在植物体内的生物合成有三条途径：第一是莽草酸途径；第二是乙酸—甲羟戊酸途径；第三是乙酸—丙二酸途径。病菌的侵染或诱导因子处理，便激活了植保素合成途径中的酶活性，使植保素在植物组织内积累。植保素在植物体的积累实际上是植物保护素的合成与降解后的最终结果。就是说植保素的积累水平受植保素合成和降解速度度制约，而合成和降解速度又是由寄主和病菌代谢调控的，是经典的植保素降解酶，是豌豆素脱甲基酶，很多病菌如 *Nectria haematococca*、*Ascohyta pisi*、*Fusarium oxysporum* 等均可产生。该酶可以将豌豆素 3-O-甲基脱掉，使豌豆素活性降低。致病能力越强，降解能力也越强。豌豆素脱甲基酶属于诱导酶，需要豌豆素类物质诱导才能产生。

(2) 过敏性坏死反应。是指寄主植物受病原物侵染后，受侵染细胞及其相邻细胞的过度敏感，迅速坏死，并引起入侵的病原物钝化或死亡。现已明确，过敏性反应广泛存在于植物对真菌（包括专生寄生菌和部分兼性寄生菌）、细菌、病毒和线虫侵染的非亲和组合反应体系之中。在寄主与病原生物的亲和性组合中，病原菌含有抑制子，抑制寄主的抗性，病原菌可以缓慢地侵入寄主植物。而在非亲和性组合中，病原生物的激发子与寄主植物受体间的识别作用，激活了寄主的防卫基因，导致了侵染位点及其邻近细胞原生质凝固，细胞死亡，阻止病原生物进一步繁殖。过敏性反应在组织和生理上均要发生一系列反应。以马铃薯晚疫病为例，病菌侵入后，游动孢子的内含物向感病体和细胞内移动，寄生原生质变为颗粒状，细胞核膨大，原生质流动速度加大，随后，原生质呈纤维状，细胞失水，核收缩，细胞变褐，寄主细胞与菌丝相继死亡，但经过布朗运动产生颗粒体和细胞褐变以及细胞的凝化等生理过程。在上述组织学变化过程中，病菌也发生了一系列的生理学的变化，包括寄主细胞的电解质外渗增加、糖和糖苷消解、呼吸作用增强、酚类物质被氧化为醌、植保素积累增加、蛋白质凝固以及寄主细胞原生质死亡等。

(3) 病程相关蛋白（PR）。病程相关蛋白（pathogenesis-related protein）是一类结构多变的植物蛋白类群，具有很强的抗菌的能力，在植物体内以大量广泛存在，但当遇到病菌侵染或受到胁迫时大量积累。该蛋白有 5 大类（PR1-PR5）酸性或碱性异构体，对蛋白酶不敏感，存在于细胞间（多数）或液胞内。目前以明确 PR-2 和 PR-3 具有 β-1,3-葡聚糖酶和几丁质酶的活性，可以降解病原真菌的细胞壁，释放出抗性的激发子。

(4) 富含羟脯氨酸糖蛋白（HRGP）为植物细胞壁的结构成分，呈碱性，可阻止病菌侵染。

占干物重的 10%，与细胞壁的纤维素构成网络，具凝集素活性，但不受糖类半抗原影响；具有非亲和性反应的识别作用，与植物诱导抗性有关。

（5）寄主防御酶系。寄主本身受到病菌侵染后，寄主本身也相应产生主动的抗病反应，其中一系列防御酶系的变化就是这种抗病反应的基础。概括起来，防御酶系主要包括苯丙氨酸解氨酶（PAL）、过氧化物酶（PO）、多酚氧化酶（POO）、超氧化物歧化酶（SOD）、几丁质酶、葡聚糖酶、糖苷酶、脂肪氧化酶和 NADPH 氧化酶等。这些防御酶系分别参与了抗病相关的酚类物质代谢、活性氧代谢、脂膜过氧化、真菌丝胞壁成分降解等活动。

四、抗损害（耐病性）

耐病性是植物固有的或获得忍受病害的能力。从寄主对病原物的相对敏感性的观点来看的，耐病性和过敏性坏死反应代表着寄主对侵染反应的两个极端。当植物具有耐病性时，病原物虽能在其体内生长繁殖，并能再侵染，但植物不发生病状或只发生轻微的病状或虽有严重的病状而产量不受损失或损失较少。一般耐病植物生理调节能力较强。

耐病性广泛存在于病毒病及真菌、线虫等引起的叶病和根病中。其中禾谷类锈病中耐病性发现较早。锈病严重发病后，表皮撕裂引起大量失水，给寄主造成很大为害。因此，锈病严重发生时，加强灌水可减少损失的道理也在于此。

病毒病害中耐病性的存在也较普遍。但有时因未测定寄主内的病毒浓度，常与抗繁殖相混。只有寄主体内病毒浓度相同时，而植株不显症或症状较轻，才是真正的耐病毒。

有人实验发现，接种根结线虫的黄麻植株在充分满足其肥水的条件下，到收获期时，其中一株黄麻上根结鲜重竟达 1.6kg，而麻茎基直径达 4.5cm，株高 2.69m。这充分说明黄麻对根结线虫具有惊人的耐病性。耐病性在生产上有一定的利用价值。虽然其防治效果不如高抗品种，但它有不易促使病原菌变异的优点。当暂时缺乏免疫或高抗品种时，选用耐病品种作为过渡或辅助的措施，仍有一定的利用价值。其缺点是在耐病品种上会繁殖病菌，威胁四邻。如果菌量在以后的病害的流行中作用很大，则不宜采用耐病品种。如果菌量早已存在，且不成为流行的主导因素，像许多土壤习居菌引起的根病等，采用耐病品种影响不大。

五、抗再侵染（获得抗病性）

（一）获得抗病性的概念

植物经各种生物预先接种后或受到化学因子、物理因子处理后产生的抗病性，称为获得抗病性。获得抗病性可分为两类：一类是局部的获得抗病性；另一类是系统获得抗病性（systemic acquired resistance）。局部获得抗病性或诱发抗性只表现在诱发接种的部位，而系统获得抗病性具有系统免疫的特点。即当有机体或其组织受到一种病原生物的侵染后，使整体植株免受同种或另一种病原物的侵染，这种因受第一次侵染而使整个植株获得的免疫能力在医学上称为"复合免疫"，在植物上称为系统性获得抗病性。系统获得抗病性的核心是抗病性的诱导。近年来植物理学中的诱导抗性的概念已经扩大，凡利用物理的、化学的以及生物的方法先处理植物，可改变和克服接种后的病害反应，使原来感病反应产生局部或系统的抗病性。另一个与获得抗病性相近的概念是交叉保护，即病原生物的无毒株系或非致病小种接种寄主植物后，使植物获得对同一种或不同种病原生物的抵抗能力。获得抗性的最经典的例子是 Kuc 在黄瓜上用瓜类炭疽菌（*Colletotrichum lagenarium*）或黄瓜角斑病菌（*Pseudomonas lachrymans*）或烟草坏死病毒（TNV）做局部免疫处理（或诱导处理），可以保护黄瓜从整体上免受 11 种侵染性病害的为害。获得抗性或诱导抗性的激发子可分为非生物和生物因子两类。非生物激发子主要包括物理和化学因子，如机械或干冰损伤、紫外线、酚酸、二氯环丙烷、乙烯、部分杀菌剂（如乙膦铝等）、除草剂（如二硝基苯胺类除草剂）、亚硒酸钠、磷酸盐、肥料、硫酸铜等。生物类激发子主要包括真菌、细菌、病毒等及部分微生物源的物质如真菌的细胞壁物质。近年的深入研究将系统性获得抗病性中依据坏死型病菌或水杨酸诱导产生的称为 SAR（Systemic Acquired Resistance），由非致病的根际定殖细菌诱导的抗性称为 ISR（Induced systemic resistance），如 *Pseudomonas fluorescens* strain WCS417r 可激活拟南芥等多种植物的 ISR。它与茉莉酸和乙烯积累有关，而于水杨酸积累无关。因此，将依赖水杨酸的获得抗性与依赖茉莉酸和乙烯的获得抗性相互结合可明显提高抗性的水平。

（二）系统性获得抗病性的作用机理

关于获得抗病性作用机理研究表明，获得抗性的防御反应可能是由多种信号，通过多种信号转导途径调控的。细胞信号是指生物体内存在调节物质和能量代谢的信号系统。抗病信号是植物自身产生的，诱导自身或其他植物表现抗病性的信号系统。

一些信号诱导从侵染位点到产生防御位点只有很短的距离；而对于系统获得抗性的形成，一个信号可从感染位点到远侧的组织。嫁接试验表明，信号可以从感染的叶片通过嫁接部位传到未感染的根状茎部位，并诱导 SAR。关于植物与病菌互作的信号传导的深入研究为揭示获得抗性的分子本质开辟了新的路径。植物与病原菌非亲和性互作过程中，激发子或配体与跨膜受体结合，通过构型变化激活胞内有关酶的活性，引发胞内第二信使（如 Ca^{2+}、肌醇三磷酸、甘油二酯、环腺苷酸等）转导，最后通过蛋白质磷酸化，使信号分子进一步放大，产生一系列功能因子，如酶蛋白等催化抗病相关物质的合成或产生转录因子调控细胞核防御基因的表达。在过去几年里，确定了几种远距离信号，如周身素、寡糖素、茉莉酮类、电势、乙烯和水杨酸。

（三）获得抗病性的应用实例

1. 水杨酸在系统获得抗病性中的作用　人们最早是通过向烟草转编码水杨酸水解酶基因（nahG），然后接种 TMV，分析水杨酸在系统获得抗性中的作用。研究发现，转基因烟草接种 TMV 后水杨酸上升很少，PR-1 表达受到抑制，而在非转基因烟草接种 TMV 后水杨酸大幅度提高，上部未接种部位 PR-1 得到表达。目前多数研究表明，水杨酸是可转移的信号分子。水杨酸在植物中通常已糖苷形式存在（SAG）。SAG 无诱导活性。但当受到病菌再次侵染时 SAG 释放出水杨酸到胞外空间，然后进入相邻的细胞内，并诱导其产生防御反应。进一步研究发现，水杨酸在植物体内运转可能需要与结合蛋白（SABP）结合，才能进行运转。研究证实，水杨酸结合蛋白具有过氧化氢酶的活性。结合蛋白与水杨酸结合后通常过氧化氢酶活性下降。

   2. **寡糖素在系统获得抗病性中的作用**　寡糖素是复杂的碳水化合物，是特殊的寡糖。它在植物体内作为信号分子调节植物生长、发育和在环境中的生存能力。植物—微生物相互作用研究首次证明寡糖素可作为生物信号分子。寡糖素可从植物或病原真菌细胞壁经水解酶作用释放出来。目前已从植物病原的卵菌（*Phytophthora sojae*）的培养滤液中检测到七聚-β-葡萄糖苷。该物质可诱导植保素（大豆素）的合成。真菌细胞壁的几丁质和脱乙酰几丁质可诱导豌豆素的合成。从植物细胞壁多糖得到的寡糖素，如寡聚半乳糖醛、木聚糖等也有类似的作用。已有试验表明，寡糖素激发子可在植物维管束系统中自由移动。此外，寡糖素作为激发子可通过胞内信使 Ca^{2+}，转导抗病性信号。

第四章　植物病害流行学

Epidemiology 的原意是研究人的流行病的科学（Epi 是希腊语前缀，表示"在…之上"；demos 表示"人群"；logy 表示"…学"），现已延伸为研究所有病害流行的科学。植物病害流行学（plant disease epidemiology）是研究病害在植物群体中发展的科学。

第一节　病害循环

病害循环（disease cycle）是指一种病害从一种作物的一个生长季开始发病到下个生长季再度开始发病的过程。生长季是指一种作物从可感病组织初次出现到结束的过程，是一个连续的过程。如果一种作物是一年生的，如辣椒，那么这种作物的生长期即为生长季；如果是多年生植物如柑橘，则从春季发新梢开始到冬季停止生长为止（图 4-1）。

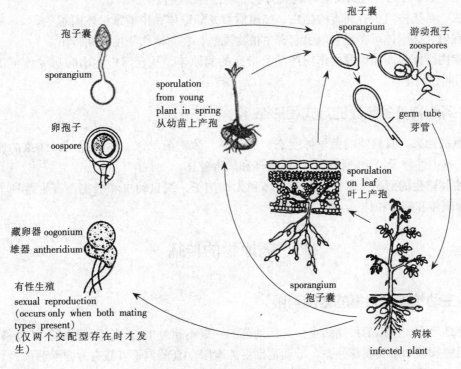

图 4-1　马铃薯晚疫病的循环

一、病原物的越冬越夏

（一）越冬越夏场所（也就是初次侵染源）

1. **种子和营养繁殖材料**　与检疫关系大。病原物可以存在于种子和繁殖材料内越冬（如辣椒疮痂病菌和柑橘溃疡病菌）、在种苗表面越冬（如瓜类作物的炭疽病菌和柑橘疮痂病菌）。也可在种子间越冬（如胞囊线虫的胞囊）。
2. **病株残体**　是指收获后残留在田间的带有病原物的植物残体。如感染了枯萎病的瓜类作物残体和感染了软腐病的大白菜残体。
3. **田间病株**　是指病原物的寄主作物或寄主杂草，如梨轮纹病菌在树干和枝条上越冬，芜菁花叶病毒可以在野生十字花科植物上越夏。
4. **土壤**　是指病田土。土壤习居的病株物在土壤中可单独长期存活，如烟草花叶病毒和青枯病菌，有些还可利用土壤有机质繁殖。土壤寄居的病原物在土壤中不能单独长期存活，当所依附的病组织分解殆尽时，便不能存活，如大白菜软腐病菌。
5. **粪肥**　是指含有病株残体的堆肥、带有病原物的枯饼或食用了病株残体的牲畜的粪便。当其不经腐熟便作为肥料施到田间时就成为了下季作物的初侵染源。
6. **昆虫**　是指体内带有病毒的昆虫，如柑橘黄龙病原体在柑橘木虱体内越冬。
7. **温室内**　病原体可在温室内引起寄主植物发病，在露地作物生长期传出。
8. **仓库内**　作为商品储藏的作物产品上带有的病原体，从仓库中运出时病原体可以不同方式传播到田间作物上。

（二）病原物越冬越夏的方式和形态

1. **休眠的形态**　真核菌的菌丝体变态、孢子果、休眠菌丝体、休眠孢子，线虫的胞囊、卵囊和虫瘿，寄生性种子植物的种子，细菌菌体和病毒粒体。
2. **腐生和寄生的形态**　真核菌的营养体和无性孢子，线虫幼虫和成虫，寄生性种子植物的植株，细菌菌体和病毒粒体。

二、病原物的传播

（一）主动传播（传播的范围有限）

线虫靠蠕动，如丝瓜的根结线虫，其活动范围一般不超过1m。真核菌游动孢子靠鞭毛游动，如大白菜根肿病菌和瓜类腐霉病菌，活动范围更加有限。真菌孢子可强有力弹射释放，如菌核病菌的子囊孢子、锈菌的担孢子等。

（二）被动传播（传播距离远）

1. **人为传播** 调运种苗、播种带有病原物的种苗、施用有病原物的粪肥、农事操作（修剪、打顶、去腋芽、中耕、除草等）都有可能人为传播病害，尤其是种苗的调运，往往是病原物侵入新的地域的惟一方式。

2. **气传** 真菌的气传孢子如锈菌的夏孢子和锈孢子、带有病毒的昆虫可随气流远距离传播。气流传播的病害往往在短期内可以大发生（流行）。

3. **虫传** 如第二章所述，很多昆虫可以传播病毒、真菌、细菌，甚至线虫。

4. **水传** 雨水溅射在株间、枝间、叶间可传病；流水可在田块间传病。

5. **菌传** 有些黏霉菌如多黏霉菌的游动孢子可以胞饮方式摄入病毒，当孢子侵入植物时将病毒传入植物。不过游动孢子的活动距离甚短。

三、初侵染和再侵染

初侵染和再侵染都是由病原物的侵染体（inoculums）进行的。

（一）初侵染

病原物越冬或越夏后第一次侵染植物称为初侵染，也就是一种病原物在一个作物生长季中所进行的第一次侵染。真菌初侵染的形态一般为有性孢子。

（二）再侵染

在一个作物生长季中，病株上形成的病原物侵染体对同一种植物进行的重复侵染称为再侵染，真菌再侵染的形态一般为无性孢子如分生孢子。植物疾病根据再侵染频度可分4种类型：

1. **越年侵染型** 多年一次侵染。病原物侵染植物后经几年时间才被传播到其他植物组织上，引起新的侵染。

2. **单次侵染型** 每一个生长季节一次侵染。病原物在一个生长季节对寄主植物只有一次侵染。

3. **低频侵染型** 每个生长季节只有少数几次侵染。病原物在一个生长季节除初侵染外，还有几次再侵染，但再侵染不频繁。

4. **高频侵染型** 每个生长季节有多次侵染，再侵染频繁。

注：有的书上称单循环型、多循环型……

第二节 植物病害流行型

一、概 念

1. **病害流行** 是指一种病害在一个植物群体中由轻到重，由少到多，从一个群体到另一个群体发展，直至普遍而严重发生的过程。若一种病害完成了流行的全过程即达到了普遍而严重发生，我们就说病害"流行"了。如果一种病害没有完成流行的全过程，即没有达到普遍而严重发生的程度，我们便说这种病害"没有流行"。病害流行的简单而又准确的定义是指病害的时空变化。

2. **流行常发区** 是指某种病害经常发生流行的地区。

3. **流行偶发区** 是指某种病害只是偶尔发生流行的地区。

4. **地方流行病** 是指只在局部地区流行的病。

5. **广泛流行病** 是指可以大规模甚至在不同国家流行的病。

6. **季节流行曲线** 以时间为横坐标，以发病量为纵坐标，绘制成发病量依时间而变化的曲线。曲线的斜率即病害发展速率，曲线最高点表示流行程度。

二、病害流行型

（一）季内流行型

1. **单利病害** 是不能或很少在一个生长季节中重复产生侵染体的病害，也就是越年侵染型、单次侵染型和低频侵染型病害，如桃、李的根癌病。其季内流行曲线为直线型。植物发病后普遍率和严重度基本不变，总发病量与初始发病量成正相关。季内流行的模型为

$$X_t = X_0 \tag{1}$$

其中，t 为时间，X_t 为 0 至 t 时的累积发病量；X_0 为 0 时发病量或初始发病量。

2. **复利病害** 是可以在生长季节反复产生侵染体的病害，即高频侵染型病害。一个生长季内产生的侵染体可作为季内下一次侵染的基数。季内流行数学模型为

$$X_t = X_0 e^{rt} \tag{2}$$

其中 r 为病害增长率；e 为自然对数的底，余同（1）。由于可感病组织的减少，或环境、植物阶段抗病性的变化等，实际出现的曲线为 3 种：

（1）S 曲线型。发病量初期增长慢（始发期），中期增长快（盛发期），后期因可感病组织减少而减慢发病速度（衰退期）（图 4-2）。高频侵染型和低频侵染型病害出现这种曲线。如白菜霜霉病。这种曲线符合逻辑斯蒂方程：

$$X_t / (1 - X_t) = X_0 \cdot e^{rt} / (1 - X_0) \tag{3}$$

（2）单峰型。为 S 曲线的变型。发病量初、中期增长同 S 曲线，后期因气候条件不适或因寄主新组织长出，发病量下降。如白菜病毒病在高温时症状隐蔽。

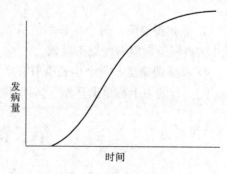

图 4-2 病害的 S 曲线

（3）多峰型。亦为 S 型曲线的变型。受寄主抗病性和气候条件影响大，在一个生长季节中有

多次发病高峰,如柑橘溃疡病一年中的3个发病高峰与柑橘发春、夏、秋梢是一致的。

(二)历年流行型

1. 积年流行型 越年侵染型、单次侵染型、低频侵染型病害,需经多年积累,病原物群体方可达到造成流行的程度。能否流行主要取决于初侵染体的数量。

2. 单年流行型 高频侵染病害,在一个生长季节内便可由轻到重达到流行的程度。能否流行主要取决于气候条件和植物的抗病性。

(三)空间分布型

1. 大区分布型 病害在大区的分布有连续型的或间断型的。主要与作物布局和品种布局有关。方向型与气流运动传病有关。

2. 田间分布型
(1) 中心式。由点到片再到全田普遍发生,多见于复利病害。
(2) 弥散式。无明显发病中心。病株随机分布或均匀分布。多见于单利病害。

第三节 植病系统

植病系统(plant pathosystem)是生态系统中的一个涉及植物疾病的亚系统。植病系统是一个动态的系统,在系统平衡时保持稳定状态,系统平衡靠系统控制来实现。控制可以是自主的,也可以是有目的的和确定的。根据系统控制的不同,植病系统可以分为两个子系统,即野生的植病系统和农业的植病系统。

一、野生的植病系统

在农、林作业尚未涉及的原始森林等野生植物系统中,系统控制是自主的,由寄主植物、病原物、环境三要素(病害三角关系,图4-3)之间的相互作用所决定。野生植物系统中的植物群体是异质的,同一生境存在着不同的植物、同种植物的不同个体的遗传抗病性差异大,病原物很难克服不同的抗病基因型。在长期的进化过程中,在病害选择压力下,高度感病的植物个体被淘汰,留下抗病的和比较抗病的个体并延续后代,病原物和寄主植物共同进化,形成相对平衡(动态平衡)的系统。

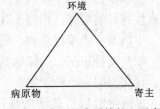

图4-3 野生植病系统的三要素

二、农业的植病系统

在农、林作业区域,系统控制是有目的的和确定的。由寄主植物、病原物、环境和人四要素(病害四角关系)(图4-4)之间的相互作用所决定。在长期的栽培实践中,人们有目的地选择高产优质的个体,并繁殖其后代。特别是在现代育种中,所培育出的品种都是纯系即遗传上完全一致的群体。同一栽培区作物相同,品种的抗病基因型基本相同,病原物只要对其中的一个寄主植物个体成功侵染,便有能力成功侵染所有的个体,病害很快就可以普遍扩散开来。但高度感病的品种可以因施药保护而保留下来,一旦因天气等原因无法有效保护便会成灾。因此,农业的植病系统是一类相对不平衡的系统。

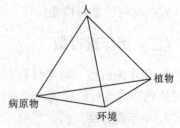

图4-4 农业植病系统的四要素

(一) 病原物

1. 致病性变异 病原物优势群体对大面积种植的作物有毒力是病害流行的必要条件。

(1) 致病性分化。病原真核菌和细菌在种下可分化出专化型、变种和生理小种。

①专化型 (forma specialis, 简写为 f.sp): 病原物种内对不同科、属植物的致病性各异的群体。如尖镰孢菌 (*Fusarium oxysporium*) 下分不同的专化型: 尖镰孢蚕豆专化型简称蚕豆尖镰孢 *F.f.sp. fabae*、尖镰孢菜豆专化型简称菜豆尖镰孢 *F. oxysporium* f.sp. *phaseoli*。

②变种 (variety 简写为 var): 病原物种内对不同科、属植物的致病性各异,且形态上有细小差异的群体。如寄生疫霉 (*Phytophthora parasitica*) 下分不同变种: 寄生疫霉芝麻变种 *P. parasitica* var. *sesami*、寄生疫霉烟草变种 *P. parasitica* var. *nicotianae*。

细菌的致病变种相当于专化型,地毯草流胶黄单胞菌 (*Xanthomonas axonopodis*) 下分不同致病变种: 地毯草流胶黄单胞菌柑橘致病变种 (*X. axonopodis* pv. *citri*)(柑橘溃疡病菌)、地毯草流胶黄单胞菌菜豆致病变种 (*X. axonopodis* pv. *phaseoli*)(菜豆细菌性斑点病菌)。

③生理小种: 病原物种、变种或专化型内对一种植物的不同品种致病性各异的群体。以代号表示,如青枯病菌1号小种……5号小种。

④菌系: 病原物种、变种或专化型内对不同寄主植物或品种致病性分化无特异性的菌株集合。如柑橘溃疡病菌 A 菌系……E 菌系。

⑤株系: 从一个发病部位分离到的真核菌或细菌称菌株。病毒株系是同种病毒中对不同植物致病性各异的群体,相当于真核菌的专化型。

生物型: 由遗传基础一致的个体组成的群体。

(2) 变异机制。病原物的变异可通过有性杂交、突变和无性重组等实现。有性杂交可在种间、专化型间、小种间发生。突变有自然突变和人为诱变。

无性重组包括真菌的异核现象和准性生殖;细菌的接合、转化、转导作用;病毒的遗传重组。

2. 病原物有效侵染体的数量

(1) 初次侵染体数量。是低频侵染型病害流行的制约因子,对高频侵染型病害不是很重要。

(2) 病原物的繁殖力。包括繁殖量和繁殖代期。繁殖量指一个病原物个体繁殖一代产生的后代个体数。繁殖代期是繁殖一代所需时间。对高频侵染型病害很重要。

3. 病原物的有效传播距离 是指病原物传播后引致发病的最远距离。

（二）寄主植物

1. 植物的抗病基因型　大面积种植感病植物是病害流行的必要条件。

（1）植物个体对病原物个体侵染的反应。

免疫：完全不发病，是一绝对术语。

抗病：发病轻，是相对术语。可细分为高抗、抗、中抗。

感病：发病重，是相对术语。可细分为中感、感、高感。

耐病：即抗损失性状，病情严重度相近的品种损失较轻的品种称为耐病品种。

（2）植物群体对病原物群体侵染的反应。

①鉴别性互作：用一套鉴别品种可鉴别出任一病原物生理小种，反过来用一套生理小种可以鉴别出一个抗病基因型，这样的寄主寄生物互作称为鉴别性互作。

②非鉴别性互作：也称恒定的排序。同一种病原物的不同菌系对不同品种的致病能力排序相同。反过来，不同品种对不同菌系的抗病能力排序也是相同的。

③基因对基因学说：认为寄主和病原物中分别存在对应的抗性基因和毒性基因的理论。病原体所具有的非毒性基因只要与被侵染植物的某个抗病基因是对应的，则植物表现抗病，反之若植物的抗病基因在病原物中没有对应的非毒性基因，则表现感病。

④垂直抗性：在鉴别性互作中寄主植物品种的抗病性。由单个或较少基因赋予，可使植物免于发病，但只对一种病原物特定的小种或株系有效。

⑤水平抗性：在非鉴别性互作中寄主植物品种的抗病性。由多个微效基因赋予的抗性，抗病程度不高，但对一种病原物的大多数或全部小种或株系有效。

⑥小种专化抗性：只对一种病原物的一部分小种有效的抗病性。与垂直抗性概念相近。但垂直抗性是系统学术语而不是专业术语。

⑦非小种专化抗性：对一种病原物所有群体有效的抗病性。与水平抗性概念相近。是专业术语。

⑧田间抗病性：病圃内人工接种感病，但在田间种植时发病轻，主要是株间接触传病不易。

⑨成株抗病性：苗期不抗病，但到了成株期表现抗病。

⑩慢病性：虽然最终发病程度重，但发病速度慢。

2. 植物群体发病的时空变化

（1）在同质植物群体（种植抗病性相同的品种）上，若病原物有毒力群体为优势群体，则易造成病害流行。

（2）在异质植物群体（同一地区种植具有不同抗病性的品种）上，流行速度减慢，病害不易流行。

（3）定向选择。连年大面积种植抗病性相同的品种，抑制了非毒力群体的侵染和繁殖，而不能控制有毒力群体的侵染和繁殖，从而导致有毒力变异体发展为群体，由小群体发展为大群体，最终成为优势群体。定向选择常导致品种抗病性的丧失。

（4）稳定化选择。每年种植抗病性不同的作物品种，同一生长季种植不同抗病性的品种，对病原物各群体施加同等的选择压力。有毒力群体难以上升为优势小种，品种抗病性不易丧失。

三、环境条件

1. **温度** 病原物的生长发育、侵入、扩展、繁殖等都有最低、最高和最适温度。温度也对作物抗病性产生影响。如低温导致植物抗病性降低；冻伤和高温灼伤造成的伤口为伤口侵入型病原物提供了侵入门户。但较高温度可能抑制某些病毒病症状的显现。

2. **湿度** 真菌孢子释放、萌发和侵入，细菌菌脓溢出均需高湿。反过来低湿对大多数植物疾病有抑制作用。不过有些疾病如白粉病要求低湿。

3. **雨露** 有利于真菌孢子和细菌菌脓分散，并可短距离传病，但不利于传毒昆虫迁移传毒。

4. **气流** 可以远距离传播病原物，在流行性疾病中尤为重要。气流还可造成伤口。

四、作物管理

人对农业植病系统另外三角的影响。

（一）对寄主植物的影响

1. **育种**

（1）传统选种。是传统农民对田间表现良好的单株留种得到的地方品种，不是一个抗病性纯合的群体。品种所具有的抗病性一般是多基因控制的，抗病性比较稳定，不易因病原物群体致病性的变化而失效。

（2）纯系育种。现代育种一般采用系谱育种法，得到的品种是一个纯合的群体（纯系）。品种的所有个体都具有相同的抗病基因型，一旦其中的一个个体被新的病原物小种侵染，所有个体都处于易感病状态。抗病性容易因病原物群体致病性而变化。不过现在已经有了所谓的多系品种，即由几个表观性状和农艺性状相同，但抗病基因型有差异的近等基因品系混合而成的品种。多系品种含有不同的抗病基因组合，其表现相当于地方品种。

2. **作物布局**

（1）引种。植物引入新的地区后可能的情况：一是对当地病原物群体特别敏感；二是从单株取种引到新区，引入的植物群体在抗病性上同质，对病原物群体致病性变化表现脆弱；三是在原有病原物未同时跟进时，因没有选择压力而水平抗病性降低。

（2）连作和轮作。连作地中病原物群体逐年增大，是单次侵染型和低频侵染型病害流行的前提。不过有些病害在连作地反而逐渐减轻。其原因在于土中颉颃微生物增多。轮作地尤其是水旱轮作地，由于不易连续得到营养以及环境条件不利，土中病原物群体逐年减小。

（3）品种布局。大面积种植同一品种或抗病基因型相同的品种，若病原物有毒力群体上升为优势群体则病害易流行。

（4）间作和套作。不同科、属的植物间作或套作可起到隔离作用，从而阻止病害传播。但是另一方面有时也为传病介体提供了栖息场所。但如果间作和套作的是同种病原物的寄主，则有利于发病。

3. **栽培管理**

(1) 播期。可影响植物苗期的抵抗能力以及植物易感期与病原物侵染体高峰期的吻合程度。
(2) 管水。可影响植物的抗病力。
(3) 施肥。肥料过多、过少，各成分配比不当，可降低植物抗病力。
(4) 中耕除草。可增强植物抗病力，也可造成伤口，提供侵入门户。
(5) 农事操作。可能造成伤口或传病如中耕。

（二）对病原物的影响

1. **栽培管理** 修剪病枝和清洁果园可减少病原物侵染基数；耕作可传土传病害；套灌可在田块间传病。
2. **施药防治** 可杀死或抑制病原物，从而减少有效侵染体的数量。
3. **调运种苗** 是远距离传病的主要途径。如前所述种苗间、种苗组织内部和表面都可带病原物。

（三）对作物生态环境的影响

1. **种植密度** 过密则田间湿度大，有利于病害发展。
2. **引种** 引入的植物可能对新的生态环境不适应，抗病性不能充分表达。另一方面植物可能被引入到一个不能发生某种病害的环境中，如葡萄黑痘病在新疆的干燥环境中不能发生，即使引种的葡萄苗带有黑痘病斑也不发病。

第四节 病害流行的预测

病害流行的预测（prediction of epidemics）是在病害发生前一定时限依据调查数据对病害发生期、发生轻重、可能造成的损失进行估计并发出预报。

一、预测的种类

根据病害发生前的时限不同，可分为短期预测、中期预测和长期预测。作为园艺工作者，主要是进行短期预测。

（一）短期预测

病害发生前夕，或病害零星发生时对病害流行的可能性和流行的程度做出预测。

（二）中期预测

病害发生前一个月至一个季度，对病害流行的可能性、时间、范围和程度做出预测。

（三）长期预测

根据病害流行的规律，至少提前一个季度预先估计一种病害是否会流行以及流行规模，也称为病害趋势预测。

二、预测的依据

预报病害可能流行主要依据寄主植物种植情况、病原物基数调查数据和天气预报。当其他条件基本满足病害流行要求，而某一条件未满足时，该条件便为病害流行的决定性因素。

（一）寄主植物种植情况

若当前大面积种植的是感病的寄主品种，或大面积单一种植已推广两年以上的具有垂直抗病性的品种，作物生长柔嫩，则病害流行的风险大。

（二）病原物基数调查数据

病原物基数大（历年流行病的必要条件），或基数不大，但所预报的病害是单年流行病，且病原物群体对当前种植的作物品种致病力强，则病害流行的可能性大。

（三）天气预报

天气预报显示未来的天气满足病害流行的要求。如气温20~24℃，空气相对湿度90%以上，且夜间有结露，有一次中等以上降雨过程，则黄瓜霜霉病可能严重发生。

三、预测的方法

（一）收集信息

1. **收集历史资料** 如先年发病情况、品种的抗病表现、当地历年的天气等。
2. **收集当前信息** 如调查品种抗病性及布局、长势、初病期和发病的品种、定点调查感病品种的发病情况等。还要收集邻近地区和上级部门发出的预报。
3. **收集天气信息** 本地和相邻地区的天气预报都要收集，综合比较，只要有一地预报的天气符合病害流行的条件，就要发出病害可能流行的警报。

（二）信息处理

1. **凭经验处理** 根据以往病害流行的经历，判断病害是否会流行。
2. **凭数学模型** 根据历史资料建立病害流行的数学模型，将收集到的信息输入模型中，由计算机判断病害流行走势。以前的数学模型多为多元回归式，如甘肃省农科院根据祁连山北麓葡萄霜霉病的发生规律和影响因子建成了一个多元回归预测模型。

$$Y = 47.976\,61 - 1.510\,28X_1 + 0.350\,741X_2 - 0.119\,29X_3 - 0.864\,45X_4$$

其中，Y为病情指数，X_1为前7d的日均气温，X_2为前7d的累计降雨量，X_3为前7d的日均湿度，X_4为前7d的累计雨日。

现在模拟模型软件不少，如山东莱阳农学院李葆华研究完成的梨黑星病计算机随机模拟模型。该软件描述了具有二维空间结构的植物群体内，病害随时间、空间的动态变化。模型中包含 30 余个与植物病害流行有关的参数，用户给参数赋值后，模型就能逐日模拟植物病害的严重程度。

(三) 发布预报

根据前面所做的工作，向所辖区域发出病情预报，公布当地主要病害流行的可能性，应该进行防治的作物品种、施用的药剂及方法、施药适期等。

第五章 植物病害的管理

植物病害的管理（management of plant disease）要遵循预防为主，综合防治的方针。预防首先是要防止新的病害传入。因为新的病害一旦传入便很难根除，每年都要花费大量的人力物力用于病害控制。而目前的杀菌剂基本上是预防性的，很少有治疗性的，一旦病害扩散开来，便很难控制。病原物在侵入期是最脆弱的时期，最容易控制，成本也低。所以要预防病害的发生。另一方面，目前的防治措施单独使用都很难达到有效控制植物病害的目的，因此，要将所有可用于植物病害管理的资源有机地整合起来，将病害造成的损失控制在经济允许水平之下，即进行有害生物综合管理（integrated pest management）。

应用于植物病害管理的主要措施有植物检疫、抗病品种、栽培管理、化学控制、生物控制和物理控制。

第一节 植物病害检疫

检疫的英文是 quarantine，来自意大利语 quarantina（意为 40d）。quarantina 一词是怎么转义为检疫的？原来在 1348 年欧洲流行黑死病（鼠疫）时，意大利的威尼斯最早规定外来船舶必须停泊 40d，不准船上人员下船，以便留观船上是否有人染有黑死病，确认没有此病后才允许登陆上岸。这一措施在当时对于阻止黑死病的传播起到了积极的作用。以后欧洲各国纷纷仿效，quarantina 也就有了新的含义。

植物检疫又称法规防治，是由政府授权的检疫机构强制执行检疫法规，禁止或限制携带危险性病、虫、草及其产品在国家间或地区间调运，以防止这些危险性生物人为远距离传播的一项特殊的植物保护措施。

植物检疫的特殊性在于①法制性（由立法机构立法或行政部门颁布条例，检疫部门依法规实施）；②预防性（防止病、虫、草传到尚未发生的地区）；③针对性（只针对特定的危险性生物）。

一、植物检疫的必要性

19 世纪以来，随着国际贸易的发展，一些危险性病害随植物种子、苗木等繁殖材料、植物产品和副产品（如油粕、秸秆等）以及运载工具传到以前未发生这些病虫的地区，给这些地区的农业生产带来灾难性的后果。

（一）危险性病害随种苗在欧美间调运传播成灾

1. 马铃薯晚疫病 19 世纪 40 年代早期，马铃薯晚疫病从拉丁美洲的墨西哥随同马铃薯种薯传到欧洲，1844年在法国、比利时和英国局部地区发生，这一年夏季干旱，不利于病害蔓延。但在第二年7月，此病广泛分布于欧洲北部，给马铃薯作物造成严重损失，尤其是在比利时和爱尔兰，至少40%的块茎因病腐烂。1846年此病在爱尔兰发生特别早，马铃薯生长早期即发生并很快蔓延。至8月初许多田块的马铃薯全部死亡。而马铃薯是爱尔兰许多农家的主粮，灾后而来的便是遍地饥荒，结果爱尔兰的人口从1845年到1851年的6年时间减少了300多万，其中饥荒而死100多万，逃荒至英国或北美200多万。

2. **葡萄霜霉病** 19世纪法国等欧洲国家在葡萄根瘤蚜传入成灾后，从美国引进抗根瘤蚜的砧木品种，没想到又带来了另一个灾难，葡萄霜霉病随同葡萄砧木品种传入欧洲，迅速蔓延，摧毁了许多葡萄园，使许多葡萄酒厂因原料短缺被迫停产。

3. **榆枯萎病** 榆枯萎病以前只发生在荷兰、比利时和法国。1918年随着苗木的调运，在短短几十年内便传遍了整个欧洲，大约在20世纪20年代末，美国从法国输入榆树原木，将榆树枯萎病传入美洲大陆，此病在美国蔓延很快，美国本土48个州有31个州发生此病，约有40%榆树被毁。

（二）中国的病害随种苗调运传到国外成灾

板栗疫病起源于中国，此病对中国板栗为害很轻，19世纪美国从中国引进板栗种，带去了板栗疫病菌，当地的板栗树是在无板栗疫病的生态环境中进化的，对此病极为敏感，结果板栗疫病迅速蔓延，几乎完全毁灭了美国原有的板栗树。

（三）国外危险性病害随种苗调运传入我国成灾

1. **棉花枯萎病和黄萎病** 棉花枯萎病和黄萎病于20世纪30年代随美国棉花种子传入我国，现已蔓延到国内各主产棉区，每年都造成严重损失。

2. **甘薯黑斑病** 1937年该病从日本九州随薯块传入我国辽宁，以后随着日军侵略升级，逐渐向南推进，造成巨大损失。新中国成立后曾列为我国11大病虫害之一。另据河南安阳、信阳两地区和安徽北部两个县统计，有上万头牛因喂食病薯而死亡。

（四）危险性病害随种苗调运在国内蔓延成灾

1. **水稻白叶枯病** 水稻白叶枯病在20世纪50年代仅流行于我国南方几个省份局部地区，1957年列为国内植物检疫对象，1966年仍为国内检疫对象，但"文化大革命"中，植物检疫工作处于瘫痪状态，而水稻种子调运频繁，尤其是各省（包括病区）在海南制种，将病传至海南，而此后又通过海南随杂交稻种子辐射到全国各产稻区，导致严重损失，鉴于此病在国内已广为传播，1983年已从国内植物检疫对象中除名。

2. **棉花枯萎病** 棉花枯萎病最初只在江苏局部地区发生，当时未引起重视，以后在日军侵华期间，植检工作无法展开。新中国成立后，政府高度重视此病，自1957年以来，一直当做国内植物检疫对象，但遗憾的是此病通过种种途径逐渐蔓延到各主产棉区，而一旦传入便扎根下来，导致我国每年棉花产量都受到严重影响。由于此病已分布于各主产棉区，实行检疫已无多大意义，已经从国内检疫对象中除名。

3. 其他病害 除水稻白叶枯病外，还有水稻干尖线虫病、稻—柱香病、小麦粒线虫病、小麦腥黑穗病、甘薯黑斑病、马铃薯粉痂病、马铃薯黑胫病、亚麻斑点病、洋麻炭疽病、桑萎缩病、花生根结线虫病、苹果锈果病等先后从国内植物检疫名单中除名。除名并非因为这些病害已经在国内根除，而是因为它们在国内主产区已经广为传播，检疫失去意义。

（五）种苗交流和国际贸易日趋活跃

自从有农业开始，便有了引种，引种在人类历史上曾经起到重要作用。熟悉中国历史的人应该记得，甘薯是明朝时菲律宾一华侨青年将薯蔓缠在腰间，躲过荷兰占领者的搜查偷偷引进中国的，甘薯引进中国并在中国广为传播，对于缓解16世纪末福建台风灾害造成的饥荒起了重要作用。福建巡抚金学曾大力推广种植甘薯，帮助人民度过这次大灾荒，人民为感谢他，称甘薯为金薯。国际水稻所20世纪60年代育成矮秆水稻品种IR8号等，推广到东南亚及南亚各地区，使产量大幅度提高，掀起第一次绿色革命。中国的大豆引到北美，产量竟超过中国，成为世界第一。栽培稻起源于印度和中国，而世界水稻单产最高的国家是澳大利亚。随着我国进一步对外开放，从国外引种的数量也越来越多，农产品的进出口也日益频繁，危险性病害随种苗及植物产品传入我国的可能性日益增大。

（六）检疫成为保护我国农业免受大规模冲击的惟一手段

我国已经加入了WTO，对农业已没有关税壁垒保护，但《实施卫生与植物卫生措施的协议》简称《SPS协议》已经对我国生效。我们可以巧妙地运用这一技术手段。《SPS协议》开篇即明确指出，"重申不应阻止各成员为保护人类、动物或植物的生命或健康而采用或实施必需的措施，但是这些措施的实施方式不得构成在相同的成员之间进行任意或不合理歧视的手段，或构成对国际贸易的变相限制。"《SPS协议》附件一对"动植物卫生检疫措施"所下的定义，所谓动植物卫生检疫措施是指下列用以保护人类或动植物生命或健康的措施：①保护成员境内的动植物生命或健康，免受虫害、病害、带病有机体或致病有机体的传入、定居或传播所产生的风险；②保护成员境内的人类或动物的生命健康，免受食品、饮料或饲料中的添加剂、污染物、毒素或致病有机体所产生的风险；③保护成员境内的人类的生命或健康，免受动物、植物或植物产品所携带的病害或虫害的传入、定居或传播所产生的风险；④防止或限制成员境内因虫害的传入、定居或传播所产生的其他损害。这个协议既给我国农产品的出口带来了机遇，也带来了挑战。

二、植物病害检疫的可行性

植物检疫的基础在于：①一部分危险性病害的远距离传播只能靠人为地调运种苗和运输货物；②这些危险性病害中，有一些尚未广泛分布，仅在局部地区造成严重损失；③传入新区后可能造成的损失远远高于检疫成本。

（一）人为传播的病可以人为阻止

疾病人为传播就是病原物随植物及植物产品调运而传播。如水稻细菌性条斑病在种子上存活,柑橘溃疡病在苗木上存活,棉黄萎病菌可在种子短绒上以及棉籽上存活,马铃薯癌肿病菌可在薯块上存活,在调运这些植物繁殖材料、产品及副产品时,病原菌便可随之传出,在新的地区造成为害。我们无法阻止昆虫迁飞传病,也无法阻止气流运动传病,但是我们可以阻止携带危险性病原物的植物及其产品调运到无病区,这是检疫的基础之一。

(二) 局部流行可局限在局部、甚至根除

在人为传播的病害中,有一些已经由于检疫上的漏洞传播开来,其分布与寄主植物的分布重叠或基本重叠。如水稻白叶枯病、甘薯黑斑病,由于不存在无病区,也就无所谓禁止带菌种子(或薯块)调往无病区,检疫便失去意义。

但是有一些重要的人为传播病害仅在局部地区流行,如小麦矮腥黑穗病、马铃薯癌肿病等,对其实施检疫措施,通过禁止病区种苗调运,加强病区的防治工作,不仅可以将这些病限制在局部地区,而且还可以通过销毁、轮作等措施,缩小病区甚至根除这些病害。

(三) 检疫的收益/成本比高

有些危险性病害传入新区后所造成的损失相当惊人。如板栗疫病传入美国后几乎全部摧毁了原有美国板栗树。有些病害对产品出口带来严重影响,如柑橘溃疡病侵染果实形成溃疡斑,影响其出口和市售价格,而且为防治这些病害每年都要花费不少资金和人力,对于这样一些带来重大经济损失的病害,检疫所获得的效益相当惊人,其成本相对来说极低。如美国在柑橘溃疡病于20世纪初传入后,不惜耗资600万美元毁病圃,以根除此病,1947年宣布根除此病。澳大利亚一个海岛发现此病后,立即采取根除措施,销毁病圃、病树及周围健树,使其至今仍处于无病国之一。德国在1971年和1972年共耗资77万马克根除火疫病。综上所述,一部分危险性病害只能人为远距离传播,且局部地区分布,对其实施检疫效益高,使得检疫存在着可行性。这一类病害便可定为检疫性有害生物(或称检疫性植物病害)。

三、植物检疫的实施

(一) 植物检疫的法律基础

植物检疫是一项依法保护农作物的措施。1990年以来我国先后就对外和对内检疫颁布了《中华人民共和国进出境动植物检疫法》(1992)、《中华人民共和国进出境动植物检疫法实施条例》(1997)、《植物检疫条例》(1992)、《植物检疫条例实施细则(农业部分)》(1995)、《植物检疫条例实施细则(林业部分)》(1994)等法规和条例。

(二) 病原物危险性评估和检疫对象名单的确定

一种病原物进入一个新地区时,可能会出现四种情况:①原来是次要病害进入新地区仍为次要病害,如美国以前无粮食作物,现有的粮食作物全部由外国引进,这些粮食作物上数以百计的病害大部分在原生境中是次要病害,在美国也仍然是次要病害;②原来是次要病害,进入新地区

后成为重要病害，如玉米上的一种锈病在欧洲为害轻，但传入非洲后，便成了破坏性极大的病害，栗疫病在我国很少引起重大损失，而传入美国后几乎全部摧毁了美国原有的栗树；③原来是重要病害，进入新地区后仍是重要病害，如棉花枯萎病，20世纪30年代在江苏局部发生，以后扩展到其他产棉省，现在成了各产棉省的主要病害；④原来是重要病害，进入新地区后成了次要病害甚至不发生，如甜菜锈病在前苏联是一种毁灭性病害，但在我国东北甜菜产区不能发生（此病以前为对外检疫对象，经农业部所作适生性研究，病菌夏孢子阶段要求22℃以下温度和70%~80%以上相对湿度，故在我国甜菜主产区因气温高而不能侵染甜菜，1992年已从外检对象名单中除名）。

由于一种植物病害传到新地区之后的为害是未知的，因此一个国家或地区在制定禁止或限制入境的植物病害名单时，其危险性评估就显得格外重要。

决定一种病原物传入新地区后危险程度的因素是①病原物的适生性、破坏性、寄主范围、传播能力、再侵染频度和根除难度；②寄主植物的分布范围及密度、经济和生态价值及抗病能力；③新地区的生态条件如温度、湿度和降雨量、气候条件的多样性、地理隔离和传病介体。外来植物病原物的危险性评估方案主要依据以上三点。

由国家有关职能部门颁布的植物检疫性病害的名单，一般具备三个条件即危险性大、局部发生或国内未发生和人为传播。1992年10月1日开始执行的《中华人民共和国进境植物检疫危险性病、虫、杂草名录》列出了一类危险性（A1类）严格禁止进境病原物23种，还有二类危险性（A2类）病原物17种。1997年国家质检总局下发了三类潜在危险性（A3类）病、虫、杂草名录（试行），其中病原物185种。农业部1995年颁布的《全国植物检疫对象和应施检疫的植物、植物产品名单》列出检疫对象32种，其中园艺植物病害9种。即玉米霜霉病、大豆疫病、马铃薯癌肿病、柑橘溃疡病、柑橘黄龙病、烟草环斑病毒（为害多种蔬菜）、番茄溃疡病、鳞球茎茎线虫、木薯细菌性枯萎病。林业部1996年颁布的《森林植物检疫对象和应施检疫的森林植物及其产品名单》列出我国国内森林植物检疫对象35种，其中病害16种，即松材线虫病、松疱锈病、松针红斑病、松针褐斑病、冠瘿病、落叶松枯梢病、毛竹枯梢病、杉木缩顶病、桉树焦枯病、猕猴桃溃疡病、肉桂枝枯病、板栗疫病、香石竹枯萎病、菊花叶枯线虫病、柑橘溃疡病、杨树花叶病毒病。新的检疫对象名单正在修订中。

（三）产地检疫

产地检疫是植物检疫中最关键的一环，它包括种苗产地检疫，农作物生长和收获期间的普查以及疫区的控制和根除。产地检疫的目的是①生产无植物检疫对象的种苗和繁殖材料；②生产符合出口植物检疫要求的农产品；③为划分和保护区提供依据；④限制、缩小、最终根除疫区。

（四）关卡检疫

关卡检疫主要指检物检疫机构在口岸检疫，也包括国内疫情发生区设立的检查站检疫

1. 口岸进境检疫 在园艺植物引种时首先要了解要引进的植物是否为应施检疫的对象。1997年7月29日我国开始执行《中华人民共和国进境植物检疫禁止进境物名录》，其中列入了玉米种子、大豆种子、马铃薯种用块茎及其他繁殖材料、榆属植物苗和插条、松属植物苗和接

穗、橡胶属植物芽、苗和种子、烟属植物繁殖材料和烟叶、水果及茄子、辣椒、番茄、果实为应施检疫的对象以及禁止进境的原因、禁止的国家和地区。

(1) 种苗及农产品进境检疫。引进种苗须办理审批手续，在口岸检查引进种苗时，首先要查验《引进种子、苗木检疫审批单》和输出国后地方政府植物检疫机关出具的检疫证书，要求货主或代理人填写报检单。然后进行检验。

(2) 旅客携带物、邮包进境检疫。携带或邮寄植物种苗及其他繁殖材料进境，必须事先提出申请，办理检疫审批手续。凡从疫区携带或邮寄玉米和大豆种子、马铃薯种用块茎及其他材料如榆属苗和插条、松属苗和接穗、橡胶属芽、苗、种子、烟属繁殖材料和烟叶进境的，做退回处理，因科学研究等特殊需要引进此类物品，必须事先提出申请，经国家植保总站批准。

2. 口岸出境检疫 随着改革开放的深化，外向型农业蓬勃发展，农产品出口量和种类不断增多，出境检疫日趋重要。要抓好口岸出境农产品及种苗检疫，关键要把紧产地检疫关，最好根据进口国的检疫要求，在不存在该国禁止进境病原物的隔离地带建立农产品和种苗生产出口基地，在农产品和种苗生长期间定期调查病害发生情况，及时抓好病虫防治和培管，保证产品检疫合格。

3. 国内关卡检疫 农业部1995年公布的应施检疫的植物及其产品为①稻、麦、玉米、高粱、豆类、薯类等作物的种子、块根、块茎及其他繁殖材料和来源于上述植物运出发生疫情的县级行政区域的植物产品；②棉、麻、烟、茶、桑、花生、向日葵、芝麻、油菜、甘蔗、甜菜等作物的种子、种苗及其他繁殖材料和来源于上述植物运出发生疫情的县级行政区域的植物产品；③西瓜、甜瓜、哈密瓜、香瓜、葡萄、苹果、梨、桃、李、杏、沙果、梅、山楂、柿、柑、橘、橙、柚、猕猴桃、柠檬、荔枝、枇杷、龙眼、香蕉、菠萝、芒果、咖啡、可可、腰果、番石榴、胡椒等作物的种子、苗木、接穗、砧木、试管苗及其他繁殖材料和来源于上述植物运出发生疫情的县级行政区域的植物产品；④花卉的种子、种苗、球茎、鳞茎等繁殖材料及切花、盆景花卉；⑤中药材；⑥蔬菜作物的种子、种苗和运出发生疫情的县级行政区域的蔬菜产品；⑦牧草（含草坪草）、绿肥、食用菌的种子、细胞繁殖体等；⑧麦麸、麦秆、稻草、芦苇等可能受疫情污染的植物产品及包装材料。

林业部1996年1月3日发布的应施检疫的森林植物及其产品为①林木种子、苗木和其他繁殖材料；②乔木、灌木、竹子等森林植物；③运出疫情发生县的松、柏、杉、杨、柳、榆、桐、桉、栎、桦、槭、槐、竹等森林植物的木材、竹材、根桩、枝条、树皮、藤条及其制品；④栗、枣、桑、茶、梨、桃、杏、柿、柑橘、柚、梅、核桃、油茶、山楂、苹果、银杏、石榴、荔枝、猕猴桃、枸杞、沙棘、芒果、肉桂、龙眼、橄榄、腰果、柠檬、八角、葡萄等森林植物的种子、苗木、接穗，以及运出疫情发生县的来源于上述森林植物的林产品；⑤花卉植物的种子、苗木、球茎、鳞茎、鲜切花、插花；⑥中药材；⑦可能被森林植物检疫对象污染的其他林产品、包装材料和运输工具。

(1) 省、自治区、直辖市间调运检疫。《中华人民共和国植物检疫条例》第七条规定，列入应施植物产品名单的，运出疫情发生的县级行政区域之前，必须经过检疫；凡种子、苗木和繁殖材料，不管是否列入名单，也不管运往何地，都必须经过检疫。第十条规定需调入须检疫的植物及产品的单位要事先征得所在地的省、自治区、直辖市植物检疫机构同意，并向调出单位提出检疫要求，调出单位必须根据检疫要求向所在地省、自治区、直辖市植物检疫机构申请检疫。

(2) 道路关卡检疫。《中华人民共和国植物检疫条例》第五条规定，在发生商情的地区，植物检疫机构可以派人参加当地的道路联合检查站或木材检查站，发生重大疫情时，经省、自治区、直辖市政府批准，可以设立植物检疫检查站，开展植物检疫工作。

(3) 国内邮寄、托运检疫。收寄和托运一些农林植物及其产品时要办理检疫手续，其中果菜植物有①马铃薯块茎、甘薯块根和秧苗；②柑橘、苹果、葡萄的苗木和接穗。

（五）隔离检疫

隔离检疫是入境后检疫的一个重要环节。国外不少国家都先后建立了各种不同类型的隔离检疫圃。我国自1981年中澳合作筹建双桥植物隔离检疫圃以来，已在中国农科院品种资源所、大连、上海、广州、福建鼓浪屿筹建了隔离圃。各省也先后建立了隔离试种圃。从国外引进的苗木和种子都要在隔离圃种植监测一年以上，无检疫对象方可出圃。

（六）除害处理

检疫性病原物的除害处理方法主要有热疗、化疗、放疗、茎尖脱毒、销毁和改做别的用途。在此不详述。

第二节　培育和利用抗病品种

一、培育抗病品种

（一）鉴定抗病资源

要培育抗病品种，首先要有抗病的种质资源。鉴定抗病资源有人工接种鉴定和田间鉴定两种方法。

1. **人工接种鉴定抗病品种**　使用具有代表性的接种物（菌系或病毒株系）、恰当的接种方法和分级标准对植物个体或小群体进行鉴定。鉴定出来的是所谓的"真抗性"（未考虑植株间接触传染的难易）。

2. **田间鉴定抗病品种**　在不同地点、不同作物生育期对作物大群体进行多季综合鉴定，表现抗病的群体可能具有真抗性、田间抗性（植株间接触传染难）、水平抗病性、慢病性、成株抗病性、耐病性等。

（二）培育抗病品种

培育抗病品种的方法有常规育种、细胞工程育种和基因工程育种。

1. **常规育种**　包括选种法和杂交育种法，后者要有抗病亲本材料。现在市面上销售的蔬菜种子一般是杂交一代，因此不必逐代提纯杂交后代群体以得到纯系品种，只要抗病性状是显性性状即可使用杂交一代，从而大大缩短了抗病育种周期。常规育种方法在园艺植物育种学课程中有详细介绍，在此不详述。

2. **细胞工程育种法** 有花粉培养法（单倍体育种）、原生质体融合、组织培养法。细胞工程育种是基于体细胞无性系突变说，即体细胞存在着自然突变，尽管突变频率很低，但只要用合适的筛选剂，即可将其选出并培育成系。一般是在细胞培养的培养基中加入病菌毒素进行筛选，得到由耐毒素的细胞长成的组织，再让其出苗、长根，随后对再生出的植株进行抗病性测定，如果耐毒素性状与抗病性状相关，就有望得到抗病的植物个体，最后繁殖成品种（系）。

3. **基因工程育种法** 是将外来抗病性基因转入农艺性状优良但不抗病的品种中。自1983年首次获得转基因烟草、马铃薯以来，国际上获得转基因植株的植物已达100种以上，包括马铃薯、番茄、黄瓜、芥菜、甘蓝、花椰菜、胡萝卜、茄子、生菜、芹菜等蔬菜作物；苜蓿、白三叶草等牧草；苹果、核桃、李、木瓜、甜瓜、草莓等瓜果；矮牵牛、菊花、香石竹、伽蓝菜等花卉；以及杨树等造林树种。已转入植物以提高抗病性的基因主要有以下几类：

(1) R基因。R基因是指在有基因对基因关系的植病系统中植物所具有的主效抗病基因。一般是先得到具有单个R基因的近等基因系，随后用分子标记的方法找到有R基因的核苷酸片段，再将此片段克隆到大肠杆菌中进一步研究，最后将R基因加上启动子和终止区，转移到双元载体上，转化植物。

(2) 抗菌蛋白基因。现已报告将天蚕素B及两种人工合成的杀菌肽基因转入植物得到抗青枯病的转基因植株；将几丁质酶基因和葡聚糖基因转入辣椒得到抗疫病植株。抗菌蛋白的序列可以在GenBank中查到。根据基因两端序列设计引物可用PCR或RT-PCR的方法直接得到目的基因序列。再按上述方法进行。

(3) 过敏性反应基因。转过敏性反应基因所用的启动子不同。因为如果用CaMV 35S启动子这样的组成性强表达启动子，转基因植株将布满坏死斑，因此，要用特异性诱导局部表达的启动子，即只有在病原物侵染时才受诱导的启动子。这样的启动子已经在马铃薯中找到。

(4) 病毒核酸序列。自1986年美国把烟草花叶病毒的外壳蛋白基因转移到番茄体内，培育出抗烟草花叶病毒的番茄植株以后，转病毒外壳基因的水果、蔬菜（如番木瓜、南瓜等）品种也陆续获得成功，并在美国获得登记。除外壳蛋白基因外，还尝试了转病毒的复制酶基因、转反义RNA、转卫星核酸序列等。

(5) 细菌耐毒素基因。有些细菌产生毒素是非寄主专化性的，即不仅对寄主植物有毒，还对非寄主生物有毒，甚至对细菌有毒，但产毒细菌本身不中毒。有人从这样的产毒细菌分离克隆了耐毒素基因并转入烟草中，获得了耐毒素和抗病的转基因植株。

(6) 耐除草剂基因。关于这方面的成功例子最多，已登记的转基因植物品种大多数是耐灭生性除草剂如草甘膦的。转基因植株有生长期可施这样的灭生性除草剂而不受伤害，从而大大减少了除草用工。

二、合理利用抗病品种

（一）利用小种专化性抗性

小种专化的抗病性容易因病原物群体结构的变化即毒力小种上升为优势小种而失效。因此要采用非寄主植物或非亲和品种对病原物进行空间隔离和时间隔离,来阻止病原物毒力小种成长为优势小种,即防止对病原物的群体施加定向选择。可以采取如下方法:

1. **品种合理布局**(基因型部署)　就是要造成寄主组织空间不连续性,使病原物传播时遇到的是新的寄主植物抗病基因型。如北美的燕麦冠锈病菌随气流在整个北美传播,造成大面积流行。北美的科学家将10个抗病基因分为3组,分别部署在三个不同的流行区,这样一来病菌群体每到一个流行区都会遇到不同的抗病基因组合,这种方法既可减少初侵染接种体 X_0,又可减缓流行速率 r。

2. **品种轮换**(基因型轮换)　这种方法是要造成寄主组织时间上的不连续性。在1个抗病品种推广后,对其抗病性和毒力小种保持监测,一旦发现毒力小种即将成长为优势小种,应及时更换具有不同抗病基因的品种。这种方法不仅可减少初侵染接种体 X_0 又可减缓流行速率 r。

3. **多系品种**　这是第一种方法的缩影,不过寄主组织的空间不连续性是在同一块地里。这种方法依赖于育成近等基因品系。其方法是用一套具有不同抗病基因的材料与一个农艺性状优良的品种(轮回亲本)杂交,用后者进行多代回交,最后得到农艺性状与轮回亲本一致但抗病基因各异的一套品系即近等基因系。使用时根据当前病原各级组成将不同的抗病品系组合起来,混合播种。没有条件的可采用品种混播的方法,即将农艺性状相近的但具有不同抗病基因的品种混合播种。

4. **利用多抗性品种**　有些基因对病原物的多个小种有效,具有这样基因的品种长期使用也不会变得感病。

(二)利用其他抗性

田间抗性、水平抗病性、慢病性、耐病性也是有利用价值的,尤其是找不到主效基因抗性的病害,更要充分加以利用。这类抗病性可以减缓流行速率 r,从而减轻病害造成的损失。

第三节　耕作栽培措施

结合耕作和栽培防治病害是一项经济、安全、有效的方法。主要有以下六项措施。

一、把好种苗关

可有效减少初侵染源。

1. **选用无病种苗**　栽种前对欲引进的种苗要搞清来源,最好进行实地考察确认是无病种苗。
2. **种苗消毒处理**　可采用药剂消毒(药剂见前)、热力消毒(如播种前翻晒)、机械筛选(如筛出菌核)等方法。
3. **建立无病种苗基地**　有条件的地方应自建无病种苗田,按无病种苗生产规程操作,提供无病种苗。

二、轮作和间作

这里所说的轮作和间作是指与非寄主作物轮作和间作。作物轮作可使病原物在新的作物季遇到不同的寄主植物，从而减少初侵染体。应注意这种方法只适合于土传病害；轮作年限应长于病原物在土中存活的年限；水旱轮作更好。有些土壤习居性病原物如青枯病菌在土中生存时间特别长，实行轮作没有什么意义。间作可使病原物传播时遇到非寄主阻隔，降低病害流行速率。

三、调整播种期

这项措施是要使植物易感期避过发病高峰期。例如露地苗期病害，通过调整播种期使种子萌发出苗时避开阴雨天气，对减轻苗病特别有效。

四、管好肥水

施肥时要注意氮、磷、钾合理配比和施肥量，要适时灌溉和及时排水，以增强植物抵抗力，降低发病速率。

五、选用抗病砧木或接穗

对于土传病害，选用抗病砧木是一项行之有效的控病方法。如将西瓜苗嫁接到黑籽南瓜砧木上，可有效减少西瓜枯萎病的发生，再如用酸橙代替枳木做砧木，可有效控制裂皮类病毒病。对于枝叶病害，可采取重修剪后再嫁接上抗病品种接穗的方法，如将发生柑橘溃疡病的甜橙重修剪后嫁接上较抗溃疡病的温州蜜柑，可减轻溃疡病的发生。

六、田间卫生

修剪病枝、铲除病组织、拔（挖）除病株、清除病株残体等可有效减少初侵染体。

第四节 化学控制

化学防治是用工厂生产的化学农药制剂对植物病害进行控制。在病原物数量大，作物品种感病，环境条件适宜发病的情况下，是惟一有效的控病手段。

一、杀菌剂的作用方式

杀菌剂作用方式有四种，即化学保护、化学治疗、化学免疫和化学铲除。现有的杀菌剂大多数只具有保护作用，所谓的治疗剂也是以保护为主。

（一）化学保护

化学保护是指在植物发病前或零星发病时施药来预防病害的发生。大多数杀菌剂具有保护作用。

(二) 化学治疗

化学治疗是指在植物发病后施药以使植物恢复健康或减缓病情。

(三) 化学免疫

化学免疫是用在植物发病前施用来诱导植物的抗病反应，使植物不发病或发病轻。如用乙酰水杨酸处理瓜类可诱导对枯萎病的抗病性。

(四) 化学铲除

化学铲除是通过施药将作物表面或其环境中的病菌杀死，保护作物免受侵染。铲除剂对植物有强烈的伤害作用，在植物生长期只能用来处理木本植物主干的局部，将发病组织及周围健康组织连同病原物一起铲除掉。如防治果树干腐病先将病组织刮除，再涂福尔马林消毒。

二、常用杀菌剂的种类和防治对象

(一) 苗期病害防治剂

1. **咯菌腈**　咯菌腈 (fludioxonil) 又称适乐时。对子囊菌、担子菌、半知菌的许多病菌有非常好的防效。当用适乐时处理种子及种子发芽时只有很少量内吸，但却可以杀死种子表面及种皮内的病菌。有效成分在土壤中不移动，因而在种子周围形成一个稳定而持久的保护圈。持效期可达 4 个月以上。适乐时处理种子安全性极好，不影响种子出苗，并能促进种子提前出苗，适乐时在推荐量下处理的种子，在适宜条件下存放 3 年不影响出芽率。可防治马铃薯立枯病、疮痂病、蔬菜枯萎病、炭疽病、褐斑病、蔓枯病等。如豇豆每 100kg 种子用 2.5% 咯菌腈 400~800ml 拌种。

2. **恶霉灵**　恶霉灵 (hymexazol) 又称土菌消。属杂环类杀菌剂，具有内吸传导活性，同时又是一种土壤消毒剂。对腐霉菌、镰刀菌等引起的猝倒病有很好的预防效果。作为土壤消毒剂，恶霉灵与土壤中的铁、铝离子结合，抑制孢子的萌发。恶霉灵能被植物的根吸收及在根系内移动，在植株内代谢产生两种糖苷，有提高作物生理活性的效果，从而促进植株生长、根的分蘖、根毛的增加和根的活性提高。防治立枯病于播种前每立方米用 30% 恶霉灵水剂 3~6 ml（有效成分 0.9~1.8g），加水 3L 喷雾，浇透为止。

3. **甲基立枯磷**　甲基立枯磷 (tolclofos-methyl) 又名立枯灭、利克菌。属有机磷杀菌剂。适于防治土传病害的广谱内吸性杀菌剂。主要起保护作用。其吸附作用强，不易流失，持效期较长。防治蔬菜立枯病、枯萎病、菌核病、根腐病等，种植前每 $667m^2$ 用 50% 可湿性粉剂 3~5kg，拌细土 40~60kg，沟施或穴施。也可用 50% 可湿性粉剂 600 倍液，喷淋苗床。发病初期，可用 20% 乳油 1 000 倍液灌根，每株灌 0.3~0.5kg，也可用 50% 可湿性粉剂 600 倍液喷洒。

4. 福美双 福美双（thiram）属硫代氨基甲酸酯杀菌剂。具有广谱保护作用。对种子和土壤传播的苗期病害的病原菌有杀伤作用。主要用于种子和土壤消毒，也可喷雾。防治立枯病、猝倒病、褐腐病等苗期病害，可用种子重量0.3%～0.4%的50%可湿性粉剂拌种，也可用50%可湿性粉剂与50%多菌灵可湿性粉剂按1:1比例混合拌种，或用50%可湿性粉剂每公顷22.5～30kg，拌细土600～900kg，穴施或沟施。

（二）大田病害防治剂

1. 无机杀菌剂 只有保护作用，但对真菌和细菌都有效。无机杀菌剂是无公害农产品推荐使用的一类药剂。常用的有硫酸铜、氢氧化铜、波尔多液和王铜。近年来开发的松脂酸铜反映较好。

（1）松脂酸铜。为松脂酸的铜盐，新型广谱、高效保护性杀菌剂。可抑制真菌、细菌蛋白质合成，致菌体死亡。还具有优良展着性、黏着性，药后遇雨也能保证较好防效。比无机铜制剂安全。可防治果、蔬多种真核菌性和细菌性病害，如霜霉病、疫病（包括晚疫病、绵疫病）、早疫病、炭疽病、枯萎病、细菌性角斑病或叶斑病、黑腐病、软腐病、幼苗猝倒病或立枯病。如15%松脂酸铜EC600～800倍液防治柑橘溃疡病的效果为69%～82%。防治青椒或黄瓜疫病时，应尽可能使药液沿茎基部流渗到根际周围的土壤里，每7～10d防治1次，连防3～4次。对为害根或根茎部的病害可采用600倍液，于发病初期灌根，每株灌药液0.25～0.3kg，每7～10d灌1次。视病情灌2～3次。

（2）氢氧化铜（copper hydroxide）。又名可杀得（Kocide）。该药为多孔、针形晶体。喷洒后黏附性强，耐雨水冲刷，靠放出铜离子杀死病菌。杀菌谱广。以预防、保护作用为主，并对植物生长有刺激作用。多种细菌或真菌性病害有效，尤其对细菌性病害效果更佳。发病初期用77%可杀得可湿性粉剂500～600倍液喷雾，7～10d喷1次。视病情防治2～3次。

2. 具有保护作用的广谱杀真核菌剂

（1）代森锌（zineb）。属硫代氨基甲酸酯杀菌剂。具有广谱保护作用，触杀作用较强，能直接杀死病菌孢子，抑制孢子发芽，阻止病菌侵入植物体内。但对已侵入植物体内的病菌菌丝杀伤作用很小。因此，对病害主要起预防作用。防治霜霉病、晚疫病、绵疫病、炭疽病、早疫病、叶霉病等，于发病前或发病初期用65%可湿性粉剂400～500倍液或80%可湿性粉剂600倍液喷雾。每7～10d喷1次，连喷2～3次。

（2）代森锰锌（mancozeb）。又称大生-M45（Dithane）、喷克等。属硫代氨基甲酸酯杀菌剂。该药可抑制病菌体内丙酮酸的氧化。杀菌谱广。预防、保护作用为主。病菌不易产生抗性，对作物安全。常被用做许多复配剂的主要成分。可防治多种果树和蔬菜真菌性病害，如早疫病、晚疫病、叶霉病、斑枯病、霜霉病、炭疽病、蔓枯病等，于发病前或初期用70%可湿性粉剂400～600倍液喷雾。隔7～10d喷1次，连喷3～4次。防治瓜类蔓枯病时重点喷洒植株中、下部，病情严重时可将药剂用量加倍涂抹病茎。防治番茄早疫病时，一般喷药5次。

（3）百菌清（chlorothalonil）。又称达科宁（Daconil）。属有机氯杀菌剂。是一种非内吸性的广谱杀菌剂。它通过与真菌细胞中的3-磷酸甘油醛脱氢酶发生作用，破坏酶的活力，从而使真菌细胞的新陈代谢受到破坏而丧失生命力。达科宁可预防多种作物的真菌病害。在植物表面有良好的黏附性，耐雨水冲刷，在常规用量下，一般持效期7~10d。75%达科宁可湿性粉剂防治黄瓜霜霉病和番茄早疫病，用1 500倍稀释液；防治花生叶斑病用1 250~1 500倍液。每隔7~10d施一次，一季作物共施3次。

（4）乙烯菌核利（vinclozolin）。又称农利灵（Ronilan）。属二羧甲酰亚胺杀菌剂。具有触杀性，主要干扰细胞功能，并对细胞膜和细胞壁有影响，改变膜的渗透性，使细胞破裂。对果树、蔬菜类作物的灰霉病、褐斑病、菌核病有良好的防治效果。防治番茄灰霉病、早疫病于发病初期开始喷药，每次每667m²用50%乙烯菌核利干悬浮剂75~100g，对水喷雾，共喷药3~4次，间隔期为7d。防治花卉灰霉病发病初期开始喷药，用500倍液喷雾，每次间隔7~10d，共喷3~4次。

3. 具有保护和内吸治疗作用的广谱杀真菌剂（对卵菌和细菌无效）

（1）多菌灵（carbendazim）。属苯并咪唑类杀菌剂。具有保护和治疗作用。防病谱广。防治苹果褐斑病、葡萄白腐病、炭疽病使用多菌灵有效浓度0.5~1g/L，对水喷雾，间隔7~10d。防治花卉病害，在发病初期用50%可湿性粉剂20g，对水100L，喷雾。

（2）甲基硫菌灵（thiophanate-methyl）。又称甲基托布津（Topsin-M）。属苯并咪唑类杀菌剂（以前称取代苯类杀菌剂）。具有高效、广谱、内吸等特点，兼有保护和治疗作用。对许多真菌具有良好的生物活性，但对卵菌无效。在植物体内转化为多菌灵而起杀菌作用。作用机制为干扰病原菌的有丝分裂中纺锤体的形成，影响细胞分裂。广泛用于蔬菜、果树和某些经济作物病害的防治。喷洒防治的使用浓度为300~500mg/L。以100mg/L药液洗果，可防治柑橘青、绿霉病，而使贮藏期达到88~128d。其加工制剂有70%可湿性粉剂、50%胶悬剂和36%悬浮剂。药剂对植物安全，可与除铜制剂以外的多种药剂混用。

（3）苯醚甲环唑（difenoconazole）。又称世高。属唑类杀菌剂，具有内吸性，是甾醇脱甲基抑制剂。杀菌谱广。叶面处理或种子处理可提高作物的产量和保证品质。对子囊菌、担子菌有持久的保护和治疗活性。用于防治立枯病、根腐病等。10%苯醚甲环唑水分散粒剂防治梨黑星病用6 000~7 000倍液喷雾；防治大白菜黑斑病每667m²用35~50g，对水喷雾；防治西瓜炭疽病每667m²用50~75g，对水喷雾。

（4）丙环唑（propiconazol）。又称敌力脱（Tilt）。属唑类杀菌剂。具有保护和治疗作用。可被根、茎、叶部吸收，并能很快地在植株体内向上传导。丙环唑可以防治子囊菌、担子菌和半知菌所引起的病害，特别是对香蕉叶斑病有特效，但对卵菌病害无效。25%乳油防治香蕉叶斑病在发病初期1 000~1 500倍液喷雾，间隔21~28d；防治葡萄白粉病、炭疽病在发病初期可用每100L水加25%乳油10ml喷雾；防治瓜类白粉病，发现病斑立即施药，每667m²用25%乳油30ml，两次施药效果好，间隔20d左右。

（5）腈菌唑（myclobutanil）。属唑类杀菌剂，与代森锰锌（Mancozeb）的混剂名叫仙生。抑制真菌细胞膜上麦角醇的合成，使病菌的细胞膜强度改变，影响通透性及膜酵素的作用，瓦解病原菌菌丝伸展，阻止孢子附着，抑制孢子生长和繁殖。具预防、治疗、根除三重效果。且内吸性强，耐雨水冲刷，不易产生抗性，无药害。对瓜类白粉病、黑星病有特效。兼治瓜类霜霉病、炭疽病、蔓枯病。发病初期，用62.25%仙生可湿性粉剂600倍液，喷雾。对瓜类白粉病、黑星病，先用仙生防治1~2次，再换用80%大生M-45进行保护。

(6) 烯唑醇（diniconazole）。又称特谱唑、施保利、速得利。属唑类杀菌剂。具有内吸向上传导、保护和治疗作用，是麦角甾醇甲基化抑制剂。抗菌谱广。对子囊菌、担子菌、半知菌亚门真菌有较高防效。12.5%特谱唑可湿性粉剂2 000倍喷雾，可防治蔬菜白粉病、锈病，果树黑星病、轮纹病等。

(7) 异菌脲（iprodione）。又称扑海因、咪唑霉。属二羧甲酰亚胺类杀菌剂。具有保护和治疗作用。具有高效、低毒、低残留、对使用者和消费者安全等优点。其悬浮性、黏着性及展着性较好，可用其浸果1min。50%可湿性粉剂1 000~1 500倍液喷雾，能有效地防治冠腐病、黑腐病、青霉病、绿霉病、炭疽病。

(8) 腐霉利（procymidone）。又称速克灵（Sumilex）。属二羧甲酰亚胺类杀菌剂。具有保护和治疗作用。持效期长，能阻止病斑发展。有内吸性，可以从叶、根部吸收，耐雨水冲刷。没有直接喷洒到药剂部分的病菌也能被控制；对已经侵入植物体内的病菌也有效。速克灵与苯并咪唑类药剂的作用机理不同，因此，对苯并咪唑类药剂防治效果不好的情况下，使用速克灵可望获得高防效。主要用于防治黄瓜、番茄、葡萄等作物上的灰霉病、菌核病等。50%腐霉利可湿性粉剂防治葡萄、番茄、草莓、葱类灰霉病，于发病初期每667m²每次用33~50g，对水稀释成1 500~3 000倍液，喷雾，喷药1~2次，间隔7~15d；防治桃、樱桃等果树褐腐病，于发病初期用1 000~2 000倍液，喷雾，喷药1~2次，间隔7~10d。

(9) 嘧菌酯（azoxystrobin）。又称阿米西达（Amistar）。属β-甲氧基丙烯酸酯类杀菌剂。具有保护、治疗、铲除、渗透、内吸作用。它的合成源于热带雨林中一种蘑菇内含有的一类天然抗菌物质，是一种仿生物。对人、畜无害，残留低，是生产无公害绿色食品的首选杀菌剂。对子囊菌、担子菌、半知菌和卵菌均有效。具有预防兼治疗作用。它的最强优势是预防保护作用。具有全新的生化作用机制，抑制线粒体呼吸作用，破坏病菌能量合成，与其他杀菌剂无交互抗性。阿米西达已在全球72个国家，80多种病害防治中注册使用。它的杀菌谱非常广，子囊菌、担子菌和卵菌中的大部分种类均有效。对病菌孢子萌发、菌丝生长都有抑制作用。在常见的蔬菜、瓜果和大田作物上均可使用。阿米西达最佳用药期为作物营养生长旺季，第一次使用在作物开花前，一般使用2~3次，每次间隔为10~15d。另外，在苗期和果实生长期也具很好的防治作用。使用时25%阿米西达悬浮剂稀释1 500倍，足够水量喷雾。

4. 对特定真核菌有特效的杀菌剂

(1) 三唑酮（triadimefon）。又称粉锈宁。属唑类杀菌剂。具有内吸性，有保护、治疗和铲除作用。对锈菌和白粉菌特效。具有很强的内吸作用，对多种病害具有预防和治疗作用，但对卵菌病害无效。主要用于防治锈病和白粉病。可与多种有机杀菌剂、杀虫剂、除草剂和植物生长调节剂混用。防治橡胶树白粉病每667m²用15%三唑酮烟雾剂40~53.3g，烟雾机喷烟雾。

(2) 氟硅唑（flusilazole）。又名福星、克菌星、新星。属唑类杀菌剂。具有保护和治疗作用。是一种新型杀菌剂。用量小，安全，能迅速渗入植物体内，耐雨水冲刷。其作用机理独特，是甾醇脱甲基化抑制剂，对黑星病有特效。40%的氟硅唑乳油10 000~12 000倍液，可有效控制黑星病。

(3) 甲霜灵（metalaxyl）。又称瑞毒霉、雷多米尔（Ridomil）。属酰苯胺类杀菌剂。对卵菌引起的病害有特效。具有保护和治疗作用，可被植物的根、茎、叶吸收，并随植物体内水分运转而转移到植物的各器官。可以做茎叶处理、种子处理和土壤处理。适用于黄瓜、白菜、烟草、马铃薯、葡萄等作物。可与代森锰锌及其他杀菌剂混配，制成甲霜灵锰锌等。25%可湿性粉剂防治黄瓜、白菜霜霉病，在发病前或发病初期开始喷雾，每667m^2每次32~60g，对水50~60kg；防治马铃薯晚疫病和茄绵疫病每667$m^2$150~200g，对水50~60kg，喷雾。防治蔬菜猝倒病，每667m^2苗床施5%颗粒剂2~2.5kg，或在播种后2~3d，每m^2用25%可湿性粉剂0.2g，对水喷洒苗床。

由甲霜灵与代森锰锌混配而成的混剂称为甲霜灵锰锌，又名瑞毒霉锰锌。兼具甲霜灵和代森锰锌的杀菌特点，扩大了两个单剂的杀菌谱，可延缓病菌产生抗药性。主治霜霉菌、疫霉菌、白锈菌和腐霉菌所致的病害。常用58%可湿性粉剂400~500倍液，于发病初期喷雾，应使叶正、反面均匀着药。每7~10d喷1次，视病情喷2~3次。

（4）霜霉威（propamocarb）。又称普力克。属氨基甲酸酯类杀菌剂。对卵菌引起的病害有特效。能抑制病菌细胞膜中磷脂和脂肪酸和生物合成，抑制菌丝生长、孢子囊的形成和萌发。当用做土壤处理时，能很快被根吸收，并向上输送到整个植株。当用做茎叶处理时，能很快被叶片吸收，并分布在叶片中。如果剂量合适，在喷药后30min就能起到保护作用。由于其作用机理与其他杀菌剂不同，与其他药剂无交互抗性。因此，普力克尤其对常用杀菌剂已产生抗药性的病菌有效。适用于防治霜霉病、猝倒病、疫病、晚疫病、黑胫病等病害。72.2%普力克防治黄瓜苗期猝倒病和疫病，于播种前后和移栽前后每平方米用5~7.5ml，加2~3L水稀释，浇灌苗床或灌根；防治霜霉病和疫病，在发病前初期，每667m^2用60~100ml，加30~50L水，喷雾，每隔7~10d喷药1次；防治甜椒疫病每667m^2每次用72.2%普力克水剂51.7~77.6ml，喷雾。为预防和治理抗药性，推荐每个生长季节使用普力克2~3次，与其他不同类型的药剂轮换使用。

（5）烯酰吗啉（dimethomorph）。又称安克。属吗啉类杀菌剂。对卵菌引起的病害有特效。具有内吸杀菌活性，能够被根部和叶部吸收。防治黄瓜霜霉病，初次发现黄瓜霜霉病株时，每667m^2每次用50%可湿性粉剂30~40g，对水喷雾，间隔7d左右一次，连续2~3次。药液要注意喷到叶片背面。与代森锰锌的混剂称为安克—锰锌。

（6）霜脲氰（Cymoxanil）。又名清菌脲、菌疫清。属脲类杀菌剂。市售的是72%锰锌·霜脲可湿性粉剂，即与代森锰锌混配剂，商品名称克露。具有局部内吸作用，有抑制产孢和孢子侵染的能力，对卵菌引起的病害有较好的防治效果。主要用于防治蔬菜的霜霉病和疫病等。

5. 农用抗菌素

（1）春雷霉素。又名加收米、春日霉素（kasugamycin）。具有较强内吸性，兼具预防和治疗作用。可干扰病菌氨基酸代谢的酯酶系统，影响蛋白质合成，抑制菌丝伸长和造成细胞颗粒化。但对孢子萌发无影响。防治白粉病、炭疽病、番茄叶霉病、茭白胡麻叶斑病及香椿、莲藕等褐斑病。于发病初期，用2%加收米水剂400~600倍液，喷雾。

（2）井冈霉素（jingangmycin A）。是由上海农药所在江西省井冈地区发现的1株链霉菌开发成功的，在日本称为有效霉素（validamycin）。内吸性很强，兼有保护和治疗作用。被植物吸收后，接触菌体，很快被菌丝细胞吸收，并在菌丝内传导，干扰和抑制菌体细胞的正常生长反应而起治疗作用。主要用于防治各种植物的纹枯病和立枯病。

(3) 中生菌素（zhongshengmycin）。是中国农科院生防所从淡紫灰链菌海南变种发现的一种N-糖苷类抗生素。防治菜豆细菌性疫病、杏细菌性穿孔病等细菌性病害，用3%中生菌素可湿性粉剂600倍液，隔7~10d一次，连喷2~3次。防治苹果叶斑病类用1%中生菌素水剂400倍液，连喷3次。

(4) 链霉素（streptomycin）。对多种作物的细菌性病害有防治作用。防治大白菜软腐病、柑橘树溃疡病等，每隔7~10d喷一次，共喷3~4次。每次每公顷用72%农用硫酸链霉素可溶性粉剂208.3~416.7g，加水1 125~1 500L，搅匀喷雾。

(5) 多抗霉素（polyoxin）。又名多氧霉素、保利霉素、宝丽安、多效霉素。是一种肽嘧啶核苷，对各种植物的病原菌有较好的杀菌作用。10%可湿性粉剂600~800倍液喷雾，对蔬菜、花卉的各种病害如叶霉病、灰霉病、白粉病等具有强烈的杀菌作用，对苹果的斑点落叶病有特效，并兼治苹果白粉病、锈病、红点病及梨的黑斑病等。

(6) 农抗120。又名抗霉菌素120。是一种碱性核苷类抗生素。对多种病原菌有强烈的抑制作用。杀菌原理是阻碍病原菌的蛋白质合成，导致病菌死亡。对作物兼有保护和治疗双重作用。农抗120适用于防治瓜类、果树、蔬菜、花卉、烟草、小麦等作物白粉病，瓜类、果树、蔬菜炭疽病，西瓜、蔬菜枯萎病等。防治叶部病害，在发病初期（发病率5%~10%），用2%水剂200倍液，喷雾，每隔10~15d，再喷雾1次。若发病严重，隔7~8d喷雾1次，并增加喷药次数。防治枯萎病等土传病害，在田间植株发病初期，将植株根部周围土壤扒成一穴，稍晾晒后，用2%水剂130~200倍液，每株灌药液500ml，每隔5d再灌1次，对重病株连灌3~4次。处理苗床土壤时，于播种前用2%水剂100倍液，喷洒于苗床上。

6. 抗病毒剂

(1) 病毒A。是内盐酸吗啉双胍和醋酸铜复配而成。盐酸吗啉双胍是一种广谱病毒防治剂，经释放后喷施到植物表面，药剂可通过植物的水、气孔进入植物体，抑制或破坏病毒的核酸和蛋白质的形成，阻止病毒的复制过程，起到防治病毒的作用；而醋酸铜可保护植物及预防其他菌类引起的病害，起到辅助作用，对蔬菜的病毒病具有良好的预防和治疗作用。

(2) 病毒必克。是盐酸吗啉呱与乙酸铜的复配制剂。市售剂型为3.95%病毒必克可湿性粉剂，500~800倍液，防治黄瓜、西葫芦、南瓜3种蔬菜病毒病，预防效果可达到75%~78%，对辣椒病毒病的防治效果达78.1%，对番茄病毒病的防治效果达76.5%。

(3) 宁南霉素　是从诺尔斯链霉菌西昌变种发酵液中发现的一种脆嘧啶核苷肽型广谱抗生素，对病毒病的防治效果可达70%~80%，其商品名为菌克毒克（2%宁南霉素水剂），使用时于发病初期喷施250倍液，间隔7~10d喷1次，连续喷2~3次。

（三）采后病害防治剂

1. 噻菌灵　噻菌灵（thiabendazole）又称特克多（Tecto）。属杂环化合物广谱杀菌剂。有保护、治疗、内吸作用。作用机制是抑制真菌线粒体的呼吸作用和细胞增殖，与苯菌灵等苯并咪唑药剂有正交互抗药性。具有内吸传导作用，根施时能向顶传导，但不能向基传导。抗菌活性限于子囊菌、担子菌、半知菌，而对卵菌和接合菌无活性。适用于蔬菜和水果保鲜。

如柑橘贮藏防腐，柑橘采收后用45%噻菌灵悬浮剂300~450倍液浸果3~5min，晾干装筐，低温保存，可以控制青霉病、绿霉病、蒂腐病、花腐病的为害；香蕉贮运防腐，于香蕉采收后，用45%噻菌灵悬浮剂600~900倍液浸果1~3min后捞出，晾干装箱，可以控制贮运期间烂果；防治葡萄灰霉病，收获前用45%特克多333~500倍液或每100L加水加45%特克多200~300ml药液喷雾。

2. **咪鲜胺** 咪鲜胺（prochloraz）又称施保克（Sportak）。属唑类广谱杀菌剂。是通过抑制甾醇的生物合成而起作用。有保护和铲除作用。尽管不具内吸作用，但具有一定的传导性能。对葡萄黑痘病、柑橘青、绿霉病及炭疽病和蒂腐病、芒果炭疽病、香蕉炭疽病及冠腐病等有较好的防治效果，还可以用于水果采后处理。防治芒果炭疽病，用45%咪鲜胺乳油1 000~1 500倍液，采收前在芒果花蕾期至收获期喷洒5次。

咪鲜胺与氯化锰的混配剂（prochloraz+manganese chloride）称为施保功，对子囊菌引致的多种病害有特效。主要用于防治蔬菜炭疽病、叶斑病等。

3. **烯菌灵** 烯菌灵（imazalil）又称抑霉唑、戴霉唑、万利得，属内吸广谱性杀菌剂，作用机制是影响细胞膜的渗透性、生理功能和脂类合成代谢，从而破坏霉菌的细胞膜，同时抑制霉孢子的形成。对柑橘、香蕉和其他水果喷施或浸渍，能防治收获后水果的腐烂。烯菌灵对耐多菌灵和苯莱特的青霉素、绿霉素有较高的防效。用75%抑霉唑700倍液加0.02% 2,4-D处理果实，不但可以防治青、绿霉引起的果腐，对黑腐病、蒂腐病和酸腐病等也有较好的防治效果。

三、农药的合理使用

（一）施药方法

农药的施用方法有喷雾等。具体采用何种方法要看药剂的性质和剂型、有无内吸作用、对植物的安全程度等，看所要防治的植物病害的性质如侵染部位、侵染时期等。

1. **喷雾** 是最常用的施药方法。各种液态制剂、可湿性粉剂、微胶囊剂等用水稀释成要求的浓度用喷雾器均匀喷施于作物表面。如防治烟草黑胫病用68%金雷多米尔—锰锌WP600倍喷雾，防效在85%以上。

2. **喷粉** 用喷粉器将粉剂均匀喷布于作物体表。因有环境污染问题，现不提倡使用。但用真菌孢子制剂防治寄生性植物时仍为一种好办法。

3. **种子消毒** 用种衣剂预先处理种子或播种前将干粉或药液与种子混匀。如防治瓜类真菌性病害，用40%福尔马林100倍液浸种30min，浸后用清水洗净，然后播种或晾干备用。防治黄瓜疫病可用50%福美双可湿性粉剂，按种子重量的0.4%的药量拌种。

4. **药土** 用细土将药剂拌匀后撒于田间或施于播种沟内。如防治白菜根肿病每667m^2用70%的敌克松药粉3kg对细土30kg，拌匀后撒施于沟或穴中再栽苗。

5. **浇施** 用水对药后浇于植物的根基部。如防治烟草黑胫病用58%甲霜灵锰锌600倍液，分别于栽烟时及培土前每次每株灌根药液50ml，每次喷雾667m^2用量50kg，防效在90%以上。

6. **熏蒸** 在温室等封闭的空间用挥发性强的药剂如福尔马林、氯化苦等药剂处理土壤,药后密封或处理棚室。如棚室灭菌消毒每立方米空间用福尔马林 10ml 装入杯内,迅速加入高锰酸钾颗粒 5g,密闭箱、室熏蒸 4~6h,具有很好的灭菌效果。

(二) 抗药性及对策

1. **抗药性产生的难易** 病原物对作用位点多的无机杀菌剂如铜制剂不易产生抗药性,波尔多液使用了 100 多年仍然有效;而对作用单一的内吸杀菌剂如多菌灵和甲霜灵以及抗菌素容易产生抗药性。

2. **克服抗药性的办法** 要防止连续使用作用机制相同的药剂,提倡不同作用机制的药剂混用或交替使用,不使用过高剂量。配以作物轮作等耕作栽培措施。

(三) 农药的安全使用

一般而言,杀菌剂很少引起急性中毒,但在产品中的残留往往成为我国果、蔬、茶产品出口的关键制约因素。1998 年 9 月在荷兰鹿特丹通过了《关于在国际贸易中对某些危险化学品和农药采用事先知情同意程序的公约》,简称《鹿特丹公约》。附件三《适用事先知情同意程序的化学品》列出了敌菌丹和有机汞等杀菌剂。中国政府于 1998 年 9 月 11 日签署了该公约。欧盟禁用的农药清单涉及我国的有 62 个品种,其中杀菌剂有托布津、稻瘟灵(即富士 1 号)、敌菌灵(防霉灵)、有效霉素(国产的称井冈霉素)、甲基胂酸(如甲基胂酸锌又称稻脚青)、恶霜灵(杀毒矾是恶霜灵与代森锰锌和复配剂)、灭锈胺、敌磺钠(敌克松)等 8 种。日本最近对蔬菜等农产品中农药残留制订了非常严格的标准。为了对食品生产上的安全进行控制,各地都相继制订了无公害农产品生产或绿色食品生产标准,对使用的农药有特别的规定。浙江省农业厅推荐使用的无公害农药品种中杀菌剂有碱式硫酸铜、王铜、氢氧化铜、氧化亚铜、石硫合剂、代森锰锌、福美双、乙膦铝、多菌灵、甲基硫菌灵、甲霜灵·锰锌、百菌清、三唑酮、三环唑、烯唑醇、己唑醇、腈菌唑、咯菌腈、噻菌铜、烯酰吗啉、邻烯丙基苯酚、盐酸吗啉胍、三氯异氰尿酸、甲基立枯磷、腐霉利、异菌脲、霜霉威、恶霉灵、咪鲜胺、咪鲜胺锰盐、抑霉唑、苯醚甲环唑、精甲霜·锰锌、井冈霉素、农用链霉素。

A 级绿色食品允许使用的农药种类有①农用抗生素:灭瘟素、春雷霉素(多氧霉素)、井冈霉素、农抗 120、中生菌素、浏阳霉素、华光霉素;②活体微生物农药如蜡质芽孢杆菌和颉颃菌剂等;③植物源农药如大蒜素;④矿物源农药如无机杀螨杀菌剂石硫合剂、硫酸铜、王铜、氢氧化铜、波尔多液等;⑤有机合成农药包括中毒和低毒杀菌剂。注意上述名单中的井冈霉素在日本的名称是有效霉素,是欧盟禁用的农药。A 级绿色食品允许使用的农药有机合成农药中的中毒和低毒农药有些如敌克松和恶霜灵等是欧盟国家禁止在产品中有残留的。

第五节　物理控制

植物病害的物理控制就是热力、冷冻、干燥、电磁波、超声波、核辐射、激光等物理手段来控制病害的发生。不过有些物理方法实际上是栽培措施。

一、热力消毒

1. 干热消毒 主要用于蔬菜种子,对多种种传病毒、细菌和真菌都有防治效果。黄瓜种子经70℃干热处理2~3d,可使绿斑驳花叶病毒(CGMMV)失活。番茄种子经75℃处理6d或80℃处理5d可杀死种传黄萎病菌。番茄和青椒种子上的TMV只要将种子在70℃处理4d可完全钝化。

苗木干热消毒较易对植物造成伤害,要慎用。

2. 湿热消毒 湿热消毒也用于处理种子、苗木。其杀菌有效温度与种子受害温度的差距较干热灭菌和热水浸种大,对种子发芽的不良影响较小。

热水烫种消毒用50℃左右的热水烫种15~30min,即可杀死种子表面及内部的病菌。烫种前可先将种子放入凉水中浸泡一下,使病菌活化,然后再用热水烫种,并不停地搅拌,经15~30min后常规浸种。烫种时,种皮薄的种子及陈种子时间可短些,种皮厚的种子及新种子时间可长些。此法主要用于防治疫病、黑腐病、枯萎病、茎线虫病等真菌及细菌性病害,简单易行,可用于各种蔬菜种子。

温室和苗床的土壤处理通常用80~95℃蒸汽处理土壤30~60min,可杀死绝大部分病原菌,但少数耐高温微生物和细菌及芽孢仍可继续存活。

3. 日光消毒 翻耕晒土可杀死土壤中的病原物,同时可以改善土壤物理性能,促进作物生长,增强抗病力。夏季高温期铺设黑色地膜,吸收日光能,使土壤升温,能杀死土壤中多种病原菌。

4. 火焰消毒 火焰喷射器定位灼烧果树主干的局部病斑,可用起铲除作用,还可用于烧毁带有病原物的植物残体,减少初侵染体。

二、物理隔离

对于土传病害,实行薄膜覆盖可起隔离初侵染体的作用,如黄瓜疫病和辣椒疫病在薄膜覆盖地比露地发生轻得多。大棚栽培可以隔离外来气流传播的病原物,同时可避免雨水传病。选用适当的大棚薄膜可使透过的光不适合病菌孢子萌发。

三、辐射消毒

1. 同位素^{60}Co辐射消毒 ^{60}Co会放射出一种γ射线,这种射线有穿透墙壁的本领,一般的包装容器,都阻挡不了它。而水果、蔬菜里的病菌受到射线照射后,生理功能紊乱,不能生长发育,甚至死亡。

2. 紫外线辐射消毒 紫外线照射下会将空气中的氧转变为臭氧,臭氧有强烈的杀菌作用。紫外线辐射常用于蔬菜水培中灌溉水的消毒和果菜贮藏室的消毒。

四、光的利用

1. 驱避传毒介体 蚜虫忌避银灰色和白色膜。用银灰反光膜或白色尼龙纱覆盖苗床,或在田间挂银灰色反光膜条，可减少传毒介体蚜虫数量，减轻病毒病害。

2. 诱杀传毒介体 蚜虫对黄色有趋性。在有翅蚜高峰期在田间放置涂有凡士林的黄色盘，可诱杀传毒蚜虫，减轻蚜传病毒病的发生。

第六节 生物控制

生物防治是在农业生态系中调节植物的微生物环境，使其不利于病原物或者使其对病原物与微生物的相互作用发生有利于寄主而不利于病原物的影响，以及利用生物制品和生物代谢物制品来控制植物病害的方法，具有安全持效的优点。但目前生物防治的效果不是太高，只能作为一种辅助控病措施。

一、利用重寄生物

重寄生物就是寄生物的寄生物。就植物病理学而言就是植物病原物的寄生物。利用重寄生物最成功的是利用盾壳霉（*Coniothyrium minitans*）防治菌核病菌。

二、利用颉颃菌

有些生防菌不是寄生物，但可分泌一些能杀死或抑制病原物的代谢产物。现在用得最多的颉颃菌是哈茨木霉菌（*Trichoderma harzianum*）、枯草芽孢杆菌（*Bacillus subtilis*）、荧光假单胞菌（*Pseudomonas fluorescens*）和放射性土壤杆菌（*Agrobacterium radiobacter*）K84菌系。

（一）木霉菌

木霉菌（图 5-1）对蔬菜病害具有很好的防效，如哈茨木霉 T2 菌株对辣椒疫霉、立枯丝核菌等辣椒土传真菌病害的病原菌有较强的抑制作用，土壤中施用 T2 菌株培养物防治辣椒疫病、辣椒白绢病和辣椒立枯病的效果分别为 68.3%、81.2% 和 90.0%。以色列开发出一种名为 Trichodex 的哈茨木霉制剂，能防治灰霉病、霜霉病等多种叶部病害。日本山阳公司开发了用于防治烟草白绢病的木霉菌制剂。国外哈茨木霉制剂登记的商品名还有 Bio-Fungus、Binab-T、Root-Shield、T-22G、T-22、Supresivit、Trichodex、Trichopel、Trichoject、Trichodowels、Trichoseal 等。我国也成功研制出了木霉菌制剂，已登记的木霉菌工业产品有 1.5 亿和 2 亿活孢子/g 木霉菌可湿性粉剂及 1 亿活孢子/g 木霉菌水分散粒剂。

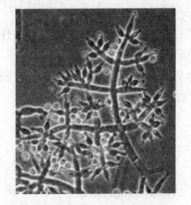

图 5-1　木霉菌的分生孢子梗和分生孢子

(二) 芽孢杆菌

芽孢杆菌也已商品化，如在国外登记的枯草芽孢杆菌制剂有 Epic、Kodiak、Rhizo Plus、Serenade、System-3，其中 Kodiak（枯草芽孢杆菌 GBO3 菌系）对由镰孢菌和丝核菌引起的植物病害防效很好，蜡质芽孢杆菌 UW85 制剂在美国登记为种子处理剂，防治苜蓿猝倒病。我国开发成功的芽孢杆菌杀菌剂工业产品有 10 亿/g 枯草芽孢杆菌可湿性粉剂、10 亿活芽孢/g 枯草芽孢杆菌·荧光假单胞杆菌可湿性粉剂、12.5% 井·蜡质芽孢杆菌水剂等。

(三) 荧光假单胞菌

荧光假单胞菌制剂在国外以 BlightBan A506、Conquer、Victus 等商品名登记。我国有江苏省常州兰陵制药有限公司登记了 3 000 亿个/g 的荧光假单胞菌粉剂，用于防治作物青枯病。

(四) 其他生防菌

放射形土壤杆菌 K84 菌系早就成功用来防治果树的根癌病。美国报道了用草生欧氏杆菌防治梨火疫病效果很好。Kemica 公司推出的放线菌（*Streptomyces griseovirdis*）杀菌剂，商品名 Mycostop，主要用于观赏植物和温室蔬菜上的镰刀菌引起的枯萎病。

三、利用弱株保护作用

弱株是指致病力弱的病毒株系。弱病毒株系侵染植物后只引起轻微症状，如果强致病力株系随后侵染，其引起的症状将大大减轻。弱株保护作用已在一些地区的烟草、蔬菜上试行。但争议颇多。有人认为，如果本来没有病毒侵染，施上弱株系无异于人为传病，而且还有弱株系变异为强株系的风险。

四、利用微生物代谢物

不少微生物代谢物具有防病作用。如球孢链霉菌 AM6 代谢颉颃物质 100 倍液防治烟草赤星病，施用 2 次，防效为 80.3%；400 倍液施用 1 次、2 次和 3 次的防效分别为 46.9%、64.9% 和 69.3%，对烟草无明显药害。许多土壤放线菌产生抗菌素，有些已工厂化生产纯品，见化学控制。

五、利用植物提取物

(一) 杀菌作用

有些植物本身含有杀菌物质，经提取后可以用来控制病害。如大蒜含有的大蒜素能有效杀灭或抑制某些病菌；银杏粗提取液对多种果树病害有一定防治效果，以银杏生物活性成分 B 化学结构为模板仿制出了杀菌剂"绿蒂";小花棘豆提取物对番茄灰霉病的抑制作用可达100%;蒙古蒿等9种植物对辣椒疫霉的抑制率达100%;苦皮藤粗抽提物对黄瓜霜霉病有明显的防治效果。

(二) 诱导抗病作用

有些植物提取物具有诱导植物抗病的作用。如山苍子油被登记用于防治茶树上的多种病害,其作用原理就是诱导植物抗病性。

(三) 抗病毒作用

已知小藜、板蓝根、大黄、连翘、商陆等植物的提取物对植物病毒有抑制作用。植物源抗病毒制剂VA对TMV有体外钝化作用。植物性农药MH11-4对TMV和CMV有强烈的体外钝化作用,并能明显地抑制植株体内这两种病毒的增殖。该药剂还能显著提高烟草植株体内过氧化物酶的活性,对烟草有诱导抗病性的作用。

六、利用真菌和植物寡糖

现已发现真菌源的寡聚几丁质和寡聚脱乙酰几丁质、植物源的葡寡聚糖和寡聚半乳糖醛酸可诱导植物的抗病性。国内一般利用生物技术降解氨基多糖,得到氨基寡糖素。现已并研制成功具有强烈生物学活性的生物制剂OS-施特灵。该药杀菌谱广,对真菌、细菌和病毒引起的各种病害都有一定效果,大田试验防病效果达55%~80%,增产效果8.5%~30%。国内还有不少关于寡糖诱导抗病的报道。

第二篇

果树病害

第六章 蔷薇科果树病害

我国蔷薇科果树主要包括苹果、梨、桃、山楂、李、杏、樱桃和梅等。其中苹果、梨和桃是主要果树种类。我国苹果病害约近100种。为害枝干的主要病害有腐烂病、干腐病和轮纹病；叶部主要病害有褐斑病、白粉病，斑点病在一些地区也日趋严重；果实主要病害有轮纹病、炭疽病、霉心病。梨树病害有80余种。主要枝干病害有轮纹病、腐烂病；为害叶果的有黑星病、锈病和黑斑病；果实病害有轮纹病、褐腐病和黑心病(生理病害)。桃树病害有50余种。主要枝干病害有流胶病，叶部病害有缩叶病和穿孔病，果实病害有褐腐病。苹、梨和桃等蔷薇科果树的病毒类病害，根癌病和黄化病(植原体和缺铁)等病害，在一些地区为害也很严重。上述苹果、梨和桃树病害对其产量和质量造成严重威胁，为防治这些病害所使用的化学农药又对无公害及绿色果品构成不利影响。因此建设生态果园，提高病害综合控制水平，进行果园病害标准化管理是控制果树病害的有效途径。

第一节 苹果树腐烂病

苹果树腐烂病（apple canker）是苹果树重要病害之一。在我国北方苹果产区和冷凉山区普遍发生，且为害严重。该病主要为害成龄树，造成株缺枝残，产量锐减，甚至死树和毁园。管理不善的幼龄果园发病也较重。

一、症 状

苹果树腐烂病症状表现为溃疡型和枝枯型两种，以溃疡型为主。

1. 溃疡型 此型症状多发生在结果树的主枝与主干的分杈处和幼树的主干。病斑圆形或椭圆形，边缘不清晰。病部初呈红褐色，水渍状，略隆起，组织松软，用指按压即下陷；后皮层腐烂，湿腐状，有酒糟味，常流出黄褐色汁液。病斑环绕枝干，造成枝干枯死；后期病部黑褐色，失水干缩下陷，其上生黑色点状物（外子座及分生孢子器）。潮湿时，病部生橘红色卷须状物（分生孢子角）。夏季高温时，病斑深褐色至黑色，干缩凹陷，表皮龟裂，病健交界处裂缝。秋后，病部生较大黑色点状物（内子座及子囊壳）。

初期症状具隐蔽的特点。剥开表皮或刮去粗皮，可见皮层有许多形态、大小不一的红褐色干斑、坏死点或溃疡。这些隐蔽的病变进一步发展形成表观病斑。

2. **枝枯型** 该型症状多发生在衰弱树剪口处及春季抽生的枝条、果台、干桩等部位。病斑红褐色或暗褐色，不规则，多具明显的红褐色轮纹，后生黑色点状物，枝枯死。

果实症状初呈圆形或不规则形、暗红色、不凹陷病斑，具黄褐色与红褐色相间的轮纹，边缘清晰。病部软腐，有酒糟味。病皮易剥离。后期病斑中部散生、集生或略呈轮纹状排列的黑色点状物。潮湿时从黑色点状物上涌出橘红色卷须状物。

二、病　原

病菌有性态为真菌界子囊菌亚门苹果黑腐皮壳（*Valsa mali*）；无性态为半知菌亚门苹果壳囊孢（*Cytospora mandshurica*）。

病菌外子座形成于寄主皮层，圆锥形，黑色，顶部于表皮外。子座内生1个扁瓶状、多腔室互通的分生孢子器。分生孢子梗无色，分枝或不分枝；分生孢子无色，单胞，香蕉形，内含油球；分生孢子与胶质物混合自孔口溢出，形成橘红色卷须状孢子角。秋季于外子座的下面或旁边生内子座，其内生3~14个子囊壳。子囊壳球形或烧瓶形；子囊长椭圆形或纺锤形，内含8个子囊孢子；子囊孢子呈两行或不规则排列，无色，单胞，香蕉形，比分生孢子稍大。

菌丝生长温度5~38℃，最适28~32℃。分生孢子器形成最适温为20~30℃，分生孢子萌发适温为25℃左右，子囊孢子萌发适温为19℃左右。孢子在水中不易萌发，但在寄主组织浸提液中萌发良好。

三、发生流行规律

病菌主要以菌丝体、分生孢子器和子囊壳在病株、病残体上越冬。翌春，在雨后或相对湿度60%以上时，分生孢子器和子囊壳产生大量孢子，以分生孢子为主，借雨水飞溅和昆虫传播，主要经伤口（如冻伤、修剪伤、机械伤和虫伤等）侵入，尤以冻伤侵入为主。也可从叶痕、果柄痕、果台和皮孔等处侵入。该病在田间的重点侵染时期是3月下旬至5月中旬。

病菌为弱寄生菌，具潜伏侵染的特性。树皮内普遍带菌，在树体内可长期存活而不致病。当树体或局部组织衰弱，抗病力降低时，方可扩展致病。病菌先在生理落皮层和各种伤口的死亡组织上扩展。在生长季节，因病斑周围形成木栓化组织，从而阻止了病菌的扩展，当树体处于休眠期，因不能形成木栓化组织，病菌便会继续扩展。研究证实，病菌扩展时，产生大量毒素，先杀死周围的活细胞，接着菌丝向外和纵深扩展，使树皮腐烂坏死；病组织中有病菌分泌的果胶酶存在，这可能是导致组织腐烂的机制之一。

症状隐蔽是该病的特征。树体营养、生长期和休眠期的交替及弱寄生和潜伏侵染特性，使该病呈现出内部症状和外部症状。

内部症状于10月下旬至11月中旬产生。此期因苹果树渐入休眠期，随生活力减弱，故病菌活动增强。表皮溃疡斑的病菌穿过周皮，向健康皮层组织扩展，形成许多坏死点，并愈合成较大病斑。同时，病菌皮层坏死组织的病菌也纵横向扩展。11月至翌年1月，坏死点和春季形成的干病斑纵深扩展，导致内部漏斗状病斑激增。深冬季节，病菌扩展基本停滞。

外部症状在北方苹果产区，有两个高峰。春季高峰在3~4月，此期由于树体营养经越冬消耗，养分又大量向芽转移，导致树体抗病力下降，并随气温逐渐上升，适于病菌扩展，导致春季发病高峰（占全年新病斑数量和同一病斑扩展量的70%左右）。5月份发病盛期结束。晚秋高峰在7~9月。夏季自然落皮层坏死，为病菌的扩展、潜伏生存的重要场所及发病的主要菌源。落皮层病菌扩展形成表皮溃疡斑，虽然此时为苹果树的活跃生长期，不利于病菌的扩展和发病，但由于花芽分化，果实迅速生长，致使树体营养和抗性下降，而有利于病菌扩展，导致少量新病斑产生和旧病斑扩展而构成晚秋发病高峰。其为害较春季高峰为轻（占全年新病斑数量和同一病斑扩展量的20%左右）。

该病发生与流行与树龄、树势、树体负载量、伤口、冻害与局部增温及愈伤能力等多种因素相关。其中冻害是诱导该病流行的主导因素。凡大冻害年之后，腐烂病随之大发生。一般树龄越大，树势偏弱易发病。树势健壮，树体营养丰富，不易发病。树体负载量多少直接影响树体营养状况，不疏果的大龄树，糖、碳、氮的总含量均低于疏果的小龄树，早春两者的总糖量与总氮量差别更大。故大小年现象严重的果园腐烂病也严重。修剪、蛀虫和日灼造成的伤口，都会诱发该病发生。愈伤能力强弱对发病也有重要影响。愈伤能力强，发病轻。愈伤能力又与树皮含水量相关。在枝条正常含水量（80%）时，愈伤能力最快；接近饱和时，愈伤能力次之；低于76%时，愈伤能力最差。高温、高湿有利于愈伤，这也是6~7月病斑扩展缓慢的原因之一。

四、病害控制

腐烂病的防治须以加强栽培管理，增强树势为中心；清除隐蔽的早期病变组织，铲除潜伏病菌，降低菌源和防止冻害，保护伤口等预防措施为重点的综合控病措施。

1. **增强树势** 果园管理以增强树势为中心，提高抗病性。根据树体的具体情况调整结果量，合理负载；按果树生长发育的需求，早施基肥，有机肥与氮、磷、钾肥合理搭配；搞好果园排灌，防止早春干旱和雨季积水，以增强树体抗病力和抗冻能力；合理修剪，秋季涂白防寒，亦有防病作用，这对幼龄果树更为重要。

2. **清洁果园** 结合冬剪、夏剪，清除病残干枝、病皮，在晚秋和早春分生孢子器形成以前集中清除，以减少越冬病原。

3. **病斑治疗** 及时治疗病斑，既可以控制病斑扩展，又可以减少果园菌源。常用方法有刮治、涂治和抹泥三种。

（1）刮治病斑。冬前刮净病斑及其边缘0.5~2cm的健皮，并涂药于刮面处。刮下的病组织须集中销毁。为防止病斑复发，在第一次涂药后10d和一个月后再各涂一次。常用的药剂有843康复剂、腐必清、灭腐灵、S-921、托福油乳剂、50%退菌特可湿性粉剂加2%平平加和70%甲基托布津可湿性粉剂1份加豆油或其他植物油3~5份等。

（2）涂治病斑。用利刀以0.5cm的间距在病斑上纵向划道，深达木质部表层，划道范围同刮治。然后用毛刷涂药,每周1次,连续涂3次。药剂须用渗透性或内吸性较强的药剂,如稀释4~5倍的9281,10~20倍的菌毒清,稀释3倍的愈福宝液等。

(3) 病斑抹泥。对于较大的病斑,用黏土泥涂抹。泥厚1~2cm,四周超过病斑2cm以上,然后外用塑料布包严,用绳缠紧。病斑抹泥在4~11月进行。

4. 铲除树体潜伏病菌 其方法有:

(1) 重刮皮。重刮皮适于10年以上重病树,在苹果生长旺期(5~7月),用刮刀将病树的主干、中心干和主枝下部树皮的外层全面刮去约1mm厚,刮面呈黄绿镶嵌状,刮下的树皮集中销毁。刮后皮层内若有坏死斑点,应再刮除;若有较大块腐烂病斑,则按病斑治疗法处理。刮皮部不需涂药保护,以免烧伤树皮。在高寒地区早春和晚秋不宜重刮皮;多雨地区,重刮皮可能诱发银叶病。重刮皮的防病作用是铲除树皮内的病变组织和侵染点,刺激树体愈伤,促进酚等物质的形成,对衰老的树皮外层起到了更新作用。

(2) 药剂铲除。为控制在夏季的落皮层上出现病变,防止产生表层溃疡斑,以及晚秋出现新的坏死病灶,在春季苹果树发芽前淋洗式喷洒40%福美胂可湿性粉剂100倍液,着重喷洒3cm以上大枝,以消灭潜伏病菌。在夏季和果实采收以后,再对主干和大枝中、下部各涂药1次。因福美胂对叶果药害严重,故生长季节只能涂抹,不能全树喷雾。除福美胂以外,还可用50倍腐必清液、腐烂敌100倍液、500倍菌毒清和6%的亚砷酸钠。

5. 防治其他病虫害 加强对叶斑病,树干及叶部害虫的防治。

6. 桥接 桥接可帮助恢复树势,增强树体抗病力。

第二节 苹果轮纹病

苹果轮纹病(apple ring rot)又名粗皮病、轮纹褐腐病。是苹果重要的病害之一。该病在我国各苹果产区均有分布,以河北、山东、辽宁和江苏等苹果主产区为害较重。近年随感病的富士苹果的广泛栽植,使该病为害日趋严重。1993年和1994年此病在北方各果区连续流行,果园中烂果率一般在30%左右,甚至高达70%~80%。枝干染病削弱树势,甚至造成枝干枯死。该病还能为害梨、桃、李、杏、栗、枣、海棠、山楂等果树。

一、症 状

轮纹病主要为害枝干和果实。枝干受害,以皮孔为中心形成扁圆形或不规则形的红褐色病斑,直径3~20cm。病斑质地坚硬,中心突起呈瘤状,边缘开裂。翌年,病斑中间产生黑色点状物(分生孢子器和子囊壳),病健交界处产生环状裂缝,失水后翘起呈马鞍状。以后连续几年以病斑为中心向外扩展,形成同心轮纹状大斑。许多病斑相连,病表皮显得十分粗糙(故又称粗皮病)。果实多于近成熟和贮藏期发病。

果实受害,以皮孔为中心,生成水渍状近圆形褐色斑点,呈深、浅褐色相间的同心轮纹(由病状构成)向四周扩展,5~6d可使全果腐烂。病斑不凹陷,烂果不变形,病组织呈软腐状,具酸臭味。发病后期病部表面散生黑色点状物。

二、病　原

病原菌为真菌界子囊菌亚门贝伦格葡萄座腔菌梨生专化型（*Botryosphaeria berengeriana* f.sp. *piricola*），异名梨生囊壳孢（*Physalospora piricola*）。无性态为半知菌亚门轮纹大茎点菌（*Macrophoma kawatsukai*）。

子囊壳球形或扁球形，黑褐色。子囊无色，棍棒状，顶端膨大，壁厚透明，基部较窄。子囊孢子无色，单胞，椭圆形。分生孢子器扁圆形或椭圆形，具乳突状孔口。分生孢子梗棍棒状，单胞；分生孢子无色，单胞，纺锤形或长椭圆形。

菌丝生长和分生孢子器形成的最适温度27℃左右。分生孢子萌发最适温度25℃左右，相对湿度95%以上或清水中萌发良好。子囊孢子萌发温度比分生孢子略低。

三、发生流行规律

病菌以菌丝体及分生孢子器及子囊壳在枝干病部越冬。春季气温达到15℃，相对湿度80%以上，病菌遇雨即开始大量散发分生孢子和子囊孢子。孢子随风雨传播，直接侵入或经皮孔和伤口侵入。枝干当年生病斑不能生成分生孢子，故生长季节发生的多次侵染均属初次侵染。菌丝在病斑组织内可存活4～5年。苹果轮纹病菌分生孢子侵染期为4～9月，侵染初期在5月，7～8月为侵染盛期，9月份以后为侵染末期。

果实从坐果后至成熟期均能被侵染，集中侵入期为5～7月。幼果抗侵入能力弱，抗扩展能力强；成熟果抗侵入能力强，但抗扩展能力弱。这与果实从幼果到成熟果表皮逐渐木栓化及果实含酚量逐渐下降和含糖量逐渐上升相关。表现为病菌前期侵入后在果实皮孔内的死细胞层（一般3～5层）中潜伏，后期待条件适宜时方扩展致病。贮藏期果实发病均为田间侵染所致。

轮纹病的发生和流行与气候、品种、树势等关系极为密切。

1. **气候**　在适于病菌侵入的时期，苹果轮纹病的发生发展取决于降雨次数和降雨量，特别是果实膨大期的降雨量。田间孢子量、侵染、感病程度与当年降雨量呈正相关。

2. **品种**　苹果品种间的抗病性存在差异。富士、金冠、白龙、印度、北斗、红元帅、新乔纳金、青香蕉、千秋、津轻等发病较重；秦冠、祝光、红玉、红魁、新红星、淄博短枝等发病较轻。玫瑰红、金晕、黄魁、北之幸等居中。抗病性的差异主要与皮孔的大小、多少及组织结构有关。凡皮孔密度大，细胞结构疏松的品种感病都重，反之感病轻。

3. **树势**　轮纹病菌是弱寄生菌。衰弱树、老弱枝干以及老病园内补植的小树均易感病。结果量大，管理粗放以及施肥不当，尤其偏施氮肥的果园，发病均较多。

四、病害控制

采取加强栽培管理，清除病残干枝，铲除越冬病菌，喷药或套袋保护果实，搞好贮运期的管理等综合控病措施。

1. 选种抗病品种，加强栽培管理 不同苹果品种不仅对轮纹病的抗性不同，而且不同品种果实上侵染点发展的快慢也不同。因此，选择抗病品种尤其重要。新建果园注意选用无病苗木，发现病株及时铲除。结果大树及衰弱树应增施肥，以增强树势，提高抗病力。

2. 铲除越冬菌源 对1~2年生小枝病斑，在晚秋苹果树落叶后或早春发芽前，全树喷10%果康宝100倍液或50%多菌灵100倍液，也可采用波美3~5度石硫合剂与0.3%五氯酚钠混合液。对3~4年生以上大枝病斑，可于早春至生长前期，仔细刮除病皮至树皮露白，不用涂药。对病组织较集中的部位先刮去病组织，再涂抹复方多效灭腐灵50倍液或10%果康宝10倍液或1:1:15的波尔多液。

3. 喷药保护 从坐果后至8月上、中旬酌情喷施杀菌剂，着重于预防。杀菌剂有12%EK腈菌唑、烂果敌、克病灵1号和3号、苯霉灵等。果实膨大期选用大生M-45和波尔多液（1:2~3:200~240）交替使用。中后期喷多菌灵混加疫霉灵有明显的增效作用。幼果期（落花后30d内）不宜使用波尔多液，否则会引起果锈。由于果实侵染的时间很长，为预防侵染需多次喷药，也可进行侵染后防治，即在果实转入感病状态之前喷施内吸治疗性杀菌剂苯菌灵，可减少喷药次数。对套袋果实，关键在于套袋前用药。

4. 套袋和喷洒高脂膜 果实套袋能避免病菌侵染，可有效防止病害的发生。套袋前可喷1次杀菌剂，以多菌灵等内吸性杀菌剂较好。套袋时间一般在6月上旬，降雨早的年份应在5月下旬。

5. 贮藏期防治 贮果要严格剔除病果及其他损伤果，然后用S-921发酵液30~40倍液浸果10min，或用仲丁胺100倍液浸果1 min或用瓜果保鲜剂80~100倍液浸果1min，防效达到85%。浸果后装入塑料袋于0~2℃低温下贮藏。

第三节 苹果白粉病

苹果白粉病（apple powdery mildew）在我国发生普遍，以西北、西南地区为害严重。感病品种上，病梢率高达100%，病叶率达50%。新梢受害不能伸长，甚至枯死。嫩叶受害不能开展，叶片早期枯落，影响花芽分化，降低产量，削弱树势。该病除为害苹果外，还可为害海棠、沙果、山荆子等。

一、症 状

主要为害新梢、嫩叶，也可为害芽、花及幼果。新梢症状为病梢瘦弱，节间短缩，叶片细长，叶缘上卷，叶色紫红，发育停滞，叶面初期布满白色粉霉状物（菌丝、分生孢子梗和分生孢子），后逐渐变为褐色，有些地区在叶背的主脉、支脉、叶柄及新梢上产生成堆黑色点状物（闭囊壳），严重时整个新梢枯死。病芽症状为芽灰褐或暗褐色，瘦长尖细，鳞片松散，上部张开不能合拢，萌发较晚，严重时芽干枯死亡。病芽抽出的新梢和嫩叶覆盖一层白色粉霉状物。成叶受害，叶片凹凸不平，叶正面颜色浓淡不均，叶背面生一层白色粉霉状物，重则叶片干枯脱落。花芽受害，花瓣变淡绿色，细长，萼片、花梗畸形，后干枯死亡，重病花芽难以形成花蕾或不能开花。幼果受害，初多在萼片或梗洼处产生白色粉霉斑，后呈网状锈斑和龟裂。

二、病 原

病菌有性态为白叉丝单囊壳（*Podosphaera leucotricha*），属子囊菌亚门叉丝单囊壳属。

白粉病菌为外寄生菌。病部白色粉霉状物是病菌的菌丝、分生孢子梗和分生孢子。分生孢子梗棍棒形，顶端串生分生孢子。分生孢子无色，单胞，椭圆形。闭囊壳球形，暗褐色至黑褐色，其上生两种形状附属丝：一种在闭囊壳顶端，有3~10枝，较长，上部二分叉状分枝或不分枝；另一种在闭囊壳的基部，短而粗，且呈丛状。闭囊壳内含一个子囊，子囊椭圆形或球形。子囊孢子8个，无色，单胞，椭圆形。

菌丝生长最适温度为20℃。分生孢子萌发最适温度为21℃左右，最适相对湿度为100%，在水滴中不能萌发。33℃以上失去活力。

三、发生流行规律

病菌以菌丝在冬芽鳞内越冬。顶芽带菌率高于侧芽，侧芽带菌率依次降低，第四侧芽以下基本不带菌。翌春，产生分生孢子，经气流传播，侵染嫩芽、嫩叶和幼果。潜育期3~6d，具多次再侵染。4~6月和9月为发病盛期。

病害发生和流行与气候条件、栽培条件及品种密切相关。春季温暖、干旱，夏季多雨、凉爽，有利于该病的发生和流行。偏施氮肥，种植过密，树冠郁闭，枝条细弱易发病；管理粗放，土壤黏重、积水，湿度大和芽内越冬病原多利于发病。此外，苹果品种间抗病性差异也十分明显。秦冠、青香蕉、金冠和元帅等较抗病；倭锦、红玉、红星和柳玉等高度感病。

四、病害控制

控制该病采用休眠期前剪除病梢，摘除病芽及生长期喷药保护为主的措施。

1. **加强栽培管理** 施足基肥，增施磷、钾肥；合理密植，适时排灌；合理修剪，通风透光，以增强树势，提高树体的抗病能力。

2. **清除菌源** 冬季剪除病梢，摘除病芽；早春剪除新发病的枝梢，以减少侵染来源。

3. **药剂防治** 发芽前喷施70%可湿性硫磺；花前花后各喷1次10%世高或20%三唑酮或12.5%特普唑或70%甲基硫菌灵、62.25%仙生、12.5%腈菌唑、40%福星等杀菌剂。

第四节 苹果早期落叶病

苹果早期落叶病（apple leaf spot）是指几种引起苹果树早期落叶的叶部病害总称。主要包括褐斑病、轮斑病和斑点病。褐斑病分布广，为害大。斑点病在元帅系统品种地区，有逐年加重为害的趋势。受其为害，造成早期落叶，严重影响树势，降低产量。褐斑病菌除为害苹果外，尚能侵害沙果、海棠、山定子等。轮斑病菌除为害苹果外还能侵害梨树。

一、症　状

1．**褐斑病**　褐斑病（apple brown leaf spot）主要为害叶片，也为害果实。叶片病斑褐色，边缘绿色，故又有绿缘褐斑病之称。病斑有3种类型。

（1）同心轮纹型。叶片病斑初期在正面出现黄褐色小点，渐扩大为圆形，中心暗褐色，四周黄色，病斑周围有绿色晕，后病斑中出现黑色小点（分生孢子盘），呈同心轮纹状。

（2）针芒型。病斑深褐色，且呈针芒状向外放射扩展。后期叶片渐黄，病斑周围及背部保持绿褐色。

（3）混合型。病斑较大，近圆形或不规则形，暗褐色，小黑粒点不呈明显的同心轮纹状，有时斑边缘具针芒型症状。后期病斑中心为灰白色，边缘仍保持绿色。

2．**轮斑病**　轮斑病（apple ring spot）病斑较大，圆形或半圆形，边缘清晰整齐，暗褐色，有明显的轮纹。天气潮湿时，病斑背面产生黑色霉状物。

3．**斑点病**　斑点病（apple alternaria leaf spot）主要为害叶片，也能为害嫩枝及果实。叶片病斑初为褐色小点，渐病斑扩大，直径3~6mm，红褐色，边缘紫褐色。病斑中心常有一深色小点或呈同心轮纹状。天气潮湿时，病部正、反面均可见墨绿色至黑色霉状物（分生孢子梗和分生孢子）。发病中后期，病斑扩大为不规则形，部分或全部呈灰白色，破裂或穿孔。高温、多雨季节，病斑扩展迅速，病叶焦枯脱落。叶柄症状为暗褐色椭圆形凹陷斑，导致叶柄病部折断和落叶。枝条病斑为褐色或灰褐色，凹陷坏死，边缘开裂。果实病斑圆形褐色，直径1~5mm，稍凹陷，果肉变褐，呈木栓化干腐。

二、病　原

1．**褐斑病**　病原菌为真菌界子囊菌亚门苹果双壳（*Diplocarpon mali*）。无性态为半知菌亚门苹果盘二孢（*Marssonina coronaria*）。

菌索于叶片表皮下扩展，多分叉，于分叉处产生分生孢子盘。分生孢子盘初埋生于角质层下，成熟后外露。分生孢子梗栅状排列，无色，单胞，棍棒状。分生孢子无色，双胞（偶有单胞），上胞较大而圆，下胞较狭而尖，内含2~4个油球。子囊盘肉质，钵状。子实层由子囊和侧丝组成。子囊阔棍棒状，有囊盖；侧丝平行排列，略长于子囊，无色，端部膨大。子囊内含8个子囊孢子。子囊孢子香蕉形，一端稍弯曲，成熟后有隔膜。

2．**轮斑病**　病原菌为真菌界半知菌亚门苹果链格孢（*Alternaria mali*）。分生孢子梗自气孔伸出，成束状，暗褐色，弯曲，多胞，具多个孢子痕。分生孢子顶生，短棒槌形，暗褐色，有2~5个横隔，1~3个纵隔，具短柄。

3．**斑点病**　病原是真菌界半知菌亚门链格孢苹果专化型（*Alternaria alternata* f.sp. *mali*），苹果轮斑病菌的强毒菌系。分生孢子梗从气孔伸出，束状，橄榄色至暗褐色，弯曲，多胞。分生孢子顶生，5~13个（通常5~8个）串生，椭圆形或肾形至倒棍棒形，淡褐色至深褐色，有1~

7个横隔，0~5个纵隔。

菌丝生长、分生孢子形成和分生孢子萌发的温度范围5~35℃，适温28~30℃。

病菌在叶片内产生寄主专化性的苹果链格孢菌毒素及链格孢醇和链格孢醇单甲醚两种非寄主专化性毒素，还可产生多聚半乳糖醛酸酶、果胶甲酯酶、多聚半乳糖醛酸酶反式消解酶和果胶反式消解酶。毒素可改变细胞膜的透性，果胶酶破坏中胶层。同时，引起细胞离析、坏死。

三、发生流行规律

1. 褐斑病 病菌以菌丝体、菌索、分生孢子盘或子囊盘在病叶上越冬。翌春，产生分生孢子和子囊孢子，借风雨传播，从叶片气孔侵入（以叶背面为主），也可经伤口或直接侵入。潜育期一般为6~12d。潜育期随气温升高而缩短。再次侵染结构为分生孢子。病菌从侵入到引起落叶需13~55d。田间一般5~6月开始发病，7~8月进入盛发期，10月基本停止扩展。

该病的发生和流行与雨水、树势、栽培管理及品种等关系密切。春雨早而多的年份，有利病害的发生和流行。夏、秋雨季提前，降雨量多的年份会造成病害大流行。有些地方降雨少，但雾露重，发病也重。强树病轻，弱树病重。土层厚病轻，土层薄病重。此外，地下水位太高病重，树冠内膛比外围病重，树冠下部比顶部病重。11~25d叶龄最易染病，叶龄36d以上的叶片基本不再发病。受其他病虫为害及药害等，发病亦较重。红玉、金冠、富士等品种感病；祝光、国光、青香蕉较抗病，小国光抗病。

2. 轮斑病 以菌丝体和分生孢子在落叶上越冬。次年分生孢子通过风雨传播。由于轮斑病菌寄生性很弱，多从叶片伤口侵入。所以，此病多发生在药害、暴风雨及雹灾等之后。发病时期较褐斑病晚，在7~8月雨季发生最多。高温、高湿有利病害发生。倭锦、红玉等品种感病，祝光、鸡冠等较抗病。

3. 斑点病 主要以菌丝体和分生孢子在病叶上、一年生枝的叶芽、花芽和枝条病斑上越冬。翌年产生分生孢子，随风雨传播。可直接侵入，也可从伤口和气孔侵入。侵入适温为28~31℃。病害发生情况因地区而不同。一般5~6月和9月为盛发期。10月中、下旬发病结束。

病害的发生发展受温度影响较小，主要与降雨关系密切。降雨早、雨日多、降雨量大，此病发生早，病势严重。树势与发病轻重有关。树势强发病轻；树势弱发病重。嫩叶极易染病，展叶20d后的叶片，病菌难以侵入。品种间感病性差异也显著。红星、红冠、元帅、印度、青香蕉、陆奥等品种高度感病；金冠、国光为中度感病；红玉抗病性较强。

四、病害控制

上述3种早期落叶病的防病关键是加强管理，增强树势和掌握防治适期喷药保护叶片。

1. 加强管理 加强肥水管理，增施肥料，避免园内积水，降低果园湿度。增强树势，提高植株抗病力。郁闭果园修剪时要注意改善树冠内的通风透光条件。

2. 清除越冬菌源 秋、冬季清扫园内落叶，结合修剪清除树上所残留的病枝、病叶，集中沤肥或烧毁。

3. **喷药保护** 各地应根据早期落叶病的种类及气候条件，决定喷药时间及次数等。一般在 5 月中旬至 8 月中、下旬为喷药保护时期。第一次喷药最好在发病前半个月，酌情喷药 3~4 次。常用药剂有波尔多液（1:2:200）、75%百菌清可湿性粉剂 800 倍液、风光霉素 50~100 单位等。扑海因 1 000~1 500 倍液和 20%敌菌酮可湿性粉剂 200 倍液防治斑点病效果好。波尔多液虽药效长，防效好，但有些品种在幼果期喷用，易产生果锈。

第五节 苹果果实贮藏期病害

苹果果实贮藏期病害（postharvest diseases of apple）有 20 多种，其中为害性大的寄生性病害有苹果霉心病、褐腐病、炭疽病及轮纹病等。苹果贮藏期病害大多来自果实田间受侵染后，在贮运期发病。苹果霉心病感病品种的病果率可达 80%以上，褐腐病重病园可减产 90%从上，炭疽病病果率一般为 10%，严重时可达 70%。这些贮藏期病害严重影响产量和质量。霉心病菌、褐腐病菌和炭疽病菌还可为害梨、桃等。

一、症 状

1. **霉心病** 霉心病（apple mouldy core）又名心腐病。主要为害果实。果实受害后，初期症状不明显。幼果受害严重时出现早期落果现象。接近成熟时，病果偶尔可见果面发黄，果形不正，或者着色较早。发病严重的果实，明显呈畸形，从果梗至萼洼烂通。剖开病果，可见心室变褐，逐渐向外扩展，具粉红色、灰绿色、黑褐色和白色霉状物（依病原而异）。贮藏期内，果心霉烂加快，果面可见水渍状、褐色不规则形的湿腐斑块，斑块可连成片，以致全果腐烂。

2. **褐腐病** 褐腐病（apple brown rot）又名菌核病。病果表面初呈浅褐色小斑，软腐状。病斑迅速向外扩展，在 10℃时，约经 10d 即可使整个果实腐烂。病果的果肉松软成海绵状，略有韧性。后期病斑生灰白色、绒球状霉丛（分生孢子座和分生孢子链），并呈同心轮纹状排列。此为褐腐病的典型症状。病果后期成黑色僵果。在贮藏期中，病果上呈现蓝黑色斑块。

3. **炭疽病** 炭疽病（apple anthracnose）又名苦腐病。果实病斑圆形，数目可多达上百个，直径 1~2cm，褐色，边缘清晰，稍凹陷，黑色小点（分生孢子盘）呈同心轮纹状排列。潮湿条件下，黑色小点溢出由肉红色黏质团（由胶质和分生孢子组成）构成的同心轮纹。病斑剖面呈漏斗状干腐。后期烂果干缩成僵果。

二、病 原

1. **苹果霉心病** 该病由真菌界半知菌亚门多种真菌侵染所致。各地病原种不一，但常见的有链格孢（*Alternaria alternata*）、粉红单端孢（*Trichothecium roseum*）、串球镰孢（*Fusarium moniliforme*）等 3 种。此外，还有青霉菌（*Penicillium* sp.）、拟青霉菌（*Paecilomyces* sp.）、节孢状镰孢（*F. arthrosporioides*）等 20 余属的真菌。

（1）*T. roseum*。分生孢子梗有少数横隔或无隔，不分枝，梗端稍大。分生孢子自梗端单个地以向基式连续产生一串孢子。孢子形成后，靠着生痕彼此连接而聚集在孢子梗的顶端，形成外观圆形至矩形的孢子头。分生孢子梨形或倒卵形，两个孢室。上孢室较下孢室为大，下孢室基端明显收缩变细，着生痕在基端或其一侧，透明或粉红色。

(2) *A. alternata*。分生孢子梗分枝或不分枝，淡橄榄色至绿褐色，有屈曲，顶端常膨大而具多个孢子痕，分生孢子呈链状。孢子有喙或无喙，形状变化极大，表面平滑或有瘤，浓橄榄色至深橄榄色，有横隔膜 1～9 个，纵隔膜 0～6 个。

(3) *F. moniliforme*。子座黄色、褐色或紫色。小分生孢子串珠状，单胞，菱形至卵圆。大分生孢子生于分生孢子座或黏液状分生孢子团内，淡红色至红褐色，孢子细长，稍弯，具 3～5 个隔膜。

2. 褐腐病 病原菌为真菌界子囊菌亚门仁果链核盘菌（*Monilinia fructigena*），异名：仁果核盘菌（*Sclerotinia fructigena*），属于囊菌亚门链核盘菌属。无性态为半知菌亚门仁果丛梗孢（*Monilia fructigena*）。

病果上生白色霉丛团，其上着生丝状、无色单胞的分生孢子梗，梗上串生分生孢子。分生孢子椭圆形，无色，单胞。后期，病果内生成菌核，黑色，不规则形，大小 1 mm 左右，1～2 年后萌发出子囊盘。子囊盘漏斗状，外部平滑，灰褐色，直径 3～5mm。子囊无色，长筒形，内生 8 个子囊孢子。子囊孢子无色，单胞，卵圆形。子囊间有棍棒状侧丝。有性态在自然条件下很少发生。

3. 炭疽病 病原菌为真菌界子囊菌亚门围小丛壳（*Glomerella cingulata*）。无性态为半知菌亚门胶孢炭疽菌（*Colletotrichum gloeosporioides*）。分生孢子盘埋生于寄主表皮下，枕状，无刚毛，成熟后突破表皮。分生孢子梗平行排列，圆柱形，无色，单胞。分生孢子无色，单胞，长柱形或长卵形，内含 1～2 个油球，分生孢子和胶质聚集成肉红色黏质团。自然条件下有性态子囊壳少见。

菌丝生长温度 12～40℃，最适温度为 28℃；分生孢子形成最适温度 25～30℃，相对湿度 80% 以上；分生孢子萌发适温 28～32℃，相对湿度 95% 以上。

三、发生流行规律

1. 霉心病 以菌丝体潜存在苹果树体各部分或残留在树上、地面等处僵果内越冬。此外，还能以孢子形态潜藏在芽的鳞片间越冬。次年，越冬病菌产生孢子经风雨传播，从果实萼筒侵染至果心，也可以在花期侵染后，病菌潜伏在果心。以花芽越冬的病菌无需传播即可侵染。落花至幼果期，各组织的带菌率为，花柱上段＞花柱下段＞萼心间＞心室。表明病菌的侵入途径是花柱→萼心间组织→心室。随着果实发育和病菌扩展，受害果实从心室开始逐渐向外扩展霉烂，直至贮藏期全果霉烂。病菌具潜伏侵染特点，花期侵染，中、后期发病。影响霉心病害流行的因素有品种差异、生态因素和贮藏环境等。

(1) 品种差异。霉心病的发生与苹果品种关系密切。凡是开萼、萼筒长和萼筒与心室相通的品种均感病；而闭萼，萼筒短和萼筒与心室不相通的品种则抗病。红星、红冠等元帅系为感病品种；金星、白龙次之；果光、印度感病较轻；红玉、祝光极少感病。研究发现，苹果霉心病的发生与果实中苹果酸的含量成反比关系，即含量越低的品种，苹果霉心病发病率高，反之则低。

（2）生态因素。叶面和花器表面有大量的营养物质渗出。当气候干燥少雨，尤其在花器等侵染期，昼夜温差大，表面渗出物的营养和种类更丰富，并常形成雾滴。其中，以花器和花粉渗出物的营养最丰富，可增加孢子的萌发速度，恢复老孢子的发芽能力，减少侵染阈值，增强侵染率和严重度。同时，露滴也能提供高湿度的小环境，花粉和花药对交链孢有明显的促进作用，花粉还可以克服某些抗菌物质的抑制作用。干燥环境也有利于属于干气孢子类型的交链孢菌孢子的传播。

（3）贮藏环境。病果在贮藏期发病轻重，温度是主要因子，其次是气体成分。果实不进行气调贮藏，在0℃左右的低温条件下可有效地控制病果发病，利于长期贮藏。使用变温土窖加塑料大棚简易气调贮藏，苹果入窖后40 d左右窖温控制在10℃左右或10℃以下，栅内气体成分：O_2 2%～4%，CO_2 10%～14%，可有效地控制病果发病，利于长期贮藏，贮藏效果接近0℃冷藏的效果。

2. 褐腐病 主要以菌丝和分生孢子在病果（僵果）上越冬。翌春，分生孢子经风雨传播，主要通过伤口侵入果实，但也可以从皮孔侵入，潜育期5～10d。具多次再侵染。在贮藏、运输过程中，病害主要是通过病果与健果接触传病。

褐腐病的发生与温度和品种的抗病性有密切关系。病菌最适发育温度为25℃，高湿对病菌的生长、繁殖和孢子的形成、萌发等有利。高温、湿度是病害流行的重要因素。

品种间对褐腐病的抗性有差异。中晚熟品种如红玉、倭锦、大国光、小国光等都较感病。此外，果园管理较差，水分供给失调，虫害严重，引起裂果或果实虫伤均有利于该病的发生和流行。

3. 炭疽病 主要以菌丝和分生孢子盘在病果、僵果、果台和干枯枝上越冬。翌春，分生孢子经雨水、昆虫传播，从伤口、皮孔或直接侵入。有再侵染。

高温、高湿、多雨是该病发生流行的主要条件，春雨早发病早。土壤黏重、低洼积水、通风不良、树势弱利于发病。果皮松、果点大而深的品种易发病。病菌从幼果期至成熟期均可侵染。随果实渐成熟，皮孔木栓化程度提高，侵染减少。病菌具潜伏侵染特性。一般7月份始发病，8月中、下旬后进入发病盛期，采收前15～20d为发病高峰。贮藏期发病高峰为采果后35d以内。

四、病害控制

防治策略：以农业防治压低越冬病原，强树抗病；以药剂保护和果实套袋减少田间侵染；以低温贮藏控制病害的措施。

1. 霉心病 发芽前喷1次波美5度石硫合剂加0.3%的80%五氯酚钠以铲除树体上越冬的病菌。开花前、终花期、坐果期和套袋前各喷1次杀菌剂。药剂可选用10%宝丽安、1.5%多抗霉素、50%扑海因、80%大生－45、40%福星、12.5%特谱唑、70%甲基硫菌灵和50%多菌灵等，喷雾，预防侵染。贮藏期控制窖温在0.5～1.0℃之间，相对湿度90%左右，防止该病蔓延。利用枯草芽孢杆菌制剂抗菌新星防治霉心病有较好的效果。秋季及时翻耕土壤，冬季修剪时清除树上的僵果、枯枝等，深埋或烧毁。合理修剪，通风透光。

2. 褐腐病 冬季或早春翻耕土壤，清除病果。在生长季节，随时注意摘除病果，集中深埋或烧毁。花前、花后及果实成熟时各喷一次药，保护果实。药剂与霉心病相同。贮藏前严格剔除各种病果、伤果及虫果。包装、运输时应减少碰撞、压伤。贮藏期温度应控制在 1~2℃ 之间，相对湿度保持在 90%。

3. 炭疽病 通风透光，降低湿度。清除病果、僵果和病果台，剪除干枯枝和病枝。发芽前喷药 1 次，除防治苹果轮纹病的药剂外，还可选用 30% 炭疽福美、70% 霉奇洁和 80% 普诺等。

第六节 梨黑星病

梨黑星病（pear scab）又称疮痂病，是梨树重要病害之一。该病在我国梨产区均有发生。以辽宁、河北、山东、河南、山西及陕西等北方诸省鸭梨、白梨产区受害最重。梨黑星病引起梨树早期大量落叶，幼果畸形，削弱树势，严重影响产量和品质。

一、症　　状

梨黑星病为害梨树地上部绿色幼嫩组织，主要侵害叶片和果实。也可为害花序、鳞芽、新梢、叶柄、果柄等部位。从落花期到果实成熟期均可为害。病部生黑色霉状物（分生孢子梗及分生孢子）是该病的特征。

1. 叶片症状 初在叶背主、支脉之间呈现圆形、椭圆形或不整形的淡黄色斑，不久病斑沿叶背主脉边缘长出黑色的霉层，并且有沿叶脉走向的特征。为害严重时，许多病斑互相连接，整个叶片的背面布满黑色的霉层，造成早期落叶。叶柄受害呈长条形、凹陷病斑，其上生黑色霉状物。叶柄受害是造成早期落叶的主要因素。

2. 果实症状 从幼果期至成熟期均可受害。果实发病初生淡黄色、圆形斑点，逐渐扩大，病部稍凹陷，上生黑霉，后病斑木栓化，坚硬、凹陷并龟裂。幼果因病部生长受阻碍，变成畸形；成果期受害，则在果面上生大小不等的圆形黑色病疤，病斑硬化，表面粗糙。

3. 病芽及病梢症状 病芽的主要特征是鳞片变黑和产生黑霉。病芽翌春萌发形成病梢，又称病芽梢，其主要特征是从新梢基部开始，逐渐向上产生黑色霉层。

二、病　　原

病原为真菌界子囊菌亚门纳雪黑星菌（*Venturia nashicola*）；无性态为半知菌亚门绿色黑星孢（*Fusicladium virescens*）。

病部的黑霉是病菌的分生孢子梗及分生孢子。分生孢子梗暗褐色，散生或丛生，直立或稍弯曲，梗上有由分生孢子脱落后留下的许多瘤状疤痕。分生孢子着生于孢子梗的顶端或中部，淡褐色，卵形或纺锤形，两端略尖，单胞，萌发前少数生一横隔。假囊壳埋藏在落叶的叶肉组织中，成熟后有喙部突出叶表，小黑点状，以叶背面为多。假囊壳圆形或扁球形，颈部较肥短，黑褐色。子囊棍棒状，无色透明。子囊内含8个子囊孢子。子囊孢子淡黄绿色或淡黄褐色,鞋底状,双胞。

菌丝5~28℃均可生长,以22~23℃最适。分生孢子形成的最适温度为20℃,萌发温度2~30℃,最适15~20℃。一般萌发需3~5h,分生孢子萌发的相对湿度为70%以上,在80%以上时萌发率最高,低于50%则不萌发。干燥和较低的温度有利分生孢子的越冬存活。湿润、较温暖的气候条件下,有利于大量产生假囊壳,并以其越冬。

三、发生流行规律

病菌主要以菌丝体在病芽鳞片间或鳞片内越冬,也可以假囊壳于落叶上越冬。翌春,病芽萌发形成的病芽梢上产生的分生孢子为该病的主要初侵染源。冬季较温暖且潮湿地区,则利于有性世代形成子囊孢子成为主要初染源。病菌主要为风雨传播,孢子萌发后直接侵入。潜育期20~35d。先在新梢及芽鳞基部发病,成为发病中心,经再次侵染传播到叶、果上,在病芽梢下方形成一个圆锥形的发病中心。以落叶上病菌为初染源,则树冠下部叶、果受害最多。

病菌侵入的最低日均温度为8~10℃,最适流行的温度为11~20℃。孢子从萌发到侵入梨组织只需5~48h,一般经过14~25d的潜育期表现出症状。雨量少,气温高,病害蔓延减缓;阴雨连绵,气温较低,则蔓延迅速。黑星病发生、流行主要取决于:

1. **菌源** 初侵染病菌的多少决定于前一年的发病情况。病芽多,翌春萌生的病梢就多,田间初侵染菌量大,发病重。
2. **气象条件** 凡春雨早而偏多,夏季又多雨,病害就大流行。
3. **品种的抗病性** 一般以中国梨最感病,日本梨次之,西洋梨较抗病。发病重的品种有鸭梨、秋白梨、京白梨、黄梨和平梨等;其次为砀山酥梨、莱阳茌梨、严州雪梨、长十郎等;而玻梨、蜜梨、香水梨等有较强的抗病性。品种的抗病性与寄主的遗传性、形态结构及生理生化特性相关。

此外,地势低洼,树冠茂密,通风不良,湿度较大的梨园,以及树势衰弱的梨树,都易发生黑星病。

四、病害控制

减少侵染源和适期喷药防治是控制该病的基本策略。

1. **减少病源** 冬剪清除病梢、叶片及果实;发芽前彻底清除落叶、病僵果等病残体,集中烧毁或深埋,以减少越冬基数。对树冠下土表喷洒硫酸铵、尿素10~20倍液,可铲除落叶上的越冬病菌。如果上年发病较重,则在芽萌动前再喷1次12.5%的速保利2 000倍液或3%~5%的硫酸铵溶液,以减少春季病梢的数量。
2. **加强栽培管理** 合理施肥,增施有机肥,以梨树为中心,加强栽培管理,提高抗病力。合理负载,把产量控制在2 500kg/667m^{2}左右。定果后及时套袋,防止果实发病,套袋前喷一次杀菌剂,如新星。
3. **药剂防治** 幼叶、幼果期(落花后30~45d)和成果期(采收前30~45d)是防治梨黑星病的两个关键时期,必须重点加以防治。幼叶、幼果期一般需喷药2~3次,春季少雨干旱时可喷2次，以保护幼叶和幼果。成果期一般需喷药2~3次，以保护成熟果、芽，减少越冬菌的数量和果实在贮运过程中的发病。药剂选用高效内吸性杀菌剂（后1~2次可选用保护性杀菌剂）。内吸性杀菌剂可选用40%新星乳油8 000~10 000倍液、12.5% 速保利可湿性粉剂2 000~3 000倍液、40%杜邦福星8 000~10 000倍液、10%烯唑醇乳油3 000倍液；保护性杀菌剂可选用80% 大生 M-45可湿性粉剂800~1 000倍液、6%乐必耕1 000~1 500倍液等。生长中期一般需喷药2~3次，除选用上述药剂外，还可用1:2:200倍的波尔多液，500~600倍的灭菌铜，绿得保、高铜、科博等铜制剂（幼果期不宜使用）。

第七节 梨锈病

梨锈病（pear rust）又名赤星病，是梨树上重要病害之一。我国梨产区都有分布。在梨园附近栽植有柏科植物（转主寄主）的地区，发病较重，春季多雨年份，几乎每张叶片上都长有病斑，引起叶片干枯；幼果受害，造成畸形，早落，对产量影响很大。梨锈病菌除为害梨树外，还能为害山楂、木瓜、棠梨和贴梗海棠等。

一、症 状

梨锈病主要为害叶片和新梢，严重时也能为害幼果和果梗。幼叶被害，叶片正面产生圆形小病斑，中央橙黄色，有光泽，边缘淡黄色，周围有黄色晕圈。随着病斑的扩大，病斑中央产生蜜黄色微凸的小粒点（性子器），潮湿时小粒点溢出淡黄色黏液（性孢子），黏液干燥后黄色小粒点变成黑色。随后，病斑组织变肥厚，正面凹陷，背面隆起，并长出十多根灰白色或淡黄色的毛刺状物（锈孢子器），内有大量褐色锈孢子，成熟后从锈子器顶端开裂散出。后期病叶变黑、干枯、早落。幼果被害，初期与叶片症状相似，发病严重时果实畸形，并早期脱落。叶柄、果柄受害，病部橙黄色，并隆起呈纺锤形，病斑上也可长出性子器和锈子器。新梢受害后的症状与叶柄、果柄相似，但后期病部凹陷，并易折断。

梨锈病菌为转主寄生菌，转主寄主为柏科植物，如桧柏、龙柏、欧洲刺柏、圆柏、南欧柏和翠柏等。病菌侵入转主寄主后，在针叶、叶腋或小枝上产生淡黄色斑点，病部于秋季黄化隆起。翌春，形成球形或近球形瘤状菌瘿。菌瘿继续发育突破表皮露出红褐色、圆锥形或楔形的冬孢子角。冬孢子角成熟后，遇雨吸水胶化、膨大，冬孢子萌发产生担子及担孢子。

二、病 原

病原为真菌界担子菌亚门亚洲胶锈菌(梨胶锈菌)(*Gymnosprangium asiaticum*)。病菌具有专性寄生和转主寄生特点。整个生活史中可产生4种类型的孢子。冬孢子及担孢子阶段发生在桧柏、龙柏等柏科寄主植物上，性孢子及锈孢子阶段发生在梨树上。病菌没有夏孢子阶段。性孢子器扁烧瓶形，埋生于梨叶正面病组织的表皮下，孔口外露，内生许多无色、单胞、纺锤形或椭圆形的性孢子。锈子器丛生于梨叶病斑的背面，或嫩梢幼果和果梗的肿大病斑上，细圆筒形，长5~10mm，直径0.2~

0.5mm。锈孢子球形或近球形，橙黄色，表面有瘤状细点。冬孢子纺锤形或长椭圆形，双胞，黄褐色，孢子的分隔处各有两个发芽孔，柄细长，其外表有胶质，遇水胶化。冬孢子萌发产生担子，4胞，每胞生1小梗，每小梗顶端生1担孢子。担孢子卵形，淡黄褐色，单胞。

冬孢子萌发的最适温为17~20℃，担孢子萌发的最适温度为15~23℃，锈孢子萌发的最适温度为27℃。

三、发生流行规律

病菌以多年生菌丝体在桧柏、欧洲刺柏、龙柏等柏科转主寄主的病组织中越冬。翌春，形成的冬孢子角遇雨吸水膨胀，成熟后萌发产生担孢子。担孢子随风传播，直接从梨表皮细胞或气孔侵入（不能侵染柏科植物）。经6~10d潜育期后，在叶面呈现橙黄色的病斑，然后病斑上长出性孢子器，内生性孢子。性孢子成熟后由孔口随蜜汁溢出，经昆虫或雨水传至异性的性孢子器的受精丝上。性孢子与受精丝交配，约25d后，在叶斑背面或果实、嫩梢病斑正面长出毛刺状的锈孢子器。锈子器内生锈孢子。锈孢子经气流传送到转主寄主柏科植物的嫩枝、叶上萌发侵入（不能侵染梨树），并在其上越夏和越冬。翌春，再度形成冬孢子角。

梨锈病只有初侵染而无再侵染，一年中只有一个短暂时期产生担孢子侵害梨树。

梨锈病是转主寄生病害，因此，转主寄主、气象条件、品种抗病性就成为影响病情发展的重要因素。

1. 转主寄主 梨锈病发生的轻重与梨园周围桧柏等转主寄主的数量和距离远近有关，尤其与1.5~3.5km范围的桧柏等柏科植物的数量关系最大。

2. 气候条件 病菌一般只侵染幼嫩的组织。当梨萌芽、幼叶初展时若天气多雨，同时温度对冬孢子萌发适宜，就会产生大量的担孢子，发病势必严重。2~3月份的气温高低，3月下旬至4月下旬的雨水多少，是影响当年梨锈病发生轻重的主要因素。

3. 种、品种抗性和叶龄 梨树的种与品种之间对锈病的抗性有差异。中国梨最感病，日本梨次之，西洋梨最抗病。白梨、砂梨、西洋梨系统均易感病。抗性顺序是：西洋梨＞砂梨＞白梨。同一种类品种之间的感病也有差异。较抗病品种是青云、车头梨、早酥、锦丰、身不知、黄花、壁梨3号、莱阳茌梨、严州雪梨等；中抗品种是秦酥、丰水、金水2号、早翠、新水、长寿、苍溪雪梨等；感病品种为砀山酥梨等。梨树从展叶开始直至展叶后20d容易被感染。

四、病害控制

控制初侵染来源，防止担孢子侵染梨树，是防治梨锈病的根本途径。

1. 清除转主寄主 砍除柏科植物是防治梨锈病最彻底有效的措施。锈菌担孢子传播范围一般在1.5~3.5km内，故砍除梨园周围的转主寄主柏科植物，梨锈病就不会发生。

2. 铲除转主寄主上的冬孢子 春季梨树发芽前，在桧柏树上冬孢子角全部显露，但尚未胶化前，用药剂喷布柏科植物，可抑制冬孢子萌发产生担孢子。药剂有波美5度石硫合剂、0.3%

五氯酚钠、0.3%五氯酚钠加波美1度石硫合剂。

3. 喷药保护　在不宜砍除转主寄主的梨区，可喷药保护梨树，防止锈病发生。一般在梨树展叶期喷第1次药，10~15d再喷一次即可。常用药剂有40%福星、70%甲基硫菌灵、12.5%腈菌唑、12.5%速保利、20%粉锈宁、20%萎锈灵、20%三唑酮和1:2:200~240的波尔多液等。为了防止病菌锈孢子侵染转主寄主，减少病菌越冬，在6~7月份喷药1~2次，以保护转主寄主被侵染，常用药剂与梨树相同。

4. 生物防治　在梨叶面性子器溢出橘黄色黏液时喷洒亚洲胶锈菌的重寄生菌葡酒锈生座孢（*Tuberculina vinosa* Sacc.），对梨锈病菌的寄生率可达92%左右。葡酒锈生座孢的控病机制：一是重寄生菌分生孢子座将锈孢子牢牢地封死在锈子器内，最终消解，阻断锈病的病害循环；二是重寄生菌阻碍和延缓锈病菌的生长和扩展，被寄生锈病病斑较未寄生锈病病斑明显为小，控制锈病的为害。

第八节　梨黑斑病

梨黑斑病（pear black spot）是梨树上的重要病害之一。在我国主要梨产区普遍发生。日本梨发病较重，西洋梨、酥梨和雪花梨较易感病。梨黑斑病主要引起早期落叶、嫩梢枯死、裂果和落果，削弱树势及降低产量和品质。

一、症　状

主要为害叶、果及嫩梢。叶片症状为圆形或不规则形、黑色，中央灰白色至灰褐色，边缘黑褐色，外围有黄色晕圈，有时微显轮纹。病斑多时可相互联合成不规则形大斑，造成叶片焦枯、畸形和早期落叶。潮湿时病斑表生黑色霉层（分生孢子梗和分生孢子）。

幼果受害，果面初生一至数个褐色圆形针头大小的斑点，逐渐扩大，呈近圆形至椭圆形，褐色至黑褐色，病斑略凹陷，潮湿时表面也产生黑色霉层。后期果面龟裂，裂缝可深达果心，在裂缝内产生黑霉，病果往往早落。重病果常数个病斑合并为大病斑，致使全果呈漆黑色，表面密生黑色霉层。

新梢及叶柄受害，病斑初期为椭圆形，黑色，稍凹陷，后扩大为长椭圆形，淡褐色，明显凹陷的病斑。病健交界处常产生裂缝，病梢或叶柄易折断、枯死。

二、病　原

病原菌为真菌界半知菌亚门菊池链格孢（*Alternaria kikuchiana*）。病部黑色霉层为病菌的分生孢子梗和分生孢子。分生孢子梗褐色或黄褐色，丛生，一般不分枝，基部较粗，先端略细，有隔膜3~10个，孢子脱落后孢梗上留有孢痕。分生孢子常2~3个链状长出，形状不一，大多数为棍棒，基部膨大，顶端细小，嘴胞短至稍长，有横隔膜4~11个，纵隔膜0~9个，分隔处稍缢缩。老熟分生孢子壁较厚，暗褐色；幼嫩的分生孢子则壁薄，呈黄褐色和暗黄色。

菌丝生长适温为 28℃，孢子形成适温为 28～32℃，萌发适温 28℃。在枝条上越冬病斑于 9～28℃均能产生分生孢子，以 24℃为最适。

三、发生流行规律

病菌以分生孢子和菌丝体在病叶、病梢、病芽及病果等处越冬。翌春，越冬病组织上产生新的分生孢子，经风雨传播，从气孔、皮孔和直接侵入。以分生孢子进行多次再侵染。

高温和高湿有利于病害的发生。一般气温 24～28℃，同时阴雨连绵，有利黑斑病的发生和蔓延。地势低洼、肥料不足、树势衰弱等不利因素均可加重为害。南方梨区，一般 4 月下旬始发病，6 月上旬至 7 月上旬为发病盛期，10 月下旬以后发病渐轻。

品种间有明显抗病性差异。一般日本梨系统的品种易感病，西洋梨次之，中国梨较抗病。树龄 10 年以下，且树势健壮，发病轻；树龄 10 年以上，且树势弱，发病重。

四、病害控制

以加强栽培管理、提高树体的抗病力为基础，控制越冬菌源，生长期及时喷药保护等措施控制病害。

1. 清除越冬菌源 在梨树落叶后至萌芽前彻底清除果园内的落叶、落果，剪除有病枝梢，并集中烧毁或深埋。

2. 加强栽培管理 在果园内间作绿肥和增施有机肥料，合理排灌，以植株为中心，增强抗病性。

3. 药剂防治 在梨树萌芽前，喷布药剂铲除越冬菌源。药剂有 3°～5°Be 石硫合剂、40% 福美胂 WP100 倍液。梨生长期，喷布药剂以保叶、果。选用药剂为 1.5% 多抗霉素、10% 多氧霉素、80% 大生 M-45、50% 扑海因、80% 普诺、70% 代森锰锌等，酌情喷布 4～6 次。

第九节 桃穿孔病

穿孔病（peach shot hole）是桃树重要病害之一。其分布广，造成大量落叶，削弱树势，影响第二年的产量。穿孔病包括 1 种细菌性穿孔病和 2 种真菌性穿孔病。其中以细菌性穿孔病分布最广和为害较重。该病除为害桃树外，还可引起杏、李、梅和樱桃等穿孔病。

一、症　状

1. 细菌性穿孔病 主要为害叶片，也能侵害枝条和果实。叶片初为水渍状小点，扩大后呈圆形或不规则形病斑，紫褐色至黑褐色，病斑周围呈水渍状，并有黄绿色晕环，大小 2mm 左右。以后病斑干枯，病健组织交界处发生一圈裂纹，脱落后形成穿孔，或一部分与叶片相连。病斑多在叶脉两侧发生，穿孔边缘破碎，不整齐。枝梢症状可分为两种：春季溃疡初为水渍状褐色疱疹，后病斑扩大，春末表皮破裂，溢出黄色黏液；夏季溃疡在夏末侵染新梢，形成以皮孔为中心的水渍状紫色斑点，病斑较小、稍凹陷。果实受害，初为褐色小斑，后扩大为近圆形紫褐色斑，中央凹陷，边缘水渍状，后期干裂。潮湿时溢出黄白色黏液。在李果上发病初期呈蓝色水渍状斑，后斑中部坏死，另被炭疽病二次感染。

2. **霉斑穿孔病** 主要为害叶片，也可为害枝梢、花芽和果实。叶上病斑初为淡黄绿色，后变为褐色，圆形或不规则形，直径 2~6mm，最后穿孔。潮湿时，病斑背面长出污褐色霉状物（分生孢子梗和分生孢子）。枝梢症状为以芽为中心形成长椭圆形、边缘紫褐色病斑。

3. **褐斑穿孔病** 侵害叶片、新梢和果实。叶片生圆形或近圆形病斑，边缘清晰，并略带环纹，直径 1~4mm，外围有时呈紫色或红褐色。后期在病斑上长出灰褐色霉状物，中部干枯脱落，形成穿孔。病斑穿孔边缘整齐，穿孔外常有一圈坏死组织，穿孔多时导致落叶。

二、病　　原

1. **细菌性穿孔病** 病原为细菌界普罗特斯门树生黄单胞菌桃李致病变种（*Xanthomonas arboricola* pv. *pruni*）。菌体短杆状，单极生鞭毛，有荚膜，无芽孢，革兰氏染色阴性反应，好气性。在肉汁琼脂培养基上菌落为黄色，圆形，光滑，边缘整齐。病菌发育最适温度为 24~28℃，致死温度 51℃10min。病菌在干燥条件下可存活 10~13d，在枝上溃疡组织内可存活 1 年以上。

2. **霉斑穿孔病** 病原为真菌界半知菌亚门嗜果刀孢菌（*Clasterosporium carpophilum*）。分生孢子梗丛生，暗色，有隔。分生孢子梭形、椭圆形或纺锤形，有 3~6 个分隔，稍弯曲，淡褐色。菌丝生长最适温 19~26℃，孢子在 5~6℃即可萌发、侵染。

3. **褐斑穿孔病** 病原为真菌半知菌亚门核果假尾孢菌（*Pseudocercospora circumscissa*）。分生孢子梗 10~16 根丛生，橄榄色，不分枝，直立或弯曲，0~2 分隔。分生孢子细长，鞭状或倒棍棒，淡青黄色，直或微弯，3~9 个分隔。

三、发生流行规律

病原细菌在枝条病组织内越冬。翌春，潜伏在春季溃疡病斑的细菌开始活动、溢出，借风雨或昆虫传播，经叶片的气孔、枝条芽痕及果实的皮孔或伤口侵入。潜育期 7~14d。

叶片一般于 5 月间发病。夏季高温干旱发病轻，7~8 月发病重；秋雨季节，又发生后期侵染。温暖、雨水频繁、多雾、相对湿度高等适宜病害发生。树势衰弱，排水不畅，通风不良，偏施氮肥的果园发病较重。

霉斑穿孔病菌以菌丝和分生孢子在被害枝梢或芽内越冬。翌春，分生孢子借风雨传播，初侵染幼叶，再侵染嫩枝和果实。叶部潜育期一般 5~14d，枝条 7~11d。低温多雨适于发病。

褐斑穿孔病菌主要以菌丝体在病叶和枝梢中越冬。翌春，形成分生孢子，借风雨传播，侵染叶片、新梢和果实。病菌发育适温 7~37℃，适温 5~28℃。低温多雨有利于病害发生和流行。

四、病害控制

穿孔病的防治应以加强果园管理为基础,辅以喷药保护的措施。

1. 加强果园管理 冬季结合修剪,彻底清除枯枝、落叶、落果等,集中销毁,以减少越冬菌源;注意果园排水,合理修剪,通风透光,降低果园湿度;增施有机肥料,避免偏施氮肥。

2. 喷药保护 萌芽前,选用3°～5°Bé石硫合剂或1:1:100的波尔多液、45%晶体石硫合剂30倍稀释液、30%绿得保胶悬剂喷施。展叶后,一般隔7～10d喷药1次,酌情2～3次。选用药剂有65%代森锌可湿性粉剂500倍液、硫酸锌石灰液(硫酸锌0.5kg,消石灰2kg,水120kg)、30%绿得保胶悬剂稀释500倍液等。72%农用链霉素可溶性粉剂3 000倍液,对细菌性穿孔病有较好的防治效果。生长期根据病害种类和降雨情况,酌情防治。

3. 避免与其他核果类果树混栽 由于穿孔病菌还能侵害李、杏、樱桃等核果类果树,尤其李、杏对细菌性穿孔病感病性很强,往往成为果园内的发病中心,而传病给周围的桃树。因此,与核果类树不能混栽,且相距应该远一些为佳。

第十节 桃缩叶病

桃树缩叶病(peach leaf curl)是桃树上重要病害之一。全国桃区几乎都有分布。该病在春季潮湿的沿江河湖海地发生较重。桃树早春发病后,引起初夏的早期落叶,不仅影响当年产量,而且还严重影响第二年的花芽形成,削弱树势,导致过早衰亡。该病除为害桃外,还可为害油桃、扁桃和蟠桃。

一、症 状

桃缩叶病主要为害桃树幼嫩部分,以嫩叶片为主,也可为害花、嫩梢和幼果。春季嫩叶发病,叶片变厚,卷曲,颜色变红。随叶片逐渐开展,卷曲皱缩程度也随之加剧,叶片增厚变脆,凹凸不平,并呈红褐色,严重时全株叶变形。春末夏初在叶表面生出一层灰白色粉状物(子囊层),最后病叶变褐,焦枯脱落。枝梢受害后呈灰绿色或黄色,病部肥肿,枝条节间短,其上叶片丛生,严重时整枝枯死。花受害其花瓣肥大变长,且大多脱落。幼果受害呈畸形,果表龟裂,易早落。

二、病 原

病原有性态为真菌界子囊菌亚门畸形外囊菌(*Taphrina deformans*)。病叶表面生灰白色粉状物为子囊层。子囊生于叶片角质层下,子囊层无包被,栅状排列。子囊圆筒形,顶部平截,无色,内含4～8个子囊孢子。子囊孢子椭圆形,单胞,无色。子囊孢子可在子囊内芽殖,因此在同一子囊内常可见10多个孢子。芽孢子卵圆形，可分为厚壁和薄壁两种。前者能抵抗不良环境，用以休眠，后者能直接再芽殖。

病菌生长温度为10~30℃，适温20℃，侵染最适温度13~17℃。芽孢子能抗干燥，厚壁芽孢子耐寒力更强，可存活1年以上。

三、发生流行规律

病菌主要以厚壁芽孢子在桃芽鳞片中越冬，亦可在枝干的树皮上、土中越冬。翌春，越冬芽孢子萌发，产生芽管直接穿透叶片表皮或从气孔侵入嫩叶（成熟组织不受侵害）。在幼叶展开前病菌由叶背侵入，展叶后可从叶正面侵入。初夏，在叶面形成子囊层（叶面的白色粉状物）。夏季温度高，不适于孢子的萌发和侵染，所以，该菌虽有再次侵染，但在病害发展过程中极为次要。病菌侵入后，菌丝在表皮细胞下及栅栏组织细胞间蔓延，分泌多种生理活性物质刺激中层细胞大量分裂，胞壁加厚，叶绿素减少，从而使叶片生长不均而发生皱缩、肿胀、变红和质脆。

影响该病流行的主要因素是气象条件，尤与早春桃树萌发展叶时气候条件密切相关。早春桃芽萌发时如气温低（10~16℃），持续时间长，湿度大，桃树最易受害；温度在21℃以上时，病害则停止发展。病害一般在4月上旬开始发生，4月下旬至5月上旬为发病盛期，6月份气温升高，发病渐趋停止。

品种间以早熟品种发病较重，晚熟品种发病较轻。感病品种主要有金桃、早生水蜜、离核等；抗病品种有士用、福鲁克土多库伦士利、福鲁柯士美依等。

四、病害控制

桃树缩叶病的防治以加强果园管理为主，结合摘除病叶和化学防治等措施。

1. **加强果园管理** 早期摘除病叶。在病叶表面还未形成白色粉状层前摘除，并集中销毁，以减少越冬菌源。发病较重的桃树，早期落叶严重，要加强肥水管理，促使树势恢复，以免影响当年和第二年结果。

2. **喷药防治** 桃缩叶病主要是春季为害，因而抓住桃芽膨大、花瓣露红（未展开）的关键时期喷药防治。药剂有5°Be石硫合剂、1:1:100波尔多液，喷药时要求细致周到，使全树的芽鳞和树干都均匀附着药液。另外，50%多菌灵500倍液或40%克疡散1 000倍液，对桃缩叶病也有良好防治效果。

第十一节 果树根癌病

果树根癌病（crown gall of fruit tree）又名冠瘿病，是多种果树的重要根部病害。北方以葡萄发病较重，南方以桃树等核果类果树发病较普遍。该病既为害大树，也出现在苗圃，造成树势削弱，重则死亡。根癌病寄主范围很广，包括93个科331个属的640余种植物，其中桃、葡萄、苹果、梨、李、杏、樱桃、花红、枣、木瓜、板栗和胡桃等果树均能受其侵染、为害。

一、症　　状

根癌病主要发生在果树的根颈部嫁接处、侧根和支根也较为常见。受害根部形成癌瘤，其形状、大小、质地和数目因寄主不同而异。癌瘤通常为球形、扁球形或互相愈合成不规则形。一般木本寄主的瘤大而硬，木质化；草木寄主的瘤小而软，肉质。瘤的数目少则 1~2 个，多则可达 10 个以上。瘤的大小差异很大。小如豆粒，大似胡桃和拳头，最大的直径可达数十厘米。苗木上的癌瘤一般只有核桃大，大多发生在接穗与砧木的愈合部位。初生癌瘤乳白色或略带红色，光滑柔软，逐渐变褐色至深褐色，木质化而坚硬，表面粗糙或凹凸不平。

病株地上部症状为生长缓慢，植株矮小，严重时叶片黄化，植株早衰。受害的成年果树生长不良，果实小，结果寿命缩短。

二、病　　原

病菌为细菌界普罗特斯门根癌土壤杆菌（*Agrobacterium tumefaciens*）。

病菌菌体短杆状，单生或链生，具 1~6 根周生鞭毛，有荚膜，无芽孢。革兰氏染色反应阴性。在琼脂培养基上菌落为白色，圆形，光亮，透明；在液体培养基上微呈云雾状浑浊，表面有一层薄膜。不液化明胶和不分解淀粉。病菌体内带有核外诱癌质粒（Ti-质粒，Tumor-inducing plasmid）。DNA 中的 G+C 含量为 57%~63%。

病菌发育温度 0~37℃，最适温度为 25~28℃，致死温度为 51℃（10min）。发育最适 pH 为 7.3，60min 可繁殖 1 代。

根据生化性状、血清型、蛋白质电泳图谱及致病性等特征，病菌可分成生物型Ⅰ、生物型Ⅱ、生物型Ⅲ和生物型Ⅳ等 4 个生物型。北京地区桃和梨根癌病病菌为生物型Ⅰ和生物型Ⅱ；北京、内蒙古、吉林、辽宁和山东等地葡萄上的病菌有生物型Ⅰ、生物型Ⅱ和生物型Ⅲ。对葡萄致病性较强的以生物型Ⅲ为主。苹果上分离到的病菌为生物型Ⅳ。

三、发生流行规律

病菌在癌瘤组织皮层内越冬，或在癌瘤破裂脱皮后进入土壤中越冬。病菌在土壤中能存活 1 年以上。雨水、灌溉水是传病的主要媒介。此外，蛴螬和蝼蛄等地下害虫及土壤中的线虫在病害传播上也有一定作用。苗木带菌是远距离传播的重要途径。病菌通过嫁接、昆虫或人为因素等造成的伤口侵入寄主，但也可侵染未损伤的桃根。侵入后到显现病瘤所需的时间，一般几周至 1 年以上。

当病菌侵入寄主时，Ti-质粒也随之进入寄主细胞，并整合到寄主细胞的染色体上，干扰细胞的正常转录翻译过程，刺激细胞分裂素的产生，引起细胞异常分裂，形成癌瘤。由于病菌的

Ti-质粒能整合到寄主细胞,故寄主细胞一旦整合进 Ti-质粒后,即使除去病菌也不能阻止癌瘤的发展与增大。

Ti-质粒是病菌染色体外能自我复制的遗传因子,由共价闭合环状 DNA 组成,由它控制病菌的致病性;另一方面,Ti-质粒也是一种天然的基因工程载体,经过改造的 Ti-质粒,作为基因载体已广泛应用于基因工程。

根癌病的发生主要与土壤条件和寄主伤口数量有密切关系。

1. **土壤条件** 癌瘤形成与温度关系密切。旬平均气温低于17℃,桃、葡萄即使感染病菌,也不产生癌瘤;当旬平均气温20~24℃时,癌瘤大量发生;气温30℃以上时不形成癌瘤。pH6.2~8.0 的土壤有利于病害发生,当 pH 为 5.0 或更低时,即使土壤带菌也不能引致植物发病。土壤黏重、排水不良的果园发病多;土质疏松、排水良好的砂质土发病少。

2. **伤口** 嫁接方式、嫁接口部位、嫁接口大小及寄主愈伤速度均能影响病菌的侵入与病害的发展。切接苗木伤口大,愈合较慢,加之嫁接后要培土,伤口与土壤接触时间长,发病率较高;芽接苗木接口在地表以上,伤口小,愈合较快,嫁接口很少染病。此外,耕作或地下害虫为害造成的根部伤口,也有利于病菌侵入。

四、病害控制

根癌病的防治应以加强栽培管理为主,结合生物防治和化学防治等措施。

1. **培育无病苗木和改进嫁接方法** 选择无病地块做苗圃,培育无病苗木。发展新果园时,应严格检查外来苗木,发现病苗应及时处理。碱性土壤的果园,应适当施用酸性肥料或增施有机肥料,以降低土壤碱性,使之不利于发病。宜采用芽接法嫁接苗木,避免伤口与土壤直接接触,减少病菌侵染机会。嫁接工具在使用前须用75%酒精消毒,嫁接口可涂80%抗菌剂402的50~100倍液,以保护伤口。

2. **生物防治** 放射土壤杆菌 K84 菌株能在根部土壤中生长、繁殖,并产生具选择性的抗生素土壤杆菌素 K84（Agrocin-84）。这种抗生素是核苷酸细菌素。病菌的不同生物型对它的敏感性不同。核果类果树根癌病菌对它最敏感,葡萄根癌病菌则不敏感。自1972年,首次发现放射土壤杆菌 K84 菌株对根癌病具良好的防治效果后,澳大利亚和美国等国已广泛使用 K84 商品制剂防治核果类果树根癌病。使用时用水稀释,使细菌浓度 10^6 个/ml,浸种、浸根或浸插条,可以有效预防根癌病的发生。我国用 K84 做桃根癌病防治试验,亦取得了很好的防治效果。必须指出的是,K84 是一种生物保护剂,只有在病菌侵入前使用,才能获得良好的防治效果。当病菌已侵入,Ti-质粒与寄主根细胞的染色体整合后,使用 K84 则无效。

3. **切除病瘤** 在果树上发现病瘤时,先用刀彻底切除病瘤,然后用80%抗菌剂402乳油100~200倍液或40%福美胂50倍液涂刷切口,杀灭病菌,再涂上波尔多液保护。切下的病瘤需立即烧毁,病株周围的土壤可用80%抗菌剂402的1 000倍液灌注杀菌。

4. **防治地下害虫** 地下害虫为害造成的根部伤口,会增加发病。因此,及时防治地下害虫,可减轻发病。

附　蔷薇科果树其他病害

病名及病原	症　状	发生流行规律	病害控制
苹果干腐病 真菌界子囊菌亚门 茶藨子葡萄座腔菌 *Botryosphaeria dothidea*	主要为害主枝和侧枝；多在枝干上生不规则暗褐色病斑，病健交界处常开裂，病皮翘起以致剥离；病部生小而密的黑色小点	以菌丝体、分生孢子及子囊壳在枝干病部越冬；翌春，孢子由风雨传播，多从树皮裂缝、伤口、枯衰小枝和枯芽等处侵入	防治苹果干腐病应以培养壮苗，加强栽培管理，提高树体抗病力为中心，并注意及时喷药保护树干
苹果赤衣病 *Corticium salmonicolor*	主要为害主干、主枝和侧枝；病部覆盖一薄层粉红色霉层；边缘呈白色羽毛状	以菌丝和白色菌丛越冬；翌春产生分生孢子，由雨水传播，气候温暖、多雨发病严重	通风透光，降低湿度；刮治病斑，涂3%石灰水或喷药保护
苹果泡性溃疡病 *Nummularia discreta*	为害枝干；病部表皮呈泡状突起，表皮死亡后，露出黑色、圆形、中央凹陷的钉头状物；中央密生黑色小点	病菌于树组织内越冬，经伤口侵入；管理粗放，病虫严重，大小年显著，树势衰弱有利于发病	加强管理，增强树势；合理修剪、刮治病斑，并消毒保护
苹果花叶病 apple mosaic Ilar virus（ApMV）	为系统性症状，枝短节少，早期落叶；叶片症状呈花叶、黄化和沿脉变色成黄色网纹	经嫁接和砧木传播，光照较强、土壤缺水及树势衰弱利于显症	采用无病接穗和砧木，发现病树及时挖除销毁
苹果锈果病毒 apple scar skin Apscaviroid（ASSD）	病果多呈锈果（五条纵向、规则、木栓化的铁锈色病斑）或花脸和锈果花脸状	以嫁接传播	实施检疫，发现病株及时销毁；采用无病接穗和砧木；避免与梨树混栽，并远离梨园
苹果茎痘病毒病（ASPV） 苹果褪绿叶斑病毒病（ACLSV） 苹果茎沟病毒病（ASGV）	病株地上部长势衰弱；地下部须根表初呈坏死斑，后渐死亡；支根、侧根和整个根系相继死亡；病树3~4年后死亡	以嫁接、带毒苗木、接穗和砧木传播蔓延；抗病砧木，病树不显症；不抗病砧木，病树迅速衰退，几年内死亡	实施检疫，控制病害随种苗、接穗和砧木传播蔓延。种植脱毒苗
苹果小果病	病果在膨大期后停滞生长，至采收期病果仅为正常果的1/3~1/2大小；且病果着色不良	病毒通过嫁接传播；发病程度与砧木和品种相关	参见苹果衰退病
苹果绿皱果病	幼果呈水渍状凹陷，后畸形；果皮木栓化，铁锈色，并具裂纹；有时果面呈浓绿斑纹	病毒通过嫁接传播；潜育期2~8年	参见苹果衰退病
苹果花腐病 *Monilinia mali*	花蕾和花变褐枯萎，也可引起叶腐、果腐和枝腐	以菌核在僵果内越冬；翌春子囊孢子经风雨传播	清除僵果、病枝叶，展叶、花蕾和开花期喷药防治
苹果黑腐病 *Physalospora obtusa* *Sphaeropsis malorum*	果实病部圆形，褐色；叶片病斑圆形，中部褐色，边缘紫色，似蛙眼状；病枝初红褐色凹陷，后树皮粗糙、开裂；病部生小黑点	以分生孢子器在落叶、僵果和枝梢上越冬；分生孢子经雨水飞溅传播，从气孔、伤口和表皮裂缝侵入	加强栽培管理，增强树势；及时清除僵果、枯枝集中烧毁；萌芽期酌情喷药防治2~3次
苹果炭疽病 *Glomerella cingulata* （*Colletotrichum gloeosporioides*）	主要为害果实；果实病斑圆形、褐色、略凹陷，黑色小点常呈同心轮纹排列，潮湿时，呈绯红色黏液	以菌丝体、分生孢子盘在病果、枝条处越冬；分生孢子借雨水、昆虫传播，经伤口、皮孔或直接侵入；高温、高湿和多雨利于发病	增强树势，降低湿度；清除病果、干枯枝和病虫枝；发芽前喷1次石硫合剂，果期喷5~6次高脂膜防病

(续)

病名及病原	症状	发生流行规律	病害控制
苹果锈病 *Gymnosporangium yamadai*	主要为害叶；叶面初生橘黄色小点（性子器），后病斑呈圆形，淡黄色，背面隆起；后期病斑背面伸出淡黄色毛状物（锈子器）	以菌丝体在柏科植物上越冬；冬孢子萌发形成担孢子，借气流传播至苹果树，直接侵入或经气孔侵入；转主寄主多、距离近及早春气温高、多雨利于发病	防治方法同梨锈病
苹果黑星病 *Venturia inaequalis* *Spilocaea pomi*	主要为害叶和果；叶病斑圆形或放射状，褐色至黑色，上生浅褐色霉层；果病斑圆形或椭圆形，褐色至黑色，上生黑褐色霉层；后期病斑凹陷，龟裂	以菌丝体在枝溃疡、芽鳞内或以子囊壳在病落叶上越冬。子囊孢子随气流传播，直接侵入；春季多雨、高湿的气候条件利于发病；品种间抗病性有差异	苗木检疫，清除落叶，发芽前喷布石硫合剂；谢花后根据病情和降雨情况，选用速保利、波尔多液等药剂，酌情喷药3~4次
苹果褐腐病 *Monilia fructigena* *Monilinia fructigena*	主要为害果实；病果褐色，软腐，具灰白色绒球状霉丛，呈同心轮纹状排列；病果干缩成黑色僵果	以菌丝体或分生孢子在僵果上越冬；分生孢子经风雨传播，从伤口、皮孔侵入；成果期高温、高湿利于发病	清除病果，杜绝人为伤果，防治蛀果虫害；果实近成熟期酌情喷雾防治1~3次
苹果疫腐病 *Phytophthora cactorum*	主要为害果实、根茎；果实病斑不规则，水渍状褐斑，边缘不清晰，果肉变褐腐烂；高湿条件下生白色棉毛状物；失水为僵果；根茎皮层褐色腐烂	以卵孢子、厚垣孢子或菌丝体随病组织在土壤中越冬；游动孢子经雨水飞溅或流水传播；多雨、高湿利于发病	降低湿度，及时清除病果、病叶；发病初期选用杀毒矾、甲霜灵锰锌、波尔多液等杀菌剂喷布，重点保护树冠下部的叶和果
苹果斑点落叶病 *Alternaria mali*	主要为害叶片；叶病斑圆形，红褐色，边缘紫褐色，病斑中心有1个深色小点或同心轮纹；潮湿时病斑正背面生墨绿色至黑色霉状物	以菌丝体在叶、枝或芽鳞中越冬；翌春，分生孢子借风雨传播，经皮孔侵入；春、秋梢期的雨量及相对湿度与发病正相关；嫩叶易发病	加强管理，增强树势和抗病性；降低湿度，清除残枝落叶，覆盖地膜；发芽前及梢期选用波尔多液、绿得保、扑海因、百菌清等喷雾防治
苹果银叶病 *Chondrostereum purpureum*	主要为害叶片；病叶呈银灰色，叶小而脆；后期呈褐色不规则锈斑	以菌丝体在病枝干或子实体于树皮外越冬；担孢子借风雨传播，伤口侵入	增强树势，降低湿度，挖除病树，避免各种伤口，如有伤口及时消毒
苹果红粉病 *Trichothecium roseum*	病果呈大的腐烂斑，表面生红色霉状物；后引致全果腐烂	以菌丝体在病果上越冬；翌春，分生孢子经风雨传播；采收期和贮藏期易发病	清除病果，控制贮藏库的温湿度
套袋苹果黑点病 *Trichothecium roseum* *Alternaria tenuis*	套袋果易发病；病果初于萼洼周围生针尖大小的小黑褐色点，后呈2~4mm黑褐色病斑，病斑仅限于表皮层	通透性差的劣质果袋发病重；阴雨连绵、地势低洼、湿度大和施氮偏多易发病	选用优质果袋，合理修剪，通风透光，降低湿度及套袋前喷杀菌剂
苹果青霉病 *Penicillium expansum*	果实病斑褐色，湿腐，有霉味，表生青绿色霉状物	以菌丝体或分生孢子随病残体越冬；分生孢子经风雨或健果接触传播，从伤口、果柄和萼凹侵入	清除病果，避免人为伤口，药剂处理贮藏库

第六章 蔷薇科果树病害

(续)

病名及病原	症状	发生流行规律	病害控制
苹果根朽病 Armillariella tabescena	主要为害根颈和主根；病部呈水渍状紫褐色，内部有白色或淡黄色扇状菌丝层；后期木质部腐朽，根茎或露出土面的病根处可丛生蜜黄色蘑菇状子实体	以菌丝和菌索在有病组织的土壤中长期存活；菌索直接或从伤口侵入根部；子实体产生的担孢子经气流传播；成年树、老树易发病；土壤瘠薄黏重利于发病	深沟排水，改良土壤，使根系生长旺盛；清除病根，并对伤口消毒；早春和夏末可用五氯酚钠灌根；重病树挖除后，清除病残根，并对土壤消毒
苹果白纹羽病 Rosellinia necatrix Dematophora necatrix	病根表面绕有白色或灰白色的丝网状物；有时在病根木质部生黑色圆形的菌核；近土面根际常出现灰白色或灰褐色菌丝膜	以菌丝体、根状菌索或菌核随病根遗留在土壤中越冬；菌丝从根表皮孔侵入；病、健根可接触传染；管理粗放、低洼潮湿易发病	深沟排水，改良土壤；初见病株时深沟封锁，刮除根茎病斑，并用402消毒伤口；药剂灌根，挖除病株及病穴消毒
苹果紫纹羽病 Helicobasidium mompa	主要为害根系和根颈；根部病斑不规则形，褐色，根表生淡紫色絮状菌丝层，后呈浓密的暗紫色绒毛状菌膜，并生暗紫色菌索和暗褐色半球状菌核	以菌丝体、根状菌索或菌核在病根上或遗留在土壤中越冬；菌丝束接触根后直接侵入；地势低洼、积水、潮湿、树势衰弱有利发病	防治方法基本同苹果白纹羽病
苹果毛根病 Agrobacterium rhizogenes	病主根不发达，初生许多小肿瘤，后生许多不定根，形成丛生的毛发状根	细菌在肿瘤内和土壤中越冬；借雨水、灌溉水、土壤和带菌苗木传播，从伤口侵入	及时清除病株，可用K84菌株对其进行生物防治
苹果根癌病 Agrobacterium tumefaciens	根颈部或主、侧根、嫁接处和地上部枝干产生癌瘤，球形或扁球形，褐色，表面粗糙不平；地上部生长不良；病重时全株枯死	细菌在土壤和土中病残体上长期存活；细菌主要以带菌土壤和种苗传播；经伤口侵入；碱性土壤、黏重、排水不良、地下害虫为害重利于发病	消毒嫁接工具，防止人为传播，及时切除病瘤，并用402或福美胂消毒；病株还可用402灌根
苹果虎皮病 (偏施氮肥和采收过早等等)	果实病斑淡黄褐色，水渍状，后色变深，稍凹陷，皮下组织变褐坏死，果肉海绵状，有酒糟味	为生理病害；其发生与偏施氮肥和采收过早及贮藏期温度偏高、通风不良和有害物质积累过多有关	避免过早采摘，入库前可用二苯胺或乙氧喹处理果实，低氧条件下贮藏
苹果缩果病 (缺硼)	果实病斑干缩凹陷，木栓化，呈现开裂、干缩的凹陷斑或干裂的锈斑	为生理病害；其发生与土壤瘠薄、多砂、土壤偏碱、板结或施氮偏多有关	改良土壤，施有机肥或硼砂、硼酸；发芽前可喷3%～5%的硫酸锌
苹果黄叶病 (缺铁)	新梢叶片叶肉变黄，叶脉绿色，呈绿色网纹状，后全叶呈黄白色，叶缘焦枯；重病树新梢枯死	为生理病害；其发生与土壤偏碱有关；土壤黏重、排水不良加重发病	改良土壤，施有机肥；生长季节叶面喷施0.2%～0.5%的硫酸亚铁、柠檬酸铁等
苹果小叶病 (缺锌)	病叶狭小，叶缘上卷，病枝节间缩短，叶簇生成丛状，花芽减少，且花小不易坐果	为生理病害；砂地、土壤瘠薄和含锌量少，易发病；偏施氮肥和土壤黏重加重发病	改良土壤，施有机肥；增施硫酸锌；发芽前，全树喷施硫酸锌
梨轮纹病 Botryosphaeria berengeriana f. sp. piricola (Macrophoma kuwatsukai)	为害枝干和果实；枝干病斑以皮孔为中心，近圆形或扁圆形，边缘生一圈裂缝，翘起呈马鞍状；病斑多时导致树皮粗糙。果实病斑圆形，不凹陷，由浅褐色到红褐色至深褐色相间构成同心轮纹	以菌丝体、分生孢子器或子囊壳在病部越冬；孢子经风雨传播，从皮孔或伤口侵入；未成熟果（7月下旬以前）易侵染；果实感病期多雨发病重；果园菌量与发病正相关	防治方法基本同苹果轮纹病

(续)

病名及病原	症　状	发生流行规律	病害控制
梨腐烂病 Valsa ambiens Cytospora ambiens	主要为害主枝和侧枝；病斑初期椭圆形和不规则形，稍隆起，红褐色，具酒糟味；后期病部生黑色小点，潮湿时黑色小点生出橘黄色卷须状物	以菌丝体、分生孢子器或子囊壳在病部越冬；孢子经风雨传播，从伤口侵入；树势衰弱易发病	增强树势，休眠期喷施铲除剂，减少伤口和及时刮治病斑
梨干枯病 Phomopsis fukushii	主要为害老龄树、弱树枝干及苗木；病斑初红褐色、水渍状，后呈椭圆形、梭形或不整形凹陷斑，病健交界处有裂缝，表生黑色小点；病重时可致幼苗及枝枯死	以菌丝体、分生孢子器在病部越冬；经风雨传播，直接侵入或伤口侵入；冻伤、地势低洼、黏重、排水不畅、通风不良发病重	萌芽前喷石硫合剂；发病初期喷苯菌灵或波尔多液、退菌特等药剂防治和及时刮治病斑
梨干腐病 Botryosphaeria berengeriana	为害枝干；枝干病部翘起，纵横龟裂，从皮下突起小黑点，潮湿时小黑点上生出灰白色黏液	以菌丝体、分生孢子器在枝干病部及带菌病残体上越冬；风雨传播，从伤口侵入；弱树、弱枝发病重；果园干旱发病重	清除病残枝，休眠期喷施铲除剂
梨白粉病 Phyllactinia pyri	为害老叶；病叶叶背初生白色粉霉斑，后其上生黑色点状物	以闭囊壳在病部或黏附在枝干表面越冬；经气流传播，直接侵入；秋季为发病盛期；密植发病重	清除落叶，发芽前喷3~5°Be石硫合剂；防治药剂同苹果白粉病
梨褐斑病 Mycosphaerella sentina	为害叶；叶片病斑圆形，褐色，边缘明显；后期病斑中心灰白色，其上密生黑色小点；周围褐色，最外层黑色	以分生孢子器和子囊座在落叶上越冬；经风雨传播；雨早、多雨和树势衰弱病重	清除落叶，重病园在7~8月雨季酌情喷1~2次200倍波尔多液或多菌灵
梨轮斑病 Alternaria mali	主要为害叶；叶病斑圆形或近圆形，褐色至暗褐色，具轮纹；潮湿时叶背病部生黑色霉层	以分生孢子器在病叶上越冬；风雨传播；多雨、高湿利于发病	清除落叶，降低湿度；生长期酌情喷药防治1~2次
梨缩叶病 Epetmerus pirifoliae	主要为害嫩叶；病叶初叶缘紫红色，肥厚，叶片向正面上卷，引起早期落叶	由梨缩叶瘿螨引起；以成虫在枝条翘皮下或芽鳞片下越冬；1年发生1代	梨芽膨大时喷95%的精品索利巴尔，落花后喷1.8%的齐螨素
梨叶疹病	主要为害嫩叶；病叶生小疱疹，初淡绿色，后红色、褐色至黑色，疱疹背面隆起，正面凹陷	由梨肿瘿螨引起。以成虫在芽鳞片下越冬；从皮孔进入；1年发生多代	梨萌动时和落花后喷雾1.8%的齐螨素各1次
梨褐腐病 Monilinia fructigena M. laxa （Monilia fructigena）	为害果实；果实病斑圆形或近圆形，淡褐色至褐色，软腐，具由灰白色至灰褐色绒毛状霉层构成的同心轮纹	以菌丝体在病僵果内越冬；分生孢子借风雨传播，经伤口或皮孔侵入；近成熟果在多雨潮湿条件下易发病	清除病果，果实成熟前1个半月酌情喷药2~3次。减少贮藏果的伤果和虫果。控制贮运期的温、湿度
梨树疫腐病 Phytophthora cactorrum	主要为害果实和主干基部。果实病斑初为淡褐色至褐色，边缘不明显、不整齐；后浅红褐色至深红色；潮湿时表生稀疏的白色棉毛状物；主干基部病斑黑褐色、水渍状、不规则，病健交界处龟裂	以卵孢子、厚垣孢子或菌丝体在病组织内或随病残体在土壤中越冬；经灌溉水或雨水传播，从伤口或皮孔侵入；多雨、阴湿和土壤黏重利于发病	抗病砧木高位嫁接；勿使灌溉水浸泡干基部，降低湿度；清除病果；刮治病斑，并对病斑消毒；果实采收前1个半月酌情喷药2~3次

(续)

病名及病原	症　　状	发生流行规律	病害控制
梨霉心病 *Trichothecium roseum* *Alternaria* sp.	为害果实；病果外观无明显症状；剖果可见从心室向外扩展的霉层；霉层多为粉红色霉状物或灰绿色（依病菌种不同）	病菌在梨园中普遍存在，树体上和土壤等处的僵果或其他坏死组织上均能存活，花期侵染，阴雨潮湿有利发病	清洁果园，降低湿度。萌芽前，喷布石硫合剂加80%五氯酚钠或40%福美胂；花期和坐果期各喷雾1次大生M-45杀菌剂；低温贮藏
梨红粉病 *Trichothecium roseum*	为害果实；果实病斑圆形或近圆形，稍凹陷，淡褐色，表生粉红色霉层	病菌分生孢子经气流和接触传播，从伤口侵入；发病与伤口密切相关	避免各种伤口，伤果不宜贮运，消毒贮运场地，低温贮藏
梨青霉病 *Penicillium expansum*	贮果病害；果实病斑圆形，浅褐色，软腐；具青绿色霉层	病菌在病果、病残体和土壤中越冬，经气流或接触传播，从伤口侵入，发病适温25℃	采收至贮运全过程尽量避免伤口，伤果和病果不宜贮运，低温贮藏
梨果炭疽病 *Glomerella cingulata* （*C. gloeosporioides*）	果实病斑圆形或近圆形，稍凹陷，表生由黑色小点或粉红色黏质团（潮湿时）构成的同心轮纹	以菌丝体于病僵果或病枝上越冬，经风雨或昆虫传播，阴雨潮湿，土壤黏重，排水不良利于发病	清除越冬菌源，生长期选用波尔多液或敌菌灵、百菌清、托布津酌情喷药3~4次
梨灰霉病 *Sclerotinia* sp. （*Botrytis cinerea*）	贮果病害；果实病斑初圆形或近圆形，水渍状，软腐；后病果失水皱缩，表生浓密灰色霉层；可产生黑色菌核	主要以分生孢子和菌核随病残体越冬；经气流传播，从伤口侵入，高温、高湿利于发病	防治方法基本上同梨青霉病的防治
梨煤污病 *Gloeodes pomigena*	为害果实和叶片；被害叶、果表生灰黑色煤烟状污斑，其上生黑色小点	以分生孢子器在枝干上越冬，经风雨传播，多雨潮湿易发病	降低湿度，雨季前喷药防治
梨软腐病 *Rhizopus stolonifer* *Mucor piriformis*	为害果实，果实病斑不规则形，褐色，表生灰白色霉状物	病菌气流传播，从伤口侵入，高温、高湿利于发病	减少伤口，消毒贮藏场所
梨根朽病 *Armillariella tabescens* *Armillaria mellea*	主要为害根及根颈，病部皮层与木质部和皮层内具白色至淡黄色的扇状菌丝层，腐烂皮层有蘑菇味	以菌丝体在病部越冬，经根与健根接触传播，也可随病残体传播	挖深沟封锁病害扩散，刮治病斑
梨紫纹羽病 *Helicobasidium mompa*	主要为害根，根病部初生紫色菌丝和菌索，后形成半球状紫色菌核	以菌丝体、菌索或菌核在根上或遗留在土壤中越冬，直接侵入或伤口侵入；地势低洼，积水、潮湿、树势衰弱有利于发病	深沟排水，改良土壤；初见病殊时深沟封锁，药剂灌根，挖除病株及病穴消毒
梨白纹羽病 *Rosellinia necatrix*	主要为害根，病根表面绕有白色或灰白色的丝网状物，近土面根际出现灰白色或灰褐色菌丝膜	同梨紫纹羽病	同梨紫纹羽病
梨根癌病 *Agrobacterium tumefaciens*	主要为害根、根颈或主、侧根，病部形成肿瘤，肿瘤表面粗糙，木质化，质硬，地上部植株生长不良	细菌在田间病株和土壤中越冬，苗木、雨水和灌溉水传播，伤口侵入；地势低洼、降雨多、田间湿度大，有利病害的发生	选用无病苗木；增强树势；刮除肿瘤，用药剂涂抹保护伤口

(续)

病名及病原	症状	发生流行规律	病害控制
梨黄叶病 (缺铁)	多始于新梢顶部嫩叶，初期叶片呈黄色网纹状，后整个叶片变黄白色，叶片边缘焦枯	病害由缺铁引起，地势低洼、土壤黏重及排水不良发病重	增施有机肥，改良土壤；施二价铁盐于土壤中
梨套袋果黑点病 (缺钙和交链孢病原)	主要为害鸭梨品种，多始于萼洼处，黑点自针尖大小至小米粒大小不等，限于果皮而不侵入果肉	缺钙和交链孢霉均可引起黑点病，套袋质量及套袋前杀菌剂的喷施情况均可影响该病的发生	选用优质梨袋；增施钙肥
梨黑心病（冷害）	主要为害储藏期的鸭梨，初期心室外皮上出现褐色斑块，待褐变逐步扩展至果心严重时，果肉也褐变	早期黑心病由低温伤害引起，多在入冷库 30~50d 后发病；晚期黑心病多发生在第二年的 1~2 月份	冷库储藏时，采取逐步降温的方法；适时采收，及时入库冷藏和改善储藏条件
梨黑皮病 (与维生素 E 的含量有关)	主要为害储藏期的鸭梨果，多始于萼洼处；果皮表面初为不规则褐色病斑，后全变成黑褐色	POD、POD 酶量及活性增强、维生素 E 的含量降低，该病易发生	适时采收；改善储藏条件；用虎皮灵浸过的药纸包果贮藏
桃树腐烂病 *Valsa leucostoma* *Cytospora leucostoma*	主要为害主干和主枝；病斑初为椭圆形，紫红色，稍凹陷，树皮流胶；后期病斑干缩凹陷，密生黑色小粒点；潮湿时从小点涌出黄褐色卷须状物	病菌以菌丝体、分生孢子器及子囊壳在枝干病部越冬，借风雨、昆虫等传播，从伤口或皮孔侵入	清除枯枝落叶，及时刮除病斑，用消毒剂和保护剂涂抹以保护伤口，防治害虫，及时排水
桃树流胶病 (桃干腐病) *Botryosphaeria dothidea*, *Macrophoma* sp. *Dothiorella* sp.	主要为害枝干；初期病部暗褐色，凹陷开裂，有半透明黏性胶液溢出；后期病部表面生出大量梭形或圆形的小黑点（子座）	以菌丝体、分生孢子器和子囊座在枝干病组织中越冬；经风雨传播，从伤口或皮孔侵入；树龄大发病重，降雨量多亦加重病情	清除初侵染源；减少伤口；刮除病斑；涂抹药剂保护伤口；发芽前喷施药剂
桃木腐病 *Coriolus versicolor* *Schizophyllum commune* *Fomes fulvus*	主要为害枝干心材；木质部变白腐朽，质软，脆而易碎，病部生灰色子实体	以菌丝体在受害枝干上越冬，担孢子借风雨传播，从锯口、伤口侵入	加强果园管理；及时清除子实体；保护树体，减少伤口
桃溃疡病 *Valsa ambiens*	为害枝干，病斑呈褐色，稍肿胀，凹陷，子座数量较腐烂病的少	孢子借雨水传播，从伤口侵入	加强果园管理；刮除病皮，涂抹消毒剂和保护剂以保护伤口
桃枝枯病 *Nothopatella chinensis*	为害枝条，病斑初为暗褐色，水渍状，后凹陷，失水干枯，上生小黑点	病菌在病枝条内越冬，借风雨传播，从伤口或枯枝处侵入	增强树势，剪除病枝，药剂防治
桃皮腐病 *Leptosphaeria pruni*	为害树皮，病斑近圆形，紫黑色，上生小黑点	病菌在病树皮上越冬，借风雨传播	刮除病皮，涂药治疗

第六章 蔷薇科果树病害

(续)

病名及病原	症 状	发生流行规律	病害控制
桃灰色膏药病 *Septobasidium bogoriense*	为害枝条,病部初生白色菌膜,后成棕灰色,病枝衰弱、枯死	病菌在病枝上越冬,以介壳虫分泌物为养料	剪除病枝,防治介壳虫,药剂防治
桃褐锈病 *Tranzschelia prunispinosae*	为害叶片和果实,叶背生稍隆起黄褐色夏孢子堆,果实上病斑褐色凹陷	病枝条上的病菌是翌年形成夏孢子的侵染源	清除桃园附近的转主寄主罂粟、秋牡丹;药剂防治
桃白粉病 *Podosphaera fridacfy Sphaerotheca pannosa*	主要为害叶和果,病叶有白粉状霉斑,后上生黑色点状物,病果呈白色圆形霉斑	病菌以菌丝体或闭囊壳在病残体上和内部芽鳞片表面越冬,分生孢子借风雨传播	及时喷药防治,秋后清洁果园,清除枯枝、落叶
桃白锈病 *Leucotelium prunipersicae*	为害叶片,叶背生稍隆起淡褐色夏孢子堆,后期产生雪白色、黏质隆起的冬孢子堆	以菌丝体在转主寄主天葵病叶上越冬,锈孢子借风雨传播侵染桃叶,夏孢子借风传播进行再侵染	铲除桃园附近的转主寄主天葵,消灭菌源;春秋传染期间喷杀菌剂
桃褐斑病 *Phyllosticta persicae P. maculiformis*	为害叶片,病斑圆形或多角形,边缘深褐色,中央紫红色,上生小黑点	病菌在落叶上越冬,分生孢子借风雨传播	参见苹果早期落叶病
桃白霉病 *Mycosphaerell prunipersicae*	为害叶片,病斑呈多角形,叶正面淡黄色,背面生白色霉层	病菌在病残体内越冬,借风雨传播,阴雨、多湿发病重	清洁果园,扫除枯枝落叶;喷药保护
桃叶斑病 *Coniothyrium nakatae*	为害叶片,病斑圆形或近圆形,边缘红褐色,中央浅褐色,上生小黑点	病菌在落叶上越冬,分生孢子借风雨传播	参见苹果早期落叶病
桃黑色轮斑病 *Alternaria cerasi*	为害叶片,病斑圆形或不规则形,褐色,有轮纹,上生黑色霉层	病菌在病叶上越冬,气流传播	雨后及时喷药防治
桃银叶病 *Stereum purpureum*	为害叶片,病叶初铅色,后变银灰色;心材变色,病部有革状紫色子实体	以菌丝体在木质部越冬,担孢子从伤口侵入木质部	清除病死树,消除子实体,并进行药剂处理,涂药保护伤口
桃杏黑星病 *Venturia carpophila* (*Cladosporium carpophilum*)	主要为害果实,初为暗绿色小圆斑,后逐渐扩大呈黑痣状;严重时,病斑聚集成片,果皮呈龟裂状	以菌丝在枝梢病部或芽的鳞片处越冬;分生孢子经风雨传播,直接侵入或气孔侵入;高温、多雨发病重	清除初侵染源;加强栽培管理;药剂防治
桃菌核病 *Sclerotinia* sp.	为害果实,初果面生褐色病斑,后扩至全果,暗褐色,干瘪后成僵果	以菌核在病果上越冬,子囊孢子借风雨传播	清除僵果;喷药防治
桃、杏、李褐腐病 *Sclerotinia fructicola* (*Minilia*	主要为害果实,病斑初为圆形,褐色,凹陷,后扩大,果肉变软腐烂,上有同心轮纹状	主要以菌丝体在僵果或病枝溃疡部越冬,借风雨或昆虫传播,从伤口或皮孔侵入,多	清洁果园,减少菌源;减少伤口;药剂防治

病名及病原	症　状	发生流行规律	病害控制
fructicola） S. laxa （M. cinerea） S. fructigena （M. fructigena）	的灰褐色绒状霉丛	雨、高湿利于发病	
桃灰霉病 Botrytis cinerea	主要为害果实，引起果腐，病部生鼠灰色霉状物	病菌在病残体上越冬，借气流传播，直接侵入	清除病残体，降低湿度，合理修剪，及时药剂防治
桃黑斑病 Alternaria alternata	果尖乳突状，变红或黄绿，后坏死形成褐色病斑，上生黑色霉状物	病菌在芽、枝条及病残体内越冬，借气流传播	幼果期雨后喷施1~2次50%扑海因或50%菌核净
桃疮痂病 Venturia carpophilum	主要为害果实，桃果肩部产生暗褐色圆形小点，后呈黑色痣状斑，龟裂，疮痂	病菌以菌丝体在病组织中越冬，分生孢子萌发直接侵入，4~5月多雨潮湿易发病，晚熟品种发病重	剪除病枝梢；花前、落花后半个月至6月上旬喷药防治
桃实腐病 Phomopsis amygdalina	为害果实，病斑褐色圆形，果肉腐烂，后成僵果，上密生小黑点	病菌在僵果或病果中越冬，分生孢子借雨水传播	发病初期喷施杀菌剂，潮湿多雨要及时喷药保护
桃软腐病 Rhizopus nigricans	为害果实，病果呈淡褐色软腐，上生浓密的白色菌丝层，后出现小黑点	病菌经伤口侵入，孢囊孢子借气流传播，病健果接触也可侵染	果实成熟时及时采收，防止机械损伤；低温贮藏
桃曲霉病 Aspergillus lunchuensis	为害果实，引起果腐，病部生黄褐色霉状物	病菌来源广泛，经气流传播	及时处理病果，药剂防治
桃红粉病 Trichothecium roseum	为害果实，引起果腐，病斑褐色圆形，病部生粉红色霉状物	病菌来源广泛，经气流传播	及时处理病果，药剂防治
桃白纹羽病 Rosellini necatrix	根部有白色羽绒状菌丝，病株易拔出、折断，树皮变黑，易脱落	病菌存在土壤中，借土壤传播或感染的苗圃苗木传播	氯化苦土壤消毒，清除病根，栽植前灌注药液，病树药剂治疗
桃白绢病 Sclerotium rolfsii	根茎部呈现白色网状菌丝体，附近土中有褐色菌核	病菌以菌核越冬，由菌核传播	清除死的有机质，烧毁病苗木，地面石灰消毒
桃根朽病 Armillaria mellea	病部有白色或浅黄色扇形羽绒状菌丝层，有时产生蘑菇状子实体	病菌存活于病根内；菌索通过根接触传染	清除病根，药剂熏蒸消毒，用木霉菌进行生物防治
桃潜隐花叶病 （PLMVd）	主要为害叶片，叶片呈花叶，病果具纹，变形，色暗，常褪色，具潜隐性	借桃芽和瘿螨传播	采用无毒繁殖材料，修剪工具消毒，防治螨类和蚜虫
桃红叶病 （TMV、PNRSV和植原体复合侵染）	春季嫩叶红色，叶尖干枯；秋叶背红色，叶面粉红色，黄化或脉间失绿	嫁接或昆虫传播，TMV、PNRSV和植原体复合侵染	严格选用无病接穗；清除病苗

(续)

病名及病原	症　状	发生流行规律	病害控制
桃褪绿叶斑病 (CLSV)	叶上生暗绿色凹陷斑点或波纹	病毒靠嫁接传播，传播介体不详	选用无病繁殖材料，避免用敏感砧木，热处理
桃坏死环斑病 (PNRSV)	引起褪绿、褪绿环斑、坏死穿孔、黄斑、芽坏死	潜隐性病毒，环斑病毒由花粉、种子轻微传播	选用健康无毒苗，及时清除病株，热处理
桃矮缩病 (PDV)	症状多型化，矮缩或矮化，局部侵染表现小叶丛簇，叶具斑点或穿孔	病毒靠花粉和种子自然繁殖，黑刺李可作为侵染源	采用无病毒繁殖材料，开花前清除病株
桃线纹病 （等轴不稳环斑病毒组，多为 ApMV）	展叶后叶出现对称的鲜黄色或乳酪色病斑，有的为窄花，或黄色细网纹	嫁接苗的砧木新梢可繁殖病毒；花粉可传播，传播介体不详	采用健康无病繁殖材料，热处理病株，茎尖繁殖
桃环斑病 (TomRV)	丛簇，小叶，木质部有纵向条纹	传播介体为剑线虫，树莓的种子也可传播	选用健康繁殖材料，清除番茄残体
桃星斑病 (PASV)	叶细小，上生星状斑点，初为细小透明浅绿小点，后为黄绿色斑点	病毒靠嫁接传播，传播介体不详	选用健康繁殖材料，及时清除病株
桃痘病 (PPV)	第二、三道叶脉附近叶肉褪绿，有时有环斑或斑点	病毒主要由桃蚜、短尾蚜等传播	引种检疫，及时铲除病株
桃瘤病 PWV	幼果具黄褐色、深红色平滑的瘤	病毒经嫁接传播	清除病株，消毒工具
桃耳突病 (PEV)	病叶背面沿主脉生细小突起或侧脉从叶肉突出，病叶扭曲	病毒经嫁接传播	清除病株，消毒工具
桃 X 病 （桃西方 X 植原体、桃黄卷叶植原体、樱桃白化体植原体）	叶肉红或黄色，叶缘上卷，脱落，或水渍状、棕黄色、坏死斑，不落叶，或叶片变黄上卷，叶缘焦枯，叶肉坏死破碎	病原经嫁接和叶蝉传播	严格检疫；及时挖除病株，消毒工具，防治叶蝉；可用四环素治疗
桃黄化病 （植原体）	病叶褪绿，卷叶，光亮；病果小，畸形，具花纹	叶蝉传播	清除病株，防治叶蝉
桃褪绿卷叶 （植原体）	节间缩短，主脉附近叶肉呈铜绿色，叶脉红色	嫁接、叶蝉和菟丝子传播	清除病株，防治叶蝉
桃根结线虫病 Meloidogne spp.	根系具结状或小瘤，可成串连接，剖瘤可见乳白色雌线虫	线虫在土壤、病根内越冬，从根尖侵入，随苗木传播	苗木检疫，土壤药剂灌根
桃黄叶病 （缺铁）	叶肉失绿变黄，叶脉两侧保持绿色，呈绿色网纹状；病重时整个叶片呈黄白色，叶缘变褐焦枯，落叶或顶芽枯死	由土壤缺铁所致，其发生与土壤 pH 相关；盐碱土壤易缺铁，地势低洼、排水不良、土壤黏重发病重	施有机肥，降低土壤 pH，喷施叶绿灵、硫酸亚铁，土壤施硫磺每 667m^2 20～30 kg（土壤强碱时）
李树腐烂病 Valsa japonica	症状与苹果树腐烂病相似	与苹果树腐烂病相似	参考苹果树腐烂病

(续)

病名及病原	症　状	发生流行规律	病害控制
李细菌性穿孔病 *Xanthomonas arboricola* pv. *pruni*	主要为害叶，叶病斑初呈水渍状红褐色斑，后呈深褐色，穿孔落叶	细菌在病组织内越冬，经风雨、昆虫传播，从气孔、叶芽痕侵入	参考桃细菌性穿孔病
李红点病 *Polystigma rubrum*	叶病斑圆形，橙黄色，稍隆起，边界明显，病叶卷曲，病斑上生深红色小点	以子囊壳于病叶内越冬，经风雨传播，直接侵入	剪除病枝，销毁病叶，药剂防治
李袋果病 *Taphrina pruni*	病果长椭圆形，膨大中空；果肉呈海绵状，后干缩呈空囊状	以菌丝体、子囊孢子、芽孢子越冬	摘除病果、病叶、病梢，并销毁，喷药防治
李褐腐病 *Sclerotinia* spp.	症状同核果类褐腐病	同核果类褐腐病	同核果类褐腐病
李炭疽病 *Colletotrichum gloeosporioides*	果实病斑圆形、褐色、稍凹陷，病部生黑色小点，潮湿时呈橙红色黏质团	同核果类炭疽病	同核果类炭疽病
杏树腐烂病 *Valsa japorica*	症状与核果类腐烂病相似	同核果类腐烂病	同核果类腐烂病
杏树干腐病 *Botryosphaeria ribis*	枝干初稍肿胀，黑色，后凹陷，病部生黑色小点	以菌丝体、分生孢子器和子囊壳于枝干病部越冬；孢子经风雨传播，从伤口和皮孔侵入	剪除病枝，刮治病斑并涂药保护
杏干枯病 *Macrophoma* sp.	弱小树易感病，病枝枯死，病部密生黑色小点	病菌在病枝干内越冬，翌春，分生孢子从冻伤、虫伤等伤口侵入	剪除病枝，酌情喷药防治
杏疔病 *Polystigma deformans*	主要为害新梢和叶；病梢节间缩短，叶变黄，叶脉红褐色，叶肉暗绿色，叶两面密生红色小点，后生淡黄色孢子角	病菌以子囊壳在病叶越冬，子囊孢子经气流传播侵入	剪除病叶、病梢，并集中烧毁，展叶期喷波尔多液、络氨铜防治
杏叶斑病 *Phyllosticta prunicola*	叶病斑圆形或不规则形，中央淡褐色至灰白色，边缘红褐色，上生黑色小粒点	以菌丝体、分生孢子在落叶及病枝上越冬，分生孢子经风雨传播侵入，树势衰弱易发病	清除落叶，酌情喷药防治
杏白粉病 *Microsphaera* sp.	叶面生白色粉斑，后生黑色小点，病重时落叶	病菌于病残体上越冬，分生孢子经风雨传播	清除病残体，酌情喷药防治
杏轮纹病 *Ascochyta prunicola*	叶病斑近圆形，中央灰白色，边缘紫红色，具同心轮纹，上生黑色小点	病菌在落叶上越冬，孢子经风雨传播	清除病残体，酌情喷药防治
杏穿孔病 *Mycosphaerella cerasella* *Cercospora circumscissa*	主要为害叶；病斑初为圆形或近圆形斑，边缘紫色，略显环纹；后生灰褐色霉状物，病斑干枯脱落呈穿孔，边缘整齐	以菌丝体在病叶或枝梢病组织内越冬，分生孢子经风雨传播，低温多雨利于发病	参考桃穿孔病

第六章 蔷薇科果树病害

(续)

病名及病原	症　状	发生流行规律	病害控制
杏灰霉病 *Botrytis cinerea*	为害叶、花和果；病花水渍状，后变褐腐烂；病果变褐软腐，后失水干缩脱落；病叶生褐色湿腐状斑，易破碎；上述病部在潮湿时生灰色霉层	以菌核、分生孢子于病残体上越冬，分生孢子经风雨传播，从伤口侵入	清除病残体，集中销毁，落花后喷代森锌、多菌灵等防治
杏褐腐病 *Monilinia fructigena* *M. laxa* *Monilia fructicola* *M. cinerea*	主要为害近成熟果；病果初为暗褐色、稍凹陷圆形斑，后扩大腐烂，表生黄褐色绒状霉点	病菌在僵果中越冬，分生孢子经风雨传播，从伤口、气孔侵入，多雨、高湿易发病	清除僵果，并销毁；果实近成熟时选喷甲基硫菌灵、苯菌灵、甲基托布津、抗霉灵等防治
杏疮痂病 *Cladosporium carpophilum*	主要为害果实，病果肩部生溃褐色圆形斑，后呈紫红色，表皮木栓化	以菌丝体在枝梢病组织内越冬，经风雨传播	清除病枝，发芽前喷石硫合剂，发病期酌情药剂防治
杏菌核病 *Sclerotinia* sp.	主要为害果实，病果初生褐色斑，后扩及全果，暗褐色，干缩后呈僵果	以菌核在病果上越冬，子囊孢子经气流传播	清除僵果，并销毁，药剂防治
杏芽癌病 *Agrobacterium* sp.	主要为害花芽及叶芽；病芽表面凹凸不平，半球形，后呈黑褐色，表面粗糙，枯死	下部枝条较上部枝条病重，同一枝条下部芽较上部芽病重	严格检疫，挖除病株，清除病残体，并销毁
樱桃干腐病 *Botryosphaeria dothidea*	主要为害老树的主干和主枝；枝干病斑长条形或不规则形，微肿胀，暗褐色，后呈黑褐色，表密生黑色小点	以菌丝体、分生孢子器和子囊壳于枝干病部越冬；孢子经风雨传播，从伤口或皮孔侵入；温暖多雨，树势衰弱易发病	刮治病斑，并用抗菌剂402或福美胂消毒伤口；发芽前喷雾福美胂1次，生长期酌情药剂防治
樱桃褐斑穿孔病 *Mycosphaerella cerasella* *Cercospora circumscissa*	主要为害叶，叶病斑初为紫色小点，后扩大为圆形褐色斑，表生灰褐色霉状物；后期病部穿孔，边缘不整齐	以菌丝体在病叶、病枝梢内越冬，分生孢子经风雨传播、侵染，低温多雨利于发病	清除病叶、病枝梢并销毁，落花后喷百菌清或甲基硫菌灵，酌情2~3次

第七章 芸香科果树病害

第一节 柑橘黄龙病

柑橘黄龙病（citrus huanglongbing）是柑橘生产中一种主要病害。在亚洲和非洲多个国家与地区发生严重，损失巨大。该病最早发现于我国广东省潮汕地区，按潮州语，果树的新梢称为"龙"，"黄龙"指新梢枝叶呈黄化病状。该病在非洲又称"青果病"，因发病树果实保持绿色而得名。为纪念我国著名植物病理学家林孔湘教授对柑橘黄龙病的研究所作的贡献，1995年在我国福州市召开的国际柑橘病毒学会（IOCV）第十三届学术讨论会上由法国学者Bove等提议统一该病正名为柑橘黄龙病（citrus huanglongbing），获一致通过。

一、症　状

柑橘在生长的各时期都能感染黄龙病。7~8年以下的结果幼树最易感病；苗木、未结果的幼树和15年以上的老树则发病较少。

1. 叶部症状

（1）均匀黄化型。在吐出新梢后新叶初长成，还未转为浓绿便停止转绿，均匀黄化，但叶片大小正常。

（2）斑驳黄化型。新叶转绿后，从叶片基部和近基部叶缘开始，逐渐褪绿成浅黄色至黄色，并继续向上部扩展成黄斑，整个叶片呈黄绿相间斑驳状，叶片可较长时间不脱落。

（3）缺素状黄化型。叶脉及叶脉附近呈绿色而脉间叶肉呈黄色，类似缺锌缺锰症状。

2. 果的症状　发病初期，果一般不表现显著的病状。病势发展到一定程度后，病树的果一般容易脱落，型小，果皮与果肉相贴较紧，颜色较淡，汁少，味淡，高酸，低糖，种子不正常。有时果的中轴较紧实，色褐，还有些果呈畸形。发生在非洲的青果病，病果多数未成熟便脱落，挂在树上未脱落的亦着色不均，在背阳的一面保持绿色，因此而得名。

3. 花的症状　病树开花早而多，多细小，畸形，多不结果，花瓣多，短小肥厚，颜色较黄。

二、病　原

病原为细菌界普罗特斯门韧皮部杆菌（Candidatus *Liberibacter*）候选属的两个种。根据病原细菌对热的敏感性不同，分亚洲韧皮杆菌（*L. asiaticum*）和非洲韧皮杆菌（*L. africanum*）两个种。我国的柑橘黄龙病病原为亚洲韧皮杆菌。*L. asiaticum* 发病适温为27~30℃，田间由柑橘木虱（*Diaphorina citri*）传播，*L. africanum* 发病适温为 20~25℃，田间由非洲木虱（*Trioza ergtreae*）传播。该病病原目前还未能人工培养，故又称为韧皮部难养菌。电镜下观察，菌体多呈圆形和椭圆形，少数长杆形或不规则形，50~60nm×170~2 000nm，菌体外围包被由 3 层单位膜构成，内外两层电子密度较浓，包被厚度 17~33nm，平均 25nm，与革兰氏阴性细菌细胞壁相似。

三、发生流行规律

该病初侵染来源在病区主要是田间病株，新区则主要是通过带菌接穗和苗木。田间主要通过柑橘木虱传播，一般在发病后 3~4 年内果园发病率高达 70%~100%。田间发病与病株和媒介昆虫的数量关系密切。田间病株率在 20% 以上的果园，如媒介昆虫的数量大，则该病将严重流行，2~3 年内将整个果园毁灭。老龄树抗病力比幼龄树强，椪柑、蕉柑、大红柑和福橘等品种较感病，温州蜜柑、甜橙和柚类较抗、耐病，枳在田间无症状表现，但作为砧木时并不增强接穗品种的抗、耐病性。

四、病害控制

采取限制病原和控制传病媒介为中心的综合防治措施。在无病区和新区，应实施严格的植物检疫制度，培育种植无病苗木及防止柑橘木虱传入。在病区，则应着重防治好柑橘木虱，及时挖除病树以清除病原。

1. **严格实行植物检疫制度** 新区从外地引种，应严格实行植物检疫制度，确保接穗或苗木不带病原。柑橘苗木生产和销售应实行生产许可证制度，从源头上控制该病。
2. **建立无病苗圃，培育无病苗木** 无病苗圃的地点最好选在没有柑橘木虱发生的非病区。如在病区建圃，则要求苗圃距果园 2km 以上，若有山冈、树林阻隔效果更好。苗木生产过程严格实行砧木种子消毒，接穗消毒和茎尖嫁接脱毒等技术，以保证生产的苗木不带毒。
3. **防治柑橘木虱** 每次新梢抽发前，喷施 10% 吡虫啉可湿性粉剂或 20% 扑虱灵可湿性粉剂、40% 氧化乐果乳油等防治柑橘木虱。
4. **挖除病树，加强田间管理** 发现病树立即挖除，并在挖除前全园喷施一次杀虫剂，防治柑橘木虱。加强肥水管理，开沟排水。

第二节　柑橘溃疡病

柑橘溃疡病（citrus canker）是柑橘主要病害之一，为国内外重要检疫对象。亚洲、非洲、美洲、大洋洲都有分布。我国柑橘产区均有不同程度发生，其中以南方各省、自治区受害最重。受害柑橘常引起落叶、枯梢、落果，削弱树势，降低产量，果实品质变劣，影响出口外销。

一、症　状

柑橘溃疡病主要为害叶片和果实。叶片受害,在叶背产生针头大小的黄色、油渍状小点,逐渐扩大。同时,在叶片正、背两面逐渐隆起成圆形病斑。病部表皮破裂,病斑木栓化如海绵状,表面粗糙,灰褐色。其后中央凹陷并有细微轮纹,周围有黄色晕圈,在晕圈的内侧常有褐色釉光边缘,后期病斑中心凹陷开裂,呈火山口状。病斑大小依品种而异。一般直径3~5mm。在甜橙和柚的品种上病斑较大,果实上的病斑直径可达12mm,木栓化隆起和火山口状开裂更为显著。枝梢病斑无黄色晕环和釉光边缘。严重时引起枝梢枯死,早期落果。

二、病　原

病原为细菌界普罗特斯门黄单胞属地毯草黄单胞杆菌柑橘致病变种(*Xanthomonas axonopodis* pv. *citri*)。菌体短杆状,两端圆,1.5~2.0μm×0.5~0.7μm,有荚膜,无芽孢,极生单鞭毛。革兰氏染色阴性反应。好气性,在牛肉汁蛋白胨琼脂培养基上,菌落圆形、蜡黄色,微隆起,黏稠,光滑。病菌的生长温度为5~36℃,最适生长温度为25~30℃,致死温度为55~65℃,病菌生长pH6.1~8.8,最适pH为6.6。主要为害芸香科的柑橘属,金橘属和枳壳属等植物。据巴西报道,该病菌还能侵染酸草(*Trichachne insularlis*)。柑橘溃疡病菌致病性分化明显,至少可分为3个菌系。我国的柑橘溃疡病菌以A菌系为主。

三、发生流行规律

病菌潜伏于病组织内越冬。秋梢上的病斑为主要越冬场所。第二年春季菌脓从病部溢出,靠风雨、昆虫及枝叶接触传播到嫩叶、嫩梢和幼果上,引起初侵染。远距离传播是调运带病苗木接穗。病菌由气孔、皮孔或伤口侵入。潜育期的长短与温度、柑橘品种及组织老熟程度有关。夏梢潜育期9~10d,短的只有4d,长的可达21d。该病菌有潜伏侵染现象。秋梢感染后第二年才出现症状。高温高压多雨有利于该病发生。当气温达25~30℃时,雨量与病害发生成正相关,雨水越多,发病越重。台风雨更有利于病害的发生与流行。干旱季节病害很少发生。本病以夏梢发生最重,发病高峰在6月;春梢发病高峰在5月上、中旬;秋梢发病高峰在9月下旬。柑橘不同种类品种抗病性存在很大差异。甜橙类、柚类和柠檬最感病,柑类次之,橘类较抗病,金柑最抗病。抗病性差异与气孔的多少、分布、中隙大小密切相关。甜橙叶片气孔最多、中隙最大,最感病,而金柑气孔数目最少、中隙最小,抗病性最强。溃疡病菌只侵染一定发育阶段的幼嫩组织,即自然孔口完全形成的幼嫩组织。刚抽生的幼梢、嫩叶和刚形成的幼果及老熟组织不易感病。

施肥不当,特别是偏施氮肥,促发幼梢,且不整齐,往往发病重;留夏梢,未控秋梢,品种混栽,虫害严重的橘园发病重。

四、病害控制

防治策略是保护无病区和新果区,改造老病区。
1. **认真贯彻执行《植物检疫条例》** 严禁从病区调运苗木、接穗、果实和种子等。
2. **建立无病苗圃,培育无病苗木** 建立无病母本园,就地供应无病接穗。苗圃设在无病区或周围2km内无芸香科植物隔离区,砧木种子及接穗均来自无病区或无病果园,并进行消毒处理。将砧木种子放在55~56℃温水中50min,清水洗净,晾干后播种。接穗用700~1 000mg/kg链霉素加1%酒精浸泡0.5~1h,用清水洗净即可,苗圃管理严格执行植物检疫。
3. **选用抗病品种** 对严重染病的甜橙等品种,可采用"高接换种",换上抗病的橘类等品种。
4. **加强栽培管理** 做好冬季清园工作,彻底清除病枝、病叶,并集中烧毁;对重病成年树剪除夏、秋梢,只留春梢,幼树剪除夏梢,只留秋梢;合理施肥,增施磷、钾肥,不偏施氮肥,防止徒长;控夏梢,及时防治害虫。
5. **化学防治** 幼树和苗木以保梢为主。春夏秋梢新芽抽发后15~20d各喷药一次;成年树以保果为主,护梢为辅。保果在谢花后10d喷第一次药,连喷3次,30d一次,如遇暴风雨,雨后补药,尤为重要。防效较好的农药有77%可杀得可湿性粉剂600倍液、47%加收米-波尔多液500~1 000倍液、40%胶氨铜水剂400倍液、波尔多锌100倍液。

第三节 柑橘疮痂病

柑橘疮痂病(citrus scab)在我国分布广泛,尤以长江流域柑橘产区为害较重。果实受害后,果小而畸形,表面粗糙,味酸,品质变差,降低营养价值。发病严重时导致落果,降低产量。新梢、嫩叶受害后,影响生长发育,树势变弱。

一、症 状

柑橘疮痂病主要为害新梢、嫩叶、幼果。有时也可为害花萼和花瓣。叶片受害最初出现黄褐色、半透明、圆形小斑点,逐渐扩大,并木栓化,表面粗糙,叶正面凹陷,向叶背突出成圆锥状的疮痂,似漏斗状。病斑散生或成片,受害严重的叶片畸形,扭曲,提早脱落。新梢受害症状与叶片症状相似,但病斑突起不明显,发病枝梢短小、扭曲。幼果在谢花后3~5d即可发病,发病初期产生褐色小斑,后逐渐变为黄褐色圆锥形木栓化的疣状突起,表面粗糙,受害轻的果实发育不良,果小、皮厚、味酸、畸形。受害严重的幼果早期脱落。天气潮湿时,在病斑表面长出灰色粉状物,即病菌的分生孢子梗和分生孢子。

二、病 原

病原为真菌界半知菌亚门柑橘痂圆孢菌(*Sphaceloma fawcettii*)。其有性阶段为子囊菌亚门痂囊腔菌（*Elsinoe fawcettii*），但我国尚未发现有性阶段。分生孢子盘散生或聚生在寄主表皮下，近圆形，后突破表皮外露。分生孢子梗排列密集，无色，圆筒形，0~2个隔膜，无分枝，12~22μm×3~4μm。分生孢子着生在分生孢子梗顶端，无色，单胞，椭圆形或长卵形，6~8.5μm×2.5~3.5μm，两端各有一个油点。病菌生长温度13.5~32℃，分生孢子萌发温度为13~32℃，最适24~28℃。分生孢子萌发需要高湿。

三、发生流行规律

病菌主要以菌丝体在病组织内越冬。翌年春季，当气温上升到15℃以上，阴雨、高湿时，越冬菌丝体产生分生孢子，经风雨、昆虫传播至春梢嫩叶、枝、幼果上，萌发产生芽管，从表皮直接侵入寄主体内，经3~10d产生新病斑。病斑上产生的分生孢子进行再侵染，为害夏、秋梢的嫩叶、新枝。本病远距离传播是通过苗木、接穗和果实的调运。

柑橘疮痂病的发生与气候条件、品种抗性以及寄主组织的老熟程度、栽培管理等有关。柑橘不同种类和品种抗病性有很大关系。一般而言，橘类最感病，柑类、柚类中度感病，甜橙和金柑最抗病。疮痂病的发病适温比溃疡病低，为20~21℃，当温度高于28℃时，病害基本停止。因此，该病多在温带地区发生，以春梢为害较重，夏梢期间，气温较高，病害较少发生。在适温范围内，湿度是病害的发生流行的决定因素。凡春天雨水多的年份或地区，春梢发病重，反之则轻。山区由于雾重，露水多，湿度适宜而发病较重。疮痂病菌只侵染幼嫩组织，以刚抽出的嫩梢，尚未展开的嫩叶及刚谢花的幼果最易感病。组织越老，越抗病，老龄树较苗木及幼树抗病，15年生以上的橘树很少发病。施肥不当，排水不良，新梢抽放不齐，管理差的橘园发病重，反之发病轻。

四、病害控制

柑橘疮痂病的防治策略是药剂防治为主，同时搞好果园卫生和管理。

1. **药剂防治**　重点是保护新梢和幼果。关键在抓早、抓好。第一次喷药掌握在春芽萌动时（芽长0.5cm），保护春梢。第二次在落花2/3时，保护幼果。常用药剂有25%阿米西达悬浮剂800倍液、75%百菌清可湿性粉剂500~800倍液、70%甲基托布津可湿性粉剂600~800倍液、50%多菌灵可湿性粉剂600~800倍液、80%大生M-45可湿性粉剂500倍液。

2. **栽培管理**　彻底清除果园内枯枝、落叶，剪除病枝、病叶，并集中烧毁，以减少初侵染源；加强肥水管理，科学施肥，促使树势健壮，新梢抽发整齐，加快新梢老熟；疏除过密枝条，通风透光；开沟排水，降低果园湿度，可大大减少病害发生。

第四节　柑橘炭疽病

柑橘炭疽病（citrus anthracnose）是一种世界性病害，各国都有发生，分布广泛。可引起梢枯、叶枯，导致大量落叶、落果，严重影响产量和品质。带病果实常在贮运过程中大量腐烂，因此该病还是一种重要的贮藏期病害。

一、症　状

该病可为害柑橘叶片、枝梢、果实等地上部各个部位。为害叶片有两种类型：①慢性型（叶斑型），多从成熟叶的叶缘或叶尖开始发病，呈黄褐色，后逐渐扩大成灰白色，稍凹陷，圆形或不规则形病斑，边缘褐色，病、健交界明显。天气潮湿多雨时，病部出现朱红色小点；天气干燥时，病部长出黑色小点，即病菌的分生孢子盘。②急性型（叶枯型），多从叶尖处开始发病，初期病斑呈水渍状暗绿色，迅速扩大成黄褐色油渍状大斑块，病健交界不明显，上生许多朱红色小点，病叶极易脱落。

枝梢症状有两种：一种是发生在受冻害后的嫩梢顶端3~10cm处，由上向下迅速枯死，枯死部分呈灰白色，上生许多朱红色小点，病健交界明显；另一种是发生在枝梢中部，病斑初为淡褐色，椭圆形，后扩大成长梭形，其上散生小黑点。当病斑环绕枝梢一周时，病梢逐渐枯死。

花、果症状：病菌为害雌蕊柱头呈褐色，导致花腐脱落。幼果受害可变成僵果挂在树上或脱落。成熟果实症状分为干疤、泪痕和果腐三种类型。干疤型是在比较干燥条件下产生，病斑圆形或半圆形，黄褐色，稍凹陷，果皮革质硬化，中央生许多小黑点，病斑仅限于果皮层。泪痕型的病斑呈红褐色或暗红褐色，微凸条状干疤，形似流泪的痕迹，故称"泪痕"。果腐型先从果蒂部发病，初为淡褐色，水渍状，后变褐色，革质迅速扩展，全果腐烂。果梗发病呈淡黄色，后变褐色干枯，果实脱落或成僵果挂在枝上。

二、病　原

病原为真菌界半知菌亚门胶孢炭疽菌（*Colletotrichum gloeosporioides*）。其有性阶段为子囊菌亚门围小丛壳菌（*Glomerella cingulata*）。分生孢子盘四周有暗褐色刚毛。分生孢子梗呈栅状排列，圆柱形，无色，单胞，$9.8~29.4\mu m \times 2.2~4.9\mu m$。分生孢子椭圆形或长圆形，有时微弯，无色，单胞，$8.4~18\mu m \times 4.5~6\mu m$，内含1~2个油球。病菌生长温度为6~37℃，最适21~28℃，分生孢子萌发最适温度为22~27℃。本病菌主要为害芸香科柑橘亚科植物，寄生性较弱，并有潜伏侵染特性。

三、发生流行规律

病菌主要以菌丝体、分生孢子在病枝等病组织内越冬。翌年春天，环境条件适宜时，越冬分生孢子靠风雨、昆虫及枝叶接触传播至寄主体表，萌发产生芽管和侵染丝从气孔或伤口侵入寄主，引起发病，在整个生长季节，病菌可不断产生分生孢子进行多次再侵染。

此病在多雨年份或雨水多季节发病严重。夏、秋梢发病较重。管理粗放、树势衰弱的果园发病重，反之，发病轻。品种的抗性与发病有一定关系。一般甜橙、温州蜜柑、柠檬等品种较感病。

四、病害控制

柑橘炭疽病防治策略是加强栽培管理、增强树势为主,药剂防治为辅的综合防治措施。

1. **加强栽培管理** 合理施肥,增施磷、钾肥和有机肥,搞好排灌和防冻,结合修剪,剪除病枝病果,彻底清除落叶、落果,并集中烧毁,及时防治其他病虫害。

2. **药剂防治** 在春、夏梢嫩梢期、幼果期,每隔10d左右喷药一次,连喷3~4次。可选用50%施保克可湿性粉剂加70%甲基托布津可湿性粉剂(9:1)1 000~2 000倍液、45%特克多悬浮剂500倍液、25%阿米西达悬浮剂600~800倍液、2.5%适乐时悬浮剂1 000倍液、50%多菌灵可湿性粉剂600倍液、80%大生M-45可湿性粉剂400倍液。

第五节 柑橘果实贮藏期病害

柑橘果实贮藏期病害(citrus storage diseases)有20余种,引起果实腐烂,一般果腐率达10%~30%,严重时达50%以上。真菌病害有青霉病、绿霉病、蒂腐病、黑腐病、褐腐病、酸腐病等。为害最严重的是青霉病和绿霉病。生理性病害有褐斑病、枯水病、水肿病等。

一、症 状

1. **青霉病和绿霉病** 青霉病和绿霉病(blue mold and green mold)初期症状相似,都产生水渍状圆形、软腐病斑,略凹陷,用手指轻压极易破裂,2~3d后,病斑表面中央形成白色霉状物,其后青霉病果即很快长出青色粉状霉层,外围白色霉带较窄,仅1~2mm,病部边缘较整齐,有发霉气味。果实腐烂后与包装纸和接触物不粘连,而绿霉病果即长出绿色粉状霉层,外围白色菌丝环较宽,有8~15mm,病部边缘不整齐,散发出芳香气味,果实腐烂后与包装纸和接触物粘连在一起。

2. **黑腐病** 黑腐病(black rot)初期病斑圆形,黑褐色,扩大后稍凹陷,边缘不规则,条件适宜时病部长出灰白色菌丝,后成为墨绿色绒毛状霉层,病果瓤囊腐烂,不堪食用,果心也长出绒毛状霉层,有时果实外观正常,但剖视果实,果心腐烂,中心柱空隙处长出大量墨绿色绒毛状霉层。

3. **黑色蒂腐病** 黑色蒂腐病(diplodia stem-end rot)果蒂或蒂部先发病,病部初期呈水渍状,后期呈暗紫褐色。病斑沿中心柱迅速蔓延,直达脐部,俗称穿心烂。果面病斑边缘呈波纹状,易破裂,常流出暗褐色黏液,最后全果腐烂。腐果果肉红褐色,并与中心柱分离,种子黏在心柱上。潮湿条件下,病果长出污灰色至暗黑色茸毛状菌丝体,并产生许多小黑点,即病菌分生孢子器。

4. **褐色蒂腐病** 褐色蒂腐病(phomopsis stem-end rot)症状与黑色蒂腐病相似。但病斑革质,有韧性,用手指轻压不易破裂,边缘呈波纹状,果心腐烂速度比果皮快,当果皮发病1/3~1/2时,果心已全部腐烂,因此,也叫穿心烂。高温、高湿条件下,病部表面出现一层白色菌丝体,散生小黑点,即病菌分生孢子器。

5. **褐腐病** 褐腐病（brown rot）初期病斑淡褐色，迅速扩展至全果，褐色，腐烂。在潮湿条件下，病部长出稀疏菌丝，紧贴果面，病果有难闻的臭味。

二、病　　原

1. **青霉病和绿霉病** 青霉病和绿霉病分别由真菌界半知菌亚门青霉属意大利青霉（*Penicillium italicum*）和指状青霉（*P. digitatum*）引起。分生孢子梗无色，顶部多次分枝，排列成扫帚状。分生孢子串生于最上层瓶状分枝上，单胞，近球形。青霉病菌分生孢子梗长 100～600μm，分生孢子梗 3 次分枝，有 3～4 枝小梗，瓶梗末端较尖细。分生孢子长椭圆形，3.1～6.2μm×2.9～6.0μm。菌丝最适生长温度为 27℃，分生孢子形成温度为 15～30℃，最适 20℃。而绿霉病菌分生孢子梗长 30～100μm，1～2 次分枝，梗末端较钝。分生孢子椭圆形，4.6～10.6μm×2.5～7μm。菌丝生长最适温度为 25℃，分生孢子形成最适温度为 28℃。

2. **黑腐病** 由真菌界半知菌亚门柑橘链格孢（*Alternaria citri*）引起。分生孢子梗暗褐色，不分枝，顶端呈膝状弯曲，1～7 个分隔。分生孢子串生，褐色、卵形、纺锤形、长椭圆形或倒棍棒形，14～58.8μm×8.4～15.4μm，有纵、横隔膜，横分隔处稍缢缩。病菌生长适温为 25℃。

3. **黑色蒂腐病** 由真菌界半知菌亚门蒂腐色二孢（*Diplodia natalensis*）。分生孢子器洋梨形至扁圆形，黑色，有孔口，表面光滑。分生孢子梗密生，无色，不分枝，圆柱形。刚形成的分生孢子单胞、无色、近球形、卵形至长椭圆形，成熟的分生孢子双胞，暗褐色，长椭圆形，有线纹，隔膜处稍缢缩，21～29.4μm×11.9～15.4μm。

4. **褐色蒂腐病** 由真菌界半知菌亚门拟茎点属小囊孢（*Phompsis cytosporella*）引起。有性阶段为子囊菌亚门间座壳属（*Diaporathe medusaea*）。分生孢子器球形，椭圆形和不规则形。可产生两种不同类型分生孢子：一种卵形，无色，单胞，6.5～13.0μm×3.25～3.9μm，含 1～4 个油球；另一种丝状或钩状，无色，单胞，18.9～39.0μm×0.98～2.28μm。菌丝生长最适温度为 20℃左右，卵形分生孢子发芽的温度为 5～35℃，适温为 15～25℃。

5. **褐腐病** 由色藻界卵菌门烟草疫霉（*Phytophthora nicotianae*）和柑橘褐腐疫霉（*P. citrophthora*）等引起。前者孢子囊顶生，有时侧生或间生，卵圆形、椭圆形或洋梨形，易脱落，有乳头状突起，24～72μm×20～48μm。卵孢子球形，直径 11～29μm。生长温度 10～35℃，最适 25～28℃。后者孢子囊卵形或长圆形，大多数有乳头状突起，大小 18～55μm×41μm。卵孢子球形，厚壁。

三、发生流行规律

1. **侵染循环**

（1）青霉病菌和绿霉病菌。在各种有机质上营腐生生活，产生大量分生孢子靠气流传播，从伤口侵入，引起果实腐烂。腐果产生的分生孢子可进行多次再侵染。

（2）黑腐病菌。主要以分生孢子附着在枝、叶、果等组织中越冬。条件适宜时，产生孢子，靠气流传播到花和幼果上，潜伏于果面，一直到果实成熟后或在贮藏过程中，才引起发病和果实腐烂。腐果上产生的分生孢子进行重复侵染。

(3) 黑色蒂腐病菌。以菌丝体和分生孢子在枯枝上越冬。第二年条件适宜时，产生分生孢子，通过雨滴溅散到果实上。孢子萌发通过果蒂、剪口等伤口侵入，引起果腐。病菌亦可为害枝条，引起枝条枯死。

(4) 褐色蒂腐病菌。以菌丝体和分生孢子器在病组织内越冬。不断产生分生孢子角，经雨水冲刷溶化后，随水滴顺枝干流下，或靠风力、雨水、昆虫等传播。从果蒂或果柄的剪口侵入引致发病。

(5) 褐腐病菌。在土壤中越冬。条件适宜时产生游动孢子囊和游动孢子，靠雨滴溅附到树冠下层的果实上，引起下层果实发病。天气潮湿时，病果上产生大量孢子囊进行再侵染。带菌果实在贮藏期发病引起腐烂。

2. 发病条件

(1) 伤口。引起柑橘贮藏期病害的病原菌，大多数属于弱寄生菌，只能从寄主伤口侵入为害，因此，凡造成果实受伤的因素，均有利于发病。

(2) 温、湿度。青、绿霉病在 6~33℃ 的温度范围内均可发生。青霉菌发病适温为 20℃ 左右，绿霉菌为 25~27℃。高湿有利发病。因此，雨后、重雾和露水未干时采收的果实，发病较重。

(3) 品种抗病性。黑腐病发生与品种关系密切。橙类发病轻，宽皮柑橘如温州蜜柑、椪柑等发病重。

四、病害控制

1. 防止果实受伤 果实采收、装运和贮藏过程中应尽量做到轻剪、轻拿、轻放，尽量减少各种机械伤口，防止病菌侵入。

2. 适时采收 适当提早采果能预防多种贮藏期病害的发生。一般贮藏用果的采收期以果实八成成熟度为最佳。过早采果会影响果实风味。在下雨天、雨后、重露或露水未干时，不要采果。

3. 杀菌剂处理 有采前和采后两种方式：①果实采前喷药，在果实采收前 7~10d 对树冠进行喷药。常用药剂有 25% 米西达悬浮剂 600~1 000 倍液、25% 施保克乳油加 70% 甲基托布津可湿粉剂(9:1)1 500~2 000 倍液、50% 多菌灵 1 000 倍液；②果实采后浸药，除用上述药剂外，还可用 50% 苯来特可湿性粉剂 1 000 倍液，或 70% 抑霉唑可湿性粉剂 1 000 倍液。药剂中分别加入 100~200mg/L 的 2,4-D，浸果 1~2min，置阴凉通风处晾干，用农用聚氯乙烯薄膜单果包装贮藏。

4. 库房及用具消毒 采果前应将采果剪、采果袋、箩筐和果箱等工具消毒。均用 50% 多菌灵可湿性粉剂 5~10 倍液浸泡，晾干后使用。果实入库前，贮藏库、窖必须进行消毒。用 50% 多菌灵 500 倍液或 4% 漂白粉喷洒库壁、库顶、地面、果架，密闭一昼夜，然后开窗，或每立方米库房用 10~12g 硫磺粉熏蒸 24h，然后通气 2~3d，药气散发后，再关窗准备贮藏。

5. 控制库房温湿度 一般来说，贮藏温度最好控制在 5~9℃ 之间，但不同品种有所不同。甜橙要求 7~8℃，温州蜜柑 3~5℃，柠檬 14℃。相对湿度保持在 85% 左右为宜，并注意适当通风透气。

第七章 芸香科果树病害

附 柑橘其他病害

病名及病原	症　状	发生流行规律	病害控制
柑橘衰退病 柑橘衰退病毒 Citrus tristeza virus, CTV	病树抽梢少，老叶无光泽，叶脉附近黄化，新叶呈现缺锌、缺锰症状；病叶易脱落，病枝由上向下枯死；果实小；树势衰退，植株矮化	本病初侵染来源为病株。橘蚜田间传播；甜橙、宽皮柑橘作砧木的树易感病，枳、枳橙高度抗病	选用枳、枳橙等作砧木，利用弱毒系保护；治虫防病，挖除病树
柑橘裂皮病 柑橘裂皮类病毒 citrus exocortis Pospiviroidae	病树砧木部分外皮纵向开裂或翘起，后呈鳞片状剥落，树冠矮化，病树开花较多，但落花、落果严重	病株和隐症带毒的植株是病害的初侵染源；主要通过嫁接和机械损伤传播，也可通过菟丝子传播；用酸橙和红橘作砧木的柑橘为隐症寄主	培育无病苗木，选用抗耐病酸橙和红橘作砧木，注意田间管理，消毒嫁接和修剪工具
柑橘碎叶病 柑橘碎叶病毒 citrus tatter leaf Capillovirus	叶缘缺损，叶片畸形，有时产生黄斑；枳或枳橙作砧木的柑橘树嫁接口有时皱折，接穗基部肿大；植株矮化	初侵染来源为田间病株，通过嫁接、汁液或菟丝子传播，主要为害枳或枳橙作砧木的柑橘树	选用抗耐病材料作砧木，选用优良无病母树作为采穗树，采用热处理或茎尖脱毒等方法培育无病苗木，对嫁接和修剪工具消毒
柑橘树脂病 真菌界半知菌亚门 拟茎点属 Phomopsis cytosporella	流胶型：病部皮层组织松软，渗出褐色的胶液，遇高温、干燥，病部干枯下陷，后木质部外露，现出四周隆起的疤痕；干枯型：病部皮层呈红褐色，干枯略下陷，但不剥落，病健交界处有一明显隆起的界线，条件适宜时，干枯型可转化为流胶型	在枯枝上越冬的分生孢子器为其主要初侵染源，分生孢子可借风力、昆虫及雨水传播，病菌的寄生性不强，须在寄主生长衰弱等情况下侵染为害，受冻害、伤口多、长势弱及栽培管理不良，常造成该病大发生	加强栽培管理，防止冻害发生；彻底刮除病部及周边的黄褐色病带，以波尔多液或多菌灵液消毒伤口；于春芽前喷施50%托布津可湿性粉剂800倍液
柑橘脚腐病 色藻界卵菌门 疫霉属 Phytophthora spp.	主要在土面上下10cm左右的根颈部发病；病斑不规则，褐色，树皮腐烂，具浓烈酒糟味；最后主干及地下部全部腐烂，病树枯死，全部叶片脱落	病菌在病株或土壤中病残体中越冬；发病适温25℃，多雨、高湿有利发病；枳、枳橙、枳柚抗病，甜橙、椪柑等感病；排水不良、土质黏重、天牛等害虫严重的果园发病重	因地制宜，选用抗病砧木，开沟排水，及时防治害虫，刮除病斑，涂药保护
柑橘黑星病 真菌界半知菌亚门 柑果茎点霉 Phoma citricarpa	叶片及果上初生红褐色小斑，扩大后呈圆形病斑，后期病斑边缘稍隆起，中部凹陷，呈灰褐色，上生小黑点；病斑一般局限于果皮，不深入果肉	病菌主要以分生孢子器在落叶上过冬，高温多湿条件、树势弱、老树发病较重	果实适时早采，充分干燥后再贮藏；加强果园管理，增施有机肥；保护幼果，加强对刺吸式口器害虫的防治
柑橘苗立枯病 真菌界半知菌亚门 立枯丝核菌 Rhizoctonia solani	初产生水渍状病斑，扩大后可引致皮层腐烂，上部叶片萎蔫；根部皮层腐烂，易脱落，仅留木质部	以菌丝体或菌核在病残体或土壤中越冬，土壤中的病菌是初侵染主要来源，排水不良有利发病	选择地势高地块育苗，苗床消毒，拔除病苗，喷药保护
柑橘煤烟病 真菌界子囊菌亚门 小煤炱属 Meliola spp.	叶片、果实表面生黑色片状可以抹掉的菌丝层，像附着一层烟煤	病菌在病部越冬，次年孢子散落在蚧类、蚜虫等昆虫的分泌物上，再度引起发病	防治蚧类、蚜虫等，适当整枝，改善通风透光条件，发病初期，树冠喷布0.5:1:100式波尔多液等

(续)

病名及病原	症状	发生流行规律	病害控制
温州蜜柑青枯病 病原不详	发病前病株外表无异状，发病初期顶部叶片突呈失水状，向内纵卷；病株由上至下逐渐枯死，但树皮完好，根系生长一般正常	该病多发生在春季和冬季。主要发生在温州蜜柑上，以中、晚熟品系为重；前期肥水高，偏施氮肥，连续低温、阴雨，转晴后本病发生严重	选用抗耐病材料作砧木，适当发展早熟品系；早春刚发现卷叶现象，立即剪枝修理。加强肥水管理，增强树势
柑橘根结线虫病 动物界线形动物门 根结线虫属 *Meloidogne* spp.	根上形成大小不一的根结，为害严重时形成次生根结和小根，病根腐烂坏死；地上部长势衰弱，叶小，无光泽，叶缘卷曲，果少，呈缺肥状，重至全株枯死	病土和病根是主要侵染来源；砂质土、偏施尿素果园发病重	禁止从病区调运苗木；培育无病苗木，用48℃温水洗根处理；增施有机肥；病树周围开沟施用10%克线磷等杀线虫剂
柑橘根线虫病 动物界线形动物门 半穿刺线虫 *Tylenchulus* *semipenetrans*	受害根暗褐色，稍膨大，粗短，表面粗糙，畸形，易破碎；为害严重时，根部皮层与中心柱分离；地上部叶片变黄或青铜色，枝短，落叶和枝枯，树势衰竭，落花、落果，最终丧失结果能力	线虫在病组织或病土中越冬，发病适温24～26℃；甜橙、红橘等易感病，枳抗病，黏质粒含量10%～15%的土地易发病	同根结线虫病
柑橘白粉病 真菌界半知菌亚门 粉孢属 *Oidium* *tingitaninum*	主要为害新梢、嫩叶和幼果，覆盖一层白粉，引起皱缩、畸形、落叶、落果及新梢枯死，受害严重时光干秃枝，严重影响树势	气流传播分生孢子，发病适温为24～30℃，高温、高湿、偏施氮肥、种植过密的橘园发病重	彻底清除枯枝落叶，增施有机肥，发病初期喷洒25%粉锈宁可湿性粉剂或40%达可宁可湿性粉剂等药剂

第八章 葡萄科果树病害

第一节 葡萄白腐病

葡萄白腐病（grape white rot）又称腐烂病、水烂、穗烂。葡萄白腐病一般在果粒着色以后开始发病，随着着色程度的增加，病情加重，越到后期越容易感病。果粒着色期间如遇多雨天气，病害易流行，往往与葡萄炭疽病并发。每年都有不同程度发生。一般年份造成果粒脱落10%～20%，病害流行年份落粒率达80%～100%，造成的损失相当严重。

一、症　状

该病主要为害果粒、果梗、穗轴、枝蔓、叶片等绿色组织。以果实受害严重，枝蔓次之。

果穗受害，先在果梗或穗轴上形成褐色的水渍状病斑，逐渐扩大至果粒，或下部的果穗发育受阻，果粒皱缩或发软。果粒发病，初呈浅褐色水渍状腐烂，后迅速蔓延全果。果面密生灰白色小粒点，即病菌的分生孢子器。严重时，常全穗果粒腐烂。果梗、穗轴干枯缢缩，果粒易脱落。有时病果不落，失水干缩成僵果，悬挂在蔓上，长久不落。

新梢及幼苗多在机械伤口、芽眼等处发病。发病初期新梢上形成绿色的水渍状、椭圆形病斑。数天后病斑开始干枯，呈灰白色或灰褐色，逐渐凹陷表皮有突出的小黑点。枝蔓及幼苗染病严重，病斑环绕枝梢一周，病部缢缩，病斑上部隆起，呈癌瘤状，有的病部表皮层剥离，纵裂成乱麻状，容易折断，最终导致病梢及病苗枯死。

叶片感病，多从叶缘开始。初呈水渍状、褐色、近圆形的小斑，逐渐扩大成同心轮纹状的褐色近圆形大斑，其上着生灰白色小粒点，以叶背和叶脉两边为多，后期病斑常干枯破裂，严重时全叶枯死。

二、病　原

病原为真菌界半知菌亚门葡萄白腐盾壳霉（*Coniothyrium diplodiella*），病斑上的灰白色小粒点即为病原菌的分生孢子器。它埋生在寄主表皮下，球形或扁球形，壁厚，灰褐色到暗褐色，大小118～146μm×91～146μm。分生孢子梗不分枝，浅褐色，大小12～22μm。分生孢子初为无色，后浅褐色至暗褐色，椭圆形或卵形，一端稍尖，大小8～11μm×5～6μm。有性阶段为子囊菌亚门的 *Charrinia diplodiella*。我国尚未发现。

三、发生流行规律

该菌是一种兼性寄生菌。常以分生孢子器、菌丝体和分生孢子在病残体和土壤中越冬,在没有腐烂的僵果基部子座组织可存活4~5年。散落在表土中的病果、病叶、病蔓等残体,是初侵染的主要来源。翌年春末夏初,在适宜条件下,产生新的分生孢子器和分生孢子,靠雨水飞溅传播,通过伤口或果实的蜜腺侵入靠近地面的果穗及嫩枝,引起初侵染。发病后,产生新的分生孢子器及分生孢子,在生长期进行多次再侵染。病害潜育期为5~7d。

高温、高湿的气候条件是该病发生和流行的重要条件。分生孢子萌发温限13~34℃,适温为28~30℃,相对湿度95%以上。在空气湿度饱和状态下,发芽率可达到80%以上,空气相对湿度在92%以下不能萌发。该病开始发生在雨季前夕(6月中、下旬),一般在近地面果穗上或幼梢上首先发病,但数量较少。7~8月份是病害流行盛期。雨季越早,雨量越大,病害所造成的损失越大。

在发病期间遇暴雨或冰雹造成伤口发病重。果实进入着色期和成熟期感病程度逐渐增加,果穗距地面越近越容易染病。地势低洼、土质黏重、排水不良、枝条过密均利发病。立架式比棚架式、双立架比单立架、东西架比南北架发病重。

品种间抗病性差异明显不同。佳利酿、福尔马多、黑塞白利等最易感病;玫瑰香、龙眼、绯红等易感病;紫玫瑰香、黑虎香、保尔加尔等较抗病。苗则彦等对抗感葡萄白腐病品种的苯丙氨酸解氨酶(PAL)、多酚氧化酶(PPO)和超氧化物歧化酶(SOD)的活性动态变化进行了测定,发现在病原菌侵染后,抗病品种中的PAL酶活性呈上升趋势,而感病品种却呈下降趋势,抗病品种的PPO酶和SOD活性迅速上升,而感病品种中几乎没有明显变化。

四、病害控制

防治葡萄白腐病应采用改善栽培措施,清除菌源及喷药保护等综合防治措施。

1. **做好清园工作,减少或控制病原菌的数量** 清除地面上的病残组织,生长季节摘除病果、病蔓、病叶,秋季应彻底清扫果园,将病果、病蔓、病叶等收集烧毁或深埋。

2. **加强栽培管理,提高植株的抗病能力** 改善架向及架式,尽可能改善架面通风透光条件,摘除过密的叶片,及时抹除副梢,适当提高果穗离地面的距离(20cm以上)。注意果园的雨后排水工作,降低土壤湿度。合理施肥,促进植株生长,增强抗病能力。

3. **种植抗病品种** 因地制宜,选用抗病品种。

4. **及时进行药剂防治** 药物防治要在萌芽前,一定要喷波美度5度的石硫合剂,包括地面、架杆都要喷布均匀。发芽后,要勤喷波尔多液,从6月下旬开始每10~15d一次,或喷700~800倍液的福美双,均有良好效果。药剂防治的种类一定要交替使用,不可单一使用。在容易造成伤口的天气,如暴风雨,特别是冰雹以后,应及时(在12h之内)用酞酰亚胺类药物进行化学防治,可促进伤口愈合的灭菌丹或灭菌丹+铜制剂是最佳选择,福美双和抑菌灵也有效。临近着色期、着色后及着色期间的雨后用70%托布津可湿性粉剂1 000倍液或72%百菌清可湿性粉剂

700倍液或50%退菌特可湿性粉剂800倍液喷雾防治。

第二节 葡萄黑痘病

葡萄黑痘病（grape bird's eye rot）又名疮痂病，俗称"鸟眼病"。我国各葡萄产区都有分布。在春、夏两季多雨潮湿的地区，发病甚重。该病可为害叶片、叶脉、穗轴、果实、新梢等部位。

一、症　　状

1. **幼叶**　最初叶面上形成针头大小的褐色斑点，渐渐形成中部浅褐、边缘暗褐色并伴有晕圈生成的不规则形病斑。后期病斑中心组织枯死并脱落，形成空洞，病斑大小比较一致。叶脉病斑呈梭形，凹陷，灰色或灰褐色，边缘暗褐色。受害部位停止生长，使叶片扭曲、皱缩，易枯死。

2. **新梢、叶柄、卷须**　发病时，初为圆形或不规则形褐色小斑，渐呈暗褐色，中部凹陷，易开裂。严重时，数个病斑连成一片，最后造成病部组织枯死。新梢未木质化以前最易感染。发病严重时，病梢生长停滞，萎缩，甚至枯死。

3. **幼果**　初生圆形褐色小斑点，以后病斑中央变成灰白色，稍凹陷，边缘紫褐色，直径可达2～5mm，似鸟眼状，后期病斑硬化或龟裂，病果小而畸形，味酸，失去食用价值。成长的果粒受害，果粒仍能长大，病斑不明显，味稍变酸。当环境潮湿时，病斑上产生灰白色黏质物，即病菌的分生孢子团。

穗轴感病，常使小分穗甚至全穗发育不良，甚至枯死。

二、病　　原

病原为真菌界子囊菌亚门痂囊腔属真菌（*Elsinoe ampelina*）。无性态为半知菌亚门葡萄痂圆孢 *Sphaceloma ampelinum*。我国常见其无性阶段。该病菌仅为害葡萄。分生孢子盘半埋在寄主表皮下的病组织中，突破表皮后，长出分生孢子梗，并产生分生孢子。分生孢子梗短，无色，单胞。梗端着生无色、单胞的分生孢子。分生孢子长圆形或卵圆形，稍弯，大小为 $5\sim6\mu m\times 2.5\sim3.7\mu m$，孢子内有2个油球，分布两端。

病菌产生分生孢子及其萌发适温为24～26℃，菌丝生长适温30℃，最低10℃，最高40℃。潜育期6～12d，24～30℃时最短，超过此温限，病害发生受到抑制。

三、发生流行规律

在南方，黑痘病菌主要以菌丝体或分生孢子盘在病枝梢、病叶、病果上越冬。菌丝生活力很强，在病组织内能存活3～5年。翌年春季葡萄开始萌芽展叶时，遇雨水，越冬病菌就可以产生分生孢子，随风雨传播，从幼嫩部位侵入寄主，进行初次侵染。一个生长季节，特别是在幼嫩组织、器官的形成期，黑痘病可以发生多次再侵染，引致病害流行。病害的远距离传播主要通过带菌苗木的调运。

侵染速度与温度有一定关系。病害发生最适温度为24~26℃和较高的湿度。菌丝的生长最适温度为30℃。病害的流行与降雨、空气湿度及植株生育幼嫩状况等有直接关系。多雨、高湿有利分生孢子的形成、传播和萌发侵染。同时，多雨高湿又有利于植株的迅速生长，组织柔嫩，有利侵染发病。葡萄个体发育的不同时期其抗病力不一样。一般寄主组织木质化程度越高，抗病性越强，生长期不断出现的嫩梢、再次果等最易发病。各器官组织长大、老化后则抗病。华南地区3月下旬至4月上旬，葡萄开始萌动展叶时，病害开始出现。6月中、下旬，温度上升到28~30℃，经常有降雨、湿度大，植株长出大量嫩绿组织，发病达到高峰。病害潜育期在最适条件下为6~10d。7~8月份以后温度超过30℃，雨量减少，湿度降低，组织逐渐老化，病情受到抑制，秋季如遇多雨天气，病害可再次严重发生。华北地区一般5月中、下旬开始发病，6~8月高温、多雨季节为发病盛期，10月以后，气温降低，天气干旱，病害停止发展。华东地区于4月上、中旬开始发病，梅雨季节气温升高，多雨、温度高，为发病盛期，7~8月份高温、干旱，病情受到抑制，9~10月份如秋雨多，病情再度发展。

葡萄品种间的抗性差异很大。一般东方品种及地方品种易感病，绝大多数西欧品种较抗病，而欧美杂交种很少发病。感病严重的品种有玫瑰香、佳利酿、红鸡心、牛奶、无核白、保尔加尔等；中等感病的品种有葡萄园皇后、新玫瑰、意大利、小红玫瑰等；抗病品种有白香蕉、金后、巨峰、早生高墨、黑奥林、巴柯、卡门耐特、贵人香、水晶、黑虎香、玫瑰露、黑皮诺、康拜尔等。刘会宁等研究了7个欧亚种葡萄品种对葡萄霜霉病及黑痘病的抗性，发现葡萄品种对霜霉病与黑痘病的抗性存在负相关，即抗霜霉病的品种不太抗黑痘病，抗黑痘病的品种不太抗霜霉病。同一品种对两病的抗性表现交错现象。

四、病害控制

1. **因地制宜，选用抗病品种** 不同品种对黑痘病的抗性差异明显。葡萄园定植前应考虑当地生产条件，技术水平，选择适于当地种植，具有较高商品价值，且比较抗病的品种。如山索、白香蕉、巴柯、赛必尔2007、贵人香、水晶、金后等。中抗品种有葡萄园皇后、玫瑰香、蓝法兰西、佳利酿、吉姆沙等。此外龙眼、玛瑙、牛奶、无核白、大粒白、无子露、季米亚特、保尔加尔及东北和华北品种较易感病，栽种时应因地制宜，选择园艺性状好的抗病品种。

2. **加强果园管理，提高植株的抗病能力** 多施有机肥，增施磷、钾肥，勿偏施氮肥，防止植株徒长。及时绑蔓，改善通风透光条件。

3. **彻底清洁田园，消灭菌源** 结合夏季修剪，及时剪除病组织。冬季修剪后，要彻底清除架面、地面上病残体，并立即集中烧毁或深埋，以消灭越冬菌源。再用铲除剂喷布树体及树干四周的土面。常用的铲除剂有3~5波美度的石硫合剂。

4. **苗木消毒** 常用的苗木消毒剂有10%~15%的硫酸铵溶液、3%~5%的硫酸铜液、3~5波美度的石硫合剂等。

5. **及时进行药剂防治** 春天葡萄芽鳞萌动后、展叶前，喷布铲除剂以消灭结果母枝上的越冬菌源。铲除剂有波美3度石硫合剂+200倍五氯酚钠混合液，可兼治其他病害和虫害。也可喷

40%福美胂可湿性粉剂，或10%～15%的硫酸铵液，或45%晶体石硫合剂30倍+0.3%的五氯酚钠，或10%硫酸亚铁+1%粗硫酸液等。在开花前后各喷1次1:0.7:250的波尔多液或500～600倍的百菌清液。此后，每隔半月喷1次1:1:200的波尔多液。从葡萄展叶后到果实着色前，每隔10～15d喷1次药，特别是要喷好开花前和落花后两次药。这期间可喷1:0.7:200～240倍的波尔多液，或200倍铜高尚、80%喷克500倍液、30%绿得保胶悬剂400～500倍液、78%科博500倍液；在葡萄迅速生长期，喷布内吸性杀菌剂如50%多菌灵800～1 000倍液，或50%苯菌灵可湿性粉剂1 000～1 500倍液、50%退菌特800～1 000倍液、75%百菌清可湿性粉剂600～800倍液、36%甲基硫菌灵悬浮剂800倍液、50%代森锰锌可湿性粉剂500～600倍液、40%多·硫悬浮剂600倍液。也可将杀菌剂与保护剂交替使用，但波尔多液不能与代森锰锌混合使用，否则易产生药害。具体用药时间和次数根据当地气候条件和葡萄生长及病害发生情况确定。

第三节 葡萄霜霉病

霜霉病（grape downy mildew）是葡萄的主要病害之一。在国内各葡萄产区分布很广，生长季节多雨潮湿的地区发生较重。它主要为害叶片，常造成大量叶片干枯脱落，严重削弱树势，致使葡萄果穗不能正常发育，甚至不能成熟，造成当年减产。同时，枝条成熟不良，易受冻害，影响来年产量。

一、症　　状

葡萄霜霉病病菌可以侵染枝蔓、果穗、叶片等所有绿色幼嫩组织，但以为害叶片最重。

1．叶片　发病初期呈半透明、边缘不清晰、水渍状的不规则病斑，数日后病斑部位变淡绿色，形状不规则，边缘界限不清，病斑背面着生白色霜霉状物，因此得名霜霉病。霜霉层后期变灰白色，病斑逐渐扩大到1cm以上，呈黄绿色，最后变成红褐色像火烧焦枯，病叶早期脱落。叶从受害至脱落的颜色变化为水渍状→淡绿→黄绿→红褐色和叶片背面着生白色霉菌层。这是识别霜霉病的主要特征。

2．新梢　新梢感病后，被害处生水渍状病斑，表面有黄白色霉状物，病斑纵向扩展较快，颜色逐渐变褐色，稍凹陷，严重时新梢停止生长而扭曲枯死。

3．果粒　幼嫩果粒极易染病。病幼果变灰色，果粒和果柄表面密生白色霉菌，较大的果粒染病处形成褐色病斑，生长受阻，发育不均衡，近成熟期遇雨易形成裂果。后期即是叶片严重发病，果粒却发病很少，此特点与炭疽病、白腐病有明显区别。白绿色品种果粒病部变灰绿色，红色品种病粒变粉红色，一般不生霜霉层，病粒近成熟时易脱落。穗轴发病处变褐色，易折断。

二、病　　原

病原为色藻界卵菌门葡萄生单轴霉菌（*Plasmopara viticola*）。菌丝体在寄主细胞间蔓延，以瘤状吸器伸入寄主细胞内吸取营养。病部的霉状物，即为病菌的孢囊梗和孢子囊。孢囊梗无色，

4~6根自寄主气孔成束伸出，单轴分枝2~5次，分枝末端具2~3根小梗。小梗圆锥形末端稍钝，孢子囊着生在小梗上。孢子囊无色，单胞，卵形或椭圆形，顶端具有乳头状突起。孢子囊萌发产生游动孢子。卵孢子萌发时产生芽管，在芽管前端形成芽孢囊，其作用和无性时期的孢子囊相同，萌发时也可产生游动孢子。孢子囊形成温度为13~28℃，最适15℃，形成的时间主要在夜间。孢子囊萌发温度为5~21℃，最适为10~15℃，相对湿度95%~100%及4h以上的黑暗条件，可促进孢子囊的形成和萌发。卵孢子发芽的温度为13~33℃，最适为25℃。因此，高湿和冷凉是发病的有利条件。气温高于30℃时，抑制发病。葡萄单轴霉菌为专性寄生菌，不能在人工培养基上进行培养。

三、发生流行规律

该病主要以菌丝体潜伏在芽鳞中，或以卵孢子随病残叶片在土壤中越冬。来年春萌发后进行初次侵染。当气温达11℃时，卵孢子在水中或潮湿土壤中萌发，生出孢子梗，其顶部形成孢子囊，借风、雨和露水传播，在有水滴的情况下萌发产生游动孢子，借雨水溅到近地面的葡萄幼嫩组织进行侵染。另外，卵孢子开裂释放出游动孢子，必须在潮湿的空气条件下进行，风是迅速有效的传播介质。孢子囊一般在晚上形成，侵染多在早晨进行，孢子囊在阳光下曝露数天即失去活力。

葡萄霜霉病潜育期为5~18d，大多数为7~10d，主要是随着环境条件和寄主抗性的不同而变化。感病品种在22~24℃条件下潜育期最短仅4d，而在12℃时则延长至13d。

气候条件对发病和流行影响很大。低温、多雨、多雾、多露的条件，有利葡萄霜霉病的发生和流行。该病多在秋季发生，是葡萄生长后期病害，冷凉潮湿的气候有利发病。试验表明，孢子囊有雨露存在时，21℃萌发40%~50%，10℃时萌发95%；孢子囊在高温干燥条件能存活4~6d，在低温下可存活14~16d。游动孢子在相对湿度70%~80%时能侵入幼叶，相对湿度在80%~100%时老叶才能受害。因此，秋季低温、多雨易引致该病的流行，连续10d阴雨，或每隔8~15d降1次暴雨，空气湿度达95%以上时，便出现1次发病高峰。这是因为雨水对葡萄霜霉病害流行有双重作用，一方面阴雨连绵刺激葡萄幼嫩组织产生高感新梢，另一方面又加速病原孢子的形成、萌发和侵染。

霜霉病在我国不同地区发生的时期有所不同。华北地区一般于7~8月开始发生，9~10月为发病盛期；华东地区一般于5月份开始发生，6、7月和9月为发病盛期；广东地区以5月下旬开始发生，7月份为发病盛期，秋季如遇降雨或重露，发病可延续到10月下旬至11月上旬，而苗圃则于3月中旬即开始发病。

品种抗性和栽培技术对葡萄霜霉病的发生发展也有很大的影响。品种间的抗病性差异比较明显。如巨峰、黑奥林、先锋、红富士、早生高墨等品种比较抗病，而新玫瑰、玫瑰香、山葡萄等品种则易染病。栽培管理不佳，如施肥不当，偏施或重施氮肥，枝梢徒长，组织成熟度差，会使病害加重。果园地势低洼、通风不良、密度大、修剪差，有利发病；南北架比东西架发病重，对立架比单立架发病重，棚架比立架发病重，棚架低比高的发病重。迟施、偏施氮肥刺激秋季枝叶过分茂密而果实延迟成熟发病重。含钙量多的葡萄抗病力强。葡萄细胞液中钙、钾比例是决定抗病力的重要因素之一。当钙、钾比例大于1时（老叶）表现抗病，小于1时（幼叶）则比较感病。含钙量取决于不同的葡萄品种的吸收能力以及土壤和肥料的含钙量。

病害预测主要根据以下几项指标：①病菌卵孢子在土壤湿度大的条件下，当日平均温度达到13℃时即可萌发。②日均温在13℃以上，同时有孢子囊形成；寄主表面有2~2.5h以上水滴存在，病菌即能完成侵染。③病菌潜育期长短因温度而异，与品种抗病性也有一定关系。抗病品种潜育期长。在适宜条件（23~24℃，感病品种）潜育期仅4d，而在12℃时则延长至13d。④病害潜育期终结时，还须有高湿条件（有雨或重雾）才可长出孢子囊进行再侵染。⑤降雨多少、持续时间长短是霜霉病发生流行的主要因素。每年6月中旬至9月中旬，连续两旬降水量之和超过100mm，必将大流行。具体测报时要参考当地气象预报资料和历年发病规律进行。

四、病害控制

1. **选用抗病品种**　美洲种葡萄较欧洲亚种抗病，因此在杂交和嫁接时尽可能地选用美洲系列的品种。较抗病的品种有巨峰、康因尔、康奇、香槟等；较感病品种有龙眼、紫电霜、无核白、牛奶等；感病品种有玫瑰香、黑罕、罗马尼亚等。

2. **加强葡萄园的栽培管理，减少菌源和提高葡萄的抗病能力**　晚秋结合修剪，彻底清除病枝叶及地面残枝落叶、病果，集中带出园外深埋或烧毁。及时整枝、及时掰副梢，摘心，去徒长枝，防止枝蔓和叶片过于密挤，使枝、叶、果留量保持适宜比例。保护地栽培应重视通风排湿、温度和光照管理。增施腐熟有机肥和磷、钾肥，提高抗病能力。

3. **根据预测预报，及时喷药保护**　铜制剂是防治霜霉病的良好药剂。在发病前，结合防治其他病害，可喷施波尔多液。抓住病菌初侵染的关键时期喷药，每隔半个月左右喷一次，连续3~5次，叶片正面和背面都要喷均匀，才能取得良好的防治效果。发现病叶后喷布40%乙膦铝（疫霉灵）200~300倍液或60%琥·乙膦铝可湿性粉剂600倍液、58%的甲霜灵·锰锌可湿性粉剂800~1 000倍液、40%锌霉膦可湿性粉剂400~500倍液、50%克菌丹400~500倍液，防效都很显著。其他药剂如27.12%铜高尚300~400倍液、50%大生M—45 600倍液、78%科博500倍液、80%喷克700倍液、72%克露600~700倍液、30%绿得保400~500倍液等，都是防治霜霉病的理想药剂，并能兼治黑痘病、炭疽病等其他病害。

第四节　葡萄炭疽病

葡萄炭疽病（grape bitter rot）又名晚腐病。多在葡萄成熟期时发生。由于幼果期较酸、含糖量低、果肉坚硬，因而限制了病菌的生长，病部只限于表皮，病斑不明显，不扩大，只形成潜伏侵染。果粒着色期开始，此时果粒柔软多汁，含糖量增加，病菌迅速生长，病斑迅速扩大，直至果粒腐烂，是此病的严重为害期。

一、症　　状

葡萄炭疽病主要为害着色或近成熟的果粒，造成果粒腐烂。也可为害幼果、叶片、叶柄、果柄、穗轴和卷须等。被侵染处发生褐色小圆斑点，逐渐扩大，并凹陷，病斑上产生同心轮纹，并生出排列整齐的小黑点。这些小黑点就是分生孢子盘。潮湿天气分生孢子盘漏出粉红色胶状分生孢子团，是该病的重要特征。

1. **花穗** 花穗受侵染后，自顶端的小花开始，顺着花穗轴，小花出现淡褐色湿润状不定形病斑，后逐渐变黑，使部分小花或整个花穗腐烂。

2. **果腐** 受侵染的果实从着色开始出现症状，开始产生针头大小的淡褐色斑点或雪花状的斑纹，后渐扩大呈圆形，深褐色稍凹陷，随着成熟度增加，症状越来越明显，发展为黑褐色病斑。病部凹陷，边缘皱缩，病果逐渐腐烂，果面上产生许多黑色小粒点，并排列成同心轮纹，即病原菌的分生孢子盘。环境潮湿时，小粒点上涌出粉红色黏胶状物，即分生孢子团。严重时整个果穗腐烂，病果脱落或失水干缩成僵果。

3. **嫩梢和叶柄** 受害部位出现深褐色至黑色椭圆形或不规则、短条状的凹陷病斑。

4. **叶片** 多在叶缘的部位受侵染，出现近圆形、暗褐色的病斑。一张叶片有数个病斑时可使叶缘干枯。

二、病　　原

病原为真菌界半知菌亚门胶孢刺盘孢（*Colletotrichum gloeosporioides*）。后期产生橙红色分生孢子堆。分生孢子圆筒形，两端钝圆，单胞、无色。据报道，广东省1986年首次发现此菌的有性世代为围小丛壳菌（*Glomerella cingulata*）属子囊菌亚门。病菌生长适温为26～29℃，最高为35℃，最低7～9℃。病菌的生长与糖的含量有关。含糖量6%时生长最好，在10～35℃均可产孢，最适25～28℃。孢子萌发温度9～35℃，最适28～32℃。孢子的形成和萌发均需要高湿度，但在蒸馏水中几乎不发芽。

三、发生流行规律

葡萄炭疽病菌主要以菌丝体潜伏在受侵染的一年生枝蔓表层组织、叶痕等部位，或以分生孢子盘在枯枝、落叶、烂果等组织上越冬。翌年葡萄发芽、展叶或花穗期，逢遇降雨，越冬分生孢子通过雨滴或昆虫等进行传播，实行初侵染。分生孢子可从皮孔、气孔、伤口侵入，也可直接从果皮上侵入，病菌侵入后10～20d即可发病。炭疽病菌从幼果侵入后一般不表现症状，直到果实成熟，抗性降低后，病菌迅速扩展而表现症状。传播到新梢、叶片上后侵入到组织内部，但不形成病斑，外观看不出异常。这种带菌的新梢（第二年的结果母枝）可成为下一年的侵染源。田间观察表明，凡连接或靠近结果母枝的果穗，发病率高且会形成发病集中，上下成片的现象。葡萄越近成熟期发病越快，潜育期也越短，有时只有2～4d。这是因为果实后期糖度高，果实表皮产生大量小孔，孢子萌发侵入的机会多，发病也就严重。同时，葡萄近成熟期，正值7、8月份高温、多雨的夏季，因此最利病害的流行。

该病的发生和为害程度与降雨、栽培、品种及土壤条件都有密切的关系。通常日降雨量在15～30mm，大气湿度能湿润病组织时，田间即可出现病菌的孢子，阴雨绵绵，最有利于孢子持续产生。葡萄成熟期，高温多雨，易导致病害的流行。华北地区6月中、下旬若日降雨量在15～30mm，常会导致病害的流行。夏季多雨，发病常严重。一般果皮薄的品种发病较重，早熟品种可避病，晚熟品种常发病较重。发病较重的品种有吉姆沙、季米亚特、无核白、牛奶、雷司令、伏斯娜、甜水、亚历山大、鸡心、保尔加尔、葡萄园皇后、沙巴珍珠、黑罕、玫瑰香和龙眼等；感病较轻的品种有黑虎香、意大利、加里酿、烟台紫、密紫、巴柯、小红玫瑰、巴米特、水晶和紫配色、枸叶以及日本品种巨峰、黑奥林、早生高墨、红富士、龙宝等。抗病品种有赛必尔2007、刺葡萄、白玉和六月鲜等。近些年来，我国南方发展的一些葡萄品种中，吉丰8号、吉香和白玫瑰最感病；吉丰17、吉丰14、吉丰12等中等感病；抗性品种有康拜尔、牡丹红、玫瑰露、先锋、黑潮、贝粒玫瑰、吉丰18等。欧亚种葡萄，因为感病重，在南方不适种植。果园排水不良，架式过低，蔓叶过密，通风透光不良等环境条件，都有利于发病。

四、病害控制

防治葡萄炭疽病应采取清除菌源、加强栽培管理、选用抗病品种、配合早期喷药保护等综合措施。

1. **选用抗病品种** 根据园艺性状选栽抗病品种，如赛必尔2003和2007，康拜尔、牡丹红、先锋、玫瑰露、黑温潮等。中抗有烟台紫、黑虎香、意大利、巴米特、水晶、小红玫瑰等。感病品种有吉丰8号、吉香、白玫瑰、无核白、牛奶、葡萄园皇后、鸡心、玫瑰香、龙眼等。

2. **彻底清除病穗、病蔓和病叶等，以减少菌源** 结合冬季修剪，剪除带病枝梢及病残体，春芽萌动前喷3～5度石硫合剂于枝干及植株周围，以减少园内病菌来源。

3. **加强栽培管理，提高植株的抗病能力** 及时整枝、绑蔓、摘心，使架面通风，要尽可能提高结果部位，减少病菌的侵染蔓延。此外，疏花时剪去发病变黑的花穗，可减少幼果的侵染。雨后及时排水，降低田间湿度，控制病菌侵染。每年秋冬季施足有机肥，果实发育期间追适量磷、钾肥，保持植株旺盛长势。增施磷、钾肥，控制氮肥用量。在长江以南地区，可在谢花后立即套袋。

4. **及时进行药剂防治** 在萌芽成绒球期时，喷一次100倍液的退菌特作为铲除剂。南方自4月下旬，北方5月下旬，进行喷药防治，以后一般每隔10～15d喷药一次。可喷药剂有80%炭疽福美700～800倍液、50%百菌清600～700倍液、50%退菌特或代森锰锌800倍液。南方雨水多，药液中可加入"6501" 1 500倍或0.03%～0.05%皮胶等黏着剂。

附 葡萄其他病害

病害及病原	症状	发生流行规律	病害控制
葡萄褐斑病 真菌界半知菌亚门 葡萄假尾孢菌 *Pseudocercospora vitis*	病叶褐色、近圆形或不规则形，3～10mm，病斑背面有深褐色霉层；小病斑深褐色，2～3mm，霉层灰褐色	以菌丝体在病叶中越冬，分生孢子借风雨传播，在高湿条件下潜育期约20d	彻底清除病源，喷药防治用50%多菌灵或70%托布津
葡萄白粉病 真菌界子囊菌亚门 钩丝壳属 *Uncinula necator*	叶片、嫩梢、果穗的病部有白色粉状物，幼果先出现褪绿斑块，停止生长或变畸形，果肉味酸	以菌丝体在病组织中越冬，分生孢子借风雨传播	加强栽培管理，用石硫合剂或三唑酮等防治

(续)

病害及病原	症　状	发生流行规律	病害控制
葡萄扇叶病病毒 葡萄扇叶病毒 grapevine fanleaf Nepovirus（GFLV）	病叶略呈扇状，叶脉发育不正常，主脉不明显，由叶片基部伸出数条主脉，叶缘多齿，常有褪绿斑或条纹，其中黄花叶株系叶片黄化，叶面散生褪绿斑，严重时使整叶变黄	该病主要通过嫁接和无性繁殖材料传播	培养无毒苗，栽种不带毒的良种苗；及时防治各种害虫，尤其是可能传毒的昆虫，如叶蝉、蚜虫等，减少传播机会
葡萄锈病 真菌界担子菌亚门 层锈菌属 Phakopsora ampelopsidis	主要为害叶片，叶片正面为黄绿色病斑，叶背为橙黄色的夏孢子堆；后期在病斑处产生黑褐色的冬孢子堆	以冬孢子在落叶上越冬，在温暖地区也能以夏孢子越冬，翌年通过气孔侵入寄主，晚间高湿是病害流行的必要条件	搞好果园卫生，及时摘除病叶，发病初期喷粉锈宁、三唑酮等药剂
葡萄灰霉病 真菌界半知菌亚门 灰葡萄孢菌 Botrytis cinerea	花穗上初为淡褐色水渍状，后软腐，并长出灰色霉层，干枯脱落；病果上为褐色凹陷病斑，软腐，灰色霉层	以菌核、分生孢子和菌丝体随病残组织在土壤中越冬，通过伤口、自然孔口及幼嫩组织侵入	彻底清园，降低菌源基数；加强果园管理，提高植株抗病力；用农利灵、克露、速克灵等药剂进行防治
葡萄房枯病 真菌界子囊菌亚门 葡萄座腔菌属 Botryosphaeria ribis	靠近果粒的穗轴出现圆形、椭圆形或不正圆形的暗褐色至灰黑色凹陷病斑；部分穗轴干枯，果粒生长不良，果面发生皱纹；叶片发病时出现灰白色、圆形病斑	病菌以分生孢子和子囊壳在病果和病叶上越冬，靠风雨传播，气温在15～35℃时均能发病，但以24～28℃最适于发病	注意果园卫生，加强果园管理，增强植株抵抗力，及时药剂防治，落花后喷3～5次1∶0.7∶200波尔多液或80%敌菌丹
葡萄蔓割病 真菌界子囊菌亚门 葡萄小隐孢壳 Cryptosporella viticola 无性态为壳梭孢属 Fusicoccum viticolum	枝蔓初呈红褐色椭圆形病斑，稍凹陷，逐渐扩大呈梭形，表面密生小黑粒点，病蔓常发生纵向干裂而枯死	病菌主要以分生孢子器或菌丝在病蔓上越冬；分生孢子借风雨传播，从伤口、皮孔、气孔侵入	加强田园管理，提高树体抗病力；冬季加强防寒措施，防止扭伤和根部病害，减少伤口和病菌侵入的机会；用50%退菌特等药剂防治
葡萄叶斑病 真菌界半知菌亚门 茎点霉属 Phyllosticta sp.	初期呈现近圆形、油渍状的褐色小斑点，后为2～4mm的病斑，中部灰白色，边缘深褐色，有时有黄色晕圈；后期病斑着生黑色小粒点，破碎穿孔，甚至提早落叶	病菌以分生孢子在病残体中越冬，翌年通过风雨、昆虫媒介传播进行初侵染；多雨、高温季节发病严重，暴风雨过后常导致流行	搞好秋冬季清园；发病初期结合防治黑痘病、霜霉病喷波尔多或绿得保、喷克、代森锰锌、多菌灵、甲基托布津等均有较好的防治效果
葡萄穗轴褐枯病 真菌界半知菌亚门 葡萄生链格孢 Alternaria viticola	先在花梗、穗轴或果梗上产生褐色水渍状斑点，后失水干枯变为黑褐色、凹陷的病斑；当病斑环绕穗轴或小分枝穗轴一周时，花蕾或幼果萎缩、干枯、脱落	以分生孢子和菌丝体在结果母枝和散落在土壤中的病残体上越冬；当花序伸出至开花前后，病菌借风雨传播，侵染幼嫩穗轴及幼果	彻底清洁田园，将病残集中烧毁或深埋，减少越冬菌源；在花序伸长至幼果期，选喷多菌灵、大生M—45、扑海因等，连喷2～3次
葡萄黑腐病 真菌界子囊菌亚门 球座菌属 Guignardia bidwellii 无性态为茎点属 Phoma uvicola	主要为害果穗；果实初为紫褐色，后期边缘褐色，中央灰白的凹陷病斑，干缩成僵果，上有小黑点；叶片初为红褐色小斑点，后期中央灰白色，边缘褐色，有小黑点；新梢受害处为褐色椭圆形凹陷病斑，上有小黑点	病菌以子囊壳或分生孢子器在病僵果及病枝梢上越冬	清除越冬病源；加强栽培管理；及时药剂防治，可选喷百菌清、多菌灵、托布津或1∶1∶200倍波尔多液，喷药时要抓住花前、花后和果实生长期三个关键时期

第八章 葡萄科果树病害

(续)

病害及病原	症　状	发生流行规律	病害控制
葡萄苦腐病 真菌界半知菌亚门 黑盘孢属 *Melanoconium* *faligineum*	新梢基部出现浅褐色、边缘不清晰的病斑，后整个叶片连同叶柄下垂、萎蔫、干枯，但不脱落；病菌常从果梗侵入，逐渐向果粒蔓延，在近果蒂处产生一小块白色的斑痕，后逐渐扩大软腐	原菌以分生孢子盘和菌丝体在病果、病枝等病残体上越冬；次年分生孢子借雨水、风力传播；通过伤口、自然孔口等侵入	清除越冬病源；加强栽培管理；及时药剂防治，所用药剂有多菌灵可、退菌特、百菌清等
葡萄根癌病 细菌界普罗特斯门 根癌土壤杆菌 *Agrobacterium* *tumefacicms*	发病初期在病部形成似愈伤组织状的近圆形的瘤状物，为乳白色，稍带绿色，直径2~5mm，表面较为光滑；后期颜色由白色到绿色、淡褐色、直至褐色，表面粗糙不平	以细菌在肿瘤组织皮层内或随病残枝叶在土壤中越冬；通过昆虫、雨水等进行近距离传播，而苗木、砧木和接穗带菌是远距离传播的主要途径	培育和选用抗病品种；加强田间管理，防治好地下害虫和土壤线虫，减少伤口；严格检疫和苗木消毒；生物防治，利用放射野杆菌K84制剂浸根或插条处理，对癌肿病有很好的防治效果
葡萄皮尔斯病 细菌界普罗特斯门 木质部难养菌 *Xyllela fastidiosa*	病株在早春发芽晚，新梢生长缓慢，矮化、结实少；枝条最初出现的8片叶脉绿色，沿叶脉皱缩、稍变畸形，以后再长出的叶片不再显示症状，只是在生长的中后期（晚夏）才出现局部灼烧症状	皮尔斯氏病是由吸食木质部养分的害虫所传播，各种叶蝉和沫蝉能够传播这种细菌	严格检疫制度；种植抗病品种；清洁田园，铲除杂草，减少隐症寄主，消灭田间介体昆虫如叶蝉、沫蝉等；用青霉素等抗生素处理，可减轻为害，药剂防治介体昆虫

第九章 热带果树病害

第一节 香蕉束顶病

香蕉束顶病（banana bunchy top）又称蕉公病、虾蕉或葱蕉，台湾省称为萎缩病，是香蕉重要病害之一。此病最早报道于1889年在斐济发生，后来又相继在大洋洲、亚洲和美洲报道。目前，在我国的福建、广东、广西、云南、台湾等省（自治区）都有发生。据调查，此病在我国为害较重，一般病株率为10%~30%，严重时达50%~80%。感病植株矮缩，不能开花结蕾；感病晚的植株，虽能结果，但果少而小，丧失商品价值，造成很大损失。

一、症　　状

本病症状的主要特点是新长出叶片，较正常叶片短而窄小，并且抽出的叶片一张比一张短小，以致病株矮缩，叶片硬直，并成束长出，故名束顶病。病株老叶颜色较健株黄，但新叶较浓绿。叶片硬而脆，很易折断。初感病植株的新叶叶脉上常可见断断续续、长短不一的浓绿色条纹；有些叶脉初褪绿透明，后变为黑色的条纹。条纹长1~10mm，宽0.75mm。叶柄和假茎上条纹浓绿色，俗称青筋，是诊断早期病株的依据。病株分蘖较多，病株的根头变红紫色，无光泽，大部分的根腐烂或变紫色，不发新根。

病株一般不开花结蕾。如在现蕾时发病，则花蕾直生，且不结实。此时叶片都已出齐，所以不表现束顶病状，叶色也不变黄，但嫩叶的叶脉仍出现浓绿色条纹。如现蕾时发病，则还可以结香蕉，但果柄较细，长且弯曲，果少而小，果端细如指头，肉脆而无香味。

二、病　　原

病原为香蕉束顶病毒（Banana bunchy top *Nana virus*，BBTV）。在电镜下观察，BBTV为单链环状DNA病毒，六角球形颗粒，直径20 nm。Burn等（1995）认为，该病毒至少含有6个DNA组分。束顶病毒侵染香蕉韧皮部，通过带毒芽和香蕉交脉蚜（*Pentalonia ni gronervosa*）传播，机械擦伤、人工接种及土壤都不能传病。

香蕉交脉蚜（若虫）的取毒饲育时间17h以上，循回期为数小时至48h，传毒饲育时间1.5h以上。获毒蚜虫可保持传毒能力长达13d。若虫传毒效能高于成虫，若虫蜕皮后仍能传毒。因此，认为介体是以持久性方式传毒。但是，带毒蚜虫不能通过子代传毒。本病毒的寄主限于甘蕉类植物及蕉麻。

三、发生流行规律

此病的初侵染源主要是病株及其蘖芽,而在新区和无病区则是带病蘖芽。病毒经香蕉交脉蚜传播。经1~3个月即可发病。交脉蚜在一年内有二次发生高峰期,即4月和10~11月。分析香蕉束顶病的潜育期,蚜虫4月份的发生高峰期与果园病害5~6月间的发病高峰期有着密切的相关性。

1. **气候条件** 由于此病主要借蕉蚜传播,有翅蚜发生数量多,本病发生亦较多。而蚜虫发生的数量及其活动力受到气候条件,特别是温度和雨量的影响。温度高、湿度低通常有利于此病的发生。在雨水少、天气干旱的年份,蕉蚜发生多,通常此病较严重;反之,在雨水多、天气潮湿的年份,蕉蚜发生少,此病相对较轻。由于温度和湿度的不同,此病在季节间也呈现较大变化。冬季气温较低,雨水较少,蕉蚜活动力降低,病害也降低,有些植株虽然感染病毒,也可不表现症状。次年3月以后随气温逐渐升高,4月份蚜虫大量发生,故5~6月间病害发生最多。在夏季雨后又逢干旱的气候条件,蚜虫常猖獗发生,也会造成病害的迅速蔓延。

2. **生育期及品种抗病性** 一般地说,生活力强、生长迅速的植株比较感病;种植试管苗、幼嫩吸芽和补植的幼苗比成株感病,潜育期亦较短。不同类型的香蕉品种抗病性有明显的差异。通常,品质较好的一些香蕉型品种比较感病,如福建省栽培的台湾蕉、天宝矮蕉、天宝度蕉、墨西哥3号和4号、龙溪8号等品质较好的品种,发病均较重;粉蕉和芭蕉型品种比较抗病,例如,粉蕉、柴蕉和美蕉等品质较差的品种发病较轻。此外,束顶病还与蕉苗质量、种植年限、株龄和蕉园管理水平有很大关系。

四、病害控制

1. **严格选种无病蕉苗(蘖芽)** 无病区或病区里的新辟蕉园,应严格选种无病蕉苗,这是防止束顶病蔓延的重要措施。由于本病的潜育期较长(1~3个月),故挖苗前须对母株进行检查。国外报道,利用三苯基四唑氯化物(Triphenyl tetrazolium chloride)对吸芽切片进行处理,带束顶病毒的吸芽切片呈砖红色,而健康的吸芽切片则无色。

2. **清除病株** 在病区每年于病害发生季节进行全面检查,发现病株,立即连根茎部分彻底挖除,集中烧毁。挖除方法是先在病株上喷布杀蚜药剂,然后将除草剂草甘膦用针筒灌入离地面30~70cm 的假茎内,每株灌 6~8ml,以使蕉树枯死,达到铲除病株的效果。对于病情轻的蕉园,要在清除病株后,用石灰等消毒,半个月后补种健株。

3. **适时防治蚜虫** 交脉蚜在3~7月生活在香蕉茎基部叶鞘内,可使用3%呋喃丹1:25毒土灭蚜,至8月份当蚜虫种群开始迁移到香蕉心叶上时,可用50%抗蚜威 12g/667m^2 喷雾地上部叶片;在10月份和次年2月份再各喷1次。交脉蚜在8月至次年2月都在香蕉心叶上生活。

4. **建立香蕉无病毒种苗离体培养的快速繁殖技术** 近年云南省农科院进行香蕉茎尖、花序轴的离体组织培养技术研究,应用酶联免疫吸附技术(ELISA)检测香蕉束顶病毒(BBTV),并制备出抗BBTV单克隆抗体(MCAb)。通过血清学检测获得无束顶病毒茎尖,并用无毒茎尖进行组织培养,建立香蕉无病毒种苗离体快速繁殖的生产程序。通过上述无性繁殖途径提供的无毒种苗,在生产上推广应用,可以有效地防治香蕉束顶病。

5. 区域防治 可将病区划分为 3 种类型，实行不同的防治措施。①保护区：病株率在 10% 以下。首先要在该区严禁外地种苗引入，以控制远距离的侵染源进入本区内。蕉园每月检查病株，一旦发现立即清除。②控制区：病株率在 30% 左右。该区内初次和再次侵染源较多，重点防治措施是清除病株和防治蚜虫。蕉园每月调查 2 次，发现病株及时清除。不能外调该区种苗，调入种苗须经严格检查，防止病菌再次引进。③重病区：病株率在 50% 以上。应在全部清除香蕉植株后，重新种植无病种苗，并建立保护区。

第二节　香蕉枯萎病

香蕉枯萎病（banana vascular wilt）又名黄叶病，是香蕉上一种毁灭性的病害。在拉丁美洲许多国家早有发生。1910 年巴拿马曾有大面积的香蕉园，由于发生枯萎病而被废弃，故亦有巴拿马病之称。我国台湾省发病较重，广西、海南仅局部地方有发生。本病是我国进口植物检疫对象。在自然条件下，香蕉枯萎病病菌主要侵害香蕉（*Musa nana*）和蕉麻（*Musa textilis*）。

一、症　　状

1. 外部症状 成株期病株先在下部叶片及其外边的叶鞘呈现黄色。这种黄色病变初表现于叶片的边缘，后逐渐向中脉扩展，也可整张叶片发黄。病叶迅速萎蔫，叶柄在靠近叶鞘处折曲，在几天之内，其他叶片相继下垂，由黄色变褐色而干枯。但也有个别病株的叶片，特别在荫蔽的环境条件下，发黄后并不下垂，也不迅速枯萎，其最后一片顶叶往往很迟抽出或不能抽出。最后病株枯死，在枯死的茎干上倒挂着干枯的叶片。

幼龄树感病后，一般生长不良，植株短小，甚至生长停滞。母株感病，在地上部枯死后，其根茎常活着，病株仍能长出新的吸芽。在春夏季节气候条件适宜时，病株继续生长，但到抽穗期或结实后，病势迅速发展，原来外观健康的蕉树，不久即表现出枯萎的症状。有些病株未待果实成熟即枯死，有些病株虽不立即枯死，但果实仅如指头大小，或蕉数稀少，发育不良，果实无食用价值。

2. 内部症状 本病是一种维管束病沪，内部病变很明显。在发病初期，将植株下部根茎作横切面观察，可见中柱髓部和皮层薄壁组织间有黄色或棕红色斑点。若纵向剖开病株根茎，可看到黄红色病变的维管束，越近茎基部，病变颜色越深，而越向上则病变颜色越淡。在根部木质导管上，常产生棕红色病变，并一直延伸至根茎部。发病后期，大部分根变黑褐色而干枯。

外部症状明显的病株假茎，在其横切面上可以看到内部幼嫩叶鞘的维管束变黄色，外部老叶鞘的维管束变赤红色至深褐色。初发病的假茎，往往是外部老叶鞘的维管束变色，而内部嫩叶鞘的维管束不变色。

二、病　　原

病原为真菌界半知菌亚门古巴尖镰孢（*Fusarium oxysporium* f.sp. *cubense*，异名 *Fusarium cubense*）。大型分生孢子从分生孢子座长出，镰刀形，无色，有 3～5 个隔膜，多数为 3 个隔膜。

3 隔膜的分生孢子，一般大小 30~43μm×3.5~4.3μm（范围为 17~50μm×3~4.5μm），平均大小 35μm×4μm；5 隔膜的分生孢子一般大小 39~48μm×3.5~4.5μm（范围为 36~57μm×3.5~4.7μm），平均大小 45μm×42μm。小型分生孢子数量很少，在气生菌丝上散生，无色，圆形或卵形，单胞或双胞，大小 4.5~12μm×4~8μm。厚垣孢子椭圆形至球形，顶生或间生，单生或两个连生，或多个串生，黄褐色，大小 5.5~6μm×6~7μm。菌核蓝黑色，产生数量不多，极小，直径仅 0.5~1mm。粗的可达 4mm。在变色的维管束及其附近的组织中，可以检查到病原菌的菌丝体和分生孢子。

据报道，此菌根据其在不同香蕉上寄生情况可分为不同的生理小种。其中小种 1 分布很广，不侵染香蕉类，只为害大密哈、蕉麻等。小种 2 分布较窄，只能侵染某些具有 ABB 三倍体的尖叶蕉和长柄蕉杂交的第一代，如外国大蕉。最近台湾报道小种 4 可以侵染香蕉。

病菌在寄主导管内能以小孢子繁殖，并随水分向上转运。较小的小孢子可以通过穿孔板（perforation plates）继续向上转运。寄主对病菌的侵袭，会形成一种胶质，黏附在穿孔板上，以阻止小孢子的上升。在抗病的香蕉品种上，这种胶质存留于穿孔板上，直至上方充塞细胞形成，达到永久性阻止病菌的侵入。而在感病的香蕉品种上，当充塞细胞形成之前，胶质即被分解，小孢子能继续上升，直至全部维管束被病菌侵害。

三、发生流行规律

病原菌是一种土壤习居菌，在土壤中可存活几年至十余年。主要以菌丝体在病株根茎中越冬。病株长出的吸芽带菌，当引用带菌的吸芽进行繁殖时，病害就会传播。病菌也可以厚垣孢子遗留在土壤中越冬。所以，本病的初次侵染源主要是带菌的吸芽及病土。如在带菌的土壤中种植蕉苗，病菌会从根部侵入，通过寄主维管束向茎上发展。土壤中病菌侵入寄主的途径是通过有伤或无伤的幼根，或受伤根茎，以后病菌进一步向假茎及叶部蔓延，造成全株发病。病菌随水流或农具在蕉园进行自然传播。

在病株后期，病菌在导管内会产生大量分生孢子及厚垣孢子。病株倒伏后，植株内的菌丝及大型分生孢子落于土壤中也会转变成厚垣孢子。厚垣孢子在病株组织内或土壤中存活期很长。

1. **品种抗病性** 据国外报道，大密哈最感病，香芽蕉类高度抗病。我国海南和广西只发现粉蕉和西贡蕉发病，香蕉、大蕉及其他蕉类未见发病；台湾过去栽培的华蕉很抗病，但在 20 世纪 60 年代以后，由于病菌出现新的生理小种，华蕉也丧失了抗病性。

2. **气候** 本病是热带作物病害，在温度较高，土壤湿度为最大持水量 25% 时，发病最严重。

四、病害控制

1. **严格检疫** 严格限制从国内、外病区输入粉蕉、西贡蕉、蕉麻及其他可能带菌的蕉类植物。许可输入的蕉苗，必须从无病的地区选取，同时要取样剖视根茎部，确证无可疑症状，并在隔离地区种植观察二年。如无发病，还应取样检查根茎内部，并进行组织分离培养。在确证输入的蕉苗无病后，才可逐步推广种植。

2. 隔离病区 毁灭病株和处理病土。蕉园或蕉区发现病株后，要采取隔离封锁措施，禁止病区的蕉苗、土壤和农具转移到附近的蕉园。同时以病株为中心，向四周或两个株距的边缘为界，把界内的病株和外表无病的植株（可能已染病）全部挖起，连同黏附的土壤就地晒干和烧毁。界内土壤可能还带有病菌，可撒施石灰或尿素杀菌。据报道，尿素几乎可以彻底消灭土壤中的香蕉枯萎病菌。尿素的杀菌作用，是由于亚硝酸物的大量累积所致。亚硝酸物对蕉树也有药害，因此，在尿素施用后，必须间隔一段时期才可种植蕉苗。此外，界内的病株也可用除草剂2,4-D加2,4,5-T的浓溶液注射于蕉茎及吸芽内，毒死病株，挖起烧毁。界内土壤撒施大量石灰，或每平方米喷洒2%福尔马林液10kg，以杀死土壤中病菌。

3. 轮作 这是非常有效的防病措施。据台湾省报道，与水稻轮作1年，发病率从30%～50%降至8.1%～17.6%；轮作2.5～3年，发病率下降至0.8%～6.3%。但与旱作如甘蔗等轮作无效。

4. 选栽抗病品种 发病严重的粉蕉或西贡蕉园，可改种较抗病的香蕉或大蕉。台湾省报道，北蕉品种通过组织培养，选出6个无性繁殖系，其中GCTEV-53及119很抗枯萎病，已在生产上推广栽培。

第三节　荔枝霜疫霉病

荔枝霜疫霉病（litchi downy blight）是荔枝上最严重的病害。我国于1934年在台湾省首次报道，祖国大陆于1950年开始有记载。目前主要分布于广东、广西、福建等各荔枝产区。该病在荔枝的整个生育期皆可发生为害，病害的发生和流行与空气湿度有密切关系。在荔枝开花至果实成熟期，如果遇上4～5d的连续阴雨天气，常会严重发病，引起大量烂果和落果。天气潮湿的年份，烂果率可达30%～50%，严重影响荔枝的贮藏和销售。

一、症　状

荔枝霜疫霉病主要侵染花穗和近成熟的果实，也可侵染叶片。花穗受害，初期呈淡黄色，3～4d后变黄，病害迅速扩展，使得整个花穗变褐腐烂，病部产生白色霉状物。近成熟果实受害，一般多从果蒂开始，先在果皮表面出现褐色不规则的病斑，病部扩展极为迅速，导致全果变褐，果肉糜烂，并渗出黄褐色带酸味的汁液。潮湿时病部生白色霉状物，病果容易脱落。未老熟的叶片受害，多自叶尖或叶缘处出现沸水烫状褐斑，病健部分界不明晰。本病最显著的特点是湿度大时患部表面现白色霉状物（病原菌孢囊梗和孢子囊），为本病区分炭疽病的重要特征。炭疽病为害花穗和近成熟果实，仅表现为朱红色针头状液点（病菌分生孢子盘），而不会像霜疫霉病那样表现白色稀疏霉状物。

二、病　原

病原为色藻界卵菌门荔枝霜疫霉菌（*Peronophythora litchi*）。病菌孢囊梗直立，双叉状锐角分枝，分枝末端尖细，其上着生一个孢子囊或进一步延伸长出新的孢囊梗。孢囊梗为多级有限生长。孢子囊柠檬形,顶端乳突状,无色至淡褐色,成熟后释放出游动孢子。有性阶段产生卵孢子,球形,无色至淡褐色。

荔枝霜疫霉病菌在 11~30℃ 均可形成孢子囊。在 22~25℃ 时形成的孢子囊最多。孢子囊在 8~22℃ 均能萌发形成游动孢子,但在 26~30℃ 则直接萌发形成芽管。在 14℃ 时游动孢子从形成到释放只需 30min。

三、发生流行规律

病菌以菌丝体和卵孢子在病叶、病果等患病组织内或随病残体落入土壤中越冬。次年春天,在适温、高湿条件下,卵孢子萌发形成芽管或萌发产生孢子囊及形成大量的游动孢子,借雨水溅射进行初次侵染。发病后病部产生新的孢子囊和游动孢子借风雨传播进行再侵染。在荔枝生长的整个季节中具多次再侵染,使病害不断蔓延。果实采收后在储运、销售过程中,病、健果可接触传染。

荔枝霜疫霉病在侵染过程的各个时期都要求高湿度。在高湿度的条件,病菌在 11~30℃ 之间均可侵染。广州地区每年 3~5 月份是多雨季节,有利于病原菌的繁殖和侵染,病原菌的再侵染频繁,是荔枝霜疫霉病在该地区经常流行的主要原因。在这个时期如果雨量较少,霜疫霉病的发生为害就会轻得多。

另外,凡土壤比较湿润、枝叶茂盛、结果多的树发病严重,荫蔽湿度大的树冠下部比透光好的树冠的其他部位发病早而重。

此病菌对荔枝的致病力极强。目前所栽种的主要荔枝品种均不抗病。一般早、中熟品种发病较重,迟熟品种发病较轻。这是因为早、中熟品种在开花及果实成熟阶段正处在多雨季节,迟熟品种结果偏晚,此时雨水较少,气温渐高,不利于病菌的生长和繁殖,所以病害发生较轻。迟熟品种在果实成熟期遇上连续下雨,此病同样也会严重发生。

四、病害控制

根据此病缺乏抗病品种、潜育期较短以及再侵染频繁等特点,防治荔枝霜疫霉病应采取以降低果园的湿度、减少侵染来源、在发病初期进行药剂保护的综合防治措施。

1. 降低果园的湿度 新建果园,选择土壤较疏松、排水良好且向阳的地段为园地。对现成果园,要修好果园的排灌系统,防止果园积水。荔枝采果后,把树冠上的病虫枝、阴枝、弱枝以及过密的枝叶彻底剪去,做到树冠通风透光良好,雨后树冠容易干爽。

2. 减少病害的初侵染来源 在每年的 9 月份前清除病果、烂果,防止卵孢子形成后落入土壤内越冬;在每年 3 月中旬至 4 月上旬气温回升时,用 1% 硫酸铜溶液或 1% 波尔多液喷树冠下的土壤表面,杀死萌发的孢子囊。

3. 药剂保护

(1) 喷药时间。花蕾期、幼果期和果实成熟期要喷药保护。喷药次数根据当时的天气(特别是雨天)情况及病情发展而定。若遇连续下雨,要抢晴喷药保护。果实成熟阶段是最容易感病的时期,要密切注意天气情况,进行喷药保护。

（2）有效药剂有 50%安克 2 000 倍液、69%安克锰锌 +75%的百菌清（1:1）1 000~1 500 倍液、60%霜炭清 600 倍液（兼防炭疽）、72%克露 700 倍液、66.5%普力克（即霜霉威）水剂 800~1 000 倍液、70%可杀得悬浮剂 800~1 000 倍液、58%瑞毒霜锰锌可湿粉 500 倍液、64%杀毒矾可湿粉 600 倍液、90%乙膦铝（即疫霜灵）可湿性粉剂 500 倍液、0.5%波尔多液（只宜在幼果期使用）。百德福 800 倍液 + 施保功 2 500 倍液不仅对霜霉病防效好，而且也可兼防炭疽病等，保鲜期延长，是较好的药剂组合。考虑到抗药性的问题，以上几种药剂可交替使用。

4. 抓好采后果实储运期的防腐保鲜处理 此项工作应根据就地销售或远途销售而确定是否进行。如属远途销售的，应注意在果实成熟度在 8~8.5 成时选晴天采收，随即用 0.1%特克多或特克多加安克锰锌（1:1）2 000 倍液浸果 2~3min，或用仲丁胺 30 倍液浸 10min，稍晾干后用薄膜袋密封包装，或直接用内垫薄膜的竹篓、纸箱密封或半密封包装。并做到轻采、轻放、轻运，长途运输时还应视距离确定常温运输或低温（2~5℃）运输。

第四节 龙眼鬼帚病

龙眼鬼帚病（longan witche's broom）又叫丛枝病、扫帚病。在广东、广西、福建、台湾等地均有发生。近年来，该病有逐渐加重的趋势。此病为害嫩叶、枝梢和花穗，造成枝梢枯死，秃枝，嫩叶不能伸展，不久枯萎脱落，发病的花穗不能结果，严重影响树势生长和产量。随着龙眼大面积的扩种，鬼帚病有蔓延扩展之势，是当前龙眼生产中一种重要的病害。

一、症 状

龙眼鬼帚病主要为害嫩梢和花穗，被害嫩梢幼叶变得狭小、弯曲，叶呈淡绿或黄绿色，叶缘卷曲不能伸开，或幼叶呈反卷、扭曲的斑驳花叶状，有的叶片甚至变成细长蕨叶状，小叶柄变扁而宽；成长的叶片则呈皱缩卷曲，或叶片凹凸不平如波浪状，或变为具深缺刻的大小不等的畸形叶。发病严重时，叶片畸形，不能展开，不久全部脱落，成为秃枝。这些无叶秃枝节间缩短，成为一丛无叶枝群，像扫帚一样，故名鬼帚病或丛枝病。花穗受害节间缩短，致使整个花穗丛生成簇状，也像扫帚一样。花果密集在一起，畸形膨大，花量多，但发育不正常，病花常早落。偶能结果，但果小，果肉淡而无味，无食用价值。病穗干枯后不易脱落，常悬挂在枝梢上。

二、病 原

病原是一种线状病毒，称为龙眼鬼帚病毒（Longan witches' broom virus）。病毒长 700~1 300nm。此病毒可以通过嫁接传播，在自然界则通过荔枝椿象和龙眼角颊木虱进行传播。荔枝椿象的传病率为 27.9%~40.0%，龙眼角颊木虱传病率为 22.3%~37.8%。

龙眼鬼帚病毒寄主范围除龙眼外，人工接种还可侵染荔枝。据报道，某些螨类在龙眼上的为害也会造成类似鬼帚病的症状。

三、发生流行规律

龙眼鬼帚病主要通过嫁接传染。用二年生砧木嫁接病枝,经7~8个月就可发病。远距离传播主要通过带毒种子、接穗和苗木的调运;田间近距离传播则主要通过龙眼角颊木虱和荔枝椿象。因此,在新区病害的初次侵染来源是带病苗木,而在老区病害的初次侵染来源是田间的鬼帚病株。

本病的发生同寄主品种、树龄、虫害和栽培管理等有密切关系。红核仔、牛仔、油潭本、大粒、普明庵、福眼、蕉眼、赤壳、大乌圆、石硖等品种较感病;乌龙岭、信代本、东壁、广眼等品种较抗病或耐病。一般幼龄树比老龄树感病。角颊木虱、荔枝椿象猖獗为害的果园通常发病较普遍而严重。采用带毒种子和病接穗培育的实生苗和嫁接苗发病率较高。栽培管理不善,树势衰弱,秋梢抽发不整齐或在寒潮到来时尚未老熟充实的秋梢易发病。

四、病害控制

防治该病应采取以实施检疫和培育无病苗木为前提,以适时修剪,加强栽培管理为基础和及时治虫控病为辅助的综合防治措施。具体应抓好以下环节:

1. **实行检疫** 无病区及新区严禁从病区输入苗木、接穗等繁殖材料。新区及新建果园,如发现病株应及早砍除烧毁。
2. **培育无病苗木** 应从无病区或病区中的无病果园选取品质优良的无病单株作为母树,取接穗进行育苗,禁止在病树上采接穗或高压育苗。
3. **剪除病枝** 结合修剪、疏花、疏果等农事操作,剪除病枝、病穗集中烧毁。
4. **加强栽培管理** 加强肥、水管理,促进树势健壮,提高抗病力。轻病树,可及早剪除病枝、病穗,对于缓和病势、延长结果年限有一定作用。
5. **防治介体昆虫** 防治荔枝椿象和龙眼角颊木虱,重点是越冬代及第一代盛孵期,及时喷药杀虫。

第五节 芒果炭疽病

芒果炭疽病(mango anthracnose)是国内外发生普遍、严重影响芒果生产的主要病害之一。在我国芒果炭疽病主要分布在广东、广西、海南、云南、福建等省(自治区)。此病在芒果采前和采后均可发生。主要侵染叶片、枝梢、花穗和果实,引起叶斑、梢枯、花疫和果腐。在果实近成熟期和储运期间病害发展尤为迅速,可造成大量果腐,损失相当严重。

一、症　　状

该病发生在叶片、枝梢、花穗和果实等部位。嫩叶最易受害,初期出现褐色小斑点,周围有黄晕。病斑扩大后成圆形、多角形或不规则形,多个小斑连接成大枯斑,病斑容易破裂或脱落形成穿孔，病叶脱落，形成秃枝。成长叶感病后，病斑两面产生黑褐色小点，病斑圆形或多角形，使叶片大部分枯死。

嫩梢染病后呈淡黑色下陷病斑，病斑绕枝条扩展一周，使病部以上的枝条枯死，称为反枯。天气潮湿时，在反枯枝条上产生黑褐色小点（分生孢子盘）。

花穗感病后在花梗上出现黑褐色小点，扩大后呈梭形或连接成短条状褐斑，稍凹陷，其上花朵变黑褐色、腐烂枯死，称花疫。严重时，整个花穗变黑腐烂，不能结果。

幼果感病后在果皮上出现黑褐色小斑，病斑迅速扩大或相互连接，导致幼果部分或全果皱缩变黑而脱落。若果柄、果蒂感病，则果实很快脱落。在果实近成熟至成熟期感病，在果面出现形状大小不一的黑色凹陷病斑，多个病斑往往融合形成大斑块，病部常深入到果肉内，使果实在田间和储运期腐烂。

上述各患病部位，在天气潮湿时，表面出现针头大的朱红色小点（分生孢子盘和分生孢子），此为本病特征。

二、病　　原

病菌无性阶段为真菌界半知菌亚门的胶孢炭疽菌（*Colletotrichum gleosporioides*），分生孢子盘埋生于表皮下，后随表皮破裂而外露，具有刚毛。分生孢子椭圆形或圆柱形，单细胞，无色，内有一油滴。有性阶段是子囊菌亚门围小丛壳属（*Glomerella cingulata*），但在自然条件下较少见。该病菌有明显的潜伏侵染现象。

三、发生流行规律

病菌以菌丝体和分生孢子盘潜伏在病株上和病残体上越冬。次年3、4月份，越冬的病原菌产生分生孢子，借风雨或昆虫传播进行初侵染。生长季节以分生孢子进行多次再侵染。

病害发生与气候条件有密切关系。高温、多雨、雾重、闷热、潮湿的天气最适宜于炭疽病的发生。雨日与病害流行高度相关。每周降雨2d以下，则病害停止发展或下降；每周降雨3~5d，则病害上升；降雨6d以上，则病害迅速发展，流行。因此，芒果炭疽病的流行条件：在芒果开花、幼果和嫩叶的感病期间，连续出现降雨和高湿天气，平均温度在16℃以上，旬降雨7d以上，相对湿度在90%以上。

果园管理不善，植株长势衰弱，植株组织幼嫩，虫伤、机械伤多，发病都较重。采收、包装、运输操作粗糙，贮藏条件恶劣都会加重病害发生。芒果贮运期间炭疽病主要来自田间已被病菌侵入、潜伏而外观正常的病果，待果实进入成熟期就发病。

不同品种对炭疽病的抗性有明显差异。桂香芒、串芒、红象牙芒等品种均感病；湛江吕宋芒、白花芒、云南象牙芒则较抗病。

四、病害控制

防治该病以加强栽培防病为基础，定期喷药保果和采后及时处理果实为保证的综合防治措施。具体应抓好以下环节：

1. **合理密植，善管水肥** 通过合理密植，适当修剪，控制树冠密度，改善果园的通透性，并善管水肥，促植株壮而不过旺，稳生稳长。

2. **抓好果园卫生，冬季清园** 结合修剪，清除病枝、病叶集中烧毁，以减少病菌的侵染来源。

3. **药剂防治** 在花芽萌发后到采果前15~20d，定期或不定期连续交替喷药预防控病，隔10~15d喷药一次，以保梢、保果。药剂可用25%施保功+50%混杀硫（1:1）800倍，或70%托布津+75%百菌清（1:1）1 000倍、30%氧氯化铜+70%托布津（1:1）800~1 000倍、40%三唑酮多菌灵可湿性粉剂800~1 000倍液。

4. **采后果实处理** 根据果实贮运距离和贮运时间长短的实际需要进行果实处理。可用2 000倍液苯来特，或1 000倍液多菌灵、2 000倍液特克多的热药液（52℃）浸泡5~10min，捞起沥干包装贮运。

产后防治工作应与田间防病结合，采收前应施药预防潜伏侵染，采收运输过程要注意尽量减少伤果，一般能保持3~4周不烂果。

第六节 芒果蒂腐病

芒果蒂腐病（mango stem end rot）是仅次于芒果炭疽病的另一个发生普遍而严重的病害。随着芒果种植业的发展，该病在广东、广西、福建和海南芒果产区的为害越来越重，严重阻碍芒果的生产和发展。芒果蒂腐病主要为害采前和采后的果实，贮运期病果率达10%~40%，使芒果在贮运期间造成严重的腐烂。芒果一旦发生蒂腐病就完全失去商品和食用价值，其为害损失和防治难度都远远超过炭疽病，对芒果业的影响极大。据调查，芒果产区主要存在黑色蒂腐病（又称焦腐病）和褐色蒂腐病两种。

一、症　状

1. **黑色蒂腐病** 发病初期病果的果蒂暗褐色，无光泽，病健部界限清晰。在高温、高湿条件下，病害向果身迅速扩展，病部由暗褐色逐渐变为深褐色至紫黑色，果肉组织软化流汁，伴有蜜香味，3~5d全果腐烂。后期病果皮出现黑色小点（分生孢子器），孢子角黑色，有光泽。

2. **褐色蒂腐病** 发病初期在果柄基部、果蒂周围表面出现浅褐色病变，后沿果身迅速扩展，病健部交界模糊。在湿度高时表皮爆裂、流汁，常伴有酸甜味。在28~30℃，3~4d时，病果迅速腐烂，7~10d时病果皮上出现一层墨绿色的菌丝体，其中产生大量的黑色小粒（分生孢子器），湿度低时可见分生孢子器上产生白色或浅黄色的孢子角。

二、病　原

黑色蒂腐病菌为真菌界半知菌亚门球二孢菌（*Botryodiplodia theobromae*，异名为*Diplodia natalensis*）。未成熟分生孢子无色，单胞，壁厚，椭圆形；成熟的分生孢子为榄褐色，双胞，表面具纵纹。

芒果褐色蒂腐病的病原有两种：一种是真菌界半知菌亚门芒果拟茎点霉（*Phomopsis mangiferae*），A 型分生孢子多数椭圆形，透明，单胞；在培养基上有时出现钩丝状的 B 型分生孢子。另一种是真菌界半知菌亚门多米尼加小穴壳霉（*Dothiorella dominicana*）。

三、发生流行规律

芒果蒂腐病菌以菌丝体和分生孢子器在病株和病残体上越冬。翌年温、湿度适宜时，分生孢子自分生孢子器涌出，借雨水溅射而传播，进行初侵染与再侵染。病菌花期侵入，在幼果内潜伏，果实后熟阶段表现症状。此外，病菌也可以从采果时的伤口及剪口处侵入，而且这是病原菌最主要的侵入途径。在果实采后的运输期主要是靠病、健果相互接触、由菌丝体传播。华南地区大部分芒果产区处于次适宜区，挂果期正是台风雨频繁的季节，台风极易扭伤果柄和擦伤果皮，病菌随雨水从伤口侵入，然后潜伏在果蒂组织内，待果实收获后才表现症状。果柄剪口流出的胶乳是蒂腐病菌分生孢子的良好营养基质，分生孢子在胶乳汁液中 2h 可萌发，潜伏期约 3d，果蒂逐渐出现蒂腐症状。因此，果柄剪口是蒂腐菌入侵的重要途径之一。发病的最适温度为 25~32℃。温暖潮湿的天气或园圃环境均有利于发病。果实或嫁接苗虫伤口或机械伤口多，易诱发本病。紫花芒、桂香芒、串芒、粤西 1 号、秋芒等品种较感病。

四、病害控制

由于芒果黑色蒂腐病、褐色蒂腐病是以田间侵染、采后发病的主要病害。因此，在防治上必须采取果园防病与采后处理相结合的措施，方能取得较好的效果。

1. 采前栽培防病综合措施 ①种植丰产优质又较抗病品种。②适当密植。以每 667$m^2$40 株较为合理。③整形修剪要疏除内膛枝、重叠枝、弱枝、病虫枝，改善芒果生长需要的环境条件。④及时清除枯枝病叶及地面上的枯枝、落叶。⑤在采前采后及贮运过程中尽量减少果实的损伤。⑥药剂防治在芒果新梢期、花穗期及幼果期要喷药防治。有效药剂有 1:1:160 波尔多液、50% 多菌灵可湿性粉剂 500~600 倍液、70% 甲基托布津可湿性粉剂 800~1 000 倍液、75% 百菌清可湿性粉剂 500~600 倍液。药剂要交替使用。

2. 采后处理措施 ①剪果。在靠近蒂基部 0.3cm 处把果剪下。②洗果。用 2%~3% 漂白粉水溶液或流水洗去果面杂质。③选果。剔除病、虫、伤、劣果。④防腐处理。采用 29℃ 的 50% 施保功可湿性粉剂 1 000 倍液处理 2min，或用 52℃ 45% 特克多胶悬剂 1 000 倍液处理 6min。⑤分级包装：按级分别用白纸单果包装。

第七节 番木瓜环斑花叶病

番木瓜环斑花叶病（papaya ring spot）是世界性的病害，具有传播快、为害性大等特点。我国于 1959 年在广州地区开始发现，目前已广泛分布于广东、福建、云南和台湾等木瓜产区，成为我国木瓜产区最严重的病害。

一、症　状

番木瓜环斑花叶病属全株性病害，植株感病后初在心叶下第3~4片叶出现分散的大小不一的黄斑，随后新长出的叶片出现花叶症状，顶叶变小，皱缩黄化。顶部嫩茎及叶柄产生水渍状斑点、条斑、环纹和圈斑。病株结的果实，果面出现大小不等的圆形、椭圆形、不定形的水渍状斑点、环纹、圈斑或同心轮纹圈斑，2~3个圈斑可互相联合成不规则形。冬季天气较冷时，花叶症状不显著，病株叶片大多脱落，只剩下顶部黄色幼叶。幼叶变脆而透明，畸形、皱缩。严重时叶片畸形，变成鸡爪形或带状，次年结果量大减，甚至完全不结果。病株在1~4年内死亡。

二、病　原

病原为番木瓜环斑病毒（papaya ring spot poty virus），属于马铃薯Y病毒组成员。病毒粒子线状，平均长度700~800nm，直径10~15nm。此病毒由汁液摩擦传染。自然传染的介体昆虫为桃蚜、棉蚜，其次为花生蚜、玉米蚜、马铃薯蚜、麦蚜、橘蚜等。以非持久性方式传播。病毒不能通过种子传播。西瓜、香瓜、黄瓜、丝瓜、白瓜和西葫芦等瓜类为中间寄主。

三、发生流行规律

田间的感病植株为病害的主要初次侵染来源。病害的远距离传播主要是通过带病苗的调运。本病通过桃蚜、棉蚜等介体昆虫在自然界辗转侵染蔓延。温暖干燥天气有利于蚜虫的发育和迁飞，因而病毒发生也较为严重。

在广州地区番木瓜花叶病有两个发病高峰，分别为4~6月份和10~11月份。这都和蚜虫发生数量有关。田间发病高峰较蚜虫密度高峰期一般晚10~20d。一般新建果园远离病果园或住宅区则发病较轻。苗期发病较少，开花结果后发病较多。目前栽种的品种抗病性差异不大。番木瓜与龙眼、荔枝、香蕉等果树混栽发病较少，而成片栽种发病率很高。

四、病害控制

1. **因地制宜选种耐病品种**　在台湾，番木瓜"台农5号"表现为抗病；在广州"穗中红"表现为耐病。
2. **及时砍除病株**　老区建园应与旧果园有一定的距离，并彻底清除附近病株。
3. **在病区改秋植为秋育春种冬砍**　适当密植，并加强肥水管理，施足基肥，争取当年种植当年收果，争取在发病高峰前已获得可观的产量。
4. **防治蚜虫**　在发病高峰期前及发病高峰期间，要做好治蚜防病工作。治虫工作要在大范围内进行方能收到较好的防治效果。同时，要铲除木瓜园附近桃蚜和棉蚜的寄主植物（如辣蓼等），喷布杀蚜剂。

5. 利用病毒弱毒素 美国夏威夷大学筛选出来的病毒弱株系，对当地番木瓜花叶病有很好的防治效果，但对我国木瓜花叶病的防治效果不显著。

6. 基因工程抗番木瓜环斑花叶病毒的研究取得较大进展 国外进行了番木瓜的转基因和番木瓜环斑花叶病毒外壳蛋白基因介导抗病性的研究。应用基因枪法和农杆菌共培养法成功地将外壳蛋白基因导入番木瓜植株。在我国番木瓜环斑花叶病毒外壳蛋白基因的构建和番木瓜的转基因研究已经取得成功。

附 热带果树其他病害

病名及病原	症 状	发生流行规律	病害控制
荔枝炭疽病 真菌界半知菌亚门 荔枝炭疽菌 *Colletotrichum litchii*	叶片受害常在叶尖开始发病；初时产生圆形或不规则形的淡褐色小斑，后扩展为深褐色的大斑；花枝受害，花穗变褐色，枯死；受害果实变褐色，腐烂，天气潮湿时在病部产生许多黏质小粒，溢出朱红色黏液，病果易脱落	病菌在幼果期侵入，在果实组织内潜伏，待果实将近成熟，抵抗力下降，病菌迅速生长繁殖，造成果实发病	加强栽培管理，搞好果园卫生；选用10%托布津+75%百菌清可湿粉1 000～1 500倍液，或40%多硫悬浮剂600倍液、50%施保功可湿粉1 000倍液、69%安克锰锌+75%百菌清可湿粉1 000～1 500倍液、25%炭特灵可湿粉600倍液、25%应得悬浮剂1 000倍液，交替喷施2～3次
荔枝酸腐病 真菌界半知菌亚门 白地霉 *Geotrichum candidum*	荔枝酸腐病多为害成熟果实；一般从蒂部一端开始发病，病部初呈褐色，后变为暗褐色，病部逐渐扩大，直至全果变褐腐烂；内部果肉腐烂酸臭，外壳硬化，暗褐色，有酸水流出，病部生白色霉状物	病菌分生孢子借风雨或昆虫传播，采收时的工具也可带菌传播；病菌只能从伤口侵入，一般为害将近成熟及成熟的果实，成熟度越高越感病；高温、高湿有利病害的发生	选择晴天或露水干后才收果可减少酸腐病的发生；防止果实受损伤；防治荔枝蝽及蒂蛀虫等虫害；药剂浸果处理，采用75%抑霉唑2 000倍液+72%2,4-D乳剂5 000倍液或45%特克多乳剂1 000倍液+75%抑霉唑2 500倍液+72%2,4-D乳剂5 000倍液浸果
芒果疮痂病 真菌界子囊菌亚门 芒果痂囊腔菌 *Elsinoe mangiferae*	受侵染的嫩叶多从下表皮开始出现暗褐至黑色的病斑，叶片扭曲畸形；较老的叶片受害，背面产生许多凸起的小黑斑，中央裂开，严重时叶片扭曲畸形易脱落；受害果实在其基部产生许多凸起的、灰褐色斑点，直径大小约5mm，病部果皮变粗糙，木质化，中央呈星状裂开，潮湿时，长出小黑点及灰色霉层，病果易脱落	病原菌以菌丝体在感病组织中越冬；翌年春天在适宜的温、湿度下，在旧病斑上产生分生孢子，并通过气流及雨水传播；病害的远距离传播主要通过带病种苗的调运	严格检疫；搞好清园卫生，加强肥水管理；在嫩梢及花穗期开始喷药，7～10天喷1次，共喷2～3次，坐果后每隔3～4周喷1次，药剂可选用1%波尔多液、50%克菌丹可湿性粉剂500～600倍液、70%代森锰锌可湿性粉剂500倍液
芒果细菌性黑斑病 细菌界普罗特斯门 野油菜黄单胞菌 芒果致病变种 *Xanthomonas campestris* *pv. mangiferae-* *indicae*	受害叶片最初在叶面出现油渍状小黑点，其扩展受叶脉限制而呈黑褐色多角形小斑，周围有黄色晕圈，叶中脉变黑，局部裂开，老病斑最后转为灰白色；嫩枝受侵染，病部明显褪色，并纵向开裂，渗出胶液变成黑斑；果柄受害，组织坏死引致落果；幼果受害出现暗绿色斑块，周围有油渍状晕圈，后期果肉变黑褐色；潮湿时病部溢出菌脓，严重的引致大量落叶和落果	病原细菌在受侵染的枝梢或病残组织上越冬；次年春季在温、湿度适宜的条件下，病部溢出细菌脓，通过雨水或昆虫传播；从寄主的自然孔口或伤口侵入	搞好清园，减少初侵染菌源；嫩梢和幼果期喷药保护嫩梢、幼果，药剂有40%氧氯化铜悬浮剂500倍液、农用硫酸链霉素2 000～3 000倍液，要特别密切注意天气预报，台风暴雨后要喷药保护和防治

第九章 热带果树病害

(续)

病名及病原	症　状	发生流行规律	病害控制
芒果白粉病 真菌界半知菌亚门 芒果粉孢菌 *Oidium mangiferae*	被害的器官上出现一些分散的白粉状小斑块，逐渐扩大，并相互联合形成一片白色粉状霉层，其下的组织逐渐变褐坏死；花序、花柄及萼片最易感病，引起大量落花；叶片受害在叶背面先出现浅灰色斑块，严重时受害叶片变形、早落；幼果受害时白粉层常布满整个果面，病部表皮变褐色龟裂，被害果实容易脱落；轻病果虽可继续长大，但在白粉霉层脱落后，病部呈紫色斑块，龟裂、木质化	病菌以菌丝体在受侵染的较老叶片及枝条组织内越冬；第二年春天环境条件适宜时，越冬菌丝体产生分生孢子，通过气流传播进行侵染；芒果花期如遇夜晚冷凉及雨水多时发病加重，2~4月芒果抽叶开花期为本病盛发期	种植抗病品种；增施有机肥和磷钾肥，控制过量施用化学氮肥；药剂防治要从开花初期开始喷药，每隔15~20d喷1次，有效药剂有20%粉锈灵乳油3 000倍液、15%粉锈灵可湿性粉剂3 000~4 000倍液、40%多硫胶悬剂350~500倍液、250~300筛目硫磺粉等，要注意硫剂在温度过高时不宜使用，以免发生药害
番木瓜炭疽病 真菌界半知菌亚门 胶孢炭疽菌 *Colletotrichum gloeosporioides*	被害果出现一个至数个暗褐色的小斑点，呈水渍状，病斑逐渐扩大，直径5~6mm时，病斑下陷，斑面出现同心轮纹，轮纹上产生无数突起的小点，不久突起小点破裂露出朱红色的液点，由黑色小点与朱红色小点相间排列成同心轮纹；在叶片上，病斑多发生于叶尖及叶缘，病斑褐色；在叶柄上，病斑多发生于将脱或已脱落的叶柄上，病健部无明显界限，其上面出现一堆堆黑色小点，病部不下陷	病菌可在病树的"僵果"、叶片、叶柄和地面上的残体上越冬，成为翌年的初次侵染来源；分生孢子由风雨及昆虫传播，落在番木瓜叶片、叶柄或果实上，萌发后经气孔、伤口或直接由表皮侵入；高温、高湿及田间积水，或采果时大量弄伤果皮，常引起病害严重发生	加强栽培管理，注意田间卫生；因炭疽菌有明显的潜伏侵染现象，所以药剂保护要在幼果期进行，有效药剂有0.5%波尔多液、40%灭病威悬浮剂500倍液、70%甲基托布津可湿性粉剂800~1 000倍液、50%多菌灵可湿性粉剂或75%百菌清可湿性粉剂600~800倍液
番木瓜疫病 色藻界卵菌门 烟疫霉寄生专化型 *Phytophthora nicotiana var parasitica*	主要为害木瓜果实，常在果实蒂部首先发病；病部水渍状，淡褐色，病健部无明显的边缘；天气潮湿时，果实很快腐烂，病部生稀疏的白色霉层，此为病菌的孢子囊梗及孢子囊	此病在适温、高湿的条件下发病较重，其中以湿度对此病的发生影响最大；连栽地发病较多，轮栽地发病较少；施用未腐熟的有机肥做基肥发病较多；砂壤土发病较多；果园地势较低、排水不良的发病多；地势较高、排水良好的发病较少	以药剂防治为主，当病害刚开始出现应立即喷药，有效药剂有58%瑞毒霉锰锌可湿性粉剂600倍液、64%杀毒矾M8可湿性粉剂500倍液、72.2%普力克水剂400~600倍液、90%乙膦铝可湿性粉剂500倍液、1%波尔多液；此外，要注意田间卫生，及时清除田间的病果及病苗
香蕉炭疽病 真菌界半知菌亚门 香蕉炭疽菌 *Colletotrichum musae*	主要为害成熟或近成熟的果实，也可为害受伤的青果和蕉花、蕉根、蕉轴及蕉茎；在果实上，多始发于果端部分，病斑初呈黑色至黑褐色小圆斑，以后病斑扩大，并由几个互相联合而成不规则的大斑；在高温下，2d左右便可致使全果变黑、果肉溃烂，老病斑常凹陷，病部长出朱红色的小点；果梗和果轴上病斑呈黑褐色，形状不规则。最后，全部变黑、干缩	病菌以菌丝体或分生孢子在香蕉树上越冬；分生孢子借风雨或昆虫传播，高温、高湿及贮运期较温暖的情况较利于此病发生；病菌只侵染蕉类品种，以香蕉受害最重，大蕉次之，粉蕉很轻	喷药保护，在花蕾落花后，即喷40%灭病威可湿性粉剂500倍液或50%多菌灵可湿性粉剂600~800倍液、50%复方硫菌灵可湿性粉剂500~800倍液；适时采果，果实成熟度达75%~85%时采收最好，避免过熟；果箩及贮运场所可用5%福尔马林液喷洒，或用硫磺熏蒸24h，采果后及包装前，使用45%特克多600倍液或用50%施保功可湿性粉剂1 500~2 000倍液浸果1min，稍沥干水分后再用乙烯薄膜包装

(续)

病名及病原	症状	发生流行规律	病害控制
香蕉叶斑病类 1) 褐缘灰斑病 真菌界半知菌亚门 香蕉尾孢菌 *Cercospora musae* 2) 灰纹病 真菌界半知菌亚门 香蕉暗双孢霉 *Cordana musae* 3) 煤纹病 真菌界半知菌亚门 长蠕孢属 *Helminthosporium forlosum*	褐缘灰斑病在发病初期叶片出现与叶脉平行的褐色条纹，继而扩展为黑色的长椭圆形或纺锤形病斑，后期病斑中央灰白色，周缘黑褐色，湿度大时病斑表面着生灰色霉状物，病情严重时可致全叶枯死；灰纹病的病斑初起为椭圆形，后逐渐扩大成长椭圆形而两端略尖，中央呈灰至灰褐色，边缘褐色，病斑外缘有一黄色晕圈，病斑背面着生灰褐色霉状物，多个病斑有时在叶片边缘连接成叶缘斑枯状；煤纹病的病斑常发生于叶片边缘，并多个一起连成大斑块，与灰纹病症状相近，病斑多呈短椭圆形，褐色，斑上有明显轮纹，病斑背面的霉状物色泽较深，本病始发于老叶，后向嫩叶扩展蔓延	病菌以菌丝体和分生孢子在植株病部和散落在病残叶上越冬；病残叶是翌年叶斑病主要的再侵染源	冬季清园，减少初次侵染来源；及时摘除始发病叶片，控制病情的发展蔓延；加强蕉园的栽培管理，合理密植、排灌，增施钾肥和有机肥，提高植株抗逆力；发病严重的蕉园，可采用轮作；药剂防治：有效药剂有25%敌力脱（Tilt）1 000～1 500倍，每隔15 d一次，连续喷2～3次，对此病的防治效果最好，1%波尔多液或70%甲基托布津可湿性粉剂800～1 000倍液，对此病也有较好的防治效果
香蕉黑星病 真菌界半知菌亚门 香蕉大茎点霉 *Macrophoma musae*	叶面近脉密生或大或小的小黑斑，其上散生针头大的小黑粒，手摸粗糙感明显；蕉果青果期就可受害，其症状与叶片相同，严重时果面密生雀斑状黑斑，斑中部组织下陷腐烂，手摸感到粗糙；严重时致叶片枯干，病果外观受损，不耐贮运，产量和果实品级降低	病菌以菌丝体和分生孢器在病部和病残体上越冬；以分生孢子作为初侵染与再侵染接种体；借风雨传播，从伤口或直接侵入致病；夏、秋季雨水多，园内潮湿，发病重；香蕉中矮把蕃芽蕉、威廉斯等品种易感病，大蕉、粉蕉较抗病	注意果园卫生，经常清除老叶、病残叶集中烧毁；加强肥水管理，注意清沟排渍，增施磷、钾肥，避免偏施氮肥；及时喷药预防，可在抽蕾后苞片未打开前连续喷药2～3次，视病情和天气隔7～15 d 1次，以喷果、叶为主；套袋护果，在抽蕾后挂果期用塑料药膜套果，可减轻果病
菠萝炭疽病 真菌界半知菌亚门 胶孢炭疽菌 *Colletotrichum gloeosporioides*	主要为害叶片；叶斑近圆形至椭圆形，斑中部浅褐色稍凹陷，边缘深褐而稍隆起，斑面散生针头大的小黑点，病斑互相连合成斑块，严重时造成叶枯	病菌以菌丝体和分生孢盘在病株和病残体上越冬；以分生孢子作为初侵染体和再侵染体，借风雨传播，从伤口侵入或贯穿表皮侵入致病	清洁田园；合理施肥；喷药保护新叶，药剂可选用75%百菌清＋70%托布津可湿粉1 000～1 500倍液、69%安克锰锌＋75%百菌清（1∶1）1 000～1 500倍液、50%施保功可湿粉1 000倍液、25%炭特灵可湿粉500倍液、65%多克菌可湿粉800倍液，交替喷施2～3次

第十章 其他果树病害

第一节 枣疯病

枣疯病（jujube witches' broom）是枣树上的一种毁灭性病害，山西、陕西、河南、河北、山东、四川、广西、湖南、安徽、江苏、浙江等省（自治区）均有分布，其中以河北、河南、山东等省发病最重；枣园一旦发病，蔓延很快；疯树经3~4年后即死亡。病情严重的果园，常造成全园绝产。

一、症 状

枣疯病一旦发病，翌年很少结果，因此病树又被称为公枣树。其症状特点为花变叶、花梗延长和主芽不正常萌发而构成枝叶丛生。

1. **花变叶、花梗延长** 病株上的整个花器变成营养器官。萼片、花瓣、雄蕊均变为小叶。花梗延长4~5倍。

2. **枝叶丛生** 病株一年生发育枝的正芽和多年生发育枝的隐芽，大都萌发生成发育枝。新生发育枝的芽又大都萌生小枝，如此逐级生枝而形成丛枝。枝叶丛生病状在根蘖上表现特别明显。

3. **叶片病状** 叶肉变黄，叶脉仍绿，逐渐整叶黄化，继而叶缘上卷，暗淡无光泽，硬而脆。有的叶尖边缘焦枯，似缺钾状。严重时病叶脱落。花后所长出的叶片狭小，明脉，翠绿色，易焦枯。有时在叶背中脉上，长一片鼠耳状的明脉小叶。

4. **花、果症状** 有的呈花脸状，一般不结果，偶尔结果也无价值。果面凹凸不平，凸处为红色，凹处为绿色。果实大小不一，果肉松散，不堪食用。

5. **根部症状** 疯树主根不定芽往往大量萌发长出一丛丛的短疯枝，同一条侧根上可出现多丛，后期病根皮层腐烂。

二、病 原

目前研究认为，枣疯病的病原是细菌界的植原体（*Phytoplasma*）和病毒的混合侵染。

植原体为不规则球状，直径90~260nm，外膜厚8.2~9.2nm，堆积成团或联结成串。枣疯病表现黄化丛生症状，以四环素处理病树有一定的疗效，这两个特点与一般植原体所致病害的特点基本一致。用电镜观察，在疯树韧皮部超薄切片及其提取液中，在病树上饲养的传病叶蝉的唾液腺超薄切片中，均发现有植原体存在。此外，从病叶中分离出一种类似棒状病毒的粒体，直径

12nm（11~13nm），长度平均为300~400nm，最长1 000nm，具有棒状植物病毒的典型空心与亚基结构，螺旋周期约4nm。

三、发生流行规律

疯树是枣疯病主要的侵染来源。植原体在活病株的根部越冬。翌春，植原体随营养物质上行到地上部引起发病。自然传病媒介主要是凹缘菱纹叶蝉（*Hishimonus sellatus*）、橙带拟菱纹叶蝉（*H. aurifaciales*）和红闪小叶蝉（*Typhlocyba* sp.）。一旦叶蝉摄入植原体，则终身带菌，可持续传染。汁液摩擦接种、病株的花粉、种子、土壤以及病健株根系间的自然接触，都不能传病。嫁接能够传病，但枣树很少通过嫁接繁殖，因此，不能成为自然传病的主要途径。

植原体侵染枣树后，须经韧皮部先运行到根部，经过增殖后，再向上运行到地上部，方能引起树冠发病。因此，适时环剥有防病作用。嫁接发病，潜育期最短25d，即在新芽上表现病状。潜育期最长可达1年以上。一般在6月底前接种，接种点离根部近和接种量大的，潜育期短；反之，则延长。6月底以前接种的，当年即可发病；后接种的，翌年花后才发病。接种根部，当年很早即可发病；接种枝干，当年很晚甚至翌年才发病。

1. **品种抗病性** 金丝小枣易感病，株发病率为60.5%；滕县红枣较抗病，株发病率只有3.4%；而有些酸枣则是免疫的。此外，陕北的马牙枣、长铃枣、酸铃枣都较抗病。

2. **土壤** 土壤干旱瘠薄、管理粗放、树势衰弱的枣园发病较重，反之则较轻。盐碱地枣区，因盐碱地上的植被种类不适于介体叶蝉的生长和繁殖，而较少发病或不发病。3种介体叶蝉食性杂，分布广，可大量孳生于杂草丛中，故杂草丛生的山坡枣园发病重。

四、病害控制

1. **清除病株，治虫防病** 连根彻底清除病树，在叶蝉发生期喷药防治传病叶蝉。
2. **培育无病苗木** 在无病枣园中采取接穗、接芽或分根进行繁殖。在苗圃中一旦发现病苗，应立即挖除，并销毁。
3. **选用抗病砧木和加强枣园管理** 可选用抗病酸枣品种和具有枣仁的抗病大枣品种做砧木，以培育抗病枣树。注意加强枣园肥水管理，对土质条件差的，要进行深翻扩穴，增施有机肥料，改良土壤理化性质，促使枣树生长健壮，提高抗病力。对个别枝条呈现疯枝症状时，尽早将疯枝所在的大枝从基部砍断或环剥，以阻止病原体向根部运行，可延缓发病。
4. **接穗处理和病树治疗** 接穗可用1 000mg/kg盐酸四环素浸泡0.5~1h，有消毒防病的效果。发病较轻的枣树，可用1 000mg/kg盐酸四环素注射病树，有一定的治疗效果，但不能根治。

第二节 枇杷叶斑病

叶斑病（loquat leaf spot）是枇杷最主要的病害之一。受害植株轻则影响树势和产量，重则叶落枝枯。常见的枇杷叶斑病包括灰斑病、斑点病和角斑病3种。灰斑病在浙江、江苏、福建、江西、安徽、上海、四川、湖南、广东、广西、云南等省（自治区、直辖市）都有分布。斑点病和角斑病在广东、广西、湖南、江苏、浙江、福建、云南等省（自治区）都有发现。发病严重时，造成早期落叶，使果树生长衰弱，影响抽发新梢。灰斑病除为害叶片外，还能侵害果实，造成果实腐烂，影响产量。

一、症　状

1. **灰斑病**　叶片被害，病斑初呈淡褐色，圆形，后变灰白色，表皮干枯，易与下部组织脱离，病斑可愈合成不规则的大病斑。病斑边缘明显，有狭窄的黑褐色环带，中央灰白色至灰黄色，其上散生黑色小点（分生孢子盘）。果实被害，产生圆形紫褐色病斑，后凹陷，其上散生黑色小点，造成果腐。

2. **斑点病**　病斑初期为赤褐色小点，后扩大为近圆形，沿叶缘发生时则呈半圆形，中央灰黄色，外缘仍为赤褐色，紧贴外缘处为灰棕色，病斑愈合后成不规则形。后期病斑上亦长有黑色小点（分生孢子器），有时排列成轮纹状。

灰斑病和斑点病在叶部症状有些相似，两者主要区别：①前者病斑较大，后者较小；②前者病斑上着生的黑色小点较粗而疏，后者较细而密。

3. **角斑病**　叶片上初生褐色小点，后扩大以叶脉为界，呈多角形，病斑常愈合成不规则的大病斑。病斑赤褐色至暗褐色，周围往往有黄色晕环，后期病斑中央稍褪色，其上生黑色霉状小粒点（分生孢子、分生孢子梗及基部的菌丝块）。

二、病　原

1. **灰斑病**　病菌是真菌界半知菌亚门枇杷叶拟盘多毛孢（*Pestalotiopsis eribotrifolia*）。分生孢子盘黑色，初埋生，后突破寄主表皮外露。分生孢子5胞，广椭圆形，直或稍弯曲，中间3细胞有色，近顶两胞棕褐色至黑褐色，近基一胞淡褐色至淡棕色，分隔处略缢缩。顶端细胞无色，圆锥形，顶生2~4根纤毛，通常为3根。基部细胞无色，圆锥形，比顶胞略长或等长，有脚毛1根。

2. **斑点病**　病原为真菌界半知菌亚门枇杷叶点霉（*Phyllosticta eriobotryae*）。分生孢子器球形或扁球形，黑色，埋生于寄主表皮下，有孔口突出表皮外。分生孢子椭圆形，无色，单胞。

3. **角斑病**　病原为真菌界半知菌亚门枇杷尾孢（*Cercospora eriobotryae*）。菌丝体集结在寄主表皮下，形成菌丝块，其上长出分生孢子梗。初生的分生孢子梗直立，单胞，淡褐色；老熟时先端略弯曲，颜色变深，有1~5个隔膜。分生孢子无色，鞭状，直或稍弯曲，有3~8个隔膜，每个细胞内含有1~3个油球。

三、发生流行规律

灰斑病菌以菌丝体及分生孢子在病叶上越冬；斑点病菌以分生孢子器和菌丝体在病叶上越冬；角斑病菌以菌丝块及分生孢子在病叶上越冬。越冬病菌及新产生的分生孢子经雨水或气流传播，引起初次侵染。在温暖地区，病菌的分生孢子终年不断产生，引起多次再侵染。

高温、多雨季节是该病盛发期。3月中旬至7月中旬，9月上旬至10月底是该病迅速蔓延时期。一般土壤瘠薄、排水不良、栽培管理差的果园，发病较重。苗木发病常重于成株。

品种间发病有差异。灰斑病以乌儿品种发病较重，白沙和红种次之，夹脚及夹脚与乌儿的杂交种较抗病。斑点病以白沙发病较重，乌儿和红种次之，夹脚及夹脚与乌儿的杂交种较抗病。角斑病以白沙发病较重，夹脚、红种及夹脚与乌儿的杂交种次之，而乌儿抗角斑病。

四、病害控制

1. **选栽抗病品种**　根据各地叶斑病的不同种类及为害情况，选种抗病品种。
2. **农业防治**　在建园时行深沟高畦栽植，并加强整枝修剪，使树冠通风，可减轻发病。增施肥料，促使树势生长健壮，提高抗病力。梅雨季节，要做好果园排水工作，以降低田间湿度，不利病菌的繁殖和蔓延。冬季清除落叶和落果，剪除病叶，集中烧毁，以减少越冬菌源。夏季干旱，及时灌水或覆草抗旱。
3. **喷药保护**　在春、夏、秋各次梢萌发抽生展叶期，喷药保护，每隔10～15d喷1次，共喷1～2次药。使用的药剂及浓度：0.5%～0.6%波尔多液，或70%甲基托布津可湿性粉剂、50%多菌灵800～1 000倍液、77%可杀得600～800倍液、65%代森锌500～600倍液等。以上各种药剂要交替使用，喷药要均匀。

第三节　板栗疫病

板栗疫病（chestnut blight）又称干枯病、腐烂病，世界各栗产区均有分布。我国广泛分布于栗产区。河北、河南、山东、浙江、江苏、安徽、江西、湖南、广东、台湾等省均有发生，局部地区受害严重。发病严重时常引起树皮腐烂，成片栗树枯死。

一、症　状

病菌主要为害主干或主枝，少数为害枝梢引起枝枯。发病初期，树皮上形成红褐色病斑，病组织疏松，稍隆起，有时自病部流出黄褐色汁液。撕破病皮可见病组织红褐色水渍状溃烂，并有浓烈的酒糟味。随后，病部失水、干缩、凹陷，在树皮下产生红褐色至黑色的瘤状小粒点（子座）。子座顶端逐渐破皮外露。潮湿时，涌出橙黄色卷丝状孢子角。最后病皮干缩开裂，病部周围形成愈伤组织。

幼树多在树干基部发病，致使上部枯死，下部产生愈伤组织，入夏后在基部产生大量分蘖，多数分蘖纤细。翌春基部旧病疤又继续溃烂，分蘖大多枯死，入夏后又萌发大量纤细的分蘖。如此反复几年后，树干基部形成一大块肿瘤状愈伤组织，终致死亡。发病的大树，发芽较晚，发芽后叶小而黄，叶缘焦枯，有时不抽新梢或仅抽出短小的新梢。大树的主枝或主枝基部的杈桠处发病绕枝，即造成整枝或整株枯死。

二、病　原

病原为真菌界子囊菌亚门寄生隐丛赤壳（*Cryphonectria parasitica*）。病菌子座着生于皮层内，扁圆锥形，内生不定形、多腔室的分生孢子器，器壁上密生一层分生孢子梗。分生孢子梗无色，单生，少数有分枝，其上着生分生孢子。分生孢子无色，卵形或圆筒形。子座底部可着生数个至数十个子囊壳。子囊壳暗黑色，球形或扁球形，颈细长。子囊棍棒形，有短柄，内含8个子囊孢子。子囊孢子卵形或椭圆形，双胞，无色。该病菌在培养基上的生长温度为7~39℃，以25~30℃为最适。

栗疫病菌还可侵染栎、槭、漆、山毛榉、山核桃、栲等多种树。

三、发生流行规律

病菌主要以菌丝体、分生孢子器及子囊壳在病枝干上越冬，分生孢子和子囊孢子均能进行侵染。病菌在田间主要借风雨传播，传播距离可达90m以上，而远距离传播则主要通过苗木的调运。病菌入侵寄主的途径主要是冻害、嫁接、剪锯、机械和虫害等造成的伤口。早春气温回升、栗树发芽（3~4月份）前后是病害发展最快的时期。病部扩展迅速，短时间内病疤从树干基部迅速向上下和左右扩展，环缢基部，使幼树或大枝死亡。在此时期内出现的病疤数量占全年病疤总量的一半以上。4~5月份以后，随着叶片展开，树体营养积累增多，愈伤能力增强，病斑逐渐停止扩展；5~6月份，病疤上产生子座和孢子角。

板栗疫病的发生与寄主的抗病性有关，而寄主的抗病性又受寄主的品种、寄主的愈伤能力和冻害等因素的影响。

1. **品种**　不同品系栗树对病害的抗性存在明显差异。一般来说，美洲栗不抗病，日本栗较抗病，而中国栗最抗病。半花栗、薄皮栗、兰溪锥栗、新杭迟栗和大底青等品种易感病；红栗、二露栗、领口大栗和油光栗等次之；明栗和长安栗等则抗性较强，很少发病。

2. **寄主的愈伤能力**　由于病菌主要通过各种伤口侵入，故病害的发生与伤口的多少和树体的愈伤能力关系密切。土壤瘠薄或板结，根系发育不良，树势衰弱，抗性下降；施肥不足，尤其是氮肥不足，不利于树体愈伤组织的形成，使树体抗侵入和抗扩展能力低下，导致病害发生严重。

此外，嫁接部位也影响病害发生。嫁接部位越低，发病越重，而接口距地面75cm以上的栗树，则很少发病。

3. **冻害**　在高纬度、高海拔地区，由于受冻土层较厚，根系活动期短，影响营养物质的吸收及输送，病害发生常较重。同一栗树，由于向阳面昼夜温差大，易受冻害而发病严重。此外，秋季和冬季干旱，也不利于愈伤组织的形成，加重发病。

四、病害控制

板栗疫病的防治应采取选用抗病品种和无病苗，加强栽培管理、提高树体愈伤能力和局部病斑治疗等综合治理措施。

1. **选用无病苗木和抗病品种** 认真检查外来栗苗，坚决淘汰病苗。栽植实生苗尔后进行嫁接时，应提高嫁接部位。在重病区扩种栗树时，应尽量选用耐寒、抗病品种。

2. **改良土壤、增施肥料和合理密植** 晚秋进行树基培土，树干刷白；高接换种时，接口涂药和包塑料膜保护；及时防治蛀干害虫，防止病菌通过伤口侵入。

3. **病斑治疗** 及时刮除已溃烂的病疤，并注意刮后伤疤的消毒保护。方法有刮治，即用刮刀将病组织彻底刮除并涂药保护；割治，即用刀切割病斑成条，再涂药杀菌；包泥，即用黏土加水成泥，糊住病斑，并用塑料膜严密包扎。

4. **生物防治** 美国和欧洲将病菌的低毒力菌株进行接种，使其在果园内繁殖、蔓延，以阻止强毒力的菌株在栗树上的扩展，从而大大减轻此病的为害。这一实例已成为生物防治的成功典范。病菌的低毒力菌株中存在一种双链核糖核酸（dsRNA）病毒，而强毒力菌株中则没有这种病毒。低毒力菌株常存在于栗树受感染后能很快形成愈伤组织的病斑处。获得合适的低毒力菌株后，接种到受强毒力菌株感染的栗树病斑上，dsRNA 可通过两菌株间发生的菌丝融合，传递到强毒力菌株中，使其转变为低毒力菌株，达到防治病害的目的。中国栗疫病中，也有低毒菌系的广泛存在，应大力开展这一领域的研究和应用。

第四节 猕猴桃溃疡病

猕猴桃溃疡病（kiwii fruit canker）是一种由细菌引起的毁灭性病害，在美国、日本、新西兰等国均有发生。1986 年在我国湖南东山峰农场人工猕猴桃林证实发生此病以来，已在福建的三明、四川的广元与雅安、陕西的长安等地发生。主要为害猕猴桃的枝蔓、芽以及叶片，造成树势衰弱，产量降低，严重时造成树体死亡。随着猕猴桃种植面积迅速扩大，溃疡病在一些地区发展快，流行频率高，来势猛，有的果园近乎毁灭，造成了重大的经济损失。该病人工接种还可使桃、梅、豆类、番茄、马铃薯、洋葱等发病。

一、症　状

以猕猴桃树干、枝条和叶最易受害。枝条上多从幼芽、皮孔、叶痕、枝条分权处染病。发病部位初呈水渍状斑，随病斑扩展颜色变褐，皮层分离，手压有松软感；后期病皮层开裂，流出青白色至红褐色黏液。剖茎可见髓部和皮层均褐变腐烂。病斑绕茎后，茎蔓上部枝叶萎蔫死亡。感病叶片上先出现红色小点，后形成 2~3mm 不规则深褐色病斑。病斑边缘因受叶脉限制形成多角形，病斑周围有 2~5mm 的黄色晕环，并随气温上升而变窄。发病条件适宜时也可不形成晕环。病叶易脱落。花蕾染病变褐枯死。

二、病　原

病原为细菌界普罗特斯门丁香假单胞杆菌猕猴桃致病变种（*Pseudomonas syringae* pv.

actinidiae)。菌体单生,短杆状,两端钝圆,菌体大小为 $1.57\sim2.07\mu m\times 0.37\sim0.45\mu m$,多为单极生鞭毛,无芽孢,无荚膜。在肉汁胨琼胶平板稀释培养,菌落乳白色,圆形,略隆起,有光泽,边缘完整,半透明,具黏性,有弱荧光色素。细菌不液化明胶,不还原硝酸盐,不产生氨和硫化氢,不能使淀粉水解。可利用肌醇和蔗糖等,但不能利用阿拉伯糖、纤维二糖、鼠李糖和酒石酸盐等。

三、发生流行规律

病菌主要在病枝蔓上越冬,也可随病残体在土壤中越冬。春季病原细菌从病部溢出,借风雨和昆虫携带传播,也可经由枝剪、耕作等农事活动传播,从气孔、皮孔、水孔及伤口等处侵入。潜育期 3~5d。在枝干上,1 月中、下旬开始发病,2 月上、中旬后病情急剧发展,5 月后渐缓。枝干上溢出的菌脓是春梢、叶、花的初侵染源。7 月下旬随着枝条的充实,病症基本停止发展,不久产生枝裂,形成愈伤组织。

该病的发生与温湿度条件、地势海拔、栽培管理、品种及生育期等有很大的关系。低温、暴风、多雨等气候条件有利于病害流行。据报道,旬平均气温在 10℃ 左右时,如阴湿多雨,病害就易流行;旬平均气温达 16℃ 时,病害停止扩展。一年中有两个发病时期:一是春季,在伤流期至落花期;二是秋季果实成熟前后。春季受害较烈。溃疡病是一种低温、高湿病害。凡冬季和早春寒冷受冻,病害重,一般背风向阳坡地发病轻;海拔高的园地发病重,低海拔地区发病轻或不发病;果园间作其他作物,修剪过重,施肥过量,发病较重;成年挂果树较幼年树发病重;野生株、雄株、砧木(实生苗)发病很轻。此外,栽培管理不良,山区雾浓露重,土质黏重、排渍不畅等都会诱发病害的发生。

四、病害控制

1. **加强检疫** 严禁从病区引进和调运苗木,对外来苗木需进行消毒处理,防止病菌传播扩散。

2. **选栽抗病品种,培育无病苗木** 猕猴桃抗病性有明显差异,如 78-16 等品种既高产又抗病。

3. **农业防治** 多施有机肥,增施磷、钾肥,不偏施氮肥。果园内不套种其他作物。注意深沟排渍,进行夏季修剪,降低果园湿度。新建园应选择低海拔,背风向阳,排水方便,土质肥沃的土地,避免在易发生冻害和潮湿的地方建立果园,必要时,应营造防风林带,减少树体伤口。

4. **药剂防治** 果实采摘后,结合修剪,彻底清除病枝、病叶,减少越冬菌源。喷施 1~2 次 $0.3\sim0.5°Be$ 石硫合剂或 1:1:100 的波尔多液。立春后至萌芽前喷 1:1:100 的波尔多液或 50% 琥胶肥酸铜可湿性粉剂 500 倍液等,每隔 7~10d 喷 1 次。萌芽后至谢花期,用 72% 农用链霉素 4 000 倍液,或 45% 代森铵 600 倍液等,7~10d 交替喷用一次。用上述药剂涂抹病斑效果亦好。

第二篇 果树病害

附 其他果树次要病害

病名及病原	症　状	发生流行规律	病害控制
枇杷污叶病 真菌界半知菌亚门 枇杷刀孢菌 *Clasterosporium eriobotryae*	病斑多在叶背面，初为污褐小点，病斑不规则或为圆形，后长出煤烟状霉层，小病斑连成大病斑；严重时全树绝大部分叶均发病，甚至全园发病	以分生孢子与菌丝在叶上越冬；管理粗放、树势衰弱而枝叶郁闭处和通风透光差、排水不良、地势低洼易发生	深沟高畦栽培，增施磷、钾肥，清除病叶；4月上旬至5月上旬用50%多菌灵，7~10d喷1次，2~3次；7~8月7~10d喷1次，3~4次
枇杷炭疽病 真菌界半知菌亚门 尖孢炭疽菌 *Colletotrichum acutatum* 胶孢炭疽菌 *C. gloeosporioides*	主要为害幼苗、叶片及果实。幼苗受害，叶片苗木枯死；叶片成圆形至近圆形叶斑，中央灰白色，边缘暗褐色；果实病斑圆形、淡褐色、水渍状，后凹陷，生粉红色的黏粒	以菌丝体或分生孢子盘在病部越冬，风雨和昆虫传播；6~9月病害发生较多，高温、多雨、雾重潮湿天气适宜发病；抽梢期、花期和幼果期是炭疽病侵染的主要时期	剪除病枝、病果，清扫落叶、烂果，集中销毁；喷药保护，酌情每隔10~15d喷1次，常用药剂有1:1:200波尔多液、50%多菌灵、70%甲基托布津、75%百菌清
枇杷白纹羽病 真菌界子囊菌亚门 褐座坚壳菌 *Rosellinia necatrix*	根部发病，根尖形成白色菌丝，老根或主根上形成略带褐色的菌丝层和菌丝索；菌丝侵入木质部，导致全根腐烂，地上部叶片发黄，脱落	以菌丝体越冬，接触传播；病菌的菌丝残留在病根或土壤中，可存活多年，能寄生多种果树，引起根腐，导致全株死亡	增施有机肥料，注意中耕排水；最好不在新伐林地建园；发现病树及时挖除；对受害轻的树可用50%托布津淋根
枇杷癌肿病 细菌界普罗特斯门 丁香假单胞菌 枇杷致病变种 *Pseudomonas syringae* pv. *eriobotryae*	侵害新梢、枝干、叶和果实及根系；新梢在新芽上生黑色溃疡，侧芽簇生，枝干上产生癌肿；叶畸形，后病部破裂成孔洞；果实在果面上形成溃疡，粗糙，果梗表面纵裂	病菌在叶、枝干病部越冬，借风雨、昆虫和工具传播，大多从叶、枝梢的伤口、气孔和皮孔侵入；远距离传播主要是带病苗木、接穗等，树势衰弱易发病	苗木要严格检疫；加强果园管理，增强树势和提高抗病力；剪除病枝叶并烧毁；刮净病部，涂刷抗生素糊剂或链霉素，或50%托布津或5波美度石硫合剂
板栗黑色实腐病 真菌界子囊菌亚门 茶藨子葡萄座腔菌 *Botryosphaeria dothidea*	果上生黑褐色的不规则形斑纹，果实发病，果皮变黑，表面散生黑色小瘤状物，果肉呈黑色腐败；病果干缩，与细菌等混合感染后，产生软腐	病菌在病部越冬，分生孢子、子囊孢子侵染果实引起发病；高龄树比幼龄树发病重，因密植及施肥不当引起枝干衰弱的园地，发病较多	合理密植，避免树冠郁闭，保持通风透光；适时实行间伐、整枝，防止树体衰弱、枯死
栗树木腐病 真菌界担子菌亚门 裂褶菌 *Schizophyllum commune*	树干或大枝受害处腐朽脱落，露出木质部；病部扩展成大型长条状溃疡，上生覆瓦状着生的子实体	子实体表面绒毛吸水恢复生长能力，在数小时内即能释放孢子进行传播蔓延	及时挖除或烧毁病树或衰弱老树；减少伤口，对锯口等涂1%硫酸铜液消毒后，再涂波尔多液保护
板栗芽枯病 细菌界普罗特斯门 丁香假单胞菌 板栗致病变种 *Pseudomonas syringae* pv. *castaneae*	病芽呈水渍状褐枯死，幼叶水渍状暗绿色病斑，周围有黄绿色的晕圈；花穗枯死脱落	病枝上的溃疡斑为第一次传染源，在病部增殖的细菌经雨水传染；大风易引发此病	剪除病枝，集中烧毁；常年风大地区，可设置防风林
栗干枯病 真菌界子囊菌亚门 寄生内座壳	主要为害主干及主枝；病斑红褐色，松软，略隆起，有时流出黄褐色汁液；病部干缩凹陷，产	以菌丝体及分生孢子器在病枝中越冬；孢子主要借风雨传播，从伤口侵入；易发生冻害的地区	参照核桃腐烂病

第十章 其他果树病害

(续)

病名及病原	症　状	发生流行规律	病害控制
Endothia parasitica	生黑色瘤状小粒点；潮湿时，涌出橙黄色卷须状物	发病重	
栗枝枯病 真菌界半知菌亚门 棒盘孢属 *Coryneum kunzei* var. *castaneae*	引起枝枯，在病部可见许多小黑点	以分生孢子盘在病部越冬，树势衰弱易发病	参照核桃腐烂病
栗树红疣枝枯病 朱红丛赤壳菌 *Nectria cinnabarina* 无性态为瘤座孢属 *Tubercularia vulgaris*	为害枝；病斑淡褐色，皮层腐烂肿起，干缩后病皮开裂；在病皮上或裂缝中产生朱红色疣状颗粒	以子囊壳或分生孢子座在病部越冬，产生孢子，从伤口侵入；此菌多腐生在近死亡的枝干上，或寄生于有伤口的弱树、弱枝上	参照核桃腐烂病
栗苞褐斑病 *Coniella castaneicola* *Tubercularia* sp.	近成熟期发病，栗苞产生褐斑	病菌在病苞果及枯枝上越冬，翌年产生分生孢子进行侵染	清除病苞、枯枝等侵染源
板栗炭疽菌 真菌界半知菌亚门 胶孢炭疽菌 *Colletotrichum gloeosporioides*	叶受害，病斑不规则形至圆形，褐色或暗褐色，常有红褐色边缘，上生小黑点；栗果受害在种仁上产生近圆形、黑褐色的坏死斑，果肉腐烂，干缩，外壳的尖端常变黑	以菌丝体在芽、枝内潜伏越冬；翌年4~5月产生分生孢子，经皮孔或自表皮直接侵入；多在采果后1个月大量发病	冬季剪除病枯枝，集中烧毁；适时采收，采后将鲜果迅速摊开散热，先将沙与特克多湿润，5~10℃贮藏
栗黑根腐病 真菌界半知菌亚门 *Macrophoma castaneicola* *Didymosporium radicicola*	生长期叶色变黄、凋萎、枯死，发芽、展叶迟，树势衰弱，根端黑褐色腐败，皮层与木质部易剥离，枯死的根表面具黑色小粒点	病原菌在土壤中生存，在根部寄生形成子实体，排水差的栗园易发病	促进土壤透气和根系发育，不在枯死的病树迹地补植栗树，彻底清除病树受害根
栗白粉病 真菌界子囊菌亚门 *Phyllactinia roboris* *P. coryle* *Microsphaera alni*	主要为害叶片及嫩梢；先形成不规则的褪绿斑，后在病斑表面产生白粉状物；秋季在白粉层上产生黑色点状物	病菌以闭囊壳在病叶或病梢上越冬；翌年4~5月间释放子囊孢子，侵染嫩叶及新梢	冬季剪除病枝、病芽，早春摘除病芽、病梢；开花前，喷石硫合剂或粉锈宁，开花10d后，再喷药1次
栗树腐烂病 真菌界子囊菌亚门 *Valsa ceratophora* *Cytospora ceratophora*	发病初枝干病斑褐色，稍隆起，水渍状，褐色、腐烂，常流出褐色汁液；后期病斑上生橙黄色小点；潮湿时涌出卷须状物；秋季长出褐色小粒点	以菌丝体、分生孢子器或子囊壳在病组织上越冬；翌年产生孢子，借风雨传播，从伤口侵入；树势弱，伤口多常发病重	刮除病菌；休眠期喷40%福美肿或40%石硫合剂结晶、95%精品索利巴尔，并涂药保护
栗斑点病 *Tubaria japonica*	病斑圆形，黄褐色，周缘暗褐色，表面散生小黑点	透光透气差的栗园发病重	密植园适当间伐，清除落叶，集中烧毁
猕猴桃疫霉病 *Phytophthora cactorum*	主要发生在茎基部与土壤交接处，初为水渍状，褐色，条形或梭形，重者萎蔫枯死	在病残体中越冬，风雨和流水传播，伤口或嫁接口侵入，有再侵染	选无病地育苗，施腐熟厩肥；清除病残体，挖除病株；用瑞毒霉浸根或灌根

(续)

病名及病原	症状	发生流行规律	病害控制
猕猴桃根朽病 *Armillariella mellea*	主要为害根颈部、主根、侧根；根颈处初呈黄褐色水渍斑，后变黑腐烂，并向主根、侧根扩展，根系腐烂，流出棕褐色汁液，被害根皮层内及皮层与木质部之间具白色菌丝层	以菌丝体及菌索在病根组织内或随病残体在土壤中越冬；翌年菌丝体或菌索侵入健康根系，引致发病；高温、多雨季节为发病高峰期，一般砂土园发病重	加强果园肥水管理，增强树势；用五氯酚钠150倍液或石灰进行土壤消毒，发病轻的可用80%代森锌或4%农抗120灌根
猕猴桃干枯病 *Phomopsi* sp.	病部初显红褐色，水渍状，后成长椭圆形或不规则形的暗褐色病斑；病组织坏死腐烂，后失水，干缩下陷，凹陷病斑表生小黑点	以菌丝体或分生孢子器在病枝蔓组织内越冬，翌年借雨水、风、昆虫传播到枝蔓上侵染，主要通过伤口侵入	剪除病枝，刮除病斑，用30%腐烂敌涂抹，每隔7～10d 1次，连涂3次；发芽前喷3～5波美度的石硫合剂与五氯酚钠混合液；发病初期喷50%多菌灵
猕猴桃炭疽病 *Colletotrichum* sp.	病叶初呈水渍状斑点，后形成褐色圆形或不规则形病斑，中央灰白色，边缘深褐色，病斑上生小黑点；果实初呈水渍状褐色小斑，后扩大成暗褐色干腐状病斑，中央稍凹陷；潮湿时溢出肉红色分生孢子块	以菌丝体及分生孢子在病叶组织中越冬；翌年分生孢子借雨水或昆虫传播到叶片上，萌发后从伤口侵入；一般高温、多雨季节易发病，树势衰弱的果园发病重	增施有机肥和钾肥。合理修剪，及时治虫防病，增强树势；冬季清扫落叶。在发病初期对叶片和新梢喷1:1.5:150倍波尔多液或50%退菌特、灭菌丹、80%炭疽福美
核桃灰斑病 *Phyllosticta juglandis*	主要为害叶片，病斑暗褐色，圆形或近圆形，中央灰白色，边缘黑褐色，上生黑色小点	以分生孢子器在病叶上越冬，翌年以分生孢子随雨水传播，进行初侵染和再侵染，雨水多的年份发病较多	秋冬季清除落叶，发病前喷洒80%代森锌或25%多菌灵
核桃褐斑病 *Marssonina manschurica*	主要为害叶片及嫩梢；叶片病斑灰褐色，近圆形，上生黑色小点，严重时，叶片焦枯、脱落；嫩梢病斑黑褐色，长椭圆形，稍凹陷，上生小黑点	病菌在落叶或病梢上越冬；翌年夏季，分生孢子借雨水传播，反复侵染；雨水多，高温、高湿条件有利病害的流行	参照核桃灰斑病
核桃黑斑病 *Xanthomonas arboricola* pv. *juglandis*	主要为害果和叶片；先在叶脉处出现圆形及多角形的小褐斑，病斑外围具水渍状晕圈，中部脱落成穿孔，枝梢病斑长形，褐色，稍凹陷，严重时枝上端枯死；幼果表面有黑色小斑点，后扩大使整个果实变黑腐烂、脱落	病菌在病枝梢或病芽越冬；细菌主要随雨水传播，昆虫、带菌花粉的飞散也可传播，通过气孔、皮孔、水孔、芽眼等自然孔口和伤口侵入；潜育期10～15d，有多次再侵染，一般5月中、下旬开始发生，6～8月为发病盛期	选育抗病品种；发病前或发病初用1:1～2:200波尔多液或35%碱式硫酸铜胶悬剂、35%碱式硫酸铜（绿得保杀菌剂）、DT杀菌剂、农用硫酸链霉素等喷洒，施药时期及次数应以降雨情况及发病情况而定
核桃枝枯病 *Melanconium juglandinum* *M. oblongum*	细弱枝上发病；病斑失水干枯，渐变为红褐色，后呈深灰色，上生小黑点；湿度大时，大量孢子涌出，呈丝状或短柱状，干燥后形成圆形或椭圆形黑色馒头状凸起的孢子团	主要以菌丝体在枝干病斑内越冬，孢子靠风雨传播，从各种伤口或枯枝处侵入，发病与枝干的生长势及生活力有密切关系	防治该病的关键是培育树势，具体措施见核桃树腐烂病

第十章 其他果树病害

(续)

病名及病原	症　状	发生流行规律	病害控制
核桃炭疽病 *Colletotrichum gloeosporioides*	果实发病初期出现淡黑色锈斑，扩大为黑色圆形或近圆形病斑，中部凹陷，病斑中央生常呈轮纹状排列的小黑点；潮湿时黑点上溢出粉红色黏液	主要以菌丝在病僵果及病落叶上越冬；翌年分生孢子靠风雨及昆虫传播，通过伤口或自然孔口侵入，潜育期4~9d；有再侵染	参照核桃黑斑病
核桃白粉病 *Phyllactinia corylea* *Microsphaera yamadai*	发病初期，叶面生褪绿或黄色斑块；严重时叶片扭曲，皱缩，嫩芽不展开；在叶正反面出现白色粉层，后期在粉层中产生黑色小粒点	以闭囊壳在病落叶或病梢上越冬；次年，闭囊壳释放子囊孢子，借风雨及雨水传播，进行初侵染，有再侵染；温暖、潮湿有利该病发生	清除病残枝叶，减少初侵染源；发病初期可喷1:1:200波尔多液或20%粉锈宁、70%甲基托布津
柿灰霉病 *Botrytis cinerea*	幼叶的尖端或叶缘失水呈淡绿色，后变褐色，病斑周缘呈波纹状；潮湿时，病斑表面布满灰色霉层	5~6月低温、降雨多的年份发病重	加强栽培管理，做好果园排水、施肥工作，及时清除田间侵染源
柿角斑病 *Cercospora kaki*	为害叶片及果蒂；叶片受害，初期在正面出现黄绿色病斑，逐渐扩大呈多角形，浅黑色，密生黑色绒状小点，有明显的黑色边缘；果蒂病斑发生在蒂的四角，深褐色，有黑色绒状小点	以菌丝体在病蒂及病叶中越冬；翌年产生的分生孢子借风雨传播，从气孔侵入，潜育期25~38d，可再侵染；降雨早、雨日多、雨量大，发病早而严重；幼叶不易受侵染，老叶易受侵染	清除挂在树上的病蒂；增施有机肥料，改良土壤，开沟排水；落花后20~30d，喷1:3~5:300~600波尔多液1~2次，也可用65%代森锌可湿性粉剂500~600倍液
柿叶枯病 *Pestalozzia diospyri*	主要为害叶片，病斑灰褐色，边缘暗褐色，后期病部产生黑色小粒点	以菌丝体及分生孢子盘在落叶上越冬，多雨、潮湿或多伤口时发病重	参照柿角斑病
柿红叶枯病 *Monochaetia diospyri*	病斑红褐色，稍凹陷，不规则形，易穿孔；病斑周围有黑圈，中部产生黑色小点	与柿叶枯病相似	参照柿角斑病
柿干枯病 *Botryosphaeria dothidea* *Phomopsis sp.*	病树不发芽，或抽芽迟缓；6~9月，新梢枯萎，枯死；雨季可见病部喷出分生孢子块	病菌从枝干枯损处侵入，可长期腐生；树势弱及结果过多的第二年发病较多，冻害也易引发该病	清除修剪的树枝，对发病部位及剪锯口，可涂抹杀菌剂消毒
石榴干腐病 *Zythia versoniana* *Nectriella versoniana*	花受害主要在萼的膨大部位；果被害一般在果肩至果腰区，病斑油渍状，黑褐色，失水呈干腐状，严重时，一个果上可产生10多个黑斑	病害循环不详	培育无病苗木；清除病残枝干；刮除病斑后，涂药剂保护伤口，发芽前喷1次40%福美胂石硫合剂，5~6月份喷波尔多液、50%多菌灵等杀菌剂
石榴黑斑病 *Cercospora punicae* *Mycosphaerella punicae*	为害叶片；病斑圆形至多角形，深褐色至黑褐色，边缘呈黑线状；干燥时，中央呈灰褐色，叶片上可有无数个病斑	以分生孢子在病叶组织内越冬，次年以分生孢子借风雨传播侵染为害，发病高峰期在7月下旬至8月中旬	冬季清除地面落叶，喷药防治，5月下旬至7月喷多菌灵、代森锌等
枣花叶病 病毒	叶片变小、扭曲、畸形，在叶片上呈现深浅相间的花叶状	主要通过叶蝉和蚜虫传播；天干，叶蝉和蚜虫数量多，发病重	增强树势，提高抗病能力，及时治虫可防止病毒传播

(续)

病名及病原	症　状	发生流行规律	病害控制
枣缩果病 *Coniothyrium olivaceum* *Dothiorella gregaria* *Alternaria alternate f. sp. tenuis*	症状有干蒂型、干腰型和干肩型3种类型；病果如水烫，暗红色的无光泽斑块，边缘清晰；果肉浅褐色，海绵状坏死，后病部为暗褐色，失去光泽，病果干缩凹陷，皱缩，落果	病菌从各种伤口侵入；该病的发生与枣果的生育期密切相关；一般从枣果梗洼变红（红圈期）到1/3变红时（着色期），是该病的发生盛期	选育和利用抗病品种；7月底或8月初第一次施药，隔7~10d后再施1~2次药，药剂有真菌性枣缩果病可用75%百菌清
枣锈病 *Phakopsora ziziphi-vulgaris*	为害叶片；叶背散生淡绿色小斑点，后突起呈黄褐色，表皮破裂后散出黄粉，常引起大量落叶	以夏孢子在落叶上越冬，也可在病芽中越冬；夏孢子借风雨传播，从气孔入侵，具再侵染，降雨多发病重	冬季清除落叶，集中烧毁；在7月上旬喷布1次波尔多液或锌铜波尔多液，流行年份在8月上旬再喷1次
枣黑斑病 *Isariopsis imdica*	为害叶片；叶斑圆或近圆形，边缘褐色，中央灰白色，表面散生小黑点	以分生孢子器在病叶上越冬，翌年分生孢子借风雨传播，多雨年份发病较重	秋季清扫落叶，集中烧毁或深埋，减少初侵染来源，喷洒50%退菌特或多菌灵等
枣炭疽菌 *Colletotrichum gloeosporiodes*	主要侵害果实；病果水渍斑点，后渐扩大为不规则的黄褐色斑块，中间产生圆形凹陷病斑；病斑连片呈红褐色，引起落果；在潮湿条件下病部产生黄褐色点粒状子实体	以菌丝体潜伏于枣吊、枣头、枣股及僵果内越冬；翌年，分生孢子借风雨传播，从伤口、自然孔口或直接侵入，有潜伏侵染现象；相对湿度在90%以上，发病早而重	清园管理，结合修剪剪除病虫枝及枯枝，以减少侵染来源。改变枣的加工方法。于7月下旬至8月下旬，两次喷洒1:2:200倍波尔多液，保护果实，还可兼治枣锈病
枣黑腐病 *Physalospora piricola*	病果褐色、湿润状病斑，后变紫、变黑，病果干后皱缩呈褐色，后期病果表皮长出瘤状黑色霉点；潮湿时，自霉点涌出丝状角状物	以菌丝体、分生孢子器及子囊壳在病组织内越冬，而以僵果的带菌量最高，借风雨传播，有潜伏侵染现象	参照枣炭疽菌
枣褐斑病 *Dothiorlla gregaria*	主要引起果腐、早落；病果初生淡黄色不规则形斑点，后变红褐色凹陷斑，最后病果黑褐色腐烂，表生许多黑色小点	以菌丝体、分生孢子越冬；风雨、昆虫传播，伤口或直接侵入，有再侵染；多雨高湿，害虫多，发病严重	搞好果园卫生；加强枣园管理，增强树势；芽前喷1次铲除性药剂，生长期喷药防治
枣腐烂病 *Cytospora* sp.	为害枝条和干桩；初期皮层红褐色，后逐渐枯死，从枝皮裂缝处长出小黑点	以菌丝体或子座在病皮内越冬，经风雨、昆虫传播，伤口侵入，树势衰弱病重	加强管理，增强树势；彻底剪除病枝，集中烧毁，减少初侵染来源
枣根腐病 *Sclerotium rolfsii*	根颈部皮层腐烂，溢出黄褐色汁液，表面覆盖白色绢丝状菌丝层，后期产生茶褐色菌核	以菌丝体在病部或以菌核在土壤中越冬，流水及移栽传播，伤口侵入，高温、高湿发病严重	加强栽培管理，增强树势；清除病残体，消灭菌源；病树治疗：扒土晾根、刮除病部
枣根朽病 *Armillariella tabescens*	根和根颈皮层腐烂，木质部腐朽，在烂皮层和木质部之间有白色扇形菌丝层，夏秋雨季病树基部长出蜜黄色蘑菇	以菌丝体在病根、病残体中越冬，病根、病残体与健根接触传染，直接侵入或伤口侵入，弱树、高湿发病重	参照枣根腐病
枣根癌病 *Agrobacterium tumefaciens*	病部形成大小不等的肿瘤，肿瘤褐色或深褐色，木质坚硬，表面粗糙，龟裂或凹凸不平	细菌在肿瘤组织皮层内或在病残体上越冬，雨水或灌溉水传播，伤口侵入，土壤温暖、潮湿有利发病	苗木检疫；采用芽接，切除病瘤，用0.1%升汞消毒后涂波尔多液保护伤口；土壤用抗生素402消毒

第十章 其他果树病害

(续)

病名及病原	症　状	发生流行规律	病害控制
草莓黑霉病 *Rhizopus nigricans*	被害果初为淡褐色水渍状病斑，继而迅速软化腐烂，长出灰色棉状物，上生颗粒状黑霉	病菌在土壤及病残体上越冬，靠风雨传播，果实成熟期侵染发病，特别在草莓采收后如不及时处理常被害	忌连作，定植前用氯化苦熏蒸消毒，采收前喷布波尔多液或2%农抗120等，重点喷果实
草莓白粉病 *Oidium* sp.	叶片初呈红色到紫红色，表生一层白粉状物，叶柄受害变红坏死；花受害后变褐色枯死；果实受害，病部变褐色、硬化	以菌丝体在病组织内越冬；翌春，分生孢子借气流传播进行初侵染和不断再侵染；潮湿对病害发生有利	摘除病叶、老叶，发病初期用40%灭病威悬浮剂，或15%粉锈宁、50%退菌特喷洒
草莓疫病 *Phytophthora cactorum*	为害根茎部、叶柄及果实；根茎受害，病部变暗褐色，水渍状，整株枯死；叶柄被害，变暗红色或暗褐色，潮湿时，病部长出白色霉状物；果实被害后生水渍状褐色病斑，果实腐烂，病部生白色霉状物	以菌丝体在病组织内越冬，亦可以卵孢子在土壤中越冬，有再侵染；凡是地势低洼、排水不良的发病都较重，草莓结果期雨水偏多，种植过密发病亦重	清除病果，减少侵染来源；露地栽培要开沟降低地下水位；采用地膜覆盖可减少发病；发病初期喷58%瑞毒霉可湿性粉剂600倍液或90%疫霜灵、0.5:0.5:100波尔多液，10~14d 1次，酌情2~3次
草莓灰霉病 *Botrytis cinerea*	主要侵害花、叶、果柄、花蕾及果实；叶受害，病部生褐色或暗褐色水渍斑，病部微具轮纹；花蕾及果柄发病变暗褐色，病部枯死；果实被害最初出现油渍状淡褐色小斑点，后生灰色霉状物和菌核	以菌丝体、菌核、分生孢子在病残体组织内越冬，孢子由空气传播，蔓延；栽植过密、氮肥多、植株通风透光不良或湿度过大时发病重，此外，连作田、重茬田发病重	种植抗病品种，控制施肥量、栽植密度和田间湿度，地膜覆盖，摘除病叶、花、果，轮作，高畦栽培；每公顷撒施25%多菌灵75~90kg，后耙入土中，保护地用45%百菌清烟熏剂或速克灵烟熏剂灭菌
草莓炭疽菌 *Colletotrichum fragariae*	主要为害叶和果实；茎叶病斑黑色，纺锤形或椭圆形，溃疡状，稍凹陷；浆果病斑近圆形，淡褐至暗褐色，软腐状并凹陷；潮湿时溢出肉红色黏质团	病菌在病组织或落地病残物中越冬，分生孢子借风雨传播，现蕾期在幼嫩部位侵染发病；高温、雨季易流行，连作发病重，氮肥过量、植株柔嫩或密度大易发病	选育和种植抗病品种，栽植不宜过密，氮肥不宜过量，施足有机肥和磷、钾肥，及时清除病残物；用克菌丹、敌菌灵或50%多菌灵，或2%农抗120水剂喷洒防治
草莓细菌性叶斑病 *Xanthomonas fragariae*	主要为害叶片、果柄、花萼、匍匐茎；叶片水渍状红褐色不规则形病斑，病斑扩大时受细叶脉所限呈角形叶斑，病斑扩大融合，渐变淡红褐色、干枯，湿度大时，叶背溢出菌脓；叶片发病后常干缩破碎，严重时植株生长点变黑枯死	病菌在种子或土壤里及病残体上越冬；播种带菌种子，幼芽在地下即染病，使幼苗不能出土或出苗后不久即死亡；通过灌溉水、雨水及虫伤或叶缘处水孔侵入，致病并传播；发病适温25~30℃	加强检疫，防止病害蔓延；减少伤口，防治虫害，清除枯枝病叶；定植前每公顷用50%福美双或40%拌种灵11.25kg，对水150kg，拌入1500kg细土后穴施；发病初期喷瑞毒铝，或30%碱式硫酸铜悬浮剂，隔7~10d 1次，连续3~4次
草莓叶斑病 *Ramularia tulasnei*	叶片感病产生圆形红色斑点，中部灰白色，边缘紫色，表面粉状	病菌在病叶及其残体上越冬，分生孢子经风雨传播引起初侵染，有再侵染	选用抗病品种；清理病残体；注意种植密度；发病前可喷药保护
草莓褐斑病 *Dendrophoma abscurans*	主要为害叶片，叶斑近圆形，边缘紫褐色至灰白色，后期斑上生小黑粒	以菌丝体和分生孢子器在病组织或病残体于土壤中越冬，借雨水溅射传播，以分生孢子侵染；温暖多湿易发病	参照草莓叶斑病

(续)

病名及病原	症　状	发生流行规律	病害控制
草莓青枯病 *Ralstonia solanacearum*	病初下位叶凋萎，叶柄下垂似烫伤状，数天后枯死；根冠中央变褐	病菌随病残体或草莓株上越冬，雨水或灌溉水传播	净土育苗，用腐熟粪肥；生石灰土壤消毒；定植时药剂浸根及药剂防治
草莓芽枯病 *Rhizoctonia solani*	蕾和新芽染病后，萎蔫、青枯或猝倒，黑褐色枯死，叶病部有白色或浅褐色蛛丝状霉	以菌丝或菌核随病残体在土壤中越冬，菌丝侵入寄主，由水流、农具传播	忌在病田育苗和采苗；适度密植，控制浇水，及时通风；药剂防治
山楂花腐病 *Monilinia johansonii*	叶片发病，最初发生褐色点状或短线条状病斑，后扩大成红褐色或棕褐色，病叶枯萎，潮湿时，病斑出现灰白色霉状物，病叶焦枯脱落；新梢发病，病斑褐色，后新梢凋枯死亡；幼果发病变褐色腐烂、脱落	病菌在落地的病僵果上越冬。春季降雨后产生子囊盘，放射子囊孢子，成为初侵染源	秋季清扫果园，清除病僵果，集中销毁；4月底以前地面喷药，树冠下撒五氯酚钠，或撒施石灰粉；50%展叶和全部展叶时喷药两次，防叶腐；药剂有25%粉锈宁。盛花期再喷1次，防花腐、果腐
山楂白粉病 *Podosphaera oxyacanthae*（*Oidium crataegi*）	嫩芽染病，呈粉红色病斑，后病部布满白粉；新梢受害，除出现白粉外，严重时干枯死亡；幼果发病，在近果柄处生病斑，病斑硬化，龟裂，畸形，覆白色粉状物	以闭囊壳在病叶、病果上越冬；春雨后侵染，气流传播；多雨年份发病严重	清扫果园，清扫病枝、病叶、病果、集中烧毁，及时刨除山楂园中砧木根蘖，铲除园中及周围的山里红树；发芽前喷5度石硫合剂，花蕾期喷0.5度石硫合剂，落花后至幼果期喷1~2次25%粉锈宁
山楂枯梢病 *Cryptosporella viticola* *Fusicoccum viticolum*	果桩腐烂，果枝失水凋萎，干枯死亡；枯梢不易脱落，病斑暗褐色，后干缩凹陷，密生灰褐色小粒点，有丝状孢子角	为弱性寄生菌，枝条为初侵染来源；翌年病斑向下扩展，造成新梢大量枯萎和死亡；有再侵染	增强树势，结合修剪，剪除病梢，通风透光；发芽前喷石硫合剂+五氯酸钠，后喷25%多菌灵
山楂锈病 *Gymnosporangium asiaticum* *G. clavariiforme*	主要为害叶、新梢、果实等；初生橘黄色小圆斑，后扩大，病斑微陷，叶面生黑色点状物，叶背生毛状物	以菌丝在桧柏叶、枝上越冬，翌春产生担孢子，风雨传播	发芽前后，向转主寄主喷洒波美5度石硫合剂或45%晶体石硫合剂；5~6月下旬喷2~3次50%硫悬浮剂或15%三唑酮
山楂腐烂病 *Valsa* sp. *Cytospora* sp.	主要为害枝干；病斑红褐色，湿润状，后期失水干缩，其上生小黑点，有卷须状孢子角	病菌以子囊壳及分生孢子器在枝干树皮中越冬，风雨传播	参照栗树腐烂病
山楂干腐病 *Botryosphaerin* spp.	病斑紫红色，不规则，灰褐色，干枯凹陷，表面密生小黑点；潮湿时生灰白色孢子角	病菌以分生孢子器在枝干部越冬，风雨传播，伤口或皮孔侵入	参照石榴干腐病
山楂叶点病 *Phyllosticta crataegicola*	叶病斑初期褐色，近圆形，边缘清晰整齐，后期灰色，不规则，散生小黑点，早落	以菌丝、分生孢子器在落叶上越冬，风雨传播	增强树势，清扫落叶，减少越冬菌原；喷50%扑海因或70%代森锰锌

第三篇 蔬菜病害

第十一章 十字花科蔬菜病害

十字花科植物是重要的蔬菜作物,种类很多。各地栽培的主要种类有大白菜(*Brassica pekinensis*)、小白菜(*Brassica chinensis*)、甘蓝(*Brassica oleracea*)、芥菜(*Brassica juncea*)和萝卜(*Raphanus sativus*)等。十字花科蔬菜病害的种类也很多,国内已发现约有30多种。其中霜霉病、软腐病、病毒病,通称为白菜三大病害,是分布最广,为害最大的病害。菌核病在长江流域及沿海各省为害较重。根肿病只在少数省份发现。白斑病、黑斑病、黑腐病、炭疽病、细菌性黑斑病等各地均有发生,但为害程度轻重不一。

第一节 十字花科蔬菜霜霉病

霜霉病(crucifer vegetables downy mildew)是十字花科蔬菜的重要病害之一。它在全国各种十字花科蔬菜上都有广泛的分布。在气候潮湿、冷凉地区和沿江、沿海地区,此病较重,易流行成灾。流行年份该病在大白菜上发病率可达80%~90%,作物严重减产。

一、症 状

霜霉病可为害十字花科蔬菜的叶片、留种株的茎秆、花梗和种荚等部位。在幼苗和成株期都可发病,但以成株期的为害更为严重。为害叶片时,通常最先在植株下部的叶片开始发病,以后逐渐发展到上部叶片。病斑初时为浅绿色或黄绿色,后病斑扩大变成黄色或黄褐色。病斑扩大由于受到叶脉的限制而变为多角状或不规则形。病害严重发生时,病斑迅速扩大并连成一片,使叶片枯死。大白菜在包心期后,病情由植株外面的叶片向内叶层发展,层层干枯,最后只有心叶球留下。在湿度较大时,可在病叶的背面发现一层白色至灰白色的霜状物布满其上,是识别霜霉病的重要标志。花轴受害后弯曲和肿胀,常称为龙头拐病。花器受害变为畸形,花瓣肥厚,绿叶状。受害种荚淡黄色,瘦小,结实不良。湿度较大时,花轴、花器和种荚上有白色霉状物。

二、病　原

十字花科蔬菜霜霉病由色藻界卵菌门霜霉目寄生霜霉菌（*Peronospora parasitica*）侵染引起。菌丝体无色，不具隔膜，蔓延于寄主细胞间，并产生吸器伸入细胞内吸取水分和养分。吸器有囊状、球状、棍棒状，也可以是分杈状。无性繁殖产生孢子囊。孢囊梗直接从菌丝上产生，由气孔伸出寄主表面，无色，无隔，二分杈状，顶端小梗尖锐，每端着生1个孢子囊。孢子囊无色，单胞，长圆形至卵圆形，大小24～27μm×25～30μm。萌发时直接产生芽管。有性生殖产生卵孢子，在受病的叶、茎、胚和荚果组织内部都可形成。卵孢子黄色至黄褐色，圆形，厚壁，表面光滑或有皱纹，直径30～40μm，萌发时直接产生芽管。

三、发生流行规律

病菌主要以菌丝体在病株上或随采种母根或留种株在贮窖内越冬，或者以卵孢子随病残体在土壤中过冬，成为第二年初侵染源。条件适宜时，侵染春菜，如小白菜、油菜、小萝卜等。发病后产生孢子囊，借风、雨传播进行再侵染。另外，种子也可以带菌，第二年随种子播入田间侵染幼苗，发病后产生的孢子囊直接萌发产生芽管，从寄主气孔或细胞间隙处侵入，经短暂潜育，一般3～5d又产生孢子囊进行再侵染。直到秋末冬初，在病株组织中又产生菌丝或卵孢子越冬。在南方终年种植各种十字花科蔬菜的地方，病菌终年不断，侵染寄主，不存在越冬问题。本病的发生和流行与以下因素有关：

1. **温湿度**　温湿度与白菜霜霉病的发生和流行有密切的关系。病菌孢子囊的产生与萌发要求较低温度，一般以7～13℃为适合，侵入寄主的适温为16℃，但20～24℃有利于病菌生长和病斑形成，随温度升高病斑变成黄褐色的枯斑，因此，高温对病害的发展不利。相对湿度在85%以上有利于孢子囊的形成、萌发和侵入。所以，多雨、阴天多、光照不足、多露、雾大天气或田间积水往往发病重。此病在南方地区如浙江、上海、南京等地常在4月中旬至5月上、中旬为高峰期，秋季9～11月大白菜莲座期至包心期为高峰期。在华北地区则多发生于4～5月和8～9月。

2. **生育期**　白菜幼苗子叶期容易发病，真叶期比较抗病；进入包心期又容易感病。

3. **栽培条件**　连作地、播种早、种植密度大、通风透光差、氮肥偏多、底肥不足、包心期缺肥、植株长势差，发病重。

4. **品种**　不同白菜品种对霜霉病的抗性有显著差异。如矮抗青、青杂3号、青杂5号、夏阳大白菜等是抗性的白菜品种。

四、病害控制

1. **选择抗病品种**　因地制宜选用抗病品种，如矮抗青、新1号、新2号、新3号、华王青梗白、山东1号大白菜、青杂3号、青杂5号、夏阳大白菜、夏丰大白菜等。

2. **轮作**　重病田与非十字花科蔬菜如水稻轮作2年以上。

3. **栽培管理**　提倡深沟高畦，密度适宜，及时清理水沟，保持排灌畅通；施足有机肥，适当增施磷、钾肥,促进植株生长健壮。

4. 适期播种 早播比晚播发病重,但晚播往往影响产量,所以要适期。浙江、上海等地秋大白菜一般在8月下旬至9月上旬播种为好,北京地区以秋播种为好。

5. 种子处理 从无病株上留种,使用无病种子。播种前用药剂进行种子消毒。一般用种子重量的0.3%的40%乙膦铝可湿性粉剂或75%百菌清可湿性粉剂拌种。

6. 化学防治 可选用80%大生可湿性粉剂600倍液或40%乙膦铝可湿性粉剂300倍液、69%安克锰锌可湿性粉剂1 000倍液、72%克露可湿性粉剂1 000倍液、25%甲霜灵可湿性粉剂600倍液、52.5%抑快净水分散性粒剂2 500倍液、77%可杀得可湿性粉剂600倍液、47%加瑞农可湿性粉剂800倍液、65%代森锌可湿性粉剂600倍液等,均匀喷雾。发病初期或轻发生年份,每7~10d防治1次,连续3~4次;中等至中偏重发生年份,每5~7d防治1次,连续4~6次。

第二节 十字花科蔬菜软腐病

十字花科蔬菜软腐病(crucifer vegetables soft rot),又称水烂,在全国各地蔬菜种植区都有发生,但以白菜被为害最为严重,并且可以在蔬菜生产、贮藏、运输和销售的全过程中发生。在田间,可以造成白菜大面积失收;在贮藏期间,可以引起全窖腐烂。此外,甘蓝、萝卜、花椰菜等也可以遭受此病的严重为害,损失极大。

由于软腐病也可为害马铃薯、番茄、辣椒、大葱、洋葱、胡萝卜、芹菜、莴苣等其他非十字花科蔬菜,因而是蔬菜生产中值得重视的一种重要病害。

一、症 状

田间植株一般从包心期开始发病。常见症状是在植株外叶上,叶柄基部与根茎交界处先发病,初时病斑水渍状,后变灰褐色腐烂,病叶瘫倒露出叶球,俗称脱帮子,并伴有恶臭。另一常见症状是病菌先从菜心基部开始侵入引起发病,而植株外生长正常,心叶渐渐向外腐烂发展,充满黄色黏液,病株用手一拔即起,俗称烂疙瘩,湿度大时腐烂,并发出恶臭。

十字花科蔬菜软腐病在田间的症状通常由于寄主组织的幼嫩程度和水分状况而有所不同:当幼嫩而又多汁的寄主组织受到侵害时,常呈现黏滑软腐状;当坚实少汁的寄主组织受到感染时,腐烂的组织因为水分的蒸发,失水干枯变成薄纸状。

二、病 原

十字花科蔬菜软腐病据报道由细菌界普罗特斯门的两种细菌引起:一种是海芋欧氏菌(*Erwinia aroideae*);另一种是胡萝卜果胶杆菌胡萝卜亚种(*Pectobacterium carotovorum subsp. carotovorum*)。存在于我国的主要是第一种。菌体短杆状,大小0.5~1.0μm×2.2~3.0μm,周生鞭毛2~8根,无荚膜,不产生芽孢,革兰氏染色阴性反应。病菌生长发育最适温度25~30℃,最高40℃,最低2℃,致死温度50℃,10min。在pH5.3~9.3均可生长,但

pH7.2最适。不耐光或干燥，在日光下曝晒2h，大部分死亡。在脱离寄主的土中只能存活15d左右。对氧气要求不高，可以在缺氧条件下生长发育。两种病原细菌的寄主范围不同：*E. aroideae* 可以侵染甜菜根、花椰菜、球茎甘蓝、烟草、黄瓜、茄子、马铃薯和辣椒；*P. carotovorum subsp. carotovorum* 则不能。（注：在国际植物病理学会网站的植物病原细菌名录未查到 *Erwinia aroideae*）。

三、发生流行规律

病菌主要在病株和土壤中未腐烂的病残体组织中越冬，也可以在害虫体内越冬。田间病株、感病采种株、土壤、堆肥是重要的侵染源。病菌通过昆虫、雨水、灌溉水和带菌的肥料传播，从伤口、自然孔口、病裂痕处侵入寄主。在田间，由于存在很多寄主，软腐病在各种蔬菜上不断传染繁殖和为害。该病的发生和流行与下列因素有关：

1. **气候条件** 气候是影响软腐病发生发展的重要因素。其中，以雨水对发病的影响最大。雨水多易使叶片基部处于浸水和缺氧状态，伤口不易愈合，植株的抗病能力下降，也给病菌的繁殖和传播蔓延创造了有利条件。在露多或湿度大的天气通常也促使病害严重。

2. **蔬菜生育期** 蔬菜的不同生育期，愈伤能力不同。由于软腐病菌从伤口侵入，所以，如果愈伤能力低，常造成植株容易感病。软腐病多发生在白菜包心期后，主要就是因为这个原因。据报道，白菜在幼苗期和莲座期受伤，其伤口的木栓化能力大不一样。前者3h就可开始木栓化，经24h木栓化后，就可达到阻止病菌侵入。后者则在12h开始木栓化，并经72h木栓化后才能使病菌不能侵入。白菜不同生育期的愈伤能力对环境的反应也不同。例如，幼苗期的愈伤能力对温度不敏感，而成株期的愈伤能力却对温度很敏感。

3. **栽培措施**

(1) 高畦与平畦。高畦种植，土壤通气良好，不易积水，寄主的伤愈组织易形成，因而病菌侵染的机会低，发病较轻；平畦种植，地面易积水，土壤通气不良，不利寄主根系形成，伤愈组织不易形成，因而增加了病菌侵入的机会，故发病重。

(2) 间作与轮作。当前作为非寄主植物时，病害轻，反之，则病害较重。例如，前作是大麦、小麦、豆类、葱蒜等作物时，发病轻；前作是茄科、瓜类等蔬菜时则发病重。有些前作害虫多，也使白菜软腐病较为严重。

(3) 播种期。播种期早，白菜包心早，感病期也来得早，发病较重。当雨水多且来得早时，这种影响更为明显。

4. **昆虫** 昆虫的活动通常与软腐病的发生有密切关系。因为昆虫的活动可以在蔬菜上造成许多伤口，为病菌的侵入创造了有利条件，同时，一些昆虫体内外携带病菌，起到了传染和接种病菌的作用。据报道，有多种昆虫可以传带病菌。黄条跳甲、花菜椿象的成虫、菜粉蝶与大猿叶虫的幼虫的口腔、肠道内有软腐病菌。蜜蜂、麻蝇、芜菁叶蜂、小菜蛾等体内外也带菌，其中麻蝇、花蝇传带能力最强，可做远距离传播。

5. **品种** 不同品种存在一定的抗病差异。在田间，通常疏叶直筒的品种比外叶贴地的球形牛心形品种发病轻；青帮品种比柔嫩多汁的白帮品种发病轻。

四、病害控制

软腐病是一种难防病害，其防治原则是在加强栽培管理、防治害虫和利用抗病品种的基础上，辅以药剂防治的综合防治。

1. 加强栽培管理

（1）实行轮作。在掌握软腐病寄主植物的基础上，种植非寄主植物。可与韭菜、葱、蒜等百合科蔬菜或豆科蔬菜轮作2年以上，避免与茄科、瓜类、各种十字花科蔬菜、芹菜、莴苣等连茬种植。许多地方十字花科蔬菜与水稻轮作或与各种麦类作物轮作对控制软腐病有很好的作用。

（2）及时清理病株。田间发现重病株，及时拔除，并带出田外深埋或烧毁。拔除后病穴施石灰或20%石灰水消毒，然后填土压实。

（3）注意菜地选择。避免将白菜、甘蓝、萝卜等易感病十字花科蔬菜种植于低洼和黏重土壤。尽量在地势较高、地下水位低、比较肥沃的地块种植。

（4）垄作或高畦栽培。可以在下雨或浇水时避免白菜根颈部不被浸泡，并且有利排水和防涝，减少病菌传播和侵染的机会。

（5）加强肥水管理。施足基肥，及时追肥，增施磷、钾肥，以增强植株的抗病力；有机肥要充分腐熟，以避免病菌的传播；施肥时，要避免直接接触菜根，防治烧伤根系。浇水时，不要大水漫灌菜地。在洪涝或大雨冲刷菜根后，要及时培土和排水。

（6）适期播种。要根据品种特性、气候和灌溉等条件，适当调整播种期。一般使感病的包心期尽量与雨季错开为宜。适当迟播，有利防治此病。

2. 早期防治害虫 由于害虫在为害蔬菜时，造成了伤口，为软腐菌入侵提供了条件，故应在掌握各种十字花科蔬菜地下害虫和食叶害虫发生规律的基础上，用各种高效、低毒杀虫剂进行防治。

3. 抗病品种的利用 各地可因地制宜选择抗病品种。北京70、北京80、北京新2号、小杂56、北京抗病106、天津青麻叶、冀白菜4号、山东青杂3号、城青2号、小青口、绿宝、山东5号、玉青等较抗病。

4. 生物防治 发病初期可喷72%农用硫酸链霉素可溶性粉剂3 000~4 000倍液，或新植霉素3 000~4 000倍液、1%中生霉素（农抗751）水剂200倍液。每隔10d喷1次，连续3~4次。可用上述抗生素灌根，效果良好。还可用1%中生霉素水剂200倍液30ml拌400g种子，或用丰灵100g拌150g种子，或用种子包衣剂处理。

5. 化学防治 发病初期，用70%敌克松可湿性粉剂800~1 000倍液对植株进行灌根处理，每株灌根500ml稀释药液，每7~10d灌1次，共灌根2~3次，再用50%代森铵水剂1 000倍液喷施，喷灌结合。

第三节 十字花科蔬菜病毒病

病毒病（crucifer vegetables viral diseases）在全国各地的十字花科蔬菜上均普遍发生，为害严重，是蔬菜生产上的主要病害之一。此病在华北、东北地区严重发生，又称孤丁病、抽疯。在华南地区称为花叶病,发病率3%~30%,重病田可达80%以上。华东、华中、西南地区,还严重为害油菜。

一、症 状

大白菜的不同生育期,其病害症状有一定差别。田间幼苗受害,首先心叶出现明脉及沿脉失绿,然后呈花叶及皱缩。成株被害时,根据病害轻重,亦有不同的表现。受害较轻的,病株畸形、矮化较轻,有时只出现半边皱缩,能部分结球;受害最轻的病株不显畸形和矮化,只有轻微花叶和皱缩,能正常结球,但结球内部的叶片上常有许多灰色的斑点,品质与耐贮性都较差;病害严重时,植株叶片皱缩成团,叶变硬脆,上有许多褐色斑点,叶背叶脉上亦有褐色坏死条斑,并出现裂痕,植株严重矮化、畸形,不结球。重病株的根一般不发达,须根很少,病根切面显黄褐色。带病的留种株种植后,花梗弯曲、畸形,矮化。花早枯,很少结实;即使结实果荚也瘦小,籽粒不饱满,发芽率低。抽出的新叶显现明脉和花叶,在老叶上则出现坏死斑。病害严重时花梗未抽出即死亡。

萝卜、小白菜、芜菁、油菜和榨菜等植物的症状与大白菜上的基本相同。心叶初现明脉,后呈花叶、皱缩。重病株矮化、畸形,轻病株一般正常,矮化不明显,但抽薹后结实不良。

甘蓝:受病幼苗叶片上生褪绿圆斑,直径为2~3mm,迎光检视非常明显。后期叶片呈淡绿与黄绿色的斑驳或明显的花叶症状。老叶背面有黑色的坏死斑。病株较健株发育缓慢,结球迟且疏松。开花期间,叶片上表现出更明显的斑驳。

二、病 原

我国十字花科蔬菜病毒病主要由下列3种病毒单独或复合侵染所致。

1. 芜菁花叶病毒(turnip mosaic *Potyvirus*,TuMV) 又称芸薹病毒2号。该病毒分布普遍,为害性大,是我国各地十字花科蔬菜病毒病的主要病原物,除为害大白菜、小白菜、菜心、油菜、芥菜、芜菁、甘蓝、花椰菜及萝卜外,还能侵染菠菜、茼蒿以及荠菜等。该病毒粒体为线条状,700~760nm×13~15nm,病毒外壳蛋白分子量为27 000u,RNA的分子量为$3.2×10^6$u。电镜下病组织超薄切片中可见风车轮状的内含体。钝化温度55~66℃,稀释终点$2×10^{-3}$~$5×10^{-3}$,体外保毒期24~96h。病毒侵染幼苗,潜育期9~14d。潜育期长短视气温和光照而定。一般在25℃左右,光照时间长,潜育短;气温低于15℃以下,潜育期限延长,有时甚至呈隐症现象。病毒由蚜虫和汁液接触传染。目前认为TuMV有7个株系群。包括普通株系(Tu1)、小白菜株系(Tu2)、海洋白菜株系(Tu3)、大陆白菜株系(Tu4)、甘蓝株系(Tu5)、花椰菜株系(Tu6)和芜菁株系(Tu7)。

2. 黄瓜花叶病毒(cucumber mosaic *cucumo virus*,CMV) 据1983年以来全国的调查,发现此病毒单独侵染和与TuMV复合侵染的比例较20世纪60年代有所上升。该病毒除为害十字花科蔬菜外,亦能侵染葫芦科、藜科等多种蔬菜和杂草等39科117种植物。病毒粒体球状,钝化温度55~60℃,稀释终点为10^{-3}~10^{-4},体外保毒期2~4d。由蚜虫和汁液接触传染。该病毒以长江流域和华南地区为多。

3. 烟草花叶病毒（tobacco mosaic *Tobamovirus*，TMV） 又称烟草花叶病毒1号。只有少数十字花科蔬菜病毒病由这一病毒所引起。该病毒寄主范围广，抗性强，能侵染十字花科、茄科、菊科、藜科及苋科等36科200多种植物。钝化温度90~93℃，稀释终点10^{-4}~10^{-6}。体外保毒期的长短因不同株系而异。有的株系10d左右，有的可长达30d以上。只能以汁液接触传染。

三、发生流行规律

在华北和东北地区，病毒在窖内贮藏的白菜、甘蓝、萝卜等采种株上越冬，也可以在宿根作物如菠菜及田边杂草上越冬。春季传到十字花科蔬菜上，再经夏季的甘蓝、白菜等传到秋白菜和秋萝卜上。长江流域及华东地区，病毒可以在田间生长的十字花科蔬菜、菠菜及杂草上越冬，引起次年发病。田间终年生长的菜发病普遍，是华东地区秋菜病毒病的重要毒源。广州市地区周年种植小白菜、菜心和西洋菜，是病毒的主要越夏寄主。河南省田间的菜和车前草等是当地白菜病毒的重要越夏寄主。

芜菁花叶病毒和黄瓜花叶病毒可以由蚜虫和汁液摩擦传染，但田间病毒传播主要是蚜虫。菜缢管蚜（异名萝卜蚜 *Rhopalosipum pseudobrassicae*）、桃蚜（*Myzus persicae*）、甘蓝蚜（*Brevicoryne brassicae*）及棉蚜（*Aphis gossypii*）等都可传毒。多数地区以桃蚜和菜缢管蚜传毒为主，新疆则以甘蓝蚜为主。蚜虫传毒为非持久性的。蚜虫在病株上短时间（数秒至数分钟）吸食后即具有传毒能力。带毒蚜虫在健株上短时间吸食，即可将病毒传入，导致健株发病。蚜虫在经过数次刺吸植物后即失去传毒能力。有翅蚜比无翅蚜活动能力强、范围广、传毒作用也较大。实践证明，有翅蚜发生和迁飞的时间与病毒病的发生有密切的关系。病株种子不传毒。该病的发生和流行主要与下列因素有关：

1. 气候 苗期气温高、干旱，病毒病发生常较严重。因为高温干旱对蚜虫繁殖和活动有利，且不利于蔬菜生长，抗病性减弱。如果苗期气温偏低且多雨，则有利于蔬菜生长而不利于蚜虫繁殖和活动，特别是大雨能把蚜虫全部或大部分冲刷致死，从而推迟或减轻病害发生。除气温外，土壤的温度和湿度对病毒病的发生也有关系。在同样受侵染的情况下，土温高、土壤湿度低的病毒病发生严重。土壤缺水，根系发育受抑制，次生根伸展缓慢，影响水分吸收，植株易感病。

2. 生育期 病害发生及为害严重程度与十字花科蔬菜受侵的生育期关系很大。白菜幼苗7叶期以前最感病，受侵染后多不能结球，被害最重；后期受侵染发病轻。侵染愈早，发病愈重，为害也愈大。

3. 邻作 十字花科互为邻作，病毒能相互传染，发病重。秋白菜种在夏甘蓝附近，发病亦重；种在非十字花科蔬菜附近，则发病轻。

4. 品种 不同的白菜品种对病毒病的抗病性有显著的差异。青帮品种比白帮品种抗病，杂交一代比一般品种抗病。

5. 播种期 秋播的十字花科蔬菜播种期早的发病重；反之，则轻。这是由于播种早遇高温干旱和蚜虫传播等影响所致。

四、病害控制

十字花科蔬菜病毒病的防治原则是采取驱避或消灭蚜虫、加强栽培管理、选育和选用抗病品种的综合治理措施。

1. **避蚜防病** 蚜虫是传毒的主要介体。用银灰色或乳白色反光塑料薄膜或铝光纸保护白菜幼苗，能起到避蚜作用。播种前应消灭秋白菜附近的夏甘蓝、黄瓜等毒源植物上的蚜虫，以减少传毒的机会。在十字花科蔬菜出苗后至7叶期前，每5~7d喷药一次，及时消灭幼苗上的蚜虫。常用的药剂有吡虫啉、鱼藤精、灭虫灵等生物农药，或用2.5%溴氰菊酯、辛硫磷、菊马乳油等毒性较低的化学农药。同时也要十分注意菜田周围其他寄主上的蚜虫防治。

2. **选育和应用抗病品种** 这是防治病毒病的重要措施。较抗病的大白菜品种有北京大青口、包头青、青麻叶、城阳青、玉青、南京矮杂2号、鲁白3号和12号、跃进、中青1号等；小白菜中以矮抗1号、2号较抗病；油菜中较抗病和耐病的品种是丰收4号、秦油2号、1号、3号、兴化油菜等；较抗病的甘蓝品种有中甘11等；萝卜品种有潍县青、象牙白等。

3. **提高栽培技术** 秋白菜适期播种，使幼苗期避开高温、干旱，减少蚜虫传毒，但播种不能过迟，以免影响产量。播种要根据当年气候、品种特点和不同地区的具体情况来决定。在浙江、上海等地的秋白菜种植一般以8月下旬至9月上旬为宜，北京地区则宜选择立秋种植。种植地应尽量与前作或邻作十字花科蔬菜地错开，以便减少毒源。加强苗期管理，早间苗，早定苗和拔除病株。施足基肥，及时追肥，特别应注意多施用有机肥、磷、钾肥，勤浇水，降温保湿，促进根系生长，提高植株的抗病力。

4. **选留无病种植** 秋季严格选择，春天在采种田汰除病株，减少毒源。

5. **喷药防治** 在病毒发病初期，用病毒抑制剂和生长促进剂，有一定控制病害作用。喷5%菌毒清300倍液，或20%病毒A可湿性粉剂500倍液、1.5%植病灵500倍液、1.5%病毒灵乳油1 000倍液、40%病毒必克可湿性粉剂500倍液。5~7d 1次，连续施用3~4次。

附 十字花科蔬菜其他病害

病名与病原	症　状	发生流行规律	病害控制
白斑病 真菌界半知菌亚门 白斑小尾孢 *Cercosphorella albo-maculans*	发病初期，叶面散生灰褐色圆形斑点，后病斑变为灰白色，周缘苍白色或淡黄色的晕圈；叶背病斑与叶正面相同，但周缘微带浓绿色；多数病斑连成不规则形，后期病斑易破裂穿孔；空气潮湿时，病斑背面出现淡灰色霉状物	病菌主要以菌丝体在病叶中越冬，或以分生孢子附着在种子上越冬；以病斑上产生的分生孢子从气孔侵入进行再侵染，借风、雨传播；温暖、潮湿和雾大天气有利于发病	加强栽培管理，与非十字花科蔬菜隔年轮作，深耕，增施有机肥；用50℃温水浸种20min，立即在冷水中冷却后，晾干播种；喷70%甲基托布津1 000倍液，或50%施保功1 000倍液、50%退菌特600倍液
黑斑病 真菌界半知菌亚门 芸薹链格孢 *Alternaria*	叶片发病，多从外叶开始，病斑圆形，灰褐色或褐色，有或无明显的同心轮纹；潮湿时，有明显的黑色霉状物；茎和叶柄上病	病菌主要以菌丝体和分生孢子在病残体上、土壤中、采种株上以及种子表面越冬；分生孢子借气流或风雨传播，从寄主气孔或	加强栽培管理，与十字花科蔬菜白斑病同；温汤浸种 与十字花科蔬菜白斑病同；发现病株，及时喷洒70%甲基托布津

第十一章 十字花科蔬菜病害

(续)

病名与病原	症　状	发生流行规律	病害控制
brassicae, 甘蓝链格孢 A. oleracea	斑呈纵条形；花梗和种荚上病状与霜霉病症状相似，但长出的黑色霉状物与之相区别	表皮直接侵入；高湿条件下发病最严重	1 000倍液或50%扑海因1 000倍液、40%三唑酮多菌灵800～1 000倍液等，每10d 1次，连续2～3次
炭疽病 真菌界半知菌亚门 希金斯炭疽菌 Colletotrichum higginsianam	主要为害叶片、叶柄和叶脉，有时也侵害花梗和种荚；叶片最初为苍白色水渍状小斑点，后扩大为灰褐色、稍凹陷、边缘褐色并微隆起的圆斑，最后病斑中央为灰白色，易穿孔；为害严重时，大量病斑汇合，引起早枯；潮湿时，病部有淡红色黏状物	病菌主要以菌丝体或分生孢子在病残体和种子上越冬；通过雨水或雨滴飞溅传播，引起发病，并进行重复侵染；属高温、高湿型病害	同十字花科蔬菜黑斑病
白锈病 色藻界卵菌门 白锈菌 Albugo candida	叶片正面生黄绿色病斑，背面生白色隆起的疱斑；疱斑破裂后放出白色粉状物，茎、花序受害后，肥肿畸形，上生白色疱斑；白菜、油菜和萝卜受害较普遍，常与霜霉病并发	病菌以卵孢子在土壤中、病残体上或种子表面越冬；生长期间以孢子囊（白色粉状物）进行重复侵染；低温、多雨、雾大天气有利发病	与非十字花科蔬菜隔年轮作；用种子重量0.4%的40%三唑酮福美双拌种；深耕翻土，施足基肥，开沟排水；喷25%甲霜灵可湿粉600倍液或65.5%普力克水剂或瑞毒霉锰锌600倍液
黑腐病 细菌界普罗特斯门 野油菜黄单胞菌 油菜黑腐致病变种 Xanthomonas compestris pv. compestris	主要引起维管束坏死变黑；幼苗被害，子叶呈水渍状，渐渐枯死或蔓延至真叶，并使叶脉出现小黑斑或细黑条；成株发病，多从叶缘和虫伤处开始，出现V形黄褐色病斑，叶脉坏死变黑；发病严重时，茎、根部维管束变黑，植株枯死	病菌在种子内和病残体上越冬；病菌主要借雨水、昆虫、肥料等传播；多从气孔、水孔或伤口侵入，高湿、多雨有利发病	加强栽培管理，同十字花科蔬菜白斑病；温汤浸种，同十字花科蔬菜白斑病；发病初期可用农用硫酸链霉素或新植霉素或65%代森锌喷施，每7～10d喷1次，连续喷两次，也可用50%代森铵或菜丰宁拌种
细菌性黑斑病 细菌界普罗特斯门 丁香假单胞菌 白菜斑点变种 Pseudomonas syringae pv. maculicola	叶上初生水渍状淡褐色小斑，后变为黑褐色，多角形或不整形；茎及花梗上形成紫黑色条斑，荚上病斑黑色，凹陷，圆形或不规则形	主要在病残体及土壤中越冬，靠雨水及灌溉水传播，阴雨天气有利发病	选用抗病品种，栽培防病；发病初期喷洒农用硫酸链霉素，或络氨铜水剂、新植霉素
根肿病 原生界根肿菌门 芸薹根肿菌 Plasmodiophora brassicae	被害根肿大，肿瘤多发生于主根及侧根上，大的比鸡蛋大，小的如玉米粒，初期表面光滑，后表面龟裂、粗糙；病株叶色呈淡绿，边缘变黄，缺光泽，生长缓慢，植株矮小，甚至失水萎蔫	病菌以休眠孢子囊随病残体在土壤中越冬；可在土壤中存活，并保持侵染力10年以上，借土壤、种苗、雨水、灌溉水、线虫、昆虫、农具、人、畜等传播；从根毛或幼根侵入寄主表皮；酸性土壤、多雨水、偏施氮肥有利发病	严禁从病区调运种苗和蔬菜，实行水旱轮作或与非寄主植物轮作3年以上，栽培防病，高畦深沟栽培，注意田园卫生，抓好水肥管理；用75%五氯硝基苯穴施或淋施700～1 000倍液，此外，多菌灵、克菌丹、托布津均有效果

(续)

病名与病原	症　状	发生流行规律	病害控制
根结线虫病 动物界线形动物门 根结线虫属 *Meloidogyne* spp.	在细根上生很多结节状小瘤，初为乳白色，后变为褐色；植株生育不良、黄化、矮小	以卵或幼虫在病残体内和土壤中越冬，以二龄幼虫侵染新根，借土壤、雨水和农具等传播	与禾本科作物如水稻轮作；深耕土壤，以减少表层虫卵；拔除重病株集中烧毁
丝核菌叶腐病 真菌界半知菌门 立枯丝核菌 *Rhizoctonia solani*	叶片初呈水烫状湿腐型，扩大后为不整形，早露未干时病部呈灰绿色，干燥时变为灰白色，严重的仅残留较完整的叶柄和茎部	本菌以菌核在土中及病稻草上越冬，病部上菌丝借接触或攀缠作用向邻近植株蔓延，高温、高湿和台风天气有利病害发生	菜地畦间避免用纹枯病稻草作覆盖物，并注意不在前作是稻或大豆纹枯病严重的田块种植；发病初期用40～50单位井冈霉素或5%多井悬浮剂800倍液喷洒叶面
根黑粉病 真菌界担子菌亚门 芸薹条黑粉菌 *Urocystis brassicae*	病株矮化，叶色较淡，呈缺水状凋萎；根部，特别是小根，膨大形成瘤肿状，瘤表面有皱纹，凸起呈瘤状，初呈白色，后变黑，腐烂	病菌以冬孢子团在土壤中越冬，冬孢子萌发后生担孢子，从细根侵入，由病土、病苗传播	实行检疫；进行较长期的轮作，与甘蔗和水稻轮作较好

第十二章 葫芦科蔬菜病害

葫芦科蔬菜种类繁多，主要有黄瓜（*Cucumis sativus*）、西葫芦（*Cucurbita pepo*）、丝瓜（*Luffa cylindrica*）、冬瓜（*Benincasa hispid.*）、苦瓜（*Momordica charandia*）、南瓜（*Cucurbita moschata*）、瓠瓜（扁蒲）（*Lagenaria siceraria*）以及冷食性西瓜（*Citrullus lanatus*）和甜瓜（*Cucumis melon*）等。葫芦科蔬菜上发生的病害种类也很多，全世界调查共有病害100余种，其中黄瓜病害30余种，其他每种瓜类作物均有10余种病害。葫芦科蔬菜上很多病害为多种瓜类所共有，为害特点和防治措施较为雷同。南北各地为害普遍而严重的叶部病害有霜霉病、白粉病、炭疽病、细菌性角斑病、黑星病等；茎蔓及根部病害有枯萎病、根腐病、蔓枯病、疫病等；果实病害有黑星病、灰霉病、菌核病等。以黄瓜霜霉病、枯萎病、疫病和白粉病为害最重，有些地区炭疽病、细菌性角斑病、黑星病、灰霉病、蔓枯病、根结线虫病的为害也较严重。

第一节 瓜类枯萎病

瓜类枯萎病（cucurbits fusarium wilt）又称蔓割病、萎蔫病，是瓜类作物上的主要病害之一，在我国分布很广。自20世纪80年代以来，已成为我国南北地区瓜类生产上的主要病害。枯萎病在黄瓜和西瓜上为害最重，甜瓜上发病也较重，南瓜较抗病。该病分布广泛，难以防治，为害严重，露地和保护地栽培均可严重发生。在黄瓜生产上，自20世纪70年代中期以来，由于栽培面积不断扩大，尤其是保护地黄瓜的大面积发展，土壤中菌量逐年积累，致使此病的发生日趋严重，一般发病率为10%～30%，严重时可达80%～90%，甚至绝收。近年随着保护地及露地西瓜和甜瓜栽培面积的扩大，对其为害也日渐加重，每年均造成较重损失。西瓜枯萎病在山西、山东、甘肃等地已是西瓜上最严重的病害之一。

一、症　状

在植株整个生长期均可发生，以开花、抽蔓，到结果期受害最重。幼苗受害，不能出土即腐烂，或出土不久顶端呈失水状，子叶萎蔫下垂，茎基部变褐、缢缩呈猝倒状或植株生长缓慢，苗小、节短、蔓细、叶小发黄、叶缘略上卷，维管束变褐，茎部纵裂。成株期发病，植株生长缓慢，叶片自下而上逐渐萎蔫，开始中午萎蔫，早晚恢复，如此反复数日后萎蔫加重，整株叶片枯萎下垂，不再恢复常态。有时一株中只有少数枝蔓萎蔫，以后逐渐蔓延至全株。病株茎蔓基部稍缢缩，表皮多纵裂，节部及节间出现黄褐色条斑，被害部位溢出琥珀色胶质物。病株根部褐色腐烂，维管束呈褐色。潮湿时，茎蔓病部表面常产生白色或粉红色霉层，即病菌的分生孢子。

二、病　原

病原菌为真菌界半知菌亚门镰孢菌属尖镰孢菌（Fusarium oxysporum）。

1. 病菌分化　瓜类作物上的尖镰孢菌具有 8 个专化型。主要有 4 种：

（1）黄瓜专化型（Fusarium oxysporum f.sp. cucurmerinum）。主要侵染黄瓜，也可侵染西瓜、冬瓜、节瓜、南瓜、西葫芦、金瓜等。人工接种有较强致病力。

（2）西瓜专化型（F.oxysporum f.sp niverum）。主要侵染西瓜、甜瓜，很少侵染黄瓜。

（3）甜瓜专化型（F.oxysporum f.sp melonis）。对甜瓜、香瓜致病性强，对黄瓜致病性弱，对西瓜、冬瓜、丝瓜、南瓜无致病性。

（4）丝瓜专化型（F.oxysporum f.sp luffae）。侵染丝瓜、甜瓜。

2. 病菌特点

（1）黄瓜专化型。病菌在培养基上，气生菌丝绒毛状，白色至淡青莲色。小型分生孢子无色，椭圆形至梭形，无隔或偶有一个分隔，大小 $5.0 \sim 12.5 \mu m \times 2.5 \sim 4.0 \mu m$；大型分生孢子无色，纺锤形至镰刀形，1～5 个分隔，多为 2～3，多有足胞，大小 $15.0 \sim 47.5 \mu m \times 3.5 \sim 4.0 \mu m$。厚垣孢子，顶生或间生，淡黄色，圆形，直径 $5 \sim 13 \mu m$。此菌有生理分化，但国内各地多为同一菌系。

（2）西瓜专化型。培养基气生菌丝短绒状，菌落白色至淡紫色。大型分生孢子无色，近梭形或镰刀形，1～3 个隔膜，多为 3 个，顶端细胞渐尖，多有足胞；小型分生孢子无色，长椭圆形，单胞，偶有一个隔膜。孢子大小和黄瓜专化型相似。厚垣孢子，由菌丝细胞顶生或间生，或自分生孢子上产生。单生或串生，淡黄色至褐色，球形。此外，在菌丝中还可产生暗蓝色小菌核。该专化型有生理小种分化现象，现已发现有 3 个生理小种。

三、发生流行规律

病菌主要以菌丝、厚垣孢子和菌核在土壤或未腐熟的带菌肥料中越冬，成为来年初侵染来源。病菌离开寄主在土壤中仍能存活 5～6 年。厚垣孢子和菌核通过牲畜的消化道后仍保存有生活力，故厩肥传病的机会也很大。采自病株的种子也可以带菌。病菌主要通过胚栓、根部伤口或从根毛顶端细胞侵入。发芽后的种皮一般遗留在幼苗胚栓上，因此增加了初侵染来源。当种皮附在子叶上时，幼苗受侵仅 2%～3%，而附在胚栓上时为 14%～18%。在田间病菌主要由肥料、灌溉水、农事用具、地下害虫等传播，使病害蔓延。病菌侵入后，先在薄壁细胞间和细胞内生长，然后进入维管束，在导管内发育繁殖，阻碍水分运输。同时，病菌分泌果胶酶和纤维素酶，分解破坏细胞，使导管内积累果胶类物质，堵塞导管，引起植株萎蔫。另外，病菌还能分泌毒素，影响寄主代谢，积累醌类化合物，使导管变褐，寄主中毒死亡。

枯萎病具有潜伏侵染现象，幼苗早期即可被枯萎病菌所侵染，不显任何病状的"健"苗有很高的带菌率。这些带菌苗须待具有适宜条件时，且多数于植株开花结瓜后才表现症状。病害潜育期一般 10～15d，有的长达一个月后才显症。

瓜类枯萎病作为典型的土传病害，其发生程度与土壤性质及耕作、灌水、施肥等有密切的关系。

1. **品种** 在黄瓜、西瓜和甜瓜上，不同品种均具有明显的抗病性差异。
2. **土壤条件** 土壤温湿度对枯萎病的发生影响较大。高温利于孢子萌发和缩短潜育期。通常在8~34℃间均能致病，以24~28℃为侵染适温，多造成成株发病；16~18℃时多发生苗期猝倒。土温15℃时，病害潜育期为15d，20℃为9~12d，25~30℃仅4~6d；超过30℃发病减轻，甚至不发病。分生孢子的萌发需要水滴，在100%相对湿度中很少萌发。分生孢子在pH4.5~9.18均可萌发，最适pH5.91。可见酸性土壤有利病菌的活动，但却不利于瓜类作物生长，故在pH4.5~6时枯萎病发生重，pH3.5以下及9以上则不发病。
3. **栽培管理** 地势低洼、排水不良、土壤冷湿、土层瘠薄、耕作粗放等易发病。平畦比起垄发病重；灌水量过大，或正中午高温时灌水发病重。优质种子发芽率高，发芽势强，幼苗根系发育好，幼苗健壮，发病轻；不适当的中耕、损伤根系，易为病菌侵入，病害易于发生；施用未腐熟的带菌肥料发病亦重；地下害虫或线虫多时，易造成伤口，又可传播病菌，有利发病。
4. **连作** 枯萎病的发生程度与瓜类作物，特别是西瓜、黄瓜连作的年限呈正相关。由于病菌可在土壤中长期存活，当土壤中病菌连年积累，菌源量大时，发病加重。同一地区，不论露地栽培或温棚栽培，连作年限越长病害越重。

四、病害控制

防治枯萎病必须以农业措施为主，抓住育苗期的潜伏侵染和定植时根部伤口侵染两个关键环节，彻底清除菌源，结合药剂进行综合防治。

1. **选用抗病品种** 黄瓜品种中津杂2号、3号、4号、津研6、7号、西农58、湘黄瓜1号、甘丰3号、8748较抗病；津春3号、安宁刺瓜为高感品种。露地西瓜品种中西农8号、克伦生、118、京欣1号、红巨人、大丰新、多利、中8602F1、中8601F1、新橙1号、中育2号、6号、桂引6号等品种抗病性较强；温棚西瓜宝冠、小兰、红皇后等属中抗品种。
2. **种子处理**

（1）干热处理。西瓜种子先以40℃预处理24h（使种子含水量从9.5%降至5.2%），再转入72℃处理72h（种子含水量2.2%~1.5%），种子内部的病菌基本全被杀死，而种子的萌发率不受影响；黄瓜和甜瓜种子先40℃预处理24h，转入70℃处理3d即可。

（2）药剂处理。40%福尔马林150倍液浸种30min，清洗后催芽，或50%多菌灵可湿性粉剂500倍液浸种30~40min，清洗后催芽或按种子重量的0.1%用60%防霉宝超微粉加0.1%平平加浸种60min，冲洗后催芽。也可按种子重量的0.3%用福美双可湿性粉剂或40%拌种双可湿性粉剂拌种。

3. **保护地夏季高温处理土壤** 7~8月份高温时，按400kg/667m² 施入锄碎麦草，翻入土中，灌水后覆膜，闷杀2~4周，对各种根病均有显著防效。
4. **土壤药剂处理** 多用于温棚的苗床土和露地的重病田。苗床土用30%苗菌敌10g/m²和70%百得福8g/m² 混合拌10~15kg细土或50%拌种双7g/m²和25%甲霜灵9g/m²加70%代森锰锌 1g 拌细土 4~5kg，将种子上覆下垫。定植期用 50％多菌灵 1kg、40％拌种双粉剂 1kg 对入 25~30kg 细土或粉碎的营养肥，于播种前撒入定植穴内，2~3d 后定植。

5. 嫁接防病 由于病菌有明显寄生专化性，目前我国黄瓜上主要使用云南黑籽南瓜及南砧 2 号为砧木，防病效果良好。也有些地方用冬瓜作砧木，但初期生长缓慢，收获期推迟。西瓜上主要使用葫芦为砧木。有些地方使用瓠子、日本干瓠等。嫁接方法有劈接、靠接、插接方法等。以靠接法成活率为高。

6. 栽培措施

（1）起垄种植。起垄栽培较平畦栽培降低湿度，减少侵染；高垄栽培、滴灌、膜下暗灌措施防病效果较好。

（2）肥料。施足腐熟基肥，中后期追肥时要减少伤根，以减少侵染机会。氮、磷、钾配合施用，不可偏施氮肥。

（3）灌水。定植后适当控制灌水，以提高地温，促使发根。坐瓜后，尤其膨瓜期适当增加灌水次数，并追施肥料，防止植株早衰和茎基部因土壤水分供应不平衡发生自然裂伤。合理调节灌水时间，露地避免中午灌水。

7. 药剂防治

（1）移栽时灌穴。用双多悬浮剂（西瓜重茬剂）600~700 倍液灌穴，每穴 400~500ml。此药杀菌力强，并可提高根系对不良环境的抵抗力。

（2）发病初期药液灌根。药剂有 50％多菌灵可湿性粉剂 500 倍液、50％甲基硫菌灵可湿性粉剂 400 倍液、50％代森铵 1 000 倍液、12.5％治萎灵液剂 200 倍液、30％DT 混剂 350 倍液、50％克菌丹 400~500 倍液、10％双效灵水剂 200 倍液、50％苯菌灵可湿性粉剂 1 000 倍液、47％加瑞农可湿性粉剂 800 倍液、56％靠山水分散颗粒剂 700~800 倍液、77％可杀得可湿性粉剂 500 倍液、60％防霉宝可湿性粉剂 800 倍液灌根。每株 250~300ml，间隔 7d，连灌 2~3 次。

（3）应用生物制剂。如农抗 120、农抗 S-683、S-921、日光霉素、5406 细胞分裂素、增产菌、种衣剂 9 号、10 号、KT 乳剂、薄荷等，也有一定防效。

第二节 黄瓜霜霉病

黄瓜霜霉病（cucumber downy mildew）俗称为黑毛病，有称之为跑马干，在全世界凡有黄瓜栽培的地区均有发生，是黄瓜生产上发生最为普遍、具有毁灭性损失的病害。此病的发生特点是气流传播、再侵染频繁、潜育期短、流行性强。也是我国黄瓜生产上最主要的病害之一，特别是北方地区，露地及保护地栽培的黄瓜发病均较重。黄瓜霜霉病在田间流行很快，叶片可在短期内迅速枯干，最后全株枯死，减产高达 30％~50％；就全田而言，从零星发病到全田普发流行成灾，时间也很短，一旦流行，提早拔秧，大大缩短采收期。

一、症　状

主要为害叶片，偶尔为害蔓茎、卷须和花梗。幼苗期子叶易感病，正面呈现不均匀的褪绿、黄化，逐渐产生不规则的枯黄斑，背面产生黑灰色霉层，并很快变黄干枯。成株发病多在植株开花、结瓜之后，初期叶上产生水渍状淡绿色斑点，因受叶脉限制而成多角形病斑，颜色由淡绿转为黄色，最后成淡褐色焦枯状。叶背产生灰色至灰黑色霉层，为病菌的孢囊梗及孢子囊。病害严重时，由于病斑数目多，扩展快，多数病斑相互愈合，导致叶片提前焦枯死亡。通常叶片不脱落。中、下部叶片上多为大型病斑，多角形。后期上部叶片多呈现淡黄色、不规则圆形、微微隆起病斑，边缘黄绿界限不清晰，数量多，扩展快，致使全叶发黄，但霉层产生缓慢。抗病品种上病斑小，圆形、叶背很少产生霉层。

二、病　　原

病原菌为色藻界卵菌门霜霉目古巴假霜霉菌（*Pseudoperonospora cubensis*）。病菌菌丝在寄主细胞间隙发育，产生吸器伸入细胞内吸收营养。孢囊梗自气孔伸出叶面，长 $240\sim340\mu m$，粗 $5\sim6.5\mu m$，基部稍膨大，上部二杈状分枝 $3\sim6$ 次，末枝直或稍弯曲。孢子囊淡褐色，椭圆形至卵圆形，有乳突，大小 $15\sim31.5\mu m\times11.5\sim14.5\mu m$。国内外有发现卵孢子的报道，但其萌发和接种成功的资料尚未见到。

根据陈秀蓉等观察，孢子囊在水滴中约经 40min 开始萌发产生游动孢子；游动孢子游动 30min 后鞭毛消失；静孢子经 90min 后形成芽管。

此菌主要为害黄瓜和甜瓜，也可为害丝瓜、瓠瓜、越瓜、南瓜、冬瓜、西葫芦、葫芦等，但西瓜很少受害。病菌有生理分化。

三、发生流行规律

在我国南方全年可以种植黄瓜，病菌能不断发生和为害。在北方的保护地中，冬季病菌可在温棚内的黄瓜、甜瓜上侵染繁殖，春季传入大棚，进而为害露地黄瓜和甜瓜。8～9月甜瓜拉秧后，病菌又侵染秋季黄瓜及秋冬茬甜瓜幼苗，苗床上子叶即可严重受害，如此反复循环侵染。但在北方保护地黄瓜未发展之前，冬季有 1～4 个月瓜类断茬期，病菌如何越冬仍值得探讨。大多数人认为，病菌是借季风的作用，从温暖的南方将孢子以接力方式，渐次接替从南向北传播而来。

露地病害多从低洼潮湿地段开始发生，并出现于距地面较近的叶片，形成中心病株后再向四周扩展。孢子囊主要经气流传播，其次是雨水传播。病菌从气孔或直接穿透寄主表皮侵入，在细胞间隙蔓延，产生吸器伸入细胞内吸收营养。

霜霉病发生和流行与多雨、高湿、昼夜温差大等条件密切相关，还与寄主品种的抗病性以及栽培管理条件有关。

1. **品种**　黄瓜不同品种对霜霉病抗病性差异很大。通常早熟品种较晚熟品种抗病性差，多数品质好的品种抗病性也较差，抗霜霉病的品种不抗枯萎病。甜瓜的抗病性研究尚少。抗霜霉病性与抗蚜性之间有明显的紧密关系。

2. **湿度**　湿度与发病关系最密切，高湿是发病前提，湿度高利于孢子囊的形成。空气相对湿度在83%以上，经44h病斑上就可以产生孢子囊。孢子囊的萌发需要水滴或水膜存在，干燥时不能萌发。在有水滴和适温条件下，孢子囊只需1.5h即可萌发，2~3h即可完成侵染。在干燥条件下保存在叶面上，2~3d后孢子囊即失去萌芽力，而新鲜叶片立即冰冻（-30℃），孢子囊经58d仍有萌芽力。

3. **温度** 此菌对温度适应范围较广。黄瓜生长期内的温度基本能满足病菌的发育。孢子囊在5~30℃均可萌发，最适15~22℃；侵入温度10~25℃，最适16~22℃；孢子囊在10~30℃均能形成，以15~20℃为最适。温度还影响病害的潜育期：15~16℃时为5d，17~18℃ 4d，20~25℃ 3d，25℃以上及15℃以下8~10d。露地开始发病的气温为16℃，适于流行的气温20~24℃。夜间冷凉、白昼温暖、多雨潮湿的气候利于病害流行。棚室中病害发生受小气候影响很大。温度过高，通风不良，夜间结露与发病的早晚和发生程度显著相关。

4. **光照** 孢子囊的产生要求光照与黑暗交替的环境条件。病菌在强光下孢子囊产生的量大，原因可能是增强光照促进了寄主的光合作用，为病菌提供了更多的营养物质。

5. **叶片生理年龄** 不同部位的叶片抗性有明显差异。顶端数片嫩叶发病轻或不发病，距地面较近的老叶发病也轻，以成熟的中、下层叶片发病较重。嫩叶可能是气孔尚未形成或气孔较少而发病轻，成熟叶上可能是由于叶内可溶性氮与糖的含量急剧下降而发病重。老熟叶片因钙素积累较多而较抗病。

6. **栽培管理**

(1) 育苗时间。秋茬黄瓜和秋冬茬甜瓜8~9月育苗发病重，而10月上、中旬育苗发病轻。这是由于露地菌源量尚大，易于引起幼苗发病。

(2) 灌水。滴灌较漫灌发病轻。行间铺膜，可降低湿度，同时增加二氧化碳浓度，利于提高植株抗病性。

(3) 二氧化碳气肥。增施二氧化碳后，叶片病斑小，病情指数降低。

(4) 地势低洼、栽植过密、通风透光不良、肥料不足、浇水过多、地面潮湿等因素均可加重发病。

四、病害控制

在选种抗病品种的基础上，改善栽培条件，创造利于黄瓜生长而不利于病害发生的条件，并结合及时药剂保护的综合措施。

1. **品种** 目前保护地种植的黄瓜抗病品种较多，如津研、津春、津优、津绿、津园等系列，山农5号、祥云、雷青、新世纪、甘丰11号、博耐、耐寒青长（韩国）、大同江、富江2号、俄罗斯棚室津春3号、甘丰8号等抗病品种。

2. **生态防治** 即利用棚室的密闭条件，根据黄瓜与霜霉病菌生长发育对环境条件要求的差异，科学控制棚室温、湿度，使其利于黄瓜生长发育，抑制病菌发生发展，达到防病目的。秋冬茬黄瓜生长前期室外气温较高，开花坐果后，1~2月份气温很低，要采取各种措施，保温、提温、降低湿度。如地面覆膜、拉天帘、多层覆盖等方法增加棚室内温度。早晨揭棚后拖擦棚膜，增加透光量，使棚室温度迅速增至25~30℃，湿度降至75%左右，实现温、湿度双控制；下午使棚温下降至20~25℃，湿度降至70%左右，实现湿度单控制，且此温度利于光合物质的输送和转化。上半夜降至15~20℃,湿度保持在70%左右;下半夜降至11~13℃,低温对霜霉病发生不利,对黄瓜生理活动也无影响。当夜间棚外气温稳定在12℃以上时,可整夜放风,实现温、湿度双控制。

还可采用高温闷棚。即选择晴天中午,将棚室密闭,使黄瓜生长点部位温度迅速上升到44~45℃,保持2h,然后多点缓慢放风,降温,可杀灭病菌。如高温闷杀与药剂防治、灌水相结合,防效更好。

3. **加强栽培管理** 采用滴灌、渗灌、膜下暗灌,以降低湿度,减少发病;行间铺草或铺膜,可保温、降湿、增加二氧化碳,提高黄瓜的抗病力;从定植到根瓜采收一般不灌水,盛瓜期需灌大水时,选择晴天早晨,灌后关闭棚室,使棚温上升至30℃,维持1h后再放风排湿;适当推迟育苗时间,避开病菌传播高峰期,减少苗期感染;苗床上清除病苗、病叶,进行药剂保护,使幼苗不带菌。定植缓苗后,利用前期高温、低湿的有利时机,培育健壮幼株,推迟发病时间;摘除下部老叶,以利于通风透光,减少湿度。

4. **配方施肥,补施二氧化碳气肥** 自进入盛瓜期,叶面追施促丰宝等多元复合肥,补充营养;也可叶面喷施尿素加0.3%磷酸二氢钾。另外,补施二氧化碳气肥,提高植株抗病力。

5. **药剂防治** 棚室用药宜用烟剂、粉尘剂,减少液剂以降低棚内湿度。

(1) 烟剂。10%百菌清烟雾片剂,每次500g/667m^2或45%百菌清烟剂,每次250g/667m^2、20%霜灰净烟剂熏蒸。

(2) 粉尘剂。10%百菌清复合粉剂或7%防霉灵粉尘剂,每次1kg/667m^2,早晨或傍晚喷粉,利于在作物上附着。

(3) 液剂。可选用53%金雷多米尔600~800倍液或75%达科宁可湿性粉剂600倍液、90%乙膦铝可湿性粉剂500倍液、70%乙膦锰锌可湿性粉剂500倍液、64%杀毒矾可湿性粉剂400倍液、72%普力克水剂800倍液、72%克露、克霜氰、霜脲锰锌可湿性粉剂800倍液、47%加瑞农可湿性粉剂800~1 000倍液、56%靠山水分散颗粒剂700~800倍液、70%百得富可湿性粉剂1 000倍液、69%安克锰锌可湿性粉剂1 000倍液、70%安泰生可湿性粉剂500~700倍液、66.8%霉多克可湿性粉剂600~800倍液。

第三节 瓜类炭疽病

炭疽病(cucurbits anthracnose)是瓜类作物生产上的主要病害之一,全国各地均有发生。主要为害西瓜、甜瓜和黄瓜。在夏季多雨年份常大发生,塑料大棚和温室黄瓜,春、秋茬受害较重。发病时常造成幼苗猝倒,成株期导致茎秆和叶片枯死,果实上产生斑点,并引起腐烂,严重影响产量和品质。同时,在储运过程中还可继续发展为害,造成大量烂果。炭疽病还可侵害冬瓜、瓠瓜、葫芦、苦瓜等。南瓜、西葫芦、丝瓜比较抗病。

一、症　　状

炭疽病常在植株生长后期为害较重。可侵害植株叶片、茎蔓和瓜果。

1. **西瓜** 苗期子叶边缘出现褐色圆形病斑,茎基部变为黑褐色,病部缢缩,瓜苗折倒。成株期叶片染病，先出现水渍状圆形及不规则形病斑，很快干枯成黑色，外围有紫黑色晕圈，有时出现同心轮纹。病斑扩大后，常相互愈合。干燥时容易破碎、穿孔、干枯。潮湿条件下，叶片正面病斑上长出粉红色小点，后变为黑色，即病菌的分生孢子盘。蔓茎和叶柄受害，病斑长圆形、微凹陷，先呈黄褐色水渍状，后变为黑褐色。病斑扩展至绕茎蔓及叶柄一周时，可引起全茎蔓及全部叶片枯死。果实发病，先出现暗绿色水渍状小点，后扩大为圆形或椭圆形、暗褐色、凹陷病斑，凹陷处常龟裂，果实歪曲、开裂。潮湿时，病斑上产生粉红色黏状物，即病菌的分生孢子盘。

2. **甜瓜、黄瓜** 症状基本与西瓜相似。但叶片上病斑呈红褐色，外围晕圈黄色。甜瓜成熟果实极易感病，病斑近圆形，较大，显著凹陷，开裂，常生有粉红色黏状物。果实下陷部位内部的果肉呈半球形突起，质硬，味苦。黄瓜近成熟果实易受害，先呈淡绿色水渍状斑点，很快变黑褐色，病斑逐渐扩大成圆形、近圆形，凹陷，生出粉红色黏状物，后期可生出小黑点，即病菌的分生孢子盘，病果弯曲变形。留种瓜受害较重。

二、病　　原

病原菌为真菌界半知菌亚门葫芦科刺盘孢菌（*Colletotrichum orbiculare*），异名 *C. lagenaria*；有性态为子囊菌亚门（*Glomerella cingulata* var. *orbicularis*），自然情况下少见。病菌分生孢子盘产生在寄主角皮层下，成熟后突破寄主表皮而外露。分生孢子梗无色。大小 20~25μm×2.5~3μm。分生孢子单胞、无色、长圆或圆柱形，有时含油滴，大小 14~15μm×4.5~6μm，多数聚集成堆后呈粉红色。分生孢子盘上生很多暗褐色刚毛，长 9~120μm，有 2~3 个横隔。分生孢子通常萌发不良，但是用水蒸气蒸馏黄瓜叶片得到的挥发成分，可使孢子有良好的萌发率。病菌生长的最适温度为 24℃，30℃ 以上和 10℃ 以下则停止生长。分生孢子萌发最适温度 22~27℃，4℃ 以下不能萌发。在 14~18℃ 之间，分生孢子在水中萌发时，有时产生深褐色的厚垣孢子。厚垣孢子萌发再产生有隔的菌丝。病菌在人工培养下，通过紫外光照射可产生有性态，自然条件下很少发现。孢子萌发除要求湿度外，还要求有充足的氧气。

炭疽病菌有致病性分化，现已确定有 7 个生理小种。国外小种 1、2 号出现较为普遍。

三、发生流行规律

病菌主要以菌丝体以及拟菌核（未发育成熟的分生孢子盘）在病残体上或土壤中越冬。附在种子表皮黏膜上的菌丝体也能越冬。此外，病菌还能在棚内木料、架材及器具上营一定时期的腐生生活，保持其生活力。越冬后，病菌发育成分生孢子盘，产生大量分生孢子进行初次侵染。潜伏在种子上的菌丝体可在播种萌芽后直接侵入子叶，引起幼苗发病。条件适宜时，分生孢子萌发生出芽管，直接侵入寄主表皮，发育成菌丝体。菌丝体蔓延在寄主细胞间，以后在表皮下形成分生孢子盘和分生孢子。分生孢子主要依靠雨水、灌溉流水及其滴溅传播，农事操作也可传播。摘瓜时，果实表面常带有大量的分生孢子，在储藏运输中也能传播为害。

影响炭疽病发生的主要因素有品种、气候条件以及栽培管理条件等。

1. **品种** 品种的抗病性因小种而异。目前生产中抗小种 1、3 号的品种较多，而抗小种 2 号的品种很少。果实的抗病性随成熟度而降低,储藏运输中发病更重。

2. **气候条件** 湿度是诱发此病的重要因素。当相对湿度持续在87%～95%时,病害潜育期仅为3d,湿度越低潜育期越长,湿度降低至54%以下,病害不发生。病害在10～30℃范围内均可发病,以24℃为最适宜,田间温度达18℃以上时病害开始流行;湿度97%以上,温度24℃左右时,发病最重;高于28℃则发病很轻。所以,酷热的夏季很少发病。

3. **栽培措施** 过多施用氮肥、连作地、排水不良、背阳地以及植株生长衰弱的地块,发病较重。酸性土壤(pH5～6)有利于发病。

四、病害控制

应采取应用抗病品种为主,加强栽培管理,结合药剂防治的综合措施。

1. **选用抗病品种** 生产上黄瓜抗病品种有中农2、5号,农大秋棚1号、碧春、津研4、7号,津杂1、2号,夏丰1号、中农1101。西瓜品种中新红宝、新澄1号、新克、密桂、海农6号等比较抗病。

2. **选用无病种子以及种子消毒** 从无病株、无病果中采收种子。种子消毒:55℃温水中浸种15min后冷却,或40%福尔马林150倍液浸种30min,清水洗净,再放入冷水中浸5h,或硫酸农用链霉素150倍液浸种15min。也可干热处理,参考枯萎病防治。

3. **加强栽培管理** 选择排水良好的砂壤土种植;重病田应与非瓜类作物进行3年以上轮作;施足底肥,提高抗病性;保护地种植应注意放风排湿,将棚室湿度控制在70%以下;农事操作应在棚内露水干后进行,减少人为传播;施足充分腐熟的有机肥,增施磷、钾肥,提高寄主抗性;露地西瓜在果实下铺草垫瓜,防止直接接触地面,减少感染;收获后及时清除病蔓、病叶和病瓜,烧毁或深埋,减少初侵染来源;西瓜和甜瓜果实表面带有病菌,应严格汰除病果;储藏运输场所适当降温、降湿,有条件时采用低温储运。

4. **药剂防治** 出现发病中心后,立即摘除病叶,施药保护。
(1)熏烟。保护地用45%百菌清烟剂,每次250g/667m^2。
(2)喷粉。8%克炭灵粉剂或5%百菌清粉尘剂,每次1kg/667m^2,傍晚喷施。
(3)喷雾。50%甲基托布津可湿性粉剂700倍液加75%百菌清可湿性粉剂800倍液,或50%苯菌灵可湿性粉剂1 500倍液,或80%炭疽福美可湿性粉剂800倍液、50%多菌灵可湿性粉剂500倍液、2%抗霉菌素(农抗120)水剂200倍液、2%武夷霉素水剂150倍液、50%利得可湿性粉剂800倍液、50%多丰农可湿性粉剂500倍液、80%大生可湿性粉剂500倍液、80%喷克可湿性粉剂500倍液、30%绿叶丹800倍液、50%施保功可湿性粉剂1 000倍液。

第四节 瓜类白粉病

白粉病(cucurbits powdery mildew)是瓜类作物上的常见病害,俗称挂白灰、白毛。我国各地保护地和露地瓜类蔬菜上均有发生。病害一旦发生,病情发展迅速,给瓜类生产带来极大威胁,是瓜类上分布广泛、为害较重的一种病害。该病主要为害黄瓜、西葫芦、南瓜和甜瓜等，冬瓜和西瓜发病较轻，丝瓜抗病性较强，其他葫芦科植物也有不同程度受害。

一、症　　状

瓜类作物苗期至收获期均可发生。主要为害叶片，偶尔侵害叶柄或茎蔓，瓜条一般不受害。发病初期，叶片正、反两面均可产生白色近圆形小粉斑，其后发展成边缘不明显的较大圆形的白色粉斑。白粉即病菌的菌丝、分生孢子梗及分生孢子。严重时，病斑扩大、连片，粉斑布满整个叶片，犹如撒了一层白粉。白粉层初期鲜白，抹去粉层，可见叶片变黄枯、发脆，失去光合作用功能，以后组织变褐、干枯，严重时叶片枯萎，但一般不落叶。随病情发展，白粉斑上的菌丝老熟变为灰色甚至灰褐色，后期病斑上长出堆或散生的、黄褐色转黑色的小粒点，即病菌的闭囊壳。叶柄、嫩茎上的症状与叶片上的相似，但粉斑较小，粉状物也较少。

二、病　　原

瓜类白粉病的病原有两种，均属于真菌界子囊菌亚门。即葫芦科白粉菌（*Erysiphe cucurbitacearum*）和瓜类单囊壳菌（*Sphaerotheca cucurbitae*）。

1. 葫芦科白粉菌　分生孢子桶状、柱状至近柱状，大小 $17.8\sim27.9\mu m\times12.2\sim15.2\mu m$。闭囊壳聚生，暗褐色，扁球形，直径 $95\sim122\mu m$；附属丝菌丝状，弯曲，长度为闭囊壳直径的 $0.5\sim2$ 倍。闭囊壳内含子囊 $7\sim11$ 个。子囊长卵形至椭圆形，一般有较明显的柄，大小 $48.3\sim68.6\mu m\times25.4\sim35.6\mu m$，内含 2 个子囊孢子。子囊孢子卵形，淡黄色，大小 $18.8\sim22.9\mu m\times12.5\sim15.2\mu m$。

此菌可为害甜瓜、南瓜、黄瓜等各种瓜类，以及马铃薯、莴苣、向日葵、烟草、芥菜、芝麻、薄荷、草木犀、附地菜、野菊等 200 多种植物。此菌有 2 个生理小种。

2. 瓜类单囊壳菌　分生孢子成串，腰鼓形或椭圆形，大小 $19.5\sim30\mu m\times12\sim18\mu m$。闭囊壳散生，球形，褐色至暗褐色，直径 $75\sim90\mu m$；附属丝线状，弯曲，长度为闭囊壳直径的 $0.5\sim3$ 倍。闭囊壳内含 1 个子囊。子囊椭圆形或近球形，无柄或有短柄，大小 $60\sim70\mu m\times42\sim60.0\mu m$。子囊内含子囊孢子 $4\sim8$ 个。子囊孢子椭圆形，大小 $19.5\sim28.5\mu m\times15\sim19.5\mu m$。

此菌可为害黄瓜、笋瓜、南瓜、西葫芦、棱角丝瓜、西瓜、甜瓜、倭瓜、番南瓜、葫芦、瓠瓜、茅瓜等。

分生孢子在 $10\sim30$℃ 范围内均能萌发，以 $20\sim25$℃ 为最适，超过 30℃ 或低于 10℃ 则难以萌发，且失去生活力。分生孢子寿命很短，在 26℃ 左右只能存活 9h，30℃ 以上或 -1℃ 以下，很快失去生活力，只有在 20℃ 时寿命才稍延长些。

三、发生流行规律

在北方，病菌以有性态的闭囊壳随病株残体遗留在田间越冬，或以菌丝及分生孢子在棚室内的寄主上继续为害。在南方，病菌以菌丝、分生孢子在田间寄主上越冬。越冬的闭囊壳，在翌年

5~6月份气温达20~25℃时释放子囊孢子,或由菌丝上产生分生孢子,在适宜的条件下,分生孢子先端产生芽管和吸器,自表皮直接侵入。菌丝体仍附生在寄主表面。从萌发到侵入需24h,每天可长出3~5根菌丝,5d后在侵入处附近形成白粉状菌丝丛,经7d成熟后进行再侵染。子囊孢子及分生孢子主要借气流传播,其次是雨水。寄主生长后期,在受害部位形成闭囊壳。

气候条件、品种抗病性以及栽培管理水平对白粉病的发生均有影响。

1. **温、湿度与发病的关系**　病菌分生孢子萌发对湿度适应幅度较广,即使相对湿度为25%也能萌发。当叶面有水滴存在时,因分生孢子吸水后膨压过大,引起孢子破裂,反而对萌发不利。但是,相对湿度大时,病害发生严重。一般在雨量偏少的年份,当气温上升到16℃以上,既有较高的温度,又有一定的湿度时,白粉病就会大发生。棚室内湿度大、温度高,有利孢子大量繁殖,常发病严重。

2. **品种与发病的关系**　黄瓜、甜瓜和南瓜对白粉病的抗性均有一定差异。

3. **栽培措施、管理水平与发病的关系**　栽培管理粗放、灌水过多、排水不良、湿度增大、光照不足以及偏施氮肥等措施易使植株徒长,组织柔嫩,有利病害发生。棚室内通风不良,叶片过于茂盛,闷热潮湿时发病也重。

四、病害控制

应采取选用抗病品种和加强栽培管理为主,结合药剂防治的综合措施。

1. **选用抗病品种**　黄瓜品种鲁春26、甘丰2号、Sc8、津杂1、2、3、4号、津研2、4、6、7号,津早2号、早丰1号等抗病性较强。一般说来抗霜霉病的黄瓜品种,也较抗白粉病,有利于防治霜霉病的措施也有利于防治白粉病。甜瓜品种劳朗中度抗病。

2. **棚室熏蒸**　白粉菌对硫制剂敏感。幼苗定植前,按每$100m^3$用硫磺黄粉250g,加锯末500g混合分装于几个小花盆内,分散放置,点燃,密闭熏蒸一夜(棚温应保持在20℃以上,否则效果不好)。另外,可用75%百菌清可湿性粉剂1g加敌敌畏$0.1g/m^3$,与锯末混匀后点燃熏蒸。

3. **改善栽培管理**　①重病地和非寄主植物进行2年以上轮作;②收获后彻底清除病残体,并随之深翻;③加强肥水管理,注意通风透光,降低棚内湿度,防止植株徒长或脱肥早衰,减缓发病。

4. **药剂防治**　发病初期及时喷药,可用50%硫磺悬浮剂250~300倍液或30%特富灵可湿性粉剂1 500~2 000倍液、25%粉锈宁可湿性粉剂2 000倍液(在温室、大棚中易产生药害)、60%防霉宝2号(水溶性粉剂)1 000倍液、30%白粉松乳油2 000倍液、50%三泰隆可湿性粉剂2 000倍液、6%乐必耕可湿性粉剂1 000~1 500倍液、12.5%速保利可湿性粉剂2 500倍液、40%福星乳油8 000~10 000倍液、25%敌力脱乳油3 000~4 000倍液。生物制剂可用2%农抗120、2%武夷霉素水剂均用200倍液。也可用27%高脂膜乳油80~100倍液。

第五节　瓜类疫病

瓜类疫病(cucurbits phytophthora blight)在我国是20世纪70年代后严重发生的一种病害。该病来势很猛,蔓延迅速,常造成多种瓜类大面积死亡,甚至毁种。华北地区的夏、秋黄瓜受害较重。是秋黄瓜生产上的主要障碍。在南方多雨季节,此病发生甚烈,杭州、武汉一带以春黄瓜受害重。在新疆和甘肃,此病是厚皮甜瓜的主要病害之一。20世纪90年代末,棚室黄瓜、西瓜、甜瓜也相继发病,已成为棚室中的重要病害。

多种瓜类作物可受疫霉侵染,但病害名称不全相同。如黄瓜灰色疫霉,黄瓜疫霉,西瓜褐色腐败病,西瓜、甜瓜、南瓜、丝瓜、苦瓜、越瓜疫病,西葫芦、冬瓜、节瓜、金瓜绵疫病等。

一、症　状

茎、叶、果实均可受害,以蔓茎基部及嫩茎节部发病较多。苗期感病多在嫩尖发生。初为暗绿色水渍状萎蔫,最后干枯呈秃尖状。茎基部发病,初呈暗绿色水渍状,病部缢缩,致叶片逐渐枯萎,最后全株死亡。维管束不变色,有别于枯萎病。由于病情发展迅速,病叶枯萎时仍为绿色,表现为青枯型。节部受害,病部缢缩并扭折,致病部以上枝叶枯萎。叶片受害,产生圆形、不规则形暗绿色水渍状斑点,后扩展为近圆形的大病斑。天气潮湿时,病斑发展很快,造成全叶腐烂;干燥时,病斑边缘暗绿色、中部淡绿色,干枯脆裂。卷须、叶柄的症状与叶片的相同。果实被害,形成暗绿色近圆形凹陷的病斑,很快扩展到全果。病果皱缩软腐,水渍状,有腥臭味,潮湿时表面生出灰白色稀疏的霉状物。

黄瓜、甜瓜、西瓜、西葫芦等瓜类作物上的症状基本相似。

二、病　原

病原菌为色藻界卵菌门疫霉菌引起。国内报道能侵染瓜类作物的疫霉有3种:①德氏疫霉(*Phytophthora drechsleri*):侵染甜瓜、西瓜、黄瓜、丝瓜、冬瓜、菜瓜、节瓜、苦瓜、越瓜等。还可侵染番茄、马铃薯、甜菜、雪松、刺槐、非洲菊等。②烟草疫霉寄生变种(*P. nicotianae* var. *parasitica*):侵染甜瓜、丝瓜。③辣椒疫霉(*P. capsici*):侵染甜瓜、黄瓜、南瓜、西葫芦、金瓜、冬瓜、节瓜。

德氏疫霉菌菌丝粗细均匀,孢囊梗细长,分化不明显。孢子囊无色,卵圆形、长椭圆形至椭圆形,内层突出,无乳突,大小58(35~95)μm×33(23~45)μm。藏卵器球形,壁光滑,基部大多棍棒状,少数为圆锥形,直径31(25~33)μm。卵孢子球形,直径26(18~30)μm。

病菌生长温度9~37℃,最适温度26~29℃,并要求较高的湿度和水分。

三、发生流行规律

在南方温暖地区,病菌以菌丝体、卵孢子随病残组织遗留在土壤或在种子上越冬,成为翌年的初侵染来源。北方寒冷地区,卵孢子在病残体上越冬。田间条件适宜时,菌丝体接触侵染寄主,卵孢子通过雨水、灌溉水传播到寄主上,萌发产生芽管。芽管与寄主接触后产生附着器,再从其上产生侵入丝,直接穿过表皮侵入寄主体内。适温下,土壤湿度大于95%,持续4~6h,病菌即可完成侵染,潜育期仅2~3d。植株发病后,产生孢子囊,萌发后产生游动孢子,又随气流和雨水传播，进行再侵染。

露地黄瓜多在6月下旬至7月中旬爆发。气温平均24℃，白天超过30℃，特别是在30～32℃，相对湿度高于85%时，发病重。田间灌水不当，或降雨后突然转晴，气温急剧上升，病害会爆发流行，造成全田死秧、烂瓜。

棚室秋冬茬甜瓜、西瓜及西葫芦等，多在8月份育苗，气候高温，苗床上时有发病。10月中、下旬至11月上、中旬棚室内地温较高，发病较重，死亡率可达12%，至12月中旬以后，地温下降，发病减轻。早春茬甜瓜、西瓜于12月份在温棚中育苗，苗床地温不高，发病很轻。春节后定植，进入3月份后，天气转暖，棚温增高，3月下旬至4月上旬开始发病。

疫病发生的早晚和流行程度受气象因素、田间管理条件的影响较大。

1. **气象因素** 露地瓜类，在适宜的温度范围内，雨季的长短、降雨量的多少是病害流行的决定因素。雨季来得早、雨日持久、降雨量大则发病早、病情重，病菌再侵染频繁，易在短期内流行。

2. **耕作栽培** 瓜类作物连作发病重，而轮作发病轻；平畦栽培时，畦面不平、雨后及灌水后易积水则发病重；施用未充分腐熟基肥发病重，追施化肥既有肥效作用，又有"拔干起凉"作用，能降低土壤温湿度，达到防病增产作用；大水漫灌、灌水频繁发病重；田间植株过密，郁闭高湿，发病亦重。

四、病害控制

应采取加强栽培管理为主，结合选用抗（耐）病品种，及时药剂保护的综合措施。

1. **选用抗（耐）病品种** 黄瓜抗（耐）品种有中农5号、11号、13号、1101号、津杂3、4号，津研2、4、6号，鲁春26等。西瓜抗（耐）品种有郑杂7号、早佳、京欣1号、密桂、绿园等。甜瓜有白皮梢瓜、黄旦子、河套蜜瓜、新蜜1号、离瓜等，棚室中状元、劳朗、台农2号、希薄洛托中度抗病；南瓜友谊1号、多伦大矮瓜；丝瓜天河夏丝瓜、3号丝瓜等比较抗病。

2. **土壤处理** 苗床按每平方米用25%甲霜灵可湿性粉剂8g，或70%乙锰可湿性粉剂10g、70%百得富可湿性粉剂8g、30%苗菌敌10g，与10kg细土拌匀，翻混于床土中。温棚定植前用25%甲霜灵可湿性粉剂750倍液喷洒地面消毒，或4%疫病灵颗粒剂，8kg/667m^2，翻入土中。

3. **加强栽培管理** 与非寄主作物实行3年以上轮作；收获后及时清洁田园，深翻土地；提倡高畦和起垄栽培；棚室中采用滴灌、渗灌、膜下暗灌，降低棚室湿度；施用充分腐熟的有机肥，配方施肥、合理追肥，防止硝酸盐超标，补施二氧化碳肥，提高植株抗病性；合理灌水，禁止大水漫灌和灌水过多、过频，以免影响根系发育，降低植株抗病力。

4. **棚室土壤高温处理和嫁接防病** 参考瓜类枯萎病的防治。

5. **药剂防治** 发现病株，立即拔除，并施生石灰消毒。同时，药剂喷洒和灌根。可选用64%杀毒矾可湿性粉剂500倍液、70%乙磷锰锌可湿性粉剂500倍液、72.2%普力克水剂600～800倍液、72%克露或72%克霜氰可湿性粉剂800～1 000倍液、56%靠山水分散微粒剂800倍液等。或者用4%疫病灵颗粒剂，埋于根侧，按4～5g/株，埋后立即灌水或灌水前撒施硫酸铜3kg/667m^2。

第六节 黄瓜黑星病

黄瓜黑星病（cucurmber scab）又称疮痂病，是一种世界性的病害。在我国，20世纪70年代末首先在辽宁省零星发生，未见成灾。80年代开始，随保护地栽培的发展而逐渐加重。目前在北京、天津、内蒙古、山东、山西、河北、四川、海南、上海、甘肃等地均有发生，以东北地区发生严重。该病是某些省（自治区）的检疫性病害。此病发生时间早，持续时期长，幼苗、叶片、茎秆和果实均可受害，所致损失较大。发病后一般减产10%～30%，流行年份果实畸形、斑点性腐烂，严重影响产量和品质。

一、症　　状

此病在苗期和成株期均可发生。幼苗、叶片、茎秆、卷须及果实均可受害，尤以果实受害损失严重。

幼苗发病，子叶上产生小斑点，以后烂掉，致幼苗死亡。成株期发病，叶片、茎蔓、龙头、瓜条等各部位均可受害，以瓜条受害严重。叶片发病，产生近圆形褪绿色小斑点，扩展后成小的黄白色圆形斑，后期病斑穿孔，残存边缘呈黄色星芒状。龙头发病，生长点萎蔫、变褐腐烂、造成"秃桩"。叶柄及茎蔓上的病斑水渍状暗绿色，后变成污绿色至暗褐色椭圆形或长条状病斑，表面凹陷龟裂，并溢出琥珀色胶状物。卷须受害则变褐腐烂。瓜条受害，幼瓜及成瓜均可发病，病斑水浸状向内发展、污褐色、圆形、不规则形至星芒状，逐渐深入向内部腐烂。病部初溢出乳白色胶状物，后扩大为暗绿色凹陷斑，溢出琥珀色胶质物，俗称冒油。潮湿时，各受害病部均可产生烟黑色霉层。后期病斑表面呈疮痂状，干燥时病斑龟裂。病瓜一般不腐烂，但常生长不均衡，弯曲畸形。

二、病　　原

病原菌为真菌界半知菌亚门枝孢霉属瓜枝孢霉菌（*Cladosporium cucumerinum*）。病菌菌丝白色至灰色。分生孢子梗细长，基部膨大，丛生，褐色或淡褐色，大小 160～520μm×4～5.5μm。分生孢子椭圆形、纺锤形或圆柱形，单胞、双胞、偶有3胞，褐色至淡褐色。单胞大小为11.5～17.8μm×4～5μm，双胞为19.8～24.5μm×4.5～5.5μm。分生孢子可形成分枝的长链。

病菌在PDA培养基上菌落初为白色，后变为灰绿色，毡状，产生墨绿色色素，色素可溶入培养基中。

病菌生长发育的温度为2～35℃，最适20～22℃。孢子形成适温为18～24℃，低于15℃或高于30℃，停止产孢。分生孢子萌发需要水滴，在相对湿度100%时不萌发。孢子萌发的温度为12.5～32.5℃，最适温度20℃。病菌能很好的利用天冬酰胺、麦芽糖、乳糖、果糖。分生孢子萌发需有一定养分，在1%麦芽糖、乳糖、果糖液中及黄瓜汁液中的萌发率显著比水中高。病菌对酸碱适应范围较广，最适pH为6。

病菌存在明显的生理分化现象。有人认为病菌存在2或3个生理小种。

病菌除侵染黄瓜外，还侵染甜瓜、西葫芦、西瓜、南瓜、冬瓜、节瓜、佛手瓜等多种瓜类作物。各寄主上的症状略有差异。

三、发生流行规律

此菌以菌丝体或分生孢子丛在病残组织内于土表及土壤中越冬，并且可以黏附在棚室墙壁缝隙或支架上越冬。成为翌年的初侵染来源。种子亦可带菌。病菌以菌丝体潜伏于种皮下为主，胚、胚乳内较少，带菌率随品种、地点而异，有些可高达37%。播种带菌种子，病菌可直接侵染幼苗。翌年越冬病菌产生分生孢子，借气流、水滴反溅传播，萌发后从叶片、果实、茎蔓的表皮直接侵入或偶尔从气孔、伤口侵入。病害潜育期18～20℃时3d，22～24℃为4～5d，14～16℃为6～8d。田间黄瓜发病后，新产生的分生孢子借气流、雨水和农事操作等传播蔓延，反复多次侵染。

低温、高湿和光照不足是黑星病发生的主要因素。

1. **温度** 温度对抗病性的影响较复杂。气温10℃时发病轻，高于25℃症状也减轻，15～20℃为最佳侵染温度。温度17～20℃时，病害进入盛发期。

2. **湿度** 相对湿度100%时孢子产生量最大，低于90%则不产孢。田间郁闭，浇水过多，通风不良，湿度过大时容易诱发此病。秋冬茬黄瓜主要在12～3月间发病。主要因为棚内10～15℃低温时间较长，且相对湿度多在98%～100%，温、湿度对发病均较有利所致。

3. **品种** 黄瓜品种对黑星病的抗病性受温度影响。17℃以下低温趋向感病。所以，棚室中连续低温，容易发病。

4. **光照** 弱光条件下较强光照射下发病重。

四、病害控制

保护地黄瓜应采取调节好温、湿度，及时清除菌源，结合药剂保护的综合防治措施。

1. **加强检疫选用无病种子** 不从疫区调种，从无病区无病植株上采种。

2. **选用抗病品种** 中农11、13号，吉杂2号，青杂1、2号，丹东刺瓜、白头霜、津研7号等抗病性较强。选用品种时，应注意丰产性和抗病性的综合考虑。

3. **种子处理** ①55～60℃恒温水浸种15min；②50%多菌灵可湿性粉剂500倍液浸种30min，冲净后催芽，或按种子重量的0.3%的50%多菌灵可湿性粉剂拌种。

4. **棚室熏蒸** 重茬地于定植前进行药剂熏蒸，方法参见黄瓜霜霉病。

5. **加强栽培管理，采用生态防治** 秋冬季棚室黄瓜，合理放风排湿，减少结露；采用滴灌、渗灌、膜下暗灌或行间铺麦草覆膜，降低棚内湿度；及时摘除下部老叶，以利通风透光；减少棚内结露时数，降低相对湿度；认真清理病残组织，深埋或烧毁。

6. **药剂防治**

(1) 喷粉及熏烟。保护地发病初期用10%多百粉尘剂或5%防黑星粉尘剂，每次1kg/

$667m^2$；或用45%百菌清烟剂每次200~250g/$667m^2$熏烟。

(2) 喷雾。发病初期喷施50%多菌灵可湿性粉剂500倍液或75%百菌清可湿性粉剂600倍液、50%苯菌灵可湿性粉剂1 500倍液、50%多菌灵可湿性粉剂800倍液加70%代森锰锌可湿性粉剂800倍液、2%武夷霉素水剂150倍液加50%多菌灵可湿性粉剂600倍液或80%新万生或50%凯克星可湿性粉剂500~600倍液，80%福星乳油8 000倍液。

第七节 瓜类病毒病

瓜类病毒病（cucurbits viral diseases）又称花叶病，是一种分布广泛的世界性病害，全球凡种植瓜类的地区几乎均有发生。该病在我国各地普遍分布，以西葫芦和甜瓜受害最重，是西北地区瓜类的重要病害。20世纪70年代甘肃某些地区甜瓜病毒病严重发生，一度影响了甜瓜的种植；西葫芦和南瓜的病毒病是河西地区及兰州、平凉等地的严重病害。病毒病一般发病率20%左右，重者达50%以上。发病后，不但造成减产，而且大大降低果实含糖量，品质下降，影响效益。病毒病在露地栽培中比保护地发病重；南瓜、西瓜、丝瓜、黄瓜上发病较轻。

一、症　状

瓜类病毒病种类较多，但在各种瓜类作物上的症状特点较为相似，主要表现为花叶。

1. **甜瓜**　主要表现为系统疱斑花叶。上部叶片先呈现深绿色与浅绿色相间的花叶，叶小而卷，茎扭曲，植株矮化；结瓜少且瓜小，果面上有深浅绿色不均的斑驳。另外，还有暗脉型、花叶型、环斑型，以疱斑花叶型为主。

2. **西葫芦**　呈系统疱斑或系统花叶。上部叶片先呈现深绿浅绿相间的疱斑花叶。严重时，叶片变畸形，呈鸡爪状，植株抽缩、矮化，叶片变小，重病叶黄枯死亡；未枯死的病株后期花冠扭曲、畸形、颜色较深，雌蕊柱头短曲；大部分不结瓜或瓜小畸形，果面布满大小不等的瘤状突起，品质低劣。

3. **南瓜**　叶片呈斑驳花叶状，有黄斑，叶脉两侧色深，叶脉皱缩，叶变小，畸形，尤以嫩叶病状明显，植株明显矮化；病瓜畸形，凹凸不平，有深浅绿色斑驳。

4. **丝瓜**　为系统性花叶。幼嫩叶片呈斑驳及褪绿小环斑；老叶上为黄绿相间的花叶或小环斑，叶脉抽缩，叶片畸形，叶缘缺刻加深，后期老叶上产生枯死斑。果实细小，呈螺旋状扭曲，上有褪绿斑。

5. **黄瓜**　幼叶可呈现浓绿与淡绿相间的花叶状。成株新叶呈黄绿镶嵌花叶，病叶小而皱缩，严重时向下卷，变硬变脆，植株矮小，下部叶逐渐黄枯；瓜条表面为深绿与浅绿相间的疣状斑块，果面凹凸不平或畸形。发病严重时，节间短缩，丛生小叶，不结瓜，萎蔫枯死。

二、病　原

由病毒引起。瓜类病毒病的毒源有30余种，中国报道有10种，常见的有以下几种：

1. **黄瓜花叶病毒**（cucumber mosaic Cucumovirus，CMV） 粒体球形，直径35nm，株系分化为普通株系、黄斑株系、菠菜株系等多种。国内根据寄主范围和传播途径分为普通株系类群和种传类群两个类群。致死温度60~75℃，稀释限点10^{-3}~10^{-5}，体外存活期3~5d。在自然条件下可由许多蚜虫（桃蚜、棉蚜、菜蚜）及甲虫传播；人工操作及汁液接触也可以传染，黄瓜种子不带毒，甜瓜种子带毒率16%~18%。病毒在自然情况下可侵染60多科670多植物。西葫芦、笋瓜、南瓜上引起黄化皱缩，甜瓜上引起黄化，黄瓜上引起系统花叶。不侵染西瓜。

2. **西瓜花叶病毒**（watermelon mosaic potyvirus，WMV） 病毒粒体线状，710nm×15nm。细胞内有风轮状、环状内含体。致死温度45~50℃，稀释限点10^{-2}~10^{-3}，体外存活期18~24h。分化为黄化株系、西瓜花叶病毒1、2号株系等，以2号株系为主。自然寄主有西葫芦、哈密瓜、白兰瓜、南瓜、黄瓜、西瓜、冬瓜等，是甘肃、新疆甜瓜病毒病的主要毒源。病毒可汁液传播，桃蚜、苜蓿蚜、二叉蚜等蚜虫也可传播，并可种子带毒。

3. **南瓜花叶病毒**（squash mosaic Comovirus，SqMV） 病毒粒体球状，直径28nm。株系有FSV、RSV、SSV等。致死温度75℃，体外存活期6周，稀释限点10^6。系统侵染的寄主有西葫芦、南瓜、甜瓜、黄瓜等，均产生花叶症。病毒可经汁液传播，西部黄瓜条叶甲、黄瓜十一星叶甲也能传播。

4. **甜瓜叶脉坏死病毒**（muskmelon vein necrosis Carlavirus，MuVNV） 病毒粒体线状，660nm×13nm。致死温度55~60℃，稀释限点10^{-3}~10^{-4}，体外存活期3~5d。田间可侵染哈密瓜、金瓜、白兰瓜等。

三、发生流行规律

瓜类作物病毒寄主范围都比较广，因此，初侵染来源也较广。田间许多宿根性杂草均可带有CMV，反枝苋芥菜、刺儿菜等是CMV的多年生寄主，有的又是蚜虫越冬的场所。春季寄主杂草发芽后，其上越冬的蚜虫随之活动和繁殖，将病毒传至瓜田。另外，一些十字花科蔬菜及菠菜、芹菜等都可以带有瓜类花叶病毒，成为初侵染来源。西瓜花叶病还可种子带毒，且病株后期所结的种子带毒率很高。

不同病毒传播介体不同。CMV、WMV-2、MuVNV均可以由蚜虫传播，且以桃蚜为主。桃蚜发生早，瓜蚜发生数量大，为害时间长。蚜虫属非持久性传毒。SqMV由甲虫传播。瓜类病毒多数都可以通过汁液接触传播。田间整枝、绑蔓、摘瓜均可传播病毒。

病毒病的发生气候因素、播期和管理、品种抗病性的影响较大。

1. **气象因素** 高温、干旱、日照强，发病较重。高温干旱的气候条件，利于蚜虫的繁殖和迁飞，造成病毒在田间大量传播，促进了病毒的增殖，缩短了潜育期，增加了再侵染数量，降低了植株的抗病性，因而发病严重。秋延后西葫芦病毒病严重，主要由于苗期气温高、蚜虫多、组织幼嫩，极易感染病毒病所致。一般田间发病适温20℃，高于25℃症状隐蔽。上部幼嫩叶片先发病，且发病重。

2. **栽培管理** 瓜田杂草丛生，毒源多，发病较重；瓜田附近有番茄、辣椒、烟草等茄科植物，甘蓝、芥菜、萝卜等十字花科蔬菜，以及菠菜、芹菜等，毒源多发病亦重。缺水、缺肥、管理粗放发病重。西葫芦发病轻重与播期密切相关。适期早播、早定植的发病轻；迟播、晚定植的植株，使初瓜期和盛瓜期正处于高温季节，发病重。

3. **品种** 不同瓜类品种对病毒病的抗病性和耐病性都有一定的差异。黄瓜中原始型的品种及亚洲长形黄瓜，均有不同程度的耐病性。一般黄瓜瓜条长而细，刺多肉硬，色泽青黑的品种，耐病性较强。在田间，植株矮化和形成斑驳是衡量感病的标志。

四、病害控制

采取选用抗病品种、应用无毒瓜种，及时消灭毒源，结合栽培管理的综合措施。

1. **选用抗（耐）病品种** 黄瓜品种中抗病的有威斯康星 SMR18，高抗的有餐桌青，津春4号、中农7、8号等。西葫芦中有0706、角瓜、邯郸西葫芦、天津25、阿尔及利亚西葫芦、绿波2号、绿波、山西黑皮西葫芦等。甜瓜有金塔寺等。丝瓜有夏棠1号、3号。金瓜有涡阳金瓜、上海崇明86-1、86-2等。

2. **种子消毒** ①干热处理：种子先在40℃处理24h，再转入70℃处理72h；②药剂处理：10% Na_3PO_4 浸种20min，冲洗干净后催芽。

3. **加强栽培管理** 遮阳网覆盖育苗，苗床上设小拱棚架，上覆尼龙纱网，防止蚜虫等进入传毒；适当早播，推广地膜覆盖，促进幼苗快速生长，提高抗病性；铲除田间杂草，减少毒源；棚内及田间操作如绑蔓、打杈、落蔓等要小心，减少叶片相互接触碰撞，防止人为传播和摩擦传播，制种地操作前用磷酸软皂或3%苯甲酸钠洗手，并消毒工具和地面；操作时禁止抽烟等。

4. **治蚜防病** 用银灰色薄膜覆盖垄面、畦面及塘面；田间张挂锡箔飘带等避蚜。药剂防蚜参考蚜虫防治章节。

5. **药剂防治** 发病初期喷1.5%植病灵乳油1 000倍液或20%病毒A可湿性粉剂500倍液、5%菌毒清水剂400倍液、NS-83增抗剂100倍液、10%病毒王可湿性粉剂600倍液、抗毒丰（0.5%菇类蛋白多糖水剂，原名抗毒剂1号）200~300倍液、20%毒克星（盐酸吗啉胍铜）可湿性粉剂400~500倍液、植物病毒钝化剂912，按75g/667m^2加开水1kg，12h，调成糊状，冷却后加水15kg喷洒。另外，也可喷硫酸锌、硼酸、硝酸钾等提高植物抗病力。

第八节 黄瓜根结线虫病

黄瓜根结线虫病（cucumber root-knot nematode disease）是黄瓜生产上的一种毁灭性病害，局部地区为害较重。北方地区保护地比露地栽培受害重。近年，反季节栽培方式的发展，为根结线虫的发生提供了适宜的温、湿度和营养条件，致使土壤中致病线虫不断积累，有的地区一年四季均可发病，导致近年棚室黄瓜发病率呈上升趋势。病害发生严重时，黄瓜植株成片枯死，损失极大。除黄瓜外，该病还可为害番茄、茄子、辣椒、芹菜、大白菜、莴苣、菠菜等多种蔬菜作物。

一、症　状

根结线虫病主要发生于根部的侧根和须根上，导致地上部器官发育受阻。须根和侧根受侵染后，发育不良，产生大小不等的瘤状体。根结上可生出细弱的新根，新根延长，再长根结，犹如串生糖葫芦状。根结初为白色，后变褐色，有时表面龟裂。解剖根结，可见很多白色细线状的线虫。后期重病根系变褐腐烂。地上部的症状因根部受害程度的不同表现各异。受害较轻时症状不明显，重病株发育严重受阻，植株矮小黄瘦，中午叶片萎蔫，早晚可恢复，逐渐植株变黄、枯死，影响结实，严重时全田枯死。西瓜、南瓜、丝瓜受害后的症状与黄瓜相似。

二、病　原

病原为动物界线形动物门根结线虫属线虫。为害黄瓜及其他瓜类的根结线虫有12种。主要是南方根结线虫（*Meloidogyne incognita*）。线虫雌雄异形。雄成虫线状，尾端稍圆，无色透明，大小 $1.0 \sim 1.5mm \times 0.03 \sim 0.04mm$；雌成虫梨形，多埋藏于寄主组织内，大小 $0.44 \sim 1.59mm \times 0.26 \sim 0.81mm$。每头雌虫可产卵300～800粒。卵为椭球形或略呈肾脏形。幼虫呈细长蠕虫状，4个龄期。1龄幼虫在卵内孵化，蜕皮后脱壳而出的2龄幼虫为侵染期幼虫。有报道，北方根结线虫（*M. hapla*）、爪哇根结线虫（*M. javanica*）、花生根结线虫（*M. arenaria*）也可侵染黄瓜。

根结线虫的生存适温25～30℃，低于5℃，高于40℃，很少活动；致死温度55℃，10min。幼虫侵染的适宜温度为12～34℃，最适温度20～26℃。

侵染黄瓜的根结线虫寄主广泛，仅蔬菜上即有葫芦科、茄科、十字花科、豆科等50余种可受其侵害。

三、发生流行规律

根结线虫以卵和幼虫随病残根在土壤和粪肥中越冬。线虫在5～20cm土层中存活较多，一般可存活1～3年。线虫借水流、病土、病苗、肥料、农事操作等传播。翌年条件适宜，脱壳而出的2龄幼虫多自根尖侵入，在组织内寄生，分泌唾液刺激寄主组织形成巨细胞，并且过度分裂膨大形成根结。幼虫蜕皮3次后形成雌雄异形的成虫。雌虫的卵产生于尾端排出的胶质卵囊中，有时部分留在体内。卵囊和根组织内的卵能抵抗不利的环境条件长期存活。排出寄主体外的卵可继续孵化出2龄幼虫，进行再侵染。

黄瓜根结线虫的发生与气温、土质、土壤温度以及栽培制度关系较大。线虫每代历期20～60d，在适宜温度（25℃左右）下，完成一代只需17d左右。南方地区，线虫每年可发生6代之多，田间世代交替现象复杂。温度较高的地区发生代数较多，为害亦重。土壤通气性良好、结构疏松、湿度适宜的砂壤土有利于卵的孵化和线虫的活动，发病严重；雨量过大，浇水过多，土壤过于干旱或含水量大时，均使线虫活动受抑制，发病轻。线虫活动适宜pH4～8，故偏酸性的土壤利于病害发生。连作年限长，发病重，轮作困难的温室和大棚，土壤中线虫积累多，病害重。

四、病害控制

采取农业栽培措施为主，减少病原线虫的积累，配合药剂防治的综合措施。

1. **轮作** 与芦笋、大葱、韭菜、辣椒等抗、耐病蔬菜实行2～3年轮作；避免与同类寄主植物番茄、芹菜等蔬菜连作；重病区，有条件的与水稻轮作，可有效减轻病害。

2. **土壤高温处理** 参见黄瓜枯萎病，在休闲期进行消毒处理。

3. **加强栽培管理防病** 无病土育苗应用充分腐熟粪肥，合理施肥、浇水，增强植株抗病性；收获后彻底清除病残根、翻晒土壤，减少线虫越冬量；北方重病棚冬季水淹冷冻，减轻翌年为害。

4. **药剂防治** 定植时穴施10％力满库颗粒剂 5kg/667m^2，或定植前15d用3％的米乐尔颗粒剂 1.5～2kg/667m^2，沟施、覆土、压实，定植前2～3d，开沟放气以防药害。液氨 30～60kg/667m^2 用机械施入土中，6～7d 后深耕翻土、通气，2～3d 后播种。95％必速灭（棉隆）3～5kg/667m^2 与15kg细土混匀，撒于地面，耙入土中，浇水、覆膜，6d 后揭膜通气，2～3d 后播种。

附　葫芦科蔬菜其他病害

病名及病原	症　　状	发生流行规律	病害控制
瓜类灰霉病 真菌界半知菌亚门 灰葡萄孢 *Botrytis cinerea*	病菌多从开败的雌花侵入，引起花腐，后向幼果扩展，脐部呈水渍状，瓜条变软腐，长出灰褐色霉层；叶部产生大型不规则病斑，边缘清晰，上生稀疏霉层；烂花、烂果落在茎上时，引起茎部腐烂	以菌丝、菌核在病残体及土壤中越冬，伤口或直接侵入，田间多次再侵染	高畦栽培，棚室中滴灌、渗灌、膜下暗灌，降低温度；生态防治，白天棚室温度提至 30～32℃；药剂防治，50％速克灵 1 000～1 500 倍液或 40％施佳乐 800～1 000 倍液、50％施保功 1 000 倍液
黄瓜菌核病 真菌界子囊菌亚门 核盘菌 *Sclerotinia sclerotiorum*	果实先在残花部呈水渍状腐烂，逐渐扩展，后病部长出白色菌丝及鼠粪状菌核；茎基部及主侧枝分杈处产生褪色水渍状病斑，后变淡褐色，长出白色菌丝及黑色菌核，病部以上叶凋枯	以菌核在病残体内或混杂在种子中及遗留在土壤中越冬，伤口或直接侵入	10％盐水漂种，汰除菌核，50℃温水 10min 浸种；夏季土壤高温消毒；药剂防治，50％扑海因 1 000 倍液或 50％农利灵 1 000 倍液、40％菌核净 500 倍液、40％福星 9 000 倍液，喷洒
幼苗猝倒病 色藻界卵菌门瓜果腐霉 *Pythium aphanidermatum*	胚茎基部或中部呈水渍状，后变黄褐色，干枯后缩为线状，子叶尚未凋萎，幼苗即猝倒；湿度大时，病株附近长出白色棉絮状菌丝；为害果实时引起绵腐病	病菌以卵孢子在土壤中越冬，病菌腐生性强，可在土壤中长期存活	50％拌种双或 25％甲霜灵 9g＋70％代森锰锌 1g，或 30％苗菌敌 10g 拌土 5kg，垫、覆种子；发病初期用 15％恶霉灵 450 倍液或 56％靠山 800 倍液、72.2％普力克 400 倍液，2～3L/m^2 喷淋
幼苗立枯病 真菌界半知菌亚门 立枯丝核菌 *Rhizoctonia solani*	茎基部产生椭圆形暗褐色病斑，后逐渐凹陷，扩大后绕茎一圈，最后收缩干枯，植株死亡，但不倒伏	以菌丝或菌核在土壤或病残体中越冬	基本同幼苗猝倒病

（续）

病名及病原	症　状	发生流行规律	病害控制
甜瓜大斑病 真菌界半知菌亚门 多隔链孢菌 *Alterrnaria peponisola*	叶片上产生褐色圆形至近圆形大型病斑（1cm以上），其上有稀疏的同心轮纹及霉层	病菌以菌丝及分生孢子在病组织内外越冬	清除田间病残组织；55℃温水浸种10min；70%代森锰锌600倍液或50%扑海因1 500倍液、25%敌力脱3 000～4 000倍液喷雾
黄瓜黑斑病 真菌界半知菌亚门 瓜链隔孢菌 *Alternaria cucumerina*	叶片初生褪绿点，发展成圆形至椭圆形褐色斑，中部灰白色，边缘褐色，外缘油渍状；后期病斑中部生稀疏霉层，病斑大小1～2mm，严重时叶片卷曲枯死，呈红褐色	病菌以菌丝及分生孢子在病叶组织内外越冬	参考甜瓜大斑病
瓜类蔓枯病 真菌界半知菌亚门 瓜类小球壳菌 *Mycosphaerella melonis*	瓜蔓上基部初生油渍灰白色不规则病斑，稍凹陷，表皮龟裂，分泌橘黄色胶状物；后期病斑密生小黑点，即分生孢子器，病部以上瓜蔓枯死；叶片上产生大型淡褐色至灰褐色不规则形病斑，边缘不清晰，后期亦生小黑点	病菌以分生孢子器、菌丝、子囊壳随病残组织在土壤及肥料中越冬	种子用40%福尔马林150倍液浸种30min，清洗后催芽，或种重0.3%的40%拌种双、50%多菌灵拌种；用5%菌毒清400倍液或80%新万生500倍液、24%待克利3 000倍液、10%世高6 000倍液喷雾
黄瓜白绢病 真菌界半知菌亚门 齐整小菌核菌 *Sclerotium rolfsii*	茎部染病，初为暗褐色，上生白色菌丝体，并产生许多茶褐色小菌核，后扩展至果实和茎基部地表，茎基部腐烂后，地上部茎叶萎蔫而死	以菌丝或菌核在土壤中越冬，西瓜、苦瓜、南瓜亦受害	及时拔除病株，集中销毁；发病初期用15%三唑酮或50%甲基立枯磷1份混匀后，对细土100～200份，撒于根际，哈茨木霉（培养好的）0.4～0.45kg+细土50kg混匀后覆于病株基部
黄瓜叶斑病 真菌界半知菌亚门 类尾孢 *Cercospora citrullina*	叶片上产生褐色至灰褐色，圆形、椭圆形、不规则病斑，病斑边缘明显或不明显，潮湿时表面生灰色霉层	菌丝块或分生孢子在病残体及种子上越冬	选用无病种子；种子用55℃温水浸种15min；50%混杀硫500倍液或50%多硫悬浮剂600～700倍液喷雾
黄瓜灰斑病 真菌界半知菌亚门 葫芦科叶点霉 *Phyllosticta cucurbitacearum*	叶部初生大型近圆形水渍状病斑，中部色较淡，后干枯，四周具浅绿色水渍状晕环，后期病斑中部薄纸状、浅黄色，易破碎；病斑上有少量小黑点，即病菌分生孢子器	以菌丝体及分生孢子器随病残体在土壤中越冬	垄作、畦作，不在低洼地种植；喷施70%甲基硫菌灵800倍液或50%敌菌灵400～500倍液、50%扑海因1 500倍液
黄瓜红粉病 真菌界半知菌亚门 粉红复端孢菌 *Tichothecium roseum*	叶片上产生近圆形不规则形淡褐色病斑，病斑较大，边缘水渍状，薄，易破裂，病斑上有稀疏的粉红色霉状物	以菌丝体随病残体在土壤中越冬	适当密植，注意通风透光；采用渗灌，滴灌，膜下暗灌；喷洒50%苯菌灵1 500倍液，或80%炭疽福美800倍液
黄瓜靶斑病 真菌界半知菌亚门 山扁豆生棒孢菌 *Corynespora cassiicola*	叶部产生大型污绿褐色、绿色近圆形、不规则形病斑，中部颜色灰白色，上生灰黑色霉状物，严重时叶片枯死	菌丝体及分生孢子随病残体在土壤中越冬	消除病残组织；夏季灌水、覆膜、高温处理土壤；喷施50%多菌灵500倍液或75%百菌清700倍液或烟剂熏烟

(续)

病名及病原	症　状	发生流行规律	病害控制
黄瓜根腐病 真菌界半知菌亚门 茄镰孢菌 *Fusarium solani*	主要为害根茎部；初为水渍状不规则形病斑，多数可围绕根茎一圈，略肿胀，后病部腐烂，微管束变褐，但不向上扩展，仅在根茎处，最后全株萎蔫	以菌丝体、厚垣孢子、菌核在土壤中及病残体上越冬	夏季灌水、覆膜，高温处理土壤；高垄栽培，防止大水漫灌；发病初期浇灌50%多菌灵500倍液或50%甲基硫菌灵500倍液
黄瓜花腐病 真菌界接合菌门 瓜笄霉 *Choanephora cucur-bitarum*	最初花和幼果发生水渍状湿腐，病花变褐腐败，病菌自花蒂部侵入幼瓜，并向上扩展，表面生白色茸毛状物	菌丝体随病残组织及接合孢子在土壤中越冬	夏季土壤高温处理；高垄栽培，合理密植，及时通风排湿，严禁大水漫灌；及时摘除黄花、病果，深埋；喷施64%杀毒矾400倍液或58%甲霜灵锰锌600倍液
冬瓜叶斑病 真菌界半知菌亚门 黄瓜壳二孢 *Ascochyta cucumis*	叶片上产生圆形、近圆形深褐色病斑，斑上略轮纹，后产生黑色小颗粒，即病菌分生孢子器	以分生孢子器在病残体上或土表越冬	清除病残体，烧毁或沤肥。喷洒36%甲基硫菌磷500倍液或40%混杀硫悬浮剂600倍液、50%苯菌灵1 500倍液
南瓜斑点病 真菌界半知菌亚门 正圆叶点霉菌 *Phyllosticta orbicularis*	叶部病斑圆形、近圆形、不规则形，褐色，常破裂，病健交界处呈湿润状，潮湿时病斑上密生小黑点，叶缘黑褐色；花、花轴变成黑色湿润状，或黑褐色腐烂	以分生孢子器及菌丝随病残体在土中越冬	参考黄瓜斑点病
南瓜壳针孢角斑病 真菌界半知菌亚门 瓜壳针孢 *Septoria cucurbi-tacearum*	叶片上产生多角形或不规则形病斑，初浅褐色，后中间灰白色，稍下陷，边缘明显，病斑周围无晕圈，最后病斑上产生很多小黑点，即病菌分生孢子器	菌丝和分生孢子器随病残体在土壤中越冬	清除病残体，烧毁或沤肥；喷洒30%绿得保胶悬剂400倍液或50%DTM 500倍液、47%加瑞农800倍液
西瓜褐腐病 真菌界半知菌亚门 蒂腐色二孢菌 *Diplodia natalensis*	叶片上初生水渍状小黑点，后扩展成不规则形浅褐色至褐色病斑；病斑融合成大斑时，可致叶片干枯；贮运期感染，果实上出现不明显的病变，上生小黑点，病瓜皮不变褐	病菌以分生孢子器随病残体在土壤中和草丛中越冬	实行2～3年轮作；施用酵素菌和充分腐熟的有机肥；喷洒50%甲基硫菌灵800倍液或77%可杀得500倍液、75%百菌清600倍液
甜瓜炭腐病 真菌界半知菌亚门 菜豆壳球孢 *Macrohomina phaseolina*	成株近地面的根颈部呈水渍状，皮层易开裂，渗出褐色或咖啡色汁液，致植株萎蔫，果实染病果面开裂；病部干燥时可见黑褐色小颗粒，即病菌分生孢子器和微菌核	病菌以菌丝或菌核随病残体在土壤中越冬	与非瓜类、豆类作物进行3年以上轮作；及时清除病残体，烧毁或深埋；喷洒75%百菌清600倍液或80%新万生600倍液
苦瓜白斑病 真菌界半知菌亚门 苦瓜尾孢菌 *Cercospora momordicae*	叶片上初生灰褐色至褐色病斑，近圆形、不规则形，边缘明显或不明显，上生浅黑色霉状物，即病菌子实体	以菌丝及分生孢子随病残体在土壤中越冬	参见黄瓜叶斑病

(续)

病名及病原	症 状	发生流行规律	病害控制
黄瓜细菌性角斑病 细菌界普罗特斯门 丁香假单胞杆菌 角斑致病变种 *Pseudomonas syringae* pv. *lachrymans*	子叶上初呈近圆形水渍状凹陷斑，略现黄褐色；真叶上初生鲜绿色水渍状斑，后变成灰黄色至黄褐色多角形病斑；潮湿时斑上溢出乳白色菌脓，干燥后变灰色，很薄，质脆，易成穿孔；茎、叶柄、卷须、瓜条均受害，病部均现水渍状	病菌在种子内外随残体在土壤中越冬，还侵染葫芦、西葫芦、丝瓜、甜瓜、西瓜、冬瓜、节瓜、苦瓜、越瓜、金瓜等	选用耐病品种；种子干热消毒或50℃浸种20min；用次氯酸钙300倍液浸种30～60min或40%福尔马林150倍液，浸种1.5h，清洗后催芽；喷洒77%可杀得400倍液或72%农用硫酸链霉素4000倍液、34%绿乳铜500倍液、50%丰护安500倍液、47%加瑞农600倍液
黄瓜细菌性叶枯病 细菌界普罗特斯门 野油菜黄单胞杆菌 瓜叶斑致病变种 *Xanthomons campestris* pv. *cucurbitae*	叶片上初现圆形、小型水渍状褪绿斑，后扩大成近圆形、多角形褐色斑，直径1～2mm，周围具褪绿晕圈，背面无菌脓	病菌借种子带菌传播，土壤中存活有限	参见黄瓜细菌性角斑病
黄瓜细菌性缘绿枯病 细菌界普罗特斯门 边缘假单胞杆菌 边缘致病变种 *Pseudsmones marginalis* pv. *marginalis*	叶片上初在水孔附近产生水渍状斑点，后扩大成淡褐色不规则形斑，周围有晕圈，严重时，产生大型水渍状病斑，自叶缘向内扩展，成楔形；茎、叶柄、卷须、果实均可受害，亦水渍状变褐	病菌在种子上随病残体在土壤中越冬	参见黄瓜细菌性角斑病
黄瓜细菌性枯萎病 细菌界普罗特斯门 嗜维管束欧文氏菌 *Erwinia trachei phila*	初期叶面产生暗绿色水渍状病斑；茎部受害处变细，两端水渍状，病部以上茎叶出现萎蔫，后全株突然凋萎死亡；病茎横断面，手捏时有白色溢脓溢出，导管不变色，根部亦不腐烂	病菌随病残体在土壤中越冬	参见黄瓜细菌角斑病
西瓜细菌性果斑病 细菌界普罗特斯门 噬酸菌属 *Acidovorax avenae* subsp *citrulli*	子叶张开时病部暗棕色，并沿主脉扩展为黑褐色坏死斑；真叶上病斑很少，不显著，暗棕色，略呈多角形；果实染病初在果皮上产生小型水渍状病斑，后扩大至几厘米，不规则形水渍状斑，边缘不规则变褐或龟裂，致果肉腐烂，分泌出黏质琥珀色物质	病菌主要在种子和土壤表面的病残体上越冬，还侵染厚皮甜瓜、南瓜、黄瓜、西葫芦、蜜瓜等	加强检疫，不从疫区调种，发现病株立即拔除销毁；种子用40%福尔马林150倍液浸种30min，后清水洗净，再在清水中浸6～8h，后催芽，或50℃温水浸种20min；与非葫芦科植物3年轮作；药剂防治参考黄瓜细菌性角斑病
分枝列当 植物界 *Orobanche aegyptica*	分枝列当寄生于哈密瓜根上，吸取营养，致长势减弱，叶色淡，植株矮小，产量品质下降，严重时成片枯死		加强检疫，防止疫区扩大；与不受侵染的作物轮作；列当出土前，10%草甘膦铵盐水剂400倍液注入瓜根周围

第十三章 茄科蔬菜病害

茄科蔬菜主要包括番茄、茄子、辣（甜）椒和马铃薯等。生产上病害种类繁多，目前国内发现的茄科蔬菜病害已有 100 余种。有些病害属于共有病害，在茄科蔬菜上普遍发生，如苗期猝倒病、立枯病、病毒病、青枯病、灰霉病、疫病等，历年均给生产上造成较大的为害；有些病害在生产上为害严重，如病毒病已成为番茄、辣椒和马铃薯生产上的严重问题。近十几年来，保护地生产中灰霉病发生广泛，为害猖獗，已上升为最重要的病害之一；华北和东北地区番茄溃疡病近些年有上升趋势，是全国检疫性病害；番茄晚疫病、叶霉病和早疫病在各地发生也很普遍，流行年份损失很大；茄子黄萎病在东北三省发生严重，对生产影响很大。近年茄绵疫病、褐纹病在局部地区、有的年份呈上升趋势；辣椒疫病、炭疽病和疮痂病的发生比较普遍；马铃薯上以晚疫病、花叶病毒病、卷叶病毒病、环腐病、早疫病等病害的发生为害较为严重。此外，茄科蔬菜根结线虫病发生有加重趋势，局部地区生产上已造成较大损失。

第一节 蔬菜苗期病害

蔬菜苗期病害(vegetables seedling diseases)是蔬菜育苗期间发生的各类病害的总称，全国各地蔬菜产区均有不同程度发生。北方菜区，在黄瓜、番茄、茄子、辣椒等蔬菜育苗期发生为害尤为严重。概括讲，蔬菜苗期发生普遍、为害较重的病害主要有猝倒病（卡脖子）、立枯病（立苗死）和生理沤根等三种病害。发生常造成大量死苗，甚至毁床，损失较大，是早春蔬菜育苗中的关键性问题。

一、症　状

蔬菜苗期三种主要病害的症状，可因蔬菜种类、发病时期和病原的不同而异，初期症状往往易于混淆，主要区别见表 13-1。

表 13-1　蔬菜主要三种苗病症状特点

病害	猝倒病	立枯病	沤根
主要寄主	黄瓜、茄科、甘蓝、芹菜、圆葱、莴苣	茄科、黄瓜、菜豆、十字花科、葱、莴苣	各种菜苗
发病苗龄	初出土幼苗	幼苗、较大幼苗	幼苗
发病部位	幼苗茎基部	幼苗茎基部	幼苗根部
症状特点	病部初呈水渍状，黄褐色，渐缢缩成线状，变软，表皮易脱落，病苗易倒伏	病部产生椭圆形、暗褐色病斑，病斑逐渐凹陷，环绕茎部扩展一周，最后收缩、干枯，上部茎叶逐渐萎蔫枯死	根皮锈褐色，不发新根及不定根，易拔起。地上部叶片色泽较淡、萎蔫，最后腐烂

第十三章 茄科蔬菜病害

(续)

病害	猝倒病	立枯病	沤根
病势发展	发展迅速，子叶尚保持绿色，未萎蔫时，病苗即行倒伏，故有猝倒之称，苗床上表现斑秃状，成片死苗	初时白天萎蔫，夜间恢复，反复几天后，病苗逐渐干枯，站立而死，故称之为立枯	病苗根部腐烂后，致地上部发育缓慢、萎蔫，变黄枯死
病症表现	湿度大时，倒苗表面及附近床土表面长出白色、棉絮状菌丝	湿度大时，病部长出稀疏、淡褐色、蛛网状菌丝	持续低温、高湿所致，无病症表现

1. **猝倒病** 秧苗茎基部受害，病部水渍状，纵向缢缩成线状，病苗易倒伏，后期表面生出絮状菌丝。

2. **立枯病** 为害秧苗茎基部，病部产生梭形斑点，横向绕茎缢缩，病苗站立枯死，后期病部生出蛛网状菌丝。

3. **沤根病** 为害幼根，呈现褐色腐烂、干朽，病苗萎蔫黄枯，无病症出现。

二、病　原

1. **猝倒病** 主要是色藻界卵菌门瓜果腐霉（*Pythium aphanidermatum*）。

(1) 无性态。病菌菌丝无色，无隔膜，富含原生质粒状体。孢子囊膨大，成不规则圆筒形或呈姜瓣状分枝，与主枝相连处有一隔膜，大小 $24\sim62.5\mu m \times 4.9\sim14.8\mu m$，外表光滑，无色，内含分布均匀的粒状体。成熟时，孢子囊上生出一个排孢管，逐渐伸长，内部的原生质随之移至管的顶端；管顶端膨大形成球形泡囊，继而原生质集中于泡囊内，以后分割成 $8\sim50$ 个或更多的小块，各包一个核，形成若干游动孢子。游动孢子肾形，大小 $14\sim17\mu m \times 5\sim6\mu m$，中间凹陷处侧生两根鞭毛，游动 30min 后即行休止，鞭毛消失，变为球形，萌发出芽管，再侵入寄主。

(2) 有性态。藏卵器在菌丝中间或顶端形成，球形，每个藏卵器内形成一个卵孢子。卵孢子球形、光滑，直径 $13\sim23\mu m$。

(3) 培养特点。病菌在 PDA 及 PSA 培养基上很少产生孢子囊；在黄瓜块培养基或其他适宜基质上产生孢子囊量大；在燕麦片及胡萝卜屑培养基上易产生卵孢子。

(4) 生理特性。病菌喜低温，10℃左右可以活动，$15\sim16$℃下繁殖较快，30℃以上生长受到抑制（故通常培养、保存时，以室温条件为佳）。

2. **立枯病** 为半知菌亚门真菌立枯丝核菌（*Rhizoctonia solani*）；有性态为担子菌亚门瓜亡革菌（*Thanatephorus cucumeris*）。

(1) 无性态。病菌菌丝分隔明显，直径 $8\sim12\mu m$。初无色，较细，老熟时黄褐色，多呈直角分枝。分枝基部多略缢缩，且具分隔。老熟菌丝常形成成串的桶形细胞，逐渐聚集交织形成菌核。菌核无定形，似菜籽或米粒大小，多褐色至深褐色。

(2) 有性态。自然情况下少见。有性担子无色，单胞，长椭圆形，顶生 $2\sim4$ 个小梗。各小梗上着生一个担孢子。担孢子球形，无色，单胞，大小 $6\sim9\mu m \times 5\sim7\mu m$。

(3) 生理特性。病菌对湿度要求不严格。对温度要求，一般在 10℃ 下即可生长，最高为

40~42℃，最适 20~30℃。

3. 沤根 主要是由于地温低，且持续时间长，高湿和光照不足所致。

三、发生流行规律

引致蔬菜苗期病害的腐霉菌越冬菌态为菌丝体和卵孢子，丝核菌则以菌丝体及菌核为越冬菌态。两种病菌的腐生性均很强，一般可在土壤中存活 2~3 年。二者均可以通过雨水、流水、农事操作以及使用带菌堆肥传播蔓延。在适宜的环境条件下，病菌开始活动为害。立枯病菌可以直接侵入为害；腐霉菌则先萌发产生游动孢子或直接生出芽管侵害寄主。侵入后，病菌在皮层的薄壁细胞组织中发展，在细胞内、细胞间蔓延，以后病组织又可产生孢子囊，进行再侵染。所以田间可见以中心病株为起点向四周形成圆形蔓延死苗，形成斑秃状发病区。

三种病害的发生，均与土壤环境有直接关系。此外，还受寄主的生育阶段等因素影响。

1. 苗床管理 苗床管理不当，如播种过密、间苗不及时、水量过大等而致苗床密郁闷湿，通风管理不良、加温不匀等使床温忽高忽低、变化太大等，均不利菜苗生长，诱发病害的发生。苗床保温不良如土壤黏重，湿度大，地下水位高，人为措施不利等，致使床土温不易升高；冷床，亦易引起病害发生和加重。

2. 气候条件 影响蔬菜苗病发生的主要因素是苗床土壤的低温、高湿条件，与外界气候条件也有关系。

（1）温度。包括空气和床土的温度。适于大多蔬菜幼苗生长的气温为 20~25℃，土温为 15~20℃。此时，幼苗生长良好，抗病力强；反之，温度不适则易诱发病害。若阴雨或雪天，影响苗床光照，床温过低，长期处于 15℃ 以下，不利幼苗生长，猝倒病容易发生。而另一方面，床温较高，幼苗徒长柔弱时，则易发生立枯病。若幼苗较长时间处于生长临界温度（12℃）以下，则极易发生沤根病。

（2）湿度。亦包括空气及床土的湿度。后者对幼苗发病影响更大，湿度大则病害重。尤其猝倒病和沤根病。腐霉菌生长、孢子萌发及侵入均需水分。床土湿度大，又妨碍根系生长和发育，降低抗病力，故有利于病害的发生和蔓延。

（3）光照。光照充足，幼苗光合作用旺盛，则生长健壮，抗病力强；反之，幼苗生长衰弱，叶色淡绿，抗病力差则易发病。同时，阳光还有杀菌作用。

（4）通气。幼苗生活中也要吸收二氧化碳呼出氧气，苗床通风换气条件好，幼苗长势正常，抑制病害；通气良好，还可降低苗床湿度减轻病害。

3. 寄主的生育期 幼苗子叶中养分耗尽而新根尚未扎实及幼茎尚未木栓化之关键期，抗病力最弱；幼苗的感病阶段，尤其对猝倒病最敏感。新根发育与土壤温度和养分有关。土温较高及养分补足则新根扎得快，反之则否。新根未扎实，真叶不易长出，幼苗体内营养消耗则抗病力亦弱。此时若遇阴雨天气，不能营光合作用，且呼吸作用增强，则加剧养分消耗多于积累，植株长势衰弱，有利病菌侵入，会造成病害的严重发生。

四、病害控制

应采取加强苗床栽培管理、培育壮苗以增强幼苗抗病力为主,药剂防治为辅的综合防治措施。

1. **加强苗床管理** 苗床应选择地势较高、向阳、排水良好的地块;床土最好选用无病新土壤;沿用旧床,播前应进行床土消毒。肥料应充分腐熟。播种要均匀,不宜过密;覆土要适度,以促出苗。播前应一次灌足底水,以防苗后水勤增湿降温;出苗后补水要选择晴天中午小水润灌,避免床土湿度过大。苗稍大,暖天中午应适当放风炼苗,增强抗性;并且对温度要求不同的菜苗分室培育。同时做好保温工作,防止冻苗,降低抗性。苗床温度不要低于12℃,可采用双层草帘,天幕法(双膜),冷天迟揭早盖。苗出齐后,应早间苗,剔除病、弱苗,防止病害蔓延。重病区采用快速育苗或无土育苗法。

2. **床土消毒** 通常是对旧床播前处理。

(1) 福尔马林处理。播前2~3个星期,将床土耙松,按400ml/m^2加水20~40kg(视土壤湿度酌定)浇于床土,薄膜覆盖4~5d,然后耙松床土,经两星期待药液充分挥发后播种。

(2) 杀菌剂处理。70%五氯硝基苯加50%福美双等量混匀,或单用50%多菌灵、50%托布津、40%拌种灵,按8~10g/m^2,加细潮土15kg拌匀,播种时按1/3:2/3用量底垫、上覆种子。处理后,要保持苗床土表湿润,以防发生药害。

3. **药剂防治** 发现病苗及时拔除,然后以药剂喷雾或浇灌,控制病害蔓延。药剂有铜氨合剂400倍液、75%百菌清可湿性粉剂600倍液、25%瑞毒霉可湿性粉剂800倍液、70%代森锰锌可湿性粉剂500倍液、15%恶霉灵水剂450倍液、40%五氯硝基苯可湿性粉剂500倍液、64%杀毒矾可湿性粉剂500倍液、72.2%普力克水剂500倍液。前述药剂喷雾或灌根后,撒草木灰或干细土,降湿、保温。亦有施用5406菌肥,与床土混匀,对猝倒病和立枯病有一定抑制作用。

第二节 茄科蔬菜病毒病

茄科蔬菜病毒病(viral diseases of solanaceous vegetables)在生产上发生较为普遍,以番茄、辣椒和马铃薯上常见。近年来不论在南方或北方菜区均日趋严重。番茄病毒病,自20世纪60年代中期在我国发生以来,迄今已广泛发生于全国各地。60年代以前,茄科蔬菜病毒病的毒源种类及株系较为单纯,南方以花叶型为主,而北方则以条斑型和花叶型为主;70年代,各地番茄植株上的毒源种类,特别是株系渐复杂化,每年均给生产造成不同程度的损失,常年减产20%~30%,流行年份高达50%~70%以上,局部地区甚至绝产。由于病毒病的为害,直接影响了北方许多大城市郊区晚夏番茄和秋季大棚番茄的种植,缩短了市场供应期。辣(甜)椒病毒病,是20世纪70年代初以来逐渐发展起来的重要病害,全国各地普遍发生,为害严重,一般减产30%,严重时可达50%~60%,甚至绝产,已成为辣(甜)椒生产的主要限制性因素。马铃薯病毒病在我国分布较广,为害也较严重。主要是皱缩花叶病和卷叶病两种。植株受侵后不但影响发育和产量,而且使马铃薯薯块退化,尤其在我国中、南部地区,难以自行留种,每年从东北、西北、内蒙古等地马铃薯退化轻微的地区大量调种,给生产造成很大困难。病毒病在茄子上为害相对较轻。

一、症　状

病毒病在几种茄科蔬菜上可表现不同症状。

（一）番茄

苗期至大田期均可发生。表现有多种症状，常见的有花叶型、条斑型、蕨叶型3种。以条斑病对产量影响最大，其次为蕨叶病。

1. 花叶型　最为常见，苗期和成株期均可出现。多发生在顶部嫩叶上，田间表现两种类型：①轻花叶：叶片平展，大小正常，植株不矮化，仅在较嫩的叶片上出现深绿与浅绿相间的斑驳花叶状，对产量影响不大；②重花叶：叶片变小，凸凹不平，扭曲畸形。嫩叶上花叶症状明显，植株矮化，果小，质劣，多呈花脸状，对产量影响较大。

2. 条斑型　茎、叶和果实均可表现症状。典型症状为褐色坏死条斑。叶片发病，叶脉坏死，散生油渍状黑褐色坏死斑，后沿叶柄蔓延至茎秆。在茎秆上形成条状病斑。有时上部叶片呈现深绿和浅绿相间的花叶症状。茎秆发病，先在中部初生暗绿色凹陷的短条纹，后变为油渍状，深褐色坏死斑，逐渐蔓延扩大。果实受害，果面上产生不规则形、油渍状、凹陷的褐色坏死斑，病果畸形。发病严重时，可导致整株枯萎死亡。

3. 蕨叶型　典型症状是顶部新叶细长线状，不易展开，生长缓慢，叶肉组织严重退化，有时仅剩下主脉。中、下部叶片叶缘上卷呈筒状，病株明显矮化、簇生，不能正常结果。

（二）辣椒

从苗期至成株期均可发病。症状以花叶型为主。还可引起黄化、坏死、矮化、畸形等症状。

1. 花叶型　常见的有轻花叶和重花叶。轻花叶的病叶初期为明脉和轻微褪绿，后呈现浓淡绿色相间的斑驳，病株无明显畸形和矮化。重花叶除表现褪绿斑驳外，叶面多凹凸不平，叶片皱缩畸形，或形成线状叶，植株生长缓慢，果形变小，严重矮化。

2. 黄化型　病叶明显变黄，出现落叶现象。

3. 坏死型　叶片出现褐色坏死环斑。有的叶脉呈褐色或黑色坏死，沿叶柄、果柄扩展至侧枝、主茎及生长点，出现系统坏死条斑，维管束变褐，造成落叶、落花、落果。严重时，嫩枝、生长点甚至整株枯死。

4. 畸形　病株幼叶狭窄或呈线状，明显矮化、丛枝、丛生。病果果面有深绿和浅绿相间的花斑和疱状突起。

有时几种症状同时或先后在同一株上出现。由于病毒可以复合侵染，因此症状复杂。一般生长前期症状较单一，后期则多种多样。

（三）茄子

常见有3种症状。北方主要表现花叶症状。

1. **花叶型** 整株发病，叶片呈黄绿相间的花叶，老叶产生圆形或不规则形暗绿色斑纹，心叶稍变黄。

2. **坏死斑点型** 病株上部叶片出现紫褐色坏死斑点，直径0.5～1mm，有时呈轮点状，叶片皱缩、畸形。

3. **大轮点型** 叶片上产生由黄色小点组成的轮状斑点，有时轮点可坏死。

(四) 马铃薯

不同病毒单独或复合侵染在不同品种上可引起不同症状。主要为皱缩花叶病和卷叶病。

1. **普通花叶病** 植株株高正常，叶片平展，但叶肉色泽深浅不一，呈现黄绿相间的轻花叶。某些品种在高温和低温时可隐症，块茎不表现症状。

2. **重花叶病** 初期顶部叶片产生斑驳花叶或枯斑，以后叶片两面均可形成明显的黑色坏死斑，并可由叶脉坏死蔓延到叶柄、主茎，最后叶片坏死干枯，植株萎蔫。有的品种表现植株矮小、节间缩短、叶片花叶、叶茎变脆等症状。

3. **皱缩花叶病** 叶片表现明显的花叶、皱缩，叶尖向下弯曲。叶脉、叶柄及茎秆上产生黑褐色坏死斑，病组织变脆。严重时叶片严重皱缩，自下而上枯死，顶部叶片可见严重皱缩斑驳。薯块较小，亦可有坏死斑。

4. **卷叶病** 典型症状是叶缘向上卷曲，病重时呈圆筒状。初期植株顶部幼嫩叶片褪绿，继而沿中脉向上卷曲，扩展到老叶。病叶稍小，色泽较淡，有时叶背呈红色。叶片肥厚质脆，叶脉发硬，叶柄竖起。遇天气干燥病叶也不萎蔫下垂。病株表现不同程度矮化，有时提早死亡。由于韧皮部被破坏，茎的横切面常见黑点，在茎基部及节部更为明显。有的品种受病块茎剖面韧皮部腐坏而呈黑色网状。

5. **纺锤块茎病** 受害植株分枝少而直立，叶片上举，小而脆，常卷曲，靠近茎部，节间缩短。现蕾时植株明显生长迟缓，叶色浅，有时发黄，重病株矮化。块茎变小，变长，两端渐尖呈纺锤形。芽眼数增多而突出，周围呈褐色，表皮光滑。

二、病　原

为害茄科蔬菜的病毒种类很多，多种病毒单独或复合侵染均可引起发病。

引起番茄病毒病的毒源有多种。据报道，1990年以来，国内多家科研院所研究发现，番茄花叶病毒（ToMV）在我国大多数省、直辖市都有分布，出现频率为15.2%～90.6%，少数地区达100%。冯兰香等（1996）对我国北方15省（直辖市）番茄主要病毒种类普查以及烟草花叶病毒（TMV）、黄瓜花叶病毒（CMV）株系鉴定结果证明，中国北方番茄病毒毒源有4种，即烟草花叶病毒、黄瓜花叶病毒、马铃薯X病毒和马铃薯Y病毒。烟草花叶病毒（TMV）和黄瓜花叶病毒（CMV）还存在株系分化。

侵染辣（甜）椒的病毒全世界报道有10多种。我国主要为黄瓜花叶病毒（CMV，占55%）和烟草花叶病毒（TMV，占26%），以及两种病毒的复合侵染。此外，还有马铃薯X病毒（PVX）、马铃薯Y病毒（PVY）、烟草蚀纹病毒（TEV）、苜蓿花叶病毒（AMV）、蚕豆萎蔫病毒（broad bean wilt *Fabavirus*，BBWV）、辣椒叶脉斑驳病毒（Pepper vein mottle virus，PeVMV）。

侵染茄子的病毒主要有烟草花叶病毒（TMV）、黄瓜花叶病毒（CMV）、蚕豆萎蔫病毒（BBWV）、马铃薯X病毒（PVX）等。TMV和CMV主要引起花叶型症状，BBWV引起轮点状坏死，PVX引起大轮点症状。

侵染马铃薯的病毒，国际上报道20多种，国内流行的主要病毒与国际上一致。主要有马铃薯X病毒（PVX）、马铃薯Y病毒（PVY）、马铃薯卷叶病毒（PLRV）、马铃薯潜隐花叶病毒（PVS）、马铃薯皱缩花叶病毒（PVM）、马铃薯纺锤块茎病毒（potato spindle tuber *Pospi* viroid，PSTV）、马铃薯A病毒（PVA）、马铃薯古巴花叶病毒（PAMV）等。马铃薯黄矮病毒（PYDV）为我国对外检疫对象。

茄科蔬菜病毒病主要毒源的性状和特点如下：

1. 烟草花叶病毒（tobacco mosaic *Tobamovirus*，简称TMV） 在寄主细胞内能形成不定形的内含体（X-体）。病毒粒体杆状，280nm×15nm，钝化温度90~93℃，稀释终点10^{-6}，体外保毒期72~96h。病毒在病株榨出液内可保持致病力达数年，在干燥病组织内存活达30年以上。病毒存在着株系分化，目前区分为4个株系，即0、1、2、和1·2株系。其中0株系为全国优势株系。TMV寄主范围非常广泛，可为害36科的200余种植物。传播方式为汁液传播，蚜虫不传毒。

2. 黄瓜花叶病毒（cucumber mosaic virus *Cucumovirus*，简称CMV） 病毒粒体球状，直径28~30nm，钝化温度55~65℃，稀释终点10^{-2}~10^{-4}，体外保毒期3~4d。病毒存在着株系分化。据中国北方15省（市）番茄上CMV株鉴定划分为4个株系，即轻花叶株系、重花叶株系（包括蕨叶症）、坏死株系和黄化株系。其中以重花叶株系分布最广，比例最大。CMV寄主范围极广，可侵染67科670多种植物。传播方式为汁液传播与蚜虫传播。传毒蚜虫主要是桃蚜、萝卜蚜、棉蚜和甘蓝蚜等。

3. 番茄花叶病毒（tomato mosaic *Tobamo virus*，简称ToMV） 在粒体形态、大小、物理特性、血清学和传播方式等方面，与TMV极为相似，但对鉴别寄主的反应有差异。以前一直认为ToMV和TMV是同一种病毒，1971年把ToMV从TMV中划分出来，成为一个独立种。ToMV存在明显的株系分化，国内鉴定有4个株系，以0株系分离频率高，分布广，为优势株系。

4. 马铃薯X病毒（potato virus X *Potexvirus*，简称PVX） 病毒粒体线条状，大小520nm×10~12nm，钝化温度60℃，稀释终点10^{-5}，体外保毒期2~3个月。PVX大致可分为斑驳系和环斑系两大系统，以前者为主。其寄主范围仅限于茄科植物，但分布非常普遍。病毒由汁液传染，还可借助马铃薯癌肿病的游动孢子传播，昆虫不传染。

5. 马铃薯Y病毒（potato Y *Potyrirus*，简称PVY） 病毒粒体曲线状，大小730nm×10.5nm，钝化温度52℃，稀释终点10^{-3}，体外保毒期24~36h。病毒主要分为3个株系。PVY可侵染茄科等植物。病毒由汁液和蚜虫传染。

PVX和PVY复合侵染可引起马铃薯皱缩花叶病。在我国发生的马铃薯退化，主要由PVX和PVY病复合侵染引起。

6. 马铃薯卷叶病毒（potato leaf roll *Polerovirus*，简称 PLRV） 病毒粒体为球状，直径 24nm。钝化温度 70~80℃，稀释限点 10^{-5}，体外存活期 3~5d。PLRV 具有株系分化。卷叶病毒主要是在寄主韧皮部繁殖。病毒寄主范围很广，可侵染茄科等多种植物。病毒主要由蚜虫传染（桃蚜为主），汁液接触不能传染。

7. 马铃薯纺锤块茎病毒（potato spindle tuber *Pospiviroid*，PSTV） 属类病毒，只有核酸，无衣壳蛋白，呈环状。钝化温度 70~80℃，稀释限点 10^{-2}~10^{-3}，体外存活期 3~5d。病毒对茄科大多数属为无症侵染。病毒传播主要为汁液、切刀和嫁接传染，咀嚼式口器昆虫如马铃薯甲虫等也可传毒（刺吸式口器昆虫传播未被证实）。

三、发生流行规律

番茄病毒病的毒源种类不同，其传播途径、侵染来源也不相同，综合起来比较复杂。

1. **活体寄主** TMV、ToMV、CMV、PVX、PVY 等病毒，由于寄主范围很广，在南方蔬菜产区，植物种类多，茬口复杂重叠，病毒病可终年发生，因此田间毒源广泛存在。同时，病毒可在许多多年生植物和宿根性杂草上越冬，如鸭跖草、紫罗兰、反枝苋、刺儿菜、酸浆等，均可成为田间发病的侵染来源。

2. **汁液** TMV、ToMV 和 PVX 具有高度的传染性，经汁液接触极易传染，田间管理如移栽、整枝、打杈、绑蔓、2,4-D 蘸花、中耕、锄草等农事操作均可传播病毒，导致病害扩展蔓延。

3. **蚜虫** CMV、PVY 和 PLRV 等均可由蚜虫传播。如桃蚜、棉蚜等多种蚜虫，多以桃蚜为主。植物在春季发芽后，蚜虫随即发生，通过蚜虫的取食与迁飞，传播病毒到茄科蔬菜上，引起发病。

4. **种子** TMV 和 ToMV 可附着于种子表面，少量可侵入种皮内和胚乳中越冬。不同品种的番茄种子带毒率可达 27%~41%。PVX 也可通过种子传播。

5. **病残体** TMV 和 ToMV 还可在干燥的烟叶、卷烟及多种植物病残体中存活相当长的时期。如番茄病株的根，在深达 75~95cm 的土中，22 个月后还发现有活的 TMV。

6. **带毒种薯** 马铃薯病毒病的侵染来源主要是带毒种薯，其次为其他寄主植物。

7. **其他** 近年来，国外许多报告都涉及到 TMV 的土壤传播。土壤带毒主要通过根、茎、叶的伤口等直接接触侵入，引起发病。

茄科植物病毒病的发生和流行主要与种苗带毒情况、气候条件、栽培管理、品种抗性及土壤等因素关系密切。

1. **种苗带毒** 番茄、辣椒和茄子的种子或幼苗的带毒对发病有较大影响。带毒率高发病重。马铃薯种薯的带毒率和带毒量是影响马铃薯病毒病发生轻重的主要原因，若种薯带毒率高、带毒量大，发病就重。

2. **品种抗病性** 不同品种对病毒的抗性存在明显差异，特别是杂交种有较强的抗病力。20 世纪 80 年代以来，我国已培育出一批高抗 ToMV-0 株系、中抗 CMV 的番茄和辣椒品种，但还缺乏高抗 ToMV 其他株系和高抗 CMV 的品种。马铃薯生产中也培育出了一批较抗皱缩花叶病和卷叶病的品种。近 10 年来，我国在马铃薯抗病毒基因工程研究方面也做了大量工作，利用农杆菌介导等方法获得了一批抗性不同的马铃薯栽培品种，大部分已进入田间试验阶段。

另外，番茄不同生育期抗病性存在明显差异。苗期到第四层花结束是感病阶段，第四层花结束后的时期，即坐果期是抗病阶段。

3. 气候条件 气候条件对寄主植株的生长发育及抗病性、传毒蚜虫的发生与迁飞扩散、病毒的增殖与症状的表现均有影响，从而影响病害发生的早晚与轻重。一般平均气温20℃时病害开始发生，25℃时进入发病盛期。春番茄生长前期遇到低温、阴雨、光照弱的气候条件，会导致植株抗病性下降和生育期推迟，使感病生育期和病害流行期吻合时间长，利于病害流行。高温、干旱利于蚜虫的繁殖、迁飞和传毒，也有利于病毒的增殖和症状表现，故病毒病发生严重。低温、高湿、多雨的季节和地区，对蚜虫繁殖不利，发病轻。

4. 栽培管理 不科学的农事操作导致病健植株的相互摩擦而增加传毒机会，发病严重；管理粗放，田间杂草多，蚜虫多的田块发病重；春季植株定植早的发病轻，定植晚的发病重；番茄定植时苗龄过小，幼苗徒长，栽后接连灌水，或果实膨大期缺水干旱，发病也较严重；土壤瘠薄、排水不良、追肥不及时，以及缺少钙、钾等元素，花叶病发生严重；用硝酸钾做根外追肥，可提高寄主抗病性，减轻花叶病的发生；菜地邻近桃园、邻地种植黄瓜等，病毒病发生较重。

四、病害控制

采取农业防治为主、创造利于植株生长健壮抗病的条件，综合控制病毒病的发生。

1. 选用抗（耐）病品种 是防治病毒病的根本措施。生产中比较抗病的品种：番茄有强丰、丽春、中蔬4号、中蔬5号、中蔬6号、佳红、早丰、佳粉10号、佳粉15号、佳粉17号、毛粉802、中杂7号、中杂9号、西粉1号、西粉5号等；辣椒有津椒2号、津椒3号、中椒2号、中椒4号、中椒10号、中椒11、中椒12、中椒13，洛椒4号，苏椒4号，苏椒5号、甜杂3号、甜杂4号等；马铃薯有内薯7号、大西洋、中薯2号等，此外，白头翁、东农303、克新1号、克新2号、克新3号、北京黄、和平等较抗皱缩花叶病，马尔卓、燕子、阿奎拉、渭会4号、抗疫1号等较抗卷叶病。各地可因地制宜选用。

2. 减少毒源数量

（1）生产和选用无毒种薯。针对马铃薯病毒病的防治最为有效。①实生苗留种：因为马铃薯种子不带病毒，利用抗病杂交组合的种子→生长出实生苗→所结的块茎作为第二年的种薯，防病效果较好。但田间应注意防蚜，避免感染病毒。②茎尖组织培养：鉴于马铃薯生长点尖端1mm以内没有或少有病毒，利用生长点组织培养，培育出无毒植株，结出无病毒薯块，以繁殖无病种薯供生产使用。③夏播或秋播留种：北方一季作地区，可采用夏播留种（6月下旬至7月上中旬播种）；南方两季作地区，可秋播马铃薯作种用，是防止种薯退化解决就地留种的有效方法。

（2）种子（薯）处理。用10%的磷酸三钠溶液浸种20~30min，然后清水冲洗干净，催芽播种，可去除附着在种子表面的ToMV和TMV。国外资料，马铃薯种薯经35℃处理56d或36℃处理39d；或芽眼切块后变温处理（每天40℃、4h，或16~20℃、20h，共处理56d），可除去卷叶病毒。

（3）减少毒源。移栽时剔除病苗，清除田间病残体和杂草，避免茄科作物连作，秋冬季土壤耕翻，促进残根腐烂，使病毒钝化。

3. 加强栽培管理 适时播种，培育壮苗。育苗阶段加强管理，定植前7~10d用矮壮素灌根。定植后适当蹲苗，促进根系发育；施足底肥，增施磷、钾肥，提高植株抗病性。花叶病在发病初期用1%过磷酸钙或1%硝酸钾作根外追肥，可减轻为害。坐果期避免缺水缺肥。注意剔除病苗，及时用肥皂水或10%磷酸三钠溶液消毒，避免分苗定植、整枝打杈时传播病毒。苗期、缓苗后和坐果初期，喷施增产灵或NS-83增抗剂，促使植株健壮生长提高抗病力。

4. 早期避蚜治蚜 高温干旱年份注意防蚜避蚜。用银灰膜全畦或畦梗覆盖，或用银灰膜做成8~10cm的银灰条拉在大棚架上，利用银灰膜反光驱避蚜虫，或用黄板诱杀，以减少蚜虫传毒作用。从幼苗期开始，尤其是在蚜虫迁飞盛期，及时喷药治蚜。同时，及时清除田边、地头杂草，邻作蔬菜及时喷药灭蚜。

5. 弱毒株系利用 近年来，国内外在番茄病毒病的生物防治方面有了新的进展，如利用弱毒株系N14、CMV卫星RNA S51、S52、S514等在植株幼苗期进行接种处理，可获得较好的防病效果。

6. 药剂防治 发病初期喷施2%宁南霉素（菌克毒克）250~300倍液或3.85%毒病必克500倍液、1.5%植病灵1 000倍液、20%病毒A 300~500倍液、51%病毒K 500~1 000倍液、24%混脂酸·铜600倍液或0.5%抗毒丰（抗毒剂1号）300倍液等，间隔10d，连喷3次。此外，喷施0.15%的芸薹素8 000倍液和10~6mg/ml的葡聚烯糖液，对番茄病毒病也有明显的防效。

第三节 蔬菜青枯病

青枯病（bacterial wilt）又称细菌性枯萎病，属于世界性病害，广泛分布于热带、亚热带和部分温带地区。在我国主要分布于南方地区，如福建、广东、广西、四川、云南、浙江、江苏、上海、安徽、江西、湖南等地。20世纪70年代以来，该病在我国发生面积不断扩大，为害逐渐加重。在我国中部地区如湖北、山东等地也有发生。在茄科蔬菜中一般以番茄被害最重，马铃薯、茄子次之，辣椒受害较轻。在我国南方是茄科蔬菜重要病害之一，可以造成多种农作物严重减产。青枯病菌的寄主范围很广，除茄科蔬菜外，烟草、芝麻、花生、大豆、萝卜、香蕉等，以及若干野生茄科植物也能被害，可导致多种农作物减产。

一、症 状

青枯病是一种典型的维管束病害。典型症状为青枯萎蔫。挤压病茎可有菌脓溢出，此特征可区别枯萎病、黄萎病等病害。青枯病在茄科蔬菜不同寄主植物受害后发病过程和症状特点有所差别。

1. 番茄 苗期植株外观正常，株高30cm后开始表现症状。初期顶部叶片表现萎垂，其后下部叶片出现凋萎，最后扩展到中部叶片。病株最初中午萎蔫，傍晚恢复；若土壤干燥、气温较高，2~3d后病株萎蔫难以逆转，叶片色泽变淡，保持绿色尚未枯黄即行死亡，故称青枯病。在土壤含水较多或连日阴雨条件下，病株可持续一周左右才死亡。病茎基部表皮常粗糙不平，生出很多不定根。潮湿时病茎上可出现1~2cm大小、初呈水渍状后变为褐色的斑点。病茎木质部褐色，用手挤压有乳白色的黏液渗出。

2. 马铃薯 症状与番茄病株相同。发病初期，叶片自下而上逐渐萎垂，4~6d后全株茎叶萎蔫死亡，但茎叶色泽仍为青绿色。剖切病株近地面茎部及其薯块，可见维管束变褐色，用手挤压也有乳白色的黏液渗出。

3. 茄子 发病初期，仅个别枝条的叶片或单个叶片颜色变淡、局部呈现萎垂，后逐渐扩展到整株枝条。病茎外部变化不明显，但剥开皮层，可见木质部呈褐色。这种病变是由根颈部开始，向上扩展到枝条，枝条髓部大多腐烂中空。将病茎横切后用手挤压，湿度大时，可见少量乳白色菌脓溢出。

4. 辣（甜）椒 发病初期仅个别枝条的叶片萎蔫，后扩展至整株，叶色较淡，后期叶片变褐枯焦。病茎外部症状不明显，剖茎后可见维管束变为褐色，横切面保湿后可见乳白色菌脓溢出。

二、病　原

青枯病的病原菌为细菌界普罗特斯门茄科劳尔氏菌（*Ralstonia solanacearum*）。菌体短杆状，两端钝圆，大小 $0.9~2\mu m \times 0.5~0.8\mu m$，极生鞭毛1~4根；无芽孢和荚膜；革兰氏染色反应阴性；好气性。在牛肉汁琼脂培养基上菌落圆形，直径2~5mm，光滑，稍突起，乳白色，具荧光反应，6~7d后渐变为褐色。

病菌生长最适温度30~37℃，最高41℃，最低10℃；致死温度52℃，10min。对酸碱的适应范围为pH6.0~8.0，最适6.6，含盐量达1%时生长受到抑制。长期人工培养易失去致病力。病菌对多种糖、醇均能发酵产酸，但不产生气，对糊精和水杨苷无作用，还原硝酸盐，不产生吲哚和硫化氢，液化明胶，不水解淀粉，甲基红和甲基乙酰甲醇阳性反应，石蕊牛乳变蓝并陈化。在1%葡萄糖、蔗糖、麦芽糖、乳糖、甘露醇等任何一种碳源中培养（温度29℃，经72h）生长特别好，在柠檬酸钠或甘油中次之，在醋酸钾或淀粉中生长不良；在氮源物质中，以在蛋白胨、尿素中生长最好，硫酸铵次之，再次为硝酸钾。

该菌寄主范围极广，已发现可侵染50多科300多种植物。病菌种内目前已形成两个国际公认的亚分类系统：①根据寄主范围，划分为4个生理小种。1号小种危害多数茄科植物，包括番茄、马铃薯、茄子、烟草、花生、甘薯等作物；2号小种仅侵染三倍体香蕉和海里康属的某些种；3号小种主要为害马铃薯，也可弱侵染番茄和烟草；4号小种主要侵染姜以及弱侵染马铃薯等其他植物。另有人将从我国南方桑树上分离得到的菌株列为5号小种。②根据不同菌株对3种双糖（乳糖、麦芽糖和纤维二糖）和3种己醇（甘露醇、卫矛醇和山梨醇）的氧化产酸能力的差异，分为5个生化型。5种生化型在我国均有分布，不同地区间存在差异。

三、发生流行规律

细菌主要随病残体遗留在土中越冬。该菌在病残体上可营腐生生活，即便没有适当寄主，也能在土壤中存活14个月以上，甚至达5~8年。病菌在混有病残体的土杂肥和以病株作饲料的牲畜粪便中也可存活，成为翌年初侵染源。此外，也可在感病的马铃薯块茎及杂草体内越冬存活。病菌可随马铃薯块茎、番茄和辣椒种子远距离传播。在田间主要随流水传播，昆虫、人畜和农事活动传播。病菌从寄主的根部、茎基部的伤口或自然空口侵入寄主，通过皮层进入维管束，在维管束导管内迅速繁殖、沿导管向上蔓延，并产生胞外多糖、果糖酶、纤维素酶等物质，影响寄主代谢，造成导管堵塞、引起植株中毒，产生萎蔫和青枯症状。病菌还可从维管束向四周薄壁细胞组织扩展，分泌果胶酶，消解中胶层，使组织崩解腐烂。腐烂组织上的病菌可借流水等途径传播后进行再侵染，使病害扩展蔓延。

青枯病的发生主要受耕作、气候条件和品种抗病性的影响。

1. **气候条件** 影响青枯病发生的气候条件主要是温、湿度。高温、高湿有利于该病的发生，因此，在我国南方地区发病严重，北方则很少发生。一般当土壤温度达到20℃左右时，病菌开始活动，田间出现少量病株；当土温达到25℃左右时，田间出现发病高峰。多雨、高湿不仅利于病菌的传播，而且土壤过湿会影响寄主根系呼吸，根部容易腐烂，增加伤口，利于病菌侵入。当遇到多雨天气，雨后突然转晴，气温急剧上升，或时晴时雨天气时，病害往往发生严重。在南方地区，温度容易满足发病要求，故降雨的早晚和多少往往是影响发病轻重的决定性因素。

2. **耕作栽培条件** 连作田块发病重。连作年限越长，发病越重。轮作，尤其水旱轮作发病轻。微酸性土壤发病较重，微碱性土壤发病较轻。土壤肥沃、富含有机质或增施草木灰、尿素、茶枯饼、塘泥等肥料的田块发病轻，施用硝酸钙比施硝酸铵发病轻，增施钾肥发病轻。一般高畦栽培发病轻，平畦栽培不利于排水，发病重；管理粗放、植株发育差、地下害虫多、线虫为害重，积水、串灌、伤根、烂根多均利于病害发生；田间出现病株后整枝，会增加病害传播和侵染几率，加重发病。

3. **品种抗病性** 品种间抗病性存在差异。我国已培育出了一批抗病性较好的番茄、马铃薯和辣椒品种。研究发现，在番茄不同品种根表的菌体附着量相近，但根内菌量随种抗性不同而有显著差异。青枯病的抗性遗传机制比较复杂，是由多对基因所控制，同一品种在不同的土温和地区抗性表现有差异。

四、病害控制

应采用以种植抗病品种为基础、改进耕作栽培技术配合科学用药的综合防治措施。

1. **种植抗病品种** 国内较抗病的番茄品种有华南农大杂优1号、杂优3号、洪抗5号、粉抗青1号、西安大红、黄山1号、黄山2号、抗青1号（秋星、秋星1号）、抗青5号、抗青12号、抗青19号、赣番茄2号、湘番茄2号、粤星、粤红玉、年丰、毛粉802、西粉3号等；辣椒品种有早杂2号、通杂1号、湘研1号等；马铃薯品种有山农303、克新2号、克新4号、荷兰15、津引8号等。目前还没有可供生产利用的抗青枯病茄子品种，但已经筛选出了一些较好的抗病材料。也可选栽早熟品种，避开青枯病严重为害期。

2. **改进耕作栽培技术**

（1）合理轮作。南方水源充足的地方可实行水旱轮作，轮作1年即有很好的防病效果；旱地可与禾谷类等非寄主作物轮作,轻病田实行1~3年轮作,重病田轮作4~5年。此外,番茄田套种洋葱也可减轻发病。

(2) 改良土壤。酸性土壤,可结合整地撒施适量石灰,调节土壤呈微碱性,抑制病菌生长,减少发病。石灰用量根据土壤酸性而定,一般450~1500kg/hm²。

(3) 加强栽培管理。发病初期及时拔除病株,同时病穴用2%福尔马林液或石灰粉消毒;收获后清除田间病残,烧毁或施入水田做基肥,混有病残体的堆肥要经高温发酵后再施用,禁止直接施用;病田增施有机肥和磷、钾肥,促使植株生长健壮,增强抗病性。

(4) 马铃薯选用无病种薯和切刀消毒。建立无病种薯基地,不在病田繁殖种薯,尽可能采用小整薯播种;对维管束变色的薯块集中处理,不可用做种薯;对嫌疑带病种薯,用福尔马林200倍液浸泡2h;若需切块,切刀用75%酒精随时消毒。

3. 嫁接防病 利用抗病砧木与番茄或茄子嫁接,是防治青枯病的一种非常有效的方法。常用的砧木有砧木1号、托鲁巴姆、赤茄、乳茄、水茄等。

4. 药剂防治 目前尚未发现特效药剂。以下药剂可供选用:发病初期喷施72%农用链霉素4 000倍液、77%可杀得600倍液或50%消菌灵1 000倍液,间隔7~10d,连喷3~4次;14%络氨铜300~400倍液灌根或50%琥胶肥酸铜600倍液灌根,每株0.25~0.5L,间隔10d,连灌2~3次。

5. 生物防治 目前上市商品尚不多见,已经发现假单胞杆菌(*Pseudomonas* spp.)、芽孢杆菌(*Bacillus* spp.)、链霉菌(*Streptomyces* sp.)、哈茨木霉(*Trichoderma harzianum*)等微生物以及某种香菇菌索的浸出液对番茄青枯病有一定的防治效果,可以利用。近年来利用自发突变或诱导突变获得的无毒菌株防治番茄青枯病也取得一定进展。

第四节 早 疫 病

早疫病(early blight)是茄科蔬菜上的常见病害。在番茄和马铃薯上常见,茄子和辣椒上发生相对较少。番茄早疫病又称轮纹病,是番茄生产上的常见病害之一。全国南北各地如黑龙江、吉林、河北、山西、山东、广东、广西、湖北、江苏、上海、浙江、湖南、四川等省(自治区、直辖市)均有发生。此病主要为害露地番茄。病重时引起落叶、落果和断枝,严重影响产量。病害发生,一般减产20%~30%,严重时可达50%以上,甚至绝产。马铃薯早疫病在世界马铃薯产区广泛分布,一般发生于生长后期,对产量影响较小。但若在开花期受害,引起叶片提早干枯,也会造成较重的损失。

一、症 状

早疫病可侵害寄主的叶片、茎秆和果实等地上各器官部位。为害特点鲜明,在不同寄主上症状特点略有差异。

1. 番茄 叶片被害,初呈深褐色或黑色,圆形至椭圆形小斑点,逐渐扩大达1~2cm的病斑,边缘深褐色,中央灰褐色,具明显的同心轮纹,有的边缘可见黄色晕圈。潮湿时,病斑上产生黑色霉状物。病害常从植株下部叶片开始，渐次向上蔓延。严重时病株下部叶片枯死。茎部病斑多数在分枝处发生，灰褐色，椭圆形，稍凹陷，也具同心轮纹，发病严重时病枝断折。叶柄也可发病，形成轮纹斑，产生霉状物。果实上病斑多发生在蒂部附近和有裂缝之处，圆形或近圆形，黑褐色，稍凹陷，也有同心轮纹，其上有黑色霉状物，病果常提早脱落。

2. **马铃薯**　主要为害叶片，也可侵染叶柄和茎秆，有时侵染块茎。叶片染病，多发生在老叶上，病斑黑褐色，圆形或近圆形，具明显的同心轮纹，大小3～4mm。湿度大时，病斑上生出黑色霉层。发病严重时，病斑连接，叶片变黄，干枯脱落。叶柄和茎秆受害，多发生于分枝处，病斑椭圆形，具轮纹，产生霉状物。块茎染病，产生暗褐色稍凹陷圆形或近圆形斑，边缘分明，皮下呈浅褐色海绵状干腐。

3. **茄子和辣椒**　主要为害叶片。症状特点可参考番茄。

二、病　　原

早疫病的病原菌为真菌界半知菌亚门茄链格孢菌（*Alternaria solani*）。病菌分生孢子梗自气孔伸出，单生或簇生，圆筒形或短棒形，有1～7个分隔，暗褐色，大小40～90μm×6～8μm。分生孢子顶生，倒棍棒形，顶端有细长的嘴胞，黄褐色，具纵横隔膜，大小120～296μm×12～20μm。

病菌生长和分生孢子萌发温度均为1～45℃，最适温度26～28℃；病菌发育的pH为4.0～9.97，适宜范围为5.0～7.0；分生孢子形成温度15～33℃，最适19～23℃，最高27℃。分生孢子在相对湿度1%～96%范围内均可萌发，以86%～98%为最适。

病菌寄主范围广泛，除为害番茄外，还可侵染马铃薯、茄子、辣椒、曼陀罗等植物。

三、发生流行规律

病菌主要以菌丝体和分生孢子在病残体上越冬，还能以分生孢子附着在种子表面越冬。分生孢子在常温下可存活17个月，成为翌年发病的初侵染源。在生长季节，条件适宜时，越冬的以及新产生的分生孢子通过气流和雨水传播，从气孔和伤口或从表皮直接侵入寄主。在适宜的环境条件下，病菌侵入寄主组织后一般2～3d即可形成病斑，3～4d后病部产生大量分生孢子，经传播可多次进行再侵染，使病害扩大蔓延。

气候条件、寄主的生育期和长势以及品种的抗病性等与发病关系密切。高温、高湿利于发病。通常气温15℃左右，相对湿度80%以上，病害开始发生；25℃以上，阴雨多雾，病情发展迅速。露地栽培重茬地，地势低洼，排灌不良，栽植过密，贪青徒长，通风不良发病较重。此外，植株长势与发病有关。早疫病在苗期和成株期均可发病，但大多在结果初期开始发生，结果盛期进入发病高峰。在田间一般老叶先发病，幼嫩叶片衰老后才易受感染。水肥供应良好，植株生长十分健壮，发病轻；植株长势衰弱，早疫病发生为害严重。在番茄和马铃薯生产上，品种间抗病性均有很大差异。

四、病害控制

应采取以种植抗病品种和加强栽培管理为主，配合药剂防治的综合措施。

1. 种植抗病品种 番茄上有茄抗 5 号、奥胜、奇果、矮立红、密植红、荷兰 5 号、强丰、强力米寿、苏抗 5 号、满丝、毛粉 802、粤胜等抗、耐病品种；马铃薯有东农 303、晋薯 7 号、国外品种 Jygeve、Kollane、它格西和罗沙等。

2. 无病株留种和种子处理 从无病植株上采收种子或留用种薯。如果种子或种薯带菌，可用 52℃ 温汤浸种 30min。

3. 加强栽培管理 重病田与非茄科作物轮作 3 年。施足基肥，适时追肥，增施钾肥，做到盛果期不脱肥，提高寄主抗病性。合理密植，番茄及时绑架、整枝和打底叶，促进通风透光。保护地番茄重点抓生态防治，控制温、湿度；露地番茄和马铃薯注意雨后及时排水，清除病残枝叶和病果，结合整地搞好田园卫生。马铃薯收获和运贮过程中，减少损伤，剔除病薯。

4. 药剂防治 发病初期用药。保护地可喷洒 5% 百菌清粉尘剂，10~15kg/hm^2，间隔 9d，连续 3~4 次，或用 45% 百菌清、10% 速克灵烟剂，1.5~2.0kg/hm^2；露地栽培可选喷 50% 利得、80% 大生、75% 代森锰锌、10% 普诺、75% 百菌清、50% 扑海因、80% 喷克、50% 加瑞农等。

第五节 晚 疫 病

晚疫病（late blight）主要在番茄和马铃薯上发生。番茄晚疫病又称柿子疫病，1847 年在法国首次报道该病发生，目前是番茄上的重要病害。此病在我国各地菜区普遍发生。露地和保护地番茄上均可严重发生。20 世纪 70 年代以来，保护地番茄栽培发展迅速，面积扩大迅速，为病菌创造了适宜的越冬条件。尤其在北方，露地和棚室栽培相连，使菌源得以充足连续发展，病害随之逐年加重。个别地区和年份，晚疫病已成为番茄生产的毁灭性病害。马铃薯晚疫病也有称疫病，是世界上马铃薯产区发生普遍、为害严重的一种病害。作为经典病害，1860 年通过对其的研究，为建立植物病理学打下了基础。在我国，除气温较高的南部地区外，全国各地均有发生，其损失程度视当年当地的气候条件而定。在多雨、气候冷湿、适于病害发生和流行的地区和年份，植株提前枯死，损失可达 20%~40%。近年来有些地区由于推广了一些抗病品种，为害已大大减轻。

一、症 状

晚疫病在植株幼苗、叶片、茎秆和果实（马铃薯薯块）上均可受害。番茄幼苗受害，初在叶片上产生暗绿色水渍状病斑，逐渐向叶柄和茎部交叉处扩展，致使茎部变细，并呈深褐色腐烂。严重时，秧苗萎蔫或倒折，湿度大时，病部表面生出白色霉层。叶片发病，多从叶尖或叶缘开始，出现不规则、暗褐色、水渍状病斑，呈 V 字形或半圆形，病斑发展迅速，很快扩至半叶或全叶，后在病健交界处长出一圈白色霉层，称为霉轮，病叶很快腐烂。空气较干燥时，病势停止发展，病部青白色、干枯、脆而易碎。茎秆受害，病斑条状、黑褐色，形成黑秆，边缘不清晰。湿度大时，长出稀疏的白色霉层，严重时，表皮腐烂，植株易从病部腐烂处弯折。果实染病，病斑油渍状，暗绿色，后期变为棕褐色、云纹状不规则大斑，边缘不清晰、质地较硬。湿度大时，病斑边缘长出少量的白霉，病果通常初期不易腐烂。

马铃薯受害，叶片和茎部病斑症状特点和番茄相似。叶部病斑也多从叶尖或叶缘开始，形成水渍状褪绿斑，后逐渐扩大，可扩及半叶以至全叶，并可沿叶脉侵入到叶柄及茎部，形成长短不一的褐色条斑。湿度大时，叶片和茎秆病部边缘长出一圈白霉；天气干燥时，病斑干枯成褐色。薯块受害，初期表面出现褐色或稍带紫色的小斑，逐渐扩大呈稍凹陷的大斑。切开病薯检视，病斑可由表皮延展深入内部薯肉，变红褐色。土壤黏重或湿度大时，可因杂菌侵染腐生，致薯块腐烂。

二、病　　原

晚疫病的病原菌为色藻界卵菌门致病疫霉（*Phytophthora infestans*）。病菌菌丝无色、无隔，在寄主细胞间隙生长，以丝状器吸收养分。孢囊梗无色，单根或多根成束从气孔长出，具 3~4 个分枝，无限生长。当孢囊梗顶端形成一个孢子囊后，孢囊梗又向上生长而孢子囊推向一侧，顶端又形成新的孢子囊，使孢囊梗膨大呈结节状，顶端尖细。孢子囊单胞、无色、卵圆形、顶端有乳孔突起，大小 22.5~40μm×17.5~22.5μm。温度 15℃ 以上时，孢子囊直接产生芽管侵入寄主；低温下萌发释放游动孢子。游动孢子肾形、双鞭毛，在水中游动片刻后静止，鞭毛收缩，变为圆形休止孢。休止孢萌发，产生芽管侵入寄主。自然界中卵孢子少见。

晚疫病菌具明显的生理分化，病菌对番茄的致病力较强。国际上根据决定分化的 4 个基因型，将其划分为 16 个生理小种。目前国内有 7 个小种，以 4 号小种为常见。

病菌菌丝生长温度 10~30℃，最适 20~23℃；孢子囊形成温度 7~25℃，最适 18~22℃；孢子囊萌发产生游动孢子的温度为 4~30℃，最适温度 10~13℃。相对湿度达 97% 以上时易产生孢子囊。孢子囊及游动孢子均需在水滴或水膜中才能萌发。

三、发生流行规律

病菌主要以菌丝体在马铃薯块茎中、双季作薯区的病残体或自生薯苗上越冬或越夏，或在保护地冬季栽培的番茄上为害，并借以越冬。有时可以厚垣孢子在病残体上越冬，成为翌年发病的初侵染来源。春季栽培的马铃薯上的晚疫病菌也可传染到番茄上为害。孢子囊借气流或雨水传播到寄主植株上，从气孔或表皮直接侵入，在田间形成中心病株。播种带菌薯块，重者腐烂，轻者也可形成中心病株，并向上扩展。病菌菌丝在寄主细胞间或细胞内扩展蔓延，3~4d 后病部长出菌丝和孢子囊，借风雨传播蔓延，进行多次再侵染，引起病害流行。

晚疫病是一种为害性大，流行性强的病害。病害发生的早晚、病势发展的快慢，与气候条件关系密切。低温、高湿是病害发生和流行的主要因素。在番茄的生育期内，温度条件容易满足，病害能否流行与相对湿度密切相关。在相对湿度 95%~100% 且有水滴或水膜条件下，病害易流行。因此，降雨的早晚、雨日的多少、雨量大小及持续时间长短是决定病害发生和流行的重要条件。低温、高湿、光照不足，昼间温暖、夜间冷凉、早晚雾大、露重或连日阴雨，相对湿度大，晚疫病将会大流行。在栽培管理上，地势低洼，排水不良，植株过密，郁闭闷湿，导致田间湿度大，易诱发此病。土壤瘠薄，追肥不及时，偏施氮肥或植株长势衰弱，会降低寄主对病害的抗性，又利于病菌繁殖，故利于病害发生流行和蔓延，加重病害发生。番茄与马铃薯连作或邻茬地块易发病。此外，番茄及马铃薯品种间的抗病性存在明显差异。

四、病害控制

采用推广抗病品种、加强栽培管理、结合消灭中心病株、配合药剂防治等综合措施。

1. 选用抗病品种 番茄中蔬4号、中蔬5号、中杂4号、荷兰5号、沈粉1号、佳粉10号、强丰、圆红、佳红、渝红2号、双抗2号等；马铃薯克新1～3号、克疫、乌盟60、虎头、跃进、康华1号、3号、8号、文胜2号、3号、青海3号，以及国外引入的德友1号、波友1号等，对晚疫病均有不同程度的抗病性，可因地制宜地选种。

2. 加强栽培管理 合理密植，及时搭架，及时整枝，适当摘除植株下部老叶，改善通风透光条件；采用配方施肥技术，氮、磷、钾肥合理配合，增施钾肥，避免植株徒长，提高寄主抗病性，以减轻发病；合理灌水，切忌大水漫灌，雨后及时排水，降低田间湿度。保护地番茄，前期适量控水，天气转暖后及时放风，并逐渐加大放风量，降低保护地内湿度，即严格控制生态条件，防止高湿，以控制病害发生。

3. 实行轮作 重病田与非茄科作物实行2～3年以上轮作，选择土壤肥沃，排灌良好的地块种植番茄和马铃薯。

4. 药剂防治 发现中心病株后，及时摘除深埋或烧毁，并立即进行全田喷雾保护，应在短期内连续用药2～3次，压住病情。可选用药剂有25%甲霜灵可湿性粉剂800倍液、40%乙膦铝可湿性粉剂300倍液、75%百菌清可湿性粉剂500倍液、58%甲霜灵锰锌可湿性粉剂500倍液、40%甲霜铜可湿性粉剂800倍液、64%杀毒矾可湿性粉剂500倍液、72.2%普力克水剂800倍液、72%克露可湿性粉剂800倍液、47%加瑞农可湿性粉剂800倍液、69%安克锰锌可湿性粉剂600倍液。保护地番茄可喷洒5%百菌清粉尘，10～15kg/hm^2，间隔7d，连续3～4次，或用45%百菌清烟剂熏烟，1.5～2.0kg/hm^2，均有很好的防治效果。

第六节 叶 霉 病

叶霉病（leaf mould）俗称黑毛。在番茄生产上普遍发生，是保护地栽培番茄的重要病害之一。近年来随着保护地蔬菜栽培面积的扩大，叶霉病发生有逐渐加重的趋势。露地番茄虽有发生，但不及保护地为害严重。此病是一种世界性病害，在我国大多数番茄产区如吉林、河北、北京、湖北、湖南、浙江等省（直辖市）均有分布，以华北和东北地区受害严重。发病后叶片变黄枯萎，影响茄果产量和品质，一般减产20%～30%。本病主要为害番茄，近年来辽宁省保护地茄子上也有发生，并有上升趋势。

一、症　　状

叶霉病主要为害叶片，严重时也可为害茎和花，果实很少受害。叶片受害，初在叶片正面显现不规则形或椭圆形、淡绿色或浅黄色褪绿斑块，边缘界限不清晰，以后病部叶背面产生致密的绒毯状霉层，严重时叶片正面也出现霉层。霉层初时白色至淡黄色，后逐渐转为深黄色、褐色、灰褐色、棕褐色至黑褐色不等的各种颜色。发病严重时，常数个病斑相连成片，致使叶片逐渐干枯卷曲。病害常由中、下部叶片开始发病，逐渐向上扩展蔓延，后期导致全株叶片皱缩、枯萎而提早脱落。花部受害，致使花器凋萎或幼果脱落。偶尔果实发病，多在蒂部形成近圆形、黑色的凹陷病斑，革质硬化，不能食用。病部产生大量灰褐色至黑褐色霉层。

茄子发病后的症状特点和番茄较为近似。一般发病叶片上的霉层相对较薄，霉层的颜色变化也不及番茄上的复杂多样。

二、病　　原

叶霉病的病原菌为真菌界半知菌亚门褐孢霉菌（*Fulvia fulva*）。病菌分生孢子梗成束从气孔伸出，有分枝，初无色，后呈淡褐色，具1~10个隔膜，节部膨大呈芽枝状，其上产生分生孢子。分生孢子椭圆形、长椭圆形或长棒形，初无色，后变淡褐色。番茄叶霉病菌的分生孢子单胞、双胞或3个细胞，大小$13.8 \sim 33.8 \mu m \times 5.0 \sim 10.0 \mu m$。茄子叶霉病菌孢子偏大，分隔也较多，多为1~4个隔膜，最多可达7个，大小一般在$12.5 \sim 58.8 \mu m \times 5.0 \sim 8.0 \mu m$。

番茄叶霉病菌的菌丝发育最适温度20~25℃，最低9℃，最高34℃；茄子叶霉病菌对温度适应性较广，菌丝在10~40℃之间均可生长，以30℃为最适，低于5℃和高于45℃时不能生长。

三、侵染循环

叶霉病菌主要以菌丝体或菌丝块随病残体在土壤内越冬，还可以分生孢子沾在种子表面或菌丝体潜伏于种皮内越冬，成为翌年病害的初侵染来源。春季环境条件适宜时，病菌开始活动。带菌种子播种后可直接侵染幼苗，从病残体内越冬后的菌丝体可产生分生孢子，通过气流传播，引起初次侵染。田间发病后，病斑上产生大量分生孢子，借气流传播，从气孔侵入，不断进行再侵染。病菌孢子萌发后，从寄主叶背的气孔侵入，菌丝在细胞间隙蔓延，产生吸器吸取养料。病菌也可以从萼片、花梗的气孔侵入，并能进入子房，潜伏在种皮上。

温暖、高湿是引致病害发生的主要因素。病菌生长发育适应性较强，生长、萌芽和侵染要求的条件范围较宽。相对湿度在80%以下，不利于孢子形成，也不利于病菌侵染及病斑的发展。在高温（气温20~25℃）、高湿（相对湿度95%以上）的条件下，病害潜育期仅10d左右，即可严重发生。保护地番茄和茄子生产中遇有连续阴雨天气，光照不足，通风不利，湿度过高，利于病菌孢子的萌发和侵染，且致使植株长势衰弱，降低抗病力，病害极易发生、流行和蔓延；若短期增温至30~36℃，对病害有很大的抑制作用。植株过密、郁闭闷湿，通风管理不良，氮肥缺乏，绑架不及时，管理粗放等，均易加重病害。番茄品种间的抗病性有差异。

四、病害控制

保护地番茄和茄子应采取合理调节温、湿度，及时清除病残体，结合药剂防治的综合措施。

1. **选用抗病品种** 番茄可选用辽粉杂3、7号，双抗2号，佳粉15号，沈粉3号，中杂7号等品种。

2. **应用无病种子** 选用无病种子，必要时采用52℃温水浸种30min或2%武夷霉素、硫酸铜浸种或用50%克菌丹按种子重量0.4%进行拌种。

3. **加强栽培管理** 无病土育苗；采用地膜覆盖栽培；增施磷、钾肥；病田合理控制灌水，提高植株抗病性；重病田可与非寄主作物轮作2~3年；收获后深翻，清除病残体。

4. **生态防治** 合理调控温、湿、光照条件。保护地番茄科学通风，前期搞好保温，后期加强通风，降低棚内湿度，夜间提高室温，减少或避免叶面结露。应用膜下灌水方式，采取定植时透灌，前期轻灌，结果后重灌的原则，创造利于番茄生长而不利于病害发生的环境条件。病害严重时，采用35~36℃、2h高温闷棚，抑制病情发展。

5. **消灭菌源** 休闲期或定植前空棚时，用硫磺熏蒸，按每100m^3用硫磺0.25kg、锯末0.5kg，混合后分几堆点燃熏蒸一夜。

6. **药剂防治** 发病初期即刻用药防治。

（1）喷雾。可选用药剂有75%百菌清可湿性粉剂600倍液、50%敌菌灵可湿性粉剂500倍液、70%代森锰锌可湿性粉剂500倍液、50%扑海因可湿性粉剂1 000倍液；65%甲霉灵可湿性粉剂1 000倍液、60%防霉宝超微可湿性粉剂800倍液、50%多霉灵可湿性粉剂800倍液、40%新星乳油9 000倍液。

（2）喷粉。可用5%百菌清粉尘剂或5%灭克粉尘剂、5%克多粉尘剂、10%敌托粉尘剂，1kg/667m^2。

（3）熏烟。应用百菌清或多菌灵、叶霉灵等烟剂密闭熏烟。

第七节 蔬菜黄萎病

茄子黄萎病（eggplant verticillium wilt）又称凋萎病、半边疯、黑心病，是茄子上的重要病害之一，世界各地普遍发生。在我国，1954年以前，此病仅在东北局部地区发生，近年来随着茄果类蔬菜种植面积在全国的扩大以及保护地栽培的发展，病区迅速扩大，趋势日加严重。目前本病主要分布在黑龙江、吉林、辽宁、河北、河南、山东、陕西、江苏、四川、云南、浙江、贵州、湖南等10多个省发生。一般病田发病率10%~20%，有的地块达50%~70%，早期发病为害更重，严重地块发病率甚至达90%以上，减产达40%之多，严重时甚至造成毁园绝产。本病除为害茄子外，辣椒、番茄、马铃薯、瓜类、龙葵等蔬菜作物以及棉花、芝麻、烟草、大豆等作物均能被侵染。

一、症　状

生产上以茄子上为害严重。一般在茄子现蕾期开始发生，多在茄子坐果后表现症状。病害先从植株下部叶片开始发生，逐渐自下向上部叶片发展，或自一侧向全株发展。发病初期，叶片边缘或叶脉间的叶肉先褪绿变黄，逐渐发展至半边叶片或全叶变黄，或呈黄化状斑驳。早期晴天中午高温时病叶萎垂似缺水状，早晚尚可恢复正常；几经反复后，病叶表现黄褐色萎蔫，不能复原；有的病叶叶缘枯焦向上卷曲，枯萎下垂或脱落；严重时病叶脱落形成光秆，或仅存几片顶叶及嫩花。重病株提早枯死。剖视病株根、茎、分枝及叶柄处，可见维管束变褐色。病株果实小而变硬，品质变劣。

二、病　原

黄萎病的病原菌为真菌界半知菌亚门大丽轮枝孢菌（Verticillium dahliae）。

1. **形态**　病菌菌丝纤细，初无色，具分隔，直径 $2\sim4\mu m$；老熟时变褐色，菌丝的部分细胞形成褐色的厚垣孢子，或膨大形成形状各异的紧密的菌丝，称膨胀菌丝，以后纠结成一起，形成大小 $35\sim215\mu m\times20\sim69\mu m$ 的微菌核。分生孢子梗直立，主枝细长，基部略粗，常由 $2\sim4$ 层轮状的枝梗及上部的顶枝构成，每层轮枝通常 $3\sim5$ 根。分生孢子梗长 $100\sim300\mu m$，轮枝长 $10\sim35\mu m$。分生孢子单胞、无色、椭圆形，大小 $2.5\sim6.25\mu m\times2.0\sim3.0\mu m$。

2. **生理**　病菌菌丝发育适温 $19\sim24℃$，$25℃$ 以上生长缓慢，$30℃$ 以上几乎停止生长。病菌在 pH3.6 条件下可以生长，以 pH5.3~7.2 为最适。茄子的新鲜组织汁液可明显促进分生孢子的萌发和菌丝生长。

3. **分化**　病菌具有明显的生理分化现象。国外根据病菌的致病力分为 3 种类型：Ⅰ型的致病力强，可致植株矮化，叶片皱缩、脱落成光秆，直至全株死亡；Ⅱ型的致病力中等，极少导致枯死病株，发病较慢，叶片一般不枯死；Ⅲ型的致病力弱，极少导致枯死病株，发病缓慢，矮化不明显，叶片表现黄色斑驳。国内鉴定分为黑色和白色 2 个生理小种，以黑色小种致病力强，形成微菌核数量多，为优势类型。

4. **寄主范围**　黄萎病菌寄主范围广泛。除为害茄子外，还能侵染辣椒、番茄、马铃薯、瓜类以及棉花、芝麻、烟草、大豆和向日葵等 38 科 180 多种植物。

三、发生流行规律

黄萎病菌主要以菌丝、厚壁孢子和微菌核随病残体在土壤中越冬，菌丝体在种皮内潜伏或分生孢子附于种表也可越冬，未充分腐熟的带菌粪肥也可传病。病菌一般可存活 6~8 年，微菌核可存活 14 年，土壤带菌是翌年病害的主要初侵染来源，种子带菌是病害远距离传播的主要途径。春季条件适宜，病菌借气流、雨水、灌溉水、农事操作等传播，从根部伤口或直接从幼根及根毛表皮侵入，到达维管束内繁殖，以后随液流扩展至茎秆、叶片、果实和种子内，引起发病。病菌可产生一些酶类和毒素物质，破坏和毒害寄主，堵塞植株水分和养分的输导的通道，使寄主维管束变褐，植株萎蔫，叶片脱落。

茄子黄萎病在温暖、高湿的气候条件和土壤适宜的条件下易发生。北方5月上旬茄苗5～6片叶时即可发病，但田间病株极少；一般在坐果后始见病株，盛果期后病株急剧增加，结果期病势又渐缓慢。田间病株的出现与气候和栽培都有关系。

1. 气候条件 以温度和湿度影响最大。一般气温20～25℃、土温22～26℃和较高的湿度条件下发病重；久旱、高温发病轻。气温28℃以上病害受到抑制。东北地区，从茄苗定植到开花初期日平均气温低于18℃的天数多、降雨多，或久旱突然降雨，发病也重。原因在于定植时根部伤口不易愈合，病菌易侵染为害所致。

2. 栽培管理与发病的关系

（1）地势。平地、肥沃地、地下水位高的地块保水、保肥，比高岗地发病轻。

（2）耕作制度。合理轮作可以减轻病害，连作发病重，连作年限越长，发病越重。与水稻轮作或与葱、蒜类轮作，可减轻病害。

（3）施肥与灌水。缺肥地块，偏施氮肥，植株生长幼嫩，抗病力弱，发病加重。施用带有病残株、未腐熟粪肥发病重。大水漫灌会促进发病。此外，栽培管理粗放、定植过早、栽苗过深、起苗带土少、定植和中耕时伤根多、过于稀植、土壤易龟裂等因素，均有利于病害发生。

3. 品种间抗病性 研究认为，叶片长圆形或尖形、叶缘有缺刻、叶面茸毛多、叶厚而呈浓绿或紫色的品种，为较抗病的类型。

四、病害控制

采取抗病品种、无病种子以及农业栽培防病措施为主，辅以药剂防治的综合措施。

1. 选用抗（耐）病品种 生产上已有抗性较好和耐病的品种，如许昌紫茄、昆明长茄、长茄1号、辽茄3、4号、齐茄3号、盐城吉长茄、丰研1号、内茄等，可适当选用。

2. 无病留种和种子处理 无病田留种，严禁从病区引种；种子消毒可用55℃温水浸种15min、用50%多菌灵可湿性粉剂500倍液浸种2h，按种子重量0.2%用50%福美双可湿性粉剂或50%克菌丹可湿性粉剂拌种。

3. 加强栽培管理 无病土育苗；必要时进行床土消毒；发病田与非茄科作物轮作4～5年；定植地充分翻晒；定植选于10cm土层地温稳定于15℃以上时进行；定植后提高土温促进植株发根；施用粪肥充分腐熟，增施磷、钾肥；晴天灌水，避免大水漫灌，雨季及时排水；农事操作时减少伤根。生长期及收获后发现病株随时拔除，带出田外烧掉。

4. 嫁接防病 重病区可采用抗病品种赤茄、托鲁巴姆、CRP等作砧木嫁接防病。

5. 药剂防治 提倡带药定植（处理苗根或施浇药水），或在缓苗期灌根，病前控制，较为有效。一般每株灌药液0.3～0.5kg，间隔7～10d，连续用药2～3次。药剂可选用5%菌毒清水剂、50%苯菌灵可湿性粉剂、50%多菌灵可湿性粉剂、70%甲基托布津可湿性粉剂、75%百菌清可湿性粉剂、10%双效灵水剂、50%DT杀菌剂、68.4%托福美可湿性粉剂、20%甲基立枯磷乳油、10%高效杀菌宝水剂或40%抗枯灵水剂等。

第八节 辣椒疫病

辣椒疫病（pepper phytophthora blight）是辣椒生产上的一种世界性分布的毁灭性病害。美国1918年首次报道此病。目前在美国、日本、阿根廷等许多国家为害比较严重。我国1940年在江苏首次报道此病发生。20世纪80年代中期以来连年发生，河北、新疆、陕西、山西、辽宁、甘肃、山东、江西、湖南、湖北、海南等省（自治区）发生日趋严重。其特点是发病周期短、流行速度快，一旦发病，3~5d内即可引起全株死亡。病重时，田间植株成片死亡，损失严重。露地发生尤为严重，一般病株率为20%左右，重者可达80%以上。疫病主要为害严重辣椒，有时也可为害茄子和番茄。

一、症　　状

甜椒、辣椒在苗期和成株期均可发病，植株的茎秆、叶片和果实都能受疫病为害，以挂果后受害最重。幼苗受害，多发生在近根茎基部，水渍状，病部暗褐色，易造成幼苗猝倒腐烂。有的茎基部呈黑褐色，幼苗枯萎而死。叶片染病，病斑初呈水渍状、暗绿色，后扩展成近圆形或不规则形病斑，直径2~3cm，边缘黄绿色，中央暗褐色，潮湿时病斑迅速扩及全叶，腐烂凋萎，甚至脱落。茎秆受害，多从茎基部及分杈处发生，水渍状、长条状，皮层软化腐烂，常导致整株急性凋萎死亡，干燥后形成暗褐色条斑，病部以上枝叶迅速凋萎。果实染病，多始于蒂部，初生暗绿色水渍状斑，迅速向果面和果柄扩展，病果灰绿色，以后变灰白色软腐状，湿度大时表面长出白色霉层，严重时果肉和种子也变褐色，后期病果脱落或呈淡褐色僵果残挂于枝条上。

上述症状常因发病时期、栽培条件而略有不同。塑料棚或北方露地，初夏发病多，首先为害茎基部，症状表现在茎的各部，以分杈处变为黑褐色或黑色最常见，造成地上部折倒，植株急速凋萎死亡。

二、病　　原

疫病的病原菌为色藻界卵菌门辣椒疫霉菌（*Phytophthora capsici*）。病部产生的白色霉层即病菌孢囊梗和孢子囊。菌丝纤细、无隔、多核，宽3.7~6.2μm，生于寄主细胞间或细胞内。孢囊梗与菌丝无明显差异，无色、丝状、较短，顶端产生孢子囊。孢子囊单胞、圆形或椭圆形、顶端有乳头状突起，大小28~59.0μm×24.8~43.5μm。卵孢子球形、淡褐色，直径约30μm，自然中很少见到。

病菌10℃开始发育，发育适温为25~30℃，38℃停止发育，致死温度50℃，10min。

病菌寄主范围广泛，可侵染辣椒、茄子、黄瓜、西葫芦、菜豆、洋葱、大白菜、马铃薯等8科19种以上植物。

三、发生流行规律

病菌主要以卵孢子在地表病残体上、土壤内或种子上越冬。其中土壤中病残体带菌率高，卵孢子在土壤中可以存活2~3年,是病害发生的主要侵染来源。田间条件适宜时,越冬后的卵孢子直接萌发或萌发产生游动孢子,经雨水飞溅或灌溉水传播到茎秆基部,或近地面果实上,从伤口侵入寄主幼根、根茎部或果实,形成新的发病中心。发病植株症状出现后,病部产生大量孢子囊,孢子囊借雨水飞溅、农事操作等,可多次再侵染。病害的潜育期仅2~3d。田间条件适宜时,一旦发病,可在短时期内很快流行成灾。

高温、高湿利于病害的发生和流行。田间发病高峰多在雨量高峰之后。气温25~30℃,相对湿度85%以上,发病严重,土壤湿度95%以上,持续4~6h,病菌即完成侵染。南方菜区春种辣椒在4月下旬发病,5~8月气温较高,又值雨季,降水量常在200mm以上,疫病在降雨后3~7d病情急剧上升,一般在6~7月为发病高峰期。北方地区一般在7月下旬至8月为发病盛期。一般雨季或大雨后天气突然转晴,气温急剧上升,病害易流行。发病中心多形成在棚内低洼积水、土壤黏重或棚膜漏雨处。

灌水过勤,土壤含水量高,发病重。重茬地块、低洼积水菜地,施用未腐熟的粪肥或施用氮肥过多,定植过密,通风透光不良,植株长势衰弱等,均会导致发病加重。保护地辣椒在郁闭高湿的条件下,叶面结露或叶缘吐水、光照不足,极易发病;露地栽培,7~8月份雨水多,温度高,病害发展蔓延迅速。

品种间抗病性有差异。甜椒系列品种一般不抗病,辣椒系列品种多较抗病或耐病。

四、病害控制

采取抗病品种及农业栽培防病措施为主,药剂防治为辅的综合措施。

1. **选用抗(耐)病品种** 选抗病性强的品种或早熟避病品种,如都椒1号、长春尖椒、麻辣椒、沈椒1号、3号、苏椒2号、甜杂1号、西杂7号、牛角椒、湘椒5号、丹椒2号、辽椒5号和早丰1号等品种。

2. **培育无病壮苗** 选用无病种子,必要时进行种子消毒。消毒方法有52℃温水浸种15min,或先把种子经52℃温水浸种30min或清水浸10~12h后,再用1%硫酸铜液浸种5min,捞出后拌少量草木灰;也可用72.2%普力克水剂或20%甲基立枯磷乳油1 000倍液浸种12h,或用种子重量0.3%的50%克菌丹拌种。用无病床土育苗,或床土消毒,可用开水浇床土或药剂消毒;苗床上发现病苗及时拔除,全面喷药,培育无病苗。

3. **加强田间管理** 实行高垄窄畦栽培,双行栽苗于高垄两侧上部,栽苗高度以灌水时不漫过根颈为度。有条件的覆膜栽培。施足底肥,合理密植,合理用水,避免大水漫灌,雨后及时排除积水,雨季控制浇水,严防田间或棚室温度过高。有条件的地方实行滴灌,减轻病害发生。及时摘除病果清除病残。

4. **实行轮作** 重病田与豆科、十字花科等非茄科植物进行2~3年以上轮作。

5. **药剂防治** 定植前每667m^{2}用25%甲霜灵可湿性粉剂0.5kg加水70L消毒土壤,或发病初期及时喷药防治。应地面、茎基、植株普遍喷药。药剂有58%甲霜灵锰锌可湿性粉剂500倍液、40%乙膦铝可湿性粉剂300倍液、64%杀毒矾可湿性粉剂500倍液、72.2%普力克水剂600倍液、72%克霜氰可湿性粉剂600倍液、72.2%扑霉特可湿性粉剂800倍液等。间隔7~10d,

连续用药2~3次。保护地还可用百菌清烟雾剂等熏烟。

第九节 辣椒炭疽病

辣椒炭疽病（pepper anthracnose）是一种世界性病害，是辣椒上的主要病害之一。我国各辣椒产区几乎都有发生。在辣椒上，炭疽病包括了根据症状表现和病原物的不同所划分为黑色、黑点和红色三种炭疽病。黑色炭疽病在东北、华北、华东、华南、西南等地区发生普遍，一般病果率5%左右，严重时可达20%~30%，对辣椒的产量和品质均有影响；黑点炭疽病主要发生在浙江、江苏、贵州等地；红色炭疽病发生较少。炭疽病为害叶片和近成熟的果实，造成落叶和烂果，对辣椒生产的威胁很大。炭疽病也能侵害茄子和番茄。

一、症 状

此病主要为害叶片和果实，特别是近成熟期的果实更易发病。一般为害叶部的主要是黑色炭疽病，红色炭疽病则主要引起果实炭疽。

1. **黑色炭疽病** 辣椒果实及叶片均能受害，尤以成熟果实及老叶易被侵染。果实受害，初为褐色、水渍状小斑点，后扩展呈圆形或不规则形凹陷斑，斑面上具隆起的同心轮纹，后期密生轮纹状排列的黑色粒状物。潮湿时，病斑周围有湿润状变色圈；干燥时病组织变薄，极易破裂。叶片发病，以老叶为多，初生褪绿色水渍状斑点，扩大后圆形或不规则形，边缘褐色，中央灰白色，后期斑面上也产生轮纹状排列的小黑点。茎秆和果柄有时也可受害，形成不规则、褐色凹陷斑，干燥时表皮易破裂。茄子和番茄上，以果实受害为多，形成圆形或近圆形褐色病斑，通常也产生轮纹状排列的小黑点，由于果肉含水多汁，病组织不变薄，常溃烂凹陷。

2. **红色炭疽病** 幼果及成熟果实均能受害。产生黄褐色、水渍状、凹陷病斑，其上密生轮纹状排列的橙红色小点，潮湿时病斑表面溢出淡红色黏质物。

3. **黑点炭疽病** 以成熟果实受害严重。病斑与黑色炭疽病相似，但其上的小黑点较大，色更黑，潮湿时溢出黏质物。

二、病 原

炭疽病的病原菌为真菌界半知菌亚门辣椒炭疽菌（*Colletotrichum capsici*）；有性态为子囊菌亚门围小丛壳（*Glomerella cingulata*）。病斑上产生的黑色粒状物和红色黏状溢出物为病菌的分生孢子盘和分生孢子。分生孢子盘初在寄主表皮下寄生，成熟后突破表皮露出，黑色、盘状或垫状，其上生暗褐色的刚毛和分生孢子。刚毛较粗壮，具2~4个隔膜，大小74~128μm×3~5μm；分生孢子梗短圆柱形，无色，单胞，大小11~16μm×3~4μm；分生孢子长椭圆形或新月形，无色，单胞，大小14~25μm×3~5μm。

病菌发育的适宜温度为12~33℃，最适温度27℃，要求适宜相对湿度在95%以上；若相对湿度低于70%，即使温度适宜也不适其发育。分生孢子萌发的适宜温度为25~30℃，要求95%

以上较高的相对湿度；而在相对湿度低于20%时，不利于孢子萌发。

三、发生流行规律

病菌主要以分生孢子附着于种子表面，或以菌丝潜伏在种子内部越冬，也能以分生孢子盘、菌丝体和分生孢子随病残体遗留在土壤中越冬，成为翌年的初侵染来源。播种带菌种子或播种于带菌的土壤上，环境条件适宜时病菌产生分生孢子，进行初侵染。病菌多由伤口侵入，也可从寄主的表皮直接侵入。发病以后，病斑上产生新的分生孢子，通过气流、雨水、昆虫和农事操作等传播，在田间频繁发生再侵染，扩大为害。

炭疽病的发生与气候条件尤其温、湿度关系密切。一般温暖多雨的年份和地区有利病害的发生发展。田间气候条件适宜时，病害潜育期一般仅为3~5d。此外，菜地潮湿、排水不良、种植过密、株行间通风透光差，肥料不足或偏施氮肥，果实受损伤或因落叶而造成果实日灼伤等，均易加重病害的发生。一般成熟果或过成熟果容易受害，幼果很少发病。辣椒品种间抗病性有差异。通常尖椒比圆椒抗病；辣味浓的品种比较抗病。

四、病害控制

应采取搞好种子处理、彻底清除病残体、合理轮作，配合药剂防治的综合控病措施。

1. **种植抗病品种** 各地可因地制宜选用抗病品种，如杭州鸡爪椒、长丰、茄椒1号、铁皮青、吉林3号、海花3号、湘研10号、保椒、龙杂3号、早丰1号等。

2. **选用无菌种子及种子处理** 从无病植株或无病果实采收种子。种子带菌，可用55℃温水浸种10min或用浓度1 000mg/kg的70%代森锰锌、50%多菌灵药液浸种2h进行种子处理。

3. **加强栽培管理** 无病土育苗；合理密植，使辣椒封行后行间不郁蔽、果实不暴露，减少植株落叶和果实受日灼伤；发病严重地块应与瓜类或豆类蔬菜轮作2~3年；适当增施磷、钾肥，促使植株生长健壮，提高抗病性；低洼地防止田间积水，注意雨后排水，减轻发病；果实及时采收，减轻为害。

4. **清洁田园** 果实采收后，清除田间遗留的病果及病残体，集中烧毁或深埋；进行深耕，将地表层的病菌翻至深层，促使腐熟，使病菌死亡，减少初侵染源，控制病害流行。

5. **药剂防治** 掌握在发病初期及时喷药保护。药剂有50%炭疽福美可湿性粉剂500倍液、70%代森锰锌可湿性粉剂600倍液、75%百菌清可湿性粉剂600倍液、80%新万生可湿性粉剂600倍液、80%大生M—45可湿性粉剂700倍液、70%甲基托布津可湿性粉剂800倍液、50%多菌灵可湿性粉剂500倍液或30%绿叶丹可湿性粉剂500倍液。间隔7~10d，连续用药2~3次。

第十节 辣椒细菌性疮痂病

疮痂病（bacterial spot）又称细菌性斑点病，是辣椒上普遍发生的一种主要病害。近年来，随着辣椒新品种的引进与栽培面积的不断扩大，病害发生日趋严重。一般病田发病率为20%左右，严重者达80%。发病后常引起早期落叶、落花、落果，对产量影响较大。特别是在南方6月份、北方7~8月份高温、多雨季节，或暴雨过后，病害尤为严重。该病主要为害辣椒，有时也可侵染番茄，以露地栽培发病严重。

一、症　状

辣椒疮痂病主要为害叶片、茎秆、果实，尤以叶片上发生普遍。苗期发病，子叶上产生银白色小斑点，水渍状，后变为暗色凹陷病斑。严重时常引起落叶、植株死亡。成株期一般在开花盛期开始发病。叶片发病，初期形成水渍状、黄绿色的小斑点，扩大后成圆形或不规则形、暗褐色、边缘隆起、中央凹陷的病斑，大小2~4mm，表面粗糙呈疮痂状，故名疮痂病。病斑常多个连在一起成为较大的病斑。严重时，叶片变黄、干枯、破裂、早期脱落。茎部和果梗发病，初呈水渍状斑点，渐发展成褐色短条斑。病斑木栓化隆起，纵裂呈溃疡状疮痂斑。果实受害，形成圆形或长圆形、似隆起的黑褐色疮痂斑，后期木栓化。潮湿时，病斑上有菌脓溢出。

番茄疮痂病，主要为害果实。初为圆形、稍隆起的小白点，渐扩展成圆形或长圆形的褐色斑，后期病斑中间凹陷，边缘隆起，暗褐色或黑褐色，呈疮痂状。叶片也可受害，病斑不规则，褐色，显现油渍状光泽，周围稍具窄的黄色晕环。

二、病　原

疮痂病的病原菌为细菌界普罗特斯门疮痂黄单胞菌（*Xanthomonas vesicatoria*）。病菌菌体短杆状，两端钝圆，大小$1.0~1.5\mu m \times 0.6~0.7\mu m$，单端极生1根鞭毛，能游动，有的菌体排列成链状，有荚膜，无芽孢，革兰氏染色阴性，好气性。在培养基上菌落圆形，浅黄色，半透明。

国外报道，辣椒疮痂病菌分为3个专化型；Ⅰ型侵染辣椒；Ⅱ型侵染番茄；Ⅲ型对辣椒、番茄均可侵染。

病菌的发育温度为5~40℃，最适温度27~30℃；致死温度为59℃，10min。

三、发生流行规律

病菌主要在种子表面越冬，也可随病残体在土壤表面越冬，成为病害的初侵染来源。病残组织中的病菌在消毒土壤中可存活9个月之久。种子带菌是病害远距离传播的重要途径。条件适宜时，病斑上溢出的菌脓借雨水、灌溉水、昆虫及农事操作传播，并引起多次再侵染。病菌从气孔、水孔或伤口侵入，在叶片上潜育期3~6d、果实上5~6d。

疮痂病多发生于7~8月高温、多雨季节，尤其在暴雨过后，伤口增加，有利于细菌的传播和侵染，病害易发生和流行。在这一时期，辣椒叶片上病斑不形成疮痂，而是迅速扩展至叶缘，或在叶片上形成许多小斑点而致枯黄脱落。品种间抗病性有差异。氮肥过量，磷、钾肥不足，会加重发病。

四、病害控制

应采用加强栽培管理和药剂防治相结合的综合防治措施。

1. **选用抗病品种** 一般甜椒比较抗病。甜椒早丰1号、长丰；辣椒湘研1、2、6、10号等，比较抗病，可适当选用。

2. **选留无病种子和种子消毒** 从无病株或无病果上选留生产用种。种子带菌可采用55℃温水浸种10min或52℃温水浸种30min，或用1:10的农用硫酸链霉素浸种30min，消毒效果良好。也可先将种子用清水浸泡10~12h后，再用0.1%硫酸铜溶液浸5min，捞出后拌少量草木灰或消石灰，使其成为中性，再行播种。其他可参照辣椒炭疽病进行消毒。

3. **实行轮作** 发病重的地块，可与非茄科蔬菜实行2~3年轮作；并结合深耕，清除病残体，促使病残体分解和病菌死亡。

4. **药剂防治** 发病初期喷洒1:1:200波尔多液或60%琥·乙膦铝（DTM）可湿性粉剂500倍液、72%农用硫酸链霉素可溶性粉剂4 000倍液、新植霉素4 000~5 000倍液、14%络氨铜水剂300倍液或77%可杀得可湿性粉剂500倍液。7~10d喷1次，连喷2~3次。

第十一节 灰霉病

灰霉病（grey mould）是对由真菌葡萄孢属侵染所引起的一类病害的总称，是茄科蔬菜生产上的重要病害。灰霉病菌的寄主范围极其广泛，可以为害多种园艺作物。番茄灰霉病是近年来随保护地栽培的发展而发展起来的重要病害。此病发生时间早、持续时期长，加之主要为害果实，故造成的损失较大。在一些地区，此病的为害已经列为番茄三大病害之首。发病后一般减产20%~30%，流行年份大量烂果，严重地块可减产50%以上。近年来北方菜区茄子灰霉病的为害也呈上升趋势。此病还可为害辣椒、黄瓜、菜豆、白菜等多种蔬菜作物。蔬菜灰霉病的发生处于迅速发展、为害加重的趋势，不仅在植株生长期间严重发生，而且在采后的贮藏、运输过程中还可造成严重为害。

一、症 状

灰霉病在番茄、茄子和辣椒上均有为害。

1. **番茄** 苗期与成株期均可发生，叶片、茎秆、花及果实均可受害，尤以果实受害严重。苗期发病，多在叶片、叶柄或幼茎上呈水渍状、变褐腐烂，逐渐干枯，常自病部折断枯死，表面生灰色霉层，严重时造成幼苗腐烂、倒折、死苗。成株期发病常是残花败叶染病后脱落至叶片或果实上，造成侵染。叶片染病，常从叶尖或叶缘开始，病斑水渍状、青褐色、圆形至半圆形，或呈V字形向内扩展，直径1cm左右。湿度大时病斑上产生稀疏的灰色霉层；干燥时病斑变灰褐色，可见隐约的轮纹。果实受害，以青果受害严重，多先从果脐（残花部位）、果基萼片处或果柄基部发病，开始果皮水渍状、灰白色，很快软化腐烂，病部表面密生厚厚的灰色霉层。病果一般不脱落。果实发病后经果面接触相互感染扩大蔓延,导致整个果穗的果实全部受害腐烂。严重时茎秆也可染病,由水渍状小点扩展成长椭圆形或条形斑。湿度大时长满灰色霉层,使茎秆变褐腐烂。

2. **茄子** 苗期和成株期均可发生,以成株期受害严重。幼苗染病,子叶先端枯死,后扩展到幼茎。幼茎缢缩变细,常自病部折断枯死。真叶染病出现半圆至近圆形淡褐色轮纹斑,后期叶片或茎部均可长出灰霉,致病部腐烂。成株染病,叶缘处先形成水渍状大斑,后变褐,形成椭圆或近圆形浅黄色轮纹斑,直径5~10mm,密布灰色霉层,严重的大斑连片,致整叶干枯。茎秆、叶柄染病也可产生褐色病斑,湿度大时长出灰霉。果实染病,初在果蒂周围或果尖附近局部产生水渍状褐色病斑,扩大后呈暗褐色,凹陷腐烂,表面产生轮状、致密的灰色霉状物,失去食用价值。

3. **辣椒** 可为害幼苗、成株的叶片、茎秆及果实。症状特点和番茄受害较为相近,导致幼苗腐烂或倒折、枝枯和烂果。

二、病 原

病原菌为真菌界半知菌亚门灰葡萄孢霉（*Botrytis cinerea*）;有性态为子囊菌亚门富克尔核盘菌（*Sclerotinia fuckeliana*）。病部产生的灰色霉层即病菌的分生孢子梗和分生孢子。分生孢子梗较长,多根丛生,直立,褐色,有隔,大小1 408~2 560μm×16~24μm,顶端具1~2次分枝,分枝顶端膨大呈头状,其上密生小柄,产生大量分生孢子,如同葡萄穗状。分生孢子球形至卵球形,无色,单胞,大小5.5~16（11.5）μm×5.0~9.25（7.69）μm。后期病菌可在病部形成黑色、片状的小型菌核。

灰霉病菌菌丝发育的温度范围为2~32℃,适宜温度18~23℃;分生孢子及菌核形成以15~20℃的温度为适,7~8℃也可产生分生孢子;分生孢子萌发的温度为5~30℃,适宜温度13~23℃。

三、发生流行规律

病菌主要以菌核在土壤中越冬。也能以菌丝体、分生孢子或菌核在病残体上越冬。分生孢子适应性很强,喜湿,且耐干燥。在室内干燥下放置138d仍有很多可存活;在病残体上可存活4~5个月,所以在保护地内可安全越冬,成为翌年病害的初侵染源。翌春条件适宜时,越冬的菌丝体上及菌核上新产生的分生孢子借气流和雨水传播,从残花以及衰弱组织部位直接穿透或经伤口首先侵染。发病后,产生大量分生孢子,再借气流、雨水、流水、露滴、农事操作如蘸花、整枝和人员走动等传播蔓延,导致叶片、茎秆及果实等发病。

病菌喜低温、高湿、弱光条件。北方菜区冬春温室和大棚内低温、高湿、光照不足,尤其湿度是影响灰霉病发生流行的主要因素。春季遇倒春寒或保护地内温度在20℃以下,遇连续阴天或雨雪天气,则会光照不足,温度过低,结露时间长,相对湿度持续95%以上,若通风不良,灌水不当,不利植株生长,降低抗病力,又利于病菌繁殖,故利于病害发生流行和蔓延,灰霉病会严重发生。第一果穗最易感病,且大多发生在果柄、果蒂、果缝处。当棚温高于31℃时,孢子萌发速度趋缓,产孢量下降,病情受到缓解。重茬地、土壤黏重,苗床密度大,用药不当,氮肥过多或缺乏,绑架不及时,管理粗放等,均易加重病害。

四、病害控制

采取以加强栽培管理为主、药剂防治为辅的综合措施。保护地番茄采取变温管理的生态防治、抑制病菌滋生为主,及时清除病残体,结合药剂防治的综合措施。

1. **苗床处理** 无病土育苗;旧床土消毒用50%多菌灵或50%托布津,按8~10g/m^2,混加10~15kg干细土拌匀配成药土撒施。

2. **熏蒸灭菌** 休闲期或定植前空棚时,选用3%特克多烟雾剂或5%百菌清烟雾剂,50g/100m^3,密闭熏蒸;或按每100m^3用硫磺0.25kg、锯末0.5kg,混合后分几堆点燃熏蒸一夜,可消灭残留病菌。

3. **生态防治** 保护地内晴天迟放风,保持较高温度,使棚顶露水雾化,棚温升高后(33℃)放顶风排湿;下午加大放风量,适当延长放风时间,保持棚温在20~25℃,棚温降至20℃时关闭风口,降低棚内湿度;夜间,尤其后半夜适当提高室温,保持棚温在15~17℃,减少叶面结露。

4. **加强管理** 高畦、地膜覆盖栽培和滴灌栽培;搞好放风排湿,病田适当控制灌水,切忌大水漫灌和阴天灌水,防止湿度过大,以减少结露;增施磷、钾肥,提高植株抗病性;重病田轮作2~3年;保护地应用无滴膜,及时清除棚面尘土,增加光照;合理密度,及时摘去瓜株下部老叶,增强通风透光。

5. **清除病残体**

(1) 收获后彻底清除病残体,深翻20cm,翻埋病菌,减少菌源。

(2) 发病初期未产生霉层前及时摘除病果、病叶和病枝,集中深埋或烧毁。

(3) 重病地块,在盛夏休闲时深翻灌水淹田,同时捞除水面漂浮物(病残体等),并销毁。

6. **药剂防治** 发病初期及时用药。

(1) 结合蘸花防治。在蘸花药液中按0.1%加入速克灵或农利灵或扑海因等药剂。

(2) 熏烟。百菌清、速克灵、农利灵等烟剂。

(3) 喷雾。可选用75%甲基托布津可湿性粉剂800倍液或50%速克灵可湿性粉剂1 000倍液、50%扑海因可湿性粉剂1 000倍液、50%农利灵可湿性粉剂1 000倍液、50%利得可湿性粉剂800倍液、40%多硫悬浮剂600倍液、50%混杀硫悬浮剂500倍液、30%克霉灵可湿性粉剂800倍液、68%倍得利可湿性粉剂800倍液、40%施佳乐可湿性粉剂800倍液。

(4) 喷粉。5%百菌清粉尘剂或10%灭克粉尘剂、10%灭霉灵粉尘剂、10%速克灵粉尘剂、6.5%甲霉灵粉尘剂,按1kg/667m^2。药剂施用一般间隔7~10d,视病情连续用药3~5次。

第十二节 马铃薯环腐病

马铃薯环腐病(potato ring rot)又称轮腐病、转圈烂、黄眼圈。1906年首先发现于德国,后传至加拿大、美国。目前在欧洲、北美、南美及亚洲的部分国家均有发生。在我国,此病于20世纪50年代在黑龙江最先发现，随着种薯调运，70年代后，病区逐年扩大，目前已遍及吉林、辽宁、内蒙古、北京、甘肃、宁夏、河北、山西、浙江、福建、广西、山东、和上海等省、自治区、直辖市马铃薯产区。发病后一般减产10%，重者可达60%以上，而且在贮藏期造成烂窖，是北方薯区的主要病害之一。近些年来，随着北薯南调，华南地区也已蔓延发生为害。

一、症　状

马铃薯环腐病是一种细菌性维管束病害。主要症状特点：地上部茎叶萎蔫，地下部块茎沿维管束发生环状腐烂。

田间植株受害，症状因品种而异。分为萎蔫型和枯斑型两类。萎蔫型的初期自顶端复叶开始萎蔫，边缘稍向内卷，似缺水状，并逐渐向下发展。初期中午萎蔫明显，早晚尚可恢复，以后随病情加重不能逆转。叶片褪色变黄，叶缘上卷，萎蔫枯死，但不脱落，最后病株倒伏枯死。枯斑型的症状从植株基部叶片开始向上蔓延，叶尖或叶缘呈褐色，后逐渐蔓延，叶肉变黄而叶脉仍保持绿色，呈明显斑驳状，叶尖枯干并向内纵卷。重病株生长矮小，叶片出现枯斑后很快枯死。有的品种常兼有两种症状类型。病株多在现蕾期开始显症，开花期形成高峰。病株根、茎、蔓内部维管束可产生褐色病变。

块茎受害，轻病薯外表无明显症状，仅皮色变暗，芽眼发黑，脐部红褐变软。剖切薯块，可见维管束形成环形或弧状变黄或褐色坏死，重病薯块维管束变褐部分可连成一圈，故称环腐。用手挤压，可从环腐部位溢出乳黄色黏稠的菌脓。严重时，皮层与髓部部分或全部分离呈离核现象，故有黄眼圈和转圈烂之称。贮藏期病薯受其他细菌或镰刀菌进一步侵染后，维管束环可变黑，薯肉中空，以后腐烂。

二、病　原

病原菌为细菌界放线菌门密执安棒形杆菌马铃薯环腐致病变种（*Clavibacter michiganense* pv. *sepedonicum*）。细菌菌体杆状，单生，无鞭毛，无荚膜和芽孢，大小 $0.4\sim0.6\mu m\times0.8\sim1.2\mu m$，革兰氏染色阳性。好气性。生长缓慢，在固体培养基上经 $8\sim10d$ 才形成针头大小的菌落。菌落乳黄色，圆形，齐整，光滑，有光泽。在牛肉汁培养液里生长弱，无菌膜，微有沉淀。明胶液化或液化能力较弱，不还原硝酸盐，不产生吲哚、氨和硫化氢。对葡萄糖、乳糖、果糖、蔗糖、麦芽糖、糊精、阿拉伯糖、木糖、甘露糖、甘油、甜醇等均能利用产酸，不能利用鼠李糖，淀粉水解少。细菌生长温度范围为 $4\sim32℃$，最适 $20\sim23℃$，致死温度 $55℃10min$；生长最适 $pH 7.0\sim8.4$。病菌在培养基上存活时间较短，逐步干燥，仅存活 $1\sim2$ 个月。

环腐病菌有生理分化现象。吉林农业大学曾分离到两个在毒力、血清和其他生理反应上有区别的菌系。

病菌在自然情况下仅为害马铃薯，人工接种可侵染番茄、茄子、辣椒、西瓜和茄、冬海红等茄科植物及菜豆、豌豆等豆科植物。

三、发生流行规律

带菌种薯是田间发病的主要初侵染来源，切刀是传染病害的主要途径。健薯受伤，病菌可从伤口侵入。切过病薯带菌刀具，可将病菌接连传染到 20~30 个薯块上。病菌也可在盛放种薯的容器上长期存活。病菌只能从伤口侵入。土壤、昆虫、水流在病害传播上作用不大。病薯播种后，重者不出芽或出芽不久便死亡；轻者出苗后形成病株。薯块萌发幼苗出土的同时，病菌沿维管束向上蔓延至新芽组织，相继进入幼茎、幼叶，以后病菌在导管中逐渐发展，系统侵染，蔓延至茎秆、叶片，造成植株地上部萎蔫；地下随着匍匐茎的生长，病菌沿维管束而下延，扩展侵入新生幼薯的维管束组织，以后造成环腐。有时病菌在块茎中可保持长时间隐症，形成无症带菌块茎，尤其在冷凉的环境中，其潜在为害更大。总之，种薯带菌、切刀传播、伤口侵染是病害循环的关键。而土壤、流水、昆虫、种子、接触等，均非主要的传播途径。

影响病害发生的因素主要是种薯带菌、环境温度条件、栽培管理和品种抗病性。

1. **品种抗病性** 目前栽培品种大多感病，但感病程度有所差异。生产上有些品种比较抗病或耐病，很少有免疫品种。

2. **种薯带菌** 是病害发生的决定因素。有 1% 的种薯带菌，即可导致田间近 30% 的发病率。

3. **环境温度** 田间发病，受土壤温度影响较大，一般 25℃ 左右为发病最适温度，16℃ 以下症状很少出现，土温超过 31℃ 时病害发生受到抑制。一般干热年份，病株显症较快，冷凉的气候条件，可不显症状。贮藏期的温度也有影响。高温（20℃ 以上）下贮藏比低温（1~3℃）下贮藏发病率高得多（20℃ 以上平均发病率 22.6%~28.4%，1~3℃ 则为 10.2%~12.8%）。

4. **播种期和收获期** 病害发生轻重主要取决于生育期的长短。播种早发病重，收获早则病薯率低。早收和晚播使生育期缩短，而晚收和早播则延长了生育期，因而后者条件下发病严重。一般夏播和二季作马铃薯发病较轻的原因皆因于此。

四、病害控制

发病关键是种薯带菌继代相传，故应采取抓好无病种薯、控制切刀传播的关键环节，结合抗病品种应用的综合措施。

1. **选育抗病品种** 波友 1 号、2 号、长薯 4 号、5 号、郑薯 4 号、东农 303、克疫、乌盟 684、697、715、高原 3 号和 7 号、同薯 18、克新 1 号等比较抗病，可适当选用。

2. **建立无病留种田**

(1) 整薯播种。采用小型薯块整薯播种，避免切刀传染，减轻病害。

(2) 夏播或二季作留种，缩短生育期，减少薯块侵染几率。

(3) 芽栽。通过掰芽栽植鉴别和汰除病薯。

(4) 利用实生苗。利用种子不感病的原理，重病区通过播种种子育苗获得无病种薯，避开种薯带菌。

（5）留用种薯收获后单收单藏，减少传病。

3. 防止切刀传病 播种切薯块前汰除病薯；切块时，备用消毒液，浸泡切刀，两刀轮用，每薯一换，随时消毒。消毒剂可用0.1%～0.5%的酸性升汞液或5%来苏儿水、0.1%高锰酸钾、75%酒精等。

4. 加强栽培防病 应用无病种薯，播种时精选种薯；重病区适当晚播，减轻发病；施用过磷酸钙做种肥，增强抗性；开花后期加强田间检查，及时拔除田间病株，销毁处理，减少侵染来源；及时防治地下害虫，减少病害传播；收获和贮藏期间，减少薯块受伤，及时剔除病、伤薯块。

附 茄科蔬菜其他病害

病名及病原	症状	发生流行规律	防治
番茄斑枯病 真菌界半知菌亚门 番茄壳针孢菌 *Septoria lycopersici*	叶上出现圆形或近圆形病斑，边缘深褐色，中央灰白色，形如鱼眼状，故有称鱼目斑病，后期病斑上密生黑色小粒点，叶柄、茎和果实也可受害	分生孢子器或菌丝随病残体在土壤中越冬；风雨、农事操作和昆虫传播；温暖潮湿利于发病	培育无病壮苗，种子消毒；高畦栽培，棚室中注意通风排湿，轮作，清除病残体，增施磷、钾肥；发病初期用70%代森锰锌500倍液或75%百菌清800倍液、50%施保功1 000倍液、50%混杀硫500倍液、50%扑海因1 500倍液，喷雾
番茄菌核病 真菌界子囊菌亚门 核盘菌 *Sclerotinia sclerotiorum*	叶片染病，出现水渍状、青绿色至褐色病斑；茎部多由叶柄基部侵入，病斑灰白色；果实及果柄染病，似水烫状；湿度大时，病部长出白色霉层，后期病部菌丝上形成黑色菌核	以菌核在病残体内或混杂在种子中及遗留在土壤中越冬	10%盐水漂种，汰除菌核，50℃温水10min浸种；夏季土壤高温消毒；用50%扑海因1 000倍液或50%农利灵1 000倍液、40%菌核净500倍液、40%福星9 000倍液，喷洒
番茄枯萎病 真菌界半知菌亚门 尖镰孢菌 番茄专化型 *Fusarium oxysporum f.sp. lycopersici*	病株开花结果期显现症状，初期下部叶片变黄，后萎蔫干枯，有时半边发病，剖视茎部，可见维管束变褐，湿度大时，病部可产生粉白色霉层	以菌丝体或厚垣孢子在土壤或病残体中越冬，种子可带菌	实行轮作，新床土育苗；种子消毒；夏季灌水、覆膜，高温处理土壤；发病初期浇灌50%多菌灵500倍液或50%甲基硫菌灵500倍液、10%双效灵300倍液
番茄炭疽病 真菌界半知菌亚门 果腐刺盘孢菌 *Colletotrichum coccodes*	主要为害成熟果实；初期果实上产生水渍状、褐色小斑点，后扩大呈黑褐色圆形斑，病斑凹陷、腐烂；湿度大时，病部溢出淡红色黏质物，后期可长出黑色小点；病果腐烂脱落	以菌丝体在种子内或病残体上越冬，借气流和雨水传播	及时清除病果；加强栽培管理，降低田间湿度，实行轮作；发病初期喷洒50%多菌灵500倍液或70%甲基硫菌灵800倍液、50%炭疽福美500倍液
番茄绵疫病 色藻界卵菌门 寄生疫霉菌 *Phytophthora parasitica*	主要为害果实；被害果实上产生水渍状、淡褐色、圆形小点，后扩大蔓延呈褐色轮纹斑，病部腐烂、果肉变褐；湿度大时，长出白色霉层；病果易于脱落	卵孢子随病残体在土壤中越冬，借风雨传播	选用抗病品种；加强栽培管理，降低田间湿度，实行与非茄科作物3年以上轮作；药剂防治参考黄瓜疫病

(续)

病名及病原	症 状	发生流行规律	防 治
番茄白粉病 真菌界子囊菌亚门 蓼白粉菌 *Erysiphe polygony*； 鞑靼内丝白粉菌 *Leveillula tourica*	主要为害叶片，病部变黄，界限不明显，病斑上产生白粉状霉粉层	闭囊壳随病残体在土表越冬，气流、雨水传播	选用抗病品种；加强栽培管理，提高植株抗病力；发病初期喷洒抗菌素120或武夷霉素、25%粉锈宁、羟锈宁、40%氰菌唑等药剂
番茄圆纹病 真菌界半知菌亚门 番茄叶点霉菌 *Phyllosticta lycopersici*	主要为害叶片和果实；叶部初生淡褐色小斑，逐渐扩展呈圆形至近圆形褐色大斑，具轮纹，后期病斑上产生不明显的小黑点；果实上病斑褐色，多圆形，凹陷，后期产生小黑点，病果易腐烂	以菌丝体及分生孢子器随病残体在土壤中越冬	合理密植，注意通风透光，及时清除病残体；轮作，高畦覆膜栽培；喷施70%甲基硫菌灵800倍液或50%敌菌灵400～500倍液、50%扑海因1 500倍液
番茄溃疡病 细菌界普罗特斯门 密执安棒杆菌 密执安亚种 *Clavibacter michiganense* subsp. *michiganense*	叶、茎和果实均可受害；下部叶片向上卷缩，干枯；茎部出现溃疡，髓部变褐，形成空腔，外部下陷、开裂，基部长出疣刺及不定根；果实上生直径3～4mm乳白色圆斑，中心变褐，如鸟眼状	病菌潜伏在种子内、外，或随病残体在土壤中越冬	严格检疫，建立无病留种田；种子消毒，病田轮作，床土消毒，清除病株；喷洒72%农用硫酸链霉素4 000倍液或14%络氨铜水剂300倍液、77%可杀得500倍液、50%DT 500倍液，也可烟剂熏烟
番茄根结线虫病 动物界线形动物门 南方根结线虫 *Meloidogyne incognita*	须根和侧根受侵染，产生瘤状根结，根结上生出新根，再长根结，根结初白色，后变褐色；解剖根结，有白色细线状线虫；后期重病根系变褐腐烂，植株矮小黄瘦，逐渐枯死，影响结实	成虫或卵在病组织内，幼虫在土壤、粪肥中越冬，根部伤口侵入	选用抗病品种，培育无病壮苗；加强栽培管理，清除病残和虫瘿，深翻土壤，实行轮作；定植时穴施10%力满库颗粒剂5kg/667m²，或定植前15d用3%的米乐尔颗粒剂1.5～2kg/667m²
茄子褐纹病 真菌界半知菌亚门 茄褐纹拟茎点菌 *Phomopsis vexans*	主要为害果实、叶片和茎秆；叶部病斑不规则圆形，中部灰白色，边缘褐色；茎秆上病斑梭形；果实上病斑圆形至椭圆形，凹陷，具明显的同心轮纹；后期病部均可产生黑色粒状物；幼苗也可受害	菌丝体潜伏在病残体和种子内或分生孢子器随病残体在土壤中越冬，风雨和农事操作传播	选用抗病品种，种子消毒，培育无病壮苗；加强栽培管理，清除病残体，实行轮作；喷洒75%百菌清600倍液或80%大生800倍液、50%苯菌灵1 000倍液、70%代森锰锌600倍液
茄子绵疫病 色藻界卵菌门 烟疫霉菌 *Phytophthora nicotia-nae* 辣椒疫霉 *P. capsici*	主要为害果实；初期产生水渍状圆形小点，后扩大蔓延呈褐色斑块；病部凹陷，变褐腐烂，长出白色稀疏絮状霉层	卵孢子随病残体在土壤中越冬，借风、雨传播	选用抗病品种；加强栽培管理，降低田间湿度，实行与非茄科作物3年以上轮作；药剂防治参考黄瓜疫病

(续)

病名及病原	症　状	发生流行规律	防　治
茄子疫病 色藻界卵菌门 辣椒疫霉菌 *Phytophthora capsici*	主要为害果实，产生水渍状圆形小点，后扩大蔓延呈褐色斑块，病部凹陷，很快变褐腐烂；湿度大时，长出白色稀疏粉状霉层；茎秆受害常在枝杈处产生褐变，长出霉层，其上部易折断	卵孢子随病残体在土壤中越冬，气流和雨水传播	参考茄子绵疫病
茄子菌核病 真菌界子囊菌亚门 核盘菌 *Sclerotinia sclerotiorum*	叶片染病，出现水渍状、青绿色至褐色病斑；茎部多由叶柄基部侵入，病斑灰白色；果实及果柄染病，似水烫状；湿度大时病部长出白色霉层，后期病部菌丝上形成黑色菌核	以菌核在病残体内或混杂在种子中及遗留在土壤中越冬	参考番茄菌核病
茄子褐色圆星病 真菌界半知菌亚门 茄尾孢 *Cercospora melongenae*	主要为害叶片，产生圆形至近圆形病斑，初期褐色，扩展后中部黄褐色至灰褐色，边缘紫褐色，病部背面生出灰色霉层；严重时病斑连片，叶片易破碎或提早脱落	菌丝块或分生孢子在病体及种子上越冬	注意排湿，清除病残体，增施磷钾肥，轮作；发病初期用75%百菌清800倍液或50%混杀硫500倍液、50%扑海因1 500倍液、50%多硫悬浮剂600倍液，喷雾
茄子白粉病 真菌界子囊菌亚门 蓼白粉菌 *Erysiphe polygony*； 瓜类单囊壳菌 *Sphaerotheca fuliginea*	主要为害叶片，病部变黄，界限不明显，病斑上产生白粉状霉粉层	闭囊壳随病残体在土表越冬，气流、雨水传播	参考番茄白粉病
茄子茎基腐病 真菌界半知菌亚门 瓜腐皮镰孢菌 *Fusarium solani*	主要为害根茎部，病部皮层变褐湿腐，植株地上部枝叶萎蔫、枯萎；后期根茎病部凹陷、缢缩、腐烂，皮层易剥离，露出深褐色的木质部，最后病株枯死	以菌丝体、厚垣孢子、菌核在土壤中及病残体上越冬	参考辣椒根腐病
辣椒白星病 真菌界半知菌亚门 辣椒叶点霉菌 *Phyllosticta capsici*	主要为害叶片，产生圆形至椭圆形病斑，病健交界明显，边缘深褐色，中间灰白色，后期病部产生黑色小点	菌丝体及分生孢子器随病残体在土壤中越冬	合理密植，及时清除病残体；轮作，高畦覆膜栽培；喷施70%甲基硫菌灵800倍液或50%敌菌灵400～500倍液、50%扑海因1 500倍液
辣椒根腐病 真菌界半知菌亚门 瓜腐皮镰孢菌 *Fusarium solani*	主要为害根茎部，初为水渍状不规则形病斑，多数可围绕根茎一圈，略肿胀；后病部腐烂，微管束变褐，但不向上扩展；仅在根茎处，最后全株萎蔫	以菌丝体、厚垣孢子、菌核在土壤中及病残体上越冬	夏季灌水、覆膜，高温处理土壤；高垄栽培，防止大水漫灌；发病初期浇灌50%多菌灵500倍液或50%甲基硫菌灵500倍液

(续)

病名及病原	症　状	发生流行规律	防　治
辣椒白粉病 真菌界子囊菌亚门 鞑靼内丝白粉菌 *Leveillula tourica* 等	主要为害叶片，病部变黄，界限比较明显，病斑上产生白粉状霉粉层，后期病部可形成变褐枯死斑	闭囊壳随病残体在土表越冬，气流雨水传播	参考番茄白粉病
辣椒绵腐病 色藻界卵菌门 瓜果腐霉 *Pythium aphani-dermatum*	受害幼苗基部腐烂，缢缩死亡，成株期主要为害果实；初期水渍状，很快扩大蔓延呈褐色斑块，长出白色絮状霉层，最后病部甚至整个果实变褐腐烂	病菌以卵孢子在土壤中越冬，病菌腐生性强，可在土壤中长期存活	50%拌种双或25%甲霜灵9g+70%代森锰锌1g，或30%苗菌敌10g拌土5kg，垫、覆种子；发病初期用15%恶霉灵450倍液或56%靠山800倍液、72.2%普力克400倍液，2~3L/m²喷淋
辣椒细菌性软腐病 细菌界普罗特斯门 胡萝卜果胶杆菌 胡萝卜亚种 *Pectobacterium carotovorum* subsp. *carotovorum*	主要为害果实；初期果面上产生暗绿色水渍状病斑，迅速扩展后致整个果实变褐，腐烂，发臭；后期果实变形，内部充水，易脱落；少数可残留枝上，失水干枯成灰白色僵果	病菌随病残体在土壤中越冬，主要从伤口侵入	高畦覆膜栽培；及时摘除病果，雨后及时排水，搞好防虫，减少伤口；喷洒77%可杀得400倍液或72%农用硫酸链霉素4 000倍液、34%绿乳铜、50%丰护安均500倍液
马铃薯干腐病 真菌界半知菌亚门 蓝色镰孢菌 *Fusarium coeruleum*	病斑初期褐色，稍凹陷，呈环状皱缩，失水快，干燥性腐烂，生出灰白色绒状菌丝团；病薯空心，其内长满菌丝体，侧壁呈深褐色或灰褐色，后期病薯僵缩，干腐	菌丝体、厚垣孢子、菌核在土壤中及病残体上越冬	收获时避免受伤；贮藏时清除病、伤薯块；用45%特克多450mg/kg或50%多菌灵500倍液浸泡薯块1min
马铃薯枯萎病 真菌界半知菌亚门 尖镰孢 *Fusarium oxysporum*	病株开花结果期显现症状；初期下部叶片变黄，后萎蔫干枯，剖视茎部，可见维管束变褐色；后期，湿度大时病部可产生粉白色或粉红色霉层	以菌丝体和厚垣孢子在土壤或病薯中越冬，雨水或灌溉水传播	实行轮作；加强栽培管理；发病初期浇灌50%多菌灵500倍液或50%甲基硫菌灵500倍液、10%双效灵300倍液
马铃薯粉痂病 原生界根肿菌门 马铃薯粉痂菌 *Spongospora subterrranea*	为害块茎，薯块上形成稍隆起的小斑点，后扩大成褐色病斑，严重时病斑汇合，形成大的疱状斑；后期病斑表皮破裂，散出黑褐色的粉末状物	病菌以休眠孢子囊在种薯内或随病残体遗落在土壤中越冬	加强检疫，选用无病种薯；与非寄主作物轮作；高畦栽培；避免大水漫灌；播种时种薯消毒，可用福尔马林200倍液浸泡5min，或浸湿闷闭2h
马铃薯黑胫病 细菌界普罗特斯门 胡萝卜果胶杆菌 烟黑胫亚种 *Pectobacterium carotovorum* subsp. *atrosepticum*	主要为害根茎部和薯块；受害植株茎基部表现黑褐色腐烂，植株矮小，叶色褪绿，重病株枯死；块茎发病始于脐部，以后扩展至整个薯块，病স及维管束均变黑褐色，湿度大时，薯块腐烂发臭	病菌在田间块茎或种薯上越冬，直接侵入	应用抗病品种，选用无病种薯；及时拔除病株，雨后及时排水，搞好防虫，减少伤口；种薯入窖前，严格剔除病、伤薯，贮藏期间科学通风，控制窖温

(续)

病名及病原	症　状	发生流行规律	防　治
马铃薯软腐病 细菌界普罗特斯门 胡萝卜果胶杆菌 胡萝卜亚种 *Pectobacterium carotovorum* subsp. *carotovorum*	主要为害块茎；薯块上产生不规则形病斑，凹陷，暗褐色；潮湿时，病斑扩展较快呈湿腐状变软，继之腐烂，通常病健交界明显；后期病薯易被杂菌污染，产生黏稠物质，嗅之有恶臭味；田间可发病，贮藏期间可加剧为害，造成烂窖	病菌主要在种薯上越冬，也可在病残体上或土壤中越冬，伤口或自然裂口侵入	参考马铃薯黑胫病
马铃薯疮痂病 放线菌门 疮痂链霉菌 *Streptomyces scabies*	为害块茎；初期薯块上产生褐色小斑点，扩大后形成暗红色圆形或不规则形斑块；病斑周围凸起，中部稍凹陷，表面粗糙呈疮痂状，病斑仅限于皮层而不深入薯块内部	病菌在土壤中腐生，或在病薯上越冬；皮孔或伤口侵入	选用无病种薯，种薯消毒；轮作，选保水地块种植，增施有机肥或绿肥；种薯消毒，用福尔马林120倍液浸泡5min，或浸湿闷闭2h
茄科蔬菜菟丝子 寄生性种子植物 中国菟丝子 *Cuscuta chinensis*	菟丝子缠绕寄生于茄科蔬菜植株茎上，接触部位产生吸根伸入组织内吸取水分和营养，致寄主长势衰弱，植株矮小，叶片萎黄，严重时植株死亡	菟丝子以种子在土壤中或混于种子及粪肥中越冬	加强检疫；地膜覆盖种植；与非寄主作物轮作，选种清杂，粪肥充分腐熟，拔除菟丝子；鲁保1号生物剂喷洒防治

第十四章 豆科蔬菜病害

我国豆科蔬菜主要包括菜豆（*Phaseolus vulgris*）、豇豆（*Vicia sinensis* var. *sesquipedalis*）、豌豆（*Pisum sativum*）、蚕豆（*Vicia faba*）、刀豆（*Canavalia ensiformis*）及其所属的一些变种和品种。在豆科蔬菜病害中，锈病、细菌性疫病、炭疽病、花叶病和煤霉病是较为普遍和严重的病害。

第一节 豆科蔬菜锈病

豆科蔬菜锈病（legume rust）是菜豆、豇豆、豌豆、扁豆、小豆和蚕豆等蔬菜上的重要病害。其中除豌豆锈病的为害性略小外，其他豆类锈病发生普遍而严重，病害流行时可使全田植株枯黄，中、下部叶片大量脱落，对产量和品质造成很大影响。菜豆锈病在我国南方地区主要在春季流行，北方地区则在秋菜豆上发病严重，可使植株提早衰败，缩短采豆次数，降低产量。豇豆锈病在我国各地发生普遍而严重。云南、江苏和浙江等沿海地区，蚕豆锈病为害严重。

一、症　状

各种豆科蔬菜锈病的症状大体相似。主要为害叶片，发生严重时也可为害叶柄、茎和豆荚。叶片染病初生黄白色至黄褐色小斑点，略凸起，后逐渐扩大，出现黄褐色夏孢子堆，表皮破裂后散出红褐色粉状物，即夏孢子。植株生长后期病叶上逐渐长出黑褐色的冬孢子堆，表皮破裂散出黑褐色的冬孢子。严重时病斑合并，使全叶干枯脱落。叶柄、茎和豆荚上染病产生的症状与叶片上相似，夏孢子堆和冬孢子堆的疱斑稍大些，病荚所结籽粒干瘪。

此外，在叶片上有时产生圆形、黄绿色的小斑点，其中央密生稍突起的黄色小粒点，即病菌的性孢子器。在其相对应的叶背产生黄白色粗绒状物，即病菌的锈孢子器。但性孢子器和锈孢子器在豆类蔬菜上一般不常见。常见的是夏孢子堆和冬孢子堆。

二、病　原

豆科蔬菜锈病由真菌界担子菌亚门单胞锈菌属（*Uromyces*）真菌侵染所致。它们分别属：①菜豆锈病为疣顶单胞锈菌（*Uromyces appendiculatus*）除侵染菜豆外，还侵染扁豆和绿豆等；②豇豆锈病为豇豆单胞锈菌（*Uromyces vignae*）；③豌豆锈病为豌豆单胞锈菌（*Uromyces pisi*）；④蚕豆锈病为蚕豆单胞锈菌（*Uromyces fabae*）。菜豆、豇豆、蚕豆三种锈病病原形态见表14-1。

表 14-1 三种豆科蔬菜锈病病原菌形态比较

项目	菜豆锈病菌	豇豆锈病菌	蚕豆锈病菌
夏孢子堆及夏孢子	夏孢子单胞，椭圆形或卵圆形，浅黄褐色，表面有细刺，大小 18～30μm×18～22μm	夏孢子单胞，椭圆形或卵圆形，黄褐色，表面有细刺，大小 19～36μm×12～35μm	夏孢子单胞，圆形至卵圆形，淡褐色，表面有细刺，具 3～5 个发芽孔，大小 28～31μm×16～27μm
冬孢子堆及冬孢子	冬孢子单胞，圆形或短椭圆形，顶端有乳头状突起，下端有长柄，栗褐色，表面光滑或仅上部有微刺，大小 24～41μm×19～30μm	冬孢子单胞，圆形或短椭圆形，顶端有乳头状突起，下端有长柄，栗褐色，表面光滑或仅上部有微刺，大小 24～40μm×20～34μm	冬孢子单胞，近圆形，棕色，基部有柄，表面光滑，大小 22～40μm×17～29μm

豆类锈菌多为单主寄生的全型锈菌，但在田间经常见到的只是夏孢子和冬孢子，性孢子和锈孢子不常见。豌豆锈菌是转主寄生菌。在豌豆或其他豆类上产生夏孢子和冬孢子，在大戟属观赏植物上产生性孢子器和锈孢子器。夏孢子单胞，黄褐色，椭圆形或卵圆形，表面具有细刺。冬孢子单胞，栗褐色，近圆形，孢壁平滑，顶端有浅褐色的乳头状突起，基部有柄，无色透明，与孢子长度基本相等。

三、发生流行规律

豆类锈菌在北方主要以冬孢子随病株残体遗留在土壤表面越冬；在南方主要以夏孢子越冬，成为该病初侵染源，一年四季辗转传播蔓延。病菌从气孔侵入，产生夏孢子堆，通过气流传播又进行多次再侵染，直至生长后期或天气转凉时，才形成冬孢子堆和冬孢子，然后越冬。长江中、下游地区，在蚕豆上很少发现病株产生性孢子器和锈孢子器。但在云南蚕豆分布在不同海拔高度，有时也产生性孢子器和锈孢子器。因此，锈孢子也是当地初侵染源。

豆类锈菌存在明显的生理分化。世界各国已先后鉴定出 170 多个菜豆锈菌的生理小种。我国北方地区菜豆锈菌存在 8 个生理小种。据报道，在豌豆、蚕豆上都存在许多生理小种。

影响豆类锈病发生流行的主要因素是温、湿度。北方该病主要发生在夏、秋两季；南方一些地区春植常较秋植发病重。夏季高温、高湿（温度 21～28℃，相对湿度 95% 以上）发病严重；叶面结露及叶面上的水滴是锈菌孢子萌发和侵入的先决条件，所以早晚重露，天阴、多雨、多雾最易发病。此外，菜地土质黏重、地势低洼积水、种植密度过大、田间郁闭不通风，以及过多施用氮肥、连作均有利发病。不同豆类品种间抗病性有差异。据研究，菜豆、豇豆抗锈性遗传属于质量性状遗传，受显性基因控制。

四、病害控制

1. **选用抗病品种**　品种抗病性差别较大。各地应因地制宜选用抗耐病品种，并加强各类锈菌生理小种的监测。注意选用具有数量性状抗病性的慢锈品种。在菜豆蔓生种中细花种比较抗病，而大花、中花品种易感病，穗圆 8 号、双丰 2 号、中黄 2 号、长农 7 号等较抗病；豇豆品种粤夏 2 号、大叶青及铁线青豆角等较抗病；蚕豆品种启豆 2 号，2N_{34}品系等较抗病。

2. **加强栽培管理** 合理轮作倒茬;春播和秋播注意隔离,减少病菌传播机会;改变播期,通过早春育苗措施和调整播期的方法,减轻病害发生程度;实行高垄栽培,加强肥水管理,采用配方施肥技术,施用充分腐熟的有机肥;摘除老叶、病叶,改变田间小气候,使之通风透光,并减少菌源;棚室栽培采用生态环境调控,降低相对湿度。采收后立即清除并集中烧毁病株残体,减少菌源。

3. **药剂防治** 发病初期喷洒15%三唑酮可湿性粉剂1 000~1 500倍液或40%多硫悬浮剂400倍液、25%敌力脱乳油3 000倍液、25%敌力脱乳油4 000倍液加15%粉锈宁可湿性粉剂1 500倍液喷雾、10%世高水分散性颗粒剂1 500~2 000倍液、40%福星乳油8 000倍液、70%代森锰锌可湿性粉剂1 000倍液加15%三唑酮可湿性粉剂2 000倍液、12.5%速保利可湿性粉剂1 000~1 500倍液。隔10d左右1次,连续防治2~3次。如果低温、阴雨棚室发病,可选用粉尘剂防治,不增加棚室的湿度,效果也好。

第二节 豆科蔬菜枯萎病

枯萎病(legume fusarium wilt)是豆科蔬菜上发生较为严重的病害之一。菜豆枯萎病在我国各地发生普遍,20世纪70年代以来日渐加重。在广西南宁,菜豆枯萎病是一种毁灭性病害,病株率高达30%~50%,个别田块病株率可达90%以上,发病严重时常整畦枯萎死亡。北京地区发病也较重。豇豆、蚕豆枯萎病也是广东、广西、湖南、湖北等省(自治区)为害较重的病害。在适宜条件下,病害常引起大量幼苗和成株快速死亡,造成严重的产量损失。

一、症 状

植株发病先从下部叶片开始,叶尖或叶缘出现不规则水渍状斑点,继而叶片变黄枯死,并逐渐向上部叶片发展,最后整株萎蔫变黄枯死。受侵染的植株根部呈现深褐色腐烂。剖开茎部可见维管束组织变为黄褐色。植株结荚显著减少,进入花期后病株大量死亡。在豇豆等作物上,苗期枯萎病也较重,尤其是在秋豇豆上。

二、病 原

豆类枯萎病由真菌界半知菌亚门镰孢属真菌所致,此菌存在生理分化。

1. **尖镰孢菌菜豆专化型**(*Fusarium oxysporum* f.sp. *phaseoli*) 菌丝白色,棉絮状。小型分生孢子无色,卵圆形或椭圆形,单细胞,6~15μm×2.5μm;大型分生孢子无色,圆筒形至纺锤形或镰刀形,顶端细胞尖细,基部细胞有小突起,多具2~3个隔膜,大小25~33μm×3.5~5.6μm。厚垣孢子无色或黄褐色,球形,单生或串生。病菌生长发育适温28℃。

2. **尖镰孢豇豆专化型**(*Fusarium oxysporum* f.sp. *tracheiphilum*) 小型分生孢子无色,椭圆形,单胞或双胞,大小5~12.5μm×1.5~3.5μm;大型分生孢子镰刀形或略弯曲,具脚胞或不明显,顶端细胞稍尖,具3~6个分隔,多为3~4个,3个分隔的大小24.4~28.8μm×3.8~4.8μm。厚垣孢子单生或串生,圆形或椭圆形。病菌生长发育适温27~30℃。

3. 尖镰孢蚕豆专化型（*Fusarium oxysporum* f.sp. *fabae*） 小型分生孢子无色，长椭圆形至圆筒形，单胞或双胞，大小 12~18μm×3.8~4.0μm；大型分生孢子无色，镰刀形，多具3个分隔，大小 30~36μm×4.0~4.5μm。厚垣孢子球形。病菌生长发育适温 24~26℃。

4. 尖镰孢豌豆专化型（*Fusarium oxysporum* f.sp. *pisi*） 小型分生孢子长椭圆形至卵圆形；大型分生孢子对称镰刀形，中间宽，两端渐窄，顶端细胞略呈喙状。多具3个分隔，大小 22.95~50.1μm×3.06~4.08μm。厚垣孢子近球形、淡黄色。病菌有许多生理小种，各小种引起的症状不尽相同，只有小种1能引起典型的枯萎，多数小种只能引起茎腐。

三、发生流行规律

病菌主要以菌丝体、厚垣孢子或菌核在病残体、土壤和带菌肥料中越冬。另外，还可在种子上越冬，成为远距离传播的菌源。病菌主要通过根部伤口侵入，为害维管束组织，病菌繁殖堵塞导管，同时病菌分泌毒素，毒杀导管细胞，影响水分和养分运输，引起病株萎蔫死亡。在田间借灌溉水、昆虫活动或雨水溅射传播蔓延。

病害的发生程度与温、湿度、土壤状况等有密切关系。在高温（24~28℃）、高湿条件下发病重。久旱遇雨，久雨遇晴，温度高时极易发病。酸性黏重土壤、连作、地势低洼、根系发育不良、肥力不足、管理粗放田块发病重。品种间抗病性有一定差异。

四、病害控制

1. **选用抗病品种** 菜豆品种丰收1号、秋抗19、春丰1号和春丰2号等抗病；豇豆品种猪肠豆、珠燕、西园等抗病，揭上1号和长德豆角等较抗病，应因地制宜选用抗病品种。
2. **轮作** 重病地应与禾本科作物轮作3年以上，最好实行水旱轮作。
3. **种子消毒** 用种子重量0.5%的50%多菌灵可湿性粉剂拌种或40%多硫悬浮剂600倍液浸种30min。
4. **加强栽培管理** 采用高垄栽培，合理灌水，棚室及时通风，降低湿度，雨后及时排水；施腐熟有机肥，追施磷、钾肥；及时清除病株，深埋或销毁。
5. **药剂防治** 田间出现零星病株时，灌浇70%甲基托布津可湿性粉剂800倍液或50%多菌灵可湿性粉剂600倍液、10%双效灵水剂300倍液。每穴0.3~0.5kg，隔7~10 d 1次，连续防治2~3次。

第三节 豇豆煤霉病

豇豆煤霉病（cowpea stooty blotch）又称为叶斑病、叶霉病，全国各地均有发生，是豇豆上一种较为严重的病害，近年来在各地的发生越来越重。该病可使叶片大面积发病，造成叶片干枯脱落，直接影响植株结荚，减少采收次数，造成严重的产量损失。该病除为害豇豆外，还可为害菜豆、蚕豆、豌豆和大豆等豆科作物。

一、症　　状

豇豆煤霉病主要为害叶片。茎蔓和豆荚也可受害。发病初期在叶片正反两面产生赤褐色小斑点，后扩大成直径1～2cm、近圆形或多角形的褐色病斑，病、健交界不明显。潮湿时，叶背面病斑上密生灰黑色霉层，有时叶正面病斑也有霉层。严重时，病斑相互连接，引起早期落叶，仅留顶端嫩叶。病叶变小，病株结荚减少。

二、病　　原

豇豆煤霉病菌为真菌界半知菌亚门豆类煤污尾孢（*Cercospora cruent*），属半知菌亚门真菌。分生孢子梗从气孔伸出，直立不分枝，数枝至十数枝丛生，具1～4个隔膜，褐色，大小15～52μm×2.5～6.2μm；分生孢子鞭状，上端略细，下端稍粗大，淡褐色，具3～17个隔膜，大小27～127μm×2.5～6.2μm。分生孢子抗逆性强，在自然干燥的状态下，可存活1年以上。病菌发育温度7～35℃，最适温度为30℃。

三、发生流行规律

豇豆煤霉病以菌丝块随病残体在田间越冬。第二年当环境条件适宜时，在菌丝块上产生分生孢子，通过风雨传播，从寄主的气孔侵入，进行初侵染，引起发病。病部产生的分生孢子可以进行多次再侵染。

田间高温、高湿或多雨是发病的重要条件。当温度25～30℃，相对湿度85%以上，或遇高湿、多雨，或保护地高温、高湿、通气不良则发病重。连作地较轮作地发病重；播种过晚的田块发病重。

豇豆一般在开花结荚期开始发病。病害多发生在老叶或成熟的叶片上，顶端嫩叶或上部叶片较少发病。品种间抗病性有差异。如红嘴燕品种发病较重，而鳗鲤豇品种比较抗病，发病轻。

四、病害控制

应采取加强栽培管理为主的农业防治和药剂防治相结合的综合防治措施。
1. **实行轮作**　与非豆科作物实行2～3年的轮作。
2. **种植抗病品种**　如鳗鲤豇等品种比较抗病，可根据各地情况加以选用。
3. **加强栽培管理**　施足腐熟有机肥，采用配方施肥技术；合理密植，使田间通风透光，防止湿度过大；保护地要通风透气，排湿降温。发病初期及时摘除病叶，可减轻病害蔓延。豇豆收获后要及时清除病残体，集中烧毁或深埋。
4. **药剂防治**　要力争"早"字。发病初期喷施70%甲基托布津可湿性粉剂800倍液或77%

第十四章 豆科蔬菜病害

可杀得可湿性微粒粉剂500倍液、40%多硫悬浮剂800倍液、50%多菌灵可湿性粉剂500倍液、50%混杀硫悬浮剂500倍液、58%甲霜灵锰锌可湿性粉剂500倍液。隔10d左右1次,连续防治2~3次。

附 豆科蔬菜其他病害

病名及病原	症状	发生流行规律	病害控制
菜豆细菌性疫病 细菌界普罗特斯门 地毯草黄单胞菌 菜豆致病变种 *Xanthomonnas axonopodis* pv. *phaseoli*	叶尖和叶缘初呈暗绿色油渍状,后扩大呈灰绿色,透明薄纸状,干燥易脆破;周围有黄色晕圈,严重病斑相连似火烧状,全叶枯死;潮湿时,病斑分泌黄色菌脓,嫩叶扭曲畸形;茎上病斑呈条状红褐色溃疡,略凹陷,绕茎1周后,上部茎叶萎蔫枯死	病原细菌主要在种子内部或黏附于种子外部越冬,也可随病残体在土壤中越冬;病苗上或土壤中的病菌借雨水溅射等传播,从自然孔口或伤口侵入;高温、多湿或降雨频繁易发病	轮作;种子消毒;适当早播,中耕除草,合理施肥,避免大水漫灌,通风降湿,清除病残体,深耕翻土;喷洒14%络氨铜水剂300倍液或30%DT杀菌剂400倍液、72%农用硫酸链霉素3 000~4 000倍液、新植霉素4 000倍液
菜豆炭疽病 真菌界半知菌亚门 豆炭疽菌 *Colletotrichum lindemuthianum*	叶片上病斑多发生在叶背的叶脉上,常沿叶脉扩大成多角形黑褐色斑;叶柄和茎上病斑凹陷,龟裂;豆荚上病斑暗褐色圆形,凹陷,边缘有深红色的晕圈,湿度大时病部分泌粉红色黏液	病菌主要以菌丝体潜伏在种子里或随病残体在地面上越冬;病部产生的分生孢子借风雨传播,从表皮或伤口侵入;一般清凉且多雨天气有利发病	种子消毒;两年以上的轮作;选地势高燥,排水良好,偏砂性土壤栽培;喷洒80%炭疽福美可湿性粉剂800倍液或80%新万生可湿性粉剂500倍液
菜豆根腐病 真菌界半知菌亚门 茄镰孢 菜豆专化型 *Fusarium solani* f. sp. *phaseoli*	主要侵染根茎基部;病部产生黑褐色斑,稍凹陷,由侧根蔓延至主根,腐烂坏死,维管束呈红褐色;地上部茎叶萎蔫或枯死;湿度大时,病部产生粉红色霉状物	病菌主要以菌丝体和厚垣孢子在病残体或厩肥及土壤中存活多年;通过灌溉水、雨水、工具和肥料等传播,从伤口侵入;高温、高湿易发病	轮作,高畦栽培,增加土壤通透性,防止积水;茎基部喷施70%甲基托布津可湿性粉剂500倍液或77%可杀得可湿性微粒粉剂500倍液
菜豆角斑病 真菌界半知菌亚门 菜豆角斑菌 *Phaeoisariopsis griseola*	叶上产生多角形黄褐色斑,后变紫褐色,叶背簇生黑色霉层,荚果上生黄褐色斑,不凹陷,别于炭疽病,表面生霉层	病菌以菌丝体或分生孢子在病残体和种子上越冬,连作、低洼或土质黏重有利发病	种子消毒;轮作;喷洒64%杀毒矾可湿性粉剂500倍液或77%可杀得可湿性微粒粉剂500倍液
菜豆灰霉病 真菌界半知菌亚门 灰葡萄孢 *Botrytis cinerea*	叶片染病,形成较大的轮纹斑,后期易破裂;根茎出现纹斑,周缘深褐色,中部浅褐色,干燥时病斑表皮破裂形成纤维状;荚果染病先侵染败落的花,后扩展到荚果;病斑初淡褐色,后变为褐色软腐,湿度大时,病部表面生灰霉	病菌以菌丝、菌核或分生孢子越冬或越夏	降低植株密度,棚室菜豆采用生态防治,控温降湿;及时摘除病叶病果;喷洒50%速克灵可湿性粉剂1 000倍液,或50%扑海因可湿性粉剂1 000倍液、50%农利灵可湿性粉剂1 000倍液
菜豆菌核病 真菌界子囊菌亚门 核盘菌 *Sclerotinia sclerotiorum*	多从茎基部或第一分枝分杈处开始,初水渍状,逐渐发展呈灰白色,茎表皮干崩裂,呈纤维状;潮湿时,形成鼠粪状黑色菌核,病斑表面生白色霉层,严重时植株萎蔫枯死	病菌以菌核在种子、病株残体、堆肥上越冬,子囊孢子借气流传播侵染致病,冷凉且高湿天气有利发病	用10%盐水剔除菌核;用无病株留种,轮作,清除病残体,深翻,将菌核埋入土壤深层,增施磷、钾肥,地膜覆盖,阻隔子囊盘出土;使用10%速克灵烟剂,每667m²每次250g或喷洒40%菌核净可湿性粉剂1 000倍液、50%农利灵可湿性粉剂1 000倍液、50%扑海因可湿性粉剂1 000倍液

(续)

病名及病原	症　状	发生流行规律	病害控制
菜豆褐斑病 真菌界半知菌亚门 菜豆壳二孢 *Ascochyta phaseolorum*	叶上病斑近圆形或不规则形，较大，有明显轮纹，褐色，其上散生黑色小粒点，后期病部干枯易裂	参考菜豆角斑病	参考菜豆角斑病
豇豆轮纹病 真菌界半知菌亚门 豇豆尾孢 *Cercospora vignicola*	叶面初生深紫色小斑，后扩大为近圆形褐斑，具赤褐色同心轮纹；茎部生深褐色条斑，后绕茎扩展，致使上部茎枯死；荚上生赤褐色具轮纹的病斑	病菌以菌丝体和分生孢子随病残体在土壤中或种子上越冬或越夏，温暖、多雨潮湿天气有利发病	参考豇豆煤霉病
豇豆疫病 色藻界卵菌门 豇豆疫菌 *Phytophthora vignae*	茎蔓染病多发生在节部，初期病部水渍状，后绕茎扩展呈暗褐色缢缩，上部茎叶萎蔫枯死；叶片染病，初呈暗绿色水渍状病斑，后扩大为淡褐色不规则斑；果荚染病多腐烂，病部生稀疏白霉	病菌以菌丝体和卵孢子随病残体在土壤中越冬；孢子囊借风雨传播，再侵染频繁；气温25～28℃，连续阴雨或雨后转晴，湿度大易发病	实行轮作，并采用垄作或高畦种植，雨后及时排水；喷洒64%杀毒矾可湿性粉剂500倍液或50%甲霜铜可湿性粉剂800倍液、72.2%普力克水剂800倍液
豇豆菌核病 真菌界子囊菌亚门 核盘菌 *Sclerotinia sclerotiorum*	在开花结荚期，病株基部呈灰白色，后全株枯萎，剖开病茎可见鼠粪状菌核；荚染病，初呈水渍状，后逐渐变成灰白色，有的长出黑色菌核	病菌以菌核在土壤中、病残体或混在堆肥及种子上越冬；苗期低温、高湿易感病，成株期阴雨天多或排水不良或偏施氮肥，易感病	无病株采种，用10%盐水浸种，去除混在种子中的菌核；轮作，收获后深翻；覆盖地膜，阻挡子囊盘出土，合理施肥；喷洒50%农利灵可湿性粉剂1 000倍液或50%扑海因可湿性粉剂1 000倍液、40%纹枯利可湿性粉剂800～1 000倍液
豇豆红斑病 真菌界半知菌亚门 变灰尾孢 *Cercospora canescens*	发病早，一般老叶先发病；发病初期在叶片上形成多角形病斑，紫红色或红色，边缘灰褐色；后期病斑中间变为暗灰色，叶背生灰色霉状物	病菌以菌丝体和分生孢子在种子或病残体中越冬，分生孢子借气流和雨水溅射等传播，温暖、高湿有利发病	种子消毒；轮作；喷洒75%百菌清可湿性粉剂600倍液或50%混杀硫悬浮剂500倍液
蚕豆赤斑病 真菌界半知菌亚门 蚕豆葡萄孢 *Botrytis fabae*	叶上初生赤色小点，后扩大为圆形或椭圆形病斑，中央赤褐色，稍凹陷，边缘深褐色，稍隆起；茎、叶柄染病，呈深赤褐色条斑；花染病变褐，枯萎；荚染病，种皮上出现小红斑；潮湿时病部有灰霉	病菌以菌核随病残体在土壤中越冬	轮作、深翻和清洁田园；适期播种，合理密植；喷洒50%农利灵可湿性粉剂1 000倍液或50%扑海因可湿性粉剂1 000倍液、50%速克灵可湿性粉剂1 000倍液
蚕豆轮纹病 真菌界半知菌亚门 蚕豆尾孢 *Cercospora fabae*	叶片初生红褐色小点，后扩展为圆形黑褐色轮纹斑，边缘稍隆起；潮湿时，病斑正、背两面均可长出灰色霉层，病斑有时穿孔	病菌以菌丝块在病残体和种子上越冬	无病株采种；适时播种，高畦栽培；喷洒50%多·霉威（多菌灵加万霉灵）可湿性粉剂1 000倍液或77%可杀得可湿性微粒粉剂500倍液
蚕豆根腐病 真菌界半知菌亚门 茄镰孢 蚕豆专化型 *Fusarium solani f.sp. fabae*	植株自下部叶片边缘变黑枯死；茎叶萎蔫，叶易脱落，根变黑腐烂；后期根大部分干缩，茎基部变黑腐烂，导管呈黑褐色	病菌以菌丝体和厚垣孢子随病残体在土壤中越冬，种子可以带菌；地下水位高、田间积水或播种时遇连绵阴雨天气，易发病	轮作；腐熟肥料；收获后及时清园；种子消毒；茎基部喷淋50%多菌灵500倍液或70%甲基托布津可湿性粉剂800倍液

(续)

病名及病原	症　状	发生流行规律	病害控制
豌豆霜霉病 色藻界卵菌门 豌豆霜霉菌 *Peronospora pisi*	叶面出现黄绿色不规则形病斑，边缘不清晰，叶背生灰紫色霉层，最后整叶枯黄而死；幼荚上也可发生不规则形病斑	病菌以卵孢子在病残体上或种子上越冬，通过风雨传播，进行再侵染	选用抗病品种；种子消毒；轮作；清洁田园；喷洒 72% 克露或 72% 霜脲锰锌可湿性粉剂 800 倍液、69% 安克锰锌可湿性粉剂 1 000 倍液
豌豆白粉病 真菌界子囊菌亚门 豌豆白粉菌 *Erysiphe pisi*	为害叶、茎、荚；初期叶面为淡黄色小斑点，扩大成不规则形粉斑，遍及整个叶片；严重时，叶片正反两面均覆盖一层白粉，最后变黄枯死，后期病斑上散生小黑粒点	病菌以闭囊壳在病残体上越冬，温暖地区以菌丝体及分生孢子越冬；通过风雨传播，进行再侵染。温暖、潮湿天气或高温、干燥天气均可发病	清洁田园、深耕；加强栽培管理，避免在低湿地种豌豆，增施钾肥；喷洒 15% 粉锈宁可湿性粉剂 1 500 倍液或 25% 敌力脱乳油 4 000 倍液、2% 武夷菌素水剂 200 倍液等

第十五章　其他蔬菜病害

第一节　姜腐烂病

姜腐烂病（ginger bacterial wilt）又称姜瘟、青枯病，是为害姜的一种较为严重的病害。本病在浙江、广东、湖北、湖南、四川、山东等地均有发生，为害程度不一。感病植株不仅不产生子姜，种姜也全部腐烂。对姜产量损失很大。

一、症　　状

姜腐烂病主要发生在地下的茎和根部。一般多在靠近地面的茎基部和根茎上半部先发病。被害肉质茎部初呈水渍状，黄褐色，无光泽，其后渐渐软化腐败，只留外皮。病姜内部充满灰白色的恶臭汁液。根部感病后初呈水渍状，后淡黄褐色，最后全部腐烂消失。腐烂病也可为害地上茎部，此时，被害部呈暗紫色，后变黄褐色，内部茎组织变褐腐烂，只保留纤维。受害株叶片呈凋萎状，叶尖及叶脉呈鲜黄色，后变黄褐色。病叶凋萎下垂。如叶舌部被害，能使叶缘卷曲和病叶早落。

二、病　　原

病原菌为细菌界普罗特斯门茄科劳尔氏菌（$Ralstonia\ solanacearum$）。菌体短杆状，两端钝圆，大小 $0.7\sim1.2\mu m\times0.5\sim0.6\mu m$，有 $1\sim2$ 根鞭毛，单极生，长 $3.4\sim6.9\mu m$。不能使动物胶质培养基液化，可使古蕊牛乳变青色和渐次凝固。在琼脂培养基上菌落圆形，苍白色。本菌发育最适温度为 $28℃$，最低 $5℃$，最高 $40℃$，致死温度为 $52℃$，$10min$。适应 $pH4.5\sim9.3$，以 $pH6.5\sim7.3$ 为最适宜。

据日本研究，本病可与姜芽孢杆菌（$Bacillus\ zingiber$）混合侵染。姜芽孢杆菌菌体大小为 $0.8\sim1.2\mu m\times0.4\sim4.2\mu m$，两端略尖，周生鞭毛 $8\sim10$ 根，在琼脂培养基上菌落初呈白色，终呈黄褐色。

三、发生流行规律

病原细菌在土壤及根茎内越冬，并可在土中存活 2 年以上。带菌根茎是本病田间发生的主要初次侵染来源，并可通过根茎作远距离传播。种姜种植后，病菌通过根茎部自然孔口和机械伤口侵入，并很快到达维管束组织后，即沿维管束向上、下部迅速蔓延，最后到达附近的薄壁组织，造成组织崩溃和腐烂，全株死亡。当感病根茎腐烂后，病菌随同病残体在土中越冬或在生长期间再次侵染。病菌可通过流水、地下害虫等传播和地上部借风、雨接触传播，使病区不断扩大。

本病发生的严重程度与环境条件有密切关系。土壤温度较高和湿度较大时，有利病菌的生长发育和侵入。砂质土壤发病轻；黏质土壤发病较重。连作地发病重；轮作地发病轻。酸性土壤、地势低洼地块发病较重。

四、病害控制

1. **选留无病种姜或种姜消毒** 要选择无病田留种。种植种姜前，先把切开的种姜用波尔多液（1:1:100）浸种20min，或用500mg/kg农用硫酸链霉素、新植霉素浸种48d后播种，或用草木灰醮封种姜伤面，避免病菌自伤口侵入。
2. **实行轮作** 种过姜的地可用非寄主植物如大小麦、水稻或水生蔬菜等轮作2~3年，要避免与寄主植物茄科蔬菜、花生等连作。
3. **注意田间水肥管理** 对低洼地块，要采取高畦种植。种植过程要注意田间排水，同时要防止病田的灌溉水流入无病田中。多施基肥，特别要多施有机栏肥、草木灰。种植前，最好每$667m^2$施用150~200kg生石灰，以创造不利病菌生长繁殖的条件。
4. **田园卫生** 种植过程中如发现病株要及时拔除，并在病穴及其四周撒施石灰消毒。不要随意丢弃病株，也不宜作堆肥。应集中清理病株，并深埋或烧毁。
5. **药剂防治** 可用72%农用硫酸链霉素3 000倍液或47%加瑞农可湿性粉剂750倍液、14%络氨水剂350倍液、50%代森铵1 000倍液、20%龙克菌可湿性粉剂500倍液等药剂进行浇灌处理。每株灌根250ml，每10~15d用药1次，连续3~4次。

第二节 葱紫斑病

葱紫斑病（onion purple blotch）又称黑斑病，全国各地均有发生。一般年份为害不大，但在多雨年份发生时也能造成严重损失。此病除为害葱外，还可为害洋葱、韭菜、蒜等百合科蔬菜。

一、症 状

紫斑病在南方从苗期起（苗高12~17cm）开始发生，生育后期发生最盛。在北方主要在生育后期发生。紫斑病在田间主要为害叶片、花梗，也可为害鳞茎。病斑多从叶尖或花梗中部开始发生，几天后即可蔓延至下部。初期病斑灰绿色至淡褐色、中央淡紫色。病斑稍凹陷，扩大后呈椭圆形或纺锤形。病斑大小和颜色因寄主种类不同而异。大葱和洋葱的病斑紫褐色，大小2~4cm×1~3cm；大蒜的病斑黄褐色，大小1~2cm×0.5~1.5cm。湿度大时，病部长满褐色至黑色粉霉状物，常排列呈同心轮纹状。病斑继续扩展，常数个小斑愈合成长条形大斑，致使叶片和花梗枯死。如果病斑绕叶片或花梗一周，则叶片或花梗多从病部软化倒折。类似的症状也可以在种用洋葱或留种株的花器部分发生，使种子不能发育或皱瘪。鳞茎的外部鳞片很少发病，多在切顶后的颈部或伤口受感染处发病，引起半湿性腐败，整个鳞茎收缩，组织变红色或黄色，渐转变为暗褐色或黑色，并未到老熟就抽生赘芽。鳞茎在贮藏中可以继续发病。

二、病　　原

病原菌为真菌界半知菌亚门葱格孢菌（*Macrosporium porii*）。分生孢子梗由皮下的菌丝块中成丛生出，褐色或黑色，有2～3个隔膜。分生孢子长棒棍状或圆筒状，褐色或黑褐色，大小66～129μm×10～225μm，有横隔膜7～15个和纵隔膜1～3个，顶端有一细长无色的嘴孢。分生孢子的萌发适温24～26℃，萌发时每个细胞均可长出芽管。菌丝的发育适温22～30℃。分生孢子的产生、萌发和侵入均需有水滴存在。

三、发生流行规律

在南方各季温暖地区，由于整年种植葱类作物，病菌可以分生孢子终年在各种葱类作物上辗转传染，无明显的越冬期。在北方寒冷地区，病菌以菌丝体或分生孢子在寄主植物内或随病残体越冬。分生孢子离开病株后存活能力不强。种子上所带病菌经数月后是否仍有生活力尚不明确。越冬后的菌丝，次年条件适宜时产生分生孢子，借雨水和气流传播。分生孢子萌发生出芽管，由气孔或伤口侵入，也可直接穿透寄主表皮侵入。在适宜温度条件下，病菌侵入葱叶后1～4d即表现症状，5d后即在病斑上产出分生孢子。

该病发生的适宜温度25～27℃，孢子萌发和侵入需要有水滴存在时才能发生。所以一般该病以温暖多湿的条件时严重。这就是为何沿海各省发生普遍且严重的原因。本病在东北地区发病程度直接决定于当年雨量，阴湿多雨年份发病较严重。此外，基肥不足、砂质土、连作地、长势差、管理粗放和受蓟马为害重的田块发病较重。

品种间存在抗病性差异。洋葱品种间的抗病性显著不同。红皮洋葱叶面有厚蜡质层较为抗病，而黄皮和白皮洋葱叶面蜡质层较薄而少，故易感病。

四、病害控制

1. 种子处理　从无病地或发病轻微的地里留种，必要时进行种子消毒。种子消毒可用福尔马林300倍液浸种3d，浸后充分水洗，避免药害。鳞茎消毒可用40～45℃温水浸泡90min。

2. 加强栽培管理　选择地势平坦、排水方便的肥沃壤土种植。由于洋葱是需氮较多作物，故应施足氮肥，配合增施磷肥。富含腐殖质的土壤，要多施钾肥。抓好田间排水工作，对病田要适当控制浇水，及时防治，促使植株生长健壮。病地要与非葱类作物进行2年轮作。经常检查病情，及时拔除病株或摘除病叶、病花梗，深埋或烧毁。收后彻底清除留在地面上的病残体，及时深耕。

3. 药剂保护　发病初期喷施50%扑海因可湿性粉剂1 500倍液或80%大生可湿性粉剂600倍

液、72%克露粉剂600倍液、64%杀毒矾粉剂500倍液、40%大富丹可湿性粉剂500倍液、75%百菌清可湿性粉剂500~600倍液、58%甲霜灵。锰锌可湿性粉剂500倍液。隔7~10d喷1次，共喷1~2次。

4. **适时收获** 洋葱收获期不宜过早，宜在葱头顶部成熟之后采收。收后要稍微晾晒，待鳞茎外部充分干燥后贮藏。收获和贮藏过程中应尽量避免损伤葱头。贮藏窖需控制温度在0℃、相对湿度65%以下。同时注意通风，可有效地防止贮藏期鳞茎继续发病。

第三节 白锈病

白锈病（white rust）发生比较普遍。一般在多雨、湿度大的年份为害较重，轻者发病率10%~20%，重者达30%~40%。

一、症　状

主要为害叶片。被害叶片的正面长浅绿色的小斑点，后渐渐变为黄绿色至黄色斑点，在叶片背面有稍隆起的呈白色近圆形或不规则形疱斑（即孢子堆）。严重时，疱斑接连发展，布满全叶，成熟之后，疱斑破裂，散出白色粉末（即孢子囊）。叶片凹凸不平，变黄枯死。叶柄、茎、花梗也可被害。被害部位膨大、扭曲、畸形，也产生白色疱斑。荚被害，肿胀畸形，结实不饱满或不结实。

二、病　原

病原菌为色藻界卵菌门白锈菌（*Albugo candida*）。菌丝无分隔。孢子囊梗呈短棍棒状，顶端着生孢子囊。孢子囊卵圆形或球形。卵孢子褐色，近球形，是专性寄生菌。病菌有生理分化现象。

三、发生流行规律

病菌主要以菌丝体在病残体中或在留种株上越冬。也可以卵孢子在土壤中越夏。当条件适合时，卵孢子萌发，产生游动孢子，长出芽管，由叶片的气孔或表皮直接侵入。发病后产生孢子囊，通过气流、雨水或灌溉水进行传播和再侵染。该病的发生和流行主要与下列因素有关。

1. **温湿度** 低温、高湿利于病害发生发展。孢子囊产生最适合的温度为8~10℃，萌发的温度为7~13℃，最适的温度为10℃，相对湿度90%以上。温度低时（8~13℃），利于病菌侵入，发病严重。

2. **降雨量** 如果雨水多、湿度大，利于发病。所以，春、秋雨季发病比较多。如果干旱，则发病轻或不发病。

3. **栽培条件** 病地重茬发病重。另外，低洼地、排水不良、浇水过多、种植密度大、保护

四、病害控制

1. **实行轮作** 病地实行与瓜类、茄果类、韭、蒜、葱等蔬菜轮作1~2年。
2. **选用无病种子** 从无病地或无病株上留种。一般种子可用50℃温水浸种20min后，冷却晾干播种。
3. **栽培防病** 防病的栽培措施：选地势比较高、排水良好的地块种植，如果是低洼地，应采取小高畦或高畦栽培；施足经过充分腐熟的粪肥，并增施磷、钾肥，提高植株抗病能力；种植密度要适宜；科学浇水，防止大水漫灌，雨后及时排水；保护地加强放风，降低湿度，防止叶面结露；及时清洁田园，把病叶、病残体带出田外深埋或烧毁，减少病菌在田间传播。
4. **化学防治** 发病初期，可喷25%甲霜灵可湿性粉剂800倍液或58%甲霜灵锰锌可湿性粉剂500倍液、甲霜铜可湿性粉剂600~800倍液、75%百菌清可湿性粉剂600倍液、40%乙膦铝可湿性粉剂200倍液、80%疫霜灵可湿性粉剂400~500倍液。隔7d喷1次，连续2~3次。

第四节 芦笋茎枯病

芦笋茎枯病（asparagus stem blight）是一种分布广、为害极其严重的病害，在世界各芦笋产区几乎都有发生。在我国各地均有发生，但以长江流域和长江以南发病更为严重，已成为影响我国芦笋生产的最大制约因素。据报道，全国已经有1.3万hm^2笋田因该病毁种，给广大笋农带来巨大损失。

一、症 状

该病主要为害嫩笋、茎干、侧枝和拟叶。幼茎出土后就可感病。初期病斑呈水渍状，梭形或短线形，周围呈现水肿状。随后病斑渐渐扩大，形成纺锤形，中心部稍凹陷，赤褐色，病斑中央最后变成灰白色，其上着生许多小黑点，即病菌的分生孢子器。病斑能深入髓部，待绕茎1周时，感病部位易折断，失水枯死，远看似火烧状。

二、病 原

病原菌为真菌界半知菌亚门拟茎点霉菌（*Phomopsis asparagi = Phoma asparagi*）。病茎上的分生孢子器呈球形或扁球形，黑褐色，一般分散单生，直径75~200μm，高105~137μm。初期寄生在寄主组织表皮下，成熟后突破表皮外露。每个分生孢子器内有分生孢子550~56 000个。分生孢子多呈长椭圆形或卵形，少数呈梭形，单胞，无色。培养基上的分生孢子大小5.02~14.1μm×1.37~4.7μm。

三、发生流行规律

病原菌以菌丝体和分生孢子梗在病株上或随病残体在土中越冬，能存活8~9个月。也可以分生孢子黏附在种子上越冬。新笋田的病菌主要有两个来源：一是种子带菌；二是老笋区的病菌随风或雨水传播而来。立春后，当温度达到20℃时及适宜湿度时，分生孢子器内生的分生孢子自顶部孔口大量涌出，通过农事操作、雨水及小昆虫传播，也可借气流近距离传播，并从伤口开始侵染芦笋茎部。第一次大多侵染刚抽发的嫩茎的鳞片或实生苗；第二次由上述鳞片或实生苗上的病斑形成孢子，借风力或雨水再侵害其他幼茎。在我国北方地区，由于春季温度较低，湿度小，发病较轻，且病情发展缓慢。随着温度升高、雨水增多，逐渐进入发病高峰期。7~9月为山东芦笋发病盛期，在此期间侵染周期平均10~12d。在芦笋整个生长季节，病菌可进行10多次反复侵染。在长江流域的未采笋田中，发现芦笋拟叶尚未展开就已染病，6月中旬的梅雨季节为病害的严重发生期，8月上旬，老病茎株大多枯死。而采笋田的病害在7月中旬进入发生严重期，直至9月下旬再次严重发生，11月中旬进入越冬阶段。在南方茎枯病几乎整年都有发生，但不同地区有一定的特殊规律。广西发病始于2月中旬，5月下旬病害上升，病茎率达23%，6~7月中段盛发，病茎率达77%~90%，7月下旬以后至年底，病情发展缓慢。台湾芦笋田则在12月至翌年1月、5~6月、8~9月间发病较严重。该病的发生和流行与下列因素有关：

1. **温湿度** 在气温较高、湿度较大的梅雨天气，最易发生和蔓延。因此，降雨的次数及多少，与茎枯病的轻重有直接关系。在沿海地区，夏秋之交，雨水较多，经常有雾，湿度大，田间株丛茂密，茎枯病常大发生。嫩茎出土时间越短，感病力越强，出土2周内的嫩茎感病最重，待10月中旬平均气温降至15℃以下时进入越冬阶段。一般新笋田发病较轻，老笋田菌源数量大，发病早而重。

2. **栽培管理水平** 氮肥过施或偏施，施钾肥不足，致植株抗病力降低而易发病；种植地低洼潮湿、排水不良、土质黏重的田块亦易发病。

四、病害控制

防治芦笋茎枯病应坚持以预防为主，综合防治的原则。

1. **选用抗病品种** 这是减轻病害的根本途径。芦笋品种间对茎枯病的抗性差异较大。因此，种植芦笋时要注意选用抗性较强的品种，如德国全雄、加州大学157、UC309、台南选1号、台南选3号等。

2. **选择适宜的定植田** 要选择地势平坦、土质肥沃、排灌方便和通气性好的地块种植芦笋。切忌在土质黏、低洼、积水及邻近池塘的地方栽培芦笋。对新植区进行种子消毒：60~65℃热水浸10min，冷却，转入40%三唑酮多菌灵可湿粉1 000倍液中浸24h，或25%多菌灵倍液浸2~3d，催芽播种。

3. **注意田园卫生** 由于茎枯病病原菌能在病残株上越冬，成为第二年的侵染菌源。因此，为了减少病源，病田收获时齐泥低割留母茎后，一定要彻底、干净地将病枝、落叶和残茬清除出笋田，并集中烧掉。对个别枯死株，要及时拔除清理和烧掉。清园结束后，再用500倍液的45%多菌灵药液进行土壤消毒。

4. 搞好肥水管理 要重视施用有机肥，追施适量钾、磷肥，控制氮肥施用量，促进植株健壮生长，提高抗病力。雨季要注意排涝，防止田间积水。要适时中耕、除草，及时清除病茎，疏枝打顶。定植后第二年切忌套种其他作物，以防田间郁闭，通风、透光不良，从而降低茎枯病的发生。

5. 合理调整采收期 使嫩茎大量出土与梅雨期错开，从而使病菌感染的植株推迟发病。采收留种母茎时，应及时拔除多余的或病劣嫩茎。

6. 药剂防治 用50%多菌灵500～600倍液进行土壤消毒，用农抗120的200倍液在清园后灌根。同时，可用75%百菌清600倍液或50%苯莱特乳油800～1 000倍液、40%茎枯灵乳油800～1 000倍液、25%壮笋灵可湿性粉剂500～800倍液、40%SPI-8701 500～1 000倍液喷雾防治。嫩茎抽出后要及时喷药。药剂要交替使用，前密（5～7d）后疏，上下结合，喷匀喷足。

第五节 芹菜斑枯病

芹菜斑枯病（celery late blight）又称晚疫病、叶枯病。一般露地芹菜发生轻，保护地芹菜发生重，严重影响产量和质量。

一、症　　状

芹菜斑枯病有大斑型和小斑型两种。大斑型多分布于亚热带，小斑型多分布于温带。我国华南地区只发生大斑型，东北地区发生的则以小斑型为主。

在芹菜的叶、叶柄和茎部均可发病。在叶片上，两型病害早期症状相似。一般从老叶开始发病，后传染至新叶上。病斑初为淡褐色油渍状小斑点，逐渐扩大后，病斑中心呈褐色坏死。后期症状则不相同：大斑型病斑可继续扩大到3～10mm，多散生，边缘明显，病斑外缘深红褐色，中间褐色，在中央部分散生少量黑色小点；小斑型病斑大小0.5～2mm，常数个病斑联合（但此时病斑可超过3mm），边缘明显，病斑外缘黄褐色，中间黄白色至灰白色，在其边缘聚生许多黑色小粒点，病斑外常有一圈黄色晕环。在叶柄和茎上，两型病斑均为褐色、长圆形、稍凹陷，不易区别。

二、病　　原

病原菌为真菌界半知菌亚门的芹菜属壳针孢菌（*Septoria apii*）和芹菜壳针孢菌（*Septoria apii-graveolentis*）。前者引起大斑型斑枯病，后者则引起小斑型斑枯病。大斑型病菌分生孢子器球形，直径65～95μm。分生孢子无色透明，丝状，直或稍弯曲，内含物微细粒状，有0～4个横隔膜（通常3个），大小13.5～34.2μm×1～2.5μm。小斑型病菌分生孢子器球形、扁球形，直径73～147μm。分生孢子无色透明，丝状，微弯曲，顶端较纯，有0～7个横隔膜（大多数3

个),大小 17~61μm×1.5~3.0μm。

病菌在低温下生长良好。小斑型病菌最适温度 20~25℃,在高于 25℃ 时,病菌生长渐缓;大斑型病菌最适温度 22~27℃,温度高于 27℃,病菌生长较慢。两种病菌分生孢子萌发温度 9~28℃。孢子萌发时,隔膜增多,并可断裂成若干段,每段均能产生芽管,孢子上又可生出小孢子。大斑型病菌分生孢子、菌丝体的致死温度分别为 41~43℃,10min 和 45℃,30min。在种子上的分生孢子和菌丝体的致死温度为 48~49℃,30min。

三、发生流行规律

病菌主要以菌丝体潜伏在种皮内越冬。也能在病株残体及种用根的残体上越冬。种皮内的病菌可存活一年多。日本报道,在病斑上的孢子 8~11 个月死亡,种子附着的可存活 2 年以上。在条件适宜时,病菌在种皮及病株残体上形成分生孢子器和分生孢子,主要借风、雨、牲畜、农具和农事活动等传播。有时根部接触也能传播。带菌种子可作远距离传播。在有水滴的情况下,分生孢子萌发产生芽管,从气孔或直接穿透寄主表皮侵入体内。侵入后,菌丝在寄主细胞内蔓延、发育,最后表现症状,并在病斑上产生分生孢子器及分生孢子进行再次侵染。在 100% 的相对湿度和适温下,潜育期约 8d。

影响斑枯病发生的重要因素是冷凉、高湿的气候条件。冷凉天气,病菌在高温天气下发育迅速。潮湿、多雨是分生孢子传播和萌发的必要条件。故在 20~25℃ 温度和多雨的情况下,病害发生严重,并且迅速蔓延和流行。另外,白天干燥,夜间有露,或温度过高过低时,芹菜生长不良,抗病力下降,病害也会加剧。

四、病害控制

1. **用无病种子或种子消毒** 种用母根应注意选择无病叶柄和茎叶的,以避免带菌。使用 2 年以上的陈旧种子有一定防病效果。使用新种子时,要注意进行种子消毒。可用 48~49℃ 温水浸种 30min,浸种时要不断搅拌,使种子受热均匀,浸种后立即投入冷水中降温。此法虽然对发芽率有一定的影响(约降低 10%),但消毒比较彻底。

2. **清除田间病株残体** 病地应进行 2~3 年轮作。田间病残体要集中沤肥或深埋。发病初期摘除病叶、脚叶,减少田间菌源。

3. **加强栽培管理** 良好的栽培管理措施,可以有效地控制病害发生和为害,应根据各地具体情况进行安排。这些措施包括①排开播种:躲过芹菜斑枯病的流行期;②选地栽培:选择土温不易升高的土壤如黑凉土进行种植,并适当控制田间小气候;③加强水肥管理:施足基肥,追肥以硫酸铵为主,粪水次要,如遇伏雨淋袭、裂日暴晒或管理不当,容易发生斑枯病时,要及时排出田间雨水,灌清水,多施硫酸铵而不用粪水;④适当密植,及时间苗:当栽植过密或间苗除草不及时,常造成通风不良,株间湿度大,容易诱发本病。密度以行距 10~15cm,穴距 10~15cm,每穴 6~10 株为宜。

4. **药剂保护** 芹菜苗高 2~3cm 时,就应该开始喷药保护,以后每隔 7~10d 喷药 1 次。药剂和浓度可选用:波尔多液(1:0.5:200)、65%代森锌可湿性粉剂500倍液、50%代森铵1 000倍液、75%百菌清500~800倍液等。

附　其他蔬菜次要病害

病名及病原	症　状	发生流行规律	病害控制
芹菜早疫病 真菌界半知菌亚门 芹尾孢 *Cercospora apii*	主要为害叶片,也发生在茎和叶柄上;叶上病斑初期为水渍状黄绿色斑点,后发展为圆形或不规则形,褐色或暗褐色,病斑周缘黄色;茎及叶柄上初生水渍状条斑,后变暗褐色,近菱形,凹陷;高湿时病斑中部长出灰白色霉状物	以菌丝块(分生孢子梗基部的菌丝)在病残体上越冬,种子可带菌;分生孢子借气流、雨水溅射或农事操作传播;温暖、多雨或雾大、露重天气有利发病	收后彻底清除病残体,并深翻;重病地块进行1~2年轮作;实行高畦种植,合理密植,科学用水;发病初期摘除病叶、脚叶,然后喷洒50%代森锌1 000倍液,或75%百菌清600~1 000倍液、50%施保功乳油1 500倍液
芹菜软腐病 细菌界普罗特斯门 胡萝卜果胶杆菌 胡萝卜亚种 *Pectobacterium carotovorum* subsp. *carotovorum*	主要发生在植株茎基部及叶柄基部;患部初呈不定形水渍状斑,后迅速扩大为淡褐色软腐状斑,病组织完全崩解,质黏滑并伴有恶臭,最后全株萎蔫、枯死,只剩维管束	病原细菌随病残体在土壤里越冬,或在窖藏的芹菜植株,甚至在某些昆虫体上(如胡萝卜蝇幼虫)越冬;病菌借灌溉水、雨水、带菌肥料、昆虫等传播	选无病地栽培,发病地实行2年以上轮作;发现病株及时拔出深埋,病穴用1:20倍福尔马林液消毒或加入客土;发病初期喷洒1:0.5:160~200倍波尔多液,或用65.5%农用链霉素4 000倍液、70%敌克松原粉800倍液,喷淋茎基部及土,2~4次,每7~15d 1次
芹菜黑腐病 真菌界半知菌亚门 芹生茎点霉 *Phoma apiicola*	多在接近地表的根茎部和叶柄基部发病,有时也为害根部;病部变黑腐烂,上生许多小黑点;植株因病往往长不大,外边1~2层叶片常因基部腐烂而脱落	以菌丝体或分生孢子器在病残体上越冬	防治方法同早疫病
葱类炭疽病 真菌界半知菌亚门 葱炭疽菌 *Colletotrichum circinans*	在大葱上,多发生于叶片和花梗上,形成近梭形或不规则形的无边缘的褐斑,后上生许多小黑点;在大蒜和洋葱上,主要为害鳞茎,形成褐色稍凹陷的圆斑,上散生或轮生无数小黑点;发生严重时,病斑深入鳞茎内部,引起葱头腐烂,但在大蒜上不引起腐烂	以菌丝体或分生孢子在病残体或鳞茎上越冬,可随鳞茎调运作远距离传播,近距离传播主要是雨水溅射或昆虫活动,高温多雨有利发病	同葱紫斑病
葱类黑斑病 真菌界半知菌亚门 匍柄霉 *Stemphylium botryosum*	主要为害叶片,叶片上病斑初期呈椭圆形,以后迅速上下扩展,叶片因此变黄枯死,病斑部生有黑色霉状物	以菌丝体和分生孢子在病残体上越冬,借风雨传播	与防治紫斑病同
葱类软腐病 细菌界普罗特斯门 胡萝卜果胶杆菌 胡萝卜亚种 *Pectobacterium carotovorum* subsp. *carotovorum*	主要为害鳞茎,叶、花梗也能受害;在田间,鳞茎膨大期,自外第一至第二片叶的下部出现灰白色半透明病斑,叶鞘基部软化腐烂后外叶倒伏,病斑向下发展;鳞茎被害,开始在鳞茎颈部呈水渍状凹陷,以后鳞茎内部腐烂,汁液外流,并有恶臭	病原细菌在寄主病部或土壤内残体上越冬,通过雨水、灌溉水及带菌肥料等传播,也可通过葱蓟马、种蝇等昆虫传播	参考白菜软腐病

第十五章 其他蔬菜病害

(续)

病名及病原	症　状	发生流行规律	病害控制
葱类小菌核病 真菌界子囊菌亚门 葱核盘菌 *Sclerotinia allii*	发病植株叶片及花梗先端变色，逐渐延及下方，使植株部分或全株下垂枯死，如自土中拔起，地下部变黑腐败；后期病部灰白色，内部有白色绒状霉，并有许多黑色的菌核；菌核多分布在近地表处，不规则形，有时多个合并在一起，大小 1.5～3mm×1～2mm	以菌丝体或菌核在被害部或遗落地面越冬	收后彻底清除病残体，深耕土地；合理密植，注意肥水管理；重病地实行 2～3 年轮作；发病初期喷洒，1:2:240 倍波尔多液，每 667m² 1kg 硫磺加 10～15kg 石灰，50% 氯硝氨粉剂每 667m² 2～2.5kg
葱类白腐病 真菌界子囊菌亚门 洋葱核盘菌 *Sclerotinia cepivorum*	发病植株地上部叶尖变黄，进而矮化枯死；此时茎基部组织先变软，以后呈干腐状，微凹陷，灰黑色，并沿茎基部向上部扩展；地下部变黑腐败；叶鞘表面或组织内生稠密的白色绒状霉，以后逐渐变成灰黑色，并迅速形成大量菌核	以菌丝体或菌核随寄主植物在田间越冬，萌发菌丝侵染植株根茎，侵染适温 15～20℃，连作地、排水不良地块病重	选用无病葱秧，控制种苗传病；收后彻底清除病残体，并进行深耕，重病地至少要进行 3～5 年的轮作；田间发现病株，立即拔出，并用石灰或草木灰消毒土壤
葱类锈病 真菌界担子菌亚门 葱柄锈菌 *Puccinia allii*	发生于叶及绿茎部分；病部初期生椭圆形或纺锤形的稍隆起褐色小疱疱；后期纵裂，周围的表皮翻起，散出橙黄色粉末；最后在病部形成长椭圆形或纺锤形的黑褐色、稍隆起病斑，破裂后散出暗褐色粉末（即冬孢子）	南方以夏孢子在葱、蒜或韭菜上辗转为害，或在活体上过冬；次年夏孢子随气流传播，进行初侵染和再侵染；多雨、高湿、日夜温差大的天气，偏施氮肥或管理不良的地块，发病重	选用无病葱苗；发病初期及时摘除病叶深埋或烧掉；施足肥料，注意氮、磷、钾肥配合；用 20% 三唑酮乳油 2 000 倍液，或 25% 敌力脱乳油 3 000 倍液、12.5% 速保利 4 000 倍液等药剂喷雾
葱类黑霉病 真菌界半知菌亚门 球腔菌属真菌 *Mycosphaerella schoenoprasi*	主要为害叶片；病斑梭形，中央灰褐色，边缘红褐色，上散生无数小黑点；发生多时病斑汇合，使叶片局部枯死	以子囊壳在被害部越冬	与防治紫斑病同
葱类萎缩病 病毒 *Onion yellow duarf virus*	植株萎缩，生长停滞，叶片呈现浓绿与淡绿相间的花叶，皱缩呈波浪状，并有条状病斑；有的植株呈黄化、丛生状	病原病毒在鳞茎或寄主体内越冬	选用抗病品种；早期拔出病株深埋或烧掉；加强肥水管理；及时防治蚜虫
大葱黑变病 真菌界半知菌亚门 球腔菌属真菌 *Mycosphaerella tulasnei*	主要为害叶片；病斑梭形，淡黑色，大小 2～6mm×1～3mm；发生多时常密集成片，上有无数小黑点	以子囊壳在病残体上越冬	与防治紫斑病同
大蒜灰斑病 真菌界半知菌亚门 尾孢属 *Cercospora duddiae*	主要为害叶片，叶上病斑长椭圆形，大小 4～7mm×1～3mm，初呈淡褐色，后变灰白色，病斑两面均生淡黑色霉状物	以菌丝块在病残体上越冬	与防治大蒜叶枯病同

(续)

病名及病原	症　状	发生流行规律	病害控制
大蒜叶枯病 真菌界子囊菌亚门 格孢腔菌属 *Pleospora herbarum*	发生于叶和花梗上；叶片发病多由叶尖开始扩展蔓延，病斑初期为花白色小圆点，扩大后呈不正形或椭圆形，灰白色或灰褐色，病部生黑色霉状物，严重时病叶枯死；花梗受害易从病部折断，最后病部散生许多黑色小点粒	以子囊壳在病残体上越冬，通过气流传播，高湿天气有利发病	清除被害叶和花梗，深埋或烧掉；加强田间管理，合理密植，增施肥料，雨后及时排水，提高植株抗病力；发病初期喷洒65%代森锌500倍液，或50%扑海因可湿性粉剂1 000倍液、64%杀毒矾可湿性粉剂400倍液、75%百菌清500~800倍液
洋葱黑粉病 真菌界担子菌亚门 洋葱条黑粉菌 *Urocystis cepulae*	病苗叶片微黄，稍萎缩，局部膨胀而扭曲，严重时病株显著矮化并逐渐死亡；成株受害，在叶、叶鞘及鳞片上产生银灰色的条斑，后膨胀成疱状，内充满黑褐色至黑色粉末，最后病疱破裂散出黑粉	以厚垣孢子在土壤或粪肥中越冬，也可附着在种子上越冬	病田实行4~6年轮作；小面积可采用鳞茎侧生苗栽植代替种子种植；种子消毒常用福美双、克菌丹、六氯苯（药剂1份、种子4份）处理种子有一定效果；播前用石灰硫磺（1∶2混合粉，每667m²10kg消毒土壤；选育抗病品种
洋葱茎线虫病 动物界线形动物门 葱茎线虫 *Ditylenchus allii*	病株常表现矮化，新叶产生淡黄色小斑点；鳞茎较大时，靠近鳞茎顶部或叶片基部变软，以后外面鳞片干枯脱落，此时最外层的肉质鳞片撕裂呈白色海绵状；病茎常被细菌或其他真菌再浸染，而发生腐烂并常有污浊气味	以卵、幼虫或成虫在土壤、病残体、病鳞茎中越冬，幼虫也可以附在种子上越冬；以病土、种洋葱、农具、雨水、灌溉水等传播	无病区严格执行检疫，禁止有病种苗传入；清除病株及自生苗和寄主杂草；实行3年轮作；留种用的鳞茎必须充分晒干后堆放；鳞茎用温汤浸种杀死线虫：45℃温水浸1.5d，或43.5℃温水浸2d；施用D-D混剂或二氯丙烯每667m²3kg进行土壤消毒
洋葱颈腐病 真菌界半知菌亚门 葱葡萄孢 *Botrytis allii*	多发生于鳞茎成熟期和贮藏阶段；受害鳞茎最初在颈部产生干枯凹陷的病斑，最后延及整个鳞茎；横切有病鳞茎，可见受害的鳞片组织变软，带褐色，鳞片间有灰色霉丛，而在鳞片干缩处开始形成黑色的菌核；在鳞茎的外部，特别在颈部附近许多菌核结成硬痂状；受害鳞茎常被软腐细菌再浸染而软化腐烂，并有臭味	以菌丝体或菌核在土壤中越冬	适时追肥，避免施肥过多、过迟；充分成熟后收获，对刚收下的鳞茎，要小心切截顶部，晾晒干燥后贮藏；鳞茎刚收获时，用红外线照射6min（灯离洋葱15cm），可减少贮藏期腐烂；贮存和运输时，应创造通气条件，防止潮湿，减少发病，并应经常检查汰除病鳞茎
洋葱瘟病 真菌界半知菌亚门 葡萄孢属真菌 *Botrytis spp.*	发生于生长期，主要为害叶片；叶片发病初期，产生许多白色的斑点，多时一片叶可达几百个小白斑；条件适于发病时，地上部叶片几天之内均变成褐色，腐烂，并长灰色霉层，最后病叶死亡	以菌丝体或菌核在土壤中越冬	防治方法与霜霉病同
莴苣霜霉病 色藻界卵菌门 莴苣盘梗霜霉 *Bremia lactucae*	主要为害叶片；先在植株下部老叶上产生淡黄色近圆形病斑，或受叶脉限制而成多角形；在潮湿环境下，病斑背面产生白色霜层，即病原菌的孢囊梗及孢子囊；后期病斑变黄褐色，常多数病斑连成一片，最后全叶发黄枯死	病菌以卵孢子随病残体在土壤中或以菌丝体在秋播莴苣、莴笋和菊科杂草上越冬，也可在种子上越冬，借风雨、灌溉水、昆虫、气流传播	选用抗病品种，如万年桩莴苣、尖叶子莴苣、红皮莴苣等；分苗、定植时严格淘汰病株，合理密植，增加中耕次数，防止大水漫灌，避免积水，降低田间湿度，收获后清除病株残叶；药剂保护，尤其应加强苗期喷药防治，可喷农抗120水剂150倍液或75%百菌清600倍液、72.2%普力克水剂600~800倍液。隔7~10d喷1次，连喷2~3次

第十五章 其他蔬菜病害

(续)

病名及病原	症　状	发生流行规律	病害控制
莴苣菌核病 真菌界子囊菌亚门 核盘菌 *Sclertinia sclerotiorum*	主要为害茎基部；病斑初呈褐色水渍状，渐扩至茎基部全部腐烂。在潮湿条件下，病部遍生白色棉絮状菌丝体，后期在茎内外产生黑色鼠粪状菌核；病株叶片变黄凋萎，直至全株枯死	以菌核遗留在土壤中或混杂在种子中越冬，并可存活数年；菌核萌发产生子囊盘，子囊孢子借风、雨、气流传播	与水稻或其他禾本科作物实行隔年轮作，收获后，彻底清除病残体，并深翻一次，将菌核埋入土中（6cm 以下）；发病初期，喷 50% 多菌灵 1 000 倍液，或 50% 托布津 500 倍液、40% 菌核净可湿性粉剂 1 000～1 200 倍液、50% 速克灵可湿性粉剂 1 000～1 200 倍液，隔 10d 左右 1 次，连喷 2～3 次即可
莴苣叶枯病 真菌界半知菌亚门 莴苣壳针孢 *Septoria lactucae*	主要为害叶片，病斑灰褐色至深褐色，不规则，边缘黄褐色，病斑上散生黑色小点，即原病菌的分生孢子器，严重时，病叶干枯	病菌以分生孢子器在病叶及病残体上越冬，种子也可带菌，分生孢子借雨水传播	与禾本科作物轮作 3 年以上；选用无病种子或进行种子处理，在 48℃ 温水中浸种 30min；选择排水良好地块育苗和种植；发病初期喷洒 75% 百菌清可湿性粉剂 500 倍液，或 80% 喷克可湿性粉剂 600 倍液
胡萝卜黑腐病 真菌界半知菌亚门 链格孢属真菌 *Alternaria vadicina*	主要为害肉质根，叶片也可被害；肉质根上形成不规则形或圆形，稍凹陷的黑色病斑，上生黑色霉状物，严重时病斑迅速扩展深入内部，使肉质根变黑腐烂；叶片被害，初生无光泽的红褐色条斑，后叶片变黄枯死，上生黑色绒毛状霉层	病菌以菌丝体及分生孢子在病残体上越冬，在肉质根上越冬尤为主要	清除田间病残体，深埋或烧掉；采收或装运过程中，避免造成肉质根损伤，肉质根入窖贮藏前应先剔除病伤者，在阳光下晒一段时间后贮藏；从无病株采种；发病初期喷洒 65% 代森锌 600～800 倍液
胡萝卜黑斑病 真菌界半知菌亚门 胡萝卜属链格孢 *Aliernaria dauci*	为害叶片，病斑不规则形，多发生于叶尖和叶缘，病斑褐色，周围组织略微褪色，病部有微细的黑色霉状物	以菌丝体及分生孢子在病残体上越冬	清除田间病残体，集中烧毁或埋掉；加强肥水管理，施足底肥，适时追肥；发病初期喷洒 1∶1∶160～200 倍波尔多液，或 65% 代森锌 500～1 000 倍液
胡萝卜黑叶枯病 真菌界半知菌亚门 胡萝卜链格孢 *Alternaria carotae*	为害叶、茎、叶柄；叶片初生苍白色，新月形病斑，多沿叶缘发生，扩大后呈暗褐色，常使病叶干枯卷缩；湿度大时，病斑正背两面均生浓厚的黑色霉层	以菌丝体及分生孢子在病残体上越冬	与防治胡萝卜黑斑病同
胡萝卜斑点病 真菌界半知菌亚门 胡萝卜尾孢 *Cercospora carotae*	发生于叶片、叶柄等地上部分，叶上病斑初期 2～4mm，圆形或近圆形，中央灰褐色，边缘暗褐色，扩大后病斑可达 1cm，或几个病斑汇合使叶片枯死，病斑正背面均有灰色霉层	以产生分生孢子梗的菌丝块在病残体上越冬，翌年产生分生孢子借风雨传播为害	与防治胡萝卜黑斑病同，另外，发病初期每 667m² 撒 75kg 草木灰于植株根部，有防病作用
胡萝卜灰霉病 真菌界半知菌亚门 灰葡萄孢 *Botrytis cinerea*	贮藏期为害肉质根，使肉质根软腐，上密生灰色霉状物	同一般蔬菜灰霉病	控制窖温，降低窖内湿度；运、贮中减少伤口
胡萝卜细菌性软腐病 细菌界普罗特斯门 胡萝卜果胶杆菌 胡萝卜亚种 *Pectobacterium carotovorum* subsp. *carotovorum*	只为害肉质根，被害肉质根组织软化，腐烂，有臭味，地上茎、叶凋萎	病原细菌随病残体在土壤中越冬，其他特点与白菜软腐病相似	选无病地栽植，或进行 3 年轮作；清除病残体；收、贮时注意避免伤口、控制窖内温湿度

(续)

病名及病原	症状	发生流行规律	病害控制
胡萝卜菌核病 真菌界子囊菌亚门 核盘菌 *Sclerotinia sclerotiorum*	田间和贮藏期均可发生，只为害肉质根；生育期发病植株地上部枯死，地下肉质根软化，外部缠有大量白色绵状菌丝体和鼠粪状菌核；菌核初为白色，贮藏期常造成整窖肉质根腐烂	以菌核在土壤中越冬，病组织上的菌丝体借助攀缘作用和植株间接触传播，连作地、低洼排水不良地、偏施氮肥植株易发病	清除田间病残体，并深翻；与禾本科作物实行3年轮作；合理密植，注意田间通风透光；合理施肥，及时排水；发病初期每667m²喷洒1kg硫磺加5~8kg石灰，或50%氯硝散1kg、50%农利灵可湿性粉剂1 000倍液、50%扑海因可湿性粉剂1 500~2 000倍液；窖期抓好窖前消毒和窖后温湿度调控
胡萝卜根结线虫病 动物界线形动物门 根结线虫属线虫 *Meloidogyne* spp.	只为害地下部分；被害肉质根常分枝为数根，呈手指状；细根则丛生成须根团，其上生许多膨大瘤节，并可见到许多白色或黄白色粒状物（雌虫体）；植株地上部茎叶褪色，矮小，生长衰弱	与瓜类根结线虫相同	实行4~5年轮作，并铲除寄主杂草；深翻晒土；发病苗床或田间初发生地可用氯化苦或D-D混剂、二溴乙烯等杀线虫剂消毒土壤
菠菜霜霉病 色藻界卵菌门 菠菜霜霉 *Peronospora spinaciae*	主要为害叶片；初期生淡黄色或苍白色、周缘不明显的病斑；后期病斑背面生灰白色至淡紫色的霉层；严重时，病斑布满叶片，致叶片枯黄	以菌丝体潜伏于秋播的菠菜上越冬，在寒冷地区以卵孢子在土壤里越冬，种子也可带菌，借风雨传播，冷凉、高湿、多雨天气，病害重	清除田间病残体，深埋或烧掉；合理密植；适当灌水；发病初期喷洒65%代森锌500~600倍液，或75%百菌清600倍液、58%瑞毒霉锰锌可湿性粉剂1 000倍液、66.5%普力克水剂800~1 000倍液
菠菜炭疽病 真菌界半知菌亚门 菠菜炭疽菌 *Colletotrichum spinaciae*	主要为害叶片、茎部；叶上病斑初为圆形或近圆形淡褐色，后扩大为椭圆形至不规则形，有的斑面微呈轮纹；采种株病害主要发生于茎部，病斑近梭形，稍凹陷，褐至褐黑色；潮湿时，叶片或茎面上密生近轮状排列的针头大的小黑点	以菌丝体和分生孢子盘在病残体内越冬，种子也可带菌；借雨水溅射及昆虫活动传播，高温、多雨天气、偏施氮肥和植株长势不良的田块，病害严重	发病初期摘除病叶，收后清除田间病残体，深埋或烧掉；合理密植，采用灌水，不用洒水、泼水，增加中耕次数，降低田间温度；发病初期喷洒65%代森锌500~600倍液，或75%百菌清600倍液、40%三唑酮多菌灵可湿性粉剂1 000倍液
菠菜斑点病 真菌界半知菌亚门 枝孢属真菌 *Cladosporium variabile*	主要为害叶片；叶上病斑初期褐色圆形，扩大后直径可达4mm，中央淡褐色，稍凹陷，边缘褐色，略隆起，其上生黑褐色霉层	以菌丝潜伏于病残体内越冬，借气流传播蔓延	同菠菜霜霉病
菠菜叶点病 真菌界半知菌亚门 藜叶点霉 *Phyllosticta chenopodii*	主要为害叶片，叶片病斑近圆形或不规则形，直径3~5mm，淡褐色，边缘暗褐色，病斑中心生许多小黑点	以分生孢子器随病残体在土壤里越冬，借风雨传播进行初侵染和再侵染	同菠菜霜霉病
菠菜病毒病 病毒 CMV、TuMV、BMV	病株茎、叶萎缩、畸形，丛生，叶片呈深绿、浅绿相间的花叶；芜菁花叶病毒侵染，叶片形成浓淡相间斑驳，叶缘上卷；甜菜花叶病毒侵染表现明脉和新叶变黄，叶缘向下卷曲	病毒在越冬菠菜或其他寄主体内越冬，由桃蚜、萝卜蚜、豆蚜、棉蚜等传播，高温、干旱，尤其在苗期高温干旱，病害重	参考白菜病毒病防治方法
菠菜白斑病 真菌界半知菌亚门 甜菜生尾孢 *Cercospora beticola*	只为害叶片，叶上病斑圆形或近圆形，直径1~3mm，中央灰白色，边缘淡褐色，主要在叶面生灰黑色的霉状物	以菌丝体在病残体内越冬，次年分生孢子借风雨传播蔓延	选择地势平坦、通风地块种植；施足基肥，适时追肥，适当浇水，收获后及时清除病残体，并集中烧掉；发病初期喷洒75%百菌清可湿性粉剂700倍液，或40%增效瑞毒霉可湿性粉剂1 000倍液

(续)

病名及病原	症 状	发生流行规律	病害控制
藕腐败病 真菌界半知菌亚门 球茎状镰孢莲专化型 *Fusarium bulbigenum f. nelumbicolum*	本病主要为害地下的茎部,但地上部叶片和叶柄亦发生症状;地下茎早期外表无明显症状,但将病茎横断检查,在其近中心处的导管,色泽变褐或浅褐色,随后变色部分逐渐扩展蔓延,初从种藕开始,后延及新的地下茎;后期病茎被害部呈褐色至紫黑色不规则斑,病茎腐烂或不腐烂,仅在发病部纵皱;病茎抽生的叶片色泽淡绿,从叶缘开始发生褐色干枯,最后整个叶片枯死,叶柄亦随之枯死,在其近顶端处多向下弯曲	病菌以菌丝或厚垣孢子附着在病部留在土中越冬,种藕亦可带菌越冬	栽藕前必须将地深耕,避免在上层浅的田里栽藕;发病应实行轮作,不宜连作;选用无病藕做种
韭菜灰霉病 真菌界半知菌亚门 葱鳞葡萄孢菌 *Botrytis squamosa*	开始在叶片上产生白色至灰白色的斑点,后扩大成梭形或椭圆形病斑;潮湿时,病斑表面生灰褐色稀疏霉层;严重时,病斑连成片,使半叶或全叶枯死	病菌主要以菌核在土壤中的病残体上越冬,分生孢子反复传播;该菌生长适温 15~21℃,周年均可发生	选用抗病品种,如中韭 2 号、河南 791 等;多施有机肥,发病期严格控制浇水,加强通风透光;发病初期用 50%速克灵或 50%扑海因、50%万霉灵、10%农利灵等喷施;每 5~7d 喷 1 次,连续 3~4 次
芋头污斑病 真菌界半知菌亚门 芋枝孢 *Cladosporium colocasiae*	叶片染病初期病斑呈淡黄色,后变为淡褐色至暗褐色,近圆形或不规则形,似污渍状;湿度大时,斑表面产生隐约可见的薄霉层;严重时,病斑布满叶片,使叶片变黄枯死	以菌丝体和分生孢子在病残体上越冬,借气流或雨水飞溅传播,高温、高湿有利发病	及时清除病残体深埋或烧毁,合理密植;加强肥水管理;发病初期喷 50%甲基托布津或 75%百菌清,喷雾时雾滴要细,并加入 0.2%洗衣粉或 27%高脂膜乳剂 400 倍液
韭菜疫病 色藻界卵菌门 烟疫霉 寄生变种 *Phytophthora nicotianae var. paracitica*	主要为害假茎、鳞茎、叶、根等部位,病斑呈水渍状,褐色,软腐或易腐烂;湿度大时,病部生白色的霉状物,严重时,凋萎枯死	病菌主要以卵孢子和厚垣孢子随病残体在土壤中越冬,借雨水或灌溉水、气流及农事操作传播,阴雨连绵的天气与高湿条件是本病发生的关键	施足肥料,注意排水,分苗时不从病田取苗栽种,及时清除病株和病残体,与非葱蒜类和非茄科蔬菜轮作 2~3 年;选用抗病品种,如早发韭 1 号、优丰 1 号韭菜;化学防治同一般瓜类疫病
蕹菜白锈病 色藻界卵菌门 蕹菜白锈菌 *Albugo ipomoeae-aquaticae*	在叶片正面有淡黄绿色至黄色的斑点;叶片背面或叶柄上产生白色疱斑	病菌以卵孢子随病残体在土壤中或黏附在种子上越冬,借雨水或灌溉水溅射传播	选用大鸡白、大鸡黄、剑叶等耐风雨品种;收获时清除病残体,并做好水肥管理;重病田与非旋花科蔬菜进行轮作,或进行水旱轮作;发病初期喷洒 58%瑞毒霉锰锌可湿性粉剂 500 倍液,或 64%杀毒矾可湿粉 500 倍液、72.2%普力克水剂 800 倍液
蕹菜轮斑病 真菌界半知菌亚门 旋花科叶点霉 *Phyllosticta ipomoeae*	开始时叶片上产生褐色的小斑点,以后扩展成圆形、椭圆形,或不规则形病斑;严重时,一些小病斑连成大病斑,最后叶片枯死;病斑有较明显的同心轮纹,并有黑色小点	病菌以菌丝体或分生孢子在病残体内越冬,借气流、雨水、灌溉水或农事操作进行传播,阴雨连绵天气有利发病	及时清除病残体,并深翻;提倡高畦栽培,合理密植,雨后及时排水;选用大鸡白、剑叶等耐风雨品种及大鸡黄、丝蕹等耐热品种;发病初期用 70%甲基托布津可湿性粉剂 600 倍液,或 75%百菌清可湿性粉剂 600 倍液、14%络氨铜水剂 300 倍液喷施

第四篇

观赏植物病害

第十六章 草本观赏植物病害

第一节 草本观赏植物立枯病

草本观赏植物立枯病(herbaceous ornamentals rhizoctonia rot)是由立枯丝核菌引起的一类病害。主要为害多种禾本科草坪草(称为丝核菌褐斑病,又称立枯丝疫病)和草本花卉如四季海棠、菊花等。此病在我国分布广泛,南北方均有发生,为害重,是草本观赏植物上主要病害之一。

一、症 状

1. 禾本科草坪草立枯病 以早熟禾和剪股颖受害最重。条件适宜时,可在短期内造成草坪大面积秃斑。叶片、叶鞘受害后初期形成梭形、长条形、不规则形水渍状病斑,长1~4cm,后病斑中部变白,边缘红褐色,严重时整个叶片变水渍状腐烂。茎秆受害多在茎基部产生不规则病斑,当环绕茎秆后可使茎基部变褐腐烂、倒伏。而根部发病较轻。潮湿时,病部产生稀疏的褐色菌丝。条件适宜时,病区迅速扩大,形成大小不等的枯草圈,有些有霉臭味,潮湿时枯草区的外缘出现2~5cm的"烟环",即真菌的菌丝。病草枯死后为藻类代替,使土面变成蓝色硬皮。

2. 四季海棠立枯病 在幼苗根颈处首先呈水渍状病斑,后病斑变褐腐烂,扩大至整个根颈时苗木倒伏。当苗木木质化后,发病部位黑褐色,下陷缢缩,苗木枯死,但不倒状。潮湿时,病部长出白色丝状体,即病菌菌丝。

3. 菊花立枯病 根颈部出现水渍状褐色病斑,后扩大绕茎一周,造成幼苗茎叶萎蔫枯死,未木质化的幼苗则倒伏死亡,根部或苗扦插截面腐烂。

二、病 原

病原为真菌界半知菌亚门立枯丝核菌(*Rhizoctonia solani*)。有性态为真菌界担子菌亚门瓜亡革菌(*Tanatephorus cucumeris*),一般很少出现。

菌丝初无色,后变褐色,分枝往往成直角,直径 5.88~14μm,分枝处缢缩,离此不远处形成隔膜,菌核无定形,大小不一,以菌丝与基质相连,褐色,表面粗糙,内外颜色一致,表层细胞小,通常淹没在菌丝中,不产生无性孢子。

另外,禾谷丝核菌(*Rhizoctonia cerealis*)、玉米丝核菌(*Rhizoctonia zcae*)、稻丝核菌(*Rhizoctonia oryzae*)也能侵染多种草坪草。它们与立枯丝核菌的主要区别见表 16-1。

表 16-1 禾谷、玉米、稻的丝核菌与立枯丝核菌的主要区别

特征	Rhizoctonia solani	Rhizoctonia zeae	Rhizoctonia oryzae	Rhizoctonia cerealis	Rhizoctonia AG~Q^c
每个细胞内核数	>2	>2	>2	2	2
菌落颜色^a	浅黄色至褐色	白色至橙红	白色至橙红	白色至浅黄	白色至浅黄
最适温度(℃)	18~28	18~32	18~32	18~32	
菌丝融合组	AG-1 到 AG-10	WAG-Z	WAG-O	AG-D (CAD-1)	AG-Q
苯菌灵的乳油$_{50}$	>10	>10	>10	>10	—
酚反应^b	+	+++	+++	—	—
有性阶段	Thanatephorus cucumeris	Waitea circinata	W. circinata	Ceratobasidium cereale	C. cornigenumc
侵染病害	褐斑病	叶枯和鞘枯	同叶枯和鞘枯	黄色斑块病	黄色斑块病

引自 Couth 1976 a. 在 PDA 培养基上 b. 包含酚或儿茶酚的 PDA 上菌落周围的颜色 +为浅褐色 ++为暗褐色 c. 由丝核菌 AG~Q 引起的病害只在日本报道

该菌有菌丝融合现象。菌丝在融合前相互诱引,形成完全融合、不完全融合及接触融合三种融合状态。据报道,侵染冷季型草的 *R. solani* 大多为第一菌丝融合群(AG-1),侵染暖季型草的大多为第二菌丝融合群的第二亚群(AG$_2$-2)。这些融合群具有独立的遗传特性,表现一定程度的寄生专化性。

该菌的寄主范围很广。可侵染冰草属、剪股颖属、燕麦草属、燕麦属、雀麦属、地毯草属、拂子茅属、狗牙根属、早熟禾属、黑麦草属、针茅属、羊茅属、鸭茅属、画眉草属、结缕草属等 250 余种草坪草和其他花卉,以及蔬菜、农作物等。

三、发生流行规律

该菌以菌丝及菌核在土表或病残体上越冬,是一种土壤寄居菌,既可在病残体上存活,也可在土壤中以腐生方式存活多年。菌核萌发的温度 8~40℃,最适 28℃。当土壤温度上升至 15~20℃时,菌核萌发,菌丝开始生长,自气孔或修剪的伤口侵入,或直接侵入。当气温达 26.5~29℃,且湿度很大时,病害迅速蔓延,32℃以上停止发病。该菌是一种弱寄生菌,多在寄主长势衰弱时侵入。

偏施氮肥,植株徒长,组织柔嫩发病重;缺肥(氮、磷、钾)植株生长不良发病重;地势低洼、排水不良、灌水不当、发病亦重。一般老草坪菌源积累的量大,发病较重。

四、病害控制

1. 清洁草坪 清除病残体和枯草层,减少初侵染来源。

2. 加强管理 平衡施肥，始终保持一定水平的磷、钾肥，不可偏施氮肥，特别是在高温、高湿天气来临之前，要少施氮肥；科学灌水，不可串灌和漫灌或傍晚灌水，以降低湿度，减少叶面结露时间，并及时修剪，夏季修剪不要过低。

3. 选用抗病或耐病草种和品种 草坪草不同品种的抗病性存在很大差异。各类草坪草的抗病性依次为：粗茎早熟禾＞紫羊茅＞早熟禾＞草地早熟禾＞苇状羊茅＞多花黑麦草＞多年生黑麦草＞加拿大早熟禾＞草地早熟禾的 Merion 品种＞匍匐剪股颖＞牛尾草＞细弱剪股颖的 Astoria 品种等。

4. 药剂防治

（1）种子处理。初建草坪种子用种重 0.2％ 的 40％ 拌种双可湿性粉剂或种重 0.2％～0.3％ 的 50％ 灭霉灵可湿性粉剂、种重 0.32％ 的 50％ 速克灵可湿性粉剂、40％ 菌核净可湿性粉剂、2.5％ 适乐时（Celest）悬浮种衣剂拌种。

（2）土壤处理。对栽培用土及其他基质用 72.2％ 普力克 800 倍液 ＋ 50％ 福美双可湿性粉剂 800 倍液按 2～3L/m² 喷洒。

（3）喷液。根据历年发病时期于发病之前进行防治，用 90％ 土菌消（恶霉灵）精品 4 000 倍液或 36％ 甲基硫菌灵乳油 500 倍液、50％ 灭霉灵可湿性粉剂 600～700 倍液、5％ 井冈霉素 1 500 倍液、20％ 甲基立枯磷（利克菌）乳油 1 200 倍液、40％ 拌种双悬浮剂 600 倍液等喷施。对发病中心可采用灌根法，以及时控制发病中心。

其他草本观赏植物立枯病害防治参考以上方法。

第二节 草本观赏植物白绢病

白绢病（herbaceous ornamentals southern blight）又名南方枯萎病或南方菌核腐烂病，是草本观赏植物上的主要病害之一。主要发生在我国中南部高温、多雨地区。

一、症 状

1. 草坪草类白绢病 在叶鞘和茎上形成不规则形至梭形病斑，茎基部产生白色棉絮状菌丝，叶鞘和茎秆有时亦有白色菌丝和菌核。病株瘦弱、早衰，严重时皮层撕裂，露出内部组织，变褐枯死，最终造成苗枯、根腐、茎基腐等症状。草坪发病初期形成圆形、半圆形、直径约 20cm 的黄色枯草斑，后枯草斑边缘病株枯死呈红褐色，中部植株仍保持绿色，草坪上呈现明显的红褐色环带。高温、高湿时扩展迅速，可达 1m 以上，在枯草斑边缘枯死植株上以及附近土表枯草层上生白色绢状菌丝和白色至褐色菌核。

2. 凤仙花白绢病 根颈开始发病时，表皮呈褐色水渍状，并长出白色菌丝。菌丝继续生长形成白色菌丝层，状如白色丝绢，故称白绢病。潮湿时，菌丝可蔓延至附近土面。病部组织下陷，皮层腐烂，流出褐色汁液。病斑可向根部发展。后期在病部和附近土面形成许多初为白色，后为黄色至茶褐色的油菜籽状菌核。感病植株生长弱，叶小而黄，逐渐衰弱凋萎至枯死。

3. 建兰、春兰白绢病 最初在茎基部产生白色羽毛状菌丝体，并逐渐向四周蔓延。受害部位呈褐色腐烂致使全株枯死,后期可见白色菌丝上产生油菜籽状的菌核。

4. 鸢尾白绢病 叶、花、茎均受害。叶片尖端变褐色;根颈部受害后,引起腐烂,病部可见菌丝体和菌核。菌核初为白色,渐变黄褐色至褐色或黑色,大小如芥菜籽。

二、病 原

病原为真菌界半知菌亚门齐整小核菌(*Sclerotium rolfsii*)。有性态为真菌界担子菌亚门罗氏阿太菌(*Athelia rolfis*)。自然条件下很少出现。

无性时代不产生孢子,菌丝白色疏松、有隔、细胞壁薄,直径3.0~5.0μm,或集结成线状,紧贴于病部和附近的土壤表面。白绢病菌分为二大类:A型菌丝生长较疏,在培养皿边缘处产生较宽的环状菌核带,有较多的菌核生成;B型菌丝生长较厚实,在培养皿边缘处产生较少的菌核。

白绢病菌的菌核在结构上可分为4部分:最外层是由暗褐色厚壁细胞形成的厚皮层;里面是壳层,由2~4层厚壁细胞连接排列而成;再里面是皮下层,由6~8层厚壁细胞构成;最内层是髓部,由菌丝状长形细胞疏松地组成。菌核内各细胞均具两个细胞核。成熟的菌核外皮有可抵抗恶劣环境的黑色素。

菌核抗逆性很强,在室内可存活10年,土壤中5~6年,但怕水淹。在灌水条件下,经3~4个月即死亡。菌核在10~35℃下萌发,最适30~35℃。在18~28℃保湿条件下,菌核萌发形成新菌核只需7d。菌核形成到老熟需9d左右。菌丝生长发育温度13~38℃,最适29~32℃。病菌在土壤pH1.9~8.4都能生长,但以pH5.9最适宜。

病菌寄主范围很广。可为害兰草、君子兰、郁金香、金鱼草、凤仙花、大丽花、菊花、香石竹、牡丹、芍药、鸢尾、仙人掌、万年青、茉莉花、瑞香、柑橘、梨、桃、茶、葡萄、棉花、花生、西瓜、茄子、番茄、辣椒、烟草、黄麻、红麻、玄参、人参、薄荷等500余种植物。

三、发生流行规律

病菌以菌丝和菌核在病残体和土壤中越冬。次年条件适宜时,菌丝和菌核萌发长出的菌丝从寄主植物的茎基部和根部直接侵入或从伤口侵入,约经7d即可发病。病部长出的菌丝蔓延扩展,借接触寄主进行再次侵染,后期产生菌核。病害的传播除菌丝蔓延扩展接触寄主外,流动水和人的活动也可传播。带病苗木可作远、近距离的传播。病害与温、湿度、土壤酸碱度、伤口和栽培密度等关系密切。发病的最低温度为13℃,最适为32~33℃,最高38℃。病害主要发生在高温(25~35℃)潮湿地区。低洼潮湿和排水不良的园地,夏秋季节干旱,则发病少乃至不发病。酸性土壤有利于发病。植株过密,导致生长不良、小环境湿度大,且病株与健株接触机会增多,会加重发病。病菌不耐低温,轻霜即能杀死菌丝,菌核经短时间-20℃即死亡。

四、病害控制

1. 培育无病壮苗 用无病土或消毒土育苗,以获得不带菌的苗木。

2. 加强栽培管理 适当密植,在园艺操作时尽量减少伤口;注意排水,控制湿度;增施有机肥料,培育壮苗,提高植株抗病力。适时清除枯草层,提高土壤通气性。

3. 刨土晾根,刮除病组织 较大的花木发病后,可刨土晾根,彻底刮除病组织,并将病组织连同周围的病土清除出园地。

4. 药剂防治 发病初期用15%三唑酮可湿性粉剂或50%甲基立枯磷(利克菌)可湿性粉剂1份与细土100~200份均匀混合后撒于病苗根际。也可喷洒20%甲基立枯磷乳油1 000倍液或50%多菌灵可湿性粉剂600倍液、70%甲基硫菌灵可湿性粉剂800倍液、用培养好的哈茨木霉(*Trichoderma harzianum*)0.4~0.45kg加50kg细土混匀后撒于病株基部,每1kg/667m^2 能有效控制病害的发展。

第三节 草本观赏植物锈病

锈病类(herbaceous ornamentals rusts)是植物上的一类重要病害,分布在全国各地,为害重。该病病原种类多。

一、症　状

1. 草坪草锈病 草坪草上锈菌可为害叶片、叶鞘及茎秆。在感病部位生成黄色至铁锈色的夏孢子堆或黑色冬孢子堆,发生锈病的草坪远看为黄色。草坪草上各种锈病依据其夏孢子堆和冬孢子堆的形状、颜色、大小和着生部位等特点区分,常见锈病的症状区别见表16-2。

表16-2 几种主要锈病症状和病原的比较

病原性状		秆锈病	叶锈病	条锈病	冠锈病
夏孢子堆	部位	茎秆、鞘、叶	主要叶	主要叶、鞘、茎也有	同叶锈病
	大小	大型	中型	小型	
	颜色	深褐色	橘红色	鲜黄色	
	形状	长椭圆形至长方形	圆至长椭圆形	卵圆至长椭圆形	
	病状	叶两面均形成且背面大,叶表皮大片撕裂,呈窗口状向两侧翻卷	叶表皮由孢子堆中间开裂,唇状	叶上成行排列,虚线状;叶表皮开裂不明显	
夏孢子	形状	椭圆形	球形	球形、近球形	球形、近球形
	颜色	黄褐色	橘红色	鲜黄色	淡黄色
	大小	大型	中型	小型	
冬孢子堆	形状	长椭圆到狭长,黑色,散生	圆至长椭圆形,黑色,散生	狭长形,黑色	同叶锈病
	病状	叶表皮开裂,翻卷	生于叶背面和叶鞘上,叶鞘上略成行,不开裂	成行排列,表皮不开裂	
冬孢子	形状	柄长,顶端圆形或略尖	柄短,顶部平直	柄短,顶部平切成圆形	柄短,顶部有指状突起3~10个
	颜色	暗褐色,柄上端黄褐色,下端近无色	暗褐色,柄无色	暗褐色,柄无色	深褐色,柄褐色

引自草坪病害 赵美琦等,1999

2. **菊花白锈病** 受害植株叶片正面产生由浅绿至黄色的斑点,直径达 5mm,继而病斑中心坏死;叶背面可生浅黄或粉红蜡质的凸起小疱,即冬孢子堆。随着叶面病部凹陷,冬孢子堆更加明显,当担孢子产生时略显白色。冬孢子堆偶尔也可发生在叶正面。病害严重时,叶片萎蔫下垂,逐渐干枯。在叶鞘和茎上也可产生冬孢子堆。受害植株的花上有时也出现坏死斑点,偶尔也会产生冬孢子堆。

3. **蜀葵锈病** 主要为害叶片。在叶背产生针头大小的褐色疱斑,叶正面病斑稍大,鲜黄色或橘黄色,中央淡红色。通常叶上病斑较多,可连接成片,导致叶片枯死脱落。也可为害茎、苞叶和其他绿色组织。

4. **香石竹锈病** 香石竹从插条到成株均可受害。主要发生在叶片上,很少发生在茎和花蕾上。叶上多在背面出现红褐色夏孢子堆,早期破裂,散出夏孢子。冬孢子不易产生。

二、病 原

1. **草坪草锈病** 病原为真菌界担子菌亚门柄锈菌属(*Puccinia*)和单胞锈菌属(*Uromyces*)的不同种锈菌。另外,夏孢锈菌属(*Uredo*)和壳锈菌属(*Physopella*)两属中各一个种也可侵染草坪草。

由于锈菌具有高度寄生专化性和致病性分化现象,鉴定锈菌种除依据形态特征外,还要根据寄主、症状等综合判定。引起草坪草主要锈病的症状和病原形态表 16-2。

以上 4 种锈菌均具有多种专化型。如禾柄锈菌(*Puccinia graminis*)引起秆锈病。为害草坪草的秆锈菌专化型主要有黑麦草专化型(*P. graminis* f. sp. *lolii*),主要侵染黑麦草、羊茅、鸭茅;猫尾草专化型(*P. graminia* f. sp. *phlei-pratensis*)严重感染羊茅和鸭茅,也能侵染早熟禾、黑麦草、剪股颖等;鸭茅专化型(*P. graminis* f. sp. *dactylidis*)能侵染羊茅、剪股颖、早熟禾、黑麦草等多种禾草;隐匿柄锈菌(*Puccinia recondita*)引起叶锈病。主要的专化型有剪股颖专化型、雀麦专化型、冰草专化型、亚冰草专化型等均能侵染多种禾草;条形柄锈菌(*Puccinia striiformis*)引起条锈病。其早熟禾专化型侵染草地早熟禾和早熟禾属其他种;冰草专化型侵染匍匐冰草;鸭茅变种侵染鸭茅;小麦专化型和大麦专化型也能侵染某些禾草;禾冠柄锈菌(*Puccinia coronata*)能侵染几十种禾本科植物,可分成 10 个变种,如侵染多年生黑麦草的黑麦草变种。草坪草常见锈菌种:

(1) 林地早熟禾柄锈菌(*Puccinia brachypodii* var. *poae-nemoralis*)。夏孢子堆主要生于叶正面,橙黄色,有许多侧丝,侧丝弯曲,呈棒状,顶部膨大,颈部细线状。夏孢子球形或椭圆形,$21\sim29\mu m\times18\sim24\mu m$,壁近于无色,壁厚 $1.5\sim2\mu m$,上生细疣,芽孔约 8 个,散生。冬孢子堆主要生于叶背面,长期埋生表皮下,有侧丝。冬孢子长形,棒状,$39\sim55\mu m\times18\sim25\mu m$,顶部圆形或平截,有时下部狭细,隔处稍缢缩,壁栗褐色,侧厚 $1.5\mu m$,顶部厚 $3\sim6\mu m$。柄短,性子器及锈子器尚未发现。寄主有看麦娘属、黄花茅属、沿沟草属、发草属、画眉草属、羊茅属、梯牧草属、早熟禾属、三毛草属、剪股颖属的某些种。在我国分布广泛。

(2) 狗牙根柄锈菌(*Puccinia cynodontis*)。夏孢子堆主要生于叶背面,肉桂褐色。夏孢子球形,$19\sim23\mu m\times20\sim26\mu m$,壁肉桂褐色,厚 $1.5\sim3\mu m$,有很小的疣,有芽孔 $2\sim3$ 个,生于赤道上。冬孢子堆主要生于叶背面,黑褐色。冬孢子椭圆形,$16\sim22\mu m\times28\sim42\mu m$,末端钝或渐狭，分隔处稍缢缩，壁深栗褐色，末端色较淡，侧壁厚 1.5~2.5μm，顶部厚 6~12μm。柄近无色，其长约为孢子长的一半或等长。寄主为狗牙根属、蟋蟀草属的某些种，还侵染大麻。

(3) 羊茅属柄锈菌（*Puccinia festucae*）。夏孢子堆主要生于叶背面，黄色。夏孢子宽椭圆形，20~26μm×19~23μm，壁淡黄色，壁厚 1~1.5μm，有细刺，有芽孔 5~7 个，散生。冬孢子堆主要生于叶背面，突破表皮，栗褐色。冬孢子细长圆形或柱形，45~58μm×13~19μm，顶部有 2~5 个直立突起，突起长 10~25μm，基部变细，淡褐色，隔处稍缢缩，壁上部栗褐色，顶壁较侧壁厚，柄短，淡褐色。寄主有羊茅、忍冬及金银花。

(4) 羊茅柄锈菌（*Puccinia festucae-ovineae*）。冬孢子堆生于叶两面，多生于叶正面，聚生或散生，椭圆形或矩圆形，长 0.5~0.8μm，垫状，黑褐色。冬孢子椭圆形，较少为棍棒形，顶端多为圆形或尖形，顶壁略厚，基部多为圆形或渐细，栗褐色，壁平滑，中部不缢缩或稍缢缩，28~43μm×16~20μm。柄无色，长约 27μm。寄主为羊茅。

(5) *Puccinia crandalii*。夏孢子堆主要生于叶背面，浅栗褐色。夏孢子近球形或椭圆形，29~35μm×23~27μm，壁厚 2~2.5μm，淡黄色，有细刺，有芽孔 6~8 个，散生。冬孢子堆主要生于叶背面，长圆形，深褐色。冬孢子椭圆形，35~50μm×15~24μm，两端圆形或钝平，隔膜处有时缢缩，壁肉桂褐色，侧壁厚 1.5~2.5μm，顶壁厚 5~12μm，且色较深。柄淡肉桂褐色，长为孢子长度的 1/2 或与孢子等长。寄主有羊茅属、早熟禾属的某些种。

(6) 梯牧草单胞锈菌（*Uromyces phlei-michelii*）。性子器无描述。锈子器生于多种毛茛上，生于叶背面，聚生。锈孢子球形、半球形，17~24μm×15~20μm，壁有疣，褐色。夏孢子堆叶两面生，多位于叶脉间，小形，0.2~1mm×0.2~0.4mm，长期为表皮所覆盖，黄褐色。夏孢子球形、椭圆形，20~30μm×18~23μm，壁厚约 2μm，淡黄色，冬孢子圆形、梨形，有棱角，20~31μm×14~24μm，顶部平切或圆形，壁厚 1~2μm，平滑，褐色，顶部色稍深，柄易脱落。寄主为多种梯牧草。

(7) 看麦娘单胞锈菌（*Uromyces alopecuri*）。性子器生于叶正面，覆盖于表皮下，锈子器生于叶背面，聚生，黄色，包膜边缘齿状。锈孢子球形或椭圆形，19~23μm×13~18μm，长期为表皮所覆盖。夏孢子堆生于叶面，棕褐色、小型。夏孢子球形、半球形、椭圆形，带棱角，15~29μm×12~26μm，壁厚 1~2.5μm，有小疣，有 4~6 个散生芽孔，淡褐色，有少数侧丝。冬孢子堆叶两面生，主要生于叶下，多散生，覆盖于表皮之下，暗褐色至黑色。冬孢子球形、卵形、梨形或椭圆形，壁厚 1.5~2μm，顶壁厚 4μm，平滑，暗褐色，18~36μm×15~25μm。柄短，无色或淡褐色，有少数深褐色侧丝。性子器和锈子器阶段在毛茛属上，夏孢子和冬孢子阶段在看麦娘属上。

(8) 鸭茅单胞锈菌（*Uromyces dactylidis*）。性子器生于叶正面，有时叶两面生，散生于锈子器之间，直径 115~130μm，有侧丝，黄色。锈子器叶背面生或生于叶柄上，圆形或不规则形，聚生，杯状。锈孢子串生，球形或带棱角，17~25μm×16~20μm，壁厚 1μm，有小疣，淡黄色。夏孢子堆叶两面生，散生或排成行，小型，椭圆形、卵形，长期为表皮所覆盖，后突破表皮呈粉状，黄褐色，偶见侧丝。夏孢子球形、卵形或椭圆形，20~32μm×18~25μm，壁厚 1.5~2.5μm，有小刺，有芽孔 3~9 个。冬孢子堆生于叶背面，很少叶两面生，散生或排列成行，卵形或长形，覆盖在表皮下，垫状，深褐色及黑色。冬孢子大多为圆形、椭圆形或梨形，18~30μm×14~20μm，顶部圆形或狭细，平扁，基部渐细，侧壁厚 1~2μm，顶壁厚 3~4μm，平滑，黄褐色。柄无色或淡褐色，短，有大量线状、褐色的侧丝。转主寄主为毛茛属，主要寄主为鸡脚草。

2. **菊花白锈病** 病原为真菌界担子菌亚门堀柄锈（*Puccinia horiana*）（堀是日本人的姓）。冬孢子堆粉红色到白色，直径 2～4mm。冬孢子灰黄色，长椭圆形至棍棒状，大小为 30～45μm×13～17μm，双胞，分隔处略缢缩，壁薄侧壁 1～2μm 厚，通常顶部壁较厚，达 4～9μm，着生于长达 45μm 的孢子柄上。冬孢子原位萌发，产生略弯曲的担孢子，一般呈椭圆形至纺锤形，4～7μm×5～9μm。菊花是惟一寄主。

3. **锦葵锈病** 病原为真菌界担子菌亚门锦葵柄锈菌（*Puccinia malvaceanum*）。叶背病部的褐色疱斑为病菌的冬孢子堆。冬孢子椭圆形，双细胞，担孢子卵形。该菌系单主寄生锈菌。

4. **香石竹锈病** 病原为真菌界担子菌亚门石竹单胞锈菌（*Uromyces caryophyllinus*）。香石竹上通常存在夏孢子阶段。在欧洲，在转主寄主大戟属的 *Euphorbia gerardiana* 上形成性子器和锈子腔。

三、发生流行规律

1. **草坪草锈病** 在草坪草周年存活地区，锈菌以菌丝和夏孢子在病部越冬。在草坪草冬季不能存活的地区，次年春季随气流夏孢子从越冬地区传来引起新的侵染。夏季草坪草正常生长的地区，锈菌一般可以越夏，但在夏季最热一旬的旬均温超过 22℃ 的地区，条锈菌不能越夏，秋季发病也是外来菌源。

夏孢子可以远距离传播。在发病地区内夏孢子随气流、雨水飞溅、人、畜、机械携带等途径在草坪内和草坪间传播。夏孢子在适宜温度下，叶面必须有水膜的条件下才能萌发，由气孔或直接穿透表皮侵入。适宜条件下，一般 6～10d 后显症，10～14d 后产生夏孢子，进行再侵染。

品种的抗病性、温度、降雨（夏孢子萌发和侵染需要叶面有水膜）、蔽荫、草坪密度、水肥、修剪（留茬高度）等遭受逆境而生长缓慢的草上容易感染锈病。几种重要锈菌的生长和孢子形成最适温度一般为 20～30℃。以秆锈菌最高，叶、冠锈菌居中，条锈菌最低。不同锈病的发病特点如下：

（1）秆锈菌。秆锈菌虽然有 5 个孢子阶段，但在草坪草上只产生夏孢子和冬孢子。最适于菌丝生长和夏孢子形成的温度 20～25℃。夏孢子萌发侵染的条件是低光照、湿润的叶面和 18～22℃ 的温度。侵染过程完成后，在光照强度高、叶面干燥，且温度高达 30℃ 左右时，秆锈病的发展最为迅速。

（2）叶锈病。不如秆锈病那样普遍或重要。在冷凉地区能以菌丝在草地早熟禾植株上越冬。夏孢子萌发适温 15～25℃，侵入适温 15～20℃。

（3）条锈病。在早春和晚秋寒冷潮湿时，可严重侵染草坪草。夏孢子萌发适温 7～10℃，侵入适温为 9～13℃。

（4）冠锈病。是草坪草普遍发生的一种锈病。夏孢子萌发侵入的适温范围相对较宽，在 10～20℃ 时产孢最快。

2. **菊花白锈病** 病菌是单主寄生锈菌。冬孢子双胞，萌发产生单胞担孢子。高湿、水膜对冬孢子和担孢子萌发是必需的。冬孢子一旦成熟即可萌发，萌发温度范围 4～23℃。在最适温度 17℃ 时，3h 后萌发释放担孢子。担孢子萌发的温度范围 17～24℃，2h 后穿破叶表，在叶片内产生大量无色的胞间菌丝，并产生胞间吸器。病菌潜伏期 7～10d，但是短期的高温（超过 30℃）

可延长到8周。此菌在我国西北海拔1 600m以上地区可以越夏。

有试验表明，在离体叶片上，冬孢子堆在相对湿度50%的条件下可存活8周，担孢子在低于90%的相对湿度条件下生存困难。病菌在室外能否越冬还不清楚。在高湿或埋在干燥或潮湿的堆肥中，冬孢子堆仅能存活3周或更短时间。因此，病残体对病害的传播作用不大。

曾有报道，病菌可借助风力扩散至700m远的地方，但过长距离的自然传播是不可能的。远距离传播甚至温室之间的传播主要通过菊花植株、插条及鲜切花携带。

3. 蜀葵锈病 病菌以冬孢子在病落叶上越冬。次年冬孢子萌发产生担孢子。担孢子萌发侵入寄主引起发病。在多雨或夜间有重露时，发病严重。

4. 香石竹锈病 夏孢子脱离植株后在温室内的玻璃等处存活时间较长，是病害的初侵染源之一。黏附于插条上的夏孢子随着插条调运进行远距离传播。在田间可通过风、水滴飞溅等传播。螨也可传播。

高湿度有利于病菌生长。寄主的夏孢子在水滴中持续8h完成萌发侵染，两周后可形成夏孢子堆。品种之间抗病性有差异。

四、病害控制

1. 草坪草锈病

（1）种植抗病草种和品种。在建植草坪时首先应选择抗病草种和品种，并提倡不同草种或多品种混合种植。如草地早熟禾、多年生黑麦草和高羊茅（7:2:1）的混播，或草地早熟禾不同品种的混播。

（2）科学养护管理。增施磷、钾肥，适量施用氮肥；合理灌水，降低田间湿度，发病后适时剪草，减少菌源数量。

（3）化学防治。三唑类杀菌剂防治锈病效果好，作用持效期长。可在播种时用三唑类纯药按种子重量的0.02%~0.03%拌种；发病初期（以封锁发病中心为重点）用25%三唑酮可湿性粉剂1 000~2 500倍液或25%丙环唑（敌力脱）乳油3 000~4 000倍液、12.5%速保利（特普唑）可湿性粉剂2 000倍液等喷施。通常在修剪后，用15%粉锈宁可湿性粉剂1 500倍液喷施，间隔30d后再喷1次，防效显著。

2. 菊花锈病 参考草坪草锈病。可用于防治此病的化学药剂还有12.5%速得利（即烯唑醇）可湿性粉剂2 000~3 000倍液、70%代森锰锌可湿性粉剂1 000倍液+15%三唑酮可湿性粉剂2 000倍液、25%敌力脱乳油4 000倍液+15%三唑酮可湿性粉剂2 000倍液。

香石竹锈病等锈病的防治参考上述二种病害的控制方法。

第四节 草本观赏植物炭疽病

一、症　　状

1. 草坪草炭疽病 不同环境条件下炭疽病症状表现有差异。冷凉潮湿时，病菌主要造成根、根颈、茎基部腐烂，以茎基部症状最明显。病部初期水渍状，颜色变深，逐渐发展成圆形褐色大斑，后期病斑上长出小黑点（即分生孢子盘）。当冠部组织受侵染严重发病时，草株生长瘦弱，变黄枯死。天气暖和时，特别是当土壤干燥而大气湿度高时，病菌很快侵染老叶，明显加速叶和分蘖的衰老死亡。叶片上形成长形的、红褐色的病斑，尔后叶片变黄、变褐以致枯死。当茎基部被侵染时，整个分蘖也会出现以上病变过程。草坪上出现直径从几厘米至几米的、不规则的枯草斑，斑块呈红褐色—黄色—黄褐色—再到褐色的变化。病株下部叶鞘组织和茎上经常可看到灰黑色的菌丝体侵染垫；在枯死茎、叶上还可看到小黑点。

2. **鸡冠花炭疽病** 主要为害叶片。叶上初生枯黄色或褐色小斑点，以后形成2~5mm大小的圆形病斑，边缘深褐色，中部略下陷。病重时，病斑面积可达叶片的1/3。有时，病叶皱缩、扭曲、早落。病斑上生黑色小点。

3. **三色堇炭疽病** 为害叶、茎、花等部位。叶上初生水渍状暗黑色小斑点，后扩大成具同心轮纹的黄褐色病斑，边缘暗黑色，病斑上生小黑点。花萼上病斑长条形，暗褐色，周围有淡色晕圈。花瓣上病斑中央暗褐色，边缘淡褐色。叶柄和花梗发病，产生长条形病斑，病斑水渍状，黄褐色至黑褐色，以后蔓延到茎部，严重时导致植株死亡。

4. **麝香百合炭疽病** 主要为害叶片，也侵染花冠及鳞茎。发病初期，叶片上出现黄色小斑点，很快扩展成黄褐色的圆形病斑，直径3~4mm，斑缘赤褐色，斑中央略下陷。发病重时，病叶干枯脱落，在脱落叶上形成黑色小粒点，即病原菌子实体。花瓣受害后，出现不规则形或椭圆形病斑，浅黄色。鳞茎受侵染后，外部鳞片上有淡红色不规则斑，后变褐色，僵死。

5. **千日红炭疽病** 叶片上病斑初为褐色小斑点，后扩大成圆形病斑，中央淡褐色，稍隆起。病斑边缘外围有淡黄褐色晕圈，病、健部界限不明显。病斑直径2~15mm，其上生黑褐色小粒点，即病菌的分生孢子盘及分生孢子。

6. **玉簪炭疽病** 病斑多发生在叶缘。发病初期，叶缘出现褪绿的黄色小斑点，多个，后逐渐扩展成圆形或不规则形病斑，黄褐色。严重时，病斑呈黄褐色大斑，边缘清晰，褐色，大斑相互连接，使叶片枯萎，干后呈透明状。花瓣受侵染，产生褐色病斑。叶片干枯后产生病菌子实体，叶上布满黑色小粒点（即分生孢子盘）。

二、病　　原

1. **草坪草炭疽病** 病原为真菌界半知菌亚门禾草生炭疽菌（*Colletotrichum graminicola*）。有性态为真菌界子囊菌亚门禾草生小丛壳（*Glomerella graminicola*）。分生孢子盘黑色，长形，有刚毛。刚毛黑色，长约100μm，有隔膜。分生孢子单细胞，新月形，长4~25μm。自然条件下，有性态的小丛壳很少出现。该菌可为害冰草、鹅观草、剪股颖、看麦娘、须芒草、燕麦、燕麦草、画眉草、羊茅、甜茅、绒毛草、早熟禾、大麦、黑麦草、黍、雀稗、梯牧草、黑麦、蜀黍、小麦等属的一些作物和牧草。

2. **鸡冠花炭疽病** 病原为真菌界半知菌亚门一种炭疽菌（*Colletotrichum* sp.）。病斑上的黑色小点系病原菌的分生孢子盘。分生孢子盘直径84~112μm。刚毛褐色，分隔，大小29~61μm×3.6μm。分生孢子长椭圆形，单胞，无色，含两个油滴，大小7.2~17μm×3.6~6μm。

3. **三色堇炭疽病** 病原为真菌界半知菌亚门胶孢炭疽菌（*Colletorichum gloeosporioides*）。病斑上的小黑点系病原菌的分生孢子盘。分生孢子盘杯状或垫状，直径 50～150μm。刚毛暗色。分生孢子梗短，不分枝。分生孢子单胞、无色、椭圆形、弯曲、两端钝。

4. **麝香百合炭疽病** 病原为真菌界半知菌亚门百合炭疽菌（*Colletotrichum lilii*）。分生孢子盘圆形或长圆形，直径 30～90μm，刚毛丛生，暗色，直或弯曲，有分隔，60～165μm×2.5～5.0μm。分生孢子多为新月形，部分为梭形，18～27μm×3～4μm，有 2～3 个油球。

此外，百合科炭疽菌（*C. liliacearum*）被认为也是病原菌之一，两者形态相近。

5. **千日红炭疽病** 病原为真菌界半知菌亚门胶孢炭疽菌（*Colletotrichum gloeosporioides*）。分生孢子盘初生于寄主表皮下，随后突破表皮裸露，半球形，黑色。分生孢子梗紧密排列在分生孢子盘上，圆柱形，无色，不分枝。分生孢子盘直径 90～140μm，有周生刚毛，褐色，稍弯曲，有隔膜。分生孢子椭圆形或长椭圆柱形，无色，单胞 16～20μm×6～7μm，直或稍弯曲。分生孢子团橘红色或粉红色。该菌还可侵染建兰、春兰、墨兰、天门冬、虎尾兰等花卉。

6. **玉簪炭疽病** 病原为真菌界半知菌亚门多主刺盘孢（*Colletotrichum omnivorum*）。分生孢子盘叶两面生，轮纹状排列，直径 90～117μm，刚毛褐色，大小为 133～200μm×2.5～3.0μm。分生孢子镰刀形，大小为 13～21μm×3.5～4.0μm。

三、发生流行规律

1. **草坪草炭疽病** 病菌以菌丝和分生孢子在病株和病残体中度过不适时期。当湿度高、叶面湿润时，病菌可侵染叶、茎或根部组织。分生孢子盘在坏死组织中形成。释放的分生孢子随风、雨水飞溅传播到健康草上，造成再侵染。高温、高湿的天气，土壤紧实、磷肥、钾肥、氮肥和水分供应不足，叶面或根部有水膜等均有利于病害的发生。

2. **鸡冠花炭疽病** 病菌以菌丝在病残体内越冬。次年初夏，病菌产生分生孢子，经风雨传到幼苗和嫩叶上引起病害。7～9 月，高温、高湿条件下发病严重。植株生长后期发病减少。一般植株下部叶片比上部叶片发病重。

3. **麝香百合炭疽病** 病原菌在病残体或发病植物病鳞茎上越冬。病菌由风、雨传播，从伤口侵入。高温、高湿易发病。气温为 18～20℃时开始发病，适温为 22～25℃。分生孢子在自由水中萌发。28～30℃，空气湿度大时会大发生。该病在北京地区 6 月底至 7 月初开始发病，8～9 月为盛发期；安徽地区 5 月开始发病，8～9 月为盛发期。

三色堇炭疽病、千日红炭疽病、玉簪炭疽病发病流行规律相似。病原菌在病残体上越冬。分生孢子由风、雨传播。在多雨、闷热的年份发病重，生长衰弱的植株发病重；通风不良、多年连作、病残体多的地块发病重。

四、病害控制

草坪草炭疽病控制方法如下：

1. **选用抗病品种** 在北方冷型草带地区，如华北地区，匍匐剪股颖品种表现抗炭疽病，但也有个别品种表现不同程度的感病。草地早熟禾、黑麦草和细叶羊茅草一般不抗炭疽病。而在过渡地带和暖型草带，草地早熟禾、狗牙根混种的草坪表现抗病。

2. 加强草坪管理 适当、均衡施肥，避免在高温或干旱期间使用含量高的氮肥，增施磷、钾肥；避免在午后或晚上浇水，应深浇水，尽量减少浇水次数，避免造成逆境条件。保持土壤疏松；适当修剪；及时清除枯草层等均能减轻病害。

3. 药剂防治 发病初期喷施25%炭特灵可湿性粉剂500倍液或30%绿得保悬浮剂400～500倍液、80%炭疽福美可湿性粉剂800倍液、50%多菌灵可湿性粉剂500倍液、25%施保功乳油4 000～5 000倍液、30%绿叶丹800倍液、2%抗菌霉素（农抗120）200倍液等。

其他炭疽病的控制可参考上述方法。

第五节 草本观赏植物叶斑病

叶斑病类病害（herbaceous ornamentals leaf spots）是植物叶部受害后形成各种斑点病害的总称，症状表现复杂多样，病原种类多。

一、症 状

1. 草坪草夏季斑枯病 发病草坪最初出现直径3～8cm的枯斑，以后逐渐扩大。典型的夏季斑为圆形枯草圈，直径大多不超过40cm，最大时可达80cm，且多个病斑愈合成片，形成大面积的不规则形枯草区。在剪股颖和早熟禾混播的高尔夫球场上，枯斑环形直径达30cm。典型病株根部、根冠部和根状茎黑褐色，后期维管束也变成褐色，外皮层腐烂，整株死亡。显微镜下可见有平行于根部生长的暗褐色匍匐状外生菌丝，有时还可见到黑褐色不规则聚集体结构。

2. 草坪草币斑病 草坪上形成圆形、凹陷、漂白色或稻草色的小斑块。斑块从5分硬币到1元硬币大小。病情严重时，斑块愈合成不规则状的大枯草斑或枯草区。清晨有露水时，在新鲜的枯草斑块上可看到白色、棉絮状或蛛网状的菌丝体。叶变干后，菌丝消失。病叶的典型特征是最初形成水渍状褪绿斑，后逐渐变白，边缘黄褐色至红棕色，但早熟禾上没有。病斑可扩大至整个叶片，从叶尖开始枯萎呈漏斗状。

3. 草坪草褐条斑病 主要为害叶片、叶鞘。初发时病斑细小，巧克力色，中间灰白色。随着病斑不断扩大，沿叶脉和叶鞘上下伸长形成长条斑。条斑上有成行的小黑粒点，即病原菌的分生孢子梗束。病害严重时，叶尖枯死。

4. 草坪草尾孢叶斑病 初期在叶片和叶鞘上出现褐色至紫褐色、椭圆形或不规则形病斑，病斑沿叶脉平行伸长；后期病斑中央黄褐色或灰白色，潮湿时有灰白色霉层和大量分生孢子产生。严重时，枯黄至死亡，使草坪变得稀疏。

5. 草坪草壳针孢叶斑病 主要为害叶片。典型症状是在叶尖（修剪切口附近）产生细小的条斑，病斑灰色至褐色。严重时，叶片上部褪绿变褐死亡。有时，在老病斑上产生黄褐色至黑色小粒点，即分生孢子器。受害草坪稀薄，呈现枯焦状。

6. 草坪草灰斑病 主要发生在钝叶草属的草坪草上。也可严重为害狗牙根、假俭草、雀稗等属的草坪草。受害叶和茎上出现细小的褐色斑点,迅速增大,形成圆形至长椭圆形的病斑。病斑中部灰褐色,边缘紫褐色,周围或附近有黄色晕圈。潮湿时,病斑上产生灰色霉层。严重发病时,病叶枯死,整个草坪呈现枯焦状,状似严重干旱。

7. 百日菊链格孢黑斑病 发病初期,叶上生黑褐色小斑点,后呈不规则形大病斑,中心坏死处呈灰白色,直径 2～10mm,病部破裂穿孔。发病严重时,整叶变褐干枯。茎和叶柄上呈纵长不规则形黑褐色病斑。花瓣上的黑褐色小斑逐渐扩大为不规则形病斑,花瓣萎缩、干枯变黑。病部后期产生黑色霉层。

8. 凤梨内脐蠕孢叶斑病 叶部病斑椭圆形,中心灰黄色,边缘紫褐色,病部生黑色霉层。

9. 春兰叶点霉叶斑病 发病初期,叶上出现近圆形、黑褐色小斑点,周围具褪绿色晕圈,后逐渐扩大成不规则长条形病斑,病健部交界处有淡紫色波状环纹,中部枯白色;后期叶正面病部上生小黑点。建兰和墨兰也易感病。

10. 凤仙花褐斑病 叶片上病斑圆形或近圆形,直径 1～5mm,初为褐色,后中部褐色,边缘深褐色,有不明显的轮纹。潮湿时病斑两面密生榄褐色霉层。

11. 乌头色串孢黑斑病 叶面、叶缘及叶尖产生近圆形或半圆形、黑色或中心为褐色的病斑,病斑边缘为淡黄色,有的穿孔,病部产生褐色霉层。

二、病 原

1. 草坪草夏季斑枯病 病原为真菌界子囊菌亚门早熟禾大角间座壳(*Magnaporthe poae*)。它是一种异宗配合真菌。在草坪草的根部、冠部和根状茎上形成深褐色至黑色的、有隔膜的外生匍匐菌丝。在 1/2PDA 培养基上菌落初无色,菌丝较稀疏,生长缓慢,紧贴培养基平板卷曲生长。后期菌落为橄榄色至黑色,菌丝从菌落边缘向中心卷回生长。

无性时期的瓶梗孢子无色,长 $3～8\mu m$。附着胞球形,深褐色,自然条件下可在茎基和根部看到。

只有在具备无性型的两种交配型存在的实验室培养条件下,才能观察到子囊壳。子囊壳黑色,球形,直径 $252～556\mu m$,有长 $57～756\ \mu m$ 的圆柱形的颈。子囊单囊壁,圆柱形,长 $63～108\mu m$,含 8 个子囊孢子。成熟的子囊孢子长 $23～42\mu m$,直径 $4～6\mu m$。子囊孢子有 3 个隔膜,中间两个细胞深褐色,两端细胞无色。

2. 草坪草币斑病 病原为真菌界子囊菌亚门盘菌纲中 *Lanzia* 属与 *Moellerodiscus* 属中的若干种引起。该病为复合侵染所致。它们在病叶上生成不育的子囊盘及散生的暗色扁平子座(在非常潮湿的条件下或生长末期),有时可在自然条件下的病叶上产生,特别是在羊茅属的草上。自然条件下不产生子囊孢子、分生孢子和菌核。实验室中培养的病菌菌丝生长十分迅速、蓬松、垫状、白色,随着菌丝成熟,逐渐变成毡状,中间有黄褐色、灰白色、黄色、褐色等不同颜色的图纹交错。病菌不形成菌核。在平皿接种培养 1～4 周后,可产生很大的碟状黑色子座,开始是在接种点周围的琼脂表面产生,4 周后可在培养基的各处产生。

病菌能产生毒素,使根变褐增粗,停止生长,根系机能减弱。病菌的寄主范围较广。可侵染早熟禾、狗牙根、多年生黑麦草、结缕草等多种草坪草。

3. 草坪草褐条斑病 病原为真菌界半知菌亚门禾草短胖胞(*Cercosporidium graminis*)。分生孢子梗橄榄褐色，长 30~150μm，成束，从子座上长出。分生孢子 1~3 隔，基部圆形，有明显的脐，顶端稍微细长（瓶形），大小 4~12 μm×16~56μm。

4. 草坪草尾孢叶斑病 病原为真菌界半知菌亚门尾孢属（*Cercospora* spp.）真菌。引起剪股颖叶斑病的剪股颖尾孢菌（*Cercospora agrostidis*）的分生孢子梗直立、褐色。分生孢子单生、无色、倒棍棒形，大小 1.5~3.0 μm×10~60μm。引起羊茅叶斑病的羊茅尾孢菌（*Cercospora festucae*），分生孢子梗橄榄色。分生孢子无色、圆筒状、多隔、直立，大小 2~4 μm×40~300μm。引起野生牛草和狗牙根叶斑病的（*Cercospora seminalis*）分生孢子无色、棒形，3~5 隔，大小 6~7 μm×20~160μm。引起钝叶草叶斑病的梭斑尾孢（*Cercospora fusimaculans*，又名 *Phaeoramularia fusimaculans*），分生孢子梗褐色，分生孢子无色、多隔，披针或曲线形，大小 2~3μm×33~60μm。

5. 草坪草壳针孢叶斑病 病原为真菌界半知菌亚门壳针孢属（*Septoria* spp.）真菌。分生孢子器埋生，浅褐色至黑色、球形，直径大多为 50~200μm。分生孢子针状，0~5 隔，宽 1~5μm，长 10~80μm。

侵染草坪草的壳针孢种类很多。早熟禾、剪股颖、狗牙根等均有 1 至多种，其形态各异。

6. 草坪草灰斑病 病原为真菌界半知菌亚门灰色梨孢菌（*Pyricularia grisea*）。有性态为子囊菌亚门灰色大角间座壳（*Magnaporthe grisea*）。分生孢子梗单生或成束，从寄主气孔伸出，不分枝，浅褐色，顶部弯曲。分生孢子单生，洋梨形，两个隔膜，无色或灰绿色，成熟时大小为 6~9 μm×17~28μm。

7. 百日菊链格孢黑斑病 病原为真菌界半知菌亚门百日菊链格孢（*Alternaria zinniae*）。分生孢子多单生，偶有 2 个串生，倒棍棒形，有长喙，淡褐色至暗褐色，平滑至微疣，5~9 个横隔和几个纵隔。喙丝状，单一，无色至褐色。

8. 凤梨内脐蠕孢叶斑病 病原为真菌界半知菌亚门一种内脐蠕孢霉（*Drechslera fugax*）。该菌分生孢子梗单生，直或弯曲。分生孢子长圆形至磅状，深褐色，有假隔膜 8 个，偶有 9 个，直或偶弯，82~102 μm×20.4~25.5μm。

9. 春兰叶点霉叶斑病 病原为真菌界半知菌亚门兰叶点霉（*Phyllosticta cymbidii*）。分生孢子器扁球形至球形，半埋生，暗黑色。分生孢子卵圆形至椭圆形，单胞，无色。

10. 凤仙花褐斑病 病原为真菌界半知菌亚门福士尾孢（*Cercospora fukushiana*）（福士是日本人的姓，福士贞吉，日本植物病理学家）。子座不发达，分生孢子梗丛生，淡褐色，很少分隔或分枝，直或波纹状，或有膝状屈曲 1~3 处，大小 10~100(270)μm×4~6μm；分生孢子针形或倒棍棒形，无色，直或稍弯，隔膜多不明显，基端平切，顶端尖，大小 30~140 μm×3~4.5μm。

11. 乌头色串孢黑斑病 病原为真菌界半知菌亚门草叶色串孢（*Tolura herbarum*），是弱寄生或腐生菌。分生孢子梗很短，褐色，为一膨大细胞或缺乏，整个分枝发展成简单或分枝的暗色球状分生孢子的直链。分生孢子迅速分隔成一至几个细胞的断片，孢子淡橄榄色或褐色，具瘤或细刺，有 3~10 隔，多数 4~5 隔。

三、发生流行规律

1. 草坪草夏季斑枯病 病菌以菌丝在病残体和多年生寄主组织中越冬。该病主要发生在夏季高温季节。当夏季持续高温（白天达 28～35℃，夜间温度超过 20℃），病害迅速发生。据报道，当 5cm 土层温度达 18.3℃时，病菌开始侵染。此时，只侵染根的外皮层细胞。以后随着炎热多雨天气的出现，或一段时间大量降雨后又遇高温天气，病害扩展速度加快，在草坪上形成枯斑。由于枯斑内枯草不能恢复，因此，在下一生长季节秃斑依然明显。病菌可通过剪草机械以及草皮移植传播。高温潮湿和排水不良、紧实的地方发病严重；使用砷酸盐除草剂、速效氮肥和某些杀菌剂可加快症状的表现；低修剪、频繁浅灌等都会加重病害的发生。

2. 草坪草币斑病　该菌以菌丝和子座组织在病株上和病叶表面越冬。通过风、雨、流水、工具、人、畜活动等方式扩展，尤其是依赖剪草机和其他维护设备携带病菌和病组织传到健康植株上，甚至也可以通过高尔夫球鞋和手推车携带传播。病害发生适温 15～20℃。温暖潮湿的天气、露水重、土壤贫瘠、氮素缺乏等均可加重病害的发生。

3. 草坪草褐条斑病　病菌以子座在发病叶片和病残体上越冬。分生孢子梗在春季从子座上长出，突破叶表皮从气孔伸出。分生孢子通过雨水飞溅、风和种子等途径传播。常在春秋两季低温潮湿时发病。

草坪草尾孢叶斑病、草坪草壳针孢叶斑病、草坪草灰斑病和春兰叶点霉叶斑病等病害的发生流行规律相似。皆以菌丝和分生孢子越冬，借风雨传播。

四、病害控制

1. 草坪草夏季斑枯病

（1）加强栽培管理。夏季斑枯是一种根部病害，所以促进根系生长的措施都可减轻病害的发生。避免低修剪，使用缓释氮肥，深灌水，减少灌水次数，打孔、疏草、通风、改善排水条件，减轻土壤紧实程度等措施均可有利于控制病害。

（2）选用抗病草种或选用抗病草种混合种植。这是防治夏季斑枯病的有效而经济的方法之一。不同草种间抗病性的差异为：多年生黑麦草＞高羊茅＞匍匐剪股颖＞硬羊茅＞草地早熟禾。

（3）药剂防治。用种子重 0.2%～0.3%的 5%灭霉灵可湿性粉剂或 64%杀毒矾可湿性粉剂、70%甲基托布津可湿性粉剂等拌种或用 500～1 000 倍液的 50%灭霉威可湿性粉剂、64%杀毒矾可湿性粉剂、70%代森锰锌可湿性粉剂等药剂喷施，特别是在 18～20℃时喷药保护，效果较好。

草坪草其他叶部病害防治方法均可参考此病害控制措施。

2. 百日菊链格孢黑斑病

（1）选用无病种子。严重地区应建立无病留种地。

（2）清除病残体，减少初侵染源。

（3）药剂防治。用 50%多菌灵可湿性粉剂 1 000 倍液，浸种 5～10min，或用 52℃热水浸种 30min，冷却晾干后播种；生长期可用 70%代森锰锌可湿性粉剂 500 倍液或 10%世高乳油 6 000 倍液、25%敌力脱乳油 2 000～3 000 倍液、40%敌菌酮可湿性粉剂 500 倍液、50%扑海因可湿性粉剂 1 500 倍液喷施。

凤仙花褐斑病、春兰叶点霉叶斑病等叶部病害防治方法均可此病的控制措施。

第六节 草本观赏植物病毒病类

病毒病（herbaceous ornamentals viral diseases）是植物上的一大类病害。毒原种类多，为害寄主范围广。

一、症　　状

1. 草坪草病毒病　主要表现为叶片均匀或不均匀褪绿，出现黄化、斑驳、叶条斑。植株表现不同程度的矮化，死蘖枯叶，甚至整株死亡等。病毒病症状：

（1）钝叶草衰退病。叶片出现褪绿的斑驳或花叶症状，第二年斑驳变得更严重，第三年受害草株死亡，造成的枯死斑块区域内被杂草侵占，时间越长，症状越严重，草坪衰退的可能性就越大。

（2）黑麦草花叶病毒病。为害草坪草后，在叶片上出现褪绿、斑驳和线条，使黑麦草草坪早衰。病毒可侵染剪股颖、黑麦草、羊茅、早熟禾、燕麦、黑麦等数十种草坪草。

（3）冰草花叶病毒病。在冰草、黑麦草、羊茅、早熟禾及麦类作物上进行系统侵染，导致褪绿、花叶、斑驳和条点等。

（4）鸭茅条斑病毒。致侵染的鸭茅、黑麦草、雀麦、剪股颖、大麦、燕麦等叶片出现褪绿条斑。

（5）鸭茅斑驳病毒。系统侵染的鸭茅、小麦、大麦、燕麦等，致叶片出现花叶和坏死斑。

（6）羊茅坏死病毒。侵染草地羊茅，还可侵染多花黑麦草和燕麦等禾本科植物，使病株从根基部到茎叶全部枯死。

（7）雀麦花叶病毒。侵染的冰草、剪股颖、黑麦草、早熟禾等，病株矮化，叶上生淡绿色或淡黄色条纹。

（8）大麦条纹花叶病毒。在被侵染的冰草、黑麦草等草坪草的叶片上出现断续的不规则褪绿条纹、斑点或花叶，病叶黄白色，枯死。

2. 一串红病毒病　病株叶片上出现绿色或黄绿相间的花叶，叶片皱缩变小。有时叶变细长，花穗短小或抽不出，花少且小，植株矮缩等。

3. 兰花病毒病　兰花上发生的病毒病种类很多，常见的有：

（1）建兰花叶病。叶片上产生花叶和坏死。若建兰花叶病毒同烟草花叶病毒兰花株系复合侵染时，可使卡特来兰属植物的花产生褐色坏死条纹。

（2）兰花烟草花叶病毒病。在卡特来兰叶片上产生褪绿、坏死斑，花上出现杂色。在不同属和同属不同品种上表现的症状也不一样。

（3）建兰环斑病。叶上产生淡黄色褪绿斑或坏死条斑。

4. 百合病毒病　百合病毒种类较多。有百合潜隐花叶病、百合花叶病、百合斑驳病、百合黄瓜花叶病毒病和百合丛簇病等，常见的有：

（1）百合潜隐花叶病。病株一般无症状，有时表现花叶、坏死或畸形。如同黄瓜花叶病毒复合侵染时，在麝香百合叶片上产生黄色条斑或坏死斑，叶片下卷。

（2）百合花叶病。叶片出现深绿与浅绿相间的花叶，有时形成坏死斑。病重时，叶片扭曲，分叉，花变形，甚至花蕾不开放。

（3）百合斑驳病。百合上一般不表现症状或产生轻微褪绿斑，如同黄瓜花叶病毒复合侵染时则产生花叶和坏死斑驳。

5. 郁金香病毒病 主要有：

（1）郁金香碎色病。叶片上出现浅绿色或灰白色条斑或花叶。红色和紫色花品种的花瓣上有浅黄色或白色条斑或斑点，即为碎色。黄色或白色花品种虽受侵染，但不表现明显的杂色斑驳。病株生长衰弱、矮小，鳞茎逐年变小，退化。

（2）郁金香环状坏死病。叶片上出现畸形或坏死斑，病斑周围有环状透明区。

6. 唐菖蒲病毒病 主要有：

（1）唐菖蒲花叶病。叶片上出现浅绿色与深绿色相间的花叶，重则叶片黄化，植株瘦小、种球退化。有的品种出现杂色花。

（2）唐菖蒲条斑病。叶片上出现褪绿斑点，呈多角形，后变成长条形，病叶扭曲，植株矮小黄化。有的品种花上产生条斑，形成杂色花。

7. 香石竹病毒病 香石竹上报道的病毒病有10多种，我国发现有5种：香石竹叶脉斑驳病毒病、香石竹蚀环病毒病、香石竹坏死斑点病毒病、香石竹潜隐病毒病和香石竹斑驳病毒病。

（1）香石竹叶脉斑驳病毒病。幼叶表现系统性褪绿斑，叶脉上出现暗绿色斑点，老叶上症状不明显，有的品种花上出现杂色。

（2）香石竹蚀环病毒病。叶片上出现环状或轮纹状坏死斑。症状的表现取决于温度。我国上海地区3~5月份温室里的小苗上症状最明显。

（3）香石竹坏死斑点病毒病。叶片上出现灰白色或浅红棕色坏死斑点、斑纹或条斑。植株下部老叶症状更明显，可导致叶片枯黄。低温时症状不明显。

（4）香石竹潜隐病毒病。病株上不产生或很少产生症状（轻微花叶），但在露地栽培的香石竹常因本病毒与香石竹叶脉斑驳病毒复合侵染，产生严重的花叶症状。

（5）香石竹斑驳病毒病。病株一般无症状或轻微斑驳。

8. 仙客来花叶病 为害叶片。病叶皱缩、反卷。叶片变厚，质地脆。叶片黄化，有疱状斑，叶变小，畸形。花畸形，花少且小，花瓣上有杂色条纹。植株矮化，球茎退化变小，有时不开花。

9. 马蹄莲花叶病 叶片上形成浅绿色至黄色的条纹花叶，严重时叶片变小、扭曲、畸形和植株矮化。

二、病　原

1. 草坪草病毒病 病原均为分子生物界的各种病毒。常见的病毒至少有11个组。主要列出8种：

（1）黍花叶病毒（panicum mosaic virus）。其中的一些株系带有卫星病毒，由汁液传毒。

（2）冰草花叶病毒（agropyron mosaic *Rymovirus*）。粒体线条状，710nm×15nm，致死温度60℃，稀释限点为1:1000。

(3) 大麦条纹花叶病毒（barley stripe mosaic *Hordeivirus*）。粒体杆状，大小为 128 nm × 20nm，螺距为 2.5 nm～2.6 nm。

(4) 大麦黄矮病毒（barley yellow dwarf *Luteovirus*）。粒体呈 20 面对称多面体，直径28～32nm，致死温度 70℃，稀释限点为 1∶1 000，适宜的增殖温度为 15～20℃。

(5) 雀麦花叶病毒（bromus mosaic *Bromovirus*）。粒体球形，直径 25 nm～28 nm，致死温度 78～79℃，稀释限点为 1∶10 000～300 000。

(6) 鸭茅条斑病毒（cocksfoot streak *Potyvirus*）。粒体线条形，752 nm × 15 nm，致死温度 55℃，稀释限点为 1∶1 000，体外存活期 16d。

(7) 鸭茅斑驳病毒（cocksfoot mottle *Sobemovirus*）。粒体正 20 面体，致死温度 65℃，稀释限点为 1∶1 000，体外存活期 14d，稀释限点为 1∶1 000。

(8) 黑麦草花叶病毒（ryegrass mosaic *Rymovirus*）。粒体线条形，直径 703 nm × 19 nm，致死温度 60℃，稀释限点为 1∶1 000，体外存活期 24d。

2. 一串红病毒病 病原为分子生物界的黄瓜花叶病毒（cucumber mosaic *Cucumovirus*）。该病毒粒体球形，直径 30nm。致死温度 60～65℃，稀释终点 $10^{-3}～10^{-4}$，室温条件下体外存活期为 1～3d。

3. 兰花病毒病 病原为分子生物界的病毒。常见的有：

(1) 建兰花叶病毒（cymbidium mosaic virus）。病毒粒体线形，475nm × 13 nm，致死温度 65～70℃，稀释限点 $5×10^{-5}$，体外存活期 7～30d。病毒可侵染兰科中 79 个属和其他几科植物。

(2) 兰花烟草花叶病毒兰花株系（orchid strain of tobacco mosaic virus）。病毒粒体杆状，300nm × 18 nm，致死温度 88～93℃（也有报道 70～75℃），稀释限点 $5×(10^{-5}～10^{-6})$，体外存活期一年以上。可侵染多种兰花和其他植物。

(3) 建兰环斑病毒（cymbidium ring spot virus）。病毒粒体球形，直径 28 nm，致死温度 85℃，稀释限点 10^{-5}，体外存活期 3 个月。寄主广泛，除兰科外，还有茄科、菊科、藜科等。

4. 百合病毒病 病原为分子生物界的病毒。常见的有：

(1) 百合潜隐花叶病毒（lily latent mosai virus）。病毒粒体线形，640nm × 18nm，致死温度 65～70℃，稀释限点 $5×10^{-5}$。只限于百合科植物。麝香百合苗接种 60～90d，表现皱缩条纹。千日红和黄瓜上产生系统花叶。苋色藜和昆诺藜上产生局部枯斑。

(2) 百合花叶病毒（lily mosaic virus）。病毒粒体线形，长 650nm，致死温度 70℃。侵染百合科植物。

(3) 郁金香碎色病毒（tulip breaking *Potyvirus*）。病毒粒体线形。侵染百合和郁金香。

5. 郁金香病毒病 病原为分子生物界的病毒，常见的有：

(1) 郁金香碎色病毒（tulip breaking *Potyvirus*）。病毒粒体线形，稀释限点 10^{-5}，740nm × 14nm，致死温度 65～70℃，体外保毒期 4～6d。只侵染郁金香属和百合属植物。

(2) 郁金香环状坏死病毒（tulip ring necrosis virus）。稀释限点 1/32～1/64，致死温度 45～50℃，体外保毒期 10min。可侵染百合科、藜科、苋科、茄科、豆科和番杏科等植物。

6. 唐菖蒲病毒病 病原为分子生物界的病毒。常见的有：

(1) 唐菖蒲花叶病 由黄瓜花叶病毒（cumumber mosaic Cucumovirus）引起。其特征见一串红花叶病。寄主极广，可侵染鸢尾、唐菖蒲、兰花、香雪兰、香石竹、银莲花、八仙花、瑞香、金盏花、水仙等植物。

(2) 唐菖蒲条斑病 由菜豆黄花叶病毒（bean yellow mosaic virus）引起。病毒粒体长而弯曲，750~15nm，稀释限点 $10^{-3}~10^{-4}$，致死温度 70℃，体外保毒期 1~2d。可侵染豆科和一些非豆科植物。自然侵染唐菖蒲、小苍兰、香豌豆、矮牵牛等植物。

7. 香石竹病毒病 病原为分子生物界的病毒，常见的有：

(1) 香石竹叶脉斑驳病毒（carnation vein mottle Potyvirus）。病毒粒体线状，790nm×13nm，稀释限点 $10^{-3}~10^{-5}$，致死温度 60~65℃，体外保毒期 2~10d。可侵染石竹科、藜科、番杏科、苋科、马齿苋科、蓼科和车前科中约 20 种植物。

(2) 香石竹蚀环病毒（carnation etched ring Caulimovirus）。病毒粒体球形，直径 45nm，稀释限点 $10^{-3}~10^{-4}$，致死温度 80~85℃，在肥皂草冰冻叶组织内可存活 4 个月。病毒只侵染石竹科植物。

(3) 香石竹坏死斑点病毒（carnation necrotic fleck Closterovirus）。病毒粒体长线形，1 400~1 500nm×11~12nm，稀释限点 10^{-4}，致死温度 40~45℃，体外保毒期 2~4d。病毒只侵染石竹科中少数植物。如香石竹、美国石竹等。

(4) 香石竹潜隐病毒（carnation latent Carlavirus）。病毒粒体线形，650 nm×12nm，稀释限点 $10^{-3}~10^{-4}$，致死温度 60~65℃，体外保毒期 2~3d。可侵染石竹科植物。

(5) 香石竹斑驳病毒（carnation mottle Carmovirus）。病毒粒体球形，直径 28nm，稀释限点 10^{-5}，致死温度 90℃，体外保毒期 70d。自然条件下只寄生石竹科的一些植物。

8. 仙客来花叶病 病原为分子生物界的黄瓜花叶病毒（cumumber mosaic Cucumovirus）。其特性见一串红花叶病。

9. 马蹄莲花叶病 由芋花叶病毒 DsMV 引起，粒体弯线状，稀释限点 10^{-2}，致死温度 60~65℃，在 25℃ 条件下体外保毒期 75h 以上。该病毒在寄主表皮细胞质内形成风轮状内含体。

三、发生流行规律

1. 草坪草病毒病 病毒主要以生物介体、种子、花粉或汁液等方式传播。在叶部取食的刺吸式口器的昆虫如蚜虫、飞虱、螨、叶蝉等及在根部取食的线虫和从根部侵染的低等真菌都可传播病毒。如黍花叶病毒和冰草花叶病毒都由病株汁液传播；大麦条纹病毒由麦长管蚜、缢管蚜、玉米蚜和麦二叉蚜等蚜虫传播；鸭茅条斑病毒由桃蚜、马铃薯长管蚜、鸭茅蚜等传播；黑麦草花叶病毒由螨和汁液传播。

由昆虫传毒的病毒病在草坪上或大面积分布或集中靠近地边分布。土壤真菌或线虫传播的病毒往往在草坪上分布不均匀。肥料不足、干旱、线虫、昆虫为害的地方病毒病害严重。

2. 一串红病毒病 病毒在病株和有病苗木上越冬。由蚜虫、人手和操作工具所带的病汁液传播。有病苗木是传播的主要途径。黄瓜花叶病毒能为害多种花卉及蔬菜。常见的花卉有鸢尾、唐菖蒲、大丽花、百合、菊花、仙客来、矮牵牛、福禄考、茉莉、绣球花、万寿菊、千日红等。

病害发生轻重与传毒蚜虫虫口密度、栽种密度和其他寄主混栽或相邻种植等有关。种子繁殖的实生苗带毒率低，无性繁殖的苗带毒率高。

3．**建兰病毒病** 建兰花叶病可通过汁液接触和桃蚜传毒。病株的培养介质和浇病株后流出的水也能传播。建兰烟草花叶病主要通过汁液和流水传播。建兰环斑由汁液传播。

4．**百合病毒病** 由带病鳞茎作种、汁液接触、蚜虫传毒。鹿子百合较抗病，荷兰百合、麝香百合、台湾百合和卷丹百合较感病。

5．**郁金香病毒病** 郁金香碎色病毒病可有多种蚜虫传毒，其中主要是桃蚜，其次为棉蚜和马铃薯长管蚜等。病毒汁液接触和嫁接鳞茎也能传播。带病种球播种后直接引起植株发病。重瓣郁金香比单瓣郁金香易感染病毒。郁金香环状坏死病毒由汁液接触传播。

6．**唐菖蒲病毒病** 唐菖蒲花叶病可通过60多种蚜虫传播。汁液接触和菟丝子也能传播，带毒球茎为次年病害的主要初侵染源。唐菖蒲条斑病可通过汁液接触、蚜虫和带毒球茎传毒。

7．**香石竹病毒病** 可通过带毒的繁殖材料、汁液接触和蚜虫（斑驳病毒外）传播。

8．**仙客来病毒病** 病毒在病球茎及种子内越冬，种子带毒率高达82%以上。该病毒主要通过棉蚜、叶螨及种子传播。

该病发病轻重与寄主生育期、气温、传毒介体种群密度关系密切。苗期发病随着植株生长病情加重。月平均温度低于25℃时病情加重，高于25℃时病情减轻。病情严重度与传毒虫口密度成正相关。此外，仙客来镰刀菌枯萎病也可加重该病的发生。

9．**马蹄莲花叶病** 病毒在马蹄莲根茎等处越冬。由汁液、桃蚜、豆蚜作非持久性传播。用病根茎分根繁殖出来的幼苗均带毒。传毒蚜虫密度大、马蹄莲与该病毒其他寄主混合种植或相邻种植会加重病害的发生。寄主还有万年青、花叶万年青、芋、杯芋、黄体芋等天南星科植物。

四、病害控制

1．**草坪草病毒病** ①种植抗病草种和品种混合种植。②治虫防病是防治虫传病毒病的有效措施，通过治虫来达到防病的作用。③加强草坪的科学管理和养护，能有效地减轻病害。避免干旱胁迫、平衡施肥、防治真菌病害等措施均有利于减少病毒为害。灌水可以减轻线虫传播的病毒病害。④药剂防治：可用抗病毒诱导剂，如NS-83等，可减轻病毒病的为害。

2．**一串红病毒病** ①科学管理：露地应在遮阳网下育苗，以能防虫、降温。②种子处理：将种子在70℃下处理72h；10% Na_3PO_4 浸种20min，清洗后催芽。③工具消毒：用3%苯甲酸钠对工具、地面、手消毒。④药剂防治：叶面喷施1.5%植病灵乳油1 000倍液或20%病毒A可湿性粉剂500倍液、20%毒克星可湿性粉剂400～500倍液、绿享6号2 000倍液等。⑤治虫防病：用黄板诱杀蚜虫，1%吡虫啉可湿性粉剂1 500倍液或3%定虫脒300倍液、5%啶高氯3 000倍液、5%氟虫腈悬浮剂50～100ml/667m²、40%乐果乳油1 500倍液、50%马拉松乳油1 000倍液、1.8%爱福丁乳油300倍液等喷施。

3．**兰花病毒病** 名贵无毒兰花隔离栽培；消毒花盆和培养介质；流水浇根；园艺操作时注意消毒；及时清除病残体；注意治虫防病。药剂可参考一串红病毒病防治。

4．**百合病毒病** 选择无病植株的鳞茎作种。其余防治措施参考一串红病毒病防治。

郁金香、唐菖蒲等病毒病控制措施参考百合病毒病防治方法。

第七节 草本观赏植物线虫病

线虫病害在各地均有发生,可为害多种园林草本植物。

一、症 状

1. **草坪草线虫病** 草坪草受害后,通常是在草坪上均匀地出现叶片轻微至严重的褪色,根系生长受到抑制,根短、毛根多或根上有病斑、肿大或结节,整株生长减慢,植株矮小、瘦弱,甚至全株萎蔫、死亡。但更多的情况是在草坪上出现环形或不规则形状的斑块。当天气炎热、干旱、缺肥和遇到其他逆境时,症状更明显。另外,由于线虫寄生草坪草部位不同,引起的症状也有差异。外寄生线虫从口针刺入根的表面取食,正常情况下不能进入根组织的内部,根部肿大及根功能不正常可能是因线虫取食的结果。而有些外寄生线虫可在植物根部形成细小的褐色坏死斑,环割根部,使之丧失功能。内寄生线虫进入植物根部或永久依附在根上,在根的外皮层或维管束细胞中取食,引起根的褐色病斑或肿大。

2. **苗木根结线虫病** 线虫侵入植物幼苗根部,刺激寄主,形成巨型细胞或使细胞过度分裂,导致根部发生肿瘤(称根结)。一般肿瘤直径1~10mm,初期表面光滑,后期表面粗糙,褐色,肿瘤上常生许多发状须根,瘤内有白色发亮的粒状物(雌成虫体)。发病植株地上部表现衰弱发黄乃至枯死。

3. **剪股颖粒线虫病** 幼苗期无明显症状,花穗期显出典型症状。被害寄主小花的颖片、外稃和内稃显著增长,分别为正常长度的2~3倍、5~8倍和4倍,子房转变成雪茄状的虫瘿。虫瘿初期绿色,后期呈紫褐色,长4~5mm,而正常颖果的长度仅1mm左右。被侵染的羊草则表现为植株矮小,生育期延迟,病穗呈浓绿色、短棒状,部分子房形成嫩绿色虫瘿,成熟期病穗转成深绿色,虫瘿呈褐色至黑色、长条状,外壁坚硬,内有大量幼虫。

4. **菊花叶枯线虫病** 主要为害植物地上部的花、叶、芽。线虫在叶片脉间取食,致使叶片在脉间形成黄褐色角斑或扇形斑,病斑最后变为深褐色、枯死,病叶自下而上枯死。枯死叶片下垂不脱落。花和芽受害则变畸形、变小和不开花、枯死,表面有褐色伤痕。若幼苗末梢生长点被害,则植株生长发育受阻,严重的很快死亡。

二、病 原

1. **草坪草线虫病** 病原为动物界线虫门。为害草坪草的线虫种类各地不一。温暖地区主要有细刺线虫(*Belonolaimus gracilis*)、锥线虫(*Dolichodorus* spp.)、螺旋线虫(*Helicotylenchus* spp.)和根结线虫(*Meloidogyne* spp.)等。冷凉地区重要的线虫有美洲剑线虫(*Xiphinema americanum*)、双角螺旋线虫(*Helicotylenchus digonicus*)、尖锐矮化线虫(*Tylenchorhynchus acutus*)、柱状小环线虫(*Criconemella cylindricum*)、短尾短体线虫(*Pratylenchus brachyurus*)、

花生根结线虫（*Meloidogyne arenaria*）等。

(1) 异头锥线虫（*Dolichodorus heterocephalus*）。雌虫体细长，侧区有3条侧线褐网格。头部显著缢缩，有环纹，顶面观呈4叶状，有唇盘，侧器口侧向裂，口针长50~160μm，食道腺一般不覆盖肠（偶尔略覆盖肠）。尾部对称，通常前部稍渐变细，中后部急剧变细，成尖锥状。侧尾腺口位于尾部。雄虫体小于雌虫，交合伞大，呈三叶状。寄主范围广，可为害80余种植物，包括花卉、牧草和农作物。

(2) 细刺线虫（*Belonolaimus gracili*）。侧线数不超过4条，头部连续或缢缩，有深的纵沟纹，头架退化，口针长60~150μm，针锥部长是口针长的70%~80%；食道前体部粗，与中食道球之间显著收缩。中食道球瓣发达，峡部短，后食道腺覆盖肠前端。雌虫尾呈圆柱形，端宽圆，尾长是肛门处体宽的3~5倍。雄虫交合伞伸到尾端，交合刺有缘膜。

(3) 双宫螺旋线虫（*Helicotylenchus dihystera*）。雌虫体螺旋形到直，侧体有4条刻线；头部连续到略缢缩，端圆或平，通常有环纹，无纵纹；背食道腺开口于口针基球后6~16μm处，后食道腺背腹覆盖肠；双生殖腺，对伸，有时后生殖腺退化为后阴子宫囊。有或无肛门盖或阴门膜。尾呈不对称圆锥形，背弯弧大，有或无末端腹突，有时尾圆，尾长通常为肛门处体宽的1~2倍，最长不超过肛门处体宽的2.5倍；侧尾腺口小，位于肛门附近。雄虫交合伞伸到尾端。

2. **苗木根结线虫病**　病原为动物界线虫门。常见种类有南方根结线虫（*Meloidogyne incognita*）、花生根结线虫（*M. arenaria*）、爪哇根结线虫（*M. javanica*）和北方根结线虫（*M. hapla*）。这4种线虫形态相似，但有区别，即雌虫会阴花纹的形态，雄虫和二龄幼虫的头部形态，雌虫、雄虫的口针形态均有不同。而其中会阴花纹和雄虫头部形态的区别最重要。

(1) 南方根结线虫。雌虫的会阴花纹有一明显高的方形背弓，是该种的关键特征。它由平滑至波浪形线纹组成。一些线纹在侧面交叉，但无明显的侧线。常有弯向阴门的线纹。雌虫口针的锥部明显地向背面弯曲。锥体的前端圆柱形，后半部圆锥形。杆部后端较宽。口针基球扁圆形，与杆部有明显的界线，前端有缺刻，故有时似若两个基球。雌虫头部的唇盘和中唇从顶面观呈哑铃状（中唇比唇盘宽）。在唇盘的腹面有两个突起。侧唇大，与中唇分开，并常同头区在侧面融合，但融合的面很小。头区常有不完整的环纹。雌虫口针长15~17μm。雄虫头部形态特征极明显，不易同其他种混淆。唇盘大而圆，中部凹陷，唇盘突出在中唇上方，中唇与头部等宽，头区常有2~3个完整环纹。雄虫口针顶端钝，锥部中部宽。锥部腹面有一突出部分，口针腔开口于此，约在锥部长度的1/4处（离顶端）。杆部常呈圆柱形，在近口针基球处常变窄。基球与杆部有明显的界线，前端有缺刻，扁圆形至圆形。雄虫口针长23~25μm。二龄幼虫头部顶面观有哑铃状的唇盘和中唇。唇盘小而圆，凸起比中唇稍高。侧唇和头区在等高线上，头区常具2~4条不完整的环纹。二龄幼虫全长346~463μm，尾长42~62μm，头端至口针基部14~16μm。

(2) 花生根结线虫。雌虫会阴花纹背弓扁平至圆形。弓上的线纹在侧线处稍有分叉，弓上有肩状突起。背面和腹面的线纹在侧线处相遇，并呈一个角度，是该种最重要的特征。近侧线处的一些线纹分叉，短且不规则。线纹平滑至波浪状，部分可能弯向阴门。有些花纹也可能向侧面延伸形成1~2个翼的线纹。有的会阴花纹发生变化与北方根结线虫或南方根结线虫相似。

雌虫口针独特，粗壮，锥部和杆部均宽大。杆部末端加粗，逐渐并入口针基球。基球末端宽而圆。头部的唇盘和中唇呈哑铃状。侧唇大，与中唇、头区分开。通常头区有一完整的环纹。雌虫口针长 13～17μm。雄虫头冠低，末端倾斜。它形成一个平滑的连续的结构，几乎与头区同宽。头区有 2～3 个完整的环纹。口针锥部尖，腹面腔的开口有一个小隆起。锥部的末端较杆部的前端宽很多。杆部常呈圆柱状。前端有缺刻的基球非常大，常与杆部相连，无明显界线。雄虫口针长 20～25μm。二龄幼虫头部唇盘和中唇呈哑铃状，且较长。侧唇长，位于唇盘和中唇的等高线下。头区多数无环纹。二龄幼虫全长 398～605μm，尾长 44～69μm，头端至口针基部 14～16μm。

(3) 爪哇根结线虫。雌虫会阴花纹背弓圆而扁平。侧线明显，把线纹分成背面和腹面，是该种的重要特征。无或有很少线纹通过侧线。一些线纹弯向阴门。口针与南方根结线虫的相似。但锥部朝背部弯曲不明显，并通常后部加宽。杆部仅在后端稍加宽。基球短而宽，前端常有缺刻。头部唇盘和中唇呈哑铃状。唇盘腹面有两个突起的哑铃状物。中唇通常有缺刻，似 1 对。侧唇大而长，与中唇和头区分开。头区常有一个不完整的环纹。雌虫口针长 14～18μm。雄虫头部大而平滑的唇盘和中唇融合。头冠高，与头区同宽。有些头区无环纹。口针锥部前端窄，后端很宽。杆部圆柱形，常在通向基球处变窄。口针基球短而窄，与杆部有明显界线，雄虫口针长 18～22μm。二龄幼虫头部的唇盘和中唇呈蝴蝶结状。侧唇三角形，位于唇区和中唇的等高线下。头区偶有短的环纹，但通常是平滑的。二龄幼虫全长 402～560μm，尾长 51～63μm，头端至口针基部 14～16μm，口针长 10～12μm。

(4) 北方根结线虫。雌虫会阴花纹从近圆形的六边形至稍扁平的卵圆形。背弓常扁平。侧线不明显。有些线纹可向侧面延长形成一个或两个翼。线纹平滑至波浪形。尾端区常有刻点，此乃该种的明显特征。口针比前述 3 个种的小。锥部向背部稍弯曲，杆部末端最宽。口针基部圆形，与杆部有明显界线。头部唇盘和中唇不对称。小的三角形的侧唇和腹唇融合，但与背唇分开。头区大，无环纹。雄虫头冠高，但比头区窄。口针比前述 3 个种的细而短。锥部末端通常加宽，而锥部的基部比杆部前端稍宽。A 小种的杆部在接近口针基部处加宽，基球圆并和杆部有明显界线。B 小种的口针比 A 小种的长，杆部圆柱形，在同基球连接处经常有缺刻。基球较大。二龄幼虫头部在 A、B 小种之间有些区别。在 A 小种内不同数目染色体的种群间也有某些差异，而 B 小种的种群在形态上一致。A 小种的所有种群唇盘和中唇融合，并在一个等高线上。具有不同染色体数目的种群间的差异表现在中唇形态上，具 15 条染色体的种群有峰顶状的中唇，具 16 条染色体的种群中唇长方形，具 17 条染色体的种群中唇圆形。B 小种的唇盘圆形，并高出圆形的中唇。但所有该种种群的头区都是平滑的。在我国发生在观赏植物上的根结线虫迄今报道较多的为南方结线虫，其次是花生根结线虫。

3. 剪股颖粒线虫病 病原为动物界线虫门剪股颖粒线虫（*Anguina agrostis*）。雌虫体粗，热杀死后向腹面卷成螺旋形或 C 形。角质层有细环纹。头部低平、缢缩。食道垫刃型，前体部近柱形，中后部略膨大，与中食道球连接处略缢缩。峡部细短；后食道腺近梨形，非明显叶状，不覆盖或略覆盖肠前端。单卵巢、前伸、发达，卵巢折叠 2～3 次，卵母细胞呈轴状多行排列。受精囊长梨形，与输卵管缢缩分开，子宫内常有多粒卵同时存在。后阴子宫囊长约为肛阴距的 1/2。尾圆锥形，尾端锐尖。雄虫体较雌虫细短，热杀死后向腹面弯成弓状或近直伸。精巢转折 1～2

次，精母细胞多列。交合刺较小麦粒线虫（*Anguina tritici*）的小，近端部微腹折或无腹折；引带细线形，交合伞向后伸至近端部。尾端锐尖。主要寄生各种剪股颖草（*Agrostis* spp.）及其他禾本科牧草或杂草上。

4. 菊花叶枯线虫病 病原为动物界线虫门菊花叶枯线虫（*Aphelenchoides ritzemabosi*）雌虫体较细，侧线4条。头部近半球形，缢缩，口针长约12μm，有小但明显的基部球。中食道球大，略呈卵圆形，中食道球瓣显著。后食道腺从背面覆盖肠，覆盖长度约为4倍虫体宽；神经环环绕峡部，排泄孔位于神经环后0.5～2倍体宽处。单生殖腺、前伸，卵母细胞多行排列，后阴子宫囊长于肛阴距的1/2，通常含有精子。尾长圆锥形，末端形成尾突，其上有2～4个小尖突。雄虫体前端似雌虫，热杀死后体后部向腹面弯曲超过180°，尾长圆锥形，末端形成尾突，其上有2～4个形状多样的小尖突。有3对近腹中尾乳突：第一对位于泄殖腔区，第二对位于尾中部，第三对位于尾端。单精巢、前伸。交合刺玫瑰刺形，基端无明显的背、腹突，背肢长20～22μm。

三、发生流行规律

1. 草坪草线虫病 线虫主要以幼虫为害。当草坪草生长旺盛时，幼虫开始取食为害。线虫通过蠕动，只能近距离移动。随地表水的径流或病土或病原草皮或病种子进行远距离传播。在适宜条件下，3～4周可完成一代。大多数线虫在一个生长季里可以发生若干代，但也因线虫的种类、环境条件和为害方式而异。适宜的土壤温度（20～30℃）和适度的土表枯草层是适合线虫繁殖的有利环境。而土壤过分干旱或长时间淹水或氧气不足，或土壤紧实、黏重等都会使线虫活动受到抑制。即使在冷凉地区的高尔夫球场和运动场草坪，由于经常盖沙，使土壤质地疏松，创造了有利于线虫生存繁殖的条件，所以线虫为害也很严重。

2. 苗木根结线虫病 南方根结线虫雌虫在根组织内产卵。由于线虫在根组织上分布的深度不同，有的卵产生在根组织内，有的卵产生在根组织外，内外的卵都能抵抗不良环境条件，存活时间较长。因此，病根和土壤是越冬场所。次年条件适宜时，卵即孵化。二龄幼虫在卵内发育，破卵而出时已为二龄幼虫，在土壤中活动，如遇寄主，即从根尖侵入。雌虫的幼虫阶段和成虫阶段都在寄主组织内固定寄生。雄虫的幼虫阶段在组织内固定寄生，成虫阶段可能仍留在组织内，也可能从寄主迁移到土壤中。组织内的雌幼虫发育成梨形的成虫后，经交配或不经交配都能产卵。卵孵化后的幼虫又可进行再次侵染。线虫一年可发生多代，最后又以卵在根组织和土壤中越冬。线虫的传播媒介主要是水。人的园艺操作也可传播。带线虫苗木可作远近距离传播。另外，线虫还可作近距离爬行移动。

病害的发生与温度、湿度、土质、耕作深度、前作和植物的抗病性有关。线虫对温度的适应范围较宽。越冬后的卵在土温回升到10℃以上时就可孵化侵染嫩根，土温达22～30℃时为侵染高峰期，肿瘤大量形成，在适宜温度（27～30℃）下，完成一代需17d左右，15℃低温下需57d左右。

干旱比潮湿环境下发病重。砂质土壤比黏质土壤发病重；浅耕比深耕的发病重。因幼虫主要在浅层土壤中活动，一般在10～30cm土层中，前作为寄主的比非寄主的发病重；感病品种比抗病品种发病重。据研究，高抗植物上，根结线虫的繁殖量相当于感病植物的2%或更低；在中抗植物上，其繁殖量相当于感病植物的10%~20%，而在轻抗植物上可达50%。可侵染的寄主达1500种以上。

3. 剪股颖线虫病 线虫以二龄幼虫在虫瘿中呈休眠状态度过干旱季节。在干燥虫瘿中的二龄幼虫可存活10年。虫瘿在有足够水分的田间吸水后破裂，幼虫逸出，侵染寄主植物幼苗。在秋、冬季，以外寄生方式在生长点附近取食。来年春季，寄主植物进入生殖期后，二龄幼虫即侵入正在发育的花序的花芽，并很快发育为成虫，这时受侵染小花的子房已转变成虫瘿。虫瘿中雌虫受精后产卵，卵孵化出二龄幼虫。二龄幼虫在虫瘿内进入休眠状态。二龄幼虫只有在侵入寄主的花芽后才能发育成成虫，完成其生活史。

病种子的调运是远距离传播的主要途径。在病区风、流水、农事操作等是病害扩散的重要途径。

4. 菊花叶枯线虫病 线虫可在寄主植物叶片组织内营内寄生，也可以在叶芽、花芽和生长点营外寄生生活。该线虫主要在寄主植物的芽腋、生长点、叶片及其残体上越冬。第二年春天，新叶初发期，当植物表面变得湿润时，线虫借助水膜移动到伸长的茎部、叶片，从气孔或伤口侵入。交配后的雌虫在叶片上产卵，每条雌成虫可产卵25~30粒。在17~24℃条件下，完成一个世代需10~14d。一年可以完成10个世代左右。该病害发生的适宜温度20~28℃，高湿有利于病害的发生。

菊花叶枯线虫随着植物繁殖材料和鲜切花作远距离传播；在田间通过水流、农事操作等途径传播。

四、病害控制

草坪草线虫病

（1）使用无线虫的种子和无性繁殖材料。

（2）合理的护养管理。浇水可以控制线虫病害，对草坪草线虫病可采取多次少量灌水比深灌更好。因为被线虫侵染的草坪草根系较短、衰弱，大多数根系只在土壤表层，只要保证表层土壤不干，就可以阻止线虫的发生；合理施肥，增施磷钾肥；适时松土；清除枯草层。

（3）化学防治。施药应在气温10℃以上，以土壤温度17~21℃的效果最佳。还要考虑土壤湿度，干旱季节施药效果差。熏蒸剂和土壤熏蒸剂仅限于播种前使用，避免农药与草籽接触，并且要有约2周的等待期。溴甲烷是目前一种较好的土壤熏蒸剂。草坪草播前，当温度大于8℃时可使用。每平方米用681g听装溴甲烷50~100g，不仅对线虫有很好的防治效果，还兼有防治土传病害和杀虫、除杂草的作用。棉隆和2-氯异丙醚，也是常用的杀线虫剂；3%米乐尔颗粒剂，每667m²施1.5~2.0kg，在定植前15d，沟施于土内、覆土、压实，定植前2~3d开沟放气。也可在移栽时每667m²穴施15%铁灭克颗粒剂900g。

（4）生物防治。植物根际宝（preda）能显著防治一些作物上的土传真菌病害和线虫，有较好地保护根系的作用，可用于草坪线虫的防治。

其他线虫病害控制方法基本同上。

第十六章 草本观赏植物病害

附 草本观赏植物其他病害

病名及病原	症　状	发生流行规律	病害控制
草坪草腐霉枯萎病 色藻界卵菌门 瓜果腐霉 *Pyhium apharidematum* 终极腐霉 *P. ultimum* 等	幼苗根尖呈褐色湿腐，幼苗叶片变黄稍矮；成株自叶尖向下枯萎或自叶鞘基部向上呈水渍状枯萎；病斑青灰色，边缘棕红色。根部可产生褐斑，高温、高湿条件下可使根部、根颈部和茎、叶腐烂形成枯草斑	病菌以卵孢子、菌丝体在土壤、病残体中越冬；游动孢子在植物和土壤中随自由水、灌溉和雨水近距离传播；菌丝体、病残体和带菌土壤可随工具、人和动物远距离传播，高温、高湿有利发病	合理灌溉，提倡喷灌、滴灌，合理修剪，保持草坪卫生，平衡施肥；不同草种或品种混合建植；用种重0.2%～0.3%灭霉灵或杀毒矾拌种，或用64%杀毒矾600倍液、58%甲霜灵锰锌800倍液、47%加瑞农1000倍液、72%克露800倍液喷施
草坪草镰刀菌枯萎病 真菌界半知菌亚门 黄色镰孢菌 *Fusarium culmorum* 燕麦镰孢菌 *F. avenaceum* 等	种子根发病变褐腐烂或烂芽和幼苗枯死；成株叶片发病初为水渍状枯萎斑，后变红褐色至褐色；潮湿时，发病部位生白色至淡红色菌丝体和分生孢子团；在草坪上形成圆形或不规则形枯黄斑，病区几乎全部植株发生根部、冠部、根状茎黑褐色干腐	病菌以菌丝体、厚垣孢子在土壤、枯草层中越冬，病种子可带菌传病；温度上升、湿度和营养条件适宜，病菌可产生大量分生孢子随气流传播，不断进行再侵染，导致叶斑、冠部和根部腐烂，即枯萎综合症	种植抗（耐）病品种；重施秋肥，轻施春肥，控制氮肥用量，及时清理枯草层，保持土壤pH 6～7；按种重0.2%～0.3%的乙磷铝或绿享1号等拌种；用多菌灵、灭霉灵、杀毒矾、甲基托布津喷施
草坪草全蚀病 真菌界子囊菌亚门 禾顶囊壳燕麦变种 *Gaeumannomyces graminis* var *avenae*	在夏季炎热干旱时，病株呈暗褐色至红褐色，冬季病草呈灰白色；病株根、根状茎、匍匐茎和根颈部呈深褐色至黑色腐烂，病株基部1～2节叶鞘内侧和茎秆表面产生黑色、成束的菌丝层；秋季可见黑色小颗粒即子囊壳	病菌以菌丝体附在病株组织或病残体上在土壤中越冬（越夏）。禾草的整个生育期均可受害；多雨、灌溉、积水等有利于病菌的侵染发病；病菌还可随带菌草皮和种子远距离传播	合理施肥，注意氮、磷、钾的合理搭配；及时清除发病病点，换土后补种新草皮；选用抗病品种；用粉锈宁或敌力脱、立克秀拌种或药剂处理土壤，也可用此药剂灌根等
草坪草德氏霉叶枯病 真菌界半知菌亚门 德氏霉属 *Drechslera erythrospila*、 *D. gigantea*	在早熟禾上表现叶斑、叶枯及烂种、苗腐、根腐、茎腐等；叶片上发病时初为红褐色至紫黑色水渍状椭圆斑，病斑中央褐色坏死，后变白至枯黄色，联合成大斑；在羊茅及黑麦草上呈网斑或大斑，在剪颖属呈赤斑，在狗牙根上呈环斑	病菌以分生孢子和休眠菌丝体在病组织及病残体中越冬；病种子和病土也是该病的主要初侵染源；分生孢子可通过风、雨水、灌溉水、机械或人和动物的活动等传播，一般在春秋两季发生重	选用抗（耐）病品种及无病种子；合理施肥，清洁田园；按种重0.2%～0.3%的25%三唑酮或50%福美双可拌种，寄主生长期用25%三唑酮或25%敌力脱、50%福美双、12.5%速保利喷施
草坪草弯孢霉叶枯病 病原为真菌界半知菌亚门新月弯孢霉 *Curvularia lunata* 和 棒状弯孢 *C. clavata* 等	发病草坪衰弱、稀薄、病株矮小，呈灰白色枯死，有不规则枯草斑；不同种病菌在不同寄主上症状表现有差异	病菌以菌丝体和分生孢子在寄主上越冬，在30℃左右的高温和高湿条件下发病重	防治方法同草坪草德氏霉叶枯病
草坪草喙孢霉叶枯病 病原为真菌界半知菌亚门直喙孢霉 *Rhynchosporium orthosporum* 等	叶片、叶鞘上病斑呈梭形、长椭圆形烫水渍状、云纹状，后期叶片枯死	病菌以菌丝体在寄主和病残体上越冬，分生孢子再侵染频繁。病菌喜冷凉（20℃）气候，高温、干旱不利病害发生	防治方法同草坪草德氏霉叶枯病
草坪草黑粉病 病原为真菌界担子菌亚门条形黑粉菌 *Ustilago striiformis*、 冰草黑粉 *Urocystis agopypri*	条黑粉和秆黑粉病症状：病草淡绿色，叶片变黄，生有沿叶脉平行的长条形冬孢子堆，稍隆起，初白色，后呈灰白色至黑色，破裂散出黑粉；疱黑粉症状：与前者的区别是在病叶背面形成黑色椭圆形疱斑，不破裂	病菌以冬孢子在种子、土壤、病残体或病叶中越冬，还可以菌丝在多年生的冠、茎节和叶上越冬；通过种子、水、风或其他可使病土和病残体移动的途径传播，大多为系统性侵染	种植抗病品种；适期播种和浅播，氮、磷、钾合理使用，合理灌水及清除病株等；按种重0.1%～0.3%的25%三唑酮或15%三唑醇、1%立可秀拌种

(续)

病名及病原	症状	发生流行规律	病害控制
草坪草白粉病 病原为真菌界子囊菌亚门布氏白粉菌 Blumeria graminis	主要为害叶片和叶鞘，发病部位草皮呈灰白色，像撒了一层白粉，后变灰白色、灰褐色，生长后期其上形成黑色小颗粒（为闭囊壳）	病原以菌丝体或闭囊壳在病株体内或病残体上越冬；越冬后成熟的闭囊壳释放子囊孢子，通过气流传播，在晚春和初夏侵染禾草，并不断引起再侵染；夏季高温不利病害发生	种植抗病品种及合理搭配；适时修剪；合理密植；药剂防治：新建草坪用三唑类药剂按种重的0.2%~0.3%拌种；成坪草坪用25%三唑酮1 000~2 500倍液等药剂喷施
草坪草红丝病 病原为真菌界担子菌亚门 Corticium fuciforme	草坪上形成环形或不规则形红褐色斑块；叶和叶鞘上形成水渍状，后干枯死亡，呈淡黄褐色；潮湿时，病部覆盖红色棉絮状菌丝和菌丝束	病菌以菌丝束在病叶或病残体上越冬，病菌能以节孢子或菌丝束通过流水、机械、人、畜等传播，也可以节孢子和植株病残体随风远距离传播	种植抗病品种；土壤pH保持在6.5~7.0；及时灌水，且灌透；化学防治同草坪草德氏霉叶枯病
草坪草霜霉病 病原为色藻界卵菌门大孢指疫霉 Sclerophthora macrospora	发病植株矮化、萎缩，旗叶及穗畸形，叶淡绿有黄白色条纹，潮湿时，发病部位产生稀疏白色霉层	病菌以卵孢子在土壤和病残体中越冬，也可以菌丝体在病株的叶、冠和茎上存活，随水流传播	及时排水以降低湿度；合理施肥，增施磷、钾肥；保持草坪清洁卫生；用瑞毒霉或杀毒矾等药剂拌种或喷施
草坪草壳二孢叶斑病 病原为真菌界半知菌亚门剪股颖壳二孢 Ascochyta agrostis	病叶从叶尖开始枯死，向基部延伸，致整叶受害；后期病斑上产生黄褐色、红褐色至黑色的小黑点（分生孢子器）	病菌以菌丝体和分生孢子器在病残体上越冬（越夏），伤口侵入，病菌通过风雨或由介体携带传播，有再侵染	适时修剪；增施磷、钾肥等；用代森锰锌或甲基托布津、杀毒矾等喷施防治
草坪草雪霉叶枯病 病原为真菌界半知菌亚门雪腐捷氏霉 Gerlachia nivalis 有性世代为子囊菌亚门 Monographella sp.	可引起苗腐、叶斑、叶枯、鞘腐及基腐和穗腐；冬季还可表现为红色雪霉，即病草初为污绿色水渍状，后呈砖红色或灰绿色；潮湿时，发病部位形成白色菌丝，光照后产生大量粉红或砖红色霉状物（即分生孢子）	病菌以分生孢子和菌丝体在病种子、病土和病残体上越冬；条件适宜时，病菌侵染幼芽、幼根等部位；随风、雨传播，由伤口和气孔侵入，不断引起再侵染；多雨、冷凉气候有利发病	及时清除枯草，合理灌水及排水；种植抗病品种；用多菌灵或甲基托布津等500~800倍液等喷施
草坪草黑痣病 病原为真菌界子囊菌亚门和禾谷黑痣菌 Phyllachora graminis 等	病叶表面有黑色小环形至卵圆形漆斑，稍隆起，病斑周围有褪绿晕圈	病菌可能以子囊在病叶及病残体中越冬，春季释放子囊孢子，潮湿荫蔽有利发病	参考草坪草雪霉叶枯病防治
草坪草粘霉病 病原为原生界黏菌门 Mucilago crustacean、Physarum sp. Fuligo sp.	在草坪冠层出现环形或不规则形白色或灰白色至紫褐色斑块	病菌以孢子囊在土壤或病残体上越冬，借风、雨、机械、人或动物传播扩散	用水冲洗叶片或经修剪清除孢子物质
草坪草蘑菇圈 病原为真菌界担子菌亚门的一些真菌。主要有硬柄皮伞菌 Marasmius oreades	潮湿草坪上出现环形或弧形深绿色或生长迅速的草围成的圈，有时死草圈与旺盛生长的草形成同心圆圈，降雨或大水漫灌后外层可长出蘑菇	一般沙壤土、低肥和水分不足的土壤病害严重，浅灌溉、浅施肥、枯草层厚、干旱都有利病害发生	保证土壤有足够的持水量，灌透水；土壤熏蒸，土壤更换；保持草坪清洁；可用溴甲烷熏蒸土壤

(续)

病名及病原	症状	发生流行规律	病害控制
金盏菊白粉病 病原为真菌界子 囊菌亚门菊科白粉菌 *Erysiphe cichoracearum*	叶片上出现圆形小粉团，不规则分布，后遍及全叶，使叶面覆盖一层白粉；茎上亦覆盖一层白粉；严重时，植株枯死，条件适宜时，其上可形成黑色小颗粒，即为闭囊壳	病菌以闭囊壳和菌丝在病组织上越冬，子囊孢子和分生孢子主要借风雨传播，在气候干燥，气温17～25℃时发病重	注意通风透光，控制湿度；增施磷、钾肥；保持田园卫生，减少初侵染源；用15%粉锈宁800～1000倍液或20%抗霉菌素120倍液、50%硫磺悬浮剂300倍液喷施
翠菊镰孢枯萎病 病原为真菌界半知菌亚门尖镰孢菌 *Fusarium oxysporum* 等	苗期发病形成枯萎，成株期发病枯萎由一侧向全株发展，潮湿时，主茎覆盖一层粉红色霉层，即为分生孢子	病菌以菌丝体、厚垣孢子在土壤中越冬，通过水流及土壤传播；夏季高温、多雨时最易发病，是典型的维管束病害；土壤积水、连作或有地下害虫和根结线虫会加重病情	选用抗病品种；清洁田园卫生，实行3年以上轮作；用氯化苦或福尔马林液处理土壤；用1：400的福尔马林液对种子消毒25min或用0.1%升汞液对种子消毒30min，清水冲洗后播种；生长期可用50%多菌灵或50%苯来特500倍液灌根
大波斯菊单囊壳白粉病 病原为真菌界子 囊菌亚门棕丝单囊壳 *Sphaerotheca fusca*	在叶片、叶柄、茎及花萼上初散生白色圆形粉斑，后愈合成片，后期其上生暗褐色小颗粒，为闭囊壳	病菌以闭囊壳在病残体或菌丝体在病组织上越冬；次年春季，子囊孢子和分生孢子借气流传播，进行初侵染和再侵染	合理密植，合理施肥；可用15%粉锈宁800～1000倍液或10%施宝灵悬浮剂1000倍液、50%苯菌灵1000～1500倍液喷施
凤仙花内丝白粉病 病原为真菌界子 囊菌亚门凤仙花科内丝白粉菌 *Leveillula balsamina*	叶片上形成白色毡状斑，愈合成片；茎、花蕾及蒴果上生白色粉层，后期其上生黄色至黑褐色小颗粒，为闭囊壳	病菌以闭囊壳和菌丝体在病残体及种子内越冬；幼苗出土后，在20℃以上时可侵染；靠风雨传播。高温、高湿发病严重	合理密植，及时清除病株及病残体；可用15%粉锈宁1000～1200倍液或70%甲基托布津1000倍液、50%苯菌灵1500倍液喷施
矮牵牛灰霉病 病原为真菌界半知菌亚门灰葡萄孢 *Botrytis cinerea*	花瓣上形成圆形或不规则形淡褐色斑点，后扩展到整个花冠呈黑褐色花腐，其上生灰色或褐色霉层	病菌以菌丝体和菌核在病残体上越冬，分生孢子随气流传播，从伤口侵入，有再侵染，低温、潮湿易发病	加强通风透光，控制温、湿度，及时清除病残体；用1%波尔多液或65%代森锌800倍液、50%苯菌特1500倍液、50%杀霉灵800倍液、65%甲霉灵1000倍液喷施
一串红疫霉病 病原为色藻界卵菌门烟草疫霉（异名寄生疫霉菌） *Phytophthora nicotianae*	茎基部先发病，初呈暗绿色不规则斑点，后变黑色，病健交界不明显；严重时，茎基部腐烂，植株萎蔫；在叶缘及叶基形成近圆形或不规则形水渍斑，潮湿时，有白色霉层产生	病菌以卵孢子在土壤中的病残体上越冬，卵孢子和游动孢子由灌溉水和雨水传播，高温、高湿利于发病	合理密植、排灌；用70%五氯硝基苯8～10g/m² 或90%敌克松2～3g/m² 处理土壤，用66.5%普力克70～80倍液灌根，用65%代森锌600倍液或64%杀毒矾400倍液、58%雷多米尔-锰锌喷施
百日菊灰霉病 病原为真菌界半知菌亚门灰葡萄孢 *Botrytis cinerea*	花序、花瓣上形成水渍状褐色小斑，后扩展到整个花序，呈黑色花腐；潮湿时，其上生绒毛状灰色霉层	病菌以菌丝体和菌核在病残体上越冬；分生孢子随气流传播，从伤口或衰老、枯死组织侵入；有再侵染，低温、高湿利于发病	同矮牵牛灰霉病
君子兰细菌性软腐病 为细菌界普罗特斯门欧氏杆菌 *Erwinia chrysanthemi*	病害主要发生在叶和茎上；叶片多从叶基开始发病，病斑暗绿色，水渍状，不规则形，可沿叶脉向上扩展，导致叶片腐烂；在茎基部初为暗绿色水渍状小斑点，组织变软腐烂，导致整株倒伏；病害可向根部扩展，使根腐烂	病菌在病残体内越冬，靠雨水和灌溉水传播，多从伤口侵入；在夏季高温、多雨时发病严重，盆栽君子兰淋水过多、盆土积水、管理不善，病情加重	避免造成伤口，忌浇水太多；及时清除病部后用0.1%高锰酸钾溶液或链霉素、青霉素涂抹病部或喷施

（续）

病名及病原	症状	发生流行规律	病害控制
虎头兰盾壳霉轮斑病 病原为真菌界半知菌亚门同心盾壳霉 *Coniothyrium concentrium*	叶片上初呈黑褐色小点，后呈长形或不规则形大斑，中部灰褐色，边缘黑褐色，其上生黑色小颗粒，为分生孢子器	病菌以分生孢子器在病组织中越冬，温、湿度适宜时，产生的新分生孢子靠风雨传播，高温、高湿易发病	提高植株抗病力，忌浇水太多，清除病残体；用10%世高3 000倍液或70%代森锰锌500倍液、75%百菌清600倍液喷施
大丽花细菌性青枯 为细菌界普罗特斯门青枯劳尔氏菌 *Ralstonia solanacerrum*	植株地上部突然萎蔫，茎基部软腐，皮层易剥离，小根及块根上呈褐色腐烂，有臭味，维管束呈黄褐色	病菌在病残体及土壤中越冬。病菌由水流传播，水滴的飞溅也可传病，病菌由伤口侵入；高温高湿利于发病，连作、病土重复使用加重病情	使用无病苗，及时清除病残体；忌喷灌，增施钾肥，轮作；可用农用硫酸链霉素或DT杀菌剂等药液灌根
草坪草腥黑穗病 病原为真菌界担子菌亚门小麦矮腥黑粉菌 *Tilletia controvesa* 和印度小麦腥黑粉菌 *T. indica*	羊茅草感病后植株矮化，花序、小花变短，黑色颗粒不易脱落，雀麦草感病后花序紧密，小穗变宽，病粒外形饱满	病菌以冬孢子在种子上或土壤中越冬，秋季温、湿度适宜时孢子萌发，侵染出土的寄主幼苗	杜绝从病区引种，严格进行种子检疫
草坪草细菌性萎蔫病 病原为细菌界普罗特斯门甘蓝黑腐黄单胞杆菌 *Xanthomonas campestris*	叶片发病初为蓝绿色，后皱缩呈红褐色至紫色，枯死，植株萎蔫	病菌在病残体或病草上越冬，主要以伤口入侵，还可通过自然孔口（气孔、水孔）侵入，春秋凉爽而潮湿的天气有利发病	选用抗病品种；及时排水，合理施肥；药剂防治：喷施抗菌素如土霉素、链霉素等
百合疫霉病 病原为色藻界卵菌门恶疫霉 *Phytophthora cactorum*	根茎处初呈浅褐色水渍状病斑，沿茎秆扩展呈湿腐状，后发病部位暗褐色缢缩，植株枯萎倒伏；叶片发病时，初呈浅褐色水渍状，向叶尖扩展，潮湿时其上生白色霉层	病菌在土壤中及病残体上越冬；孢子由水流传播，可通过病鳞茎扩散传播；低洼积水、鳞茎伤口多时易发病，排水不良、春季多雨时发病重	高畦栽培，及时排水，轮作；及时清除发病植株并用敌克松浇灌；用70%五氯硝基苯5~10g/m² 或75%敌克松4~6g/m²处理土壤
福禄考壳针孢白斑病 病原为真菌界半知菌亚门天蓝绣壳针孢 *Septoria phlogis*	叶片上产生红褐色或褐色圆形水渍状病斑，后扩大呈多角形，且中央组织变白，其上生许多小黑点；潮湿时，叶背生白色霉状物	病菌在枯枝、落叶上越冬，由风雨及水滴滴溅传播；雨水多、喷灌等易发病，植株密度大、通风不良时发病重	清除病残体，减少初侵染源；合理密植，忌喷灌，及时排水；可用200倍波尔多液或75%百菌清800倍液喷施
鸡冠花轮纹病 病原为真菌界半知菌亚门的一种小尾孢 *Cercosporella* sp.	叶片上初生褐色小点，后扩大呈圆形、椭圆形或不规则形病斑，略显轮纹，网眼状，中央黄白色，边缘深褐色，病斑上生灰白色至褐色霉状物	病菌在病株及病残体上越冬	适当密植，增施有机肥，清沟排湿，摘除病叶；可喷施0.5%波尔多液或50%托布津500~800倍液
蜀葵灰斑病 病原为真菌界半知菌亚门蜀葵尾孢菌 *Cercospora althaeina*	在叶片上形成圆形、多角形或不规则形灰褐色病斑；潮湿时，病斑上生灰黑色霉层，后期穿孔	病菌以菌丝块在病组织中越冬，以分生孢子传播，植株过密、风雨多和潮湿条件易发病	彻底清除病残体，减少初侵染源，合理密植；用代森锰锌500倍液或多菌灵800倍液喷施
紫罗兰白锈病 病原为色藻界卵菌门白锈菌 *Albugo candida*	叶片正面产生淡黄色至褐色病斑，背面形成白色疱斑，破裂后散出白色粉状物	病菌在种子、病残体中越冬，病菌可为害多种十字花科植物	选用无病种子或抗病品种；清除病残体，减少初侵染源；用72%克露800倍液或70%乙锰500倍液、69%安克锰锌1 000倍液喷施

(续)

病名及病原	症　状	发生流行规律	病害控制
紫罗兰根肿病 病原为原生界根肿菌门芸薹根肿菌 *Plasmodiophora brassicae*	植株根部受害,产生不规则形的肿瘤,病株生长不良,重则死亡	病菌休眠孢子囊在土壤中越冬,病菌可为害多种十字花科植物	选用抗病品种;选用无病土,改良土壤,实行7年以上轮作、及时排水等;用种重0.3%的拌种双拌种,用20%甲基立枯磷1 000倍液灌根
向日葵细菌性叶斑病 病原为细菌界普罗特斯门丁香单胞菌向日葵变种 *Pseudomonas syringae* pv. *helianthi*	叶片上初生水渍状小点,后扩大为紫黑色至黑褐色多角形病斑,周围有黄绿色晕圈	病菌在病残体及土壤中越冬,病菌生长适温27~28℃,病害主要发生于夏季	使用无病苗,忌喷灌,及时排水,清除病残体,增施钾肥,轮作;可用农用硫酸链霉素等等杀细菌药液防治
兰花圆斑病 病原为真菌界半知菌亚门一种柱盘孢 *Cylindrosporium* sp.	叶片上初生红褐色小斑点,后扩展成圆形或半圆形黑褐色斑,中央褐色,边缘黑褐色,病斑上有浅色轮纹和黄色小点	病菌以菌丝体和分生孢子在病组织中越冬,土壤板结、花盆放置过密、通风透光不良等均有利发病	选用无病繁殖材料;彻底清除病残体,减少初侵染源;用200倍波尔多液或75%百菌清800倍液喷施

第十七章 木本观赏植物病害

第一节 根癌病

根癌病（crown gall）又称冠瘿病，为一种世界性病害。具有分布广、寄主多、为害严重等特点。据国外报道，其寄主多达138科1 100余种植物。包括许多森林、经济林、观赏植物，特别在蔷薇科、杨柳科植物上最为常见。如樱花、梅、李、桃、丁香、杨、柳、大丽花、葡萄、茶、柑橘等。感病植物根系出现瘤状癌变，地上部生长缓慢，枝条干枯，甚至死亡，对苗木和幼树影响很大。有些苗圃幼苗感染率达90%~100%。该病为国内森林植物检疫对象。

一、症　状

苗木、幼树、大树均可发病。主要发病部位在根颈处、嫁接口，有时也发生在主根、侧根和地上部的主干、枝条上。在发病部位，开始时仅出现近圆形、浅黄色的小瘤，表面光滑，质地柔软。随着苗木的生长，病瘤逐渐增大成不规则块状，在大瘤上又生出许多小瘤，表面粗糙，质地坚硬，深褐色。后期病瘤外皮脱落，露出突起状的木质化瘤状物。数目从1~2个，多时可达几十个不等，大小差异大。小的如豆粒，大的似拳头。嫁接苗木以砧穗结合部发生较多，也最明显。植物感病后地上部生长衰弱，发芽迟缓，植株矮小，叶片黄化脱落，枝条枯萎，甚至整株枯死。此外，有些植株在主干上或主枝分杈处上发生，长较大的癌瘤状物。

二、病　原

病原菌为细菌界普罗特斯门土壤杆菌属根癌土壤杆菌（*Agrobacterium tumefaciens*）。菌体短杆状，大小$1\sim3\mu m\times0.4\sim0.8\mu m$，有1~4根周生短鞭毛。有些菌系无鞭毛，有荚膜。在液体培养基表面产生一层白色或淡黄色的菌膜；在固体培养基上能产生湿润的半透明菌落。菌落小而圆，白色，稍突起，革兰氏染色阴性。生长发育最适温度25~30℃，最高37℃，最低10℃，致死温度51℃，10min。最适pH7.3。

三、发生流行规律

根癌细菌可在病瘤组织内或土壤中寄主植物的残体上存活1年以上。病菌可由灌溉水、雨水、插条和嫁接工具、起苗和耕作的农具以及地下害虫传播；远距离传播多由带菌苗木和插条的运输。嫁接或人为因素造成植株的伤口是病菌侵入的主要途径。侵入后的病菌在皮层的薄壁组织间隙中繁殖，刺激细胞加快分裂，形成癌瘤。其致病机制是病菌诱癌质粒（Ti-plasmid）上的一段产生植物生长激素的 T-DNA 整合到植物染色体的 DNA 上，随着植物的生长代谢，刺激植物细胞的异常分裂和增殖，从而形成癌瘤。从病菌侵入到症状出现，一般需数周至一年以上的时间。

病菌侵染植物与土壤温度、湿度关系密切。据番茄上接种试验，癌瘤形成以 22℃ 时为最适宜，18℃ 以下或 26℃ 时形成癌瘤细小，在 28~30℃ 时癌瘤不易形成。

病害发生适合偏碱性的土壤。当土壤 pH 5 以下时，不能发病。此外，土质黏重、排水不良、地下害虫、线虫为害重时，增加侵染机会，有利病害发生。苗木嫁接部位、接口大小及愈合快慢均影响发病。

四、病害控制

1. **加强苗木检验检疫，把好产地检疫关** 禁止病苗的调运，田间发现病苗应立即拔除，集中烧毁。

2. **精选圃地，避免连作** 选择未感染根癌病的地区建立苗圃，如果苗圃地已被污染需进行 3 年以上的轮作，以减少病菌的存活量。

3. **加强栽培管理** 耕作中尽量减少根部伤口形成，土壤偏碱可适当施用酸性肥料或增施有机肥。加强园地开沟排水，降低土壤湿度。地下害虫和线虫为害地块应及时进行防治，减轻发病。

4. **物理防治** 热处理可使病菌失去 Ti 质粒，丧失致病性。对不同种类、不同地块的种苗，可试用不同的温度和时间进行处理。

5. **化学防治** 对怀疑病苗可用 1%~2% 硫酸铜 100 倍液浸泡 5min，再放入氢氧化钙 50 倍液中浸泡 1min。也可用链霉素 100~200 倍液浸泡 20~30min，用清水冲洗后再栽植。病圃土壤进行土壤消毒，可施用硫磺粉、硫酸亚铁或漂白粉，每公顷 7.5~22.5kg。

6. **外科治疗** 对于初发病病株，用刀切除病瘤，然后用石灰乳或波尔多液涂抹伤口，或用甲冰碘液（甲醇 50 份、冰醋酸 25 份、碘片 12 份），或用二硝基邻甲酚钠 20 份、木醇 80 份混合涂瘤，可使病瘤消除。

第二节 紫纹羽病

紫纹羽病（violet root rot）又称紫色根腐病。分布广，被害植物达 45 科，76 属，100 多种。主要为害松、柏、刺槐、榆、杨、桑、柳、山茶、葡萄、柑橘等。此病引起根部皮层腐烂，植株枯死。

一、症　状

病树从小根开始发病，逐渐蔓延至侧根及主根，甚至到树干茎基部，皮层腐烂，易与木质部剥离。病根及干基表面有紫色网状菌丝或菌索，有的形成一层质地较厚的毛绒状紫褐色菌膜，如膏药状贴在茎基处，夏季其上形成一层很薄的白粉状孢子层。在病根表面菌丝层中有时还有紫色扁球状的菌核。病株地上部生长衰弱，顶梢不抽芽，叶短小，发黄，皱缩并卷曲，枝条干枯，最后全株枯萎死亡。

二、病　原

病原菌为真菌界担子菌亚门紫卷担菌（*Helicobasidium purpureum*）。病菌营养体在寄主组织中发育，呈无色或浅色，在寄主根表面呈紫红色，常聚集形成菌索，呈绒毛状。病菌可形成菌核。菌核半球形，内部白色，外部紫红色。夏季在湿热条件下紫褐色菌丝层上产生担子和担孢子。担子圆筒形或扁平形，无色或有色，显著向一旁弯曲。担孢子长卵圆形、卵形、肾脏形，基部弯曲而细，大小 $10\sim35\mu m \times 5\sim8\mu m$。

病菌在 $8\sim35$℃ 均可生长，但以 $20\sim29$℃ 为最适宜。对 pH 的适应范围很广，但以 pH5.2~6.4 最适。病菌具有很强的果胶酶活性。病菌在黑暗条件下生长比在有光条件下生长要快。

三、发生流行规律

病菌的菌核、菌丝束在土壤或病根组织上越冬。次年春条件适宜产生菌丝体，侵入植株新根幼嫩组织，溶解寄主细胞中胶层，使根部细胞内原生质分离收缩，最后细胞死亡，病根皮层腐烂。根部表皮形成新的菌丝体，向茎基部土面扩展。

病菌主要通过病健部的接触或流水、农具在田间传播。但也可以担孢子经风雨进行传播，但作用较小。带病苗木调运是造成远距离传播的主要途径。

凡地势低洼、园地管理不良、排水不畅、土质黏重、树势衰弱、地表阴湿的园地发病较重。该病全年以 6~8 月高温、高湿期发病最盛，田间往往有明显的发病中心。幼树感病后迅速死亡，成龄树往往需要一年或数年后才死亡。

四、病害控制

1. **圃地及栽培地的选择**　以排水良好、土壤疏松的地块育苗和栽植为宜；重病区土壤可用多菌灵消毒，或与禾本科植物轮作 3~5 年后育苗或造林。
2. **严格检查苗木，防止带病苗扩散**　可疑苗木用 20% 硫酸铜液浸根 5min，或用 20% 石灰水浸根 30min。
3. **外科治疗**　感病初期，可将病根全部切除，切面用 0.1% 升汞水消毒，周围土壤可用 20% 石灰水或 25% 硫酸亚铁浇灌或用多菌灵消毒。

第三节　根颈腐烂病

银杏茎腐病是银杏苗期常见病害。该病在长江流域以南各地都有发生。该病可为害 20 多种幼树。其中以银杏、香榧、杜仲、鸡爪槭、侧柏、水杉、大叶黄杨、马尾松、刺槐受害最重。1年生银杏苗感病后死亡率有时达90%以上。随着苗木的增长，抗病力逐渐增强，病害也随之减少。

棕榈腐烂病又称干腐病、枯萎病。分布上海、浙江、湖南等地。

一、症　　状

银杏幼苗发生茎腐病病初期，感病株茎基部产生水渍状褐色病斑，随即包围全茎，并迅速向上扩展，顶叶失绿变黄，稍向下垂，顶芽枯死，但不脱落。有的植株病部皮层肥肿，与木质部脱离，内皮层腐烂成海绵状或粉末状，灰白色或褐色，其内产生许多黑色小菌核。有的树种病部皮层紧贴茎上，不易剥离，皮层与木质部之间也产生许多黑色小菌核。最后病斑向根部扩展，使根部皮层腐烂，植株逐渐枯死。

棕榈腐烂病有两种症状类型。①心腐型：感病株心叶灰黄色，无光泽，茎部变褐腐烂，心叶轻拿即脱落。②干腐型：该类型发生在成年树，病树外围局部变黑褐色，因受苞片包围，很难辨认。病部扩展绕树体一圈，叶片枯萎下垂整株死亡。主干部横断面变色，有烂梨气味，潮湿环境下，截面次日生长出大量白色菌丝。

二、病　　原

银杏茎腐病病原菌为真菌界半知菌亚门菜豆壳球孢菌（*Macrophomina phaseolina*）。病菌分生孢子器球形，暗褐色，分散，埋生于寄主组织内。分生孢子器直径90～280μm，孔口乳突状。分生孢子无色，单胞，圆柱形至纺锤形，表面光滑，薄壁，大小14～30μm×5～10μm。菌核黑色，坚硬，表面光滑，直径50～300μm。还可寄生豇豆、菜豆、棉花、花生、向日葵、番茄、烟草等多种植物，引起炭腐病。病菌在银杏苗木上只产生菌核，一般不产生分生孢子器。病菌在马铃薯蔗糖琼脂基上最适生长温度30～32℃，在30℃下培养48h，菌落直径达70mm以上，2～3d后即形成大量的菌核。最适pH 4～7。

棕榈腐烂病病原为半知菌亚门宛氏瓶梗青霉（*Paecilomyces variotii*）。病菌菌落淡褐色或黄褐色，索状，间为絮状。小梗瓶状或稍膨大，轮状分枝，或生于短侧枝上，大小15～20μm×3μm。分生孢子串生，形成长链，椭圆形至梭形，大小5～7μm×2.5～3.0μm，略呈黄色，壁光滑。

三、发生流行规律

银杏茎腐病菌为土壤习居菌，主要在土壤中存活。病残体上或土壤中的菌核是初侵染源。幼苗生长期茎基有伤口，病菌则侵入寄主，在皮层下生长繁殖，使其腐烂。该病主要在夏秋高温季节发生，夏秋间高温和日晒使土壤温度升高，幼树茎基部受高温灼伤，为病菌侵入创造条件。因而病害一般在梅雨季节结束后15d左右开始发生，以后逐步增加，至9月逐渐停止发展。病害的严重程度取决于7～8月的气温状况。苗床低洼积水、管理粗放、生长势弱、抗病力差、发病重。

棕榈腐烂病菌以菌丝体在病株体内越冬。翌年条件适宜时产生分生孢子,由枝干部伤口侵入,潜育期4个月,5月开始扩展,6~8月为发病高峰期,10月底后逐渐下降,气温过低,剥棕过多,影响树木生长,均易感病。

四、病害控制

1. 加强管理,降低土温,防止水分蒸发 夏季盖草遮阳,苗床搭设荫棚,减少伤口,降低发病率。施用有机肥料做基肥或追肥,可促进植物健康生长。同时,也可影响土壤中颉颃微生物种群变化,抑制病菌生长蔓延。

2. 利用抗病树种 与抗病树种感病树种混栽,也是一种防治的方法。

3. 药剂防治 土壤消毒可在苗床每 $667m^2$ 施 20~25kg 硫酸亚铁,15d 后再播种。苗木感病的也可喷 1% 硫酸亚铁液,隔 3d 再喷 1 次。6~9月发病期还可喷 50% 多菌灵可湿性粉剂 800 倍液,或 2.5% 适乐时悬浮剂 1 000 倍液。

第四节 杨树溃疡病

杨树溃疡病(poplar canker)为我国杨树上重要枝干病害,分布普遍,为害严重。目前已遍布我国杨树种植区。该病除为害杨树外,还能为害核桃、刺槐、梧桐、榆树、苹果等多种树种。被害植株,轻则影响生长,重则枯梢,甚至整株死亡。

一、症 状

该病主要为害树干和主枝。幼苗和成株均受害。幼树受害在树干的中、下部,成株则为害主枝的中、上部。病部症状最初在枝干表皮出现褐色、水渍状圆形或椭圆形病斑。病斑直径约为1cm,质地松软,随后流紫红色汁液。有时病斑呈水渍状,表皮凸出,水泡破裂后,流淡褐色液,后呈黑褐色。后期病部下陷,呈灰褐色,中央纵向裂缝,以后皮层腐烂,呈黑褐色。病部表皮产生小黑粒点,突破表皮外露,此为病菌无性繁殖体。此外,溃疡病还表现小斑形(病部直径2~3cm)、大斑形(直径为5~6cm)的症状类型。

枝干被害后,一般造成皮层坏死,树皮纵裂,重者病斑密集,愈合连片,病部变褐腐烂,绕枝干一周后常引起上部枝干枯死。秋后在病斑处长出较大黑点,即病菌有性繁殖体。

二、病 原

为真菌界子囊菌亚门茶藨子葡萄座腔菌属病菌(*Botryosphaeria ribis*)。无性态为半知菌亚门聚生小穴壳(*Dothiorella gregaria*)。病菌子座埋生于寄主表皮下,黑色、炭质。子囊腔生于子座中,单生或聚生,扁球形或洋梨形,暗黑色,具乳突状孔口。子囊束生,棍棒状,双层壁,易消解,有拟侧丝。子囊孢子8个,双列,单胞,无色,椭圆形。无性繁殖产生分生孢子器,单生或聚生于子座内，有明显孔口。分生孢子单胞，无色，长椭圆形至纺锤形。病菌生长温度为13~38℃，最适为25~30℃，在pH为3.5~9时均能生长，但以pH6最适宜。

三、发生流行规律

病菌主要以菌丝体或未成熟的子实体，在病组织中越冬。温暖地区也可以分生孢子、子囊孢子在病组织内越冬。次年春气温在10℃以上，病菌开始生长发育，造成明显病斑。然后，病菌产生孢子经风雨传播，经寄主表皮伤口侵入，也可通过皮孔或直接侵入寄主组织，经1个月潜育期后，表现新病斑。病部产生分生孢子进行再侵染。该病菌在秋末后可进行有性繁殖，然后进行越冬。

该病在各地发生时期不尽相同。北京地区4月上旬开始发病，5月中、下旬至6月上旬为发病高峰期，7~8月病情减慢，9月再次出现高峰。10月逐渐停止发展。南京地区3月下旬始病，4~5月为发病高峰，10月又略有发展。东北地区则在4月中旬才开始发病。

杨树溃疡病的发生与温度、湿度、降雨量有密切的联系。当月平均温度在10℃以上，相对湿度在60%或小雨过后，病害开始发生。月均温度在18~25℃，相对湿度在80%以上时，病情迅速发展。先年冬季气温高，次春发病提早，反之病害发生推迟。

该病发生与树干皮层组织中含水量关系密切。含水量低，发病率高。苗木在假植、运输、移栽过程中，失水越多，移栽后灌水不及时，发病就越严重。主要原因是与树皮组织中抑制物质邻苯二酚对羟基苯甲酸等酚类物质的含量有关。这些物质在含水量高时，酶的活性也高，因而在树皮膨胀度高于80%以上时，植株抗病力较强，不易感染溃疡病。

不同品种对溃疡病的发生也有明显差异。一般光皮树种发病重，粗皮树种发病轻。毛白杨、新疆杨、银白杨抗病；沙兰杨、箭杨、I-214杨等较抗病；青杨、大官杨、北京杨、加青杨高度感病。

不同树龄抗病性，以4~12年生苗木和幼树发病多，3年以下苗木及15年以上大树发病少或不发病。

病菌具有潜伏侵染特性。据研究表明，苗木枝条带菌可达65%以上，因而在栽培管理措施上加强树体培育，减轻病害发生。同时也应重视苗木带菌的远距离传播。

四、病害控制

对该病重点在于预防，将速生丰产与保健防病紧密结合起来。

1. **培育健壮苗木，建立卫生苗圃** 苗木是主要侵染源，对重病区的苗木要严加处理，严格实行苗木消毒，杜绝病苗传播。

2. **选用抗病树种** 适地适树，以发挥树体自身的抗性。

3. **苗圃插条消毒** 可用苯来特100倍液浸枝2~3h，或用代森锰锌200~300倍液浸24h，消毒处理。起苗运输、假植、定植时，尽量减少树干、根系损伤，尽量减少苗木失水和运输时间。定植前用水浸根，定植时根部用萘乙酸处理促使生根并加吸水剂，地面覆盖地膜，防止土壤水分散失，树干喷高脂膜。定植后及时灌水，保证及时成活，减轻病害发生。

4. **加强管理** 改善生长条件，冬季剪除病枝，春季树干涂白。

5. **药剂防治** 以秋防为主，春秋结合进行。药剂以主干喷洒，阻止病菌侵入和蔓延。药剂种类可在高峰期选用1%石灰等量式波尔多液、50%多菌灵可湿性粉剂、70%甲基托布津可湿性粉剂500倍液、80%抗菌剂402的200倍液，效果较好。

第五节 松疱锈病

松疱锈病（pine blister rust）又名干锈病，是世界性的危险性病害，列为国内检疫对象。我国红松、华山松、乔松、新疆五针松均发病，影响观赏效果。

一、症　　状

该病发生于枝干皮层。发病初，感病皮层部略肿变软，5月初开始出现裂纹，并从中长出黄白色疱囊，此为病菌的锈孢子器。6月上、中旬锈孢子器成熟呈橘黄色。从5月中旬起，疱囊不断破裂散出锈孢子，最后留下白色膜状包被，并逐渐散落消失。至6月下旬，大部分疱囊破散，病树皮层粗糙，且表生一层黑色煤污状物。经多年感病后，皮层加粗变厚，并流出松脂。8月下旬至9月初，病部溢出蜜滴，初为乳白色，后呈橘黄色。剥下表皮，可见皮层内生性孢子器，干后呈血迹状，暗红色。

二、病　　原

为真菌界担子菌亚门茶藨子柱锈菌（*Cronartium ribicola*）。性孢子器生于枝干皮层下，蜜黄色。锈孢子器在受害枝的肿瘤部，圆形或长椭圆形，8mm×2～3mm，橙黄色，包被细胞41～61μm×15～38μm，无色。锈孢子短椭圆形，22～36μm×16～27μm，壁有小瘤状突起。

病菌为转主寄生菌。夏孢子和冬孢子在转主寄主茶藨子或马先蒿植物叶片上发生。夏孢子堆生于叶背，直径0.1～0.3mm，鲜黄色。夏孢子椭圆形或卵形，19～35μm×14～23μm，无色，壁上有粗刺。冬孢子堆也生于叶背，圆柱形，长2mm，宽120～190μm，弯曲，初呈黄色，后变褐色。冬孢子长椭圆形，30～76μm×10～20μm，壁无色，平滑，厚2～3μm。

三、发生流行规律

病菌7月下旬在转主寄主上产生冬孢子，8月中、下旬至9月初陆续萌发产生担子和担孢子。担孢子借风雨传播到松针上，萌发，并由气孔侵入，个别可从嫩枝侵入，菌丝不断蔓延至枝干皮层中，经2～3年后，在枝干皮层部出现病斑。8~9月产生性孢子，受精后继续在病部扩展为害。次年春季在病部产生锈孢子器和锈孢子，病枝上可年年产生锈孢子。锈孢子借气流再传播到转主寄主上，萌发后从气孔侵入，经10～11d即可产生夏孢子，进行再侵染，以后产生冬孢子。树木周围若杂草丛生，尤以茶藨子、马先蒿寄主多时，树木上病害发生严重。

四、病害控制

1. **严格实行植物检疫** 检验苗木并杜绝使用病苗。
2. **清除转主寄主** 用莠去净、杀草丹等除草剂喷施树林周围 500m 范围内的杂草等。
3. **病部治疗** 幼树感病用松焦油原液涂刷病部，杀灭锈孢子，连续 2~3 年，病树可恢复。
4. **适时修剪** 为该病的有效防治措施。

第六节 枝干枯萎病

黄栌又名红叶，深秋全叶变红，艳丽可爱。北京香山红叶即为本种，是我国北方重要的秋季红叶观赏树种。黄栌枯萎病是香山红叶的重要病害，轻者影响红叶观赏，重者整株死亡。病原寄主广泛，能侵染 70 多类树木种、变种及多种灌木。

合欢枯萎病又名干枯病。国内北京、河北、南京、济南等地的苗圃、绿地、公园、庭院均可发生。该病是一种毁灭性病害。严重时，造成树木枯萎死亡。国外美国有流行报道。

一、症 状

黄栌枯萎病感病后叶部表现两种萎蔫类型。

1. **黄色萎蔫型** 感病叶自叶缘起叶肉变黄，逐渐向内发展至大部或全叶变黄，叶脉保持绿色，部分或大部分叶片脱落。
2. **绿色萎蔫型** 发病后感病叶表现失水状萎蔫，自叶缘向内干枯卷曲，但不失绿、不落叶，2 周后变焦枯，叶柄皮下可见黄褐色病死线纹。

根、枝横切面皮层形成完整或不完整的褐色条纹，剥皮后可见褐色坏死线。重病枝条表现水渍状，花序萎蔫、干缩，花梗皮下可见褐色坏死线，种皮变黑。

合欢枯萎病幼苗发病，根及茎基软腐，植株生长衰弱，叶片变黄，以后逐渐扩至全株，造成全株枯死。成龄树感病，枝叶失水枯萎，叶片脱落，枝干逐渐干枯。在病树枝干横截面可见圈状变色环。夏末秋初，感病枝干皮孔肿胀呈隆起的黄褐色圆斑。湿度大时，皮孔中产生肉红色或白色粉状物。

二、病 原

两病的病原菌均属真菌界半知菌亚门。

黄栌枯萎病为大丽轮枝菌（*Verticillium dahliae*）。病菌菌丝有分隔，多次分枝。分生孢子梗直立，具隔膜，分枝常由 2~4 层轮生，分枝末端和主枝顶端产生产孢细胞。分生孢子连续产生，常聚集为易分散的孢子球。孢子球无色或淡色。分生孢子单胞，长椭圆形，无色，大小 2.3～9.1μm×1.5～3.0μm。病菌可产生微菌核。生长适温 22.5℃，最适 pH5.3～7.2。可寄生大丽菊、棉、向日葵等多种植物，引致黄萎病。

合欢枯萎病为尖镰孢菌合欢专化型（*Fusarium oxysporum* f.sp. *perniciosu*）。病部产生的肉红色粉状物即为病菌的分生孢子座和分生孢子。分生孢子有两种类型，即大型分生孢子纺锤形或镰刀型，两端尖，成熟后多具 3 个隔膜，大小为 20.8～42.9μm×3.3～4.9μm。小型分生孢子圆筒形至椭圆形，大小 5～12μm×2.5～3.5μm。

三、发生流行规律

黄栌枯萎病病原为土传病菌，通过病健根残体接触传播。病菌在土壤中病残体上存活至少 2 年。可直接从苗木根部侵入，也可通过伤口侵入。发病速度及严重度与根系分布层中病菌数量呈正相关。过量施用氮肥会加重病害发生，增施钾肥可缓解病情。

合欢枯萎病为系统侵染性病害。病菌随病株或病残体在土壤中越冬。翌春产生分生孢子，从寄主根部伤口直接侵入，也可从枝干皮层伤口侵入。从根部侵入的病菌在根部导管向上蔓延至枝干、枝条导管，造成枝枯。从枝干伤口侵入的病菌，最初树皮呈水渍状坏死，后干枯下陷。发病重时，造成黄叶、枯叶、根皮、树皮腐烂，以致全株死亡。

高温、高湿有利病菌的繁殖和侵染，暴雨有利病害的扩散，干旱缺水也促使病害发生。干旱季节幼苗长势弱的 5～7d 即可死株，长势好的表现局部枯枝，死亡速度较慢。

四、病害控制

1. **消灭初侵染** 挖除重病株并烧毁。合欢枯萎病发现病枝及时剪除，感病苗木立即挖除，并用 20% 石灰水消毒土壤。
2. **栽培防病** 栽植抗病品种；选择地势高、土壤肥沃、排水良好的地块作苗圃；栽种后的苗木应合理施肥和灌溉，雨后及时排水，提高树体自身的抗病性。
3. **药剂防治** 发病轻的及时用药液淋蔸或涂干。药剂种类有 10% 万枯灵水剂 300 倍液，每平方米浇药液 2～3kg、40% 多菌灵胶悬剂 500 倍液、50% 甲基托布津 800 倍液、50% 代森铵 400 倍液浇根部。
4. **土壤熏蒸** 用熏蒸剂处理土壤后，再种植。

第七节 樟子松枯梢病

樟子松枯梢病（manchu die-back）又名梢枯病。分布世界各地。为害辐射松、湿地松、长叶松、火炬松。还为害冷杉、南洋杉、美国扁柏、地中海柏、欧洲云杉等多种针叶树。在国内为害马尾松、湿地松、火炬松、樟子松等。该病为害植株的芽、叶、梢、枝引起枯梢。还可为害根、茎引起腐烂，为害边材引起蓝变，严重时引起松树枯死。

一、症　状

病菌能直接侵入幼树或嫩梢无伤组织。对较老树木，导致梢枯与溃疡斑后，被害部常流脂，边材蓝变，并在死亡组织表面产生分生孢子器。发病初，感病嫩梢出现溃疡斑后，皮层开裂，流出松脂，其附近针叶死亡。以后部分溃疡愈合，有些继续扩展，致使顶梢弯曲，形成枯梢，类似松梢螟为害。在枝干溃疡不断扩大后，病部长期流脂，病斑一旦围绕枝干，则整株死亡。

二、病　原

为真菌界半知菌亚门球壳孢属球壳孢菌（*Sphaeropsis sapinea*）。病菌分生孢子器埋生或常表生，分散或集生，球形，暗褐色。分生孢子长圆形，初浅黄色，后暗褐色，单胞，壁厚，孢子萌芽前产生隔膜。分生孢子大小 $30\sim45\mu m \times 10\sim16\mu m$。寄生于多种冷杉属和松属植物的树皮、小枝和针叶上。

三、发生流行规律

病菌的菌丝体或分生孢子器在病梢或病叶上越冬。第二年春季产生分生孢子，经风、雨传播。树木的机械伤或松梢虫伤是病菌入侵的门户。由于土壤瘠薄、虫害、积水等原因而导致的树木生长不良，都能促使枯梢病加重发生。

四、病害控制

1. **减少初侵染源**　及时清除病叶、病枝、集中烧毁。
2. **选用抗病树种**　因地制宜选用抗病树种。
3. **药剂防治**　可选用百菌清油剂、多菌灵、代森铵、波尔多液、0.2%硼酸水等喷雾。
4. **生物防治**　Swart（1985）提出用 *Pestalotiopsis* sp.、*Cryptomeriae* sp.、*Gluconobacter* sp. 抑制病菌，减少侵染。

第八节　松材线虫病

松材线虫病（pine wood nematode）又称松材线虫萎蔫病，是松树上的一种毁灭性病害。不仅对林业生产造成巨大损失，而且对自然景观及生态环境造成严重破坏。该病是我国限制进境的检疫性有害生物。

松材线虫病最早于1905年在日本九州、长崎及周围地区发生。现已分布于日本、美国、加拿大、法国、韩国、朝鲜和我国江苏、浙江、安徽、山东、广东、香港、台湾等地。

一、症　状

　　该病是由墨天牛传播而引起的茎干部线虫病害。感病树可为害幼龄小树和数十年的大树。受侵树木外部症状的显著特点是针叶先失去光泽，逐渐萎蔫，经灰绿变黄，最后变红褐色，而后全株迅速枯萎死亡。病叶在长时间内不脱落。在适宜发病的夏季，大多数病树从针叶开始变色至整株死亡约30d。在外部症状表现之前，受侵植株木质部髓射线薄壁细胞被破坏，管胞形成受抑制。形成层活动停止，树脂分泌迅速减少和停止，此为特异性的内部生理病变。

　　该病主要发生在黑松、日本赤松、马尾松上。此外，在黄山松、火炬松、海岸松、白皮松、千头赤松、琉球松上也发生。雪松表现高度抗病。

二、病　原

　　病原为动物界线形动物门嗜木质伞滑刃线虫（*Bursaphelenchus xyiophilus*）。两性成虫体细长，体约1mm，唇区高，口针细长，基部球明显，中食道球约占体宽2/3，卵圆形。食道腺细长，覆盖于肠的背面。半月体显著，位于排泄孔后2/3体宽处。排泄孔开口与食道和肠交叉处平行。雌成虫尾部亚圆锥形，末端钝圆。阴门开口在虫体中后部。雄虫体形类似雌虫，交合刺大，弓形，成对，喙突显著，腹向弯曲，尾端生一包裹的交合伞。

三、发生流行规律

　　该病在自然条件下主要由天牛传播，因而发生为害的程度，范围取决于传病介体的取食、繁殖等活动。至今发现有6种墨天牛能传播松材线虫，其中松墨天牛（*Monochamus alteruatus*）是最主要的传播媒介。它分布于日本、中国吉林和韩国。该天牛传播松材线虫主要有两种方式：一种为成虫补充取食期为主要传播方式；另一种为产卵期传播。该天牛在安徽于5月中、下旬羽化，羽化出的成虫携带耐久型松材线虫幼虫。在天牛为害松树取食时，线虫经虫伤进入树脂道中为害。6~9d后，木质部细胞死亡，停止分泌松脂，出现外部症状，1个月后为害达到高峰。

　　该线虫由卵发育至成虫需经历4龄幼虫期，适温为20℃左右。低于10℃或高于28℃不能发育和繁殖。在25℃下4~5d完成生活史。因而在树干内不断生长发育和繁殖，造成病害加重。在-17℃下可存活5个月。病树每克干木材含线虫可高达2万条。松材线虫雌虫产卵期为28d，可产卵79粒。其生活周期包括繁殖和分散期。繁殖期在树干生长期进行。分散期是休眠和传播期。分散期3、4龄幼虫角质膜厚，耐饥饿，抗干燥和低温。天牛幼虫在为害松树时，幼虫在越冬和化蛹期分泌脂肪酸在蛹室中积累，引诱线虫向蛹室集中，天牛幼虫羽化时线虫又转移至天牛成虫体表，再通过腹部气门进入天牛气管，聚集在腹部，然后从气门出来移在尾端。当天牛成虫在健树上取食和产卵时，线虫即从伤口侵入寄主，进行新一轮的为害。

环境因子对该病的影响，主要是温度和土壤含水量。高温、干旱有利该病发生。该病发生最适温度为 20~30℃，低于 20℃，高于 33℃都较少发病。年平均温度也是衡量该病发生与分布的重要指标。在日本，年平均温度超过 14℃ 的地区发生普遍，而在北方和高山地区发病缓慢，为害不明显。土壤缺水加速病害的病程，病树死亡率增高。病害在我国发生，传播媒介墨天牛分布普遍，灭虫难度大，被害树木伐下后，未经杀线虫处理就用做包装材料，随货物扩散，人为传播造成为害更大。人为调运病木及木材加工品是松材线虫远距离传播的惟一途径。

四、病害控制

1. **严格进行植物检疫**　不得从病区输入松苗、松木，杜绝人为传播。
2. **选育和种植抗病树种**
3. **药剂防治**　在生长季节 5~6 月松墨天牛成虫补充营养期，喷洒 50% 杀螟松乳油 200 倍液。对观赏的古松、名松进行保护，可在树干周围 90cm 处开沟施药或喷药保护枝干。药剂种类有丰索磷、乙拌磷、治线磷等。在夏秋季天牛幼虫为害期，喷洒树干，可用杀螟松乳剂、倍硫磷 200 倍液，每平方米树体表面积用药 400~600ml 完全可杀死皮下幼虫。
4. **汰除病树**　砍伐被害树木，树桩尽量要低，并剥皮一并与枝干烧毁，原木处理可用溴甲烷熏蒸或薄板水浸等方法。

第九节　月季黑斑病

月季黑斑病（Chinese rose black spot）是一种世界性病害，于 1915 年在瑞典首次报道，现世界各地均有分布。主要为害月季、玫瑰和蔷薇。还可为害十姊妹、金樱子、野蔷薇、黄刺玫、重瓣黄木香、重瓣白木香等近 100 余种观赏植物。

我国各地均有分布。上海、北京、天津、沈阳、南京等城市发病较重。感病后造成植株大量落叶，严重者造成全株叶片脱落，削弱植株生长势，降低切花质量，是月季生产中的重要病害。

一、症　状

该病主要为害叶片，也可侵染叶柄、嫩梢、花梗等部位。发病初期，叶片正面出现紫褐色至褐色小点，扩大后呈圆形或不规则形的黑褐色病斑，直径 4~12mm。病斑边缘呈不明显的放射状，周围常有淡黄色晕圈，此为识别该病的重要特征。后期病斑中央组织变为灰白色，上生许多轮纹状排列的黑色小粒点，此为病菌的无性繁殖体分生孢子盘。严重时，叶上病斑相互愈合，形成不规则形大斑，布满全叶，叶片变黄，极易脱落。在某些品种上，病斑周围仍保留灰绿色，外围大部分组织变黄，因而称为绿岛。植株受害后，中、下部叶片脱光，仅留顶部数片叶片。叶柄、嫩梢、花梗上病斑为紫褐色至黑褐色条形斑，边缘稍凹陷。花蕾被害多为紫褐色椭圆形病斑。受害株常大量落叶，花期缩短，花形变小，花量明显减少。

二、病　原

病原菌为真菌界半知菌亚门蔷薇盘二孢菌（*Marssonina rosae*）。其有性阶段为子囊菌亚门蔷薇双壳孢菌（*Diplocarpon rosae*）。病菌菌丝在寄主角质层与表皮细胞间生长，以形成吸器吸收营养。分生孢子盘生于角质层下，初埋生，后突破表皮。盘下有放射状分枝的菌丝。分生孢子长椭圆形或近卵圆形，无色，双胞，分隔处稍缢缩，2个细胞大小不等，多数一端较狭。有性阶段国内尚未发现。子囊盘生于越冬病叶的表面，球形或盘形，深褐色，裂口辐射状，圆筒形。子囊孢子长椭圆形，有一隔膜，两个细胞大小不等，无色。

三、发生流行规律

露地栽培的月季，病菌以菌丝体在芽鳞、叶痕处越冬，或以分生孢子盘在枯枝、落叶上越冬。次春产生分生孢子进行初侵染。而温室大棚栽培的植株则以分生孢子和菌丝体在病部越冬。越冬后均以分生孢子由雨水、灌溉水或昆虫进行传播。分生孢子由表皮直接侵入，在22~30℃的适宜条件下，病害潜育期最短为3~4d。在生长季节只要叶片表面有水滴，分生孢子则可萌发侵入，15d后产生子实体，并不断地进行多次再侵染。

我国广州地区可周年发病，而北京地区5~6月开始发病，7~9月为发病期，江南大部分地区以4~5月气温回升后即开始发病。

该病发生的季节和为害程度，与当年降雨密切相关。通常多雾、多露、多雨或温室中的高湿条件都有利于病害的发生。

栽培措施中，栽植过密，盆钵摆放过挤，偏施氮肥，通风透光差，采用喷灌浇水均加重病害发生。

品种抗性有明显差异。一般黑色花较金黄、黄绿和黄色花品种抗病；黄色花品种比红色花品种较感病；枝条直立、半张开、保留野生性状的多数较抗病。

四、病害控制

1. **加强苗圃和盆栽管理**　及时修剪，换盆土，注意有机肥施用，控制栽植密度，促使植株生长健壮，提高抗病能力。

2. **选育适合当地栽培的抗病品种，淘汰感病品种**　如北京的伊斯贝尔、芝加哥和平、广州的伊丽莎白、黑旋风；上海的天粉纳和红旗；国外报道的大卫、汤普森、月亮花、金色无暇等品种均为抗病的品种。

3. **秋冬季节及时清除枯枝病叶及病残体**　减少次年初侵染源。

4. **灌水**　生长季节切忌喷灌，采用滴灌、沟灌或盆边浇水方式，浇水时间以上午为宜，以保持植株叶片干燥，减少病菌侵入。

5. **发病期，摘除病叶再喷药保护**　选用药剂有80%代森锌500倍液、70%甲基托布津1 000

倍液、50%多菌灵500~1 000倍液、75%百菌清1 000倍液。为防止病菌对药剂产生抗性，应注意药剂的轮换使用。发病初交替连续喷施40%氟硅唑乳油或25%腈菌唑乳油8 000倍液，也可使用40%多硫悬浮剂800倍液或50%炭疽福美可湿性粉剂800倍液、70%可杀得悬浮剂800倍液、30%氧氯化铜悬浮剂800倍液。

第十节 木本观赏植物叶斑病

该类病害在木本植物上发生最普遍，为害也很大。按斑点类型有圆斑、云纹斑、轮纹斑、梭形斑、角斑、环斑、条斑、穿孔等；按颜色有黑斑、褐斑、灰斑、黄斑、白斑、红斑等。

山茶灰斑病又称山茶轮斑病或山茶脱节病。该病为害山茶、梅花、紫玉兰、茶树等，是山茶上发生较普遍的一种病害，多发生于苗圃和盆栽的植株上。受害植物叶片易脱落，导致植物生长衰弱，影响第二年开花。

杜鹃花叶斑病又称黑斑病、褐斑病等，是杜鹃花上常见的重要病害之一。该病在我国分布很广，安徽、江西、湖南、湖北、江苏、广东、上海、北京、南京、沈阳等地均有发生。发病严重时，叶片大量脱落，削弱植株生长势，导致不开花，影响植株的观赏价值。

罗汉松叶枯病主要为害植株的嫩叶。受害叶尖端干枯，或梢尖枯死。发病严重时，幼苗枯死。

桂花黑斑病为桂花的一种叶部病害，桂花栽植地普遍发生。发病严重时整株叶片变褐干枯。

大叶黄杨叶斑病在我国发生极为普遍，凡是栽植大叶黄杨的地方均有发生。感病植株病斑累累，影响生长，发病严重者，叶片早落，丧失其绿化的功效。

蜡梅叶斑病是蜡梅常见的叶部病害。杭州、贵阳、成都、长江、厦门、武汉、重庆、上海等地均有发生。

一、症　　状

山茶灰斑病主要为害山茶的叶，嫩梢有时也受害。发病初期，感病叶片上产生黄绿色小点，并逐渐扩大为黑褐色病斑。病斑近圆形、半圆形或不规则形，边缘明显隆起。发病严重时，病斑上产生散生或呈不明显的轮纹状排列的黑色小点，即病原菌的分子孢子盘。最后病叶干枯、破裂、脱落。受害新梢上病斑为浅褐色，水渍状，长形，边缘明显，病斑以后逐渐下凹、缢缩，产生不连续的具有小纵裂的溃疡斑。感病新梢往往从基部脱落，故称之为脱节病。

杜鹃花叶斑病主要侵染叶片。发病初期，感病叶片上产生红褐色小斑点，以后逐渐扩展成圆形或不规则的多角形斑病，黑褐色，正面颜色较背面深。发病后期，病斑中部变为灰白色，其上产生小黑点，即病菌的分生孢子及分生孢子梗。发病严重时，病斑相互连接，导致叶片枯黄、早落。

罗汉松叶枯病发病初期，感病叶尖端色泽发红，以后逐渐转变为淡褐色或灰白色。病斑呈不规则形，由叶尖向叶基蔓延，造成叶片先端成段枯死。感病轻者仅叶尖端枯死，病部与健部界限明显；发病重者则整个梢头的叶片全部枯死。发病后期，病部的正反两面均产生小黑点，即病菌的分生孢子盘。

桂花黑斑病为害叶片。发病初期，病斑黑褐色，近圆形或不规则形，多生于叶尖和叶缘。以后病斑逐渐汇合成大病斑，病叶枯死部分可占叶面的 1/4～1/3。发病后期，病斑正面密生黑色霉层，即病菌子实体。

夹竹桃褐斑病为害叶片。多从叶尖、叶缘开始发病。发病初期，感病叶片产生紫红色斑点，以后逐渐扩大形成圆形、半圆形或不规则形病斑。病斑中央灰白色，边缘较宽，红褐色。病斑上有隆起的轮纹。该病能引起叶片枯萎。发病后期，病斑上产生小霉点，即病菌分生孢子梗及分生孢子。

大叶黄杨叶斑病主要为害叶片，病斑多从叶尖、叶缘开始发生。发病初期，感病叶上产生黄色或褐色小点，以后逐渐扩展成近圆形或不规则形的病斑。病斑灰褐色，边缘有较宽的褐色隆起，在隆起的边缘之外有黄色晕圈。发病后期，病斑上密布黑色绒毛状小点，即病菌的子座、分生孢子梗及分生孢子。病叶在当年往往提早脱落。

蜡梅叶斑病发生于叶片及嫩枝上。发病初期，感病叶片上产生黑色小斑点，以后逐渐发展成近圆形和不规则形病斑，病斑有明显的边缘。发病后期，病斑中部变为灰白色，其上产生黑色小颗粒，即病原菌的分生孢子器。嫩枝感病，枝梢上形成成段枯死斑，枯死的枝梢上产生分生孢子器。

二、病　原

七种病害的病原菌均为真菌界半知菌亚门真菌。

山茶灰斑病为半知菌亚门茶褐斑拟盘多毛孢菌（*Pestalotiopsis guepini*）。分生孢子盘初埋生，后露出，黑色。分生孢子纺锤形，具 4 个隔膜，大小 14～28 μm×5.5～8.5 μm，中部细胞褐色，两端细胞无色，顶端具 2～5 根刺毛。

杜鹃花叶斑病为半知菌亚门杜鹃尾孢菌（*Cercospora rhododendri*）。子实层在叶两面生，叶面为多。子座表皮下生，球形。分生孢子梗紧密簇生，青黄色，直立或弯曲，顶部圆锥形，无隔。分生孢子线形，直或弯曲，无色或浅色，具 3～13 个隔，大小 25～100μm×2～3μm。

罗汉松叶枯病为半知菌亚门罗汉松盘多毛孢菌（*Pestaotia podocarpi* Laughton）。

桂花黑斑病为半知菌亚门链格孢属极细链格孢菌（*Alternaria tenuissima*）。分生孢子梗直立，分枝或不分枝，浅褐色或褐色。分生孢子形状变化很大，椭圆形、卵形、倒棍棒形，表面平滑或有瘤，淡褐色或深褐色，有纵横分隔，有喙或无喙，形成长达 10 个左右的孢子链。

夹竹桃褐斑病为半知菌亚门欧夹竹桃尾孢菌（*Cercospora neriella*）。

大叶黄杨叶斑病为半知菌亚门尾孢属坏损尾孢（*Cercospora destructiva*）。病菌子座发达，球形，深褐色，其上密生分生孢子梗。分生孢子梗纤细，不分枝，无隔膜。分生孢子无色，圆筒形或尾孢形，3～5 个分隔。

蜡梅叶斑病为半知菌亚门叶点霉属真菌（*Phyllosticta chimomathi*）。分生孢子器球形，初埋于组织中，后孔口外露。分生孢子小，卵形，单胞，无色或浅色。

三、发生流行规律

山茶灰斑病病菌在病组织中以菌丝体或分生孢子盘越冬。翌年春季,环境条件适宜时产生分生孢子。分生孢子借风雨传播,自寄主伤口和衰弱部分侵入为害,并产生新病斑。生长季内,分生孢子可重复侵染。夏季高温造成日灼伤,有利病菌的侵染,所以,该病春季发生较轻,而夏季发生较重。植株生长势衰弱,排水不良,高温、高湿均利于病害的发生。

杜鹃花叶斑病病菌以菌丝体在植物残体上越冬。翌年春季,环境条件适宜时,形成分生孢子进行染源。分生孢子由风雨传播,自植株伤口侵入。据南京报道,该病在西洋杜鹃上有3次发病高峰:5月上旬、9月中旬及11月上旬。在江西,该病于5月中旬开始发生,8月为发病高峰期。广州地区,发病高峰期在4~7月。雨水多、雾多、露水重有利于发病。因分生孢子只有在水滴中才能萌发,温室条件下栽培的杜鹃花可周年发病。通风透光不良,植株生长不良,可加重病害的发生。

罗汉松叶枯病病菌以菌丝体在病叶或落叶上越冬。翌春当气温上升到15℃左右时,菌丝开始生长蔓延,产生分生孢子盘及分生孢子。分生孢子借风、雨传播,从伤口侵入。在25℃左右时,潜育期7d以下。分生孢子可重复侵染寄主,造成病害流行。

桂花黑斑病多发生于晚秋和冬春季温室盆栽植株上,发病严重时,整株叶片变褐干枯。桂花缺铁素,长势弱时易感病。

夹竹桃褐斑病病菌以菌丝体在病叶上越冬。翌年春季,环境条件适宜时,产生分生孢子。分生孢子借风、雨传播,多从伤口和自然孔口侵入植株。苗木过密、植株生长不良时发病较重。

大叶黄杨叶斑病病菌以菌丝体或子座在病落叶中越冬。翌春产生分生孢子。分生孢子借风、雨传播,经气孔或直接穿透角质层侵入植株。该病一般于5月中、下旬开始发病,8月上旬至9月为病害发生盛期,11月以后发病基本停止。病害发生除与温度有一定关系外,主要与当年降雨情况和大气湿度相关。

蜡梅叶斑病病菌在病叶和枯枝中以分生孢子器及菌丝体越冬。第二年春季蜡梅展开时,病菌产生分生孢子。分生孢子借风、雨传播,即侵染嫩叶。5月下旬以后在病斑上产生分生孢子器及分生孢子,重复侵染寄主植物。5~6月为病害发生盛期。

四、病害控制

1. **减少侵染来源** 秋季彻底清除落叶,冬季剪除枯枝及重病叶,并清除地表的病叶,集中销毁。生长季节及时摘除病叶。

2. **加强栽培管理,提高植株的抗病性** 栽植的苗圃地应中耕除草、摘除病叶,适当增施有机肥,磷、钾肥及硫酸亚铁,促使植株生长健壮。栽植或盆花摆放的密度要适宜,以便通风透光,降低叶面湿度。合理浇水,控制温室的温、湿度,使植株生长健壮。夏季盆花应放在室外的荫棚内,以减少日灼和机械损伤造成的伤口。及时防治叶部害虫,减少病菌的传播。

3. **药剂防治** 发病初期可用喷施波美0.3~0.5度的石硫合剂或1:1:160波尔多液,或50%

代森铵1 000倍液喷雾，预防侵染。病害发生较重时，喷施50%退菌特可湿性粉剂1 000倍液，或65%代森锌可湿性粉剂600~800倍液、75%甲基托布津可湿性粉剂800~1 000倍液。每隔10~15d 1次，喷3~4次。

第十一节　木本观赏植物炭疽病

炭疽病是我国南北各地普遍发生的一种花木病害。常为害梅花、山茶、米兰、玉兰、白兰、桃花、桂花、橡皮树、无花果、榆树、扶桑、茉莉、含笑、万年青等。该病主要为害叶片，有时也为害嫩枝，严重降低观赏性。

梅花炭疽病是我国梅花上的重要病害，发生普遍，国外也有报道。主要引起梅花早落叶，连年发生，植株生长衰弱，影响开花。

茉莉炭疽病是茉莉上的重要病害。可引起茉莉的早期落叶，降低茉莉的产量及观赏性。该病在英、美、日等国均有报道。我国福州、长沙、广州、合肥、连云港、佛山、湛江、云南等地均有发生。

山茶炭疽病是为害山茶的常见病害。全国各地均有发生，尤以昆明、福州、贵阳、银川、广州、西安等地发病严重。发病植株轻者产生叶斑，影响观赏；重者导致叶、花大量脱落，造成植株生长衰弱。

米兰炭疽病是米兰的重要病害。在包装运输、移栽、扦插繁殖过程中常发生。病害发展迅速，往往造成米兰的大量落叶，枝条枯死，降低苗木移栽的成活率，削弱植株的生长。尤其是北方地区从广东等地引进的米兰，常因此病造成苗木大量死亡。

一、症　　状

梅花炭疽病多为害叶片，也侵染嫩梢。叶片上的病斑圆形或椭圆形，叶缘或叶尖病斑多为半圆形或椭圆形。病斑黑褐色，后期变为灰色或灰白色，病斑边缘红褐色。病斑上有轮状排列的黑色小点粒，即病菌的分生孢子盘，在潮湿条件下子实体溢出胶质物。病斑可形成穿孔，病叶易脱落。嫩梢上的病斑为椭圆形的溃疡斑，边缘稍隆起。

茉莉炭疽病主要侵害茉莉的叶片，也为害嫩梢。发病初期，叶片上生褪绿的小斑点，病斑逐渐扩大形成浅褐色圆形或近圆形的病斑，直径2~10mm。病斑边缘稍隆起，病斑中央为灰白色，边缘褐色。后期病斑上轮生稀疏的黑色小粒点，即病菌的分生孢子盘。病斑多为散生。

山茶炭疽病为害叶片、果实及新梢，以叶片为主。感病叶片上，病斑多发生在叶尖或叶缘。发病初期，感病叶片产生水渍状的斑点，黄绿色，近圆形或不规则形，后逐渐变褐色。病斑后期中部灰白色，边缘暗褐色，上生许多小黑粒点，即病原菌的分生孢子盘。感病嫩枝上病斑为条形，紫褐色，稍下陷，发病严重时，枝条枯死。受害果实上产生圆形、紫褐色至黑色病斑，严重时，整个果实变黑。环境潮湿时，感病果实上可见到红色黏液，为分生孢子和胶质物的混合液。

米兰炭疽病在米兰的叶片、叶柄、嫩枝及茎秆上均可发生。发病初期，感病叶片尖端、叶缘产生圆形或不规则形褐色病斑，以后病斑向下发展，达叶的1/2，病斑边缘明显。发病后期，病部产生稀疏的小黑点，为病原菌的分生孢子盘。病斑逐渐向内蔓延，造成叶片大面积枯死，最后落叶。感病叶柄，病部变褐，逐渐向叶片发展，主脉、侧脉及至整个叶片先后变褐。病斑向下蔓延，从小叶柄到总叶柄、小枝，甚至茎秆变褐坏死。植株在发病过程中，叶片和小叶柄等不断脱落，最后，叶片全部落光，全株干枯死亡。

二、病　原

梅花炭疽病病原为真菌界子囊菌亚门梅小丛壳菌（*Glomerella mume*）。子囊壳直径100~250μm，子囊58~80μm×8~13μm；子囊孢子微弯，圆筒形，10~18μm×3.2~5μm。病菌的无性繁殖为半知菌亚门梅炭疽菌（*Colletotrichum mume*）。分生孢子盘中有深褐色的刚毛，50~60μm×3.5~4.0μm。分生孢子圆筒形，无色，单胞，大小10~16.5μm×3.6~6μm。分生孢子是常见繁殖体。

茉莉炭疽病病原为真菌界半知菌亚门茉莉炭疽菌（*Colletotrichum jasminicola*）。分生孢子盘直径126~225μm，生于叶表皮下，成熟时突破表皮外露。分生孢子梗无色至浅褐色，有或无分隔。分生孢子有黏胶状物质，卵圆形或长椭圆形，单细胞，无色，大小8~11.8μm×3~5μm。分生孢子盘周围有暗色的刚毛，基部较粗，有2~4个分隔。

山茶炭疽病病原为半知菌亚门山茶刺盘孢（*Colletotrichum camelliae*）。

米兰炭疽病病原为子囊菌亚门围小丛壳菌（*Glomerella cingulata*）。无性阶段为半知菌亚门炭疽菌属胶孢炭疽菌（*Colletotrichum gloeosporioides*）。有性阶段罕见。

三、发生流行规律

梅花炭疽病菌以菌丝、分生孢子盘和分生孢子在嫩梢溃疡斑及病叶中越冬。次年分生孢子由风雨传播，进行侵染。在武汉地区，炭疽病多发生在4月下旬，7~8月份为发病盛期。炭疽病与早春的气温密切相关。早春寒潮，可推迟炭疽病的发生。一般情况下5月上旬发病。春季多雨，尤其是梅雨季节，发病常较重。分生孢子在高湿度条件下才能萌发。盆栽梅花，由于雨滴把土表的分生孢子滴溅到植株下部的叶片上，下部叶片往往先发病，叶片不仅病斑多，而且病斑也大。栽植过密、通风不良、光照不足均能加重病害的发生。一般情况下，盆栽梅花比地栽梅花发病重。因为盆栽梅花植株矮化，易被病残体上的分生孢子侵染。台风的侵袭易造成伤口，加重病害的发生。

茉莉炭疽病病菌以分生孢子和菌丝在病落叶上越冬，成为次年的初侵染源。分生孢子由风雨传播，自伤口侵入。在生长季节里有多次的再侵染。夏、秋季炭疽病发生较严重。多雨、多露、多雾的高湿环境，通常加重病害的发生。

山茶炭疽病病菌以菌丝体或分生孢子盘在病残体上越冬。翌年春季，当温、湿度适宜时，病菌生长发育产生分生孢子。分生孢子借风雨传播，侵染为害。分生孢子在生长季内，可重复侵染寄主。该病潜育期一般为5~8d，长的达20d。病菌在16~32℃范围内均可生长，但以

25~29℃最适宜。高湿多雨是病害大发生的主要条件。各种原因造成植株伤口增多,有利于病害发生。

米兰炭疽病病菌以菌丝体及分生孢子盘、子囊壳在落叶、病梢上越冬。分生孢子由风雨传播,自伤口侵入。该病原菌喜高温、高湿,容易侵染生长衰弱的植株。因此,荫蔽、通风不良的种植区内发病严重。病害一般发生在6~10月。米兰炭疽病具有潜伏侵染特点,植株生长衰弱发病重。

四、病害控制

1. **减少初侵染来源** 秋冬季结合清园彻底剪除有病枝条,扫除落叶、病残体深埋。休眠期喷洒波美3~5度的石硫合剂,杀死越冬菌源。

2. **加强栽培管理,控制病害的发生** 引进苗木应及时定植,苗木带土要大,尽量少伤根,并精心管理。栽植或盆花摆放不要过密,以利通风透光,降低湿度;灌溉以滴灌效果最好;多施磷、钾肥,氮肥要适量。养护管理中要避免叶片产生伤口,减少强光照射,防止产生日灼伤。发现病叶应及时摘除,以便提高寄主的抗病性。室内盆栽米兰应放置通风处,并定时移植阳光下。发病期要少施氮肥,适当增施钾肥。苗木包装时应利用通气较好的保湿材料。装运以竹筐为好,筐内苗间要加隔离层,以利通风。

3. **化学防治** 发生初期,可喷施1:1:100波尔多液预防。常用药剂有65%代森锌可湿性粉剂600倍液、70%退菌特可湿性粉剂1 000倍液、70%甲基托布津可湿性粉剂1 000倍液、50%多菌灵可湿性粉剂800倍液,防治效果均在80%以上。50%炭疽福美可湿性粉剂500倍液,或50%苯莱特可湿性粉剂1 000倍液,每隔10~15d喷1次,共喷2~3次。以发病初期开始喷药效果最好。

第十二节 杜鹃花饼病

杜鹃花饼病(azalea blister blight)又称叶肿病、叶蜡病、瘿瘤病,为我国杜鹃花上的一种常见病害。野生和栽培杜鹃花都可受害。该病分布于我国广东、云南、四川、湖南、江苏等地。发病严重时,严重影响植株的观赏效果。该病除侵染杜鹃外,山茶、茶、油茶等多种茶属植物以及石楠科植物亦可受害。

一、症 状

该病主要为害杜鹃花嫩梢、嫩叶、花、花芽和幼芽。发病初期,感病叶片表面产生淡白色后变为淡红色的病斑。病斑半透明状,圆形。病部明显肿大、变形,背面凹下,正面隆起,呈半球形。病斑逐渐扩大成不规则状,病部表面产生白色至灰白色粉状物。感病幼芽变成球形的瘿瘤。花受害时,花瓣变肥厚,呈肉质、蜡质不规则形的瘿瘤。病花、病芽最后枯死。新梢受害,有时在顶端形成瘿瘤或丛生肥厚的叶片,常引起枯枝。菌丝体生长在寄主体内,菌丝上产生吸器伸入细胞间吸收营养。

二、病　原

病原菌为真菌界担子菌亚门日本外担菌（*Exobasidium japonicum*）。菌丝生于寄主组织中，引起组织膨胀，子实层铺展，担子破表皮而出。担子棍棒形或圆筒形，大小 32～100μm×4～8μm，顶生小梗 3～5 个。担孢子无色，单胞，圆筒形，大小 10～18μm×3.5～5μm。

三、发生流行规律

病菌以菌丝体在植株组织内越冬。翌年春季产生担孢子。担孢子借风力传播，侵染寄主。该病属低温、高湿型病害。气温 15～20℃，相对湿度高于 80%，连续阴雨且寄主处于萌芽和新叶生长期容易发病。病原菌潜育期 7～15d，一般春末夏初发病较多。秋季花芽形成期也发生。温度偏低或偏高，病害则停止发展，湿度大有利病害的发生和蔓延。

四、病害控制

1. **减少侵染来源**　彻底清除感病叶片和幼芽，集中销毁。
2. **加强养护管理**　合理施用水肥，植株不宜过密，注意通风透光，以增加植株抗病力。
3. **药剂防治**　发病前，喷施 1:1:160 波尔多液预防侵染。发病时，喷施 65% 代森锌可湿性粉剂 600～800 倍液，或波美 0.3～0.5 度石硫合剂，每隔 10～15d 喷 1 次，喷 3～4 次。但注意杜鹃对石硫合剂敏感，应慎用。

第十三节　白粉病

紫薇白粉病（powdery mildew）是紫薇的一种重要病害。此病在南北各地均有发生。北京、四川、贵州、内蒙古、山东、江苏、江西、湖北、浙江、海南、云南、台湾等地均有分布。该病引起植株叶片皱缩，嫩枝干枯，花蕾不开张。病害发生严重时，导致叶片提前脱落，影响植株正常生长，降低观赏效果。

月季白粉病在我国月季栽培地均有发生，是温室和露地月季栽培中的重要病害。该病发病率较高，影响植株生长发育，造成叶片大量脱落、枯梢，使花蕾畸形，叶片不开展，植株矮小，长势不繁茂。除月季外，还可为害玫瑰、蔷薇等。

一、症　状

紫薇白粉病主要为害植株的叶片、嫩枝、花蕾、幼芽等部位。病芽长出的嫩叶、新梢全部感病。发病初期，被害部位出现白色小斑点，扩大后呈圆形病斑，表面白粉状。叶面布满白粉，病叶褪绿、皱缩、扭曲，后逐渐变黄枯萎。新梢感病肿胀，初呈紫红色或淡黄色，表面覆满白粉，易折断或新梢枯死。花蕾受害产生褪色斑，不久白粉布满花萼，导致病蕾不能正常开花。幼芽感病后，体表全被白粉，不能生长，后枯萎死亡。感病老叶上形成不规则状的白粉斑，叶片卷曲，导致提早落叶。秋后白粉层上产生小黑点，为病菌的闭囊壳。

月季白粉病在叶片、叶柄、嫩枝和花蕾部位发生。嫩叶受害后，两面出现白色粉状物，早期病症不明显，白粉出现 3~5d 后，叶片失绿，后逐渐表现叶尖、叶缘焦枯卷缩、皱缩变厚，有时可变为紫红色。嫩梢、叶柄发病呈肿胀，节间缩短，布满白粉。严重时全部植株表面被白粉。受害植株生长衰弱，开花不正常，甚至不能开花。白色粉末是月季白粉病菌的菌丝体和分生孢子。

二、病　原

我国已知紫薇白粉病原有 2 种病菌，均属真菌界子囊菌亚门，即南方小钩丝壳菌（*Unicnuliella australiana*）和紫薇白粉菌（*Erysiphe lagerstoemiae*），以前者为主。

月季白粉病菌为子囊菌亚门毡毛单丝壳菌（*Sphaerotheca pannosa*）和蔷薇单丝壳菌（*S. rosae*），无性阶段为半知菌亚门粉孢属（*Oidium*）。

三、发生流行规律

紫薇白粉病病菌以菌丝体或闭囊壳在病株上越冬。第二年春季，环境条件适宜时，菌丝体开始生长蔓延，并产生分生孢子或子囊孢子，借气流传播，侵害植株幼嫩组织，引起发病。生长季节分生孢子可进行再侵染。在相对湿度 80% 左右，日平均温度 20~21℃ 的条件下，潜育期 4~5d。一年中，4~5 月，7~9 月为发病高峰。9 月后发病率下降。植株栽植密度大，氮肥过多，通风透光不良，夏季干旱或天气闷热均利于病害的发生。

月季白粉病病菌主要以菌丝体或分生孢子在病残体、病芽上越冬。有的地方可以闭囊壳越冬。早春，分生孢子或子囊孢借风、雨传播，侵染叶片和新梢。以 4~6 月、9~10 月份发病较重。高温、干燥、通风不良、偏施氮肥、阳光不足、过度密植有利病害发生。

四、病害控制

1. **减少侵染来源**　冬季彻底清除枯枝、落叶，春季在抽梢期剪除病芽、病枝，集中销毁。
2. **合理施肥，加强栽培管理，提高植株抗病力**　增施磷肥，控制氮肥，枝梢不要留得过多，应分布均匀。加强通风，适当进行日光照射。
3. **药剂防治**　早春植株发芽前，喷施波美 1~3 度的石硫合剂消灭越冬菌源。发病初期可喷洒 50% 多菌灵可湿性粉剂 800~1 000 倍液或 70% 甲基托布津 1 000 倍液，展叶后用 15% 粉锈宁 1 000 倍液，或 65% 代森锌可湿性粉剂 600~800 倍液，在生长期内每 10~15d 喷 1 次，喷 3~4 次。在紫薇植株周围开环形沟，施入 70% 甲基托布津，持效期长，不污染环境，在市区公园内使用，较理想。

第十四节 烟煤病

烟煤病（sooty mold）又名煤污病，分布极为普遍。多发生在盆景植物、木本植物幼苗及大树上，以芸香科、山茶、米兰、福建茶、竹、枸骨、小叶女贞、十大功劳、紫薇等发生较多。发病严重时，煤烟状物相互连接覆盖整个叶片、枝干，妨碍植株光合作用和正常生长，同时影响观赏效果。

一、症　状

枸骨煤污病主要为害植株叶片。发病初期，叶片上生煤烟状物，呈点片状。以后霉层逐渐扩大，相互连接覆盖整个叶片、枝干，呈灰黑色至黑色，薄片状，后期开裂、翘起，最后剥落。煤污病常造成植株生长不良，叶色灰暗。

紫薇煤污病发病初期，叶片上产生煤烟状霉层，呈点片状。以后霉层呈薄片状，逐渐裂开、翘起，最后剥落。煤污病常造成植株生长不良，花形变小，花量减少。

山茶烟煤病在叶片、枝梢表面散生无数灰黑色或黑色小煤斑，相连后成片呈黑色煤污状。

二、病　原

枸骨、紫薇煤污病的病原菌为真菌界子囊菌亚门煤炱属真菌（*Capnodium* sp.）和山茶小煤炱（*Meliola camelliae*）。

三、发生流行规律

病菌在寄主组织上以菌丝体、分生孢子和子囊孢子越冬。第二年春季，当寄主被蚜虫为害叶表面有蜜露以及有介壳虫的排泄物时，分生孢子和子囊孢子即在此萌发、生长，形成大量的菌丝体。以后又产生分生孢子，随风雨、昆虫传播，使病害在生长季节中不断扩展和加重。粉虱、蚧类、蚜虫发生多的植株病害发生重。此病发生与害虫有密切关系。害虫为害重，病害发生也重。

四、病害控制

1. **减少侵染源**　冬季彻底清除枯枝落叶，集中销毁。
2. **栽植密度**　植株种植不宜过密，并适当修剪，以利通风透光。
3. **及时防治介壳虫和蚜虫**　可用80%敌敌畏乳油1 500倍液，或40%氧化乐果乳油1 000倍液。介壳虫防治还可用50%优乐得3 000倍液，或10~20倍松脂合剂液喷雾。

附 木本观赏植物其他病害

病害名称及病原	症状	发生流行规律	病害控制
油橄榄溃疡病 真菌界半知菌亚门 大茎点属真菌 *Macrophoma* sp.	在枝干或修剪口出现病斑，初圆形或椭圆形，棕褐色，扩大后呈不规则形或条状，略下陷，有不明显轮纹，环割枝干后枯死，后期生小黑点	病菌在寄主组织内以菌丝体、分生孢子器越冬；次春，环境条件适宜时产生分生孢子，借雨水、气流传播，侵害植株组织，引起发病；在生长季节中不断扩展和加重	培育健壮苗木，建立卫生苗圃；对重病区的苗木要严加处理，严格实行苗木消毒，杜绝病苗传播
栀子溃疡病 真菌界半知菌亚门 栀子拟茎点属 *Phomopsis gardeniae*	枝干溃疡斑，环割部分也可造成生长停滞，病斑木质部外露或树皮粗糙皱缩；根颈部病斑具木栓组织，比正常的直径大1倍；病部后期生小黑点	病菌以菌丝体、分生孢子器越冬；在生长季节不断产生分生孢子，进行传播使病害扩展和加重	剪掉病枝；病轻时刮除病斑，然后涂50%代森锌原液或50%多菌灵10倍液
月季、玫瑰、蔷薇茎溃疡病 真菌界半知菌亚门 蔷薇盾壳霉 *Coniothyrium fuckelii*	该病主要发生在枝干上，初期为紫色小斑，中部变灰白色，边缘紫红色，稍隆起，开裂，病重时病斑环绕枝条，造成上部枝条枯萎死亡，病部生黑色小粒点	病菌以分生孢子器和菌丝体在病组织中越冬；次年春季分生孢子萌发从嫁接口、修剪口、虫伤侵入；管理不善，修剪过度，发病重	病轻植株涂50%代森锌原液或50%多菌灵10倍液；病重株进行修剪，有一定效果
槐树溃疡病 半知菌亚门 三隔镰孢菌 *Fusarium tricinctum* 半知菌亚门 聚生小穴壳 *Dothiorella gregaria*	镰孢菌溃疡在2～4年大苗绿色主茎上，1～2年生绿色小枝上，呈黄褐色水渍状，近圆形斑，后扩展为1～2cm长梭形斑，大斑中央下凹，软腐，有酒糟味，病斑常环割主茎，致上部枝干枯死，数天后病部产生橘红色分生孢子堆；小穴壳溃疡初期症状同镰刀溃疡，后期病斑颜色较深，边缘紫黑色，长径可达20cm，发展迅速，环割树干，病斑后期呈小黑粒点，病部干枯下陷或开裂，呈溃疡状	病菌有潜伏侵染特性，终年存在于健康树皮内；修剪伤口、虫伤、残桩、皮孔、死芽均可有利侵入；干旱、冻伤有利发病	病轻时刮除病斑，然后涂50%代森锌原液或50%多菌灵10倍液
蔷薇科根颈溃疡病 真菌界半知菌亚门 帚状柱枝孢 *Cylindrocladium scoparium*	为害近地面的茎部或嫁接处，病部受害后皮层逐渐变深褐色，水渍状，病部环割，树皮开裂，最后根部也受害，整株死亡	病菌在土壤中存活时间长，可经水和带菌材料传播，土壤过干、过湿有利于发病	注意园地湿度控制，防止渍水，阻止病害发生；剪除病枝；建立卫生苗圃，严格实行苗木消毒
茶花赤叶枯病 真菌界半知菌亚门 山茶叶点霉 *Phyllosticta camelliae*	多发生下部叶片，病斑从叶尖、叶缘开始，呈淡褐色小斑，后呈黄褐色，边缘暗褐色不规则大斑，病健明显，后期产生小黑点	病菌以菌丝体和分生孢子越冬，翌春产生分生孢子借风雨传播，侵入叶片，并不断再侵染，扩展为害	冬季清除枯枝落叶；加强管理，通风透光，防止日灼伤；发病期喷施75%百菌清可湿性粉剂600～800倍液或50%炭疽福美可湿性粉剂500倍液

(续)

病害名称及病原	症 状	发生流行规律	病害控制
茶花灰斑病 真菌界半知菌亚门 大茎点属真菌 *Macrophoma* sp.	病斑自叶缘开始，圆形、褐色，扩展后呈不规则形，边缘暗褐，中央灰白色，长小黑粒点；该病6~9月发生重，有蚧类的发生重	病菌以菌丝体和分生孢子越冬；次春产生分生孢子借风雨传播，侵入叶片，并不断再侵染，扩展为害	冬春清除枯枝落叶；加强园地管理，通风透光；发病期喷施70%甲基托布津可湿性粉剂1 000倍液，或65%代森锌可湿性粉剂600倍液、50%苯莱特可湿性粉剂1 000倍液，每隔10~15d喷1次，喷2~3次
茶花轮纹病 真菌界半知菌亚门 大茎点属真菌 *Macraphoma* sp.	发生于叶尖、叶缘，半圆形成不规则形，病斑较大，直径5~20mm，边缘褐色，中央灰白色，有深褐色波纹状，中央生稀疏小黑点	病菌以菌丝体和分生孢子器越冬，翌春产生分生孢子借风雨传播，侵入叶片，并不断再侵染，扩展为害	冬春清洁园地；加强管理；发病前喷1:1:100波尔多液预防侵染，发病期喷50%苯莱特可湿性粉剂1 000倍液，每隔10~15d喷1次，喷2~3次
山茶褐斑病 为半知菌亚门 茶尾孢 *Cercospora theae*	叶上病斑圆形或不规则形，直径10~30mm，红褐色至褐色，背面生黑色霉状小点（子座）	病菌以休眠菌丝体和分生孢子越冬，翌春产生分生孢子，借风雨传播，侵入叶片，并不断再侵染，扩展为害	清除枯枝落叶，集中销毁，栽培防病，注意通风透光；发病期喷施代森锌或甲基托布津等，每隔7~10d喷1次，喷3~4次
山茶饼病（叶瘿病） 真菌界担子菌亚门 山茶外担菌 *Exobasidium camelliae*	受害嫩梢、叶、花芽局部畸形肥大，苍白色，中空，干瘪后呈褐色；3月中、下开始发病，4~5月为盛期	病菌以菌丝体越冬，翌春产生担孢子，借风雨传播，侵入叶片，并不断再侵染，扩展为害	发现病叶及时摘除；注意植株间通风透光；喷洒石硫合剂或波尔多液防治
柳树锈病 担子菌亚门 栅锈菌属真菌 *Melempsora larici-epitea*	该病主要为害植株的芽及叶片，病芽长出的嫩叶、嫩枝、花絮都感病；感病嫩叶皱缩、加厚、反卷，其上生大块状的夏孢子堆；感病嫩枝上产生条状的夏孢子堆，发病严重时嫩枝很快枯死；花絮生病在种壳上有小的夏孢子堆；有时叶柄、果柄上也生长条状夏孢子堆，叶柄、果柄弯曲	病菌为转主寄生锈菌，转主寄主为落叶松，以夏孢子越冬，作为初侵染源	减少侵染来源，避免松柳近距离种植，早春剪掉病芽，集中销毁；药剂防治：发病初期，喷施15%粉锈宁300~500倍液，或硫胶悬液、代森锌、甲基托布津等，每隔7~10d喷1次，喷3~4次
桉树枯萎病 真菌界半知菌亚门 黑白轮枝孢 *Verticillium albo-atrum*	感病植株先由枝尖干枯，逐渐延至整枝，其上的叶片亦随之变褐干枯，发病严重时，全株枯死；树干部表面无明显症状，树干横断面可见边材年轮上有绿褐色的变色条斑；纵剖时，可见条斑由根向上蔓延，剖面保湿3~5d，即可长出暗褐色霉层，为病菌的分生孢子梗和分生孢子	病原为土传病菌，通过病健根接触传播；病菌在土壤中可存活2年以上，可直接从苗木根部侵入，也可从伤口侵入；氮肥施用过多，加重病害发生	砍除、烧毁病株，然后用200倍福尔马林液进行土壤消毒；防治地下害虫；严格实行苗木检疫，严禁使用带病苗植树

第四篇 观赏植物病害

(续)

病害名称及病原	症 状	发生流行规律	病害控制
桉树溃疡病 真菌界半知菌亚门 桉茎点霉 *Phoma eucalyptica*	该病一般发生在未木质化黄绿色的苗木和大树侧枝上;发病初期,感病枝条上产生圆形褐斑,以后逐渐扩大成椭圆形或不规则形,呈黑褐色;病斑中央下陷,边缘略隆起,有时病斑纵裂,边缘又产生突起的愈伤组织;病菌侵入木质部表层,使组织变为褐色,流胶,严重时,枝干扭曲,干枯死亡	病菌以菌丝体在病组织内越冬,次春产生分生孢子,借风雨传播,侵染寄主引起发病,有多次再侵染	及时清除病枝,减少侵染源;加强苗木管理,移栽时不要过早、过密;在病害流行期间要多施钾肥,少施氮肥,以免徒长;发病期间,喷施1:1:100波尔多液,或波美0.3度石硫合剂,每隔10~15d喷1次,喷2~3次
丁香细菌性疫病 细菌界普罗特斯门 丁香假单孢杆菌 *Pesudomonas syringae*	该病主要为害叶片、嫩枝。感病叶片,发病初期产生淡绿色圆形斑点,中心逐渐变为褐色,以后病斑中心为灰白色,边缘呈黄色晕圈;圆形病斑继续发展,与其他小斑相连,构成星斗状;环境条件适宜时,病斑可扩展到全叶的1/3~1/2,最后叶片枯焦变形;发病严重时,全株挂满枯焦卷曲叶片,犹如火烧一样;感病嫩枝,产生黑色条状斑纹,枝条一侧变黑;感病花芽完全变黑,呈扭曲状	病菌在病叶内或病枝梢上越冬,次春环境条件适宜时即传播进行侵染,温度高、湿度大、雨水多发病重,在生长季节有多次再侵染	引进品种时,应严格检疫,严禁将病害引入无病区;加强养护管理,及时排水,做到雨过地面无积水;结合修剪,剪除病枝或过密的枝条;合理密植,注意通风透光,合理施肥。药剂防治:发病初期喷施1:1:160的波尔多液,或在灌丛下,散布漂白粉或硫磺粉,用药量100g/株
月季花叶病 病毒界大麦黄矮病毒属 月季花叶病毒 Rose mosaic virus (RMV)	病害症状因寄主不同而异,月季上表现为花叶,在草原蔷薇上为系统环斑、褪绿,有的品种则为不同程度的黄脉和矮化,也有表现为花芽发育不全,小叶畸形	病株做繁殖材料,有利病害传播,田间汁液接触可传染	选用无毒母株做繁殖材料,建立无病母本基地,淘汰病株;症状表现季节,及时清理病株,并烧毁;热处理消除病毒,38℃下保持1个月,可得到良好的效果
石榴叶斑病 真菌界半知菌亚门 石榴尾孢菌 *Cercospora punicae*	该病主要为害叶片;发病初期,感病叶面上产生针头大小的斑点,病斑紫色或红褐色,逐渐变为暗红色至暗黑色,并扩展为圆形至椭圆形,直径为0.4~3.0mm,病斑周围有时呈黑线状;发病后期,病斑之间相互连接,引起焦枯,最后在感病部位的正、背面产生墨绿色霉层,此为病菌分生孢子梗及分生孢子;受害重时,叶片脱落	病菌以菌丝体在落叶中越冬,每年5~10月均可发病,以梅雨期、秋雨时发病重,品种间抗性有差异	减少初侵染来源,清除枯枝病叶,并集中销毁;加强栽培管理,提高植株抗病力;发病初期,喷施65%代森锌可湿性粉剂600~800倍液,或70%甲基托布津可湿性粉剂1 000倍液、45%代森铵水剂800~1 000倍液喷雾,每隔10~15d喷1次,连续喷3~4次
贴梗海棠褐斑病 真菌界半知菌亚门 尾孢属真菌 *Cercospora cydoniae*	该病为害叶片;发病初期,感病叶片上形成褐色小斑,病斑逐渐扩大形成近圆形或多角形病斑,病斑暗褐色;发病严重时,病斑相互连合,布满叶片,导致整叶枯死;病斑上生许多绒状黑色小点,即病菌分生孢子梗和分生孢子	病菌以菌丝体在病组织内越冬,次春产生分生孢子进行传播,并不断进行再侵染	减少侵染来源,清除枯枝落叶,集中销毁;将贴梗海棠栽植于排水良好地方,栽植不宜过密,注意通风透光;发病时喷施50%多菌灵可湿性粉剂800~1 000倍液,或65%代森锌可湿性粉剂800倍液,每隔10~15d喷1次,共喷2~3次

(续)

病害名称及病原	症　状	发生流行规律	病害控制
紫荆角斑病 真菌界半知菌亚门 紫荆集束尾孢 *Cercospora chionea* 紫荆粗尾孢 *C. cercidicola*	该病主要为害叶片；发病初期，感病叶片上产生针头大小的斑点，病斑褐色；病斑以后逐渐扩展为近圆形或多角形，褐色至黑色，直径4～10mm；病害后期，在病斑上产生一层霉状物，墨绿色，此为病菌的分生孢子梗及分生孢子	病菌以菌丝体在病落叶内越冬，次春产生分生孢子，经风雨传播。一般于7～10月多雨发病重	减少侵染来源，冬季清除病叶，集中销毁或深埋；加强栽培管理，增强树势，提高抗病力；药剂防治：发病初期，喷洒1∶1∶200波尔多液，或70%甲基托布津可湿性粉剂1000倍液，每隔10～15d喷1次，共喷3～4次
榆叶梅花腐病 真菌界半知菌亚门 灰葡萄孢菌 *Botrytis cinerea*	该病主要为害植株的花和叶；发病初期，感病叶片上产生水渍状斑，以后逐渐扩展为红褐色大斑，略显轮纹；发病后期，在潮湿情况下叶背产生少量灰色霉状物，为病原菌的分生孢子；花部被害，引起腐烂	病菌以菌丝体在病落叶或病花内越冬，次春产生分生孢子经风雨进行传播，从寄主幼嫩花、芽侵入，有伤口存在更有利发病	减少侵染来源，秋冬季清除落叶，并烧毁；加强栽培管理，提高植株抗病性，春季开花前剪去枝条顶梢，使养分集中供应中部的花芽开花；药剂防治：开花前，喷施1∶1∶100波尔多液，开花后喷施1∶1∶160波尔多液，或65%代森锌可湿性粉剂500～800倍液
榆叶梅褐斑病 真菌界半知菌亚门 李壳二孢 *Ascochyta pruni*	该病为害植株的叶片；发病初期，感病叶片上产生褪绿斑点，以后逐渐扩展为褐色近圆形的病斑；发病后期，病斑上产生黑色小粒点，为病菌的分生孢子器	病菌以菌丝体在病叶内越冬，次春产生分生孢子，经风雨传播，侵染寄主组织，引起发病	减少侵染来源；加强栽培管理，提高植株抗病性；药剂防治同榆叶梅花腐病
樱花褐斑病 半知菌亚门 核果尾孢 *Cercospora circumscissa* 有性态子囊菌亚门 樱桃球壳菌 *Mycosphaerella cerasella*	褐斑病主要为害樱花叶片，有时也侵染嫩梢；发病初期，感病叶面出现针尖大小的斑点；斑点紫褐色，逐渐扩大形成圆形或近圆形斑；病斑褐色至灰白色，病斑边缘紫褐色，直径可达5mm；发病后期病斑上产生灰褐色霉状物，即病菌的分生孢子梗及分生孢子；最后病斑中央干枯脱落呈穿孔状，边缘整齐；发病严重时，叶片布满穿孔，引起落叶	病菌以菌丝体在病叶或病梢内越冬，次春产生分生孢子经风雨传播侵染，植株过密、多雨潮湿发病重，条件适宜，可进行多次再侵染	减少侵染来源，冬季清除枯枝、落叶，剪除有病枝条，集中销毁；加强管理，增施有机肥及磷、钾肥；干旱季节及时灌水，提高植株抗病力，适地适树，避免在风口处栽植樱花；药剂防治：樱花发芽前喷洒1∶1∶160的波尔多液，或波美2～3度的石硫合剂预防侵染，发病期喷洒70%甲基托布津可湿性粉剂800～1000倍液，每隔10～15d喷1次，共喷2～3次
一品红褐斑病 真菌界半知菌亚门 尾孢属真菌 *Cercospora sp.*	感病叶片常自叶缘或叶脉间的叶肉组织开始发病；发病初期，感病叶上形成长条形至不规则形病斑，病斑黄褐色至黑褐色，坏死的病斑卷曲变脆；后期病部表面长出灰色、黑色霉状物，为病菌分生孢子梗和分生孢子	病菌以菌丝体在病叶内越冬，次春产生分生孢子，经风雨传播，侵染寄主引起发病，条件适宜，可进行多次再侵染	减少侵染来源，清除或摘除病叶，集中销毁；药剂防治：发病初期喷施1∶1∶100波尔多液

(续)

病害名称及病原	症　状	发生流行规律	病害控制
广玉兰斑点病 半知菌亚门 叶点霉属真菌 *Phyllosticta* sp.	发病初期，感病叶片上产生褐色小斑，以后逐渐扩展为近圆形或不规则形较大的病斑，病斑变为浅灰色；最后病斑中央灰白色，边缘赤褐色线纹，其上散生小黑点，为病菌分生孢子器。发病严重时，叶片病部表皮开裂，可引起落叶	病菌以菌丝体在病叶或落叶内越冬，次春条件适宜时，产生分生孢子，经风雨传播，侵染寄主引起发病，一般8～9月发病较重	减少侵染来源，及时清除落叶，集中销毁或深埋于土中；药剂防治：发病前喷施1∶1∶100波尔多液预防侵染，发病后，喷施50%甲基托布津可湿性粉剂800～1 000倍液，或65%代森锌可湿性粉剂800倍液、50%退菌特可湿性粉剂800～1 000倍液，每隔10～15d喷1次，共喷2～3次
常春藤细菌性叶斑病 细菌界普罗特斯门 常春藤黄单胞菌 *Xanthomonas hederae*	病害发生于植株的叶和茎部；发病初期，感病叶片产生水渍状、浅绿色圆形小斑；病斑以后逐渐扩大而转变成褐色或黑色病斑，边缘略显红色，叶柄也变为褐色，叶片凋枯；枝条发病，自枝条顶端向下扩展，深入木质部；病害发生严重时，溃疡斑可环割茎部，引起病部以上枝叶枯萎；潮湿时，病部有黏液溢出	病菌在病残体组织内或土壤中越冬，次年环境条件适宜即传播侵染；风雨多，湿度大，温度高，发病重；此外，害虫发生多，也加重病害发生	减少侵染来源，感染严重株及时剪除病组织，并烧毁；加强栽培管理，从根际灌水，不要淋浇，以免传播病菌而扩大为害；土壤处理，病菌污染的土壤可用2%福尔马林液处理
毛竹枯梢病 子囊菌亚门 毛竹喙球壳菌 *Ceratosphaeria phyllostachydis*	发病初期，感病新竹主梢或枝条的节叉处产生舌状或梭形病斑，色泽由淡褐色逐渐加深呈紫褐色；病斑包围枝干1周时，其上部的叶片变黄，纵卷直至枯死脱落，剖开病竹，可见病部内壁变为褐色，并生白色棉絮状菌丝体；第二年春季，病部产生不规则的小突起，后不规则开裂，从裂口处伸出1至数根毛状物，为病菌子囊壳的长喙	病菌以菌丝体在病组织内越冬，次年5～6月间陆续产生子囊孢子，并释放；子囊孢子经传播萌发侵染寄主，7～8月发病；高温、干旱发病重，竹林管理不好有利发病	减少侵染来源，彻底清除前2年的病竹枯枝，集中销毁；药剂防治：发病初期，喷施50%多菌灵可湿性粉剂，或50%苯来特可湿性粉剂1 000倍液，或1∶1∶100的波尔多液，每隔10～15d喷1次，共喷2～3次
大叶黄杨疮痂病 真菌界半知菌亚门 炭疽菌属真菌 *Colletotrichum* sp.	主要发生在叶片上，病斑小，直径仅0.5～2mm，病斑圆形或近椭圆形，褐色，边缘隆起，如疮痂状；发病后期，病斑中央灰白色，其上生1～2个小黑点，为病菌的分生孢子盘，以后病叶脱落；该病发生严重时，整株叶片病斑累累，影响植株正常生长及观赏	病菌以菌丝体在病叶或落叶内越冬，次春条件适宜时，产生分生孢子，经风雨传播，侵染寄主引起发病，在生长季节有多次再侵染	彻底清除病落叶，减少侵染来源；发病初期药剂防治可喷施50%多菌灵可湿性粉剂1 000倍液，或1∶1∶160波尔多液
大叶黄杨白粉病 真菌界半知菌亚门 正木粉孢 *Oidium euonymi-japonicae*	为害叶片和枝梢，叶上散布白色圆形小斑，相互愈合在叶片和枝上出现白粉，并引起病部畸形，叶片皱缩，病梢弯曲、萎缩	病菌以菌丝体在病叶内越冬，次春产生分生孢子，经风雨传播，侵染寄主，引起发病，有多次再侵染	秋冬进行清园；发病初期药剂防治可喷施25%粉锈宁2 000倍液，或50%退菌特可湿性粉剂800～1 000倍液，每隔10～15d喷1次，共喷2～3次

(续)

病害名称及病原	症　状	发生流行规律	病害控制
橡皮树炭疽病 真菌界半知菌亚门 炭疽菌属真菌 *Colletotrichum* sp.	多发生在叶片上，病斑初为圆形至椭圆形，灰色，具轮纹状向外扩展，后呈不规则形，表面生黑色小粒点	病菌以菌丝体在病残体组织内越冬，次春产生分生孢子，经雨水浇灌传播，多从伤口侵染，引起发病，有多次再侵染	及时剪除病叶；发生初期喷洒60%炭疽福美800倍液
橡皮树灰斑病 真菌界半知菌亚门 叶点霉属真菌 *Phyllosticta* sp.	病斑初为灰色小斑，扩大后呈不规则状，边缘黑褐色，中央灰白色；后期病斑干枯破裂，并产生小黑粒点，此为分生孢子器	病菌以菌丝体在病叶内越冬，次春产生分生孢子，经伤口侵入，高温干旱、蚧类为害时有利发病，有多次再侵染	注意除虫，防止人为伤口产生；喷洒0.5%等量波尔多液
榕树叶斑病 真菌界半知菌亚门 链格孢属真菌 *Altrnaria* sp.	多从叶片伤口处发生，病斑初黄褐色，边缘暗褐色，圆形或椭圆形，后期病部长黑褐色霉层	病菌以菌丝体在病叶内越冬，次春产生分生孢子，经风雨传播，从伤口侵入寄主，引起发病，有害虫为害发病重	注意除虫和及时摘除病叶；发病初期喷洒0.5%~1%等量波尔多液或50%代森铵1 500倍液
广玉兰斑点病 真菌界半知菌亚门 叶点霉属真菌 *Phyllosticta* sp.	叶上初为黄色至浅褐色小圆斑，后逐渐为不规则的大斑，边缘有赤褐色线纹，中央为灰白色，其上生小黑点，重时可引起落叶	病菌以菌丝体在病叶内越冬，次春产生分生孢子，经风雨传播，侵染寄主，引起发病，有多次再侵染	及时剪除病叶；发生初期喷洒60%炭疽福美800倍液
羊蹄甲灰斑病 真菌界半知菌亚门 羊蹄甲叶点霉 *Phyllosticta bauhiniae*	叶上初期病斑呈圆形，黄色小点，后扩展为不规则形大斑，边缘棕褐色，中央黄褐至灰白色，两面散生小黑点	病菌在病叶内越冬，次春产生分生孢子，经风雨传播，6~11月均可发病，幼树和长势较差的感病重	及时清除病落叶，并销毁；发生初期喷洒50%多菌灵1 000倍液
羊蹄甲褐斑病 真菌界半知菌亚门 羊蹄甲尾孢 *Cercospora bauhiniae*	为害叶片多从叶尖、叶缘或开裂处侵入，初呈失水状，黄色，后逐渐干枯，病健部不明显，其上生零散的丛状霉点，病叶脱落	病菌以菌丝体在病叶内越冬，次春产生分生孢子，经风雨传播，侵染寄主引起发病，有多次再侵染	防治方法同羊蹄甲灰斑病
樱花穿孔病 真菌界半知菌亚门 核果尾孢 *Cercospora circumscissa*	为害叶片和嫩梢，叶上呈现红褐色小斑，圆形或近圆形，直径0.5~4mm，边缘呈紫红色，后期病叶两面形成灰褐色霉层，并穿孔，病重时叶上布满孔洞，大量落叶	病菌以菌丝体在病叶内越冬，次春产生分生孢子，经风雨传播，侵染寄主，引起发病，有多次再侵染	秋冬及时清除病落叶，并销毁；加强管理，增施有机肥，防止积水，发生初期喷洒65%代森锌600~800倍液
石楠褐斑病 真菌界半知菌亚门 枇杷尾孢 *Cercospora eriobotryae*	叶上病斑初为红色小点，后扩大成圆形至不规则形，直径3~14mm，紫红色至暗红色，后期病部中央呈灰色或灰白色，边缘暗红色，上生许多小黑点	病菌以菌丝体和子座在病叶内越冬；次春产生分生孢子，经风雨传播，侵染寄主，6月后引起发病；高温、多湿有利发病，7~9月最重	防治方法同樱桃穿孔病
含笑叶枯病 真菌界半知菌亚门 叶点霉属真菌 *Phyllosticta* sp.	病斑发生在叶尖或叶缘处，初呈黄褐色圆斑，周围有褪绿晕圈；后扩展成椭圆形至不规则形，边缘稍隆起，中央生小黑粒	病菌以菌丝体在病落叶上越冬，次春产生分生孢子，经风雨传播，侵染寄主引起发病。有多次再侵染，广东9~12月，3~4月均有发生	清除病叶并销毁；加强管理，增施有机肥，发病初期喷洒65%代森锌600~800倍液，或50%退菌特可湿性粉剂800~1 000倍液

第四篇 观赏植物病害

（续）

病害名称及病原	症　状	发生流行规律	病害控制
海桐灰斑病 真菌界半知菌亚门 大茎点属真菌 *Macrophoma* sp.	叶上病斑初为褐色，后呈近椭圆形稍下陷的大斑，中央生小黑点，病重时，早期落叶	病菌在病残体内越冬，春末产生分生孢子，经风雨传播，侵染寄主引起发病，高温、蚧类为害，发病重	清除落叶，并销毁；加强管理，防止人为损伤和虫伤，发病初期喷洒50%退菌特可湿性粉剂800~1 000倍液
苏铁叶斑病 真菌界半知菌亚门 壳二孢属真菌 *Ascochyta* sp.	在小叶的中、基部产生褐斑，扩展后呈椭圆形，边缘褐色，中央灰白色，上生小黑粒点	病菌在病叶内越冬，次春产生分生孢子，经风雨传播，侵染寄主引起发病，有多次再侵染。	发病初期用50%福美硫磺800倍液喷射全株
苏铁叶枯病 真菌界半知菌亚门 盾壳霉属真菌 *Coniothyrium* sp.	叶尖初发病时，呈褪绿黄斑，后期渐变为黄褐色至灰白色，上生小黑点	病菌在病叶内越冬，次春产生分生孢子，经风雨传播，侵染寄主引起发病，有多次再侵染	防治方法同苏铁叶斑病
散尾葵叶枯病 真菌界半知菌亚门 链格霉属真菌 *Aiternaria* sp.	小叶尖端发生枯萎，最后呈灰色干枯，上生暗色霉状物	病菌在病叶或落叶上越冬，次年产生分生孢子，经风雨传播，侵染寄主引起发病，有多次再侵染	注意植株间通风透光，湿度不宜过大，加强树体培养
蒲葵叶枯病 半知菌亚门 叶点霉属真菌 *Phyllosticta* sp.	叶尖或叶裂间呈现椭圆形至不规则的黄白色或灰白色病斑，边缘呈暗褐色，造成叶枯	病菌以菌丝体在病叶内越冬，次春产生分生孢子，经风雨传播，侵染寄主引起发病，植株伤根过多，肥水不足，有利发病	注意植株间通风透光，初期可喷洒50%甲基托布津可湿性粉剂800~1 000倍液
三角枫叶枯病 *Phyllosticta platanoidis* 为半知菌亚门 叶点霉属真菌	叶片受害，从叶尖或叶缘开始，病部呈枯黄色，可达半叶，叶缘卷曲呈黄褐色枯焦状，后期生许多小黑粒点	病菌在病叶内越冬，次春产生分生孢子，经风雨传播，侵染寄主引起发病，有多次再侵染	加强管理，增施有机肥，提高抗病能力，发病初期喷洒65%代森锌1 000倍液
棕竹叶枯病 *Pestalotia* sp. 为半知菌亚门盘多毛孢属真菌	叶尖、叶缘处出现黑色斑块，扩展后致使叶尖干枯，后呈灰色，病健交界处呈黑色	病菌以菌丝体在病叶内越冬，次春产生分生孢子，经风雨传播，侵染寄主引起发病，5~11月均可发生	加强管理，增施有机肥，提高抗病能力，发病初期喷洒50%多菌灵1 000倍液

附 录
苹果、梨和桃无公害生产病害控制技术

（一）总体要求

1. 目标 全面贯彻"预防为主，综合防治"的植保方针。建设生态果园。以增强苹果、梨、桃树势为中心，提高其抗病能力；以农业防治为基础，辅以其他防治方法的有机结合；以生物防治为主，恢复与重建以生物自然控制为核心的果园生态系统；以无公害苹果、梨、桃果品生产为目标，实现果业的可持续发展。

2. 生态苹果、梨和桃园标准及依据

（1）生态苹果、梨和桃园要求。以生态学理论为基础，苹果、梨和桃园生物多样性为核心，系统内的生态动态平衡，促进物质在系统内部的循环和多次重复利用，以尽可能减少燃料、肥料、饲料和其他原材料输入，从而求得尽可能多的农、林、牧、副、渔产品及其加工制品的输出，获得生产发展、生态环境保护、能源再生利用、经济效益提高四者皆优的效果及恢复和重建以自然控病为核心的生态果园。

（2）苹果、梨和桃园环境及生产要求。生态苹果、梨和桃园的产地具有良好的生态条件，其环境、生产资料、技术措施、采后处理等符合国家和行业无公害或绿色食品生产的相关标准。

（3）产品要求。按照专门的生产（栽培）技术规程生产或加工，无有害物质残留或残留控制在一定范围之内，经专门机构检验、认定，具有无公害农产品或绿色食品标志的优质果品。

（4）病害控制要求。从建立和保护苹果、梨和桃园生态系统出发，以农业防治为基础，生物自然控制为核心，构建不利于病害发生及为害的条件，将病害控制在经济受害水平之下。

3. 生态苹果、梨和桃园模式

（1）苹果（梨或桃）—牧草—畜（禽）模式。苹果、梨和桃园行间种植牧草，以草养畜（禽），畜（禽）粪便经沼气池或粪窖发酵后施入果园。

苹果（梨或桃）—草—兔：草种可用多年生黑麦草、鸭茅草、白三叶草、紫花苜蓿等。草种混播，用量为每 $667 m^2$ 1kg。优良兔种（如天府肉兔、新西兰兔、加利弗尼亚兔等）。

苹果（梨或桃）—草—鹅：草种用 1 年生黑麦草、苏丹草、高丹草、莴笋等及专用配合饲料，用量为每 $667 m^2$ 1kg。鹅种可选用天府肉鹅。

苹果（梨或桃）—草—羊：草种选用 1 至多年生黑麦草、扁穗牛鞭草、紫花苜蓿、光叶紫花苕、白三叶草。草种混播，用种量 $1\sim1.5kg/667m^2$。优良羊种（如波尔山羊等）。

（2）休闲观光模式。有库、塘的苹果、梨和桃园，果树行间种草、水面养鱼，园周种植观赏植物，集观花、赏果、垂钓等休闲观光为一体。

（3）苹果（梨或桃）—经作模式。苹果、梨和桃树行间种植经济价值较高的经济作物（花生、大豆、中药材和蔬菜等），经济作物收获后茎秆可覆盖树盘。此外，在有条件的产地，可在苹果、梨和桃园周围选择与苹果、梨和桃树无共生性病害的速生树种，培植防护林。

4. 苹果、梨和桃品种选择 以具有生产最佳果实品质的生态条件和市场前景好及抗本地区主要病害为前提，进行苹果、梨和桃品种选择或果园品种改换。

5. 立地条件 土壤中养分、水分、空气、温度的合理协调，有机质含量高，果园免耕和覆草和开沟排水，从而改善立地条件，降低园内湿度，增强树势，提高抗病性，减少根病和生理病害的发生。

(1) 提高土壤有机质含量。苹果、梨和桃园内20cm土层有机质含量应达到或高于2%，根际周围土壤有机质含量达到3%。新建苹果、梨和桃园在2~3年内每年应施入优质畜、禽粪3 000kg/667m^2。

(2) 免耕和覆草。果园实行免耕和生草。行间种白三叶草及其他绿肥，每年刈割4~6次，覆盖于株间。免耕果园3~4年后全园土壤深翻1次。果园也可用各种作物茎秆、山草等覆盖树盘，厚度20~30cm，距离主干15~20cm，连续覆盖2~3年。

(3) 开沟排水。根据苹果、梨和桃园实际情况，园内开主沟、支沟、边沟和背沟，避免园内积水，地下水位过高。

6. 优化果园管理

(1) 整形修剪。丰产树形应结构简单、符合品种的特性和生态条件，及时剪除病枝、通风透光。

(2) 肥水管理。

①土壤施肥：以经过高温发酵或沤制后的有机肥（鸡粪、猪粪、牛粪、人粪尿、油枯等）为主，速效性化肥（尿素、过磷酸钙、硫酸钾等）为辅。以改善土壤微生物的种类及群落结构，控制根茎病害。

基肥：果实采收后，在行间沿树冠滴水线开条沟（深30cm，宽40cm），每667m^{2}施有机肥2 000kg（幼树酌减）、尿素30kg、过磷酸钙50kg。

萌芽肥：萌芽前10~15d，在株间挖穴深20cm，每667m^{2}施腐熟人畜粪水1 000kg、尿素20kg。

停梢肥：多数新梢缓慢生长、果实迅速膨大前，以树冠滴水线为界多点挖30cm深施肥穴，每667m^{2}施腐熟人畜粪水1 000kg、尿素10kg、硫酸钾30kg、腐熟油枯50kg。

②叶面施肥：根据果园不同树种对微量元素的需求及土壤微量元素的含量，在生长期进行3~4次叶面喷施微肥或微生物菌肥，以防治缺素性生理病害及改善树体微生物的种类及群落结构，控制茎、叶、果病害。叶面施肥分别在萌芽后至开花前，新梢缓慢生长与花芽分化前和果实采收前30d。

③节水灌溉：生态果园应推行低位微喷灌，避免串灌、漫灌，以控制病原传播蔓延及降低园内湿度。主要灌水时期：春季萌芽至开花前，结合施肥灌透水；新梢快速生长期、天旱应灌水。

7. 果实采收及采后处理

(1) 采收。确定达到各品种最佳品质的标准，实行达标采收。套袋果比不套袋果晚1周左右，分期分批采收。烈日高温时或雨后不能立即采收。采收时应尽量避免人为造成的各种伤口，以控制经伤口侵入的果实病害。

(2) 防腐保鲜及包装。鲜果应及时用无害生物或化学防腐保鲜剂处理，以减少贮运及销售时的烂果。包装果应具有该品种的基本特征，端正美观，果个均匀，无机械损伤、病斑和虫伤。根据不同果品及果商要求严格分级、包裹、装箱。

8. 采后管理 注重采后肥水管理，清除落果、落叶和病残枝，酌情防治病害。

（二）病害综合防治

果园病害控制须全面贯彻"预防为主，综合防治"的植保方针，根据不同地区、不同果树主要病害发生和为害情况，建立并完善因时、因地制宜，安全、有效、经济、适用的综合防治体系，将病害控制在经济允许受害水平之下。

1. 综合防治 从农业生产全局和农业生态系的总体观点出发，以预防为主，充分利用自然界抑制病害的因素，创造不利于病害发生及为害的条件，有机地使用各种必要的措施，即以农业防治为基础，根据病害发生、发展规律，因时、因地制宜，合理地运用化学防治、生物防治、物理防治等措施，达到经济、安全、有效地控制病害和实现无公害果品或绿色食品的目的。

2. 病虫害的综合防治必须贯彻三个基本观点

(1) 经济观点。综合防治的经济观点着重在经济阈值。在投入的成本与其挽回的经济损失相当时，即达到经济阈值时，才采取防治措施。根据经济阈值指标防治，可节省50%～75%的化学农药。

(2) 生态观点。生态平衡与生物的多样性密切相关。生物的多样性是果园生态稳定的基石。果园生态系统中生物种群结构越复杂，各种群间的数量关系就越稳定，单个种群突然大量增加的可能性就越小。以果园生态系和果树整个生长期生物群落的时空动态来综合设计防治措施，并使其有机结合，瞻前顾后，协调一致。

(3) 环保观点。主要是科学使用化学农药，以解决长期以来滥用化学农药所带来的"三R"和"三致"问题。强调环保观点，有利于生态果园的建设及无公害生产和农业的可持续发展。

3. 综合防治的策略 以强树为中心，提高果树的抗病能力；以农业防治为基础，辅以其他防治方法的有机结合；以生物防治为主，恢复与重建以生物自然控制为核心的果园生态系；以无公害果品生产为目标，以实现果业的可持续发展。

4. 综合防治的效果评估

(1) 经济效益。防治费用下降，产量、质量提高，投入产出比值提高。

(2) 生态效益。果园有益微生物的种群和数量提高，果园生物群落渐趋稳定，建立起以生物自然控制为核心的生态果园。

(3) 社会效益。农药用量大幅度下降，果品中农药及重金属、有害物质含量符合国家标准，产品达到无公害果品或A级绿色果品的标准。

(4) 技术效果。构建起果园病害综合防治体系，并将果园病害控制在经济为害允许水平之下。

（三）病害控制的基本方法

1. 植物检疫 加强对苗木、接穗的检疫，严防检疫对象和具潜在威胁的病害传入。根据《中华人民共和国进出境动植物检疫法》（1992年实施），我国颁布的对外检疫性梨病害有梨火疫病菌（细菌性病害）。苹果、梨和桃的许多病毒类病害、细菌和线虫病害，虽不属于检疫性病害，但它们一旦随苗木、接穗等传入，为害性大，难以防治，故应予足够的重视。

2．**农业防治** 以增强苹果、梨和桃树势为中心的栽培管理措施，提高果树抗病性。秋末冬初刮树干翘皮、剪病枝（梢）、清除落叶、落果并销毁，减少越冬病源。生长期科学肥水管理，通风透光，降低湿度，恶化病害发生的环境。农业防治是经济有效控制病害的基本方法。

3．**生物防治** 以果园植物多样性为基础，实现果园的生物多样性，提高果园自然控病能力。在病害的防治中，尽可能多地选用生物源农药。生物防治与保护生态、环境的相融性和可持续农业的一致性，决定了生物防治的必要性和重要性。

4．**物理防治** 利用苹果、梨和桃果套袋防治多种果实病害；覆盖地膜物理阻隔病原传播；喷雾高脂膜阻碍病菌的侵入；树干涂白或涂胶。刮治枝干病斑以及利用趋光性（如诱蚜黄板、黑光灯）防虫而减轻这些传毒生物介体传播的病害，同时起到防病的效果。

5．**化学防治** 选用无公害、选择性强的化学农药。对症下药、适期用药、交互用药、混合用药等科学用药方法。严格控制农药用量和安全间隔期用药。

（1）苹果树病害控制。时期、防治对象及药剂。

①休眠期：刮治腐烂病、干腐病和轮纹病等枝干上的病斑，选用菌立灭3～5倍液或菌毒清50倍液、腐必清乳剂2～5倍液、843康复剂、托福油乳剂涂抹伤口；发芽前全树淋洗式喷洒40%可湿性福美胂100倍液，或10%果康宝100倍液，或波美3～5度石硫合剂与0.3%五氯酚钠混合液，着重喷洒3cm以上大枝，消灭枝干病害和霉心病潜伏病菌。剪除病枝，摘除病芽，清除落叶、落果并销毁，压低白粉病、早期落叶病和果实病害的越冬病原基数。

②花期：开花前、终花期各喷1次，预防霉心病菌的侵染。药剂可选用10%宝丽安（即多抗霉素）、1.5%多抗霉素、50%扑海因、80%大生-45、40%福星、12.5%特谱唑、70%甲基硫菌灵和50%多菌灵等。

谢花后、套袋前喷布杀菌剂防治霉心病、炭疽病、轮纹病等果实病害及白粉病和早期落叶病。药剂同花期。

③生长期：未套袋果园喷多菌灵混加疫霉净防治轮纹病；75%百菌清可湿性粉剂800倍液或风光霉素50～100单位防治早期落叶病；扑海因1 000～1 500倍液或30%炭疽福美、70%霉奇洁和80%普诺防治炭疽病。套袋果园重点防治早期落叶病。

④采果后：果实采收以后，再对主干和大枝中、下部各涂药1次防治枝干病害。药剂同休眠期。

（2）梨树病害控制。时期、防治对象及药剂。

①休眠期：利用3～5度波美石硫合剂喷施树体，压低越冬梨黑星病、炭疽病和轮纹病等病原越冬基数。

②萌芽至开花前：重点防治黑星病、枝干轮纹病、黑斑病，以减少病害的初侵染源。

开花前和落花70%左右时，选用40%杜邦福星乳油8 000～10 000倍液或40%氟硅唑8 000～10 000倍液，主要防治梨黑星病，百菌敌400倍液防治细菌性花腐病。

③谢花后，套袋前：选用40%杜邦易保福1 500倍液重点防治黑星病、黑斑病；20%三唑酮乳油2 000～2 500倍液（开花末期用）防治梨锈病。

④生长期和采果后：选用40%杜邦福星乳油8 000～10 000倍液防治黑星病；50%异菌脲可湿性粉剂1 500倍液或10%多抗霉素1 200倍液防治黑斑病，减少病菌再侵染；选用硫磺20～30kg/667m²（土壤强碱时）、叶绿灵和硫酸亚铁喷施黄叶病（缺铁）。

（3）桃树病害控制。时期、防治对象及药剂。

①休眠期至花瓣露红：利用3～5度波美石硫合剂喷施树体，防治流胶病、缩叶病、疮痂病和穿孔病等。

②果实第一次膨大期：选用70%甲基托布津1 500倍液或喷克（即代森锰锌）可湿性粉剂800倍液防治细菌性穿孔病、疮痂病和炭疽病。酌情1～2次；选用硫磺20～30kg/667m²（土壤强碱时）、叶绿灵和硫酸亚铁喷施黄叶病（缺铁）。

③晚熟品种近成熟、中熟品种硬核期：选用80%大生M-45（即代森锰锌）可湿性粉剂800倍液或1%中生菌素水剂200倍液防治黑星病、细菌性穿孔病和褐腐病。

④中熟品种成熟：喷克（即代森锰锌）可湿性粉剂800倍液或1%中生菌素水剂200倍液防治黑星病和褐腐病。

图书在版编目（CIP）数据

园艺植物病理学/高必达主编. —北京：中国农业出版社，2005.1（2018.6重印）
面向21世纪课程教材
ISBN 978-7-109-09545-8

Ⅰ.园… Ⅱ.高… Ⅲ.园林植物-植物病理学-教材 Ⅳ.S436

中国版本图书馆 CIP 数据核字（2004）第 127639 号

中国农业出版社出版
（北京市朝阳区农展馆北路 2 号）
（邮政编码 100125）
责任编辑　戴碧霞　杨国栋

中国农业出版社印刷厂印刷　新华书店北京发行所发行
2005 年 2 月第 1 版　2018 年 6 月北京第 6 次印刷

开本：850mm×1168mm 1/16　印张：23
字数：555 千字
定价：43.50 元
（凡本版图书出现印刷、装订错误，请向出版社发行部调换）